Elemente der Mathematik

RHEINLAND-PFALZ

10. Schuljahr

Herausgegeben von

Heinz Griesel

Helmut Postel

Friedrich Suhr

Schroedel

Elemente der Mathematik 10
Rheinland-Pfalz

Herausgegeben von
Prof. Dr. Heinz Griesel, Prof. Helmut Postel, Friedrich Suhr

Bearbeitet von
Christine Fiedler, Reinhard Kind, Werner Ladenthin, Prof. Dr. Matthias Ludwig, Prof. Helmut Postel, Heinz Klaus Strick, Friedrich Suhr

Für Rheinland-Pfalz bearbeitet von
Ursula Etzkorn, Dr. Bernhard Gilles, Hermann Josef Keul, Michael Meyer

Abgestimmt auf dieses Unterrichtswerk sind umfangreiche Unterrichtsmaterialien entwickelt worden:
Unterrichtsmaterialien Band 1 Best.-Nr. 87001
Unterrichtsmaterialien Band 2 Best.-Nr. 87002
Unterrichtsmaterialien Band 3 Best.-Nr. 87003
Unterrichtsmaterialien Band 4 Best.-Nr. 87004
Zum Schülerband erscheint: Lösungen Best.-Nr. 87180

Druck A ^{6} / Jahr 2016
Alle Drucke der Serie A sind im Unterricht parallel verwendbar.

Redaktion: Claus Peter Witt
Herstellung: Reinhard Hörner
Umschlagentwurf: Loeper & Wulf, Hannover
Illustrationen: Dietmar Griese
Zeichnungen: Günter Schlierf; Langner & Partner
Satz: Triltsch, Print und digitale Medien GmbH, Ochsenfurt
Druck und Bindung: westermann druck GmbH, Braunschweig

ISBN 978-3-507-**87170**-0

Inhaltsverzeichnis

Symbole

3. Das Unterlegen einer Aufgabennummer mit einem grünen Zettel kennzeichnet eine Übungsaufgabe, die auch als **alternativer Einstieg** geeignet ist.

5. Rote Aufgabennummern kennzeichnen Aufgaben, die die Selbstständigkeit und Problemlösefähigkeit der Schülerinnen und Schüler in besonderer Weise herausfordern.

7. Blaue Aufgabennummern (und Überschriften) kennzeichnen Zusatzstoffe.

DGS Hier bietet sich der Einsatz eines dynamischen Geometrie-Systems an.

TAB Hier bietet sich der Einsatz eines Tabellenkalkulations-Programmes an.

CAS Hier bietet sich der Einsatz eines Computer-Algebra-Systems an.

GTR Hier bietet sich der Einsatz eines grafikfähigen Taschenrechners bzw. eines Programms zum Darstellen von Funktionsgraphen an.

A In den Einheiten zum Selbstlernen kennzeichnet dieses Symbol einen Auftrag.

Zur allgemeinen Zielsetzung des Buches

Elemente der Mathematik ist auf die Bedürfnisse und Anforderungen eines gymnasialen Mathematikunterrichts zugeschnitten. Die zentralen Kompetenzen, die die Schülerinnen und Schüler erwerben sollen, werden deutlich herausgestellt, aber auch vielfältige Erweiterungsmöglichkeiten für thematische Profilbildungen angegeben.
Bei der Darstellung der Lerninhalte werden im Rahmen der **inhaltsbezogenen Kompetenzen** alle Aspekte von Mathematik (als Anwendung, als Struktur sowie als kreatives und intellektuelles Handlungsfeld) ausgewogen berücksichtigt. Zum Erwerb der **allgemeinen mathematischen Kompetenzen K1 – K6** ermöglicht **Elemente der Mathematik** eine breite Palette unterschiedlichster schülerorientierter Unterrichtsformen: Beim gemeinsamen Entdecken, Erforschen, Beschreiben und Erklären erfahren die Schüler, dass nicht nur die Lösung eines Problems, sondern auch der Lösungsweg wichtig ist und dass dabei insbesondere die Analyse von Fehlern hilfreich ist. Argumentieren, Kommunizieren, Problemlösen und Modellieren gelangen so in den Vordergrund des unterrichtlichen Geschehens. Stets werden den Unterrichtenden konkrete Hilfen an die Hand gegeben, um solche problem- und handlungsorientierte Lernsituationen zu schaffen, in denen die Schüler und Schülerinnen altersangemessen ihr mathematisches Wissen möglichst eigenständig entwickeln und strukturieren können.

Zu den Lerninhalten

Aus den im Kernlehrplan angegebenen inhaltsbezogenen und prozessbezogenen Kompetenzen wurde folgende Themenabfolge für den Unterricht in Klasse 10 entwickelt:

Kapitel 1: Potenzen und Potenzfunktionen – Leitidee L1: „Zahl und Zahlbereiche“ sowie L4: „Funktionaler Zusammenhang“
Zunächst werden Potenzen mit natürlichem Exponenten betrachtet, die Erweiterung auf negative ganze und rationale Exponenten (einschließlich der Definition n-ter Wurzeln) erfolgt schrittweise durch Beschreibung von Zwischenwerten bei einem Wachstumsprozess. Damit werden die Potenzgesetze und ihr Zusammenhang zu Wurzelgesetzen herausgestellt. Anschließend werden Potenzfunktionen mit ganzzahligen Exponenten systematisiert.

Kapitel 2: Pyramide, Kegel, Kugel – Leitideen L2: „Messen und Größen“ sowie L3: „Raum und Form“
Die Behandlung von Schrägbild und Netz von Körpern dienen der Schulung des räumlichen Vorstellungsvermögens. Berechnungen zum Volumen und Oberflächeninhalt erfolgen an Pyramide, Kegel und Kugel sowie an zusammengesetzten Körpern. Die Volumenformeln werden mithilfe des Satzes von Cavalieri gewonnen. Naturgemäß spielt auch in diesem Kapitel das Modellieren von Anwendungssituationen eine große Rolle.

Kapitel 3: Wachstumsprozesse – Exponentialfunktionen – Leitidee L4: „Funktionaler Zusammenhang“
Zunächst werden exponentielle Wachstums- und Abnahmeprozesse behandelt und gegen lineares Wachstum abgegrenzt. Es schließt sich die allgemeine Behandlung der Exponentialfunktion und der Logarithmen an. Von besonderer Bedeutung ist das sachgerechte Vorgehen beim Modellieren.

Kapitel 4: Mehrstufige Zufallsexperimente – Leitidee L5: „Daten und Zufall“
Als Hilfsmittel zur Darstellung mehrstufiger Zufallsexperimente wird zunächst das Baumdiagramm eingeführt und dann bei der Berechnung von Wahrscheinlichkeiten mithilfe der Pfadregeln eingesetzt.
Bei der Darstellung von statischen Daten zu zwei Merkmalen mit je zwei Ausprägungen in Vierfeldertafeln wird der Zusammenhang zu Baumdiagrammen hergestellt. Das Umkehren von Baumdiagrammen ermöglicht es dann, von einem Ereignis auf ein anderes Rückschlüsse zu ziehen, was in vielfältigen Anwendungssituationen wie z. B. medizinischen Tests von großer Bedeutung ist.

Kapitel 5: Trigonometrie – Leitidee L2: „Messen und Größen“
Das Problem der Berechnung von Winkelgrößen in rechtwinkligen Dreiecken führt zur geometrischen Definition von Sinus, Kosinus und Tangens im rechtwinkligen Dreieck. Vielfältige Anwendungssituationen zu Berechnungen in rechtwinkligen, gleichschenkligen und beliebigen Dreiecken führen hin bis zum Sinus- und Kosinussatz.

Kapitel 6: Modellieren periodischer Vorgänge – Leitidee L4: „Funktionaler Zusammenhang“
Ausgehend von periodischen Vorgängen im Alltag werden allgemeine Sinusfunktionen behandelt, um damit entsprechende Vorgänge zu modellieren. Die dazu nötige Erweiterung der Definition von Sinus und Kosinus erfolgt am Einheitskreis. Das Erstellen von Funktionstermen beim Modellieren erfolgt händisch und auch mit Rechner-Unterstützung.

Zum methodischen Aufbau

1. Jedes Kapitel beginnt mit einer Einstiegsseite, die an die Erfahrungen der Schüler(innen) anknüpft und Aktivitäten ermöglicht. Diese Seite eignet sich für einen offenen Einstieg und gibt einen Ausblick auf das Thema des Kapitels.
2. An die Einstiegsseite schließt sich ein **Lernfeld** mit verschiedenen offenen und reichhaltigen Lerngelegenheiten an: In unterschiedlichen Problemsituationen können die Schüler(innen) zentrale Inhalte und Verfahren auf eigenen Lernwegen durch Anknüpfen an Alltags- und Vorerfahrungen selbstständig und häufig handlungsorientiert entdecken. Der Aufbau eigener Vorstellungen und die Bearbeitung einer Vielfalt von Lösungsansätzen wird gefördert durch die Anregung, diese Lernfelder in der Regel in Partner- und Gruppenarbeit zu bearbeiten. Der Austausch über das Problem mit dem Partner bzw. in der Gruppe sowie der Bericht über die Erfahrungen in der ganzen Klasse fördern insbesondere prozessbezogene Kompetenzen wie Problemlösungen sowie Argumentieren und Kommunizieren.
3. Die Erarbeitung des Lernstoffes erfolgt in den einzelnen Lerneinheiten, jeweils untergliedert in Theorieteil und Übungsteil.
   Der *Theorieteil* beginnt häufig mit einer **Aufgabe** und deren vollständiger **Lösung**. Ist der mathematische Inhalt jedoch so, dass die Schülerinnen und Schüler kaum eine Chance haben, selbstständig die Lösung des zu behandelnden Problems zu finden, so beginnt der Theorieteil mit einer **Einführung**, die Schüleraktivitäten zur Auseinandersetzung mit dem Problem stimuliert. Um alle Theorieanteile übersichtlich beieinander zu haben, folgen schon hier **weiterführende Aufgaben**, die im Unterricht in aller Regel erst nach einer erfolgten Festigung der zuerst behandelten Inhalte an einigen Übungsaufgaben thematisiert werden sollten. Sie dienen der Abrundung und Weiterführung der Theorie. Ihr Thema wird den Unterrichtenden in einer Überschrift genannt. In aller Regel sollten weiterführende Aufgaben im Unterricht bearbeitet werden und nicht als Hausaufgaben gestellt werden.
   Der Theorieteil enthält häufig eine **Information**, in der Begriffe eingeführt sowie Rückblicke und Ausblicke gegeben werden. Wesentliche Inhalte werden dabei optisch deutlich in einem Kasten mit einem roten Rahmen hervorgehoben. Hier wird großer Wert gelegt auf prägnante, altersgemäße Formulierungen, die auch beispielgebunden sein können.
   Der *Übungsteil* beginnt in aller Regel mit einer Übungsaufgabe, die einen **alternativen Einstieg** zu dem im Theorieteil dargestellten ermöglicht. Da seine Lösung im Buch nicht dargestellt ist, kann er oftmals auch offener angelegt sein. Der alternative Einstieg wird im Layout durch eine mit einem grünen Zettel unterlegte Aufgabennummer hervorgehoben. Die folgenden Übungen sind unter besonderer Berücksichtigung des Erwerbs sowohl inhaltsbezogener als auch prozessbezogener Kompetenzen konzipiert worden. Sie dienen zur Festigung des Gelernten, der operativen Durcharbeitung und der Vernetzung der Lerninhalte mit denen früherer Themen; dabei sind überall offene Aufgaben integriert. Zur soliden Durcharbeitung wird konsequent das Analysieren typischer Schülerfehler und entsprechendes Argumentieren gefordert. Auch die Übungsaufgaben ermöglichen Unterricht in vielfältigen schülerbezogenen Aktivitäten, bis hin zu **Partnerarbeit** und **Teamarbeit** sowie **Spielen**.
   Einige Aufgaben enthalten in einem blauen Rahmen Musterbeispiele für Schreibweisen und Lösungswege. Manche Aufgaben enthalten Selbstkontroll-Möglichkeiten für die Schüler(innen). Aufgaben, die die Selbstständigkeit und Problemlösefähigkeit in besonderer Weise herausfordern, sind durch eine rote Aufgabennummer gekennzeichnet.
4. Abschnitte mit der Überschrift **Vermischte Übungen** finden sich an den Stellen eines Kapitels, an denen eine besonders starke Vermischung der bisher erworbenen Qualifikationen angebracht ist.
5. Am Kapitelende folgt dann der Abschnitt **Aufgaben zur Vertiefung**, der neben einer Vernetzung auch eine Ergänzung des Lehrstoffes auf einem erhöhten Niveau zum Ziel hat.
6. Den Abschluss eines jeden Kapitels bildet der Abschnitt **Bist du fit?**, in dem in besonderer Weise die erworbenen Grundqualifikationen getestet werden. Die Lösungen dieser Aufgaben sind im Anhang des Buches angegeben, so dass sie von den Schülerinnen und Schüler gut zum eigenständigen Üben für eine Klassenarbeit verwendet werden können.
   Zwischen den Kapiteln befinden sich Abschnitte **Bleib fit in ...**, in denen ausgewählte Inhalte früherer Schuljahre sowohl bezüglich der Grundvorstellungen als auch der Grundfähigkeiten wiederholt werden.
7. Unter der Überschrift **Im Blickpunkt** werden innermathematische, aber insbesondere auch fachübergreifende, komplexere Themen, die von besonderem Interesse sind und in engem Zusammenhang mit dem Lerninhalt des Kapitels stehen, als Ganzes behandelt. Diese Abschnitte eignen sich auch zur Differenzierung und Förderung von eigenständigen Schüleraktivitäten über einen etwas größeren Zeitraum.
8. Um Schüler und Schülerinnen im eigenständigen Erarbeiten mathematischer Themen zu schulen, enthält jedes Kapitel eine Lerneinheit **Zum Selbstlernen**, in der das Thema so aufbereitet ist, dass es selbstständig bearbeitet werden kann.
9. An geeigneten Stellen werden unter der Überschrift **Auf den Punkt gebracht** die für diese Klassenstufe vorgesehenen prozessbezogenen Kompetenzen akzentuiert zusammengefasst.
10. Am Ende des Buches befindet sich ein Vorschlag für ein **Projekt**. Dieses kann zu verschiedenen Zeitpunkten im Unterricht eingesetzt werden und ermöglicht auch einen offenen Einstieg in das entsprechende Kapitel. Das hier vorgestellte Projekt ist für die eigenständige Arbeit der Schüler mehrfach erprobt und erfährt zudem eine Unterstützung mit Zusatzmaterialien, die kostenlos über das Internet abgerufen werden können (www.elemente-der-mathematik.de).
11. Der Abschnitt **Teste dich – Vermischte Übungen** enthält Übungen, die sich auch auf Themen früherer Schuljahre beziehen. Sie sind besonders geeignet für die eigenständige Vorbereitung der Schüler(innen) auf Abschlussarbeiten. Daher sind ihre Lösungen im Anhang angegeben.

Bleib fit im . . .
Umgang mit quadratischen Funktionen

Zum Aufwärmen

Du kannst auch einen grafikfähigen Taschenrechner benutzen.

1. a) Zeichne die Normalparabel, also den Graphen der Quadratfunktion zu $y = x^2$.

b) Verschiebe die Normalparabel parallel zur y-Achse und parallel zur x-Achse. Wie verändert sich jeweils der Funktionsterm?

c) Verändere dann den Funktionsterm durch Multiplizieren mit einer Zahl. Beschreibe, wie sich diese Veränderung auf den Graphen auswirkt.

d) Wenn du den Funktionsterm der Normalparabel durch Addieren und Multiplizieren sowie durch Setzen von Klammern verändert und den jeweiligen Graphen untersucht hast, dann fasse deine Ergebnisse aus den Teilaufgaben a) bis c) in einer Tabelle übersichtlich zusammen.

2. Gib die Funktionsgleichungen zu den folgenden Graphen quadratischer Funktionen an.

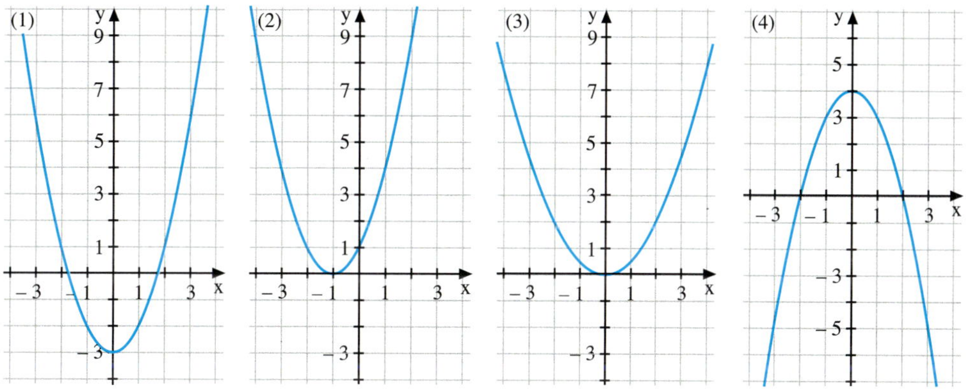

Zum Erinnern

(1) Graphen quadratischer Funktionen

Scheitelpunktsform

Man erhält den Graphen einer quadratischen Funktion f mit $f(x) = a(x - d)^2 + e$, indem man die Normalparabel nacheinander

- um d Einheiten parallel zur x-Achse verschiebt;
- parallel zur y-Achse mit dem Faktor a streckt;
- um e Einheiten parallel zur y-Achse verschiebt.

Der Scheitelpunkt des Graphen ist $S(d\,|\,e)$.

Beispiel: $f(x) = \frac{1}{2}(x - 1)^2 - 4$

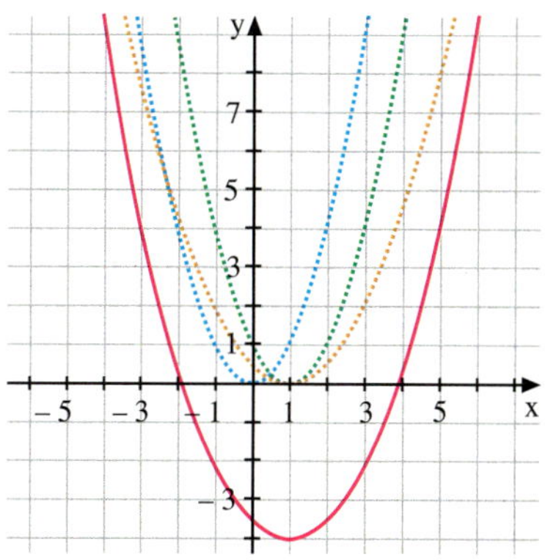

(2) Umformen eines quadratischen Funktionstermes in Scheitelpunktsform

Jeder quadratische Funktionsterm $f(x) = a x^2 + b x + c$ lässt sich in die Scheitelpunktsform umformen.

Beispiel: $y = 3x^2 + 6x - 6$
$= 3[x^2 + 2x - 2]$ (Koeffizienten von x^2 ausklammern)
$= 3[(x+1)^2 - 1 - 2]$ (Quadratisch ergänzen zur binomischen Formel)
$= 3(x+1)^2 - 9$ (Klammer auflösen)

Zum Trainieren

3. Skizziere ohne GTR die Graphen der folgenden quadratischen Funktionen

a) $y = (x-1)^2 + 4$ **c)** $y = \frac{1}{2}(x+3)^2 + 1$ **e)** $y = (x-2)^2 - 3$
b) $y = -(x+2)^2$ **d)** $y = -2x^2 + 4$ **f)** $y = \frac{1}{2}(x+2)^2 + 5$

4. Bestimme zu folgenden Graphen die Funktionsgleichung.

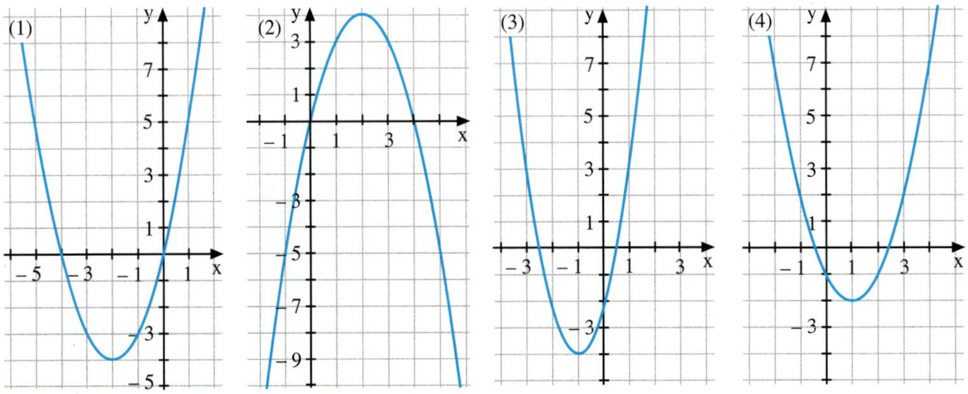

5. Forme den Funktionsterm in die Scheitelpunktsform um. Beschreibe dann den Graphen.

a) $y = 2x^2 + 8x + 4$ **c)** $y = -3x^2 - 6x + 9$ **e)** $y = -x^2 + x + 1$
b) $y = 0{,}5x^2 + 3x + 1$ **d)** $y = -4x^2 + 12x - 4$ **f)** $y = x^2 + x$

6. Bestimme die Schnittpunkte des Graphen mit den Koordinatenachsen.

a) $y = x^2 + 3x + 2$ **c)** $y = x^2 + 4x + 5$ **e)** $y = -x^2 - 2x + 8$
b) $y = x^2 + x - 12$ **d)** $y = 2x^2 + 10x + 12$ **f)** $y = -2x^2 - 4x - 6$

7. Gib die Gleichung einer quadratischen Funktion an, deren Graph bei $P(3|2)$ den Tiefpunkt hat und die y-Achse im Punkt $Q(0|6)$ schneidet.

8. Der Brückenbogen soll parabelförmig sein. Führe ein geeignetes Koordinatensystem ein und bestimme eine Funktionsgleichung für den Brückenbogen.

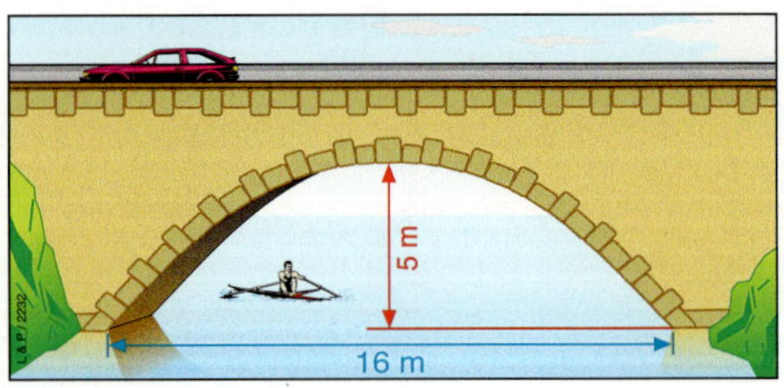

Bleib fit im Umgang ...
mit Umkehrfunktionen – Quadratwurzelfunktion

Zum Aufwärmen

1. Lässt man einen Körper fallen, so gilt für den zurückgelegten Fallweg s (in Meter) in Abhängigkeit von der Fallzeit t (in Sekunden) die Formel $s = 4{,}9\,t^2$. Mithilfe dieser Weg-Zeit-Formel kannst du z. B. die Höhe eines Turmes bzw. eines Berges berechnen.

a) Leon möchte wissen, wie tief der Kanal von Korinth in den Berg gegraben wurde. Er wirft einen Stein hinunter und misst die Zeit, bis der Stein ins Wasser eintaucht: 4,1 Sekunden.

b) Stelle eine Funktion auf, die jeder Abwurfhöhe die Fallzeit zuordnet und skizziere den Graphen.

Zum Erinnern

(1) Umkehrfunktion einer Form

In Aufgabe 1 haben wir zu der Funktion *Zeit* → *Weg* die Umkehrzuordnung *Weg* → *Zeit* betrachtet. Auch diese Zuordnung ist eine Funktion.

Definition

Kehrt man bei einer Funktion f die Zuordnungsrichtung um, so erhält man die umgekehrte Zuordnung. Ist diese Umkehrzuordnung wieder eine Funktion, so heißt die ursprüngliche Funktion *umkehrbar*. Die durch die Umkehrung erhaltene Funktion heißt **Umkehrfunktion** von f; wir bezeichnen sie mit f*.

Die Wertemenge der Funktion f wird zur Definitionsmenge der Umkehrfunktion f*. Entsprechend wird die Definitionsmenge der Funktion f zur Wertemenge der Umkehrfunktion f*.

(2) Vom Graphen von f zum Graphen von f*

Die Graphen der Funktionen f und f* sind symmetrisch (spiegelbildlich) zur ersten Winkelhalbierenden des Koordinatensystems.

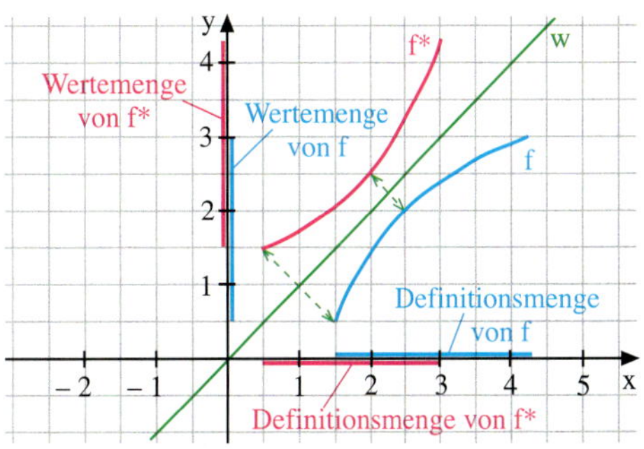

(3) Quadratwurzelfunktion – Aufstellen der Zuordnungsvorschrift für die Umkehrfunktion

$\mathbb{R}_+$ = Menge der nichtnegativen reellen Zahlen.

Die Normalparabel ist der Graph der Quadratfunktion f mit $f(x) = x^2$ mit $\mathbb{R}$ als Definitionsmenge. Damit die Funktion f umkehrbar wird, muss die Definitionsmenge beispielsweise auf $\mathbb{R}_+$ eingeschränkt werden. Den Graphen der Umkehrfunktion f* kann man durch Spiegeln des rechten Zweigs der Normalparabel an der ersten Winkelhalbierenden erhalten.

Den Funktionsterm der Umkehrfunktion f* kann man folgendermaßen rechnerisch bestimmen.

- Schreibe die Funktionsgleichung von f auf: $y = x^2$ (mit $x \geq 0$)
- Löse nach x auf: $x = \sqrt{y}$
- Vertausche x und y: $y = \sqrt{x}$
- Gib die Vorschrift der Umkehrfunktion f* an: $f^*: x \to \sqrt{x}$

Definition

Die Funktion mit dem Funktionsterm $f(x) = \sqrt{x}$ für $x \geq 0$ heißt **Quadratwurzelfunktion**.

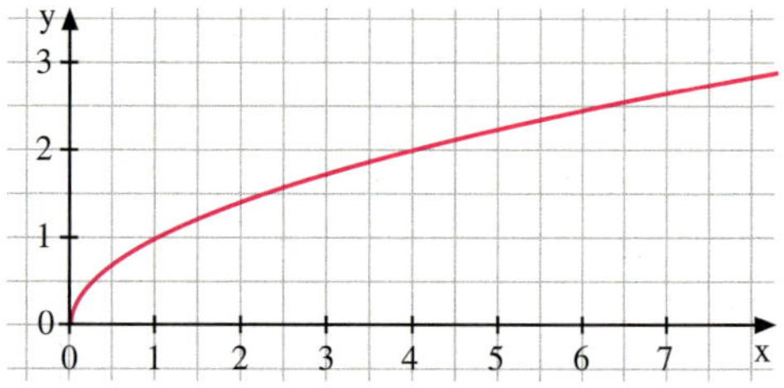

Zum Trainieren

2. Betrachte für einen Würfel mit der Seitenlänge x die beiden Funktionen
(1) *Seitenlänge → Oberflächeninhalt* und (2) *Oberflächeninhalt → Seitenlänge*
Erstelle Wertetabellen und zeichne die Graphen. Vergleiche beide Funktionen miteinander.

3. *Begründe:* Die Funktion f mit $y = -2x^2 + 4$ und der Definitionsmenge $\mathbb{R}$ ist nicht umkehrbar.

4. Gib an, ob die Funktion, die zu dem Graphen gehört, umkehrbar ist.

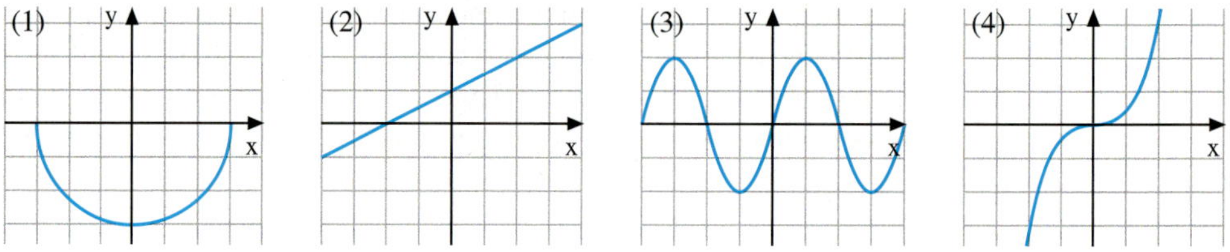

5. Zeichne den Graphen der Funktion f. Wähle dann eine geeignete Definitionsmenge, in der f umkehrbar ist, und ermittle den Funktionsterm der Umkehrfunktion.

a) $f(x) = \frac{1}{2}x^2$ **c)** $f(x) = (x-6)^2$ **e)** $f(x) = x^2 - 10x + 25$
b) $f(x) = 3x^2 + 1$ **d)** $f(x) = 2 \cdot (x+4)^2 - 3$ **f)** $f(x) = x^2 + 4x + 7$

6. Zeichne den Graphen und vergleiche mit dem der Quadratwurzelfunktion.

a) $f(x) = 3\sqrt{x}$ **b)** $f(x) = \frac{1}{3}\sqrt{x}$ **c)** $f(x) = -2\sqrt{x}$

Wird ein Körper ohne Anfangsgeschwindigkeit mit konstanter Beschleunigung geradlinig bewegt, so gilt für den zurückgelegten Weg s (in m) in Abhängigkeit der Beschleunigung a (in $\frac{m}{sec^2}$) und der Zeit t (in sec) die Formel:
$s = \frac{1}{2}at^2$

7. Ein Motorrad fährt aus dem Stand mit der konstanten Beschleunigung $a = 8\,\frac{m}{sec^2}$ los.

a) Zeichne den Graphen der Funktion *Fahrzeit (in sec) → zurückgelegter Weg (in m).*

b) Zeichne den Graphen der Funktion *zurückgelegter Weg (in m) → Fahrzeit (in sec).*

c) Berechne, in welcher Zeit das Motorrad 50 m [100 m; 0,5 km] zurücklegt. Überprüfe dein Ergebnis am Graphen.

1. POTENZEN UND POTENZFUNKTIONEN

Das englische Wort für Säure ist acid.

Die Erbinformation eines Lebewesens ist in Desoxyribonucleinsäure-Molekülen, kurz DNA-Molekülen, gespeichert. Diese kommen in fast jeder Zelle des Lebewesens vor. Die DNA-Moleküle sind so lang, dass sie dort nur in kompakt aufgespulter Form Platz finden und vom Aussehen her an eine verdrehte Strickleiter – eine „Doppelhelix“ – erinnern.
Aneinandergereiht ergäben die fadenförmigen Moleküle aller 60 000 000 000 000 Zellen eines Menschen eine Strecke mit der Länge 120 000 000 000 Kilometer.

- *Vergleiche diese Länge mit der Entfernung von der Erde zur Sonne, die ca. 149 000 000 km beträgt.*
- *Wie lang sind die aneinander gereihten DNA-Moleküle der einzelnen Zelle?*

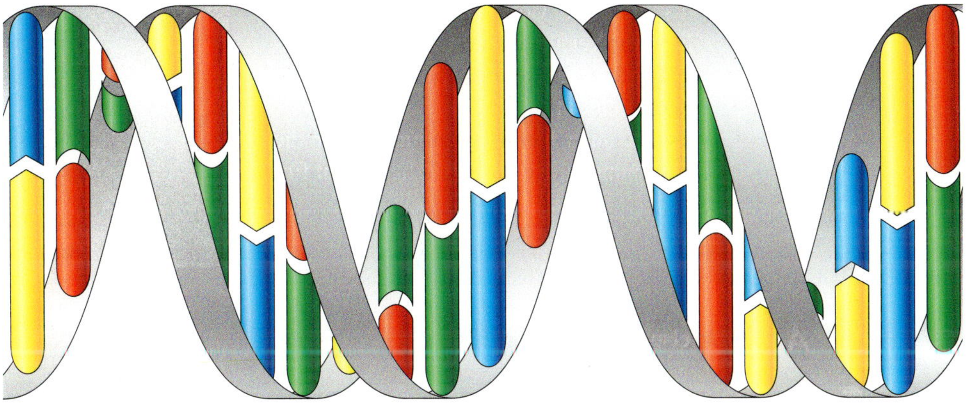

1 nm = 0,000000001 m

Die einzelnen Bausteine der DNA haben winzige Ausmaße. So beträgt die Dicke (Durchmesser) der Doppelhelix nur ca. 2 Nanometer (2 nm). Die Höhe einer Windung ist ca. 0,0000034 mm.

- *Gib die Dicke der DNA in Millimetern an und vergleiche sie mit der Dicke eines Haares.*

Wie man sehr große und sehr kleine positive Zahlen mithilfe von Potenzen übersichtlich darstellen kann, kennst du schon von der Darstellung solcher Zahlen auf dem Taschenrechner. In diesem Kapitel wirst du dein Wissen über Potenzen und das Rechnen mit ihnen erweitern.

Lernfeld: Mit „... hoch...“ hoch hinaus

Zweimal hoch, was ergibt das?

- Mehmed hat zwei Potenzen multipliziert und ein einfaches Ergebnis erhalten.
  Begründet seine Überlegungen.
  Könnt ihr diese auch auf andere Exponenten verallgemeinern?

$$a^2 \cdot a^3 = \underbrace{a \cdot a} \cdot \underbrace{a \cdot a \cdot a} = a^5$$

- Betrachtet nun auch andere Rechenoperationen als das Multiplizieren und versucht, Gesetze für das Rechnen mit Potenzen herauszufinden.
  Formuliert sie und versucht sie zu begründen.

CAS

- Falls ihr ein Computer-Algebra-System (CAS) zur Verfügung habt, untersucht, welche Ergebnisse dieses beim Rechnen mit Potenzen liefert.
  Versucht auch hier Begründungen für die Umformungen, die das CAS liefert, zu finden.

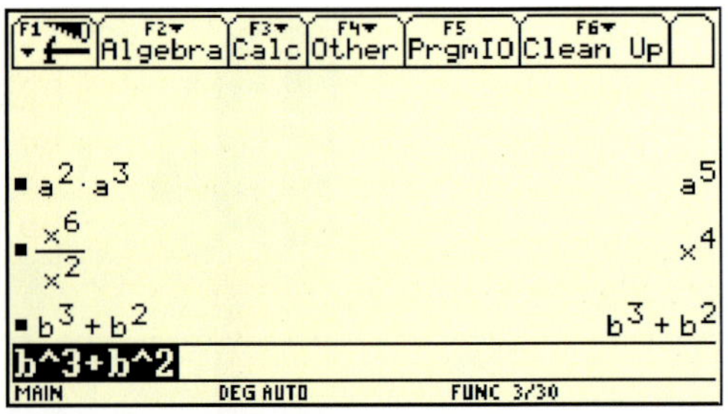

Würfelspiel „Sechs ist aus“

- Werft 40 Würfel gleichzeitig. Einige davon zeigen dann eine Sechs, sortiert diese aus. Werft die übrigen Würfel wieder gleichzeitig und sortiert wieder diejenigen aus, die eine Sechs zeigen, usw.
  Wie verändert sich die Anzahl der Würfel, die noch im Spiel sind, im Lauf der Spiele?

- Führt dazu solche Spielserien mehrfach durch. Vergleicht eure Ergebnisse mithilfe grafischer Auftragungen.
  Um schneller mehr Versuchsergebnisse zu erhalten, könnt ihr auch Simulationen mit dem Rechner durchführen.

- Gebt eine Prognose für das Durchführen dieses Würfelspiels: Wie viele Würfel sind im 1., 2., ..., n-ten Spiel noch vorhanden?

1.1 Potenzen mit ganzzahligen Exponenten

1.1.1 Definition und Anwendung der Potenzen mit natürlichen Exponenten

Aufgabe 1

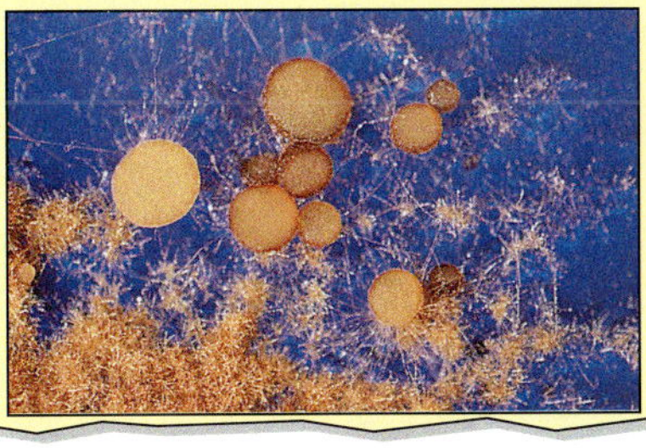

HEFE

Hefen sind einzellige Lebewesen, die eine große Rolle bei der Herstellung von Lebensmitteln und alkoholischen Getränken spielen.
Unter bestimmten Bedingungen vermehren sich die Hefezellen so schnell, dass jede Stunde eine Verdoppelung stattfindet.

Wir betrachten eine zu Beginn 1 cm^3 große Hefekultur, deren Größe sich jede Stunde verdoppelt.

a) Notiere die Größe der Hefekultur zu Beginn, nach 1 Stunde, nach 2 Stunden, nach 3 Stunden, … übersichtlich in einer Tabelle. Verwende dabei Potenzen.

b) Versuche eine Formel anzugeben, mit der man für jeden Zeitpunkt t das Volumen V (t) berechnen kann.

c) Wie groß ist die Kultur nach 20 Stunden?

Lösung

a) Für jeden Zeitpunkt t (in h) bezeichnen wir das in cm^3 angegebene Volumen der Hefekulturen mit V (t).

		+1	+1	+1	+1	+1	+1	
Zeitpunkt t der Beobachtung (in h)	0	1	2	3	4	5	6	…
Volumen V (t) der Kultur (in cm^3)	1	$2 = 2^1$	$4 = 2^2$	$8 = 2^3$	$16 = 2^4$	$32 = 2^5$	$64 = 2^6$	…
		$\cdot 2$	$\cdot 2$	$\cdot 2$	$\cdot 2$	$\cdot 2$	$\cdot 2$	

$\mathbb{N} = \{0, 1, 2, 3 \cdots\}$
$\mathbb{N}^* = \{1, 2, 3 \cdots\}$

b) Für $t \in \mathbb{N}^*$ gilt: Die Zahl, die den Zeitpunkt angibt, und der Exponent der zugehörigen Potenz stimmen jeweils überein.
Die Abhängigkeit wird demnach beschrieben durch $V(t) = 2^t$ mit $t \in \mathbb{N}^*$. Für $t = 0$ können wir diese Formel nicht verwenden, da wir 2^0 (noch) nicht definiert haben.

c) Wir gehen davon aus, dass sich die Größe der Hefekultur weiterhin jede Stunde verdoppelt.
Die Größe der Kultur nach 20 Stunden beträgt 2^{20} cm^3. Es gilt:

$$2^{20} = \underbrace{2 \cdot 2 \cdot 2 \cdot \ldots \cdot 2}_{\text{20 Faktoren 2}} = 1\,048\,576$$

Ergebnis: Das Volumen der Kultur nach 20 Stunden beträgt 1 048 576 cm^3, das sind 1,048576 m^3, also rund 1 m^3.
Das trifft aber nur zu, falls sich zwischenzeitlich die Wachstumsbedingungen nicht verändern.

Information

(1) Definition der Potenz für natürliche Exponenten

In der Lösung der Aufgabe 1 haben wir die Größe der Hefekultur übersichtlich mithilfe von Potenzen angeben können. Um auch zu Beginn der Beobachtung die Größe der Hefekultur mit $V(t) = 2^t$ beschreiben zu können, ist es sinnvoll, 2^0 als 1 zu definieren.

Potenz ⟨**lat.** »Macht«⟩ Math.: Produkt aus gleichen Faktoren

Basis ⟨**griech.** »Grundlage«⟩ Math.: Grundzahl

Exponent ⟨**lat.** »der Hervorgehobene«⟩ Math.: Hochzahl

Definition: *Potenzen mit natürlichen Exponenten*

Für reelle Zahlen a und natürliche Zahlen n gilt:

$\mathbf{a^0 = 1}$	also:
$\mathbf{a^1 = a}$	$a^2 = a \cdot a$
$\mathbf{a^n = \underbrace{a \cdot a \cdot \ldots \cdot a}_{n \text{ Faktoren } a}}$ (für $n > 1$)	$a^3 = a \cdot a \cdot a$
	$a^4 = a \cdot a \cdot a \cdot a$

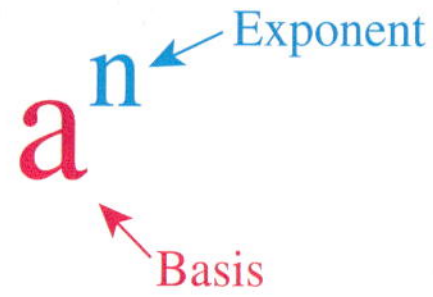

Beispiele:

$3^7 = \underbrace{3 \cdot 3 \cdot 3 \cdot 3 \cdot 3 \cdot 3 \cdot 3}_{7 \text{ Faktoren } 3} = 2\,187$

$(-5)^3 = \underbrace{(-5) \cdot (-5) \cdot (-5)}_{3 \text{ Faktoren } (-5)} = -125$

$(\sqrt{3})^5 = \underbrace{\sqrt{3} \cdot \sqrt{3} \cdot \sqrt{3} \cdot \sqrt{3} \cdot \sqrt{3}}_{5 \text{ Faktoren } \sqrt{3}} = 9 \cdot \sqrt{3}$

$\left(\frac{2}{3}\right)^4 = \underbrace{\frac{2}{3} \cdot \frac{2}{3} \cdot \frac{2}{3} \cdot \frac{2}{3}}_{4 \text{ Faktoren } \frac{2}{3}} = \frac{16}{81}$

$5^0 = 1; \quad \left(-\frac{1}{2}\right)^0 = 1$

$(\sqrt{2})^0 = 1; \quad 0^0 = 1$

(2) Zehnerpotenzen – Vorsilben

(a) Die Zahlen 10, 100, 1 000 usw. schreibt man häufig übersichtlich als Potenz der Zahl 10.

10^n bedeutet eine 1 mit n Nullen

	$10 =$	10^1
	$100 =$	10^2
	$1\,000 =$	10^3
	$10\,000 =$	10^4
	$100\,000 =$	10^5
1 Million =	$1\,000\,000 =$	10^6
1 Milliarde =	$1\,000\,000\,000 =$	10^9
1 Billion =	$1\,000\,000\,000\,000 =$	10^{12}

(b) Gewisse Vorsilben bei Maßeinheiten bedeuten Zehnerpotenzen:

Kilo ⟨**griech.**⟩ tausend
Mega ⟨**griech.**⟩ groß
Giga ⟨**griech.**⟩ riesig
Tera ⟨**griech.**⟩ ungeheuer groß
Peta ⟨**griech.**⟩ alles umfassen
Exa ⟨**griech.**⟩ über alles

Potenz	Vorsilbe	Abkürzung	Beispiel
10^2	Hekto	h	Hektoliter: 1 hl $= 10^2$ l
10^3	Kilo	k	Kilometer: 1 km $= 10^3$ m
10^6	Mega	M	Megatonne: 1 Mt $= 10^6$ t
10^9	Giga	G	Gigahertz: 1 GHz $= 10^9$ Hz
10^{12}	Tera	T	Terawattstunde: 1 TWh $= 10^{12}$ Wh
10^{15}	Peta	P	Petahertz: 1 PHz $= 10^{15}$ Hz
10^{18}	Exa	E	Exasekunde: 1 Es $= 10^{18}$ s

(c) Du kennst die Vorsilben Kilo, Mega, Giga, Tera und Peta auch bei der Einheit Byte zur Beschreibung der Speicherkapazität in Zusammenhang mit Computern. Dort bedeuten sie aber etwas geringfügig anderes:

1 kB	$= 2^{10}$ Byte =	1 024 Byte	$\approx 10^3$ Byte
1 MB	$= 2^{20}$ Byte =	1 048 576 Byte	$\approx 10^6$ Byte
1 GB	$= 2^{30}$ Byte =	1 073 741 824 Byte	$\approx 10^9$ Byte
1 TB	$= 2^{40}$ Byte =	1 099 511 627 776 Byte	$\approx 10^{12}$ Byte
1 PB	$= 2^{50}$ Byte =	1 125 899 906 842 624 Byte	$\approx 10^{15}$ Byte
1 EB	$= 2^{60}$ Byte =	1 152 921 504 606 846 976 Byte	$\approx 10^{18}$ Byte

Weiterführende Aufgabe

2. *Normdarstellung von Zahlen*

Große Zahlen schreibt man häufig als Produkt einer Zehnerpotenz und einer Zahl zwischen 1 und 10; im Gegensatz zur 1 wird die 10 nicht verwendet. Damit kann man die große Zahl besser überblicken. Zwei Beispiele dazu sind:

$\cdot 10^8$ bewirkt Kommaverschiebung um 8 Stellen nach rechts

(a) Abstand der Erde von der Sonne: 149 000 000 km = $1{,}49 \cdot 10^8$ km

(b) Anzahl der Atome in 12 g Kohlenstoff ^{12}C (so genannte Avogadro'sche Zahl): $6{,}02 \cdot 10^{23}$

Diese Zahldarstellung heißt *Normdarstellung* bzw. *Schreibweise mit abgetrennter Zehnerpotenz*. Sie wird auch *scientific notation* genannt, weil sie oft in den Naturwissenschaften verwendet wird.

$34\,785 = 3{,}4785 \cdot 10^4$

a) Schreibe mit abgetrennter Zehnerpotenz.
(1) 78 543 (2) 28 433 (3) 9 245 682 (4) 10 000

b) Berechne mit dem Taschenrechner die Potenzen $9\,999^2$, $9\,999^3$, $9\,999^4$, …
Was fällt auf? Gib eine Erklärung dafür.

```
9999^2
              99980001
9999^3
           9.9970003E11
9999^4
           9.9960006E15
```

c) Suche in der Bedienungsanleitung deines Taschenrechners, wie du Zahlen in Normdarstellung verkürzt in den Rechner eingeben kannst.
Gib in Normdarstellung ein: (1) $3{,}45678 \cdot 10^{13}$ (2) $-1{,}46001 \cdot 10^7$ (3) 10^8

Übungsaufgaben

3. Lies den Text aus einem Biologiebuch.

Bakterien als Krankheitserreger

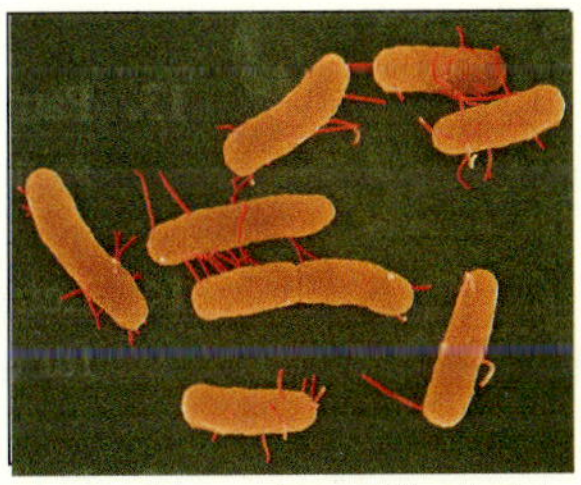

Vormittags hatte Ilona in der Stadt ein Hackfleischbrötchen gegessen. Abends fühlte sie sich sehr schlapp. Am nächsten Morgen hatte sie Durchfall, Erbrechen und Fieber. Der herbeigerufene Arzt stellte eine Lebensmittelvergiftung fest. Das Hackfleisch war mit Bakterien verunreinigt gewesen. Es handelte sich um Salmonellen.
Salmonellen werden erst durch längeres Kochen oder Braten abgetötet. Daher besteht beim Verzehr von rohen oder nur kurz erhitzten Eiern und Fleischwaren die Gefahr einer Infektion. Besonders riskant wird es, wenn salmonellenhaltige Nahrungsmittel im warmen Raum stehen bleiben. Da sich die Anzahl der Bakterien jede Stunde verdoppelt, können aus zehn Bakterien in einigen Stunden zehn Millionen Bakterien werden, eine Menge, die tödlich wirken kann.

a) Notiere das Wachstum der Salmonellen übersichtlich in einer Tabelle. Am Anfang soll eine Salmonelle vorhanden sein. Verwende dabei auch Potenzen.

b) Gib an, wie man die Anzahl der Salmonellen zu jeder vollen Stunde berechnen kann.

c) Kontrolliere mithilfe des GTR die Behauptung des letzten Satzes des obigen Textes.

4. Berechne ohne Taschenrechner möglichst geschickt.

a) $10^0;\ 10^1;\ 10^2;\ \ldots;\ 10^{10}$

b) $2^0;\ 2^1;\ 2^2;\ \ldots;\ 2^{10}$

c) $3^0;\ 3^1;\ 3^2;\ \ldots;\ 3^6$

d) $5^0;\ 5^1;\ 5^2;\ \ldots;\ 5^5$

e) $(-2)^0;\ (-2)^1;\ (-2)^2;\ \ldots;\ (-2)^{10}$

f) $0{,}1^0;\ 0{,}1^1;\ 0{,}1^2;\ \ldots;\ 0{,}1^5$

g) $\left(\frac{1}{2}\right)^0;\ \left(\frac{1}{2}\right)^1;\ \left(\frac{1}{2}\right)^2;\ \ldots;\ \left(\frac{1}{2}\right)^{10}$

h) $(\sqrt{2})^0;\ (\sqrt{2})^1;\ (\sqrt{2})^2;\ \ldots;\ (\sqrt{2})^6$

5. *Partnerarbeit:* Führe mit deinem Partner Kopfrechenübungen durch, für die es vorteilhaft ist, Potenzen auswendig zu wissen.

6. Setze das passende Zeichen <, > oder =.

a) 2^4 ▢ 2^5 **b)** 2^4 ▢ 3^4 **c)** $\left(\frac{1}{2}\right)^3$ ▢ $\left(\frac{1}{2}\right)^4$ **d)** 2^4 ▢ 4^2 **e)** 3^0 ▢ 7^0

7. Sowohl Produkt als auch Potenz sind Kurzschreibweisen. Schreibe ausführlicher und vergleiche.

a) $2 \cdot 5$ und 2^5 **b)** $5 \cdot 2$ und 5^2 **c)** $(-2) \cdot 2$ und $(-2)^2$ **d)** $(-3) \cdot 4$ und $(-3)^4$

8. Berechne und vergleiche. Beschreibe, was dir auffällt.

a) 2^3 und 3^2 **c)** $(-5)^4$ und -5^4 **e)** $(-2)^3$ und -2^3
b) $(-5)^3$ und 5^3 **d)** $(-2)^2$ und -2^2 **f)** $(2^2)^3$ und $2^{(2^3)}$

9. Wann ist eine Potenz a^n mit $n \in \mathbb{N}$ positiv, wann ist sie negativ?

10. Julia behauptet: „Nicht immer ist eine Potenz ein Produkt aus gleichen Faktoren.“ Was meinst du dazu? Erkläre.

11. Marc hat Schwierigkeiten mit der Definition von 0^0. Zeichne den Graphen der Funktion mit der Gleichung $y = x^0$. Erläutere damit, dass die Definition sinnvoll ist.

12. Berechne ohne Taschenrechner und vergleiche. Beachte Klammern.

a) $(-2)^4$, -2^4 **b)** $(-4)^3$, -4^3 **c)** $(-\sqrt{3})^0$, $\sqrt{3^0}$ **d)** $(-\sqrt{100})^4$, $-\sqrt{100}^{\,4}$ **e)** $(2^3)^2$, $2^{(3^2)}$ **f)** $(-2)^3$, $(-3)^2$

13. Patrick wollte die Zahl -47 mit 4 potenzieren. Die Ausgabe seines Taschenrechners überrascht ihn.

```
-47^4
                -4879681
```

14. Lena behauptet „Eine Potenz ist nur eine Kurzschreibweise für ein Produkt.“ Was meinst du dazu?

15. Du kannst auch Potenzen mit dem Taschenrechner berechnen. Manche Aufgaben sind auch für das Kopfrechnen geeignet.

a) $1{,}1^3$ **c)** $3{,}7^0$ **e)** $(\sqrt{7})^8$ **g)** $\left(-\frac{5}{8}\right)^0$ **i)** $0{,}98^{10}$
b) $\left(\frac{3}{5}\right)^4$ **d)** $\left(-\frac{2}{3}\right)^3$ **f)** $(-0{,}1)^8$ **h)** $\left(\frac{1}{\sqrt{2}}\right)^4$ **j)** $1{,}01^{20}$

16. *Partnerarbeit:* Findet möglichst viele verschiedene Darstellungen der Zahlen als Potenzen.

a) 64 **c)** 625 **e)** 400 **g)** $\frac{1}{256}$ **i)** $\frac{32}{243}$ **k)** 1
b) -125 **d)** 256 **f)** 10 000 **h)** $\frac{1}{81}$ **j)** 0,125 **l)** 6,25

17. Unten siehst du 6 Figuren aus Punkten. Denke dir diese Folge von Figuren fortgesetzt. Wie viele Punkte sind in der 12. Figur?

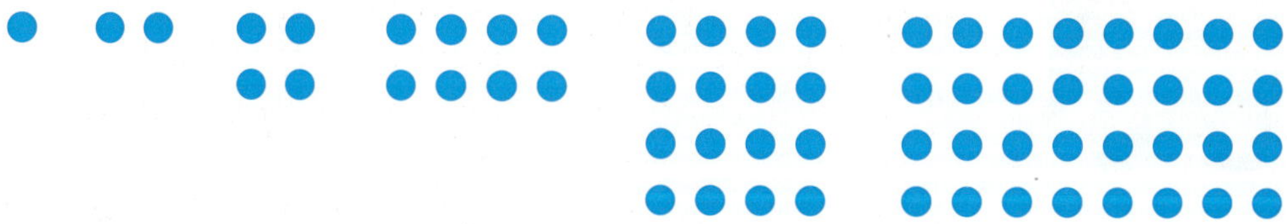

18. Welches ist die größte Zahl, die man mit 2 Ziffern [mit 3 Ziffern] schreiben kann?

19. Wir betrachten eine Schimmelpilzkultur, die zu Beginn 1 cm^2 groß ist und ihre Größe jede Stunde verdreifacht [ver-2,5-facht].

a) Beschreibe den Wachstumsvorgang durch eine Tabelle.

b) Gib eine Formel an, welche die Größe der Schimmelpilzkultur in Abhängigkeit von der Zeit beschreibt.

Penicillin

Der britische Bakteriologe Alexander Fleming entdeckte 1928, dass ein Schimmelpilz, Pinselschimmel Penicillium notatum, besonders wirksam gegen Bakterien ist.
Noch heute wird das Antibiotikum Penicillin daraus gewonnen.

20. Radioaktive Stoffe wandeln sich von selbst in andere Stoffe um. Man sagt: sie zerfallen.
Iod 131 entsteht bei der Spaltung von Urankernen im Atomreaktor. Es ist radioaktiv und zerfällt in jeder Woche um die Hälfte. Beim Brand des Atomreaktors in Tschernobyl wurde es in die Atmosphäre geschleudert und vom Wind in ganz Europa verteilt.
Auf einer bestimmten Fläche sind 512 mg Iod 131 niedergegangen. Wie viel mg befinden sich dann dort am Ende der 1., 2., 3., ..., 10. Woche? Lege eine Tabelle an.
Gib eine Formel an, welche die noch vorhandene Masse in Abhängigkeit von der Zeit beschreibt.

21. **a)** Schreibe in Normdarstellung: 3 507; 48,5; 112,304; 754 804,8

b) Schreibe ohne Zehnerpotenz: $4{,}3 \cdot 10^2$; $8{,}357 \cdot 10^3$; $7{,}2 \cdot 10^5$; $3{,}75421 \cdot 10^4$

22. Schreibe ausführlich und lies.

a) Volumen der Erde: 10^{12} km^3

b) Größe von Afrika: $3{,}03 \cdot 10^7$ km^2

c) Entfernung Erde – Sonne: $1{,}5 \cdot 10^8$ km

d) Umfang der Erdbahn: $9{,}4 \cdot 10^8$ km

23. Schreibe in Normdarstellung.

a) Lichtgeschwindigkeit: 300 000 $\frac{km}{s}$

b) Durchmesser der Sonne: 1 390 000 km

c) Entfernung Erde – Mond: 384 000 km

d) Größe von Asien: 41 600 000 km^2

e) Entfernung Sonne – Neptun: 4 500 Mio. km

f) Ältester Stein der Erde: 3,962 Mrd. Jahre

24. So wie der Schall braucht auch das Licht zum Durchlaufen einer Strecke eine gewisse Zeit. In einer Sekunde legt das Licht ziemlich genau $3 \cdot 10^5$ km zurück. Eine Strecke ist ein Lichtjahr lang, wenn das Licht zum Durchlaufen der Strecke 1 Jahr benötigt.

a) Gib ein Lichtjahr in km an.

b) Die Entfernung Sonne – Erde beträgt $1{,}5 \cdot 10^8$ km.
Wie lange braucht das Licht, um von der Sonne zur Erde zu gelangen?

c) Manche Astronomen schätzen, dass der Durchmesser der Milchstraße 100 000 Lichtjahre beträgt. Wie viel km sind das?

d) Der Fixstern Sirius ist 7 Lichtjahre von der Erde entfernt. Nimm an, ein Raumschiff würde mit Schallgeschwindigkeit (333 $\frac{m}{s}$) von der Erde zum Sirius fliegen.
Wie viele Jahre wäre es unterwegs?

25. **a)** Beim Computer kann man sich die Speicherkapazität sowie den belegten bzw. freien Speicher anzeigen lassen.
Prüfe die im Bild angegebenen Umrechnungen von Byte in GB.
Wie wurde gerundet?

b) Ein am PC bearbeiteter und gedruckter Brief im DIN-A4-Format benötigt ca. 22 kB Speicherplatz.
Wie viele solcher Briefe kann man auf einem 32-MB-Memory-Stick speichern?

c) Wie viele Briefe können etwa auf einer CD-ROM mit 650 MB [einer Festplatte mit 80 GB] Speicherkapazität gespeichert werden?

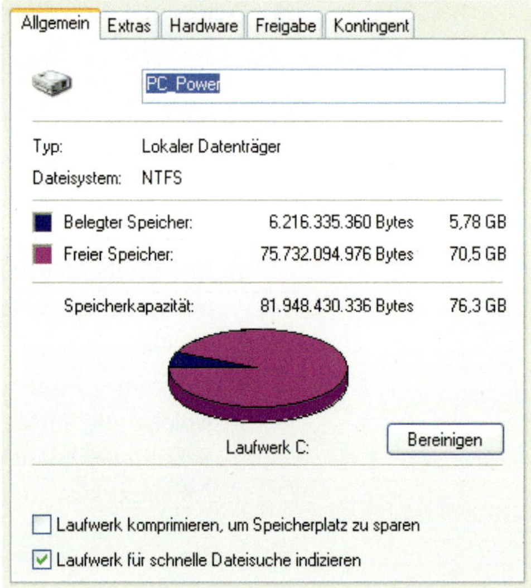

1.1.2 Erweiterung des Potenzbegriffs auf negative ganzzahlige Exponenten

Aufgabe 1

In der Aufgabe 1 auf Seite 13 haben wir eine Hefekultur betrachtet, deren Größe sich jede Stunde verdoppelt. Zu Beginn der Beobachtung war sie 1 cm^3 groß.

a) Wie groß war die Hefekultur vor dem Beginn der Beobachtung, also zu den Zeitpunkten -1 h, -2 h, -3 h, ...? Setze die Tabelle von Seite 13 nach rückwärts fort.

b) Versuche, die Tabelle mit Formeln zu beschreiben.

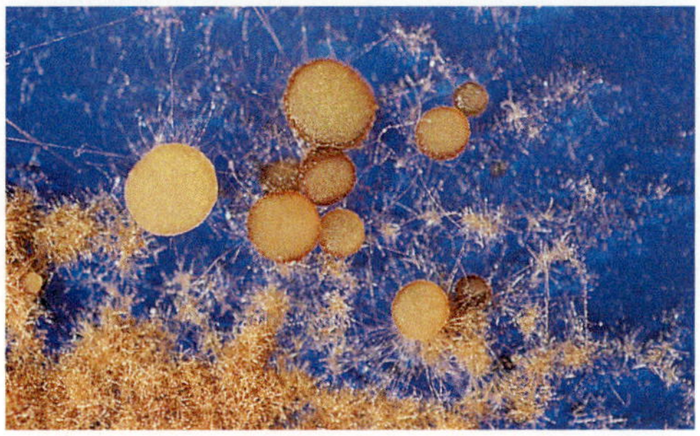

Lösung

a) Zum Zeitpunkt 0 h war die Kultur 1 cm^3 groß.
Zum Zeitpunkt -1 h war sie halb so groß, also $\frac{1}{2}\,cm^3$.
Zum Zeitpunkt -2 h war sie wieder halb so groß wie zum Zeitpunkt -1 h, also $\frac{1}{4}\,cm^3$.

−1 −1 −1 −1

Zeitpunkt t der Beobachtung (in h)	...	-4	-3	-2	-1	0	1	2	3	4	...
Volumen V (t) der Kultur (in cm^3)	...	$\frac{1}{2^4}$	$\frac{1}{2^3}$	$\frac{1}{2^2}$	$\frac{1}{2^1}$	1	2^1	2^2	2^3	2^4	...

:2 :2 :2 :2

$\mathbb{Z} = \{0; 1; -1; 2; -2; ...\}$

b) Für $t \in \mathbb{N}$ können wir das Volumen der Kultur mit $V(t) = 2^t$ in Abhängigkeit von t berechnen.
Für $t \in \mathbb{Z}$ mit $t < 0$ können wir das Volumen der Kultur mit $V(t) = \frac{1}{2^{|t|}}$ beschreiben.

Information

(1) Definition einer Potenz für negative ganzzahlige Exponenten

Will man das Wachstum der Hefekultur in Aufgabe 1 einheitlich mit $V(t) = 2^t$ beschreiben, so muss man festlegen: $2^{-1} = \frac{1}{2^1}$; $2^{-2} = \frac{1}{2^2}$; $2^{-3} = \frac{1}{2^3}$; $2^{-4} = \frac{1}{2^4}$; …

Dann lautet die Tabelle:

t	…	−4	−3	−2	−1	0	1	2	3	4	…
2^t	…	2^{-4}	2^{-3}	2^{-2}	2^{-1}	2^0	2^1	2^2	2^3	2^4	…

Wir verallgemeinern die Definition der Potenz:

Definition: *Potenzen mit negativen ganzen Zahlen als Exponenten*

Für reelle Zahlen $a \neq 0$ und natürliche Zahlen $n \in \mathbb{N}^*$ gilt:

$$\mathbf{a^{-n} = \frac{1}{a^n}}$$

Beachte: Für die Basis 0 sind Potenzen mit negativen Exponenten nicht definiert, da nicht durch null dividiert werden kann. Z.B. ist 0^{-1} nicht definiert, da $\frac{1}{0^1}$ nicht definiert ist.

Beispiele:

$5^{-2} = \frac{1}{5^2} = \frac{1}{25}$ $\qquad \left(\frac{2}{5}\right)^{-3} = \frac{1}{\left(\frac{2}{5}\right)^3} = \frac{1}{\frac{8}{125}} = \frac{125}{8}$

$(\sqrt{2})^{-2} = \frac{1}{(\sqrt{2})^2} = \frac{1}{2}$ $\qquad (-4)^{-3} = \frac{1}{(-4)^3} = -\frac{1}{64}$

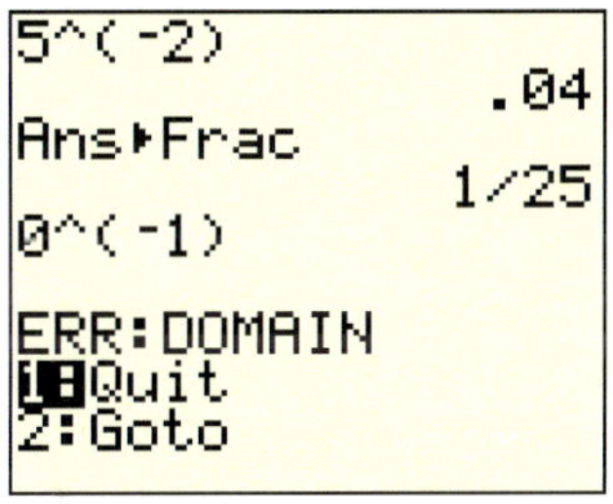

(2) Zehnerpotenzen mit negativen Exponenten

(a) Die Stellenwerte eines Dezimalbruchs rechts vom Komma, nämlich Zehntel, Hundertstel, Tausendstel, … lassen sich als Zehnerpotenz mit negativem Exponenten schreiben.

$0{,}1 = \frac{1}{10} = 10^{-1}$

$0{,}01 = \frac{1}{100} = \frac{1}{10^2} = 10^{-2}$

$0{,}001 = \frac{1}{1000} = \frac{1}{10^3} = 10^{-3}$

$0{,}0001 = \frac{1}{10000} = \frac{1}{10^4} = 10^{-4}$

Bei 10^{-4} steht die Ziffer 1 vier Stellen rechts vom Komma

(b) Gewisse Vorsilben bei Maßeinheiten bedeuten eine Zehnerpotenz mit negativem Exponenten:

Potenz	Vorsilbe	Abkürzung	Beispiel	
10^{-1}	Dezi	d	Dezimeter:	1 dm $= 10^{-1}$ m
10^{-2}	Zenti	c	Zentiliter:	1 cl $= 10^{-2}$ l
10^{-3}	Milli	m	Milliampere:	1 mA $= 10^{-3}$ A
10^{-6}	Mikro	µ	Mikrogramm:	1 µg $= 10^{-6}$ g
10^{-9}	Nano	n	Nanosekunde:	1 ns $= 10^{-9}$ s
10^{-12}	Piko	p	Pikofarad:	1 pF $= 10^{-12}$ F
10^{-15}	Femto	f	Femtosekunde:	1 fs $= 10^{-15}$ s
10^{-18}	Atto	a	Attogramm:	1 ag $= 10^{-18}$ g

Kondensator zum Speichern elektrischer Ladung

Weiterführende Aufgabe

2. *Normdarstellung kleiner positiver Zahlen*

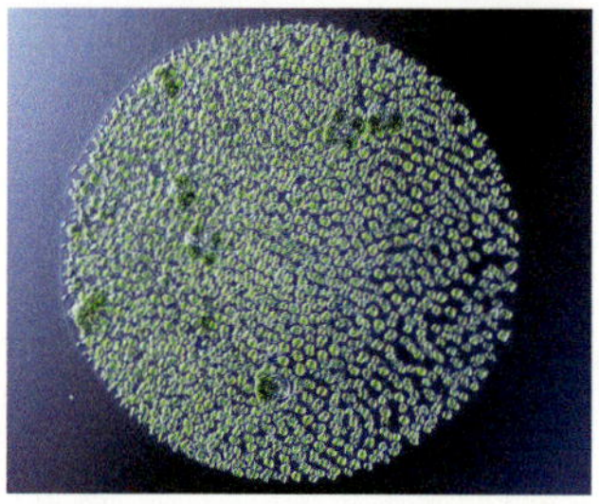

Kleine positive Zahlen kann man als Produkt einer Zahl zwischen 1 und 10 und einer Zehnerpotenz mit negativen Exponenten schreiben; im Gegensatz zur 1 wird die 10 nicht als Vorfaktor verwendet. Dann kann man sie besser überblicken.

Beispiele:

(1) Durchmesser einer Grünalge:
$7 \cdot 10^{-3}$ mm = 0,007 mm

(2) Masse der Grünalge:
10^{-7} mg = 0,0000001 mg

Auch diese Schreibweise nennt man *Normdarstellung* bzw. *Schreibweise mit abgetrennter Zehnerpotenz* (oder *scientific notation,* weil sie in den Naturwissenschaften verwendet wird).

a) Schreibe in Normdarstellung.
(1) 0,00079 (2) 0,0000253 (3) 0,000000429 (4) 0,012 (5) 0,0001

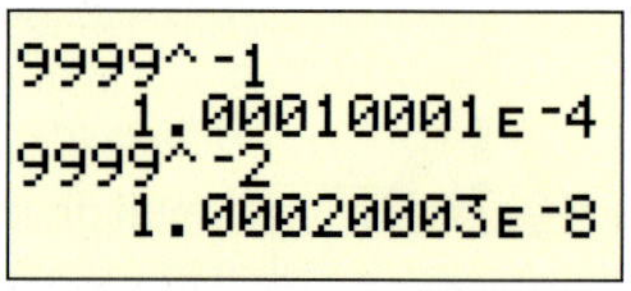

b) Berechne mit deinem Taschenrechner 9999^{-1}, 9999^{-2}, 9999^{-3}, …
Was fällt dir auf? Gib eine Erklärung dafür.

c) Gib in deinen Taschenrechner folgende Zahlen in Normdarstellung ein:
(1) $4{,}567 \cdot 10^{-3}$ (2) $-3{,}56789 \cdot 10^{-21}$ (3) -10^{-3}

Übungsaufgaben

3. In Aufgabe 3 auf Seite 15 haben wir die Vermehrung von Salmonellen betrachtet.
Zu Beginn sollen 1 Million vorhanden gewesen sein. Jede Stunde verdoppelte sich ihre Anzahl.

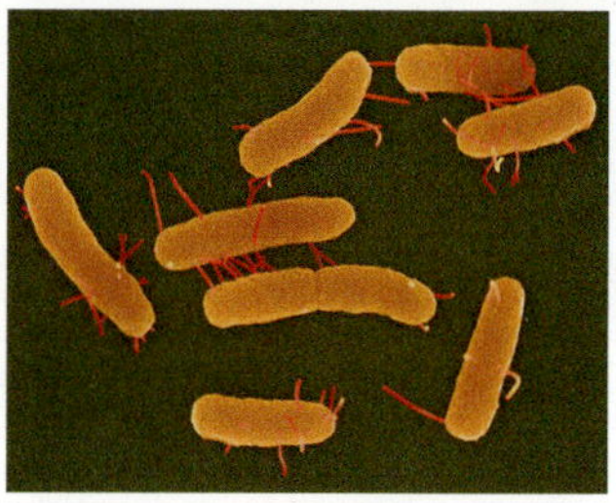

a) Wie viele Salmonellen waren 1 Stunde, 2 Stunden, … vor Beginn der Beobachtung vorhanden? Erstelle eine Tabelle.

b) Versuche Formeln anzugeben, mit denen man die Anzahl der Salmonellen in Abhängigkeit von der Zeit berechnen kann.

4. Berechne ohne Taschenrechner möglichst geschickt.

a) 10^3; 10^2; 10^1; 10^0; 10^{-1}; 10^{-2}; 10^{-3}

b) 3^3; 3^2; 3^1; 3^0; 3^{-1}; 3^{-2}; 3^{-3}

c) 5^3; 5^2; 5^1; 5^0; 5^{-1}; 5^{-2}; 5^{-3}

d) $(-4)^3$; $(-4)^2$; $(-4)^1$; $(-4)^0$; $(-4)^{-1}$; $(-4)^{-2}$; $(-4)^{-3}$

e) $\left(\frac{1}{2}\right)^3$; $\left(\frac{1}{2}\right)^2$; $\left(\frac{1}{2}\right)^1$; $\left(\frac{1}{2}\right)^0$; $\left(\frac{1}{2}\right)^{-1}$; $\left(\frac{1}{2}\right)^{-2}$; $\left(\frac{1}{2}\right)^{-3}$

5. *Partnerarbeit:* Führe mit deinem Partner Kopfrechenübungen durch, für die es vorteilhaft ist, Potenzen auswendig zu wissen.

6. Wann ist eine Potenz a^n mit $a \neq 0$ und $n \in \mathbb{Z}$ positiv, wann ist sie negativ?

7. Berechne im Kopf. Beachte die Klammern.

a) 2^{-3}; -2^3; $(-2)^3$; $(-2)^{-3}$; -2^{-3}

b) 5^{-2}; -5^2; $(-5)^2$; $(-5)^{-2}$; -5^{-2}

8. Berechne mit dem Taschenrechner.

a) 4^{-10} **b)** $0{,}7^{-8}$ **c)** $(-3{,}4)^{-7}$ **d)** $\left(\frac{2}{3}\right)^{-5}$ **e)** $\left(\sqrt{3}\right)^{-9}$ **f)** $\left(4 \cdot \sqrt{5}\right)^{-5}$

9. Kontrolliere Kevins Hausaufgaben. Erläutere deine Anmerkungen.

a) $-5^{-2} = -25$
b) $2^{-4} < 2^{-3}$
c) $0{,}1^{-2} = 100$
d) $\left(\frac{1}{2}\right)^{-3} < \left(\frac{1}{2}\right)^{3}$
e) $\left(\frac{3}{4}\right)^{-2} = -\frac{16}{9}$
f) $(-3)^{0} > (-3)^{-3}$
g) $(\sqrt{2})^{-4} < (\sqrt{2})^{-2}$
h) $(\sqrt{2})^{-6} = 2^{-3}$
i) $(-\sqrt{2})^{-3} < 0$

10. Schreibe ohne negative Exponenten, kürze dann und vereinfache.

a) $15^3 \cdot 5^{-2}$ **b)** $14^{-3} \cdot 7^5$ **c)** $21^3 \cdot 7^{-5}$ **d)** $(-2)^6 \cdot 2^{-8}$

11. *Partnerarbeit:* Findet möglichst viele verschiedene Darstellungen der Zahlen als Potenz mit negativem Exponenten.

$\frac{1}{16}$; $\frac{1}{25}$; $\frac{1}{64}$; $\frac{1}{625}$; $\frac{1}{256}$; $\frac{1}{27}$; $\frac{1}{900}$; $\frac{1}{1600}$; $\frac{1}{40000}$; $\frac{1}{250000}$; $\frac{1}{16900}$

12. Potenzen mit negativen Exponenten sind nur definiert, falls die Basis von 0 verschieden ist. Untersuche, welche einschränkende Bedingung bei folgenden Termen zu beachten ist.

a) x^{-3} **b)** $1 + z^{-2}$ **c)** $(1 + z)^{-3}$ **d)** $\frac{a^{-3}}{b^5}$ **e)** $\frac{(a+2)^{-4}}{b^{-2}}$

13. Schreibe ohne negative Exponenten.

a) $(2a)^{-3}$ **c)** $(5x)^{-1}$ **e)** $(a + b)^{-5}$ **g)** $a \cdot (x + y)^{-2}$ **i)** $\frac{x^{-2}}{y^{-1}}$

b) $(3ab)^{-4}$ **d)** $\frac{1}{x^{-4}}$ **f)** $1 + x^{-2}$ **h)** $a - x^{-1}$ **j)** $(a + 1) \cdot (b - 1)^{-3}$

14. *Partnerarbeit:* Nenne deinem Partner mit Begründung eine Darstellung ohne Bruchstrich. Wechselt nach jeder Teilaufgabe eure Rollen.

a) $\frac{1}{x}$ **d)** $\frac{1}{(\sqrt{a})^3}$ **g)** $\frac{1}{(a+b)^2}$ **j)** $\frac{4}{y^{-4}}$ **m)** $\frac{1}{x-y}$ **p)** $\frac{y^2}{z^{-3}}$

b) $\frac{1}{(a \cdot b)^3}$ **e)** $\frac{a}{c^5}$ **h)** $\frac{1}{1+z}$ **k)** $\frac{5}{z^{-4}}$ **n)** $\frac{x^{-4}}{y}$ **q)** $\frac{a^3 \cdot b^{-4}}{c^4 \cdot d^{-2}}$

c) $\left(\frac{a}{b}\right)^2$ **f)** $\frac{x^3}{4y}$ **i)** $\frac{1}{x^{-3}}$ **l)** $\frac{6}{a^2}$ **o)** $\frac{(x-y)^{-2}}{(x+y)^{-3}}$ **r)** $\frac{x^7 \cdot y^{-3}}{z^{-5} \cdot 10^{-3}}$

15. Entscheide, ob der Satz für $a > 0$ und $n \in \mathbb{N}^*$ richtig ist. Falls nein, gib ein Gegenbeispiel an.

a) Wenn n gerade ist, dann ist $a^{-n} > 0$.
b) Wenn $a^{-n} > 0$, dann ist n gerade.
c) Wenn $a > 1$, dann ist $a^{-n} < 1$.
d) Wenn $a^{-n} < 1$, dann ist $a > 1$.
e) Wenn $a < 1$, dann ist $a^{-n} > 1$.
f) Wenn $n > 1$, dann ist $a^n > 0$.

16. Denke dir die Folge der Figuren fortgesetzt. Welcher Anteil am 10. Quadrat ist grün gefärbt?

17. Schreibe die Zahl in Normdarstellung.

a) 0,01 **c)** 0,68 **e)** 0,000039 **g)** 0,00178

b) 0,07 **d)** 0,0049 **f)** 0,05731 **h)** 0,0000002647

$0{,}08 = \frac{8}{100} = \frac{8}{10^2} = 8 \cdot 10^{-2}$

18. Schreibe als Dezimalbruch.

a) $3 \cdot 10^{-2}$ **c)** $7{,}5 \cdot 10^{-6}$ **e)** $3{,}7 \cdot 10^{-8}$ **g)** $0{,}216 \cdot 10^{-3}$

b) $4{,}2 \cdot 10^{-4}$ **d)** $2{,}53 \cdot 10^{-5}$ **f)** $0{,}3 \cdot 10^{-5}$ **h)** $2{,}859 \cdot 10^{-4}$

$4{,}72 \cdot 10^{-5} = 0{,}0000472$

19. Scheibe die Zahlenangaben von Seite 11 in Normdarstellung.

20. Schreibe mit einem Dezimalbruch als Maßzahl.

(1) Durchmesser eines roten Blutkörperchens: $7 \cdot 10^{-4}$ cm

(2) Durchmesser eines bestimmten Bakteriums: $9{,}4 \cdot 10^{-5}$ cm

(3) Tägliches Wachstum beim Kopfhaar: $2{,}5 \cdot 10^{-4}$ m

(4) Täglicher Längenzuwachs eines Fingernagels: $8{,}6 \cdot 10^{-5}$ m

(5) Täglicher Gewichtszuwachs eines Fingernagels: $5{,}5 \cdot 10^{-3}$ g

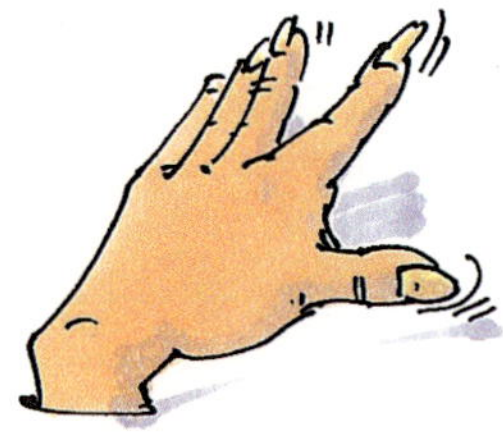

21. Schreibe in der Maßeinheit, die in Klammern steht.

a) $3 \cdot 10^{-3}$ kg (g) **b)** $5 \cdot 10^{-10}$ m (mm) **c)** $1{,}48 \cdot 10^{-6}$ mm (m)

$2 \cdot 10^{-2}$ g (kg) $3{,}2 \cdot 10^{-4}$ cm (m) $3{,}69 \cdot 10^{-9}$ g (kg)

22. **a)** Schreibe die Längenangaben in der Einheit m, und zwar einmal mit einer Zehnerpotenz und zum anderen mit einer Vorsilbe wie Piko, Nano usw.

(1) $\frac{1}{1000}$ mm (2) $\frac{1}{100000}$ cm (3) $\frac{1}{1000000}$ mm (4) $\frac{1}{100000}$ dm (5) $\frac{1}{10000}$ cm

b) Was bedeutet in der Physik die Einheit $m \cdot s^{-1}$ [$km \cdot h^{-1}$; $g \cdot cm^{-3}$; Nm^{-2}]? Schreibe die Einheit als Quotient. Welche physikalische Größe gehört zu der Einheit?

23. **a)** Gib die kleinste positive Zahl an, die dein Taschenrechner in Normdarstellung anzeigen kann.

b) Gib die größte Zahl an, die dein Taschenrechner in Normdarstellung anzeigen kann.

24. Atome bestehen aus einem kleinen, schweren Atomkern und einer großen, leichten Atomhülle, in der sich die Elektronen befinden.
Der Durchmesser eines Atoms beträgt ungefähr 10^{-10} m, der eines Atomkerns ungefähr 10^{-13} m.
Die Masse des Kerns beträgt ungefähr 99,9 % der Masse des gesamten Atoms.

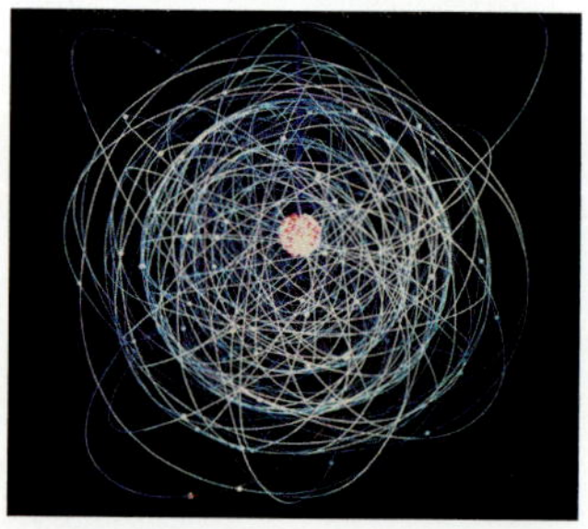

a) Stelle dir diese – fast unvorstellbaren – Größenverhältnisse an einem Heißluftballon vor. Der Heißluftballon hat einen Durchmesser von 10 m. Er soll das ganze Atom darstellen. Welchen Durchmesser hat im selben Maßstab der Atomkern? Gib einen entsprechenden Gegenstand des Alltags an.

b) Der ganze Ballon wiegt – ohne Gondel – ungefähr 10 kg. Wie schwer muss die entsprechende Kugel für den Atomkern sein?

25. Eine Uhr weicht täglich um höchstens 10^{-12} Sekunden von der richtigen Zeit ab. In wie viel Jahren weicht sie um höchstens eine Sekunde von der richtigen Zeit ab?

1.2 Potenzgesetze für ganzzahlige Exponenten und ihre Anwendung

1.2.1 Multiplizieren und Potenzieren von Potenzen

Aufgabe 1

Multiplizieren von Potenzen mit natürlichen Zahlen ungleich null als Exponenten

Vereinfache zunächst den Term und berechne ihn dann. Untersuche anschließend, ob man aus dem Rechenweg ein allgemeines Potenzgesetz folgern kann. Begründe es gegebenenfalls.

a) $2^6 \cdot 2^4$ **b)** $2^6 \cdot 5^6$ **c)** $2^5 \cdot 3^4$

Lösung

a) $2^6 \cdot 2^4 = (2 \cdot 2 \cdot 2 \cdot 2 \cdot 2 \cdot 2) \cdot (2 \cdot 2 \cdot 2 \cdot 2) = 2^{6+4} = 2^{10} = 1\,024$

Wir vermuten:

$a^m \cdot a^n = a^{m+n}$

Gleiche Basen

Wir begründen:

$$a^m \cdot a^n = \underbrace{a \cdot a \cdot \ldots \cdot a}_{\text{m Faktoren a}} \cdot \underbrace{a \cdot a \cdot \ldots \cdot a}_{\text{n Faktoren a}}$$
$$= \underbrace{a \cdot a \cdot \ldots \cdot a}_{\text{m + n Faktoren a}}$$
$$= a^{m+n}$$

b) $2^6 \cdot 5^6 = (2 \cdot 2 \cdot 2 \cdot 2 \cdot 2 \cdot 2) \cdot (5 \cdot 5 \cdot 5 \cdot 5 \cdot 5 \cdot 5)$

$= (2 \cdot 5) \cdot (2 \cdot 5) \cdot (2 \cdot 5) \cdot (2 \cdot 5) \cdot (2 \cdot 5) \cdot (2 \cdot 5) = (2 \cdot 5)^6 = 10^6 = 1\,000\,000$

Wir vermuten:

$a^n \cdot b^n = (a \cdot b)^n$

Gleiche Exponenten

Wir begründen:

$$a^n \cdot b^n = \underbrace{a \cdot a \cdot \ldots \cdot a}_{\text{n Faktoren a}} \cdot \underbrace{b \cdot b \cdot \ldots \cdot b}_{\text{n Faktoren b}}$$
$$= \underbrace{(a \cdot b) \cdot (a \cdot b) \cdot \ldots \cdot (a \cdot b)}_{\text{n Faktoren } (a \cdot b)}$$
$$= (a \cdot b)^n$$

Nach Faktoren (a · b) umsortiert (Kommutativ- und Assoziativgesetz)

c) Im Gegensatz zu den Teilaufgaben a) und b) stimmen die Potenzen 2^5 und 3^4 weder in der Basis noch in den Exponenten überein. Daher kann man den Term nicht als eine Potenz schreiben; wir berechnen den Term direkt: $2^5 \cdot 3^4 = 32 \cdot 81 = 2\,592$

Aufgabe 2

Multiplizieren von Potenzen mit ganzen Zahlen als Exponenten

Für natürliche Zahlen ungleich null als Exponenten haben wir in Aufgabe 1 gesehen, wie man das Produkt zweier Potenzen vereinfacht, falls sie gleiche Basen oder gleiche Exponenten besitzen. Bei der Begründung sind wir davon ausgegangen, dass eine solche Potenz als Produkt geschrieben werden kann. Für negative Exponenten ist das aber nicht der Fall. Untersuche daher, ob die Potenzgesetze dennoch für null und auch für negative ganze Zahlen als Exponenten gelten.

a) Überprüfe das Potenzgesetz $a^m \cdot a^n = a^{m+n}$ für folgende Fälle:

1. Fall: Ein Exponent ist 0.
Wähle als Beispiel $m = 0$, $n = -3$.

2. Fall: Ein Exponent ist positiv, der andere negativ.
Wähle als Beispiele:
(1) $n = -4;\ m = 2$ (2) $n = -4;\ m = 6$ (3) $n = -4;\ m = 4$

3. Fall: Beide Exponenten sind negativ.
Wähle als Beispiel $n = -2;\ m = -4$.

b) Überprüfe das Potenzgesetz $a^n \cdot b^n = (a \cdot b)^n$ für folgende Fälle:

1. Fall: Der Exponent ist 0, also $n = 0$.

2. Fall: Der Exponent ist negativ. Wähle als Beispiel $n = -3$.

Lösung

a) Überprüfung des Potenzgesetzes: $a^m \cdot a^n = a^{m+n}$; einschränkende Bedingung $a \neq 0$

1. Fall: Ein Exponent ist 0.

Beispiel: $a^0 \cdot a^{-3} = 1 \cdot a^{-3} = a^{-3} = a^{0+(-3)}$ für $a \neq 0$

2. Fall: Ein Exponent ist positiv, der andere negativ.

Beispiele:

(1) $a^{-4} \cdot a^2 = \frac{a^2}{a^4} = \frac{\cancel{a} \cdot \cancel{a}}{\cancel{a} \cdot \cancel{a} \cdot a \cdot a} = \frac{1}{a^2} = a^{-2} = a^{-4+2}$ für $a \neq 0$

(2) $a^{-4} \cdot a^6 = \frac{a^6}{a^4} = \frac{\cancel{a} \cdot \cancel{a} \cdot \cancel{a} \cdot \cancel{a} \cdot a \cdot a}{\cancel{a} \cdot \cancel{a} \cdot \cancel{a} \cdot \cancel{a}} = a^2 = a^{-4+6}$ für $a \neq 0$

(3) $a^{-4} \cdot a^4 = \frac{a^4}{a^4} = 1 = a^0 = a^{-4+4}$ für $a \neq 0$

3. Fall: Beide Exponenten sind negativ.

Beispiel: $a^{-2} \cdot a^{-4} = \frac{1}{a^2} \cdot \frac{1}{a^4} = \frac{1}{a^{2+4}} = a^{-(2+4)} = a^{-2+(-4)}$ für $a \neq 0$

Das Potenzgesetz gilt in allen drei Fällen.

b) Überprüfung des Potenzgesetzes: $a^n \cdot b^n = (a \cdot b)^n$; einschränkende Bedingung: $a \neq 0, b \neq 0$

1. Fall: Der Exponent ist 0. Dann gilt: $a^0 \cdot b^0 = 1 \cdot 1 = 1 = (a \cdot b)^0$

2. Fall: Der Exponent ist negativ.

Beispiel: $a^{-3} \cdot b^{-3} = \frac{1}{a^3} \cdot \frac{1}{b^3} = \frac{1}{a^3 \cdot b^3} = \frac{1}{(a \cdot b)^3} = (a \cdot b)^{-3}$ für $a \neq 0, b \neq 0$

Das Potenzgesetz gilt in beiden Fällen.

Information

(1) Formulierung der Potenzgesetze für das Multiplizieren von Potenzen

Potenzgesetz für die Multiplikation von Potenzen mit gleicher Basis

(P1) $\mathbf{a^m \cdot a^n = a^{m+n}}$ für $a \neq 0$ und $m \in \mathbb{Z}, n \in \mathbb{Z}$

Man multipliziert Potenzen mit gleicher Basis, indem man die Exponenten addiert.
Die Basis bleibt erhalten.

Beispiele: $2^{-3} \cdot 2^5 = 2^{-3+5} = 2^2 = 4$; $u^{-2} \cdot u^{-3} = u^{(-2)+(-3)} = u^{-5}$ für $u \neq 0$

Potenzgesetz für die Multiplikation von Potenzen mit gleichem Exponenten

(P2) $\mathbf{a^n \cdot b^n = (a \cdot b)^n}$ für $a \neq 0, b \neq 0$ und $n \in \mathbb{Z}$

Man multipliziert Potenzen mit gleichem Exponenten, indem man die Basen multipliziert.
Der Exponent bleibt erhalten.

Beispiele: $4^3 \cdot 25^3 = (4 \cdot 25)^3 = 100^3 = 1\,000\,000$; $x^{-2} \cdot y^{-2} = (x \cdot y)^{-2}$ für $x \neq 0, y \neq 0$

Die in der Lösung zur Aufgabe 2 durchgeführten Rechnungen sind beispielgebundene Beweise der Potenzgesetze (P1) und (P2), da die charakteristischen Möglichkeiten für die Exponenten vollständig erfasst sind.
Die vollständigen Beweise verlaufen im Prinzip genauso: Es werden nur Variable anstelle der Zahlen im Exponenten verwendet. Wir führen dies am Beispiel des Potenzgesetzes (P2) durch.

(2) Beweis des Potenzgesetzes (P2) für 0 und für negative ganze Zahlen als Exponenten

1. Fall: $n = 0$

Dann gilt: $a^0 \cdot b^0 = 1 \cdot 1 = 1 = (a \cdot b)^0$

2. Fall: $n < 0$. Wir setzen $n = -p$ (mit $p \in \mathbb{N}^*$).

Dann gilt: $a^n \cdot b^n = a^{-p} \cdot b^{-p} = \frac{1}{a^p} \cdot \frac{1}{a^p} = \frac{1}{a^p \cdot b^p} = \frac{1}{(a \cdot b)^p} = (a \cdot b)^{-p} = (a \cdot b)^n$

Einschränkende Bedingung
$a \neq 0,\ b \neq 0$

Weiterführende Aufgaben

3. *Potenzieren einer Potenz*

a) Vereinfache die Terme $(2^3)^4$, $(3^5)^{-1}$ und $(4^{-2})^{-3}$. Folgere daraus ein allgemeines Potenzgesetz und begründe es für den Fall natürlicher Zahlen ungleich null als Exponenten.

b) Überprüfe das Potenzgesetz zu $(a^m)^n$ für folgende Fälle:

1. Fall: Ein Exponent ist 0.
Beispiele: (1) $m = 0, n = -4$; (2) $m = 3, n = 0$; (3) $m = 0, n = 0$.

2. Fall: Ein Exponent ist positiv, der andere negativ.
Beispiele: (1) $m = -2; n = 4$; (2) $m = 4, n = -3$.

3. Fall: Beide Exponenten sind negativ.
Beispiel: $m = -2;\ n = -3$.

Potenzgesetz für das Potenzieren einer Potenz

(P3) $(a^m)^n = a^{m \cdot n}$ für $a \neq 0$ und $m \in \mathbb{Z}, n \in \mathbb{Z}$

Man potenziert eine Potenz, indem man die Exponenten multipliziert. Die Basis bleibt erhalten.

Beispiele: $(5^3)^2 = 5^{3 \cdot 2} = 5^6$; $(x^2)^k = x^{2k}$ für $x \neq 0$; $(z^{-2})^{-3} = z^6$ für $z \neq 0$

4. *Addieren und Subtrahieren von Potenzen*

Versuche, folgende Terme zu vereinfachen. Du kannst auch an Zahlenbeispielen überprüfen.

a) $a^n + b^m$ **c)** $a^n + b^n$ **e)** $a^n - b^m$ **g)** $a^n - b^n$ **i)** $5a^n - a^n$

b) $a^n + a^m$ **d)** $a^n + a^n$ **f)** $a^n - a^m$ **h)** $a^n - a^n$ **j)** $2a^n + 4a^n$

Eine Summe oder Differenz von Potenzen kann man vereinfachen, wenn dabei gleichartige Glieder zusammengefasst werden.

Beispiele: (1) $b^m + b^m = 2 \cdot b^m$ (2) $b^m - b^m = 0$ (3) $3a^n + a^n = 4a^n$

5. *Anwenden der Potenzgesetze von rechts nach links*

a) Die Potenzgesetze kann man nicht nur von links nach rechts, sondern auch von rechts nach links anwenden. Erläutere folgende Rechnungen.

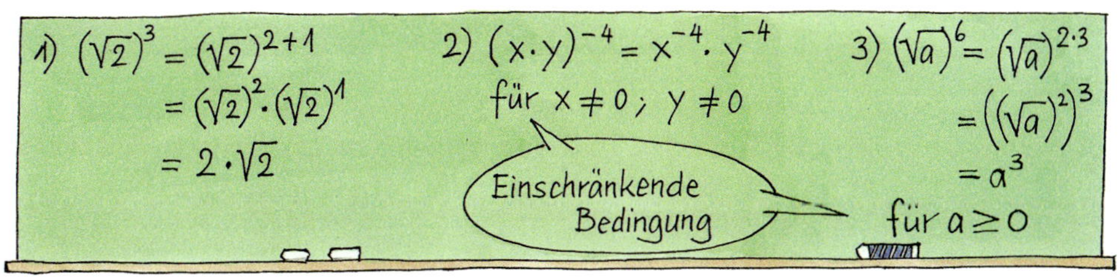

b) Vereinfache: (1) $(\sqrt{a})^5$ (2) $(a\sqrt{b})^{-2}$ (3) $(\sqrt{a})^{10}$

Übungsaufgaben

6. *Partnerarbeit:* Untersucht an den folgenden Beispielen, wie man mit Potenzen rechnen kann. Bereitet für die Präsentation eurer Ergebnisse eine Folie vor.

(1) Multipliziere zwei Dreierpotenzen. Versuche das Ergebnis auch als Dreierpotenz darzustellen. Verallgemeinere deine Entdeckung.

(2) Multipliziere zwei Potenzen mit dem Exponenten 4. Versuche das Ergebnis auch als Potenz mit dem Exponenten 4 darzustellen. Verallgemeinere deine Entdeckung.

(3) Potenziere eine Dreierpotenz. Versuche das Ergebnis auch als Dreierpotenz darzustellen. Verallgemeinere deine Entdeckung.

7. CAS **a)** Multipliziere mit einem Computer-Algebra-System zwei Potenzen mit gleicher Basis. Was fällt auf? Versuche, deine Entdeckung zu verallgemeinern und zu begründen.

b) Untersuche das Multiplizieren von zwei Potenzen mit gleichen Exponenten.

c) Untersuche ebenso das Potenzieren einer Potenz.

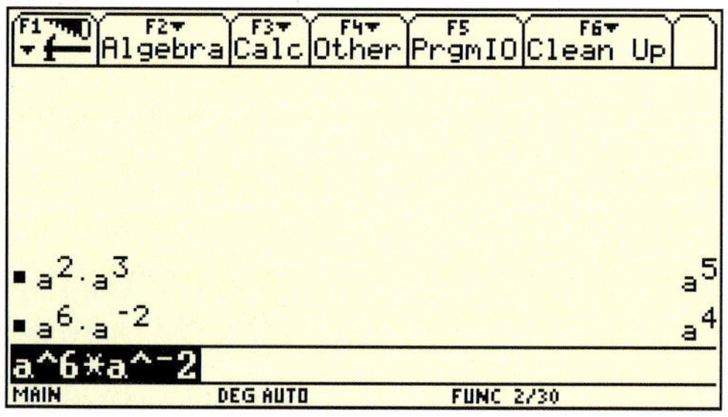

8. Berechne.

a) $2^3 \cdot 2^2$ **e)** $4^{-1} \cdot 4^3$ **i)** $(-1)^4 \cdot (-1)^2$ **m)** $1{,}5^4 \cdot 1{,}5^{-2}$

b) $3^4 \cdot 3^5$ **f)** $1^4 \cdot 1^5$ **j)** $(-2)^5 \cdot (-2)^{-5}$ **n)** $(-0{,}5)^{-5} \cdot (-0{,}5)^{-1}$

c) $5^4 \cdot 5^1$ **g)** $0^7 \cdot 0^8$ **k)** $(-10)^{-3} \cdot (-10)^{-4}$ **o)** $\left(\frac{2}{3}\right)^2 \cdot \left(\frac{2}{3}\right)^3$

d) $5^{-3} \cdot 5^{-2}$ **h)** $10^4 \cdot 10^{-2}$ **l)** $0{,}2^2 \cdot 0{,}2^2$ **p)** $\left(-\frac{1}{2}\right)^{-4} \cdot \left(-\frac{1}{2}\right)^3$

9. Vereinfache mithilfe des Potenzgesetzes (P1). Gib gegebenenfalls auch eine einschränkende Bedingung an.

a) $x^2 \cdot x^3$ **e)** $a \cdot a^4 \cdot a^3$ **i)** $5z^3 \cdot 2y^{-3} \cdot 4z^{-4} \cdot 3y^5$

b) $a^{-3} \cdot a^4$ **f)** $b^{-2} \cdot b \cdot b^{-5}$ **j)** $4ab^5c^2 \cdot 9a^3b^4c^5$

c) $z^{-1} \cdot z^{-6}$ **g)** $2a^2 \cdot 5a^3 \cdot 3a$ **k)** $5p^{-2}q^4r^6 \cdot 8pq^{-2}r^2$

d) $y^{-5} \cdot y^2$ **h)** $u^3 \cdot u^{-4} \cdot v^2 \cdot v^{-1}$ **l)** $\left(-4x^{-2}y^3\right) \cdot \left(-3x^{-3}y\right)$

10.

Sterne und Galaxien

Die Sterne im Weltall sind in spiralförmig aufgebauten Galaxien angeordnet. Auch das Millchstraßensystem, zu dem unser Sonnensystem gehört, ist eine solche Galaxie. Astronomen schätzen, dass es ungefähr 100 Mrd. Galaxien mit jeweils 200 Mrd. Sternen gibt.

L&P/2672

Wie viele Sterne enthält das Weltall insgesamt?
Berechne ohne Taschenrechner im Kopf mithilfe von Zehnerpotenzen.

11. Schreibe als *eine* Potenz.

a) $(x+y)^2 \cdot (x+y)^3$ **c)** $(2p)^{-7} \cdot (2p)^5$ **e)** $(u+v)^{-4} \cdot (u+v)^3 \cdot (u+v)^2$

b) $(x-y)^{-4} \cdot (x-y)^{-6}$ **d)** $(x \cdot y)^2 \cdot (x \cdot y)^{-4} \cdot (x \cdot y)^6$ **f)** $(2a+b)^2 \cdot (2a+b)^3 \cdot (2a+b)^{-1}$

12. Die Potenzgesetze können auch angewandt werden, wenn Terme mit Variablen im Exponenten stehen.
Da die Potenzgesetze bisher nur für ganzzahlige Exponenten bewiesen sind, muss es in der einschränkenden Bedingung auch $n \in \mathbb{Z}$ heißen (siehe das Beispiel rechts).
Außerdem könnte bei geeigneter Belegung der Variablen der Exponent negativ werden. Daher muss zusätzlich in der einschränkenden Bedingung stehen, dass die Basis ungleich 0 ist.

$$x^{2n-1} \cdot x^{2n+1}$$
$$= x^{(2n-1)+(2n+1)}$$
$$= x^{2n-1+2n+1}$$
$$= x^{2n+2n-1+1}$$
$$= x^{4n}$$
(für $x \neq 0$ und $n \in \mathbb{Z}$)

einschränkende Bedingung

Wende das Potenzgesetz (P1) an. Gib gegebenenfalls eine einschränkende Bedingung an.

a) $x^{3n} \cdot x^{2m}$ **b)** $p^{4a+1} \cdot p^{2a-1}$ **c)** $a^{3p-2} \cdot a^{-2p+2}$ **d)** $y^{3r+2} \cdot y^{3r-2}$ **e)** $z^{4k} \cdot z^{k+1} \cdot z^{k-1}$

13.

Lebenssaft Blut

Rote Blutkörperchen des Menschen haben die Gestalt einer flachen Scheibe.
Ein Mensch hat in 1 mm³ Blut etwa $5{,}5 \cdot 10^6$ solcher Blutkörperchen und durchschnittlich 6 l Blut in seinen Adern.

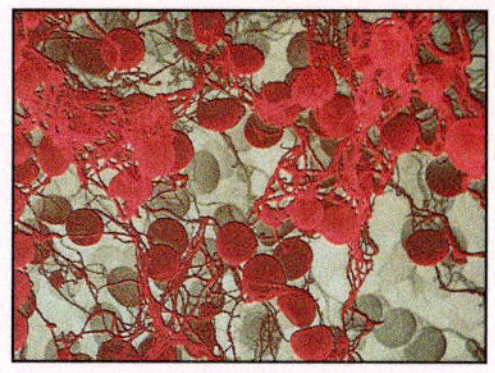

Berechne ohne Taschenrechner: Wie viele rote Blutkörperchen hat ein Mensch?

14. Berechne mithilfe des Potenzgesetzes (P2).

a) $2^3 \cdot 50^3$ **b)** $2^{-6} \cdot 5^{-6}$ **c)** $2{,}5^{-4} \cdot 4^{-4}$ **d)** $(-5)^8 \cdot (-0{,}4)^8$

15. Kontrolliere folgende Behauptungen. Korrigiere gegebenenfalls.

a) $2^3 + 4^3 = 6^3$ b) $2^3 + 2^4 = 2^7$ c) $3^2 \cdot 3^3 = 3^5$ d) $4^3 - 4^2 = 4^1$ e) $(2+4)^3 = 2^3 + 4^3$

16. Forme um. Gib gegebenenfalls auch eine einschränkende Bedingung an.

a) $a^3 \cdot b^3$ **b)** $c^{-2} \cdot d^{-2}$ **c)** $a^0 \cdot b^0$ **d)** $r^{-4} \cdot s^{-4} \cdot t^{-4}$ **e)** $a^4 \cdot \left(\frac{1}{a}\right)^4$

17. **a)** $2^n \cdot 5^n$ **c)** $(-4)^{m+1} \cdot (-5)^{m+1}$ **e)** $(-2)^{2n+1} \cdot (-5)^{2n+1}$
b) $\left(\frac{1}{2}\right)^{2n} \cdot \left(\frac{2}{3}\right)^{2n}$ **d)** $2^{z-1} \cdot 3^{z-1}$ **f)** $a^{3n} \cdot b^{3n}$

18. Bilde alle Produkte. Der erste Faktor soll von der linken Tafel, der zweite Faktor von der rechten Tafel stammen. Vereinfache so weit wie möglich.

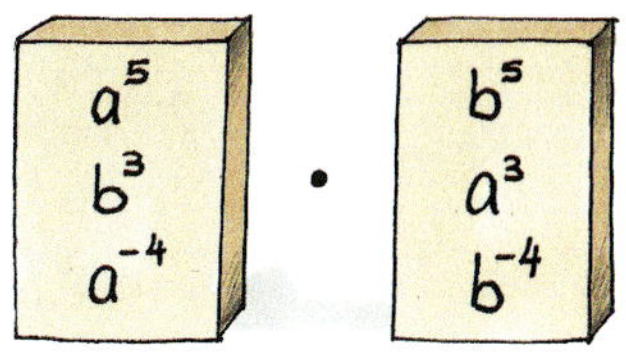

19. Berechne.

a) $4^{-3} \cdot 0{,}25^{-3} \cdot 3^{-3}$ **c)** $6^{-4} \cdot \left(\frac{2}{3}\right)^{-4} \cdot \left(\frac{1}{8}\right)^{-4}$ **e)** $\left(\frac{3}{2}\right)^{-5} \cdot \left(\frac{15}{8}\right)^{-5} \cdot \left(-\frac{4}{5}\right)^{-5}$

b) $4^5 \cdot 2^5 \cdot 1{,}25^5$ **d)** $\left(\frac{3}{14}\right)^{-3} \cdot \left(\frac{20}{9}\right)^{-3} \cdot \left(\frac{7}{10}\right)^{-3}$ **f)** $\left(\frac{\sqrt{5}}{4}\right)^7 \cdot \left(\frac{3}{\sqrt{5}}\right)^7 \cdot \left(\frac{1}{2}\right)^7$

20. Berechne.

a) $(2^3)^2$ **c)** $(2^4)^2$ **e)** $(-3^2)^2$ **g)** $(2^{-3})^{-4}$ **i)** $-(2^2)^{-5}$ **k)** $-(1^5)^7$
b) $(2^4)^5$ **d)** $((-3)^2)^2$ **f)** $-(3^2)^2$ **h)** $(-2^2)^5$ **j)** $(-1^5)^7$ **l)** $((-1)^5)^7$

21. Forme um. Gib gegebenenfalls eine einschränkende Bedingung an.

a) $(x^3)^4$ **b)** $(a^3)^{-2}$ **c)** $(z^{-3})^7$ **d)** $(w^{-2})^{-5}$ **e)** $((-x)^2)^6$ **f)** $(-x^2)^6$ **g)** $-(x^2)^6$

22. *Partnerarbeit:* Gib das Vorzeichen des Ergebnisses an und lasse dieses von deinem Partner begründen. Wechselt nach jeder Teilaufgabe die Rollen. Formuliert auch eigene Aufgaben.

a) $(2^{-3})^{-4}$ **c)** $-(2^2)^5$ **e)** $-(1^5)^7$ **g)** $((2^{-4})^2)^{-1}$ **i)** $(((-1)^{-3})^{-8})^{-1}$

b) $(-2^2)^5$ **d)** $(-1^5)^7$ **f)** $((1)^5)^7$ **h)** $(((-1)^{-4})^{-2})^{-10}$ **j)** $(((-1)^{-3})^{-1})^2$

23. Kontrolliere Merlins Behauptungen. Finde Gegenbeispiele oder begründe.

(1) $n^m = m^n$ (2) $(a^m)^n = (a^n)^m$ (3) $(a^n)^m = a^{(nm)}$

24. Die Potenzgesetze bieten eine gute Möglichkeit zum überschlagsmäßigen Berechnen mithilfe von Zehnerpotenzen. Berechne überschlagsmäßig mithilfe von $2^{10} \approx 1000$.

a) 2^{30} **b)** 2^{11} **c)** 2^{19} **d)** 2^{14} **e)** $5^4 \cdot 2^{20}$

> $2^{10} \approx 1\,000$, also
> $2^{20} = 2^{10} \cdot 2^{10} \approx 1\,000\,000$
> Potenzgesetz (P1)

25. Wende das Potenzgesetz (P2) von rechts nach links an.

a) $(3 \cdot \sqrt{5})^4$ **c)** $(\frac{1}{3} \cdot \sqrt{3})^{-2}$ **e)** $(3x)^4$ **g)** $(-4 \cdot \sqrt{2})^{-2}$ **i)** $(a \cdot \sqrt{2})^{-2}$

b) $(\sqrt{3} \cdot \sqrt{5})^4$ **d)** $(x \cdot y)^{-2}$ **f)** $(6x \cdot \sqrt{2})^0$ **h)** $(\sqrt{6} \cdot \sqrt{8})^{-2}$ **j)** $(x \cdot y \cdot \sqrt{2})^4$

26. Rechne wie im Beispiel.

a) $(\sqrt{2})^4$ **c)** $(\sqrt{7})^{10}$ **e)** $(\sqrt{\tfrac{1}{2}})^{10}$ **g)** $(-\sqrt{5})^8$

b) $(\sqrt{5})^8$ **d)** $(\sqrt{10})^{12}$ **f)** $(-\sqrt{3})^6$ **h)** $(-\sqrt{3})^4$

> $(\sqrt{3})^6 = ((\sqrt{3})^2)^3$
> $= 3^3$
> $= 27$
> Potenzgesetz (P3)

27. Schreibe so als Potenz, dass die Basis eine möglichst kleine natürliche Zahl ist.

a) 36^5 **c)** 100^6 **e)** 256^2 **g)** 64^5

b) 25^5 **d)** $10\,000^4$ **f)** 81^3 **h)** $1\,024^5$

> $16^5 = (2^4)^5 = 2^{20}$

28. Fasse zusammen, wenn möglich.

a) $5x^2 + 3x^3 - 2x^2$ **b)** $7z^4 - 4z^7 - z^4$ **c)** $u^n + u^m - u^n + u^m$ **d)** $2c^2 + 3c^3 + 4c^4$

29. Löse die Klammern auf.

a) $(x^4 - x^3) \cdot x^6$ **d)** $(a^5 - a^{-3} - a) \cdot a^{-3}$

b) $(a^5 - a^3 - a) \cdot a^3$ **e)** $5a^3b^2 \cdot v^{-2} \cdot (a^6 - 2b^5)$

c) $(x^{-4} - x^{-3}) \cdot x^6$ **f)** $5x^2y(xy^2 - x^2y)$

> $3a^2b \cdot (5ab^4 - 4a^2b^{-2})$
> $= 3a^2b \cdot 5ab^4 - 3a^2b \cdot 4a^2b^{-2}$
> $= 15a^3b^5 - 12a^4b^{-1}$
> (für $b \neq 0$)

30. **a)** $(4r^3 - 7s^3 + t) \cdot (3r^4 + 5t^6)$ **c)** $(5x^{-4} - 3y^{-3}) \cdot (x^4 - y^2)$ **e)** $(a^3 - b^2)^2$

b) $(2a^{-1} + 3b^{-4}) \cdot (a^2 + b^4)$ **d)** $(9a^2 + 2b^{-5}) \cdot (a^{-3} - b^2)$ **f)** $(p^2 - q)(p^2 + q)$

31. Klammere aus.

a) $a^3 + a^4 + a$ **c)** $4x^4 - 12x^3$ **e)** $a^2b^3 + ab^2 - a^5b$

b) $x^5 - x^2 + x$ **d)** $15y^5 - 42y^2$ **f)** $a^{n-1} - 9a^{n+1}$

> $6x^4y^3 - 4xy^2z$
> $= 2xy^2(3x^3y - 2z)$

32. Kontrolliere die Aufgaben. Erläutere deine Anmerkungen.

a) $p^4 + p^7 + p^2 = p^2(p^2 + p^5)$ b) $2x^4 + 6x^6 = 2x^2(x^2 + 3x^3)$

33. Vereinfache mithilfe von Potenzgesetzen.

a) $b^{-2} \cdot b \cdot b^{-5}$ **e)** $(z^{-3})^7$ **i)** $(a\sqrt{2})^{-2}$ **m)** $(x^3)^4 - x^{12}$

b) $(-1)^4 \cdot (-1)^2$ **f)** $((-x)^2)^6$ **j)** $u^0\, v^0$ **n)** $(3x)^4 - 27x^4$

c) $2^3 \cdot \left(\frac{1}{2}\right)^3$ **g)** $x^2 \cdot 2x \cdot 3x^0 \cdot x^{-3}$ **k)** $-(x^2)^6$ **o)** $(a^3)^{-2} - (a^{-2})^3$

d) $\left(-\frac{1}{2}\right)^{-4} \cdot \left(-\frac{1}{2}\right)^3$ **h)** $(ab)^{-2}\left(\frac{1}{a}\right)^{-2}$ **l)** $(-x^2)^6$ **p)** $(a \cdot \sqrt{2})^4 - 8a^4$

34. **a)** $x^{-n} \cdot x^0$ **b)** $x^m \cdot x^{-n}$ **c)** $x^{-n} \cdot x^{n+1}$ **d)** $y^{-2n} \cdot y^{-n}$ **e)** $a \cdot a^{2k-3} \cdot a^{-k-3}$

35. **a)** $(a^{n+1})^{-m}$ **c)** $(a^{-3} \cdot b^{-5})^{-2}$ **e)** $(r^{-3} \cdot s^{-9})^{-3}$ **g)** $(x^{-3} \cdot y^2 \cdot z^{-1})^{-4}$ **i)** $(x^5 \cdot y^2)^{n+1}$

b) $(x^{-n})^{-k}$ **d)** $(x^4 \cdot z^{-6})^{-3}$ **f)** $(a^2 \cdot b^4)^n$ **h)** $(a^3 \cdot b^4 \cdot c^2)^n$ **j)** $(x^4 \cdot y^{-2})^{2n-3}$

36. **a)** $(x+y)^2 \cdot (x+y)^3$ **c)** $(a^{-3} \cdot b^{-5})^{-2}$ **e)** $(x \cdot y)^2 \cdot (x \cdot y)^{-4} \cdot (x \cdot y)^6$

b) $(a-b)^{-4} \cdot (a-b)^{-6}$ **d)** $(2p)^{-7} \cdot (2p)^5$ **f)** $(a^{n-1} \cdot b^{n-1})^{n+1}$

1.2.2 Dividieren von Potenzen

Aufgabe 1

Vereinfache zunächst den Term und berechne ihn dann. Untersuche anschließend, ob man aus dem Rechenweg ein allgemeines Potenzgesetz folgern kann.
Überprüfe, ob dieses Potenzgesetz auch für negative Exponenten gilt.

a) $\frac{2^9}{2^6}$ b) $\frac{20^3}{4^3}$

Lösung

a) $$\frac{2^9}{2^6} = \frac{\cancel{2} \cdot \cancel{2} \cdot \cancel{2} \cdot \cancel{2} \cdot \cancel{2} \cdot \cancel{2} \cdot 2 \cdot 2 \cdot 2}{\cancel{2} \cdot \cancel{2} \cdot \cancel{2} \cdot \cancel{2} \cdot \cancel{2} \cdot \cancel{2}} = 2^{9-6} = 2^3 = 8$$

Wir vermuten: $\frac{a^m}{a^n} = a^{m-n}$ für $a \neq 0$ und $m \in \mathbb{Z}$, $n \in \mathbb{Z}$

Negative Exponenten können sowohl bei den Potenzen in Zähler und Nenner als auch bei der Potenz im Ergebnis vorkommen. Wir untersuchen daher verschiedene Beispiele:

$$\frac{5^3}{5^7} = \frac{\cancel{5} \cdot \cancel{5} \cdot \cancel{5}}{\cancel{5} \cdot \cancel{5} \cdot \cancel{5} \cdot 5 \cdot 5 \cdot 5 \cdot 5} = \frac{1}{5^4} = 5^{-4} = 5^{3-7}$$

$$\frac{3^{-2}}{3^{-6}} = \frac{\frac{1}{3^2}}{\frac{1}{3^6}} = \frac{3^6}{3^2} = \frac{\cancel{3} \cdot \cancel{3} \cdot 3 \cdot 3 \cdot 3 \cdot 3}{\cancel{3} \cdot \cancel{3}} = 3^4 = 3^{-2-(-6)}$$

$$\frac{2^{-5}}{2^{-1}} = \frac{\frac{1}{2^5}}{\frac{1}{2}} = \frac{2}{2^5} = \frac{\cancel{2}}{\cancel{2} \cdot 2 \cdot 2 \cdot 2 \cdot 2} = \frac{1}{2^4} = 2^{-4} = 2^{-5-(-1)}$$

$$\frac{6^{-4}}{6^{-4}} = 1 = 6^0 = 6^{-4-(-4)}$$

In allen Fällen gilt das vermutete Potenzgesetz.

b) $\frac{20^3}{4^3} = \frac{20 \cdot 20 \cdot 20}{4 \cdot 4 \cdot 4} = \frac{20}{4} \cdot \frac{20}{4} \cdot \frac{20}{4} = \left(\frac{20}{4}\right)^3 = 5^3 = 125$

Wir vermuten: $\frac{a^n}{b^n} = \left(\frac{a}{b}\right)^n$ für $a \neq 0,\ b \neq 0$ und $n \in \mathbb{Z}$

Hier gibt es nur einen wesentlichen Fall für den negativen Exponenten:

$$\frac{6^{-3}}{5^{-3}} = \frac{\frac{1}{6 \cdot 6 \cdot 6}}{\frac{1}{5 \cdot 5 \cdot 5}} = \frac{5 \cdot 5 \cdot 5}{6 \cdot 6 \cdot 6} = \frac{1}{\frac{6 \cdot 6 \cdot 6}{5 \cdot 5 \cdot 5}} = \frac{1}{\frac{6}{5} \cdot \frac{6}{5} \cdot \frac{6}{5}} = \frac{1}{\left(\frac{6}{5}\right)^3} = \left(\frac{6}{5}\right)^{-3}$$

Auch in diesem Fall gilt das vermutete Potenzgesetz.

Information

Verschiedene Zeichen für die Division:
$\frac{x}{y} = x : y$

Potenzgesetze für das Dividieren von Potenzen

Führt man die Überlegungen aus Aufgabe 1 allgemein durch, so erhält man:

Potenzgesetz für die Division von Potenzen mit gleicher Basis

(P1*) $\frac{a^m}{a^n} = a^{m-n}$ für $a \neq 0$ und $m \in \mathbb{Z},\ n \in \mathbb{Z}$

Man dividiert Potenzen mit gleicher Basis, indem man die Exponenten subtrahiert.
Die Basis bleibt erhalten.

Beispiele: $\frac{2^6}{2^{-4}} = 2^6 : 2^{-4} = 2^{6-(-4)} = 2^{10} = 1\,024;$ $\quad \frac{x^{-2}}{x^{-5}} = x^{(-2)-(-5)} = x^3$

Potenzgesetz für die Division von Potenzen mit gleichem Exponenten

(P2*) $\frac{a^n}{b^n} = \left(\frac{a}{b}\right)^n$ für $a \neq 0, b \neq 0$ und $n \in \mathbb{Z}$

Man dividiert Potenzen mit gleichem Exponenten, indem man die Basen dividiert.
Der Exponent bleibt erhalten.

Beispiele: $\frac{6^{-4}}{3^{-4}} = \left(\frac{6}{3}\right)^{-4} = 2^{-4} = \frac{1}{16};$ $\quad \frac{y^{-2}}{z^{-2}} = \left(\frac{y}{z}\right)^{-2}$

Übungsaufgaben

2. *Partnerarbeit:* Untersuche mit deinem Partner an den folgenden Beispielen, wie man Potenzen dividiert. Bereitet für die Präsentation eurer Ergebnisse eine Folie vor.

(1) Dividiere zwei Dreierpotenzen. Versuche das Ergebnis auch als Dreierpotenz darzustellen. Verallgemeinere deine Entdeckung.

(2) Dividiere zwei Potenzen mit dem Exponenten 4. Versuche das Ergebnis auch als Potenz mit dem Exponenten 4 darzustellen. Verallgemeinere deine Entdeckung.

CAS **3.** Du kennst Potenzgesetze für das Multiplizieren von Potenzen. Versuche mit einem Computer-Algebra-System, Potenzgesetze für das Dividieren von Potenzen zu entdecken. In welchen Fällen reagiert das Computer-Algebra-System anders als erwartet? Versuche auch, die Potenzgesetze für das Dividieren von Potenzen zu begründen.

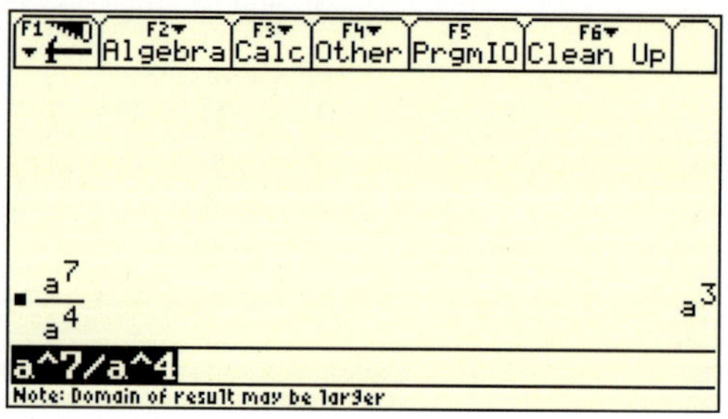

4. Berechne ohne Taschenrechner.

a) $\frac{7^5}{7^4}$ c) $2^{10} : 2^9$ e) $\frac{0{,}5^8}{0{,}5^6}$ g) $\frac{7^2}{7^{-1}}$ i) $\frac{(-3)^9}{(-3)^7}$ k) $10^{-5} : 10^{-5}$

b) $\frac{5^4}{5^6}$ d) $10^4 : 10^3$ f) $\frac{1{,}2^9}{1{,}2^{10}}$ h) $\frac{2^{-17}}{2^{-11}}$ j) $\frac{(-5)^{-1}}{(-5)^{-3}}$ l) $5^0 : 5^{-2}$

5. Vereinfache. Gib gegebenenfalls eine einschränkende Bedingung an.

a) $\frac{a^2}{a^{-4}}$ c) $c^3 : c^5$ e) $\frac{y^{-6}}{y^{-3}}$ g) $b^{-2} : b^0$ i) $\frac{(a \cdot \sqrt{2})^{-4}}{(a \cdot \sqrt{2})^{-3}}$ k) $a^{3n-1} : a^{4-3n}$

b) $\frac{x^{-3}}{x^6}$ d) $c^5 : c^3$ f) $\frac{z^{-9}}{z^{-7}}$ h) $\frac{(a \cdot b)^5}{(a \cdot b)^3}$ j) $\frac{(x+y)^2}{(x+y)^7}$ l) $\left(\frac{a^{3n+1}}{a^{-2+n}}\right)^2$

6. Vier Schüler antworten auf die Frage: "Wie heißt die Hälfte von 2^{22}?" Wer hat Recht? Begründe deine Antwort.

7. Vereinfache.

a) $\frac{24^5}{12^5}$ e) $\frac{13^{-4}}{65^{-4}}$ i) $\frac{0{,}75^{-5}}{0{,}25^{-5}}$

b) $15^4 : 3^4$ f) $\frac{18^7}{9^7}$ j) $1^9 : 0{,}5^9$

c) $\frac{2^{-10}}{4^{-10}}$ g) $\frac{1000^{-4}}{250^{-4}}$ k) $2^6 : \left(\frac{1}{2}\right)^6$

d) $\frac{34^5}{17^5}$ h) $\frac{1{,}44^3}{1{,}2^3}$ l) $\frac{\left(-\frac{2}{3}\right)^5}{\left(-\frac{4}{9}\right)^5}$ m) $\frac{(+1)^{20}}{(-1)^{20}}$ n) $\frac{\left(-\frac{1}{6}\right)^{-4}}{6^{-4}}$ o) $\frac{\left(\frac{3}{4}\right)^{-3}}{\left(\frac{1}{4}\right)^{-3}}$ p) $\frac{\left(\frac{5}{3}\right)^3}{\left(-\frac{3}{4}\right)^3}$

8. Vereinfache. Gib gegebenenfalls eine einschränkende Bedingung an.

a) $\frac{u^4}{v^4}$ b) $\frac{x^{-2}}{y^{-2}}$ c) $p^3 : q^3$ d) $w^{-4} : a^{-4}$ e) $\frac{(a+b)^2}{c^2}$ f) $(u-1)^{-2} : v^{-2}$

9. a) $\frac{a^3}{a^{-5}}$ c) $\frac{c^{-5}}{d^{-5}}$ e) $\frac{y^0}{y^{-3}}$ g) $a^3 : a^5$ i) $\frac{b^0}{a^0}$ k) $\frac{z^{-3}}{y^{-3}}$ m) $a^0 : b^0$ o) $\frac{z^n}{a^0}$

b) $b^{-3} : b^5$ d) $\frac{x^{-8}}{x^{-4}}$ f) $a^5 : u^5$ h) $\frac{x^3}{x^3}$ j) $\frac{a^{-7}}{a^{-7}}$ l) $\frac{x^5}{z^5}$ n) $\frac{x^0}{y^n}$ p) $\frac{u^m}{x^m}$

Dividend
Math.: zu teilende Zahl; Zähler eines Bruches.

Divisor
Math.: teilende Zahl; Nenner eines Bruches.

10. Bilde alle Quotienten, bei denen der Dividend von der einen und der Divisor von der anderen Tafel stammt. Vereinfache.

11. Vereinfache. Gib eine einschränkende Bedingung an.

a) $\frac{3x^5}{6x^2}$ c) $\frac{x^6 \cdot y^0}{x^4 \cdot y^3}$ e) $\frac{(x+y)^5}{(x+y)^3}$ g) $\frac{(xy)^{-2}}{x^{-2}}$

b) $\frac{12a^{-7}}{4a^{-5}}$ d) $\frac{(-a)^8}{(-a)^{-7}}$ f) $\frac{(a-b)^7}{(a-b)^6}$ h) $\frac{p^3}{(pq)^3}$ i) $\frac{((a+b)(a-b))^4}{(a+b)^4}$ j) $\frac{(p-q)^{-3}}{(p^2-q^2)^{-3}}$

12. Wende das Potenzgesetz (P2*) von rechts nach links an.

a) $\left(\frac{\sqrt{5}}{3}\right)^3$ b) $\left(\frac{\sqrt{3}}{-2}\right)^5$ c) $\left(\frac{-4}{\sqrt{2}}\right)^{-2}$ d) $\left(\frac{\sqrt{3}}{\sqrt{5}}\right)^4$ e) $\left(\frac{x \cdot \sqrt{2}}{y \cdot \sqrt{3}}\right)^2$ f) $\left(\frac{x \cdot \sqrt{2}}{y \cdot \sqrt{5}}\right)^{-4}$

13. Forme um.

a) $\left(\frac{x}{y}\right)^{-7}$ b) $\frac{(a \cdot b)^{-1}}{a^{-1}}$ c) $\left(\frac{1}{2}\right)^2 : \left(\frac{1}{4}\right)^2$ d) $\frac{(3 \cdot \sqrt{2})^4}{(\sqrt{2})^4}$ e) $\frac{(4 \cdot \sqrt{5})^{-6}}{(\sqrt{5})^{-6}}$

Im Blickpunkt

Im Blickpunkt

Kleine Anteile – große Wirkung

1. Die Verbrennung fossiler Brennstoffe wie Erdöl und Erdgas führt zu einem Anstieg des Kohlendioxidgehaltes in der Luft. Wissenschaftler befürchten, dass sich dadurch die Atmosphäre global erwärmt und es zu einer gravierenden Klimaveränderung kommt („Treibhaus-Effekt“).
Daher ist man an einer Untersuchung des Klimas in früheren Jahrtausenden interessiert.
Aus Eisbohrkernen der Polargebiete kann man heute die Klimageschichte bis über die letzte Zwischeneiszeit hinaus ablesen. In Luftbläschen, die im Südpolareis vor langer Zeit eingeschlossen wurden, konnte die Konzentration des Treibhausgases Kohlendioxid (CO_2) über 160 000 Jahre gemessen werden. Das Diagramm rechts zeigt die Ergebnisse.
Die im Diagramm benutzte Bezeichnung ppm (**p**arts **p**er **m**illion) dient dazu, sehr kleine Anteile übersichtlicher schreiben zu können:
1 ppm ist $\frac{1}{1\,000\,000}$.
Beschreibe das Diagramm. Welche Informationen kannst du ihm entnehmen?

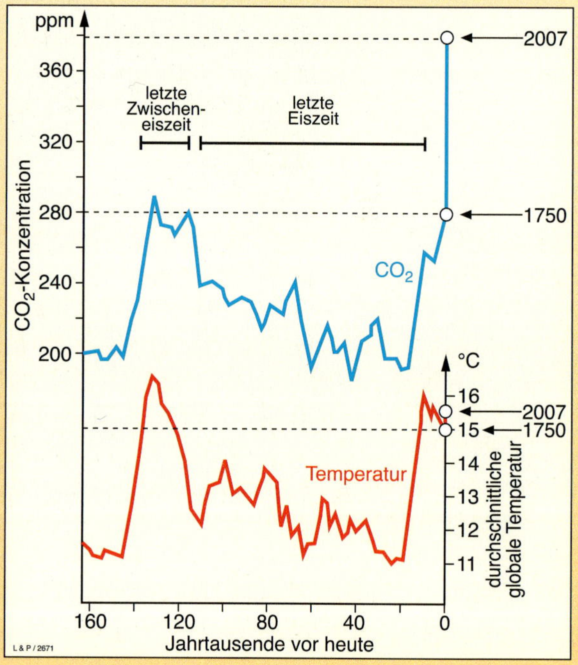

Bezeichnungen für die Beschreibung kleiner Anteile

ppm: Abkürzung für die englische Angabe *parts per million* (Teile pro Million, d. h. $1:10^6$).

ppb: Abkürzung für die englische Angabe *parts per billion* (Teile pro Milliarde, d. h. $1:10^9$), da die amerikanische billion im Deutschen nicht Billion, sondern Milliarde bedeutet.

ppt: Abkürzung für die englische Angabe *parts per trillion* (Teile pro Billion, d. h. $1:10^{12}$), da die amerikanische trillion im Deutschen nicht Trillion, sondern Billion bedeutet.

ppq: Abkürzung für die englische Angabe *parts per quadrillion* (Teile pro Billiarde, d. h. $1:10^{15}$), da die amerikanische quadrillion im Deutschen nicht Quadrillion, sondern Billiarde bedeutet.

Hierbei kann „Teil“ für Teilchenanzahlen, aber auch für Massen- oder Volumeneinheiten stehen. Für genaue Angaben muss daher angegeben werden, was gemeint ist, so wie man auch zwischen Volumenprozent und Massenprozent unterscheidet.
Im wissenschaftlichen Gebrauch sollen diese Angaben nicht mehr verwendet werden, sondern stattdessen negative Zehnerpotenzen. In anderen Veröffentlichungen unterbleibt in der Regel die genaue Angabe, was mit „Teil“ gemeint ist.

2. Du weißt: $1\,\% = \frac{1}{100} = \frac{1}{10^2} = 10^{-2}$.
Schreibe entsprechend die Angaben ppm, ppb, ppt und ppq mit negativen Zehnerpotenzen.

3. Stelle dir zur Veranschaulichung vor, dass ein Stück Würfelzucker der Masse 2,7 g in einer Wassermenge gelöst werden soll, sodass die Konzentration anschließend

a) 1 ppm, **b)** 1 ppb, **c)** 1 ppt, **d)** 1 ppq

beträgt, wobei sich die Angaben hier auf die Masse beziehen sollen. Berechne, wie viel Wasser benötigt wird. Unten siehst du zur Veranschaulichung Fotos entsprechender Flüssigkeitsmengen.

4. Die Spurenanalytik ist ein Arbeitsgebiet der Chemie, das sich mit dem Nachweis kleinster Mengen chemischer Stoffe befasst. Mit chemischen Verfahren kann man noch 10^{-9} g eines Stoffes pro kg nachweisen, mit elektrochemischen Verfahren 10^{-12} g pro kg und mit spektroskopischen Verfahren 10^{-13} g pro kg.
Gib diese Konzentrationen in parts per … an.

5. Die Ozonschicht der Atmosphäre hält gefährliche UV-Strahlung ab. In der Ozonschicht beträgt die Konzentration an Ozon bis zu 10 ppm. Nimm an, dass sich diese Angaben auf die Volumina beziehen und berechne dann, wie viel Ozon sich in 1 Liter befinden.

6. Der Gehalt an Wasserdampf in der Luft schwankt beträchtlich: er hängt von der Temperatur ab und wird als relative Luftfeuchtigkeit angegeben.
Bei einer relativen Luftfeuchtigkeit von 100 % schwankt der Gehalt an Wasserdampf zwischen 190 ppm bei einer Temperatur von –40 °C und 42 000 ppm bei 30 °C.
Nimm an, dass sich diese Angaben auf die Volumina beziehen und berechne, wie viel Wasser in 1 Liter Luft enthalten ist.

7. Bei der Verbrennung fossiler Brennstoffe wie Erdgas, Kohle und Erdöl entsteht auch Schwefeldioxid, das mit anderen Oxiden wie Stickstoffoxiden den sauren Regen verursacht. Die Konzentration an Schwefeldioxid in der Luft kann von 0,01 ppm bis zu mehreren ppm reichen.
Berechne, wie viel Schwefeldioxid sich in 1 Liter Luft befinden,
(1) unter der Annahme, dass sich die Angaben auf Volumina beziehen und
(2) unter der Annahme, dass sie sich auf Massen beziehen.
Vergleiche dann.

Hinweis: Die Dichte der Luft beträgt bei 0 °C und 1 013 hPa $1{,}293\,\frac{g}{l}$. Die Masse eines Schwefeldioxid-Moleküls beträgt 64 u.

u ⟨**engl. unit**⟩
Kurzzeichen für die atomare Masseneinheit
$1\,u = 1{,}6605402 \cdot 10^{-27}\,kg$

1.3 Potenzfunktionen

1.3.1 Potenzfunktionen mit natürlichen Exponenten

Aufgabe 1

a) Welches Volumen hat ein Würfel mit der Kantenlänge 0,2 dm, 0,5 dm, 1 dm, 1,2 dm bzw. 1,5 dm?
Lege für die Funktion
Kantenlänge x (in dm) → Volumen y des Würfels (in dm³)
eine Wertetabelle an.
Erstelle die Funktionsgleichung. Zeichne den Graphen.

b) Verwende nun die gleiche Funktionsgleichung wie in Teilaufgabe a); wähle aber als Definitionsmenge $\mathbb{R}$, d. h. auch negative Ausgangswerte sind möglich. Zeichne den Graphen.
Beschreibe Lage und Verlauf des Graphen; achte auch auf Symmetrie.

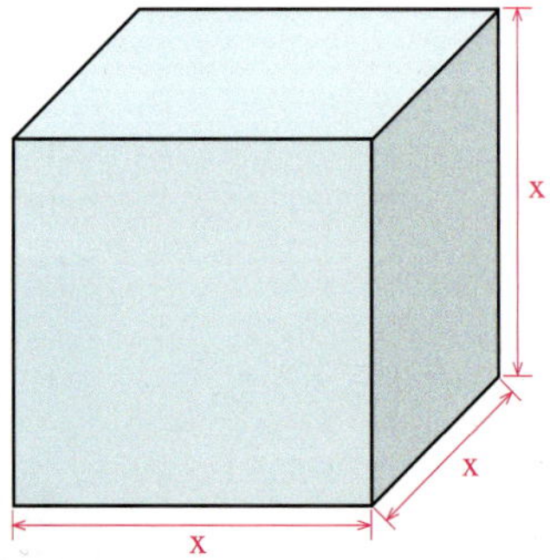

c) Vergleiche den Graphen aus Teilaufgabe b) mit dem der Quadratfunktion.

Lösung

a) *Wertetabelle:*

Kantenlänge (in dm)	Volumen (in dm³)
0,2	0,008
0,5	0,125
1	1
1,2	1,728
1,5	3,375

Funktionsgleichung:
$y = x^3$ mit $x > 0$, da es nur positive Längen gibt.

Graph:

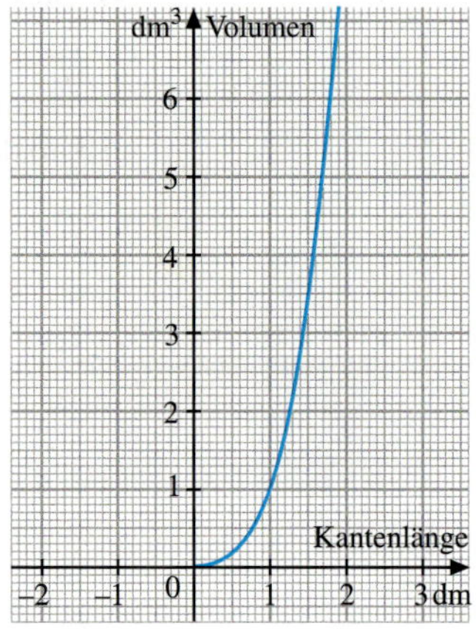

b) *Wertetabelle:*

x	x³
−1,5	−3,375
−1,2	−1,728
−1	−1
−0,5	−0,125
−0,2	−0,008
0	0
0,2	0,008
0,5	0,125
1	1
1,2	1,728
1,5	3,375

Graph:

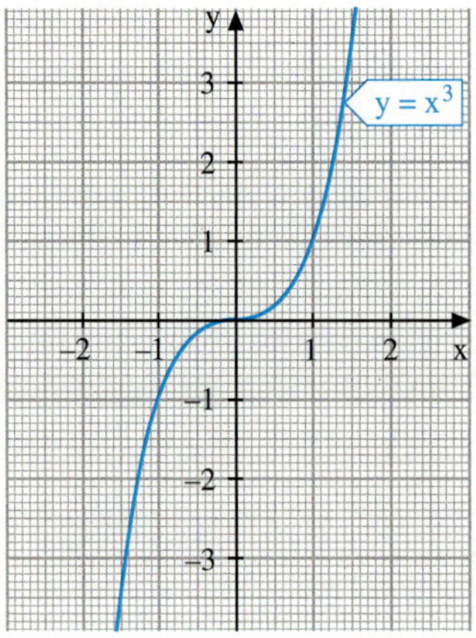

Der Graph der Funktion mit der Gleichung $y = x^3$ und $x \in \mathbb{R}$ steigt von links nach rechts immer an.
Er verläuft vom 3. Quadranten durch den Koordinatenursprung O(0|0) in den 1. Quadranten.
Der Graph ist punktsymmetrisch zum Ursprung O.
Er schmiegt sich in der Umgebung des Ursprungs O an die x-Achse an.

c) Die Quadratfunktion hat die Gleichung $y = x^2$. Ihr Graph fällt für $x \leq 0$ und steigt für $x \geq 0$ an. Er ist achsensymmetrisch zur y-Achse.
Mit dem Graphen der Funktion mit $y = x^3$ hat er nur die Punkte $O(0|0)$ und $P(1|1)$ gemeinsam.
Die Wertemenge der Quadratfunktion ist die Menge $\mathbb{R}_+$ aller nichtnegativen reellen Zahlen.
Die Wertemenge der Funktion mit $y = x^3$ ist die Menge $\mathbb{R}$ aller reellen Zahlen.

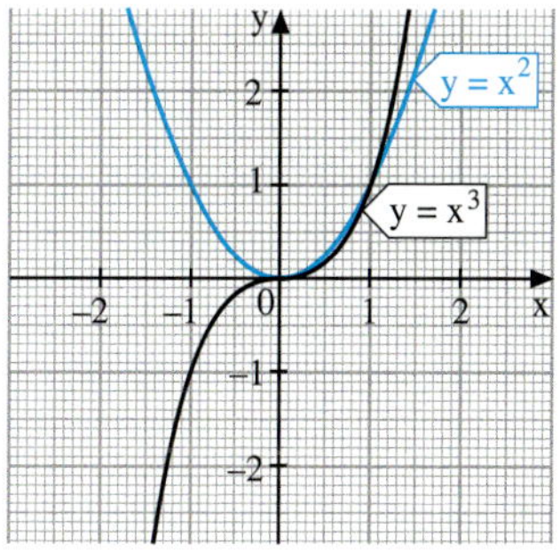

Weiterführende Aufgabe

2. *Graphen der Potenzfunktionen zu $y = x^n$ mit $n \in \mathbb{N}^*$ – Wachstumseigenschaft*

a) Zeichne die Graphen der Funktionen mit den Gleichungen $y = x^1$; $y = x^2$; $y = x^3$; $y = x^4$; $y = x^5$; $y = x^6$. Vergleiche die Graphen miteinander.

b) Bei der Quadratfunktion gilt: Verdoppelt [verdreifacht] man den Wert für x, so vervierfacht [verneunfacht] sich der Wert für y. Untersuche, wie der Funktionswert der Funktionen mit $y = x^3$, $y = x^4$, $y = x^n$ sich ändert, wenn man den x-Wert ver-k-facht.

Information

Auch die proportionale Funktion mit $y=x^1$ ist eine Potenzfunktion!

(1) Definition einer Potenzfunktion mit natürlichen Exponenten

Die Funktionen mit den Gleichungen $y = x^2$, $y = x^3$, $y = x^4$ sind Beispiele für *Potenzfunktionen.*

Definition
Eine Funktion mit der Gleichung $y = x^n$ mit $x \in \mathbb{R}$ und $n \in \mathbb{N}^*$ heißt **Potenzfunktion.**

(2) Grundtypen von Potenzfunktionen mit natürlichen Exponenten

Man unterscheidet bei den Potenzfunktionen danach, ob der Exponent gerade oder ungerade ist.

Grundtypen von Potenzfunktionen mit natürlichen Exponenten

(1) Gerader Exponent

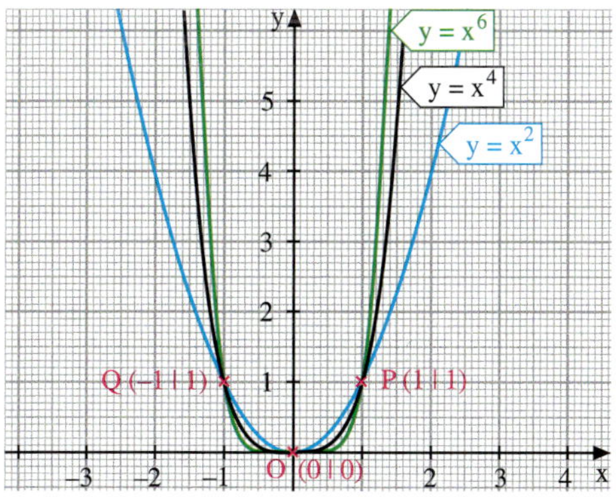

Die Graphen der Potenzfunktionen mit $y = x^n$ und *geradem* Exponenten n sind *symmetrisch* zur y-Achse und haben die gemeinsamen Punkte $O(0|0)$, $P(1|1)$, $Q(-1|1)$.
Sie fallen für $x \leq 0$ und steigen für $x \geq 0$ an.
Die Wertemenge ist $\mathbb{R}_+$.

(2) Ungerader Exponent

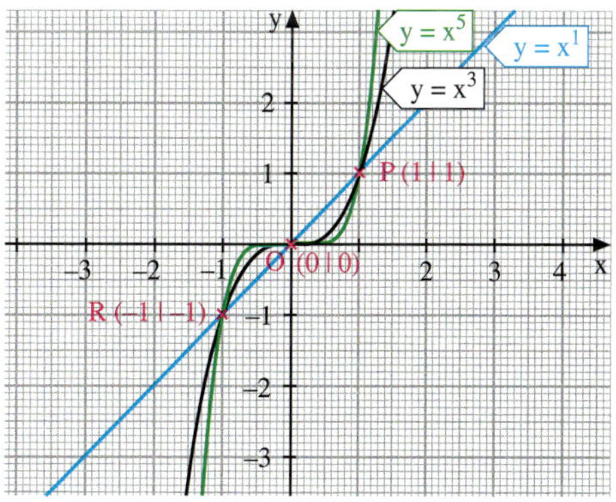

Die Graphen der Potenzfunktionen mit $y = x^n$ und *ungeradem* Exponenten n sind *symmetrisch* zum Ursprung O und haben die gemeinsamen Punkte $O(0|0)$, $P(1|1)$, $R(-1|-1)$.
Sie steigen überall an.
Die Wertemenge ist $\mathbb{R}$.

(3) Beweis der Symmetrie der Graphen der Potenzfunktionen mit natürlichem Exponenten

(1) Gerader Exponent

Am Graphen erkennt man: Achsensymmetrie zur y-Achse bedeutet, dass die Funktionswerte von Zahl und zugehöriger Gegenzahl übereinstimmen:
$f(-x) = f(x)$

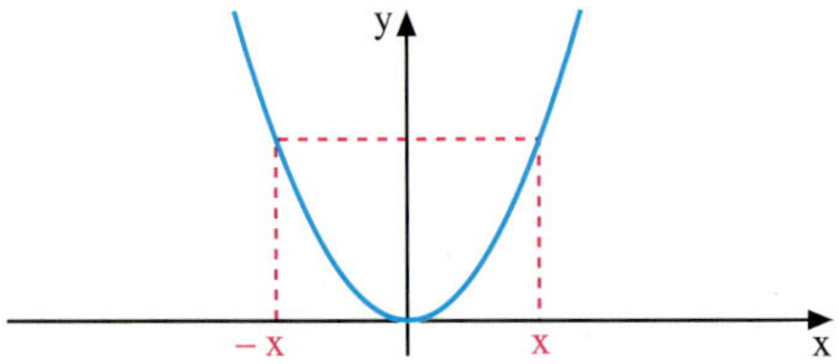

Für gerade Exponenten n gilt:

$$f(-x) = (-x)^n = (-1)^n x^n = 1 \cdot x^n = x^n = f(x)$$

Die Funktionswerte an den Stellen x und –x stimmen also überein. Somit ist der Graph symmetrisch zur y-Achse.

(2) Ungerader Exponent

Am Graphen erkennt man: Punktsymmetrie zum Ursprung bedeutet, dass die Funktionswerte von Zahl und zugehöriger Gegenzahl auch Gegenzahlen zueinander sind:
$f(-x) = -f(x)$

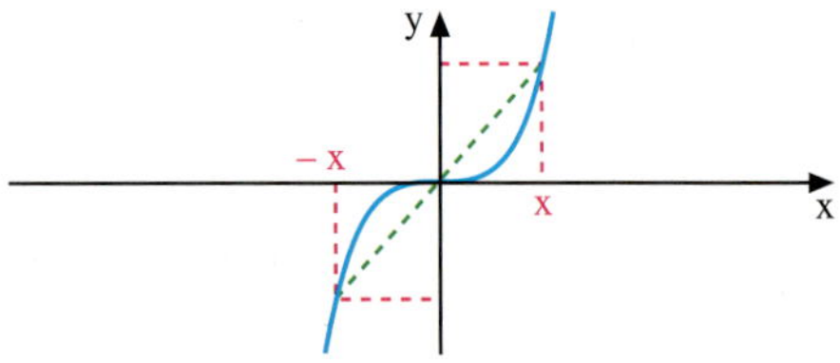

Für ungerade Exponenten n gilt:

$$f(-x) = (-x)^n = (-1)^n x^n = -1 \cdot x^n = -x^n = -f(x)$$

Die Funktionswerte f(x) und f(–x) sind also Gegenzahlen voneinander. Somit ist der Graph punktsymmetrisch zum Ursprung.

(4) Wachstumseigenschaft der Potenzfunktionen

In Aufgabe 2 haben wir gesehen, dass eine Verdoppelung (Verdreifachung) eines x-Wertes bei der Potenzfunktion mit $y = x^3$ zu einer Verachtfachung (Versiebenundzwanzigfachung) des zugeordneten y-Wertes führt.

·3 (von –0,5 nach –1,5) · 2 (von 0,5 nach 1)

x	– 1,5	– 1	– 0,5	0	0,5	1
x^3	– 3,375	– 1	– 0,125	0	0,125	1

·27 (von –0,125 nach –3,375) · 8 (von 0,125 nach 1)

> Für die Potenzfunktion mit $y = x^n$, $n \in \mathbb{N}^*$, gilt:
> Vervielfacht man einen x-Wert mit dem Faktor k, so wird der zugeordnete y-Wert mit der n-ten Potenz des Faktor k, also mit k^n, vervielfacht.

Begründung:

Für den Vervielfachungsfaktor k und die Stelle x gilt für die Potenzfunktion f mit $f(x) = x^n$:
$f(k \cdot x) = (k \cdot x)^n = k^n \cdot x^n = k^n \cdot f(x)$

Übungsaufgaben

GTR

3. Zeichne für verschiedene Werte von n die Graphen der Funktionen mit $y = x^n$ mit $n \in \mathbb{N}^*$ in ein gemeinsames Koordinatensystem. Wie ändert sich der Graph, wenn man den Exponenten verändert?
Nenne gemeinsame Eigenschaften und Unterschiede der Graphen.

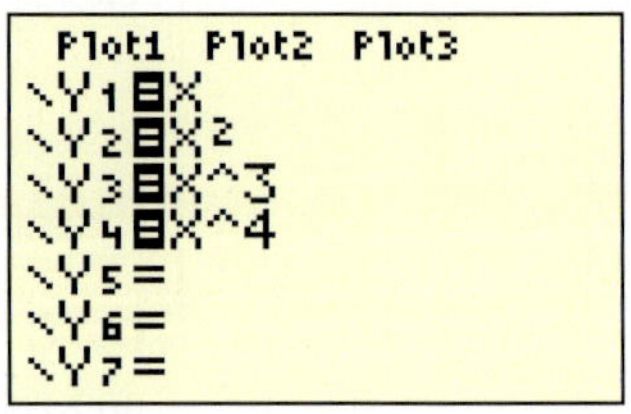

4. Lies aus dem Graphen der Potenzfunktion mit $y = x^3$ [mit $y = x^4$]

a) die Funktionswerte an den Stellen 0,8; –0,8; 1,3; –1,3 ab;

b) die Stellen ab, an denen die Potenzfunktion (1) den Wert 2; (2) den Wert 3 annimmt.

5. Stelle für geeignete x-Werte eine Wertetabelle auf für die Potenzfunktionen mit:
a) $y = x^6$ **b)** $y = x^7$ **c)** $y = x^8$ **d)** $y = x^9$
Zeichne den Graphen.

6. Anne, Bea und Marie haben den Graphen der Potenzfunktion zu $y = x^3$ gezeichnet. Kontrolliere ihre Zeichnungen.

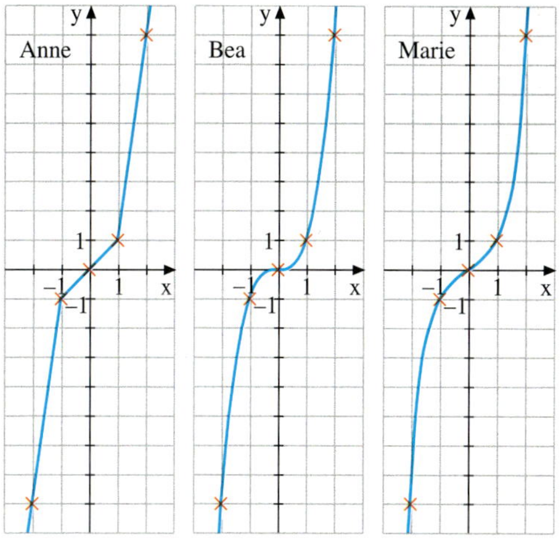

7. Berechne zur Potenzfunktion f mit
(1) $f(x) = x^4$; (2) $f(x) = x^5$; (3) $f(x) = x^6$
die Funktionswerte:
$f(3)$; $f(-2)$; $f(0{,}8)$; $f(-1{,}5)$; $f\left(-\frac{3}{2}\right)$;
$f(\sqrt{2})$; $f(a)$; $f(2a)$; $f(a^2b)$; $f(\sqrt{a})$

8. Die Potenzfunktion hat die Gleichung **a)** $y = x^3$; **b)** $y = x^4$.
Stelle fest, welche der Punkte zum Graphen der Potenzfunktion gehören.
$P_1(2|16)$, $P_3(-2|4)$, $P_5(-2|8)$, $P_7(1|1)$, $P_9(-1|1)$, $P_{11}(0|1)$,
$P_2(2|8)$, $P_4(-2|-16)$, $P_6(-2|-8)$, $P_8(1|-1)$, $P_{10}(-1|-1)$, $P_{12}(0|0)$

9. Die Punkte gehören zum Graphen der angegebenen Potenzfunktion.
Bestimme die fehlende Koordinate.
a) $y = x^3$; $P_1(4|\square)$, $P_2(\square|27)$, $P_3(\square|-27)$, $P_4(\square|0{,}125)$, $P_5(-0{,}5|\square)$
b) $y = x^4$; $P_1(-2|\square)$, $P_2(0{,}2|\square)$, $P_3(-0{,}2|\square)$, $P_4(\square|0)$, $P_5(\square|81)$

10. Fülle die Lücken aus. Beachte Symmetrieeigenschaften.

a)

x	x^4
1,2	2,0736
1,7	8,3521
−1,2	
−1,7	

b)

x	x^5
0,9	0,59049
1,3	3,71293
−0,9	
−1,3	

c)

x	x^6
0,5	0,015625
1,1	1,771561
−0,5	
−1,1	

d)

x	x^5
0,7	−0,16807
1,2	−2,48832
	−0,16807
	−2,48832

11. Ordne der Größe nach, ohne zu rechnen. Beginne mit dem kleinsten Potenzwert.
a) $(-2{,}4)^3$; $4{,}1^3$; $(-1{,}8)^3$; $3{,}6^3$; $(-3{,}2)^3$; 0^3
b) $(-2{,}4)^4$; $4{,}1^4$; $(-1{,}8)^4$; $3{,}6^4$; $(-3{,}2)^4$; 0^4

12. Zeichne den Graphen. Beschreibe, wie er aus dem Graphen der zugehörigen Potenzfunktion hervorgeht. Welche Symmetrie zeigt es?
a) $y = 0{,}2\,x^4$ **b)** $y = \frac{1}{2}x^5$ **c)** $y = -\frac{1}{2}x^4$ **d)** $y = -\frac{1}{2}x^5$

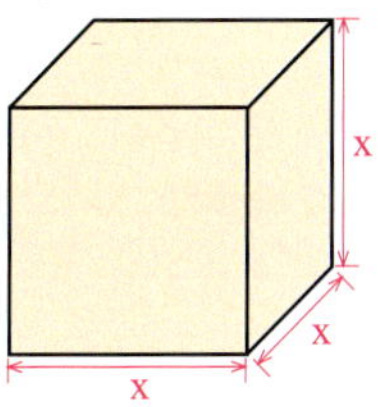

13. **a)** Untersuche, wie sich das Volumen eines Würfels ändert, wenn die Seitenlänge verdoppelt bzw. verdreifacht wird.

b) Untersuche dieselbe Aufgabenstellung auch für den Oberflächeninhalt [Gesamtkantenlänge] statt des Volumens.

c) Verallgemeinere dein Ergebnis für Funktionen mit der Gleichung $y = c \cdot x^n$, wobei $c \in \mathbb{R}$, $n \in \mathbb{N}^*$. Formuliere eine Vermutung und begründe sie.

GTR **14.** Merle hat die Graphen zu $y = 100x^2$ und $y = x^4$ mit einer Tabellenkalkulation gezeichnet. Sie behauptet:
„Der Graph zu $y = 100x^2$ verläuft immer unterhalb vom Graphen zu $y = x^4$."
Nimm Stellung dazu.

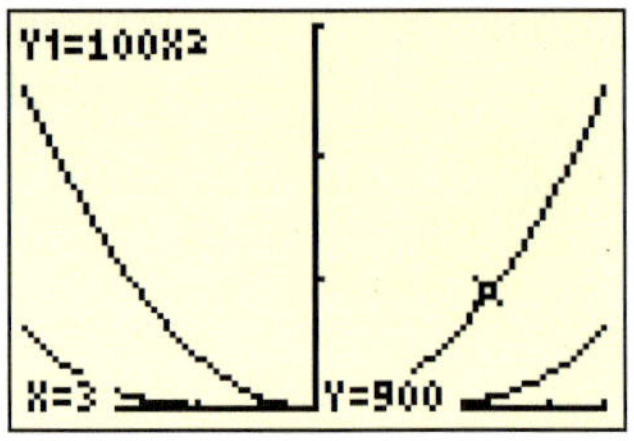

15. Ein Metallwürfel mit der Kantenlänge 2,5 cm wiegt 120 g. Wie viel wiegt ein solcher Metallwürfel mit der Kantenlänge
(1) 5 cm, (2) 7,5 cm, (3) 10 cm, (4) 20 cm?

GTR **16.** Zeichne den Graphen der Funktion. Beschreibe, wie er aus dem Graphen zu $y = x^3$ bzw. $y = x^4$ hervorgeht.

a) $y = x^3 - 2$ **c)** $y = 2x^3$ **e)** $y = -x^3$ **g)** $y = (x - 1)^3$
b) $y = x^4 - 3$ **d)** $y = \frac{1}{2}x^4$ **f)** $y = -2x^4$ **h)** $y = (x + 2)^4$

17. Suche zu den angegebenen Graphen die passende Funktionsgleichung.
(1) $y = 0{,}5x^3$ (3) $y = x^5 - 1$ (5) $y = (x + 2)^4$ (7) $y = 1{,}2 \cdot x^4$
(2) $y = (x + 2)^3$ (4) $y = 0{,}5 \cdot x^4$ (6) $y = x^6 - 1$ (8) $y = 0{,}5 \cdot x^6$

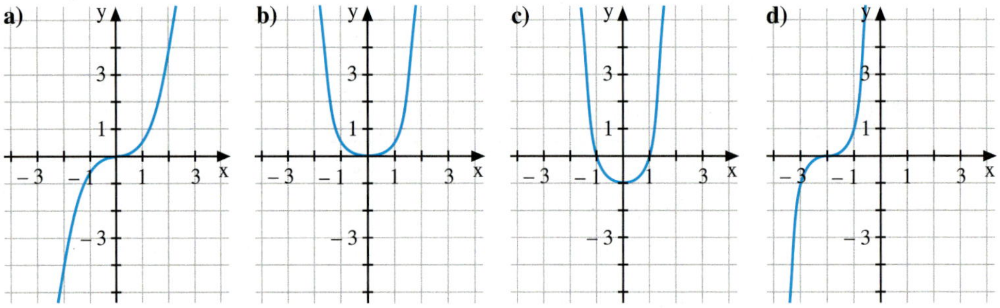

18. Die folgenden Wertetabellen gehören zu Funktionen der Form $f(x) = a \cdot x^n$. Aus den ersten drei Paaren kannst du erkennen, wie groß a und n sein müssen. Ergänze die Lücken.

a)

x	1	2	3	4	−5
f(x)	−1	−8	−27		

b)

x	1	2	3	4	−5
f(x)	−0,1	−1,6	−8,1		

1.3.2 Potenzfunktionen mit negativen ganzzahligen Exponenten

Aufgabe 1

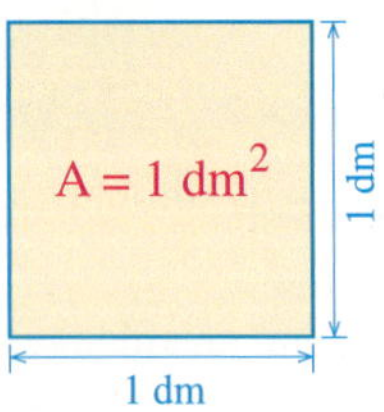

a) Ein Quadrat mit dem Flächeninhalt 1 dm² soll in ein flächeninhaltsgleiches Rechteck verwandelt werden. Diese Aufgabe hat unendlich viele Lösungen, denn zu jeder Länge der einen Seite gehört eine ganz bestimmte Länge der anderen Seite.
Lege für die Funktion *Länge der einen Seite (in dm) → Länge der anderen Seite (in dm)* eine Wertetabelle an. Erstelle die Funktionsgleichung. Zeichne den Graphen.

b) (1) Verwende die Funktionsgleichung aus Teilaufgabe a); wähle aber die größtmögliche Definitionsmenge, d. h. auch negative Ausgangswerte sind möglich. Zeichne den Graphen.
(2) Zeichne ebenso den Graphen zu $y = x^{-2}$. Beschreibe und vergleiche beide Graphen bezüglich Lage, Verlauf und Symmetrie.

Lösung

a) *Wertetabelle:*

Länge der einen Seite (in dm)	Länge der anderen Seite (in dm)
1	1
2	$\frac{1}{2}$
3	$\frac{1}{3}$
4	$\frac{1}{4}$
$\frac{1}{2}$	2
$\frac{1}{3}$	3
$\frac{1}{4}$	4

Funktionsgleichung:

$y = \frac{1}{x}$,
bzw. $y = x^{-1}$
mit $x > 0$, weil es nur positive Längen gibt.

Graph:

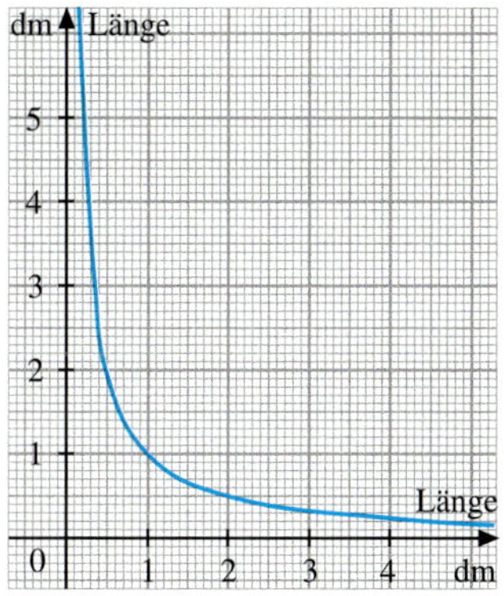

b) (1) Die Funktionsgleichung $y = \frac{1}{x} = x^{-1}$ ist für $x = 0$ nicht definiert. Daher ist die größtmögliche Definitionsmenge $\mathbb{R} \setminus \{0\}$.

Wertetabelle:

x	−2	−1	$-\frac{1}{2}$	$-\frac{1}{3}$	$\frac{1}{3}$	$\frac{1}{2}$	1	2
x^{-1}	$-\frac{1}{2}$	−1	−2	−3	3	2	1	$\frac{1}{2}$

Die Wertemenge ist die Menge $\mathbb{R}^*$ aller reellen Zahlen ohne Null.

Graph:

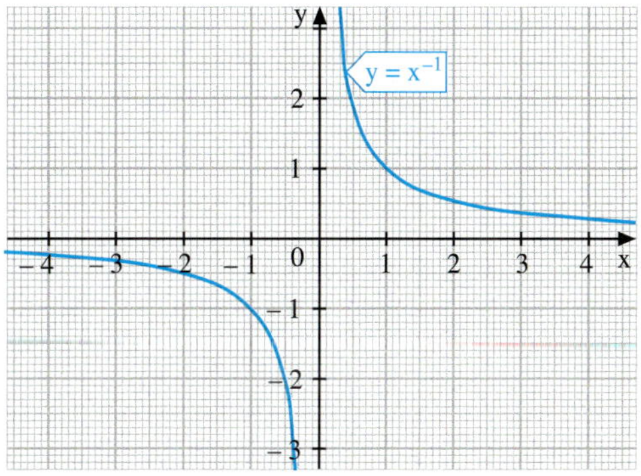

(2) Auch die Funktionsgleichung $y = x^{-2}$ hat als größtmögliche Definitionsmenge $\mathbb{R} \setminus \{0\}$.

Wertetabelle:

x	−2	−1	$-\frac{1}{2}$	$\frac{1}{2}$	1	2
x^{-2}	$\frac{1}{4}$	1	4	4	1	$\frac{1}{4}$

Die Wertemenge ist die Menge $\mathbb{R}_+^*$ aller positiven reellen Zahlen.

Graph:

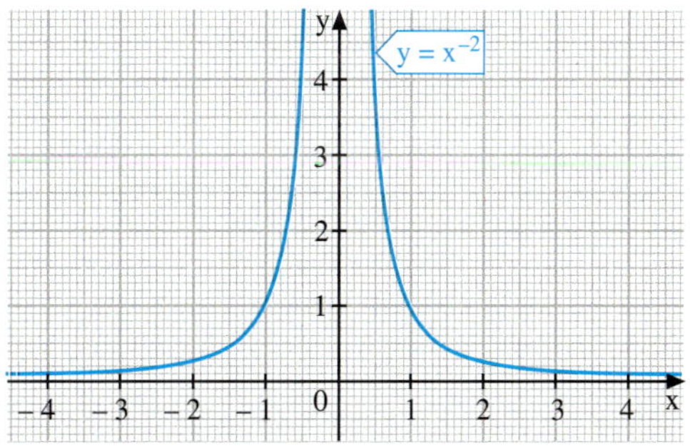

Der Vergleich der Graphen der Funktionen mit $y = x^{-1}$ und $y = x^{-2}$ ergibt:

- Beide Graphen bestehen aus zwei Teilen und verlaufen durch den Punkt $P(1|1)$.
- Für sehr große und für sehr kleine Werte von x schmiegen sich die Graphen immer mehr der x-Achse an, ohne sie jemals zu erreichen.
- Je näher der Wert von x bei 0 liegt, umso größer ist der Betrag des Funktionswertes.
- Der Graph zu $y = x^{-1}$ ist punktsymmetrisch zum Ursprung $O(0|0)$; der Graph zu $y = x^{-2}$ ist achsensymmetrisch zur y-Achse.
- Der Graph zu $y = x^{-1}$ fällt sowohl für $x < 0$ als auch für $x > 0$ von links nach rechts; der Graph zu $y = x^{-2}$ steigt für $x < 0$ von links nach rechts an und fällt für $x > 0$.

Weiterführende Aufgabe

2. *Potenzfunktionen mit negativen ganzzahligen Exponenten – Graph, Wachstumseigenschaft*

a) Zeichne die Graphen der Funktionen mit den Gleichungen
$y = x^{-1}$; $y = x^{-2}$; $y = x^{-3}$; $y = x^{-4}$; $y = x^{-5}$; $y = x^{-6}$.
Vergleiche die Graphen miteinander.

b) Wie ändert sich der Funktionswert der Funktionen mit $y = x^{-1}$; $y = x^{-2}$; $y = x^{-3}$, wenn man den x-Wert verdoppelt [verdreifacht; halbiert]?

Information

* an einer Menge bedeutet ohne die Null:
$\mathbb{R}^* = \mathbb{R} \setminus \{0\}$
$\mathbb{Z}^* = \mathbb{Z} \setminus \{0\}$

(1) Definition einer Potenzfunktion mit negativen ganzzahligen Exponenten

Auch die Funktionen mit $y = x^{-1}$, $y = x^{-2}$, ... heißen *Potenzfunktionen*. Wir verallgemeinern:

Definition

Eine Funktion mit $y = x^n$ mit $x \in \mathbb{R}^*$ und $n \in \mathbb{Z}^*$ heißt **Potenzfunktion**.

$y = x^{-1}$ beschreibt eine antiproportionale Zuordnung.
Der Graph zu $y = x^{-1}$ heißt auch Hyperbel.

(2) Grundtypen von Potenzfunktionen mit negativen Exponenten

Die in der Lösung der Aufgabe 1 b und der Aufgabe 2 erkannten Eigenschaften gelten allgemein.

Grundtypen von Potenzfunktionen mit negativen Exponenten und ihre Eigenschaften

(1) Gerader Exponent

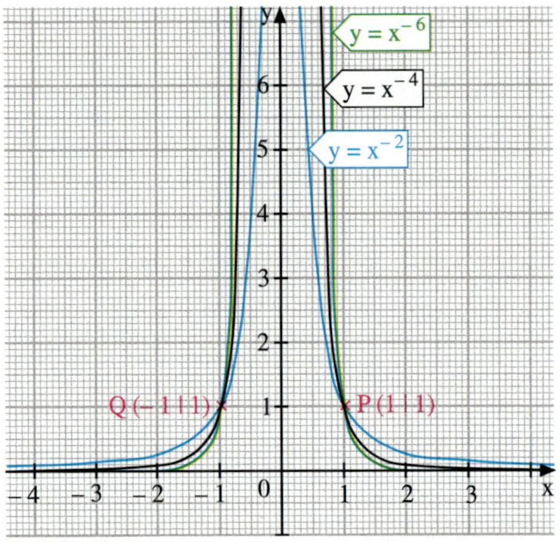

Die Graphen der Potenzfunktionen mit $y = x^{-n}$ und geradem Exponenten $n \in \mathbb{N}^*$ sind *symmetrisch* zur y-Achse und haben die gemeinsamen Punkte $P(1|1)$ und $Q(-1|1)$.
Sie steigen für $x < 0$ an und fallen für $x > 0$.
Die Wertemenge ist die Menge $\mathbb{R}_+^*$ aller positiven reellen Zahlen.

(2) Ungerader Exponent

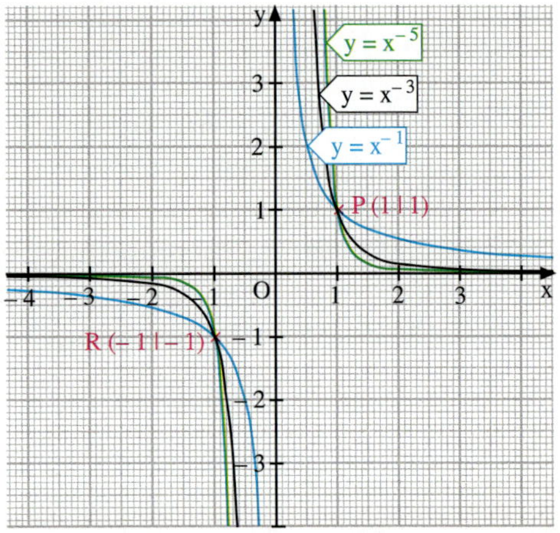

Die Graphen der Potenzfunktionen mit $y = x^{-n}$ und ungeradem Exponenten $n \in \mathbb{N}^*$ sind *symmetrisch* zum Ursprung O und haben die gemeinsamen Punkte $P(1|1)$ und $R(-1|-1)$.
Sowohl für $x < 0$ als auch für $x > 0$ fallen sie.
Die Wertemenge ist die Menge $\mathbb{R}^*$ aller reellen Zahlen ohne Null.

Gemeinsame Eigenschaften der Potenzfunktionen mit negativen ganzzahligen Exponenten sind:

(1) Die Funktionen sind für $x = 0$ nicht definiert. Die größtmögliche Definitionsmenge ist $\mathbb{R}^* = \mathbb{R} \setminus \{0\}$.
Die Graphen bestehen aus zwei Teilen.

(2) Die Graphen schmiegen sich den Koordinatenachsen an.

(3) Beweis der Symmetrie der Graphen der Potenzfunktionen mit negativen Exponenten

Für gerade Exponenten $n \in \mathbb{N}^*$ gilt für die Potenzfunktion mit der Gleichung $y = x^{-n}$:

$$f(-x) = (-x)^{-n} = \frac{1}{(-x)^n} = \frac{1}{(-1)^n x^n} = \frac{1}{x^n} = x^{-n} = f(x)$$

Die Funktionswerte von Zahl x und zugehöriger Gegenzahl −x stimmen also überein.
Folglich ist der Graph in diesem Fall achsensymmetrisch zur y-Achse.

Für ungerade Exponenten $n \in \mathbb{N}^*$ gilt dagegen:

$$f(-x) = (-x)^{-n} = \frac{1}{(-x)^n} = \frac{1}{(-1)^n x^n} = \frac{1}{-x^n} = -\frac{1}{x^n} = -x^{-n} = -f(x)$$

Für die Gegenzahl −x einer Zahl x ist auch der Funktionswert f(−x) die Gegenzahl zum Funktionswert f(x).
Folglich ist der Graph punktsymmetrisch zum Ursprung $O(0|0)$.

(4) Wachstumseigenschaft der Potenzfunktionen mit negativen Exponenten

In Aufgabe 2 haben wir für die Potenzfunktionen mit negativen Exponenten entdeckt:

> Für die Potenzfunktion mit $y = x^{-n}$, $n \in \mathbb{N}^*$, gilt:
> Vervielfacht man einen x-Wert mit dem Faktor k, so wird der zugeordnete y-Wert mit dem Faktor k^{-n} vervielfacht.

Begründung:

Für die Stelle x und den Vervielfachungsfaktor k gilt für die Potenzfunktion f mit $f(x) = x^{-n}$:
$f(k \cdot x) = (k \cdot x)^{-n} = k^{-n} \cdot x^{-n} = k^{-n} \cdot f(x)$

Übungsaufgaben GTR

3. Zeichne für verschiedene Werte von n die Graphen von Potenzfunktionen mit $y = x^{-n}$ und $n \in \mathbb{N}^*$ in ein gemeinsames Fenster. Wie ändert sich der Graph, wenn man den Exponenten verändert? Nenne gemeinsame Eigenschaften und Unterschiede der Graphen.

4. Lies aus dem Graphen der Potenzfunktion mit $y = x^{-1}$ [mit $y = x^{-2}$]

a) die Funktionswerte an den Stellen 0,8; −0,8; 1,3; −1,3 ab;

b) die Stellen ab, an denen die Funktion (1) den Wert 2; (2) den Wert $\frac{1}{4}$ annimmt.

Kontrolliere rechnerisch.

5. Moritz hat den Graphen der Potenzfunktion zu $y = x^{-3}$ gezeichnet. Kontrolliere und erläutere deine Anmerkungen.

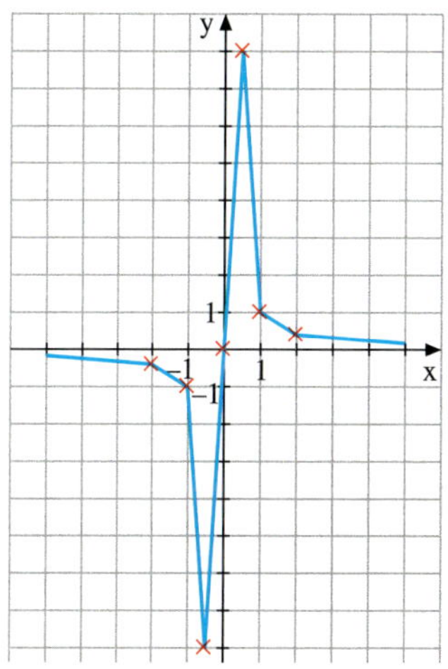

6. Berechne zur Potenzfunktion f mit $f(x) = x^{-4}$ [$f(x) = x^{-7}$] die Funktionswerte:

$f(3)$; $f(-3)$; $f(0{,}1)$; $f(-0{,}1)$; $f\left(-\frac{3}{2}\right)$;
$f(-5{,}2)$; $f(\sqrt{2})$; $f(a)$; $f(a^2b)$; $f(\sqrt{a})$.

7. Stelle mithilfe eines Taschenrechners eine Wertetabelle auf für die Potenzfunktionen mit:

a) $y = x^{-5}$ **b)** $y = x^{-6}$ **c)** $y = x^{-7}$ **d)** $y = x^{-8}$.

Wähle die x-Werte geeignet. Zeichne den Graphen.

8. Fülle die Lücken aus. Beachte Symmetrieeigenschaften.

a)

x	x^{-1}
2,5	0,4
−0,8	1,25
−2,5	
0,8	

b)

x	x^{-2}
0,25	16
1,25	0,64
−0,25	
−1,25	

c)

x	x^{-3}
0,1	1 000
1,25	0,512
−0,1	
−1,25	

9. Ordne der Größe nach. Beginne mit dem kleinsten Funktionswert.

a) $4{,}1^{-1}$; $(-1{,}8)^{-1}$; $3{,}6^{-1}$; $(-3{,}2)^{-1}$; 10^{-1} **b)** $4{,}1^{-2}$; $(-1{,}8)^{-2}$; $3{,}6^{-2}$; $(-3{,}2)^{-2}$; 10^{-2}

10. Zeichne den Graphen. Welche Symmetrie zeigt er?

a) $f(x) = 0{,}2 \cdot x^{-1}$ **b)** $f(x) = \frac{1}{2} \cdot x^{-2}$ **c)** $f(x) = -\frac{1}{2} \cdot x^{-3}$ **d)** $f(x) = 1{,}1 \cdot x^{-2}$

11. Wie verändert sich der Funktionswert der Funktionen mit $y = a \cdot x^{-n}$ und $n \in \mathbb{N}^*$, wenn man den x-Wert ver-k-facht? Untersuche an Beispielen und formuliere dann einen Satz. Beweise ihn.

12. Skizziere den Graphen. Beschreibe, wie er aus dem zu $y = x^{-1}$ bzw. $y = x^{-2}$ hervorgeht.

a) $y = x^{-1} + 2$ **c)** $y = \frac{1}{2}x^{-1}$ **e)** $y = -x^{-1}$ **g)** $y = (x+2)^{-1}$

b) $y = x^{-2} - 3$ **d)** $y = 2x^{-2}$ **f)** $y = -3x^{-2}$ **h)** $y = (x-1)^{-2}$

13. Suche zu den angegebenen Graphen die passende Funktionsgleichung:

(1) $y = 3x^{-1}$ (3) $y = x^{-3} - 2$ (5) $y = 0{,}5 \cdot x^{-2}$ (7) $y = -2x^{-2}$

(2) $y = x^{-4} - 2$ (4) $y = 2 \cdot x^{-2}$ (6) $y = 0{,}5 \cdot x^{-6}$ (8) $y = 0{,}5 \cdot x^{-3}$

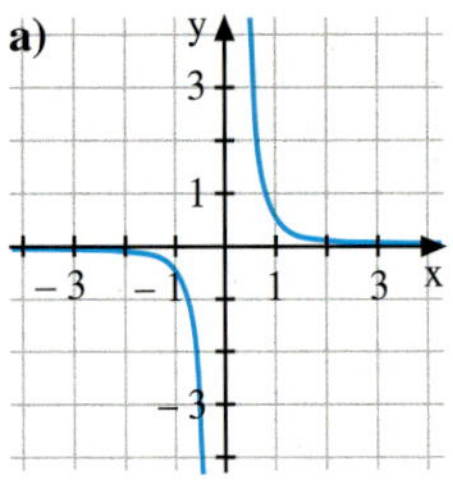

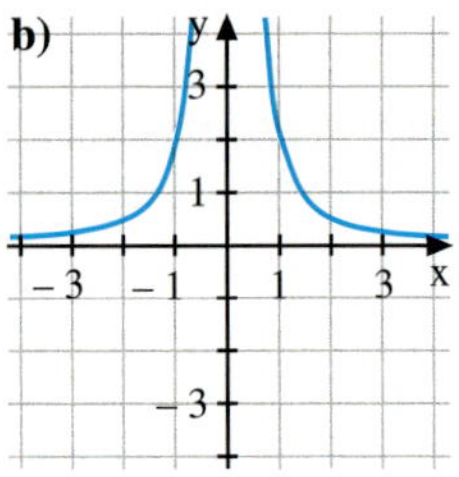

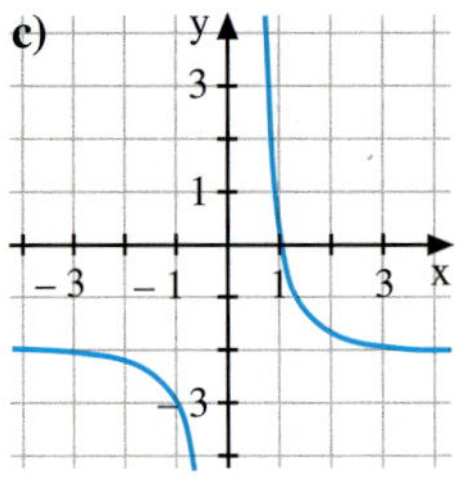

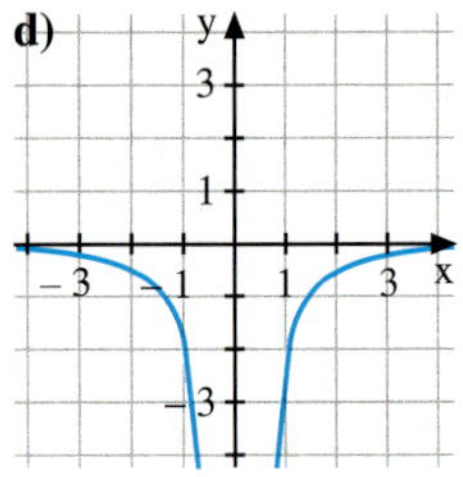

14. Stelle dir die Graphen der Funktionen (1) $f(x) = 10 \cdot x^{-1}$, (2) $f(x) = -x^{-2}$, (3) $f(x) = x^{-7}$, (4) $f(x) = -2 \cdot x^{-1}$ vor. Welche erfüllen die folgenden Bedingungen?

a) Der Graph verläuft durch $(1|1)$.

b) Der Graph verläuft durch $(-1|-1)$.

c) Der Graph ist symmetrisch zum Ursprung.

d) Der Graph schmiegt sich der x-Achse an.

e) Der Graph schmiegt sich der y-Achse an.

15. Zeichne die Graphen der Funktionen f mit $y = x^{-1}$ und g mit $y = x + 4$ in ein gemeinsames Koordinatensystem. Berechne die Koordinaten der Schnittpunkte der beiden Graphen und kontrolliere dein Ergebnis an der Zeichnung.

16. Üblicherweise wird die Funktion mit der Funktionsgleichung $y = x^0$ nicht mit zu den Potenzfunktionen gerechnet. Überlege, warum.

17. Du hast gestreckte Parabeln verschoben und verschobene Parabeln auch noch verschoben. Dies ist auch bei den Graphen für Potenzfunktionen möglich.
Untersuche, wie der Graph zu $y = x^3$ schrittweise verändert wurde. Gib auch die Funktionsgleichung an.

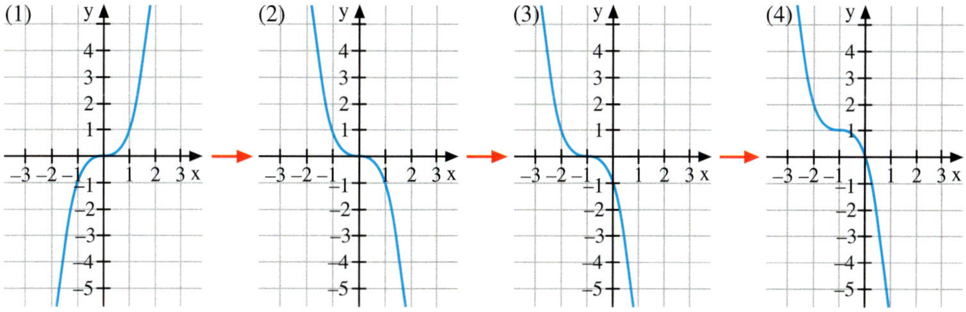

18. Jeder Funktionsgraph ist aus dem Graphen einer der Potenzfunktionen mit den Termen x^3, x^4, x^{-1} oder x^{-2} hervorgegangen.

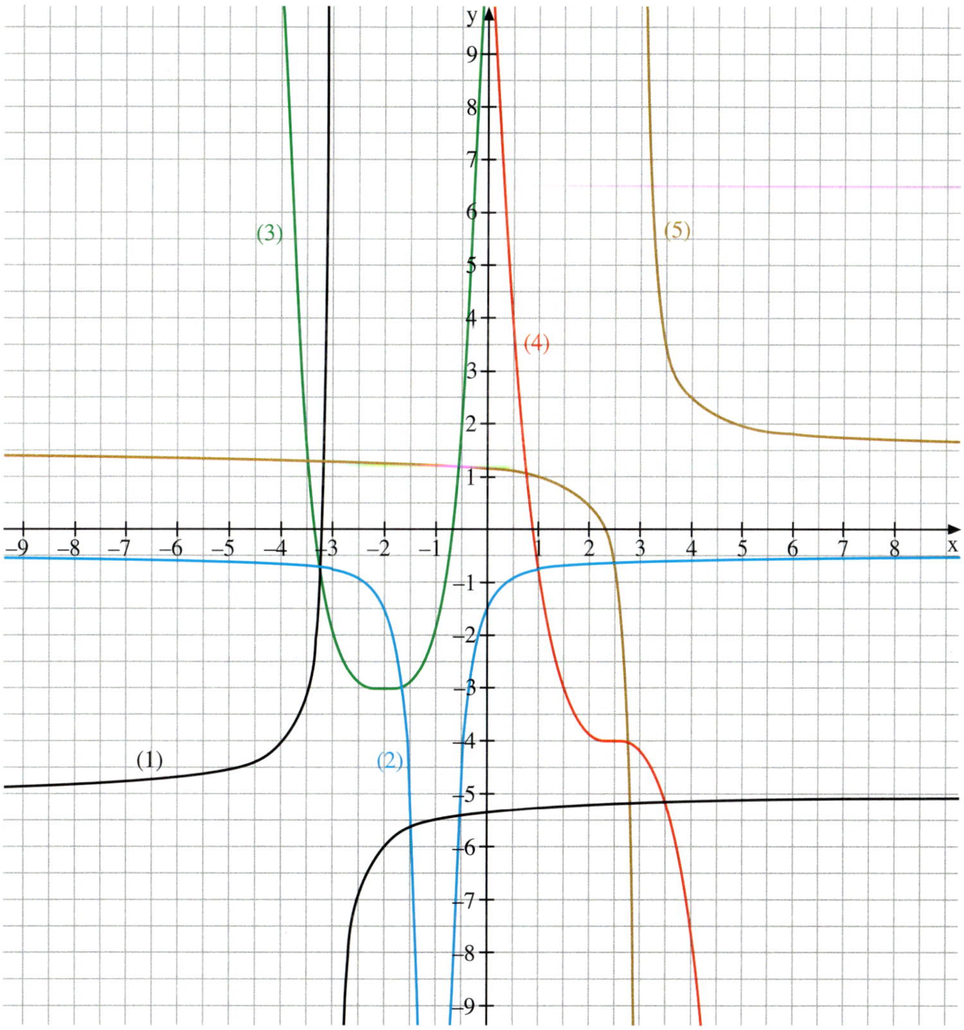

1.4 n-te Wurzeln

Einführung

Tim und Tanja lesen die nebenstehende Werbung.

Tim sagt: „Das sind doch 12 % : 3, also genau 4 % pro Jahr.“

Tanja widerspricht: „4 % ist zu hoch. Verzinst man 1 000 € drei Jahre lang mit 4 %, so erhält man einen höheren Betrag als 1 120 €.“

Tim: „Das verstehe ich nicht.“

Tanja: „Wenn ein Geldbetrag von 1 000 € 1 Jahr lang zu 4 % verzinst wird, erhält man 1 000 € · 0,04 als Zinsen. Insgesamt ist der Geldbetrag nach einem Jahr auf 1 000 € · 1,04 angewachsen. Du brauchst den Geldbetrag also nur mit dem Wachstumsfaktor 1,04 zu multiplizieren.

Nach drei Jahren ist der Betrag von 1 000 € auf 1 000 € · $1{,}04^3$ angewachsen. Das sind 1 124,86 €, also mehr als 1 120 €.“

$$K + K \cdot 0{,}04 = K \cdot (1 + 0{,}04) = K \cdot 1{,}04$$

Jahr	Geldbetrag (in €)
0	1 000
1	1 040
2	1 081,60
3	1 124,86

(jeweils · 1,04; insgesamt · $1{,}04^3$)

Wie kann man den korrekten Wert für den Zinssatz pro Jahr ermitteln?

Wir bestimmen zunächst den jährlichen Wachstumsfaktor:

Nach 3 Jahren zahlt die Bank 1 120 €, also das 1,12-fache des eingezahlten Kapitals (1 000 €) zurück. Der Wachstumsfaktor für die Dauer von 3 Jahren beträgt 1,12.

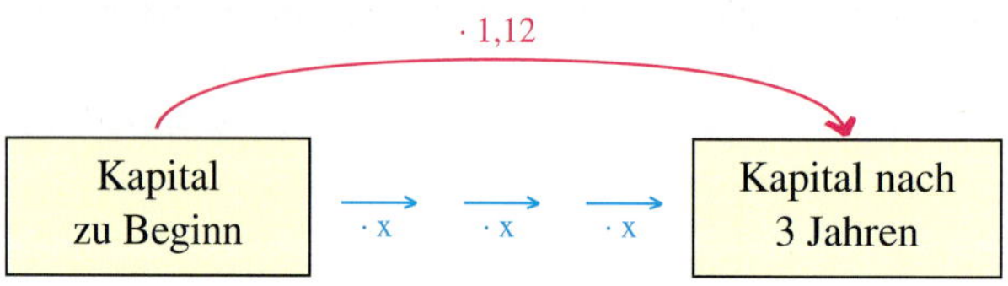

Der Wachstumsfaktor für jedes einzelne Jahr soll x sein.

Dann gilt: $x \cdot x \cdot x = 1{,}12$,

also $x^3 = 1{,}12$ — *Basis gesucht!*

Wir versuchen, die Lösung der Gleichung $x^3 = 1{,}12$ durch Probieren zu finden.

Wir wissen, dass x kleiner als 1,04 ist. Wegen $1{,}03^3 = 1{,}092727 < 1{,}12$ muss x größer als 1,03 sein.

zu kleine Zahl x	x^3	zu große Zahl x	x^3	Differenz (Genauigkeit)
1,03	1,0927...	1,04	1,1248...	0,01
1,038	1,1183...	1,039	1,1216...	0,001
1,0384	1,1196...	1,0385	1,1200...	0,0001

Also liegt x zwischen 1,0384 und 1,0385, aber näher an 1,0385.

Der jährliche Wachstumsfaktor beträgt ungefähr 1,0385. Der Zinssatz pro Jahr beträgt also ungefähr 3,85 %.

Information

In der Einführung haben wir eine Zahl gesucht, deren 3. Potenz 1,12 ist.
In Kapitel 1 haben wir eine Zahl gesucht, deren Quadrat, also 2. Potenz eine vorgegebenen Zahl ist.
Das führte uns auf die Wurzel, genauer gesagt: Quadratwurzel.
Deshalb definiert man entsprechend wie bei der Quadratwurzel:

Definition

Suche eine Zahl, deren n-te Potenz a ist.

Gegeben ist eine nichtnegative Zahl a.
Unter der n-ten Wurzel (n ≥ 2) dieser Zahl a versteht man diejenige nichtnegative Zahl, die mit n potenziert die Zahl a ergibt.
Für die **n-te Wurzel aus a** schreibt man $\sqrt[n]{a}$.
Die Zahl n heißt der *Wurzelexponent*, die Zahl a unter dem Wurzelzeichen heißt *Radikand.*

Wurzelexponent
$\sqrt[n]{a}$
Radikand

Beispiele:
$\sqrt[3]{1000} = 10$, denn $10^3 = 10 \cdot 10 \cdot 10 = 1000$; $\sqrt[4]{\frac{16}{81}} = \frac{2}{3}$, denn $\left(\frac{2}{3}\right)^4 = \frac{2}{3} \cdot \frac{2}{3} \cdot \frac{2}{3} \cdot \frac{2}{3} = \frac{16}{81}$

2. Wurzeln $\left(\sqrt[2]{a}\right)$ heißen auch *Quadratwurzeln*, 3. Wurzeln $\left(\sqrt[3]{a}\right)$ nennt man *Kubikwurzeln*.

Statt $\sqrt[2]{a}$ schreibt man auch kürzer nur $\sqrt{a}$.

Beachte:

(1) n-te Wurzeln sind stets nichtnegativ. Es ist also nur $\sqrt[4]{16} = +2$, obwohl auch $(-2)^4 = 16$ ist. Man möchte vermeiden, dass z. B. $\sqrt[4]{16}$ zwei verschiedene Zahlen bezeichnet.

(2) $\sqrt[4]{-16}$ kann man prinzipiell nicht definieren, da es keine reelle Zahl gibt, deren 4. Potenz −16, also negativ ist. Entsprechendes gilt für alle Wurzeln, deren Wurzelexponent gerade ist.
$\sqrt[3]{-8}$ könnte man dagegen definieren, da $(-2)^3 = -8$. Entsprechendes gilt für alle Wurzeln, deren Wurzelexponent ungerade ist.
Um aber in der Definition der n-ten Wurzel keine Fallunterscheidung vornehmen zu müssen, haben wir die n-te Wurzel stets nur dann definiert, wenn der Radikand nichtnegativ ist.
Wir verzichten also auf die Definition von $\sqrt[3]{-8}$, $\sqrt[5]{-1}$, …, da die Definition von $\sqrt{-4}$, $\sqrt[4]{-16}$, …, also von n-ten Wurzeln aus negativen Zahlen mit geraden Wurzelexponenten, in $\mathbb{R}$ prinzipiell nicht möglich ist.

Weiterführende Aufgaben

1. *Zusammenhang zwischen Wurzelziehen und Potenzieren*

a) (1) Ziehe die 3. Wurzel aus:
8; 27; 512; 729; 1 331.
Potenziere jedes Ergebnis mit 3.

	3. Wurzel →	hoch 3 →
8	2	8

(2) Potenziere die Zahlen mit 3:
5; 6; 12; 20; 30.
Ziehe aus jedem Ergebnis die 3. Wurzel.

	hoch 3 →	3. Wurzel →
5	125	5

Vervollständige die Tabelle. Vergleiche die erste mit der dritten Spalte.

b) Berechne folgende Aufgaben.
(1) Ziehe die 5. Wurzel aus:
7 776; 100 000.
Potenziere jedes Ergebnis mit 5.
(2) Potenziere die Zahlen 8; 11 mit 5.
Ziehe aus jedem Ergebnis die 5. Wurzel.
Was fällt dir auf?

c) Vereinfache: $\left(\sqrt[3]{125}\right)^3$; $\left(\sqrt[5]{4913}\right)^5$; $\left(\sqrt[6]{7}\right)^6$; $\sqrt[4]{2^4}$; $\sqrt[5]{19^5}$; $\sqrt[6]{74^6}$

Einschränkende Bedingung bei Wurzeln
Radikand ≥ 0

Zusammenhang zwischen Potenzieren und Wurzelziehen

Für alle $a \in \mathbb{R}$ mit $a \geq 0$ gilt:

(1) $\left(\sqrt[n]{a}\right)^n = a$

Das Ziehen der n-ten Wurzel wird durch das Potenzieren mit n rückgängig gemacht:

$a \xrightarrow{\text{n-te Wurzel ziehen}} \sqrt[n]{a}$, $\sqrt[n]{a} \xrightarrow{\text{hoch n}} a$

(2) $\sqrt[n]{a^n} = a$

Das Potenzieren mit n wird durch das Ziehen der n-ten Wurzel rückgängig gemacht:

$a \xrightarrow{\text{hoch n}} a^n$, $a^n \xrightarrow{\text{n-te Wurzel ziehen}} a$

2. *Irrationale n-te Wurzeln*

a) Beweise, dass $\sqrt[3]{2}$ keine rationale Zahl ist.
Anleitung: Nimm an, dass $\sqrt[3]{2}$ doch eine rationale Zahl sei. Schreibe $\sqrt[3]{2}$ dann als gekürzten Bruch $\frac{m}{n}$. Folgere daraus $\frac{m^3}{n^3} = 2$ und zeige, dass diese Gleichung auf einen Widerspruch führt.

b) Beweise entsprechend, dass $\sqrt[4]{8}$ irrational ist.

c) Warum lässt sich so nicht beweisen, dass $\sqrt[3]{216}$ irrational ist?

Übungsaufgaben

$1\text{ ml} = 1\text{ cm}^3$

3. Eine würfelförmige Kerze soll aus

a) 125 ml, **b)** 200 ml

Wachs gegossen werden.
Welche Kantenlänge muss die Form (innen) haben?

4. Berechne im Kopf und begründe dein Ergebnis.

a) $\sqrt[3]{8}$ **d)** $\sqrt[5]{32}$ **g)** $\sqrt{121}$ **j)** $\sqrt[5]{0{,}000001}$ **m)** $\sqrt[3]{\frac{8}{27}}$

b) $\sqrt[3]{1000}$ **e)** $\sqrt[3]{0{,}008}$ **h)** $\sqrt[4]{0{,}0081}$ **k)** $\sqrt[12]{0}$ **n)** $\sqrt[5]{\frac{243}{32}}$

c) $\sqrt[3]{512}$ **f)** $\sqrt[4]{256}$ **i)** $\sqrt[7]{1}$ **l)** $\sqrt[4]{\frac{1}{16}}$ **o)** $\sqrt{1{,}44}$

5. Prüfe ohne Taschenrechner, ob die Aussage wahr ist. Korrigiere gegebenenfalls den Radikanden.

a) $\sqrt{125} = 5$ **c)** $\sqrt[4]{14\,641} = 11$ **e)** $\sqrt[5]{320\,000} = 20$ **g)** $\sqrt[7]{0{,}0000128} = 0{,}2$

b) $\sqrt[3]{64} = 8$ **d)** $\sqrt[15]{32\,768} = 2$ **f)** $\sqrt[6]{0{,}00001} = 0{,}1$ **h)** $\sqrt[5]{0{,}00243} = 0{,}3$

6. Zwischen welchen (aufeinander folgenden) natürlichen Zahlen liegt der Wert der Wurzel?

a) $\sqrt[3]{10}$ **b)** $\sqrt[4]{100}$ **c)** $\sqrt[3]{480}$ **d)** $\sqrt[3]{2\,000}$ **e)** $\sqrt[3]{87{,}6}$

7. a) $2 \cdot \sqrt[3]{64}$ **c)** $\sqrt[5]{30+2}$ **e)** $\sqrt[4]{1} + \sqrt[4]{10\,000}$ **g)** $5 \cdot \sqrt[3]{8} + 4 \cdot \sqrt[4]{16}$

b) $7 - \sqrt[3]{216}$ **d)** $\sqrt[3]{100-36}$ **f)** $50 \cdot \sqrt[4]{0{,}0001} - \sqrt{4}$ **h)** $\frac{1}{7} \cdot \sqrt[3]{343} - \frac{1}{8}\sqrt[3]{512}$

8. a) $\sqrt{\sqrt{625}}$ **b)** $\sqrt{\sqrt[4]{256}}$ **c)** $\sqrt[4]{\sqrt[3]{1\,000\,000\,000\,000\,000}}$ **d)** $\sqrt[3]{\sqrt{4096}}$ **e)** $\sqrt[5]{\sqrt[12]{1}}$

9. Prüfe, ob die Aussage wahr ist, ohne die Wurzeltaste des Taschenrechners zu benutzen.

a) $\sqrt[3]{216} = \sqrt[4]{1296}$ b) $\sqrt{\sqrt{16}} = \sqrt[4]{16}$ c) $\sqrt[3]{6561} = \sqrt{\sqrt{\sqrt{6561}}}$ d) $\sqrt[6]{64} = \sqrt[3]{\sqrt{64}}$

10. Vereinfache.

a) $\left(\sqrt[4]{81}\right)^4$ **c)** $\sqrt[12]{1{,}2^{12}}$ **e)** $\left(\sqrt[6]{15\,625}\right)^6$ **g)** $\left(\sqrt[9]{17}\right)^{-9}$

b) $\left(\sqrt[14]{37}\right)^{14}$ **d)** $\sqrt[20]{0}$ **f)** $\sqrt[4]{7^4}$ **h)** $\sqrt[8]{11^{-8}}$

11. Berechne den Zinssatz pro Jahr auf zwei Stellen nach dem Komma gerundet.

a) 15 % für 3 Jahre

b) 17 % für 4 Jahre

c) 40 % für 7 Jahre

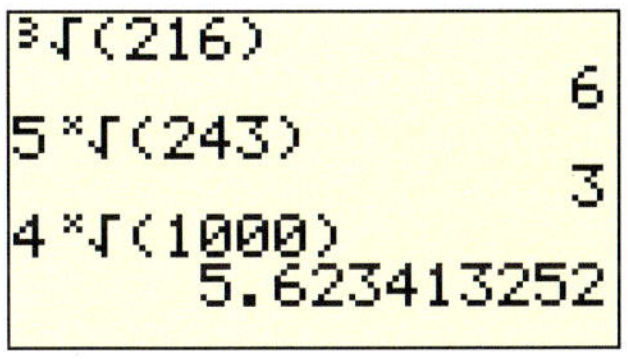

12. Ein Kapital von 12 050 € ist in 6 Jahren auf 16 546,11 € angewachsen. Berechne den jährlichen Zinssatz.

13. Ein Auto verliert in den ersten drei Jahren insgesamt 35 % seines Wertes.

a) Wie groß ist der prozentuale Wertverlust pro Jahr? Mache die Probe.

b) *Partnerarbeit:* Stellt anhand des Diagramms weitere geeignete Fragen und beantwortet sie.

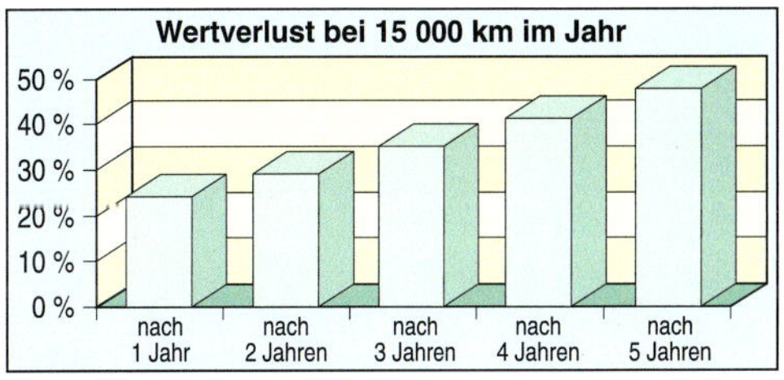

14. Bestimme gegebenenfalls die einschränkende Bedingung. Vereinfache dann.

a) $\sqrt[4]{c^4}$ **b)** $\left(\sqrt[5]{2a}\right)^5$ **c)** $\sqrt[8]{(-a)^8}$ **d)** $\sqrt[6]{(-1{,}5r)^6}$ **e)** $\sqrt[4]{(a+b)^4}$

15. **a)** $\sqrt{a^6}$ **b)** $\sqrt[3]{x^{12}}$ **c)** $\sqrt[4]{z^8}$ **d)** $\sqrt{p^{-2}}$ **e)** $\sqrt[3]{u^{-12}}$ **f)** $\sqrt[5]{a^{-15}}$

16. Kontrolliere, ob hier alles richtig ist. Korrigiere gegebenenfalls.

a) $\sqrt[4]{(-3)^4} = -3$ b) $\left(-\sqrt[5]{18}\right)^5 = 18$ c) $\left(-\sqrt[10]{1{,}3}\right)^{10} = 1{,}3$ d) $\left(\sqrt[3]{4}\right)^{-6} = -\frac{1}{2}$

17. Gegeben ist der Term $\sqrt[n]{500}$ [der Term $\sqrt[n]{0{,}01}$].

a) Berechne jeweils den Wert der Wurzel für n = 2, n = 3… Was stellst du fest?

b) Wie groß muss man den Wurzelexponenten n mindestens wählen, damit die Werte der Wurzel kleiner als 2 [größer als 0,5] sind? Probiere das aus.

18. Begründe:
Für alle reellen Zahlen a und geraden natürlichen Zahlen n gilt: $\sqrt[n]{a^n} = |a|$.
Überlege auch, warum dies nicht für ungerade Zahlen für n gilt.

1.5 Lösungsmenge von Potenzgleichungen *Zum Selbstlernen*

Ziel

Die Lösungsmenge einer quadratischen Gleichung der Form $x^2 = a$ kannst du bestimmen. Du weißt auch, wie viele Lösungen es für unterschiedliche Werte von a gibt.
Hier untersuchst du Entsprechendes für Potenzgleichungen der Form $x^n = a$.

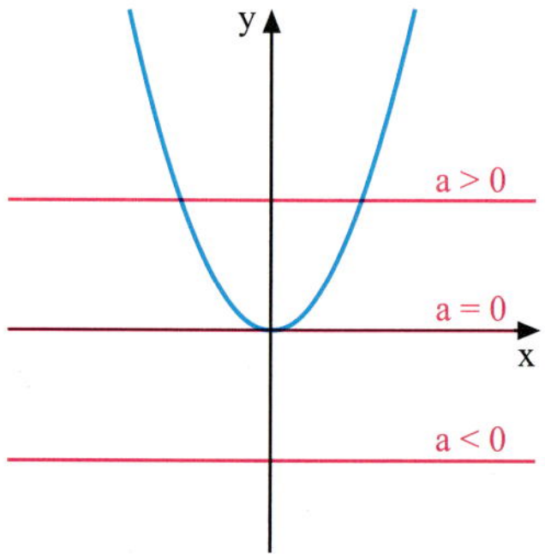

Zum Erarbeiten

Lösungsmenge der kubischen Gleichung $x^3 = a$

A *Bestimme die Lösungsmengen. Veranschauliche die Lösungen am Graphen der Potenzfunktion mit $y = x^3$.*
(1) $x^3 = 8$ (2) $x^3 = 0$ (3) $x^3 = -8$
Formuliere anschließend dein Ergebnis allgemein.

(1) $x^3 = 8$ hat die Lösung 2, denn $2^3 = 8$ und die 3. Potenz von kleineren und größeren Zahlen als 2 ist von 8 verschieden. Die Lösung ist die 3. Wurzel:
$\sqrt[3]{8} = 2$ Lösungsmenge: $L = \{2\}$

(2) $x^3 = 0$ hat die Lösung 0, denn $0^3 = 0$ und weitere Möglichkeiten gibt es nicht. Die Lösung ist die 3. Wurzel:
$\sqrt[3]{0} = 0$ Lösungsmenge: $L = \{0\}$

(3) $x^3 = -8$ hat die Lösung -2, denn $(-2)^3 = -8$ und andere Möglichkeiten gibt es nicht. Da die 3. Wurzel aus negativen Radikanden nicht definiert ist ist, kann die Lösung -2 nicht als 3. Wurzel aus -8 geschrieben werden. Stattdessen kann man die 3. Wurzel aus dem Betrag ziehen und das negative Vorzeichen gleich vor die Wurzel setzen:
$-\sqrt[3]{|-8|} = -\sqrt[3]{8} = -2$ Lösungsmenge: $L = \{-2\}$

In den folgenden Zeichnungen sind die Lösungen der drei Gleichungen am Graph der Potenzfunktion mit $y = x^3$ veranschaulicht.

(1) $x^3 = 8$

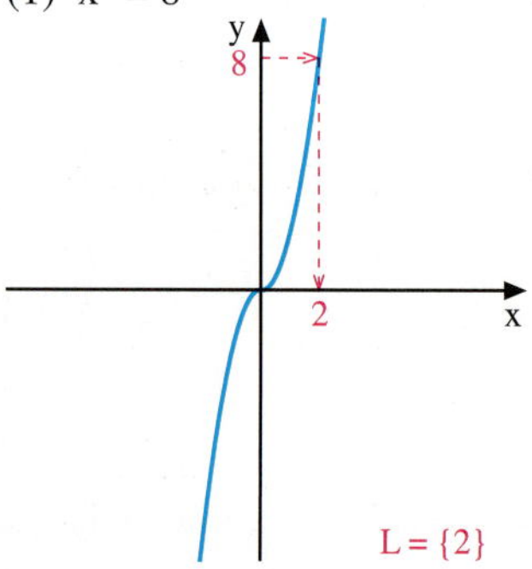

(2) $x^3 = 0$

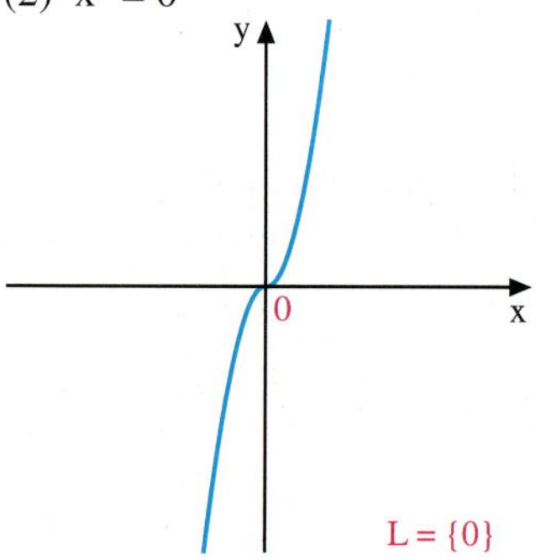

(3) $x^3 = -8$

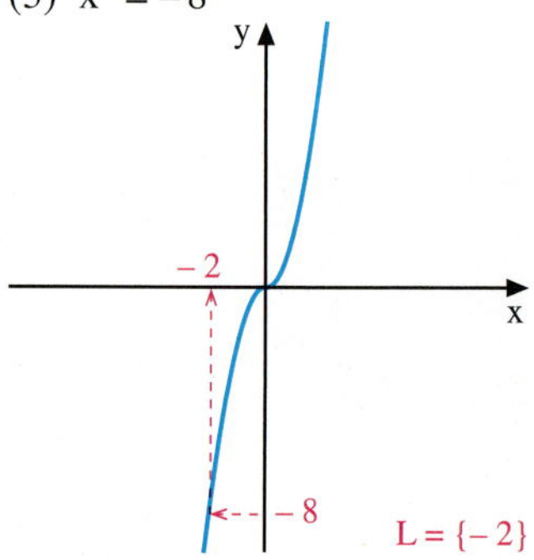

Allgemein gilt:

> **Satz**
> Die Lösungsmenge der kubischen Gleichung $x^3 = a$ erhält man folgendermaßen:
> $L = \{\sqrt[3]{a}\}$, falls $a > 0$; $L = \{\sqrt[3]{0}\} = \{0\}$, falls $a = 0$; $L = \{-\sqrt[3]{|a|}\}$, falls $a < 0$.
> Die kubische Gleichung $x^3 = a$ hat immer *genau* eine Lösung.

Zum Selbstlernen

Lösungsmenge von Gleichungen der Form $x^n = a$

a) Bestimme die Lösungsmenge der Gleichungen:
(1) $x^4 = 10\,000$ *(2)* $x^4 = 0$ *(3)* $x^4 = -16$ *(4)* $x^4 = 20$

b) Bestimme die Lösungsmenge der Gleichungen:
(1) $x^5 = 32$ *(2)* $x^5 = 0$ *(3)* $x^5 = -243$ *(4)* $x^5 = 30$

c) Verallgemeinere die Ergebnisse der Teilaufgaben a) und b); veranschauliche am Graphen der zugehörigen Potenzfunktion.

a) (1) $x^4 = 10\,000$ hat als Lösungsmenge $L = \{10; -10\}$, denn $10^4 = 10\,000$ und $(-10)^4 = 10\,000$. Ferner ist die 4. Potenz von Zahlen, deren Betrag ungleich 10 ist, ungleich $10^4 = 10\,000$.

(2) $x^4 = 0$ hat als Lösungsmenge $L = \{0\}$, denn nur für Null gilt: $0^4 = 0$

(3) $x^4 = -16$ hat als Lösungsmenge $L = \{\ \}$, denn die 4. Potenz jeder Zahl ist positiv oder null.

(4) $x^4 = 20$ hat als Lösungsmenge $L = \{\sqrt[4]{20}; -\sqrt[4]{20}\}$, denn $\sqrt[4]{20}$ und $-\sqrt[4]{20}$ sind die einzigen Zahlen, deren 4. Potenz 20 ergibt.

b) (1) $x^5 = 32$ hat als Lösungsmenge $L = \{2\}$, denn nur für die Zahl 2 gilt: $2^5 = 32$

(2) $x^5 = 0$ hat als Lösungsmenge $L = \{0\}$, denn nur für Null gilt: $0^5 = 0$

(3) $x^5 = -243$ hat als Lösungsmenge $L = \{-3\}$, denn nur für die Zahl -3 gilt: $(-3)^5 = -243$.

(4) $x^5 = 30$ hat als Lösungsmenge $L = \{\sqrt[5]{30}\}$, denn nur für $\sqrt[5]{30}$ gilt: $\left(\sqrt[5]{30}\right)^5 = 30$.

c) Allgemein gilt:

Satz

Die Lösungsmenge L der Gleichung $x^n = a$ ist

bei *geradem* Exponenten n:		bei *ungeradem* Exponenten n:	
$L = \{\sqrt[n]{a}; -\sqrt[n]{a}\}$,	falls $a > 0$;	$L = \{\sqrt[n]{a}\}$,	falls $a > 0$;
$L = \{0\}$,	falls $a = 0$,	$L = \{0\}$,	falls $a = 0$,
$L = \{\ \}$,	falls $a < 0$.	$L = \{-\sqrt[n]{\lvert a\rvert}\}$,	falls $a < 0$.

Die unterschiedliche Anzahl der Lösungen erkennt man am Graphen der Potenzfunktion.

(1) Für gerade Zahlen n ist der Graph der Potenzfunktion mit der Gleichung $y = x^n$ achsensymmetrisch zur y-Achse und verläuft nicht unterhalb der x-Achse:

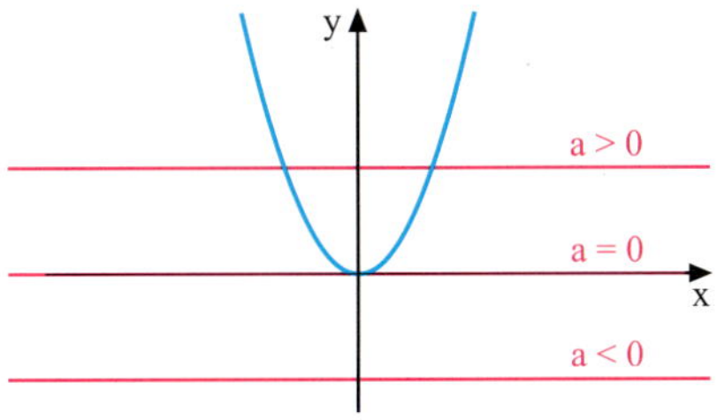

Daher hat die Gleichung $x^n = a$ für gerade n
- zwei Lösungen, falls $a > 0$, da es zwei Schnittpunkte zwischen den Graphen zu $y = x^n$ und zu $y = a$ gibt;
- eine Lösung, falls $a = 0$
- keine Lösung, falls $a < 0$

(2) Für ungerade Zahlen n ist der Graph der Potenzfunktion mit der Gleichung $y = x^n$ punktsymmetrisch zum Ursprung:

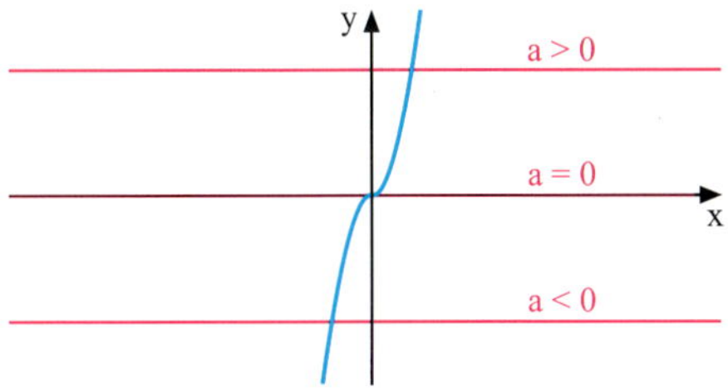

Die Gleichung $x^n = a$ hat für ungerade n für jeden Wert für a genau eine Lösung, da die Graphen zu $y = x^n$ und zu $y = a$ in diesem Fall stets genau einen Schnittpunkt haben.

Zum Üben

1. Versuche grafisch Näherungswerte für die Lösungen der Gleichungen zu ermitteln. Gib auch die Lösungsmenge mit den exakten Werten an.

(1) $x^3 = 2$; $x^3 = -3$; $x^3 = 0$

(2) $x^4 = 2$; $x^4 = -3$; $x^4 = 0$

(3) $x^5 = 2$; $x^5 = -3$; $x^5 = 0$

(4) $x^6 = 2$; $x^6 = -3$; $x^6 = 0$

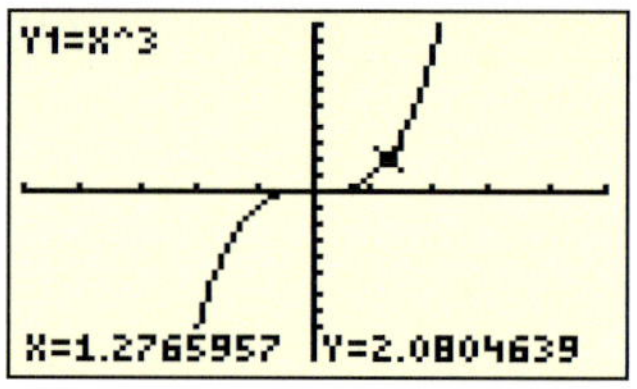

$x^3 = 2$

$x \approx 1{,}26$

$L = \{\sqrt[3]{2}\}$

2. Bestimme die Lösungsmenge der Gleichungen im Kopf.

a) $x^3 = 216$ **b)** $x^3 = -1\,000$ **c)** $x^5 = 100\,000$ **d)** $x^6 = 64$ **e)** $x^7 = -1$ **f)** $-x^5 = 32$ **g)** $8x^3 = -1$ **h)** $x^4 - 81 = 0$ **i)** $5x^4 = 405$ **j)** $6x^6 = 0$

3. Welche Lösungsmenge gehört zu welcher Gleichung?

$x^5 = 243$ | $\{0\}$ | $x^6 = -729$ | $\{-3\}$ | $x^7 = 0$

$\{\ \}$ | $x^4 = 81$ | $\{3\}$ | $x^3 = -27$ | $\{-3; 3\}$

4. Bestimme die Lösungsmenge. Mache die Probe.

a) $x^4 = 12$ **b)** $x^7 = -\frac{1}{3}$ **c)** $3x^3 + 18 = 0$ **d)** $3x^4 + 48 = 2$ **e)** $-6x^5 + 192 = 0$ **f)** $(x+1)^3 = 64$ **g)** $(x-4)^3 - 27 = 0$ **h)** $3(x-10)^4 = 12$

5. Welche Fehler wurden hier gemacht? Erkläre und korrigiere.

a) $x^5 = -7$, $L = \{\sqrt[5]{-7}\}$

b) $x^4 = 1{,}7$, $L = \{\sqrt[4]{1{,}7}\}$

c) $2x^3 - 8 = 10$, $L = \{\sqrt[3]{9}, -\sqrt[3]{9}\}$

d) $(x-5)^5 = -1024$, $L = \{\ \}$

6. Gegeben sind die Gleichungen (1) $x^2 = a$; (2) $x^3 = a$; (3) $x^4 = a$; (4) $x^5 = a$.

a) Setze 64 für a und bestimme zu jeder Gleichung die Lösungsmenge.

b) Setze −1 für a und bestimme zu jeder Gleichung die Lösungsmenge.

c) Stelle bei jeder Gleichung fest: Für welche Zahlen anstelle von a hat die Gleichung genau eine Lösung [keine Lösung; zwei Lösungen]?

7. Gib eine Gleichung der Form $x^n = b$ an, die die folgende Lösungsmenge hat.

a) $L = \{-3; 3\}$ **b)** $L = \{-5\}$ **c)** $L = \{0\}$ **d)** $L = \{\ \}$

CAS **8.** Computer-Algebra-Systeme haben zum Lösen von Gleichungen einen (oder mehrere) Befehle. Probiere das mit deinem CAS aus.
Bilde eigene Beispiele und löse sie.

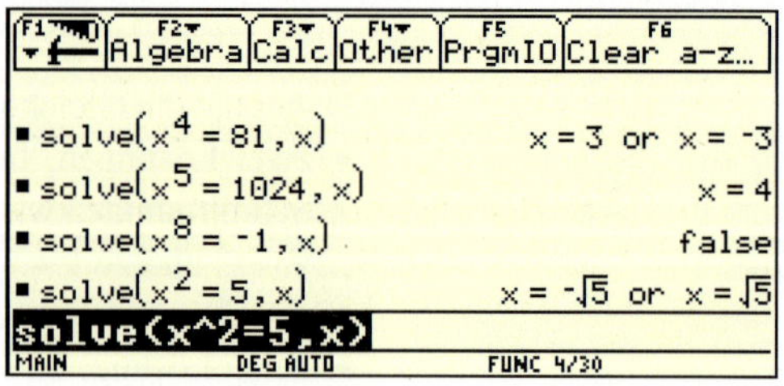

Zum Selbstlernen

Auf den Punkt gebracht: Lösen von Gleichungen

Sparmodelle

1. Oma Listig plant von ihren Ersparnissen den Enkeln etwas abzugeben. An ihrem 70. Geburtstag bietet sie den Enkeln bis zu ihrem Tod folgende Modelle zur Auswahl an:

Modell A: 800 € am 1. September 2008 und dann jeden 1. September der folgenden Jahre weitere 800 €.

Modell B: Eine einmalige Zahlung von 2 800 € bei einem Zinssatz von 11 %, beginnend am 1. September 2008.

Untersuche und vergleiche die Konsequenzen der beiden Modelle in Abhängigkeit von der Lebenszeit der Oma.

a) Bestimme für beide Modelle eine Funktionsgleichung.

b) Bestimme die Zeiten, zu denen Modell A vorteilhafter ist.

2. Opa Listig möchte seinem Lieblingsenkel Tobias zu dessen 18. Geburtstag in 5 Jahren 1 000 € als Beitrag für den Führerschein schenken. Er kann jetzt 750 € auf ein Konto mit fester Verzinsung einzahlen und dann nach 5 Jahren den Betrag auf dem Konto noch um 100 € erhöhen. Welche Verzinsung muss das Konto bieten, damit so 1 000 € erreicht werden?
Löse dieses Problem grafisch, tabellarisch und auch algebraisch.

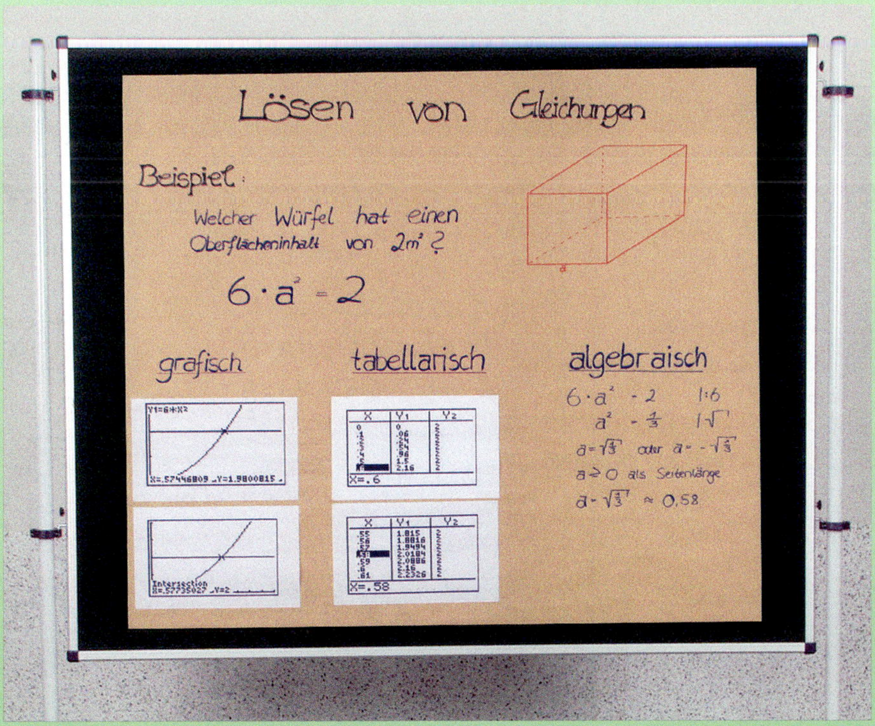

Du hast bisher viele verschiedene Möglichkeiten zum Lösen von Gleichungen kennen gelernt. Jedes dieser Verfahren ist gleichberechtigt und hat sowohl Vorteile als auch Nachteile. Es hängt immer von der Aufgabe und den damit zusammenhängenden Bedingungen ab, welches man wählt.

In der folgenden Mindmap sind alle Verfahren zum Lösen von Gleichungen noch einmal zusammengestellt.

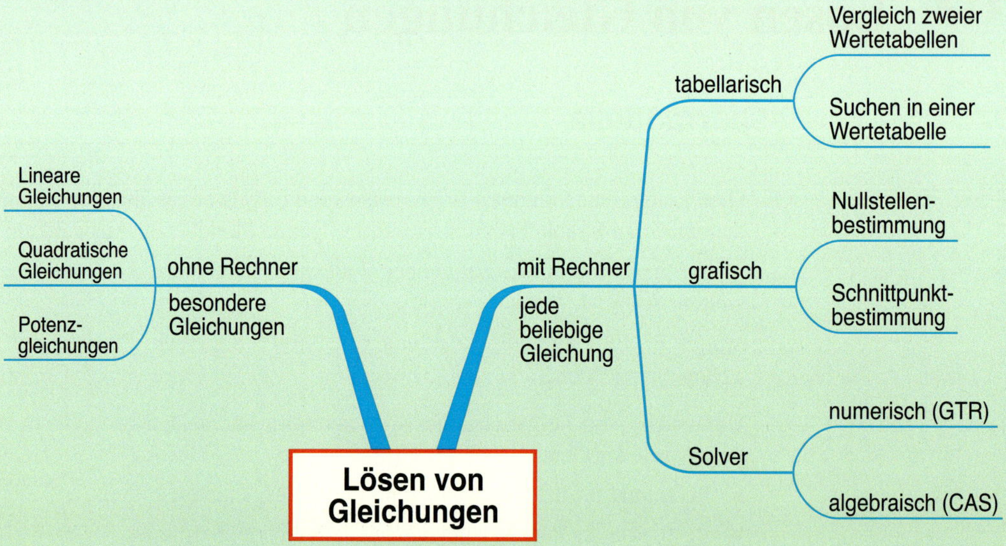

3. Entscheide für die Gleichungen jeweils begründet, ob ein algebraisches Verfahren sich gut zum Lösen der Gleichungen eignet.
Führe gegebenenfalls das Lösungsverfahren durch.

(1) $4x - 5 = 7{,}5x + 8$
(2) $(x - 1) \cdot (4x + 6) = 1 + x$
(3) $(4x - 12) \cdot (x - 12) \cdot (x^2 - 9) = 0$
(4) $(4x - 12) \cdot (x^2 + 16) \cdot (x - 9) = 0$
(5) $0{,}5x^4 - 8x^2 + 14 = 0$
(6) $0{,}5x^3 - 4x + 1 = 1{,}5x^2$
(7) $x^4 - 7 = 18$
(8) $5 \cdot z^3 + 10 = 50$

4. Gegeben ist die Gleichung $x^2 - 4a \cdot x + 1 = 0$.

a) Bestimme den Parameter a so, dass die Gleichung nur eine Lösung hat.

b) Bestimme den Parameter a so, dass die Gleichung die Lösung 3 hat.

5. Ein Quader mit quadratischer Grundfläche und einem Oberflächeninhalt von $900\ \text{cm}^2$ soll hergestellt werden.

a) Erkläre die Rechnung rechts.

b) Bestimme die Maße des Quaders, wenn das Volumen $900\ \text{cm}^3$ betragen soll. Untersuche in Abhängigkeit des Volumens die Lösungen für die Quadermaße.

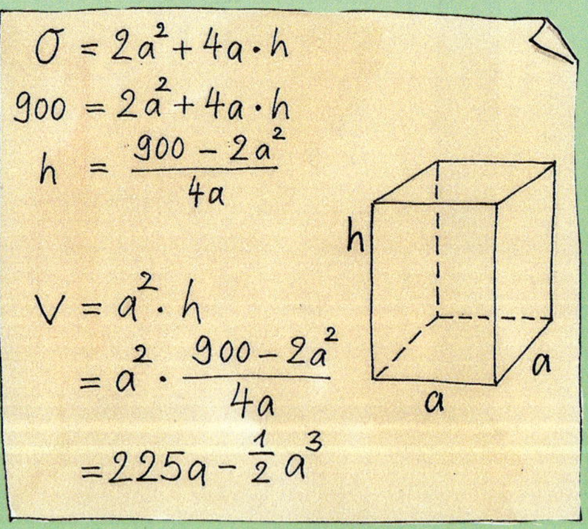

1.6 Potenzen mit rationalen Exponenten

Aufgabe 1

Auf Seite 13 haben wir das Wachstum einer Hefekultur betrachtet. Diese Kultur hat zu Beginn eine Größe von 1 cm^3. Sie wächst so, dass in gleichen Zeiten sich die Größe mit demselben Faktor vervielfacht, z. B. in jeder Stunde verdoppelt.

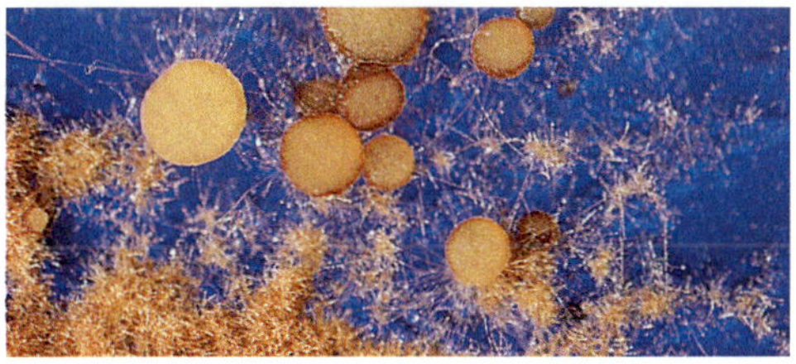

Dabei ergab sich folgende Tabelle:

Zeitpunkt t (in h)	0	1	2	3	4	5	6	7
Volumen V (t) der Kultur (in cm^3)	2^0	2^1	2^2	2^3	2^4	2^5	2^6	2^7

a) Wie vergrößert sich die Hefekultur in einem Zeitraum von 2 Stunden, von 3 Stunden?

b) Bestimme die Größe der Hefekultur zu den Zeiten $\frac{1}{2}$ h und $\frac{3}{4}$ h.

Lösung

a)

+ 2   + 3   + 3   + 2

Zeitpunkt t (in h)	0	1	2	3	4	5	6	7
Volumen V (t) der Kultur (in cm^3)	2^0	2^1	2^2	2^3	2^4	2^5	2^6	2^7

$\cdot 2^2$ $\cdot 2^3$ $\cdot 2^3$ $\cdot 2^2$

Alle 2 Stunden wird die Größe der Hefekultur mit dem Faktor 2^2 vervielfacht, einerlei, wie viel schon vorhanden war und zwischen welchen Zeitpunkten der Zeitraum von 2 Stunden liegt.
Alle 3 Stunden wird die Größe der Hefekultur mit dem Faktor 2^3 vervielfacht, einerlei wie viel vorhanden war und zwischen welchen Zeitpunkten der Zeitraum von 3 Stunden liegt.

b) Zwei halbe Stunden ergeben zusammen 1 Stunde:

$\frac{1}{2}\text{h} + \frac{1}{2}\text{h} = 1\text{h}$

+ 1; $+\frac{1}{2}$ $+\frac{1}{2}$

0	$\frac{1}{2}$	1	2
1	a	2	2^2

$\cdot a$ $\cdot a$; $\cdot 2$

In $\frac{1}{2}$ Stunde werde die Größe der Hefekultur mit dem Faktor a vervielfacht.
Dann gilt: $a \cdot a = 2$, also $a^2 = 2$,
d. h. $a = \sqrt{2}$.

Nach $\frac{1}{2}$ Stunde sind $\sqrt{2}$ cm^3 vorhanden, das sind ungefähr 1,4 cm^3.

Vier $\frac{3}{4}$ Stunden ergeben zusammen 3 Stunden:

$\frac{3}{4}\text{h} + \frac{3}{4}\text{h} + \frac{3}{4}\text{h} + \frac{3}{4}\text{h} = 3\text{h}$

+ 3; $+\frac{3}{4}$ $+\frac{3}{4}$ $+\frac{3}{4}$ $+\frac{3}{4}$

0	$\frac{3}{4}$	$\frac{3}{2}$	$\frac{9}{4}$	3
1	b	b^2	b^3	2^3

$\cdot b$ $\cdot b$ $\cdot b$ $\cdot b$; $\cdot 2^3$

In $\frac{3}{4}$ Stunden werde die Größe der Hefekultur mit dem Faktor b vervielfacht.
Dann gilt: $b \cdot b \cdot b \cdot b = 2^3$, also $b^4 = 2^3$,
d. h. $b = \sqrt[4]{2^3}$

Nach einer Dreiviertelstunde sind $\sqrt[4]{2^3}$ cm^3 vorhanden, das sind ungefähr 1,7 cm^3.

Information

(1) Definition von $a^{\frac{m}{n}}$

Um das Wachstum der Hefekultur auch für $t = \frac{1}{2}$ und für $t = \frac{3}{4}$ mit dem Zuordnungsterm 2^t beschreiben zu können, liegt die folgende Definition nahe: $2^{\frac{1}{2}} = \sqrt[2]{2}$; $2^{\frac{3}{4}} = \sqrt[4]{2^3}$.
Damit lässt sich das Wachstum einheitlich beschreiben.

t	0	$\frac{1}{2}$	$\frac{3}{4}$	1	2
V(t)	1	$\sqrt[2]{2}$	$\sqrt[4]{2^3}$	2	4
2^t	2^0	$2^{\frac{1}{2}}$	$2^{\frac{3}{4}}$	2^1	2^2

Definition

Für $m \in \mathbb{Z}$, $n \in \mathbb{N}^*$ und $a > 0$ setzen wir:

$$\mathbf{a^{\frac{m}{n}} = \sqrt[n]{a^m}}$$

Der Nenner des Bruches ergibt den Wurzelexponenten, der Zähler den Exponenten des Radikanden.
Für $m = 1$ erhalten wir als Spezialfall: $a^{\frac{1}{n}} = \sqrt[n]{a}$

Beispiele: $3^{\frac{4}{5}} = \sqrt[5]{3^4}$; $7^{\frac{2}{3}} = \sqrt[3]{7^2}$; $4^{-\frac{3}{5}} = 4^{\frac{-3}{5}} = \sqrt[5]{4^{-3}} = \sqrt[5]{\frac{1}{4^3}}$; $5^{1,5} = 5^{\frac{3}{2}} = \sqrt[2]{5^3}$

Du erinnerst dich, dass sich jede rationale Zahl in der Form $\frac{m}{n}$ schreiben lässt, wobei m eine ganze Zahl und n eine von null verschiedene natürliche Zahl ist.
Damit ist der Potenzbegriff erneut erweitert worden, und zwar auf beliebige rationale Zahlen als Exponenten. *Als Basis kommen nur positive Zahlen oder 0 infrage,* da die Wurzel aus einer negativen Zahl nicht definiert ist. Außerdem darf bei negativen Exponenten die Basis nicht 0 sein, weil sie nach Definition im Nenner erscheint.

(2) Reihenfolge von Potenzieren und Wurzelziehen bei der Definition von $a^{\frac{m}{n}}$

Bei der Hefekultur, deren Größe sich vom Anfangsvolumen $1\,cm^3$ zum Zeitpunkt 0 jede weitere Stunde verdoppelt, gibt es zwei Möglichkeiten, die Größe zum Zeitpunkt $1\frac{1}{2}$ Stunden zu berechnen:

(1) $1\frac{1}{2}$ Stunden sind die Hälfte von 3 Stunden.

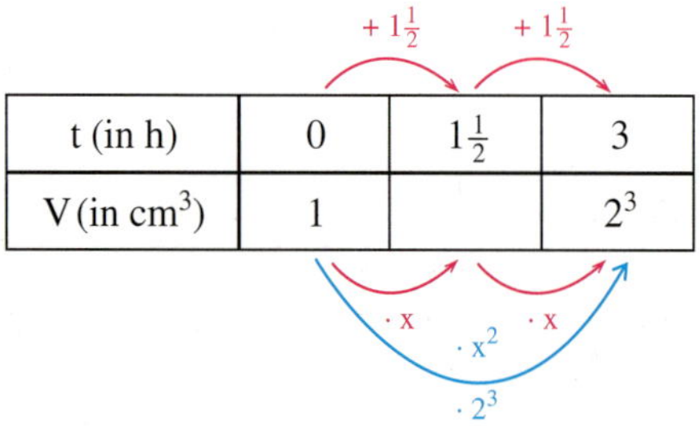

t (in h)	0	$1\frac{1}{2}$	3
V (in cm^3)	1		2^3

also $x^2 = 2^3$, d.h. $x = \sqrt{2^3}$
Zum Zeitpunkt $1\frac{1}{2}$ Stunden beträgt das Volumen also $\sqrt{2^3}\ cm^3$.

(2) $1\frac{1}{2}$ Stunden sind das Dreifache von einer halben Stunde.

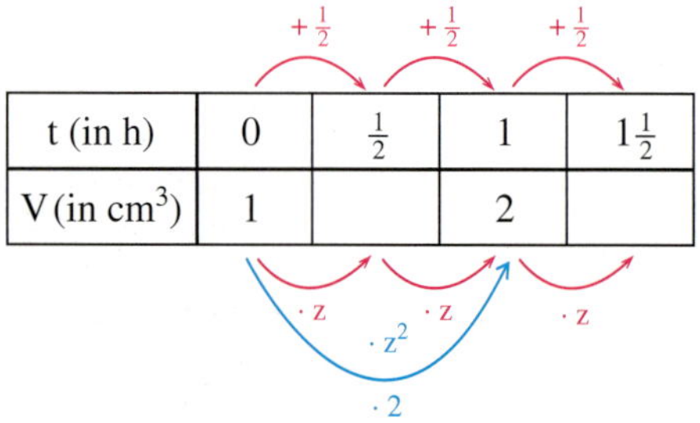

t (in h)	0	$\frac{1}{2}$	1	$1\frac{1}{2}$
V (in cm^3)	1		2	

also $z^2 = 2$, d.h. $z = \sqrt{2}$
Zum Zeitpunkt $1\frac{1}{2}$ Stunden beträgt das Volumen also $\left(\sqrt{2}\right)^3\ cm^3$.

Aus dem Sachverhalt ergibt sich, dass beide Überlegungen zum selben Wert führen müssen, also $\sqrt{2^3} = \left(\sqrt{2}\right)^3$.
Für Quadratwurzeln kann man das schon mit einem Wurzelgesetz begründen:

$\left(\sqrt{a}\right)^2 = \sqrt{a} \cdot \sqrt{a} = \sqrt{a \cdot a} = \sqrt{a^2}$

Allgemein gilt für $a \geq 0$: $\sqrt[n]{a^m} = \left(\sqrt[n]{a}\right)^m$

$\sqrt{a} \cdot \sqrt{b} = \sqrt{ab}$

Beweis:

Durch wiederholte Anwendung des Potenzgesetzes (P3) für ganzzahlige Exponenten ergibt sich:

$\left(\left(\sqrt[n]{a}\right)^m\right)^n = \left(\sqrt[n]{a}\right)^{m \cdot n} = \left(\left(\sqrt[n]{a}\right)^n\right)^m = a^m$

Wenn man auf beiden Seiten die n-te Wurzel zieht, erhält man $\left(\sqrt[n]{a}\right)^m = \sqrt[n]{a^m}$.

Beispiele: $32^{\frac{2}{5}} = \sqrt[5]{32^2} = \left(\sqrt[5]{32}\right)^2 = 2^2 = 4$ $\quad 125^{-\frac{4}{3}} = \sqrt[3]{125^{-4}} = \left(\sqrt[3]{125}\right)^{-4} = \frac{1}{\left(\sqrt[3]{125}\right)^4} = \frac{1}{5^4} = \frac{1}{625}$

(3) Unmöglichkeit der Definition von $a^{\frac{m}{n}}$ für negative Basen a

Wir haben auf die Definition von Wurzeln aus negativen Radikanden verzichtet, obwohl man z. B. $\sqrt[3]{-8} = -2$ sinnvoll definieren könnte, da $(-2)^3 = -8$.

Aber auch in diesem Fall wäre es dennoch nicht möglich, entsprechende Potenzen mit negativer Basis und gebrochen rationalen Exponenten eindeutig zu definieren.

Es ergäbe sich nämlich

$-2 = \sqrt[3]{-8} = (-8)^{\frac{1}{3}} = (-8)^{\frac{2}{6}} = \sqrt[6]{(-8)^2} = \sqrt[6]{64} = 2,$

ein Widerspruch, der aus dem Erweitern des Bruches im Exponenten resultiert.

Dieses Beispiel zeigt zudem die Wichtigkeit des Satzes in der folgenden Teilaufgabe 2 b), der garantiert, dass derartige Widersprüche bei Potenzen mit positiver Basis nicht auftreten können.

Weiterführende Aufgabe

2. *Unabhängigkeit der Definition von der Bruchdarstellung*

a) Die rationale Zahl 1,5 kann man z. B. als $\frac{3}{2}$ oder als $\frac{15}{10}$ in Form eines Bruches schreiben. Damit die Definition von $a^{1,5}$ für $a > 0$ korrekt ist, muss gelten: $\sqrt[2]{a^3} = \sqrt[10]{a^{15}}$
Beweise das.

b) Beweise allgemein:
Gilt für $a > 0$ und $m \in \mathbb{Z}$, $p \in \mathbb{Z}$, $n \in \mathbb{N}^*$, $q \in \mathbb{N}^*$, $\frac{m}{n} = \frac{p}{q}$, so folgt $\sqrt[n]{a^m} = \sqrt[p]{a^q}$.

Übungsaufgaben

3. In der Aufgabe 3 auf Seite 15 haben wir die Vermehrung von Salmonellen betrachtet. Jede Stunde verdoppelt sich die Anzahl. Dabei ergab sich folgende Tabelle:

Zeitpunkt der Beobachtung (in h)	0	1	2	3	4	...
Anzahl der Salmonellen (in Mio.)	2^0	2^1	2^2	2^3	2^4	...

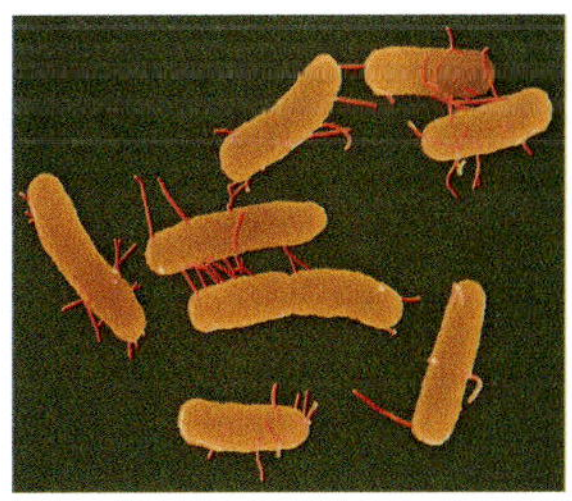

Bestimme die Anzahl der Salmonellen zu den Zeitpunkten $\frac{1}{2}$ h und $\frac{5}{4}$ h.

4. Betrachte das Wachstum der Hefekultur in Aufgabe 1 auf Seite 13.
Bestimme die Größe der Hefekultur und schreibe das Ergebnis auch als Potenz.

a) $\frac{1}{3}$ h (also 20 Minuten) **b)** $\frac{3}{4}$ h (also 45 Minuten)

5. Schreibe jeweils mit Wurzelzeichen.

a) $5^{\frac{1}{2}}$; $4^{\frac{1}{3}}$; $8^{\frac{1}{4}}$ **b)** $2^{\frac{3}{4}}$; $2^{\frac{4}{3}}$; $3^{\frac{1}{2}}$ **c)** $4^{-\frac{1}{2}}$; $5^{-\frac{3}{2}}$; $2^{-\frac{2}{5}}$ **d)** $2^{0,5}$; $3^{1,5}$; $5^{3,2}$

6. Schreibe als Potenz.

a) $\sqrt{18}$; $\sqrt[3]{5}$; $\sqrt[5]{7}$ **b)** $\sqrt[3]{2^4}$; $\sqrt[4]{3^{-1}}$; $\sqrt{3}$ **c)** $\sqrt[3]{4^{-2}}$; $\sqrt[5]{\frac{1}{7}}$; $\sqrt[4]{2^{-3}}$

7. Schreibe als Wurzel.

a) $x^{\frac{2}{3}}$ **b)** $y^{\frac{3}{4}}$ **c)** $a^{\frac{1}{3}}$ **d)** $b^{-\frac{3}{4}}$ **e)** $d^{0,5}$ **f)** $e^{0,8}$ **g)** $p^{-5,2}$ **h)** $a^{7,2}$

> $a^{-3,6} = a^{-\frac{36}{10}} = a^{-\frac{18}{5}} = \frac{1}{\sqrt[5]{a^{18}}}$
> (für $a > 0$)

8. Schreibe die Wurzel als Potenz.

a) $\sqrt[3]{a^5}$; $\sqrt[5]{x^2}$; $\sqrt[4]{z^5}$ **b)** $\sqrt[4]{x^{-1}}$; $\sqrt[5]{z^{-2}}$; $\sqrt[3]{u^{-7}}$ **c)** $\sqrt{x^{-3}}$; $\sqrt[3]{c^4}$; $\sqrt{k}$ **d)** $\sqrt[3]{\frac{1}{z^2}}$; $\sqrt[5]{\frac{1}{x^4}}$; $\sqrt{\frac{1}{m^3}}$

9. Berechne ohne Taschenrechner.

a) $16^{\frac{1}{4}}$ **b)** $36^{-\frac{1}{2}}$ **c)** $4^{\frac{3}{2}}$ **d)** $8^{\frac{2}{3}}$ **e)** $1^{-\frac{4}{5}}$ **f)** $0{,}25^{\frac{1}{2}}$ **g)** $0{,}25^{-\frac{1}{2}}$ **h)** $32^{0,2}$ **i)** $36^{-0,5}$ **j)** $16^{0,75}$ **k)** $\left(\frac{1}{64}\right)^{\frac{1}{2}}$ **l)** $\left(\frac{1}{4}\right)^{-\frac{3}{2}}$

10. Schreibe die Zahl als Potenz mit einer rationalen Zahl als Exponent. Gib mehrere Möglichkeiten an.

a) 3 **b)** 5 **c)** 9 **d)** 4 **e)** 2^3 **f)** 2^6 **g)** 3^9

> $7 = 49^{\frac{1}{2}} = 343^{\frac{1}{3}} = 2\,401^{\frac{1}{4}}$

11. Probiere mit deinem Taschenrechner aus, wie Taschenrechner Potenzen mit rationalen Zahlen im Exponenten berechnen. Untersuche auch Beispiele, bei denen die Basis negativ ist.

```
2.3^1.4
         3.209363953
3.5^(3/4)
          2.55888656
(1/2)^2.5
         .1767766953
```

12. Berechne mit dem Taschenrechner.

a) $5^{\frac{1}{9}}$ **b)** $0{,}4^{\frac{2}{5}}$ **c)** $0{,}27^{-4,7}$ **d)** $7{,}55^{-2,4}$ **e)** $\sqrt[7]{4}$ **f)** $\sqrt[3]{3^5}$ **g)** $\sqrt[8]{9}$

13. Ermittle die Basis b im Kopf. Kontrolliere mit dem Taschenrechner.

a) $b^{\frac{3}{2}} = 8$ **b)** $b^{\frac{3}{2}} = 125$ **c)** $b^{\frac{7}{3}} = 128$ **d)** $b^{\frac{5}{3}} = 243$ **e)** $b^{\frac{3}{5}} = 8$ **f)** $b^{\frac{3}{4}} = 27$

> $a^{\frac{1}{n}}$ ist definiert für $a > 0$.
> $\sqrt[n]{a}$ ist sogar definiert für $a \geq 0$.

14. Für welche x ist der Term definiert?

a) $(x-1)^{\frac{2}{3}}$ **b)** $(x+5)^{\frac{5}{2}}$ **c)** $(2x-1)^{\frac{1}{2}}$ **d)** $(3x+6)^{\frac{2}{3}}$ **e)** $(1-4x)^{\frac{2}{5}}$ **f)** $(40-4x)^{\frac{1}{3}}$

> $(x-4)^{\frac{3}{2}}$ ist definiert für $x - 4 > 0$, also für $x > 4$.

15. Schreibe ohne Wurzelzeichen.

a) $\sqrt[3]{(x-1)^2}$ **b)** $\sqrt[3]{(a-b)^2}$ **c)** $\sqrt{x^3+y^3}$ **d)** $\sqrt[4]{(a \cdot b)^3}$ **e)** $\frac{1}{\sqrt[4]{x}}$ **f)** $\frac{-7}{\sqrt[n]{a-b}}$

16. Forme in die Wurzelschreibweise um.

a) $(a+1)^{\frac{2}{3}}$ **b)** $(x+y)^{\frac{4}{9}}$ **c)** $(x-7y)^{-\frac{3}{4}}$ **d)** $(x \cdot y)^{\frac{4}{7}}$ **e)** $(a \cdot b)^{\frac{m}{n}}$ **f)** $\left(\sqrt[n]{a}\right)^{\frac{p}{q}}$

17. Stimmt hier alles? Korrigiere gegebenenfalls.

a) $\sqrt[3]{(-5)^2} = (-5)^{\frac{2}{3}}$ b) $\sqrt[5]{(-1)^3} = -1$ c) $\sqrt[4]{(-2)^8} = 4$

d) $(-10\,000)^{-\frac{1}{4}} = (-10\,000)^{-\frac{2}{8}} = \frac{1}{(-10\,000)^{\frac{2}{8}}} = \frac{1}{\sqrt[8]{(-10\,000)^2}} = \frac{1}{\sqrt[8]{10^8}} = \frac{1}{10}$

18. Vereinfache wie im Beispiel.

$\sqrt[4]{a^6}$; $\sqrt[9]{x^3}$; $\sqrt[10]{z^5}$; $\frac{1}{\sqrt[12]{x^8}}$; $\sqrt[4]{(-3)^8}$; $\sqrt[3k]{x^k}$; $\sqrt[2n]{r^{-n}}$

> $\sqrt[8]{y^6} = y^{\frac{6}{8}} = y^{\frac{3}{4}} = \sqrt[4]{y^3}$
> (für $y \geq 0$)

1.7 Potenzgesetze für rationale Exponenten

Bisher kennen wir Potenzgesetze für ganzzahlige Exponenten. Wir fragen daher:
Gelten die Potenzgesetze auch für rationale Zahlen als Exponenten? Das ist in der Tat der Fall.

Satz

Die Potenzgesetze gelten auch für rationale Zahlen r und s und positive Basen a und b.

(P1) $a^r \cdot a^s = a^{r+s}$ **(P2)** $a^r \cdot b^r = (a \cdot b)^r$ **(P3)** $(a^r)^s = a^{r \cdot s}$

(P1*) $\frac{a^r}{a^s} = a^{r-s}$ **(P2*)** $\frac{a^r}{b^r} = \left(\frac{a}{b}\right)^r$

Aufgabe 1

Wende ein geeignetes Potenzgesetz an. Schreibe das Ergebnis auch ohne Brüche im Exponenten.

a) $x^{\frac{2}{3}} \cdot x^{\frac{4}{3}}$ **b)** $a^{\frac{2}{5}} \cdot \left(\frac{1}{a}\right)^{\frac{2}{5}}$ **c)** $\left(x^{\frac{2}{3}}\right)^{\frac{1}{2}}$ **d)** $\frac{x^{\frac{2}{3}}}{x^{\frac{4}{3}}}$ **e)** $\frac{c^{\frac{1}{2}}}{d^{\frac{1}{2}}}$

Lösung

Für positive Basen x bzw. a, c, d gilt:

a) $x^{\frac{2}{3}} \cdot x^{\frac{4}{3}} = x^{\frac{2}{3}+\frac{4}{3}} = x^{\frac{6}{3}} = x^2$ (P1)

b) $a^{\frac{2}{5}} \cdot \left(\frac{1}{a}\right)^{\frac{2}{5}} = \left(a \cdot \frac{1}{a}\right)^{\frac{2}{5}} = 1^{\frac{2}{5}} = \sqrt[5]{1^2} = 1$ (P2)

c) $\left(x^{\frac{2}{3}}\right)^{\frac{1}{2}} = x^{\frac{2}{3} \cdot \frac{1}{2}} = x^{\frac{1}{3}} = \sqrt[3]{x}$ (P3)

d) $\frac{x^{\frac{2}{3}}}{x^{\frac{4}{3}}} = x^{\frac{2}{3}-\frac{4}{3}} = x^{-\frac{2}{3}} = x^{\frac{-2}{3}} = \sqrt[3]{x^{-2}} = \sqrt[3]{\frac{1}{x^2}}$ (P1*)

e) $\frac{c^{\frac{1}{2}}}{d^{\frac{1}{2}}} = \left(\frac{c}{d}\right)^{\frac{1}{2}} = \sqrt{\frac{c}{d}}$ (P2*)

Information

Beweis der Potenzgesetze für rationale Exponenten

(1) Beweisgedanke für die Potenzgesetze

Man stellt die rationalen Zahlen r und s als Brüche dar:
$r = \frac{m}{n}$ bzw. $s = \frac{p}{q}$ (mit $m \in \mathbb{Z}$, $p \in \mathbb{Z}$, $n \in \mathbb{N}^*$, $q \in \mathbb{N}^*$).
Dann beabsichtigt man, beim Beweis die bereits bewiesenen Potenzgesetze für ganzzahlige Exponenten auszunutzen. Dabei versucht man insbesondere, den Nenner der Exponenten durch geeignetes Potenzieren „wegzuschaffen".
Das Verfahren wird am Beweis des Potenzgesetzes (P2) für rationale Exponenten vorgeführt.

(2) Beweis des Potenzgesetzes (P2): $a^r \cdot b^r = (a \cdot b)^r$

Wir müssen zeigen $a^{\frac{m}{n}} \cdot b^{\frac{m}{n}} = (a \cdot b)^{\frac{m}{n}}$, d.h.

$$a^{\frac{m}{n}} \cdot b^{\frac{m}{n}} = \sqrt[n]{(a \cdot b)^m}$$

Strategie: Zurückführen auf Bekanntes

Dazu potenzieren wir das Produkt $a^{\frac{m}{n}} \cdot b^{\frac{m}{n}}$ mit n und zeigen, dass sich $(a \cdot b)^m$ als Ergebnis ergibt.

$\left(a^{\frac{m}{n}} \cdot b^{\frac{m}{n}}\right)^n = \left(a^{\frac{m}{n}}\right)^n \cdot \left(b^{\frac{m}{n}}\right)^n$ (P2 für natürliche Exponenten)

$= \left(\sqrt[n]{a^m}\right)^n \cdot \left(\sqrt[n]{b^m}\right)^n$ (Definition der Potenz)

$= a^m \cdot b^m$ (Potenzieren macht Wurzelziehen rückgängig)

$= (a \cdot b)^m$ (P2 für ganzzahlige Exponenten)

Also folgt: $a^{\frac{m}{n}} \cdot b^{\frac{m}{n}} = \sqrt[n]{(a \cdot b)^m}$, d.h. $a^{\frac{m}{n}} \cdot b^{\frac{m}{n}} = (a \cdot b)^{\frac{m}{n}}$

Also gilt: $a^r \cdot b^r = (a \cdot b)^r$

Weiterführende Aufgabe

2. *Wurzelgesetze*

Wähle in den Potenzgesetzen (P2), (P2*) und (P3) (siehe Seite 57) $r = \frac{1}{n}$ und $s = \frac{1}{m}$.
Notiere diese Spezialfälle auch mit Wurzelzeichen.
Untersuche, ob diese Gesetze auch für den Radikanden 0 gelten.

Für natürliche Zahlen n und m gilt:

$\sqrt[n]{a} \cdot \sqrt[n]{b} = \sqrt[n]{a \cdot b}$	$\dfrac{\sqrt[n]{a}}{\sqrt[n]{b}} = \sqrt[n]{\dfrac{a}{b}}$	$\sqrt[m]{\sqrt[n]{a}} = \sqrt[m \cdot n]{a}$
für $a \geq 0,\ b \geq 0$	für $a \geq 0,\ b > 0$	für $a \geq 0$

Übungsaufgaben

3. Berechne mit dem Taschenrechner. Welche Regeln vermutest du? Notiere sie mit Variablen.

a) $4^{\frac{2}{3}} \cdot 4^{\frac{1}{3}}$ **b)** $10^{\frac{1}{5}} : 10^{\frac{6}{5}}$ **c)** $0{,}4^{\frac{3}{4}} \cdot 2{,}5^{\frac{3}{4}}$ **d)** $\dfrac{16^{\frac{4}{3}}}{2^{\frac{4}{3}}}$ **e)** $\left(1{,}7^{\frac{4}{5}}\right)^{\frac{5}{4}}$

CAS

4. a) Untersuche mit einem Computer-Algebra-System, ob die Potenzgesetze auch für rationale Zahlen als Exponenten gelten.

b) Versuche auch, für eines der Potenzgesetze eine Begründung anzugeben.

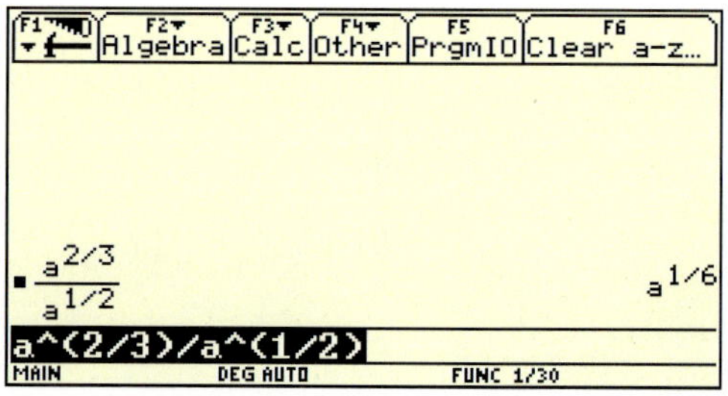

5. Beweise wie in der Information auf Seite 57.

a) Potenzgesetz (P1) **b)** Potenzgesetz (P3) **c)** Potenzgesetz (P1*) **d)** Potenzgesetz (P2*)

6. Vereinfache ohne Taschenrechner.

a) $2^{\frac{1}{4}} \cdot 2^{\frac{3}{4}}$ **b)** $5^{\frac{2}{3}} \cdot 5^{\frac{4}{3}}$ **c)** $6^{1,6} \cdot 6^{-0,6}$ **d)** $4^{-\frac{1}{5}} \cdot 4^{\frac{1}{3}}$ **e)** $\left(\frac{1}{2}\right)^{-\frac{1}{2}} \cdot \left(\frac{1}{2}\right)^{-\frac{2}{3}}$ **f)** $\left(\frac{5}{3}\right)^{-\frac{1}{4}} \cdot \left(\frac{5}{3}\right)^{\frac{3}{4}}$

7. a) $2^{\frac{1}{2}} \cdot 8^{\frac{1}{2}}$ **b)** $2^{\frac{1}{2}} \cdot 128^{\frac{1}{2}}$ **c)** $12^{-\frac{1}{2}} \cdot 3^{-\frac{1}{2}}$ **d)** $27^{\frac{3}{4}} \cdot 3^{\frac{3}{4}}$

8. Vereinfache im Kopf.

a) $\left(5^{\frac{4}{5}}\right)^{\frac{5}{2}}$ **b)** $\left(36^{\frac{3}{4}}\right)^{\frac{2}{3}}$ **c)** $\left(49^{-\frac{6}{7}}\right)^{\frac{7}{12}}$ **d)** $\left(\left(\frac{1}{4}\right)^{-\frac{2}{3}}\right)^{-\frac{9}{4}}$ **e)** $\left(\left(\frac{4}{9}\right)^{-\frac{3}{4}}\right)^{-\frac{8}{9}}$

9. a) $2^{\frac{1}{2}} : 2^{\frac{1}{4}}$ **b)** $5^{\frac{1}{4}} : 5^{-\frac{1}{2}}$ **c)** $6^{-0,25} : 6^{0,75}$ **d)** $\left(\frac{2}{3}\right)^{\frac{2}{5}} : \left(\frac{2}{3}\right)^{\frac{3}{5}}$ **e)** $\left(\frac{3}{4}\right)^{\frac{1}{5}} : \left(\frac{3}{4}\right)^{-\frac{1}{6}}$ **f)** $\left(\frac{1}{6}\right)^{5} : \left(\frac{1}{6}\right)^{\frac{1}{4}}$

10. a) $75^{\frac{1}{2}} : 3^{\frac{1}{2}}$ **b)** $80^{\frac{3}{4}} : 5^{\frac{3}{4}}$ **c)** $192^{-\frac{1}{6}} : 3^{-\frac{1}{6}}$ **d)** $8^{0,5} : 2^{0,5}$ **e)** $5^{1,5} : 45^{1,5}$

11. a) $12^{\frac{2}{3}} \cdot 12^{-\frac{8}{3}}$ **b)** $\left(4{,}3^{\frac{5}{3}}\right)^{0,6}$ **c)** $\dfrac{2^{\frac{5}{4}}}{2^{0,25}}$ **d)** $0{,}25^{\frac{7}{6}} \cdot \left(\frac{1}{4}\right)^{-\frac{2}{3}}$ **e)** $\left(9^{\frac{1}{4}}\right)^{6}$

12. a) $x^{\frac{1}{2}} \cdot x^{\frac{1}{3}}$ **b)** $z^{\frac{3}{5}} \cdot z^{\frac{1}{15}}$ **c)** $a^{\frac{1}{2}} \cdot a^{-\frac{1}{6}}$ **d)** $\dfrac{a^{\frac{1}{2}}}{a^{\frac{1}{3}}}$ **e)** $\dfrac{c^{-\frac{3}{5}}}{c^{\frac{2}{5}}}$ **f)** $\dfrac{z^{0,625}}{z^{0,5}}$

13. a) $\left(x^{5}\right)^{\frac{1}{2}}$ **b)** $\left(x^{\frac{1}{2}}\right)^{\frac{2}{5}}$ **c)** $\left(y^{\frac{3}{2}}\right)^{\frac{3}{2}}$ **d)** $\left(a^{-\frac{1}{2}}\right)^{8}$ **e)** $\left(b^{\frac{1}{3}}\right)^{-3}$ **f)** $\left(d^{\frac{2}{5}}\right)^{-\frac{1}{2}}$ **g)** $\left(e^{-\frac{2}{5}}\right)^{-\frac{5}{4}}$

14. a) $(8x)^{\frac{2}{3}} - 4x^{\frac{2}{3}}$ **b)** $\left(\frac{9}{c}\right)^{\frac{3}{2}} - 27c^{-\frac{3}{2}}$ **c)** $(16a)^{\frac{3}{4}} + 5a^{\frac{3}{4}}$ **d)** $\left(\frac{a}{8}\right)^{\frac{2}{3}} + 4a^{\frac{2}{3}}$

15. Schreibe ohne Wurzel und wende Potenzgesetze an.

a) $\sqrt[2]{5} \cdot \sqrt[3]{5}$ c) $\sqrt[3]{4} : \sqrt[4]{4}$ e) $\sqrt{x} \cdot \sqrt[3]{x}$ g) $\sqrt[2]{2^{-3}} \cdot \sqrt[3]{2^2}$ i) $\sqrt[5]{x^7} \cdot \sqrt[6]{x^{-4}}$

b) $\sqrt[5]{7} \cdot \sqrt[3]{7}$ d) $\sqrt[2]{8} : \sqrt[4]{8}$ f) $\sqrt[5]{x^4} : \sqrt[10]{x}$ h) $\sqrt[4]{3^{-3}} : \sqrt[3]{3^4}$ j) $\sqrt[3]{y^{-3}} : \sqrt[4]{y^2}$

16. Bilde alle Produkte [Quotienten]. Der 1. Faktor [der Dividend] soll von der 1. Tafel, der 2. Faktor [der Divisor] soll von der 2. Tafel stammen.
Vereinfache, wenn es möglich ist.

17. Wende die Potenzgesetze an. Notiere das Ergebnis ohne Brüche und ohne negative Zahlen im Exponenten.

a) $y^{\frac{1}{2}} \cdot x^{\frac{1}{3}}$ c) $b^{\frac{3}{4}} \cdot b^{-\frac{1}{12}}$ e) $d \cdot d^{\frac{1}{4}}$ g) $c^{\frac{1}{4}} \cdot \sqrt[4]{c}$

b) $a^{\frac{1}{2}} \cdot a^{-\frac{1}{6}}$ d) $c^0 \cdot c^{-\frac{1}{3}}$ f) $b^{-\frac{1}{2}} \cdot \sqrt{b}$ h) $a^{\frac{2}{3}} \cdot \sqrt[3]{a^7}$

$$a^{\frac{1}{4}} \cdot a^{\frac{2}{3}} = a^{\frac{1}{4}+\frac{2}{3}} = a^{\frac{3}{12}+\frac{8}{12}} = a^{\frac{11}{12}} = \sqrt[12]{a^{11}}$$
(für $a > 0$)

18. a) $(a^{0,6})^{1,2}$ b) $\frac{b^{-\frac{1}{2}}}{\sqrt{b}}$ c) $(r^3 \cdot s^{-5})^{0,7}$ d) $a^{\frac{2}{3}} \cdot \sqrt[3]{a}$

19. a) $3^{\frac{1}{n}} \cdot 3^{\frac{1}{m}}$ b) $2^{-\frac{1}{n}} \cdot 2^{\frac{1}{n-1}}$ c) $8^{\frac{m}{n}} : 8^{-\frac{m}{n}}$ d) $7^{\frac{m}{n-1}} : 7^{\frac{m}{n+1}}$ e) $p^{\frac{m-n}{n}} \cdot p^{\frac{m+n}{n}}$

20. Welche Fehler wurden hier gemacht? Erkläre und korrigiere.

a) $a^{\frac{2}{3}} \cdot a^3 = a^2$ b) $y^{\frac{3}{2}} : y^2 = \sqrt[4]{y^3}$ c) $\left(c^{\frac{5}{3}}\right)^2 = c^{\frac{25}{3}}$ d) $r^{0,6} \cdot r^{0,4} = r$

21. Vervollständige die Multiplikationsmauer.

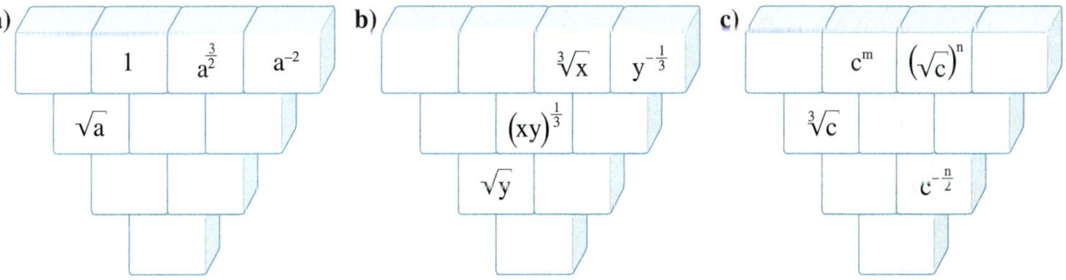

22. Für das Umformen von Wurzeltermen hast du zwei Möglichkeiten:
(1) Du kannst Wurzelgesetze anwenden.
(2) Du kannst die Wurzeln als Potenzen umschreiben und Potenzgesetze anwenden.
Überlege Vor- und Nachteile der beiden Wege; gib auch Beispiele an.

23. a) $\sqrt{3} \cdot \sqrt{27}$ b) $\sqrt[3]{4} \cdot \sqrt[3]{2}$ c) $\sqrt[3]{25} \cdot \sqrt[3]{5}$ d) $\sqrt[4]{27} \cdot \sqrt[4]{3}$ e) $\sqrt[5]{8} \cdot \sqrt[5]{4}$

24. a) $\sqrt[3]{2} : \sqrt{2}$ b) $\sqrt[4]{4} : \sqrt[4]{4}$ c) $\sqrt[8]{2} : \sqrt[4]{2}$ d) $\sqrt{b} : \sqrt[3]{b}$ e) $\sqrt[2]{z} : \sqrt[4]{z}$

25. a) $\frac{\sqrt{45}}{\sqrt{5}}$ b) $\frac{\sqrt{72}}{\sqrt{8}}$ c) $\frac{\sqrt[3]{81}}{\sqrt[3]{3}}$ d) $\frac{\sqrt[3]{500}}{\sqrt[3]{4}}$ e) $\sqrt[3]{\frac{64}{1000}}$ f) $\sqrt[6]{\frac{64}{1000000}}$

26. a) $\sqrt{\sqrt{16}}$ b) $\sqrt{\sqrt[3]{144}}$ c) $\sqrt[3]{\sqrt{27}}$ d) $\sqrt{\sqrt[3]{49}}$ e) $\sqrt[4]{\sqrt[3]{64}}$

$$\sqrt[3]{\sqrt{8}} = \sqrt[6]{8} = \sqrt{\sqrt[3]{8}} = \sqrt{2}$$

1.8 Vermischte Übungen zu den Potenzgesetzen

1. Wende Potenzgesetze an.

a) $u^2 \cdot u^{-3}$ **e)** $\frac{r^{-3}}{s^{-3}}$ **i)** $\frac{(a+b)^{-2}}{(c+d)^{-2}}$ **m)** $\frac{w^{5n+1}}{w^{2+3n}}$

b) $(r^{-2})^{-3}$ **f)** $x^{\frac{3}{2}} \cdot x^{-\frac{1}{2}}$ **j)** $(1-u^{-2})^2 \cdot u^2$ **n)** $a^{2n-1} \cdot b^{2n-1}$

c) $v^3 \cdot w^3$ **g)** $((x+y)^2)^{-\frac{1}{2}}$ **k)** $(c^{2n})^{-3}$ **o)** $\frac{s^{1-4n}}{t^{1-4n}}$

d) $\frac{x^{-2}}{x^{-4}}$ **h)** $\frac{(u+v)^{2,5}}{(u+v)^{0,5}}$ **l)** $z^{4n-1} \cdot z^{1-n}$ **p)** $(v^{2n})^{-\frac{1}{2}n}$

2. Kontrolliere Toms Hausaufgaben. Erläutere deine Anmerkungen.

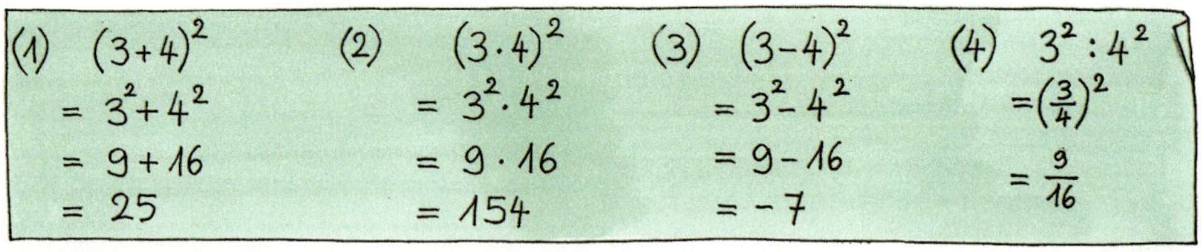

3. Multipliziert man zwei nebeneinander stehende Terme, so erhält man den Term für den darunter liegenden Mauerstein. Vervollständige.

a)

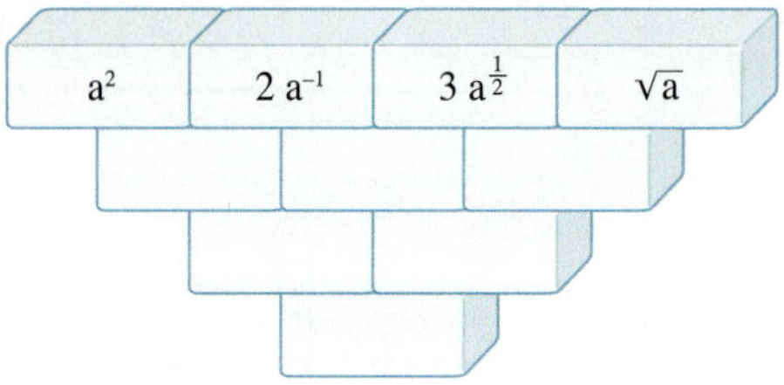

b)

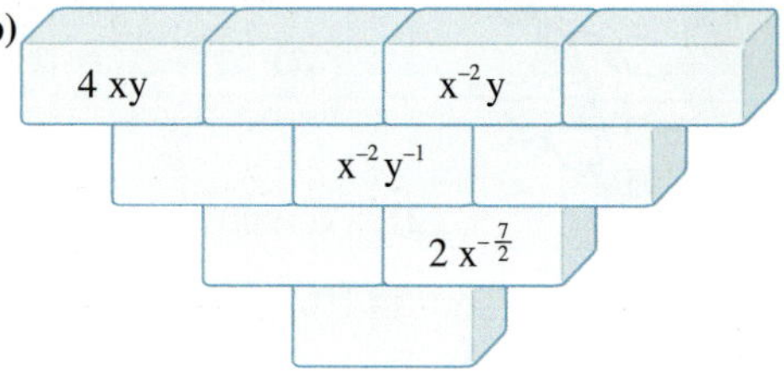

4. **a)** $(a^2 \cdot b^2)^2$ **c)** $((\sqrt{2} \cdot \sqrt{3})^4)^2$ **e)** $((a^2 \cdot b^2)^{-3})^{-4}$ **g)** $((a^2 \cdot b^{-2} \cdot c^2)^4)^{-5}$

b) $(x^{\frac{1}{2}} \cdot y^{\frac{3}{4}})^4$ **d)** $(a \cdot b)^3 \cdot (a \cdot b)^4$ **f)** $((\sqrt{2} \cdot a)^3)^{\frac{2}{3}}$ **h)** $(x \cdot y)^{\frac{1}{2}} \cdot (y \cdot z)^{\frac{1}{2}}$

5. **a)** $x^5 \cdot \left(\frac{x}{y}\right)^{-3}$ **b)** $\left(\frac{b}{a}\right)^{\frac{1}{2}} \cdot \left(\frac{b}{a}\right)^{-2,5}$ **c)** $\left(\frac{a^{-4}}{b^5}\right)^{-3}$ **d)** $(x^{-2} \cdot y^3)^{-2} \cdot (x^3 \cdot y^{-2})^4$ **e)** $\left(\frac{a^{\frac{1}{n}}}{b\sqrt{c}}\right)^{-2}$

6. **a)** Vereinfache: (1) $\frac{(a^2-b^2)^3}{(a-b)^3}$ (2) $\frac{((r+s)\cdot(r-s))^{-2}}{(r^2-s^2)^{-3}}$ (3) $\frac{(e^2+2ef+f^2)^4}{(e+f)^4}$

b) *Partnerarbeit:* Stelle solche Aufgaben und lasse sie von deinem Partner lösen.

7. **a)** $(3a^{-4}-2b^{-5}) \cdot (2a^{-1}+b^{-1})$ **b)** $(5x^{-3}-3x^{-4}) \cdot (2x-4)$ **c)** $(3a^{-4}-2b^{-2})^2$

8. **a)** $a^2 \cdot (a \cdot b)^4$ **c)** $x^{-4} \cdot y^{-4} \cdot x^3 \cdot y^3$ **e)** $a^2 \cdot (a^4 \cdot b^2)^{-3}$ **g)** $(x^2 \cdot y \cdot z^{-4})^{-3}$

b) $a^{-3} \cdot (a \cdot b)^{-2}$ **d)** $(x \cdot y)^2 \cdot (x \cdot z)^3 \cdot (y \cdot z)^{-1}$ **f)** $a^5 \cdot (a^{-3} \cdot b^{-2})^4$ **h)** $(x^{-2} \cdot y^{-9} \cdot z)^{\frac{1}{2}}$

9. Das Wasser aus dem linken Würfel wird in den rechten umgefüllt. Wie hoch steht das Wasser?

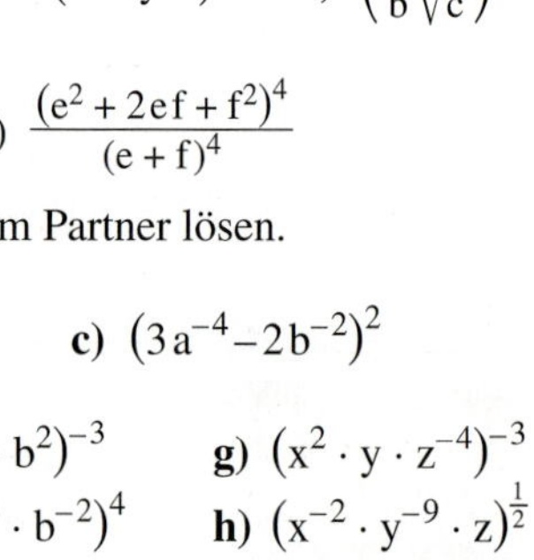

10. Erläutere die Umformung von Julian. Welches Ziel hat er erreicht?
Findest du auch einen anderen Weg?

$$(\sqrt{a})^{-1} = (\sqrt{a})^{1-2} = \frac{\sqrt{a}}{(\sqrt{a})^2} = \frac{\sqrt{a}}{a} \quad (\text{für } a > 0)$$

11. Kontrolliere folgende Behauptungen. Korrigiere gegebenenfalls.

a) $\frac{1}{1+x} = 1 + x^{-1}$ b) $x^2 - x^{-2} = \left(x - \frac{1}{x}\right)^2$ c) $a^{-2} + \frac{1}{a^2} = \frac{2}{a^2}$

12. Ein Uranatom hat eine Masse von $4 \cdot 10^{-23}$ g und einen Durchmesser von 10^{-10} m. Überschlage, ohne einen Taschenrechner zu verwenden:
Wie viele Atome enthält 1 g Uran?
Wie schwer wäre ein Würfel von 1 cm Kantenlänge, der dicht mit Uranatomen gefüllt ist?

INFO
Erde
$m = 5{,}98 \cdot 10^{24}$ kg
$r = 6{,}38 \cdot 10^6$ m
Mond
$m = 7{,}33 \cdot 10^{23}$ kg
$r = 1{,}74 \cdot 10^6$ m

13. Überschlage ohne Taschenrechner:

a) Mit welcher Kraft ziehen sich zwei 200 000-t-Tanker in 400 m an?

b) Mit welcher Kraft ziehen sich Erde und ein 1,2-t-Auto an?
Was ergibt sich auf dem Mond?

Formelsammlung
Gravitationsgesetz
$F = 6{,}67 \cdot 10^{-11} \cdot \frac{m_1 \cdot m_2}{r^2}$
Kraft F (in N), mit der sich zwei Massen m_1, m_2 (in kg) im Abstand r (in m) anziehen

14. **a)** $\frac{p^{r-s}}{p^{s-r}}$ **b)** $\frac{x^{2n-1}}{x}$ **c)** $\frac{(-x)^s}{-x}$ **d)** $\frac{(-c)^{0,5}}{(-c)^{n+0,5}}$ **e)** $\frac{(-a)^{4n+1}}{(-a)^{3n-2}}$ **f)** $\frac{(-x)^{7k+2}}{(-x)^{4k-m}}$

15. Vereinfache. Schreibe das Ergebnis (1) ohne Bruchstrich, (2) ohne negativen Exponenten.

a) $\frac{x^4 \cdot y^2}{x^5 \cdot y^3}$ **b)** $\frac{a^7 \cdot b^{-4}}{a^{-3} \cdot b^7}$ **c)** $\frac{x^2 \cdot y^{-10}}{x \cdot z^6}$ **d)** $\frac{(a+b)^{-4} \cdot (a-b)^6}{(a-b)^3 \cdot (a+b)^5}$

16. **a)** $x^3 \cdot \left(\frac{x}{y}\right)^4$ **b)** $\left(\frac{a}{b}\right)^{-3} \cdot \left(\frac{a}{b}\right)^4$ **c)** $\left(\frac{x^{-3}}{y^7}\right)^{-2}$ **d)** $\left(\frac{a^{-1} \cdot b^{-3}}{c^2}\right)^{-2}$ **e)** $\frac{a^2}{b^4} \cdot \frac{a^{-3}}{b^{-2}}$

17. **a)** $(x^{2n})^m$ **b)** $(a^{n+m})^{n+m}$ **c)** $\frac{a^n}{a^{-3}}$ **d)** $\frac{b^{-m}}{b^5}$ **e)** $\frac{d^{n-1}}{d^{2+n}}$ **f)** $\frac{x^{2k+1}}{x^{k-1}}$

18. **a)** $\frac{2}{3}x^{\frac{1}{2}} \cdot \frac{4}{5}y^2 \cdot 7x^{-\frac{1}{2}}y^5$ **c)** $\frac{x^2y^7}{z^3} \cdot \frac{x^2y^9}{z^6}$ **e)** $\frac{15x^2y^{-3}}{16a^{-2}b^{-2}} : \frac{8a^{-3}b^2}{27x^3y^2}$

b) $0{,}7\,(a+b)^{2,5} \cdot 1{,}3\,(a+b)^{-0,5}$ **d)** $10x^5y^4 : \frac{15x^2y^2}{a^2b}$ **f)** $\frac{(7a-7b)^{\frac{1}{2}}}{\sqrt{a-b}}$

CAS **19.** Hier ergeben sich einfache Ergebnisse, wenn du den Term umformst. Du kannst dein Ergebnis auch mit einem Computer-Algebra-System überprüfen.

a) $(x^{-2}-2) \cdot (x^{-2}+2) - \frac{1}{x^4}$

b) $a^{-2} \cdot a^6 + a^2 \cdot (3a^{-2} - a^2)$

c) $6x^n \cdot (4 - x^{n-2}) + 3x^{-2}(2x^{2n} - 8x^{n+2})$

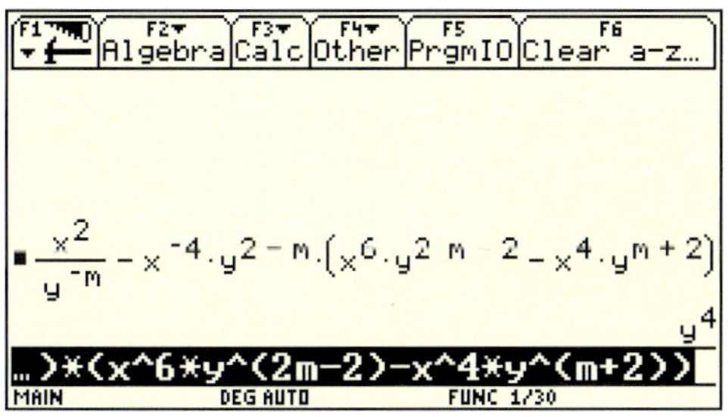

1.9 Wurzelfunktionen

Aufgabe 1

Zu jedem Volumen eines Würfels gehört eine eindeutig bestimmte Kantenlänge.
Zeichne den Graphen der Funktion
Volumen x → Kantenlänge y
Gib auch die Funktionsgleichung und die Definitionsmenge an.

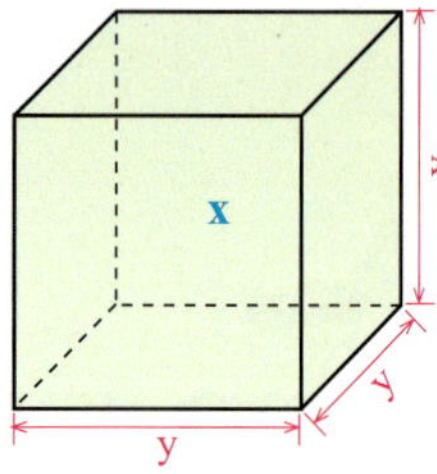

Lösung

Wertetabelle:

x	y
0,125	0,5
1	1
3,375	1,5
8	2

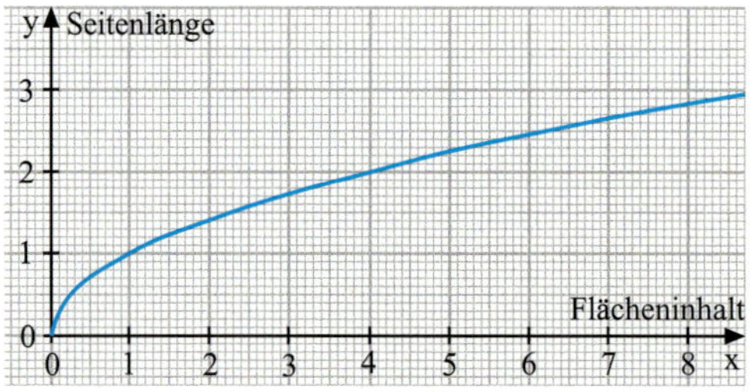

Die Funktionsgleichung lautet $y = x^{\frac{1}{3}}$ mit der Definitionsmenge $\mathbb{R}_+^*$, da es nur positive Volumina gibt.
Ergänzt man den Graphen um den Punkt O(0|0), so lautet die Funktionsgleichung $y = \sqrt[3]{x}$ mit der Definitionsmenge $\mathbb{R}_+$.

Information

Wir verallgemeinern das Ergebnis von Aufgabe 1.

> **Definition der Wurzelfunktionen**
> Eine Funktion mit der Gleichung $y = \sqrt[n]{x}$ mit $x \in \mathbb{R}_+$ und $n \in \mathbb{N}^*$ heißt **Wurzelfunktion**.

Die Funktion zu $y = \sqrt{x}$ nennt man auch **Quadratwurzelfunktion**. Anders als bei den Potenzfunktionen mit ganzzahligen Exponenten haben die Graphen der Wurzelfunktionen alle einheitliche Gestalt.

> **Eigenschaften der Wurzelfunktionen**
> Die Graphen aller Wurzelfunktionen haben die gemeinsamen Punkte O(0|0) und P(1|1). Sie steigen ständig an. Die Wertemenge ist $\mathbb{R}_+$.

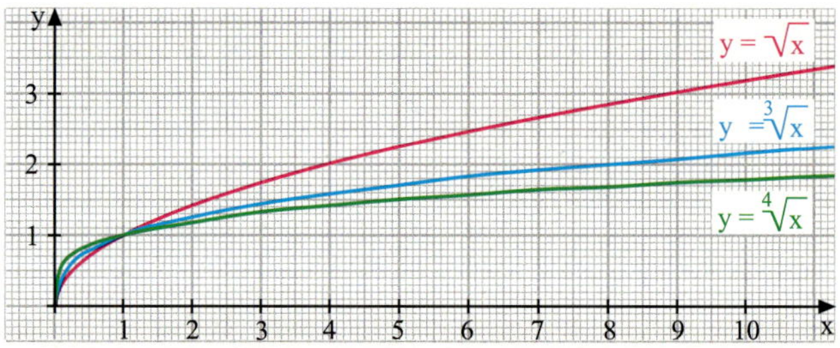

Weiterführende Aufgabe

2. *Wurzelfunktionen als Umkehrfunktionen eingeschränkter Potenzfunktionen*
Zeige, dass die Potenzfunktion f mit der Gleichung $y = x^3$ [$y = x^n$] in der Definitionsmenge $\mathbb{R}_+$ umkehrbar ist und bestimme die Funktionsgleichung der Umkehrfunktion f*.

Übungsaufgaben

GTR

3. Zeichne die Graphen zu den Funktionen zu $y = \sqrt{x}$ und $y = \sqrt[3]{x}$.
a) Beschreibe und vergleiche sie.
b) Welcher Unterschied besteht zu den Graphen der Funktionen zu $y = x^{\frac{1}{2}}$ und $y = x^{\frac{1}{3}}$?

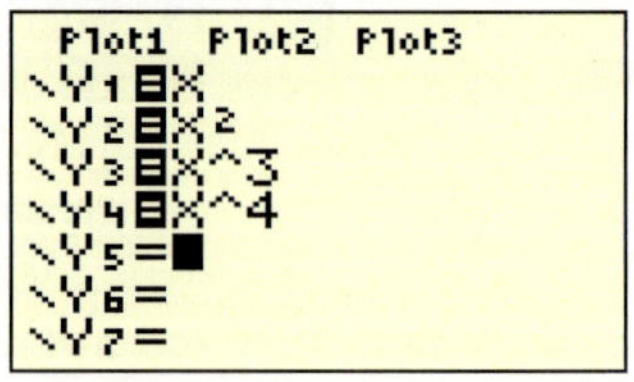

4. Welche der angegebenen Punkte liegen auf dem Graphen zu (1) $y = \sqrt{x}$, (2) $y = \sqrt[3]{x}$?
$P_1(8|2)$; $P_2(9|3)$; $P_3(8|-2)$; $P_4(1{,}5|2{,}25)$; $P_5(0|0)$; $P_6(\frac{1}{8}|\frac{1}{2})$

Im Blickpunkt

Stimmung einer Tonleiter

Die Schüler von Pythagoras, die Pythagoreer, entdeckten, dass Töne, deren Frequenzen im Verhältnis kleiner ganzer Zahlen zueinander stehen, angenehm miteinander klingen.

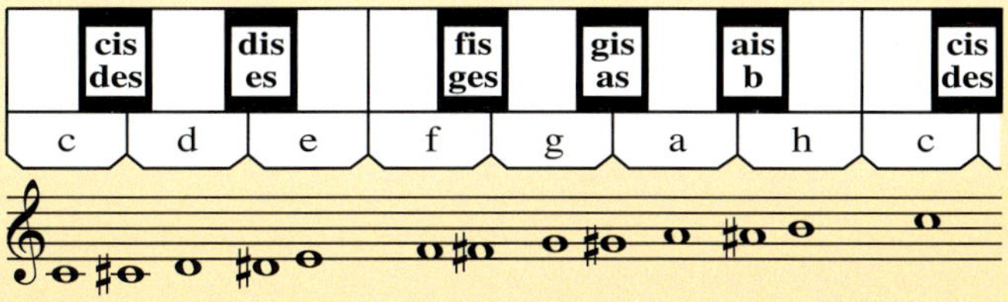

Ausgehend vom Grundton c einer Oktave ergeben sich dann 12 Halbtöne: Die Tonleiter c – d – e – f – g – a – h enthält also neben den Ganztönen c, d, e, g, a, auch Halbtöne f und c. In der pythagoreischen Stimmung haben die Töne ausgehend von der Frequenz ν des Grundtones die in der Tabelle angegebenen Frequenzen.

Ton	c	d	e	f	g	a	h	c'
Frequenz	ν	$\frac{9}{8}\nu$	$\frac{81}{64}\nu$	$\frac{4}{3}\nu$	$\frac{3}{2}\nu$	$\frac{27}{16}\nu$	$\frac{243}{128}\nu$	2ν

1. a) Berechne, mit welchem Faktor man die Frequenz eines Tones multiplizieren muss, um die des nächsten zu erhalten. Was stellst du fest?

b) Vergleich die Frequenzverhältnis für Halbtonschritte und Ganztonschritte.

2. Die Unterschiede in den Frequenzverhältnissen bei der pythagoreischen Stimmung führen dazu, dass man eine gegebene Melodie nicht von jedem Grundton aus spielen kann. 1588 lieferte der italienische Musiktheoretiker Gioseffo Zarlino eine exakte geometrische Darstellung zur Stimmung einer Laute in 12 Halbtonschritten, die alle dasselbe Frequenzverhältnis aufweisen.
Der belgische Mathematiker Simon Stevin beschrieb als erster Europäer um 1600 eine Annäherung an das Frequenzverhältnis mit Hilfe eines von ihm entwickelten Verfahrens zur Wurzelberechnung. Johann Sebastian Bach hat später wesentlich zum Erfolg der wohltemperierten Stimmung beigetragen durch die Komposition von 48 Präludien und Fugen unter dem Titel „Das wohltemperierte Klavier".

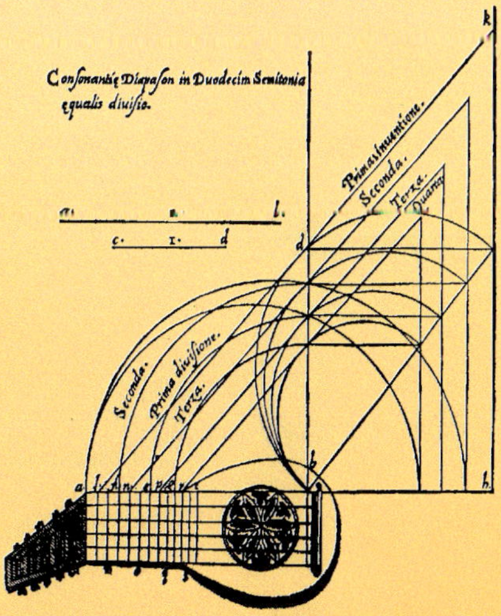

a) Berechne, welches Frequenzverhältnis ein Halbtonschritt haben muss, wenn alle Halbtonschritte exakt dasselbe Frequenzverhältnis aufweisen.

b) Der Kammerton a hat die Frequenz 440 Hz, d. h. 440 Schwingungen pro Sekunde. Berechne ausgehend davon die Frequenzen der anderen Töne dieser Oktave nach den pythagoreischen Zahlenverhältnissen und nach der wohltemperierten Stimmung. Vergleiche.

1.10 Aufgaben zur Vertiefung

1. Näherungswerte für Quadratwurzeln können mithilfe des HERON-Verfahrens bestimmt werden. Die Grundidee basierte auf der geometrischen Veranschaulichung, dass $\sqrt{a}$ die Seitenlänge eines Quadrats mit dem Flächeninhalt a ist.
Hat man einen Näherungswert x_0 für die Seitenlänge, so muss die zweite Seitenlänge des Rechtecks $\frac{a}{x_0}$ sein, damit sich der Flächeninhalt a ergibt.

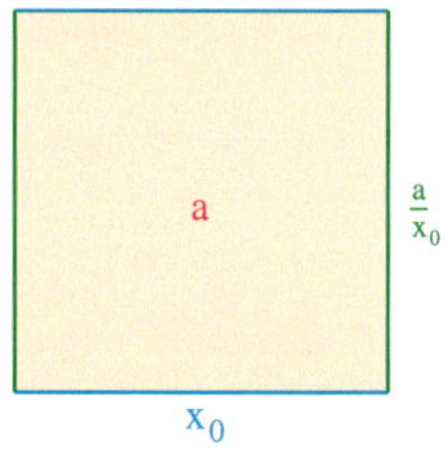

Der Mittelwert aus x_0 und $\frac{a}{x_0}$, also $\frac{1}{2}\left(x_0 + \frac{a}{x_0}\right)$ ist dann ein noch besserer Näherungswert für $\sqrt{a}$.
Ermittle so ausgehend von einem ganzzahligen Näherungswert einen verbesserten für $\sqrt{19}$ [$\sqrt{33}$]. Erzeuge anschließend daraus einen noch besseren Näherungswert.

2. **a)** $\sqrt[3]{a}$ kann geometrisch veranschaulicht werden als die Kantenlänge eines Würfels mit dem Volumen a.
Hat man einen Näherungswert x_0 für die Kantenlänge des Würfels, so kann man damit einen Quader mit quadratischer Grundfläche mit dem geforderten Volumen a erzeugen: Die quadratische Grundfläche hat die Seitenlänge x_0.
Die Höhe des Quaders ist dann $\frac{a}{x_0^2}$.
Begründe.
Ein noch besserer Näherungswert für $\sqrt[3]{a}$ ist dann der Mittelwert aus diesen drei Seitenlängen.
Folgere so folgende Formel:

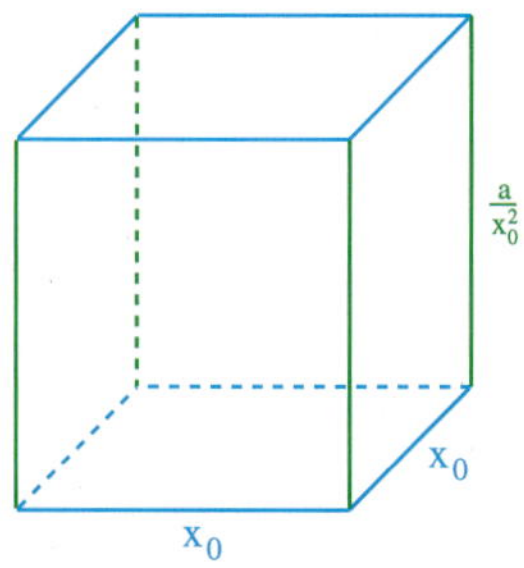

> Ist x_0 ein Näherungswert für $\sqrt[3]{a}$ mit $a > 0$, so ist $\frac{1}{3}\left(2x_0 + \frac{a}{x_0^2}\right)$ ein erheblich besserer Näherungswert.

b) Bestimme mithilfe der obigen Formel einen Näherungswert für $\sqrt[3]{4}$ [$\sqrt[3]{10}$], der in zwei Nachkommastellen mit dem exakten Wert übereinstimmt. Wie viele Schritte benötigst du?

TAB **c)** Allgemein gilt:

> Ist x_0 ein Näherungswert für $\sqrt[n]{a}$, so ist $\frac{1}{n}\left((n-1)\,x_0 + \frac{a}{x_0^{n-1}}\right)$ ein erheblich besserer Näherungswert.

Erstelle mit einem Tabellenkalkulations-Programm ein Rechenblatt zur Bestimmung von Näherungswerten für $\sqrt[n]{a}$.
Teste es an verschiedenen Beispielen.

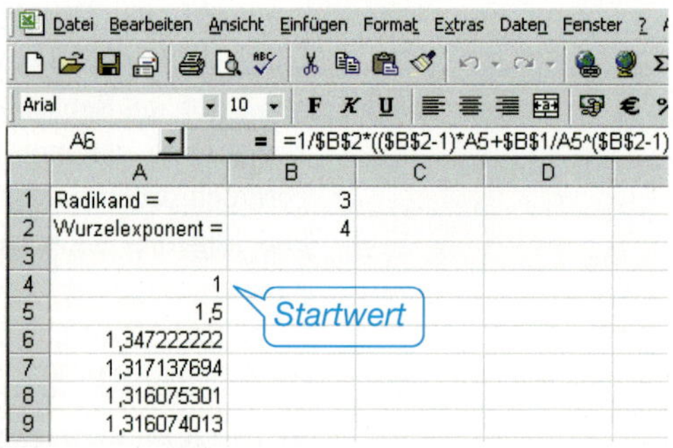

GTR **3.** Für Potenzfunktionen mit der Gleichung $y = x^n$ mit ganzen Zahlen als Exponenten haben wir uns einen Überblick über die verschiedenen möglichen Fälle verschafft.
Betrachte nun Potenzfunktionen zu beliebigen rationalen Exponenten in der Definitionsmenge aller reellen Zahlen x mit $x > 0$.
Erstelle eine Übersicht über den Verlauf der Graphen in Abhängigkeit von den Exponenten.

Bist du fit?

1. Vereinfache durch Anwenden von Potenzgesetzen.

a) $(\sqrt{2})^5 \cdot (\sqrt{2})^{-3}$ **d)** $\sqrt{2^3} \cdot \sqrt{18^3}$ **g)** $a^{-2} \cdot a$ **j)** $x^{-3}x^2xx^5$

b) $(\sqrt{2})^5 : (\sqrt{2})^{-3}$ **e)** $(\sqrt{2})^{-3} \cdot (\sqrt{18})^{-3}$ **h)** $b^{-2} : b^{-3}$ **k)** $a^2ba^{-1}b^{-3}b^2$

c) $((\sqrt{2})^3)^4$ **f)** $\sqrt{2^0} \cdot x^0$ **i)** $x^{-4} \cdot y^{-4}$ **l)** $(b^{-3})^{-2}$

2. Eine 120 m lange Brücke besteht aus 5 m langen Einzelteilen. Jedes Teilstück dehnt sich bei einer Temperaturerhöhung um 1 Grad um $6 \cdot 10^{-5}$ m aus. Berechne den Längenunterschied der Brücke im Sommer (45 °C) und im Winter (–15 °C).

3. Vereinfache.

a) $(3^7 - 589)^{\frac{3}{2}-1,5}$ **d)** $\left(r^{\frac{2}{5}} \cdot y^{-\frac{3}{2}}\right)^{-\frac{3}{4}}$ **g)** $(64ac^{-4}d^5 + 40a^3c^2d^{-2}) : (4a^3c^2d^{-1})$

b) $\frac{2x}{(x^3)^{\frac{1}{4}}}$ **e)** $\frac{(r^2 \cdot s^2)^{-2}}{(r \cdot s)^{-2}}$ **h)** $3 \cdot 2^{n+4} - 24 \cdot 2^{n+1}$

c) $(x^{-0,4}y^{-3,5})^{-0,1}$ **f)** $(-a^3)^2 + ((-a)^2)^3 + (-a^2)^3$ **i)** $\left(\frac{10a - 14b}{7x + 2y}\right) \cdot \left(\frac{21x + 6y}{5a - 7b}\right)^2$

4. Vereinfache.

a) $(\sqrt[3]{a^2})^6$ **c)** $\frac{\sqrt[4]{12r^3}}{\sqrt[4]{6s^2}} \cdot \frac{\sqrt[4]{20rs}}{\sqrt[4]{3r}}$ **e)** $\sqrt[x]{a^4} : \sqrt[2x]{a^{16}}$

b) $\sqrt[3]{2a^2} \cdot 7\sqrt[3]{4a^3} \cdot \frac{3}{4}\sqrt[3]{8a^4}$ **d)** $\sqrt[3]{20ab^2} \cdot \sqrt[3]{400a^2b^7}$ **f)** $(\sqrt{a^5} - \sqrt{a})^2 + 2a^3$

5. Zeichne den Graphen: **a)** $y = x^3 - 2$ **b)** $y = 0,5 \cdot x^{-2}$ **c)** $y = (x - 2)^{-3}$ **d)** $y = -0,4 \cdot x^4$

6. Notiere zu den Graphen mögliche Gleichungen von Potenzfunktionen.

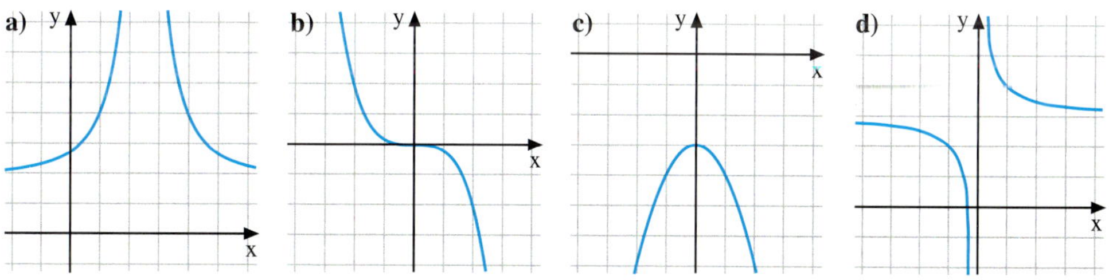

7. Bestimme die Lösungsmenge.

a) $x^3 = 64$ **d)** $\sqrt[3]{x} = -8$ **g)** $3 \cdot (x + 5)^4 = 48$ **j)** $\sqrt[4]{3 - x} = -2$

b) $3x^3 - 375 = 0$ **e)** $x^5 = 2^3$ **h)** $\sqrt[7]{x} - 5 = 2$ **k)** $\sqrt[3]{4 - x} = 12$

c) $x^8 = 256$ **f)** $(c - 3)^3 = 8$ **i)** $\sqrt[5]{3x} = 3$ **l)** $4x^6 + 45 = 40$

8. An welchen Stellen steckt deiner Meinung nach ein Fehler? Oder glaubst du alles?

$$-1 = (-1)^3 = (-1)^{6:2} = (-1)^{6 \cdot \frac{1}{2}} = ((-1)^6)^{\frac{1}{2}} = 1^{0,5} = \sqrt{1} = 1$$

Bleib fit im ...
Umgang mit Flächeninhalt und Volumen

Zum Aufwärmen

1. Berechne für den im Schrägbild dargestellten Körper den Oberflächeninhalt und das Volumen.

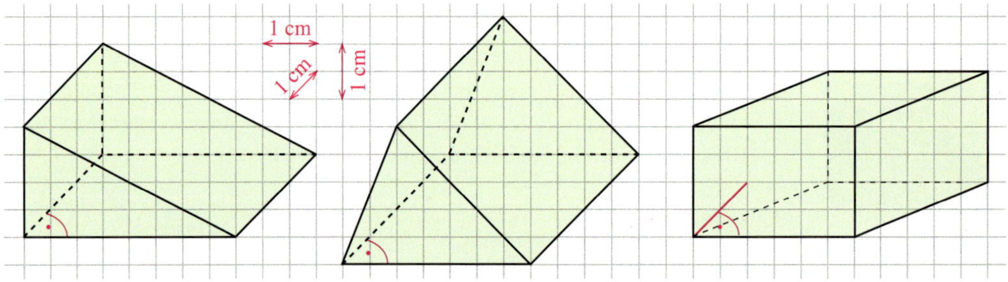

2. **a)** Erläutere am Quadrat rechts den Zusammenhang zwischen den Flächeninhaltseinheiten mm^2 und cm^2.

b) Erläutere ebenso am Würfel rechts den Zusammenhang zwischen den Volumeneinheiten mm^3 und cm^3.

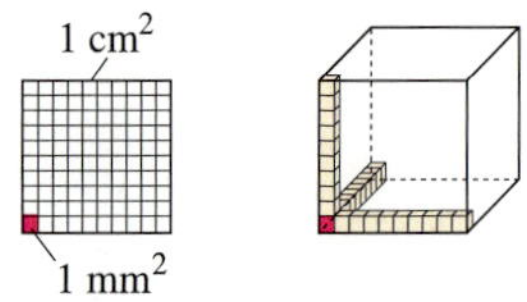

3. **a)** Zeichne ein Netz der Thunfischdose und berechne den Materialbedarf.

b) Berechne das Fassungsvermögen der Dose mit den Fischröllchen, wandle auch in ml um.

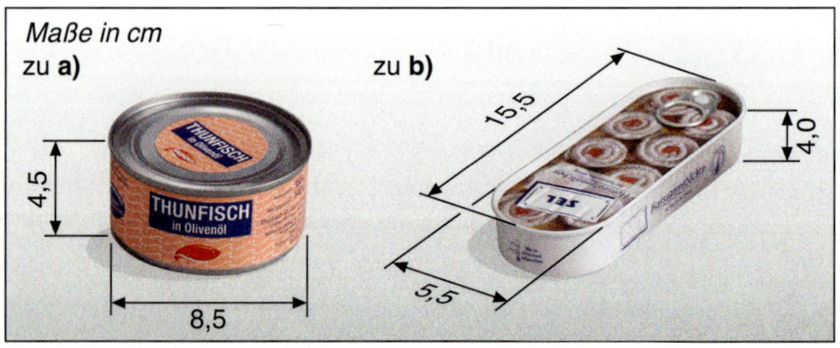

Zum Erinnern

(1) Berechnen von Flächeninhalt und Umfang bei Vielecken und beim Kreis

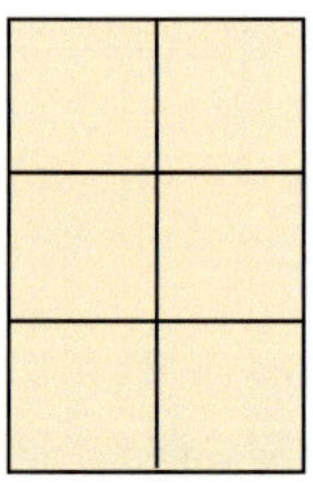

Der Flächeninhalt A einer Figur gibt an, wie viele Einheitsquadrate in der Figur enthalten sind. Das Rechteck links enthält 6 Quadrate der Seitenlänge 1 cm, sein Flächeninhalt beträgt 6 cm^2. Will man andere Figuren lückenlos überdecken, muss man die Einheitsquadrate geeignet zerteilen.

$\pi \approx 3{,}14$

Rechteck	Parallelogramm	Dreieck	Trapez	Kreis

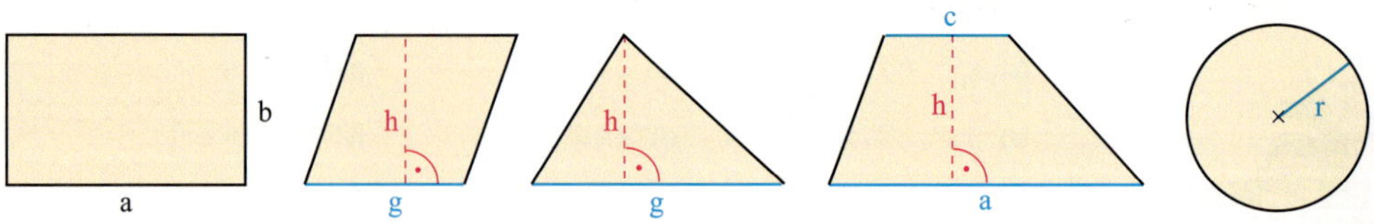

$\mathbf{A = a \cdot b}$	$\mathbf{A = g \cdot h}$	$\mathbf{A = \frac{1}{2}\, g \cdot h}$	$\mathbf{A = \frac{1}{2}\,(a + c) \cdot h}$	$\mathbf{A = \pi r^2}$

Der Umfang u eines Vielecks ist die Summe der Seitenlängen.
Für den Kreis gilt: $\mathbf{u = 2\pi r}$

(2) Berechnen von Kreisteilen

$\frac{\alpha}{360°}$ ist der Anteil vom Ganzen.

Flächeninhalt A eines Kreisrings
$A = \pi \cdot (r_2^2 - r_1^2)$

Länge b_α eines Kreisbogens
$b_\alpha = 2\pi r \cdot \frac{\alpha}{360°}$ bzw. $b_\alpha = \pi r \cdot \frac{\alpha}{180°}$

Flächeninhalt A_α eines Kreisausschnitts
$A_\alpha = \pi r^2 \cdot \frac{\alpha}{360°}$

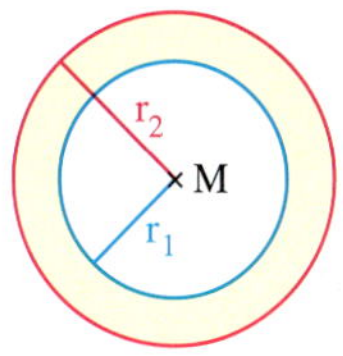

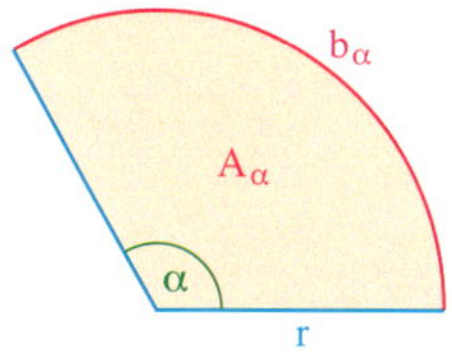

(3) Oberflächeninhalt und Volumen von Prismen und Zylindern

Der Oberflächeninhalt O eines Körpers ist die Summe der Flächeninhalte aller Begrenzungsflächen; er gibt z. B. an wie viel Pappe zur Herstellung eines Flächenmodells des Körpers benötigt wird. Das Volumen V eines Körpers gibt an, wie viele Einheitswürfel lückenlos in ihn passen.

Für den **Oberflächeninhalt O eines Prismas** mit dem Grundflächeninhalt G, der Höhe h und dem Umfang u der Grundfläche gilt:

$O = 2 \cdot G + u \cdot h$

Für das **Volumen V dieses Prismas** gilt:

$V = G \cdot h$

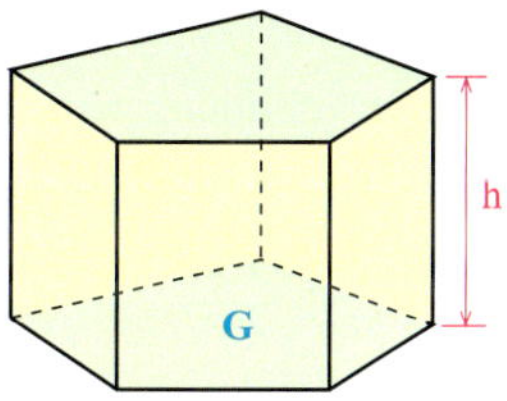

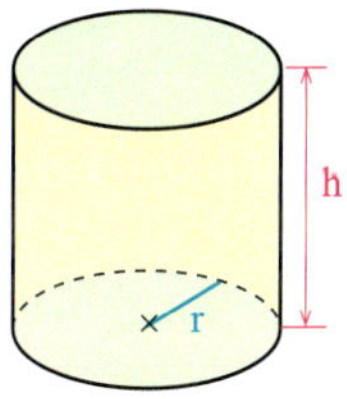

Für den **Oberflächeninhalt O eines Zylinders** mit dem Radius r und der Höhe h gilt:

$O = 2\pi r^2 + 2\pi r h$

Für das **Volumen V dieses Zylinders** gilt: $V = \pi r^2 h$

(4) Umwandeln von Flächeninhalts- und Volumeneinheiten

Die Umwandlungszahl der Längeneinheiten ist 10 (z. B. 10 mm = 1 cm; 10 dm = 1 m). Man benötigt daher z. B. 10 · 10 Quadrate der Größe 1 dm^2, um ein 1 m^2 großes Quadrat auszulegen. Entsprechend benötigt man 10 · 10 · 10 Würfel der Kantenlänge 1 dm^3, um einen 1 m^3 Würfel damit zu füllen.

Bei Flächeninhaltseinheiten: Umwandlungszahl 100

1 mm^2 $\xrightarrow{\cdot 100}$ 1 cm^2 $\xrightarrow{\cdot 100}$ 1 dm^2 $\xrightarrow{\cdot 100}$ 1 m^2 $\xrightarrow{\cdot 100}$ 1 a $\xrightarrow{\cdot 100}$ 1 ha $\xrightarrow{\cdot 100}$ 1 km^2

100 mm^2 = 1 cm^2
100 cm^2 = 1 dm^2
100 dm^2 = 1 m^2
100 m^2 = 1 a
100 a = 1 ha
100 ha = 1 km^2

Bei Volumeneinheiten: Umwandlungszahl 1000

1 mm^3 $\xrightarrow{\cdot 1000}$ 1 cm^3 $\xrightarrow{\cdot 1000}$ 1 dm^3 $\xrightarrow{\cdot 1000}$ 1 m^3

1 000 mm^3 = 1 cm^3
1 000 cm^3 = 1 dm^3
1 000 dm^3 = 1 m^3

1 *l* = 1 dm^3
1 ml = 1 cm^3
1 *l* = 1 000 ml

Zum Üben

4. Verwandle in die angegebene Einheit.

a) $12\ m^2$ (dm^2)	**b)** $7\ cm^2$ (m^2)	**c)** $71\ cm^3$ (dm^3)	**d)** $0{,}375\ dm^3$ (cm^3)
$420\ mm^2$ (dm^2)	$0{,}35\ dm^2$ (cm^2)	$235\ dm^3$ (m^3)	$1{,}55\ m^3$ (dm^3)
$0{,}05\ m^2$ (cm^2)	$3600\ mm^2$ (dm^2)	$7\ l$ (cm^3)	$3175{,}5\ cm^3$ (l)

5. In einer Kleingartenkolonie kostet 1 m^2 Gartenfläche 0,22 € Pacht. Berechne die Kosten für jeden der vier Gärten in der Abbildung.

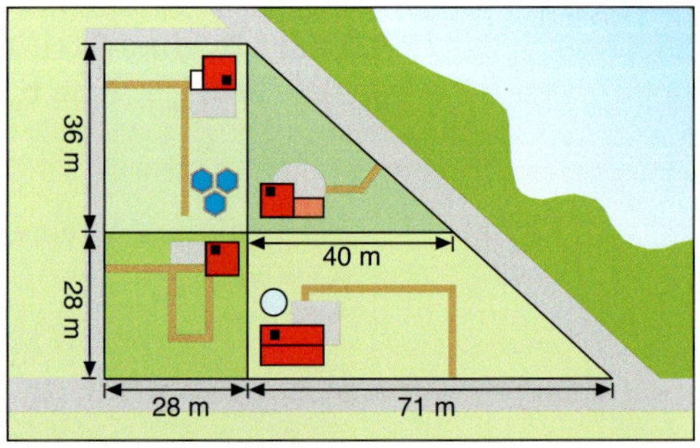

6. Ein Kreis hat den Flächeninhalt von 1 m^2.

a) Welche Höhe hat ein flächeninhaltsgleiches Dreieck, dessen Grundseite dem Durchmesser des Kreises entspricht?

b) Wie groß ist ein Quadrat, das mit seinen vier Seiten den Kreis berührt?

c) Ein Rechteck, bei dem eine Seitenlänge doppelt so groß ist wie die andere, ist flächeninhaltsgleich zum Kreis. Wie lang sind seine Seiten?

7. Ein (regelmäßiger) sechseckiger Buddelkasten soll frisch mit Sand gefüllt werden (Bild links). Wie viel m^3 Sand müssen gekauft werden, wenn die Füllhöhe mindestens 0,6 m betragen soll?

8. Die Abbildung zeigt ein Basketballfeld mit seinen Maßen.

a) Berechne die Fläche des gesamten Feldes und des Mittelkreises.

b) Wie groß sind die abgetrennten Flächen unter beiden Körben, die bei Freiwürfen nicht betreten werden dürfen?

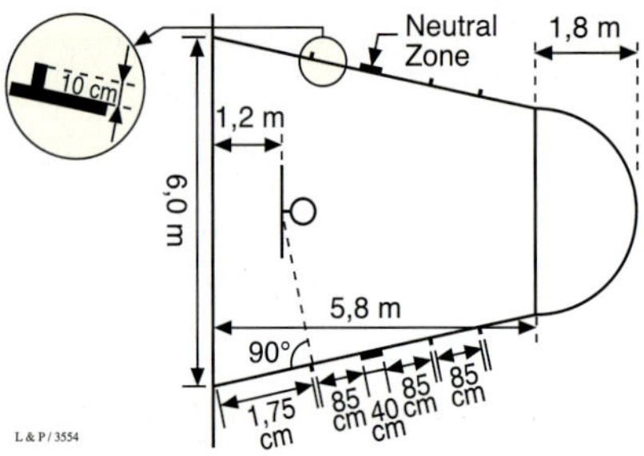

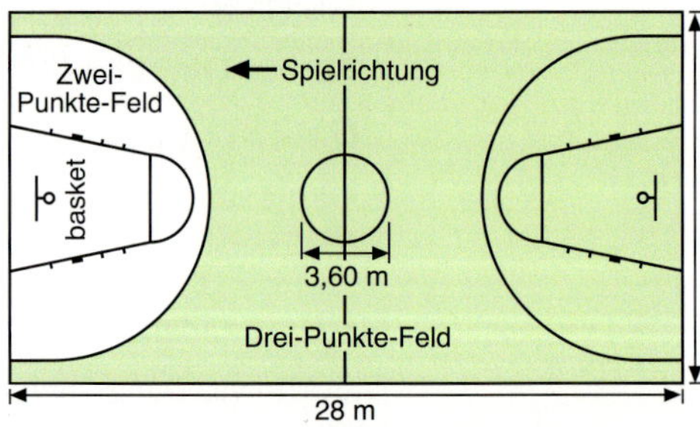

1 cm^3 Stahl wiegt 7,91 g.

9. Das im Längs- und Querschnitt abgebildete Werkstück ist aus Stahl.

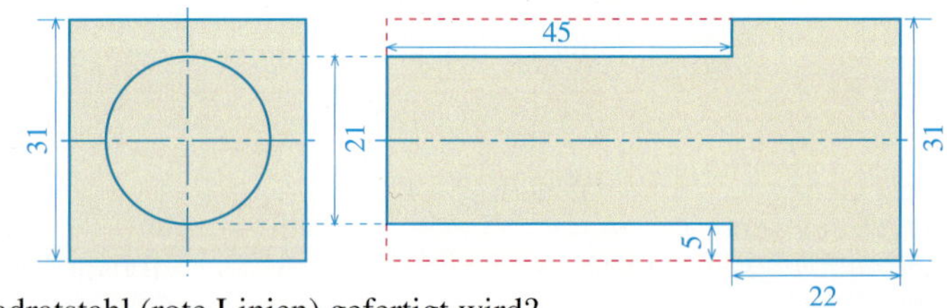

a) Wie schwer ist es?

b) Wie viel Prozent Abfall entsteht, wenn das Werkstück aus einem Quadratstahl (rote Linien) gefertigt wird?

c) Das Werkstück soll einen Schutzüberzug erhalten. Wie groß ist die zu überziehende Fläche?

10. Ein Tank für Flüssiggas ist 2,50 m lang und hat einen Durchmesser von 1,25 m.

a) Wie groß ist das Fassungsvermögen?

b) Das Flüssiggas Butan hat eine Dichte von 0,6 kg pro l. Wie schwer ist eine Tankfüllung?

2. PYRAMIDE, KEGEL, KUGEL

In Griechenland und Spanien haben viele zylinderförmige Windmühlen ein kegelförmiges Dach. Solche Dächer findet man auch bei Türmen von Kirchen, Schlössern und Moscheen.

Der Vergnügungspark „Disney World" in Florida (USA) bietet in diesem kugelförmigen Gebäude eine Reise durch die Entstehungsgeschichte der Erde an. Die Kugel ist ungefähr 55 m hoch und die Ummantelung besteht aus 11 324 Dreiecken aus Aluminium und Plastik.

Auf dem Marktplatz von Karlsruhe errichtete Johann Jakob Friedrich Weinbrenner im 19. Jahrhundert eine 6,5 m hohe Sandsteinpyramide. Auf dem Kirchturm findest du auch eine Pyramide.

- Suche nach Gebäuden oder Gebäudeteilen, die die Form einer Pyramide, eines Kegels oder einer Kugel haben.
- Überlege, warum man diese Formen gewählt hat.

In diesem Kapitel lernst du, wie man das Volumen und den Oberflächeninhalt von Pyramide, Kegel und Kugel berechnen kann.

Lernfeld: Wie groß ist ...?

Volumen einer besonderen Pyramide

Auf dem Foto rechts seht ihr drei Exemplare derselben Pyramide. Wegen unterschiedlicher Lage ist kaum zu erkennen, dass es sich stets um die gleiche Pyramide handelt.

- Bastelt selbst drei Exemplare dieser Pyramide. Ihre Grundfläche ist ein Quadrat mit der Seitenlänge 5 cm und die Spitze liegt genau 5 cm senkrecht über einem Eckpunkt.
- Die drei Pyramiden lassen sich überraschenderweise lückenlos zu einem bekannten Körper zusammensetzen. Berechnet damit das Volumen dieser Pyramide.
- Verallgemeinert das Ergebnis auf eine beliebige Länge a statt 5 cm und erstellt damit eine Formel für das Volumen einer solchen besonderen Pyramide.

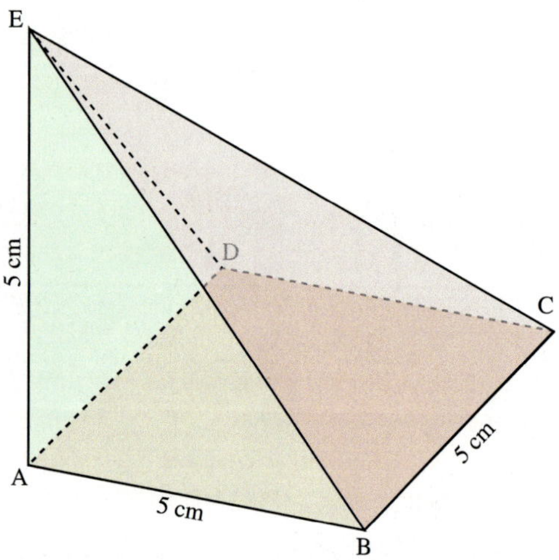

Kegel-Wettbewerb

Jeder bastelt aus einem DIN-A4-Blatt einen Kegel ohne Boden.
Beachtet dabei:
- Die Lasche hat eine Breite von 1 cm.
- Es darf nichts angestückelt werden.
- Der Durchmesser der Bodenöffnung soll mindestens 4 cm betragen.
- Der Kegel soll auch mindestens 4 cm hoch sein.

Anschließend soll in einer Siegerehrung ausgezeichnet werden:
- der höchste Kegel,
- der spitzeste Kegel,
- der Kegel mit dem größten Bodendurchmesser,
- der Kegel mit dem größten Oberflächeninhalt,
- der Kegel mit dem größten Volumen,
- der Kegel mit dem kleinsten Volumen,
- der am schönsten bemalte Kegel,
- ...

A Kugel versenken

Das Volumen einer Kugel hängt vom Radius r der Kugel ab. Da das Volumen in der Maßeinheit m^3 bzw. dm^3 bzw. cm^3 bzw. mm^3 gemessen wird, kann man vermuten, dass die Formel für das Volumen die Form $V = a \cdot r^3$ hat.

- Versucht, die Gültigkeit dieser Vermutung experimentell zu überprüfen und den Faktor a zu bestimmen. Besorgt euch Geräte, mit denen man Wasserverdrängung und Kugeldurchmesser messen kann, und führt das Experiment aus.

2.1 Pyramide und Kegel

2.1.1 Oberflächeninhalt – Netz

Einführung

Betrachte die oben abgebildeten Körper. Beschreibe ihre Form. Welche Gemeinsamkeiten, welche Unterschiede weisen sie auf?

Information

Eine **Pyramide** ist ein Körper, der von einem Vieleck und weiteren Dreiecken begrenzt wird. Die Dreiecke treffen sich in einem Punkt, der *Spitze* der Pyramide, und grenzen alle an das Vieleck. Das Vieleck heißt **Grundfläche** der Pyramide, die Dreiecke heißen **Seitenflächen**. Die Seitenflächen bilden zusammen die **Mantelfläche** der Pyramide.

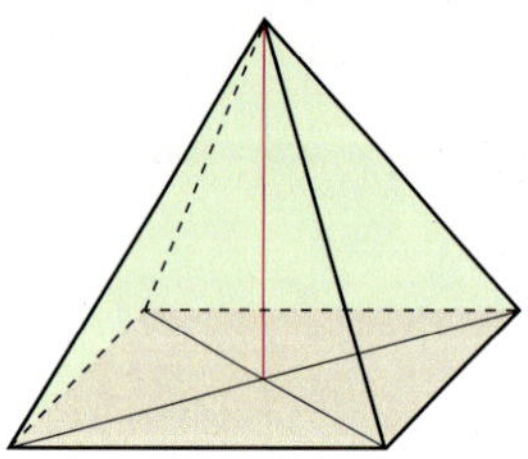

quadratische Pyramide

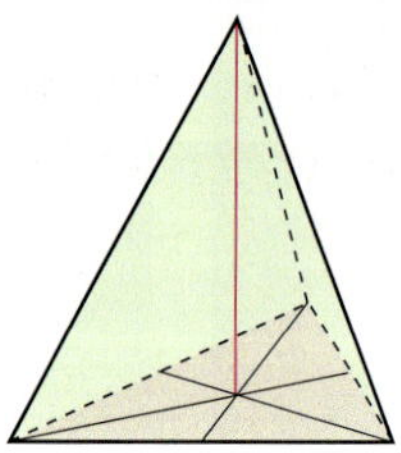

dreiseitige Pyramide

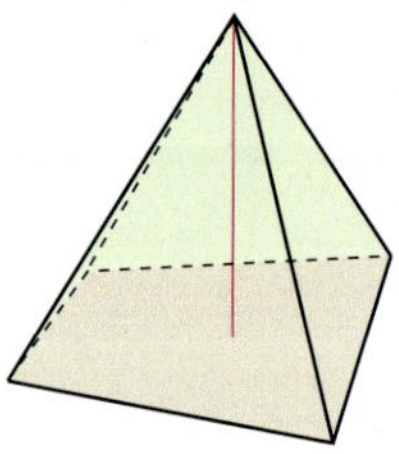

vierseitige Pyramide

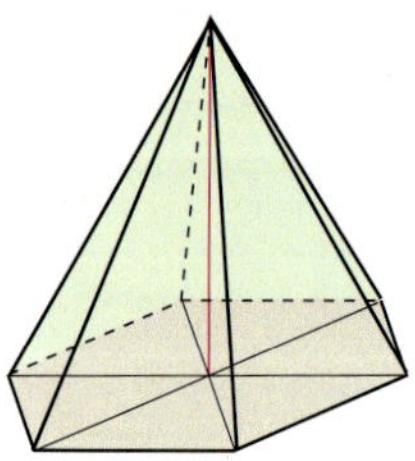

sechsseitige Pyramide

Der Abstand der Spitze von der Grundfläche ist die **Höhe** der Pyramide.
Eine **quadratische Pyramide** ist eine besondere Pyramide: Sie hat ein Quadrat als Grundfläche; ihre Spitze liegt senkrecht über dem Schnittpunkt der Diagonalen des Quadrats.

Ersetzt man das Vieleck der Grundfläche durch einen Kreis, so erhält man einen verwandten Spitzkörper:

Ein **Kegel** ist ein Körper, dessen **Grundfläche** eine Kreisfläche (*Grundkreis*) ist.
Die **Mantelfläche** eines Kegels ist gewölbt.
Der Abstand der Spitze von der Grundfläche ist die **Höhe** des Kegels.
Eine Verbindungsstrecke vom Kreisrand zur Spitze heißt **Mantellinie**.

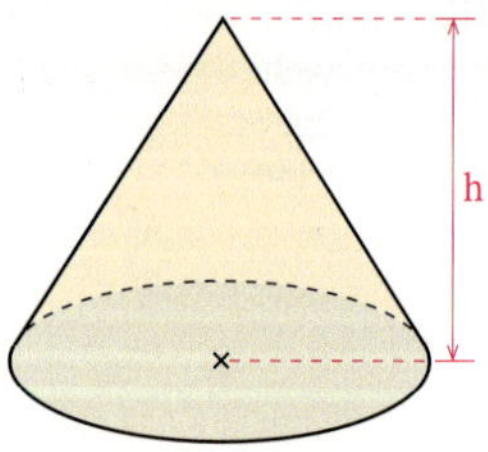

Aufgabe 1

Grundkante: Seite der Grundfläche
Seitenkante: Kante, die zur Spitze führt

Oberflächeninhalt und Netz einer Pyramide

Für Schaufensterdekorationen werden 1,20 m hohe Pyramiden mit quadratischer Grundfläche benötigt. Die Grundkante einer Pyramide ist 1,00 m lang.
Wie viel m^2 Pappe sind zur Herstellung einer Pyramide nötig?

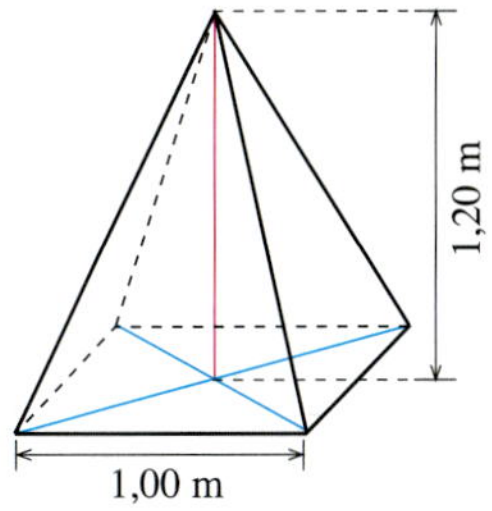

Lösung

Wir skizzieren zunächst ein Netz der Pyramide.

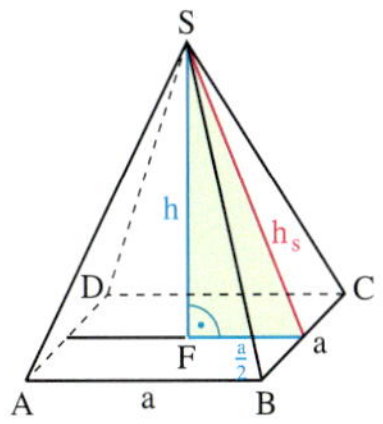

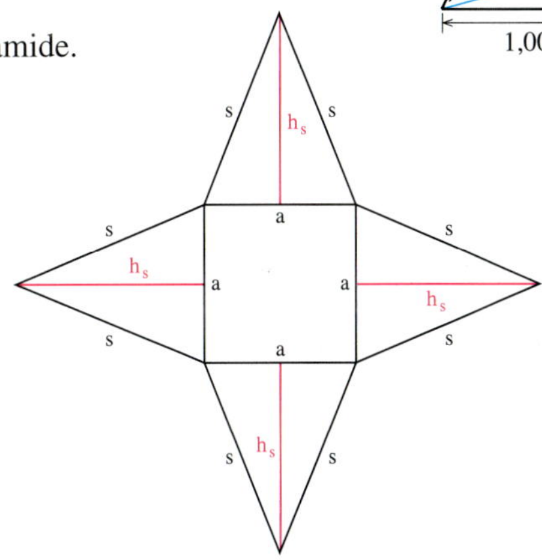

Der Mantelflächeninhalt und der Grundflächeninhalt ergeben zusammen den Oberflächeninhalt. (Den Verschnitt berücksichtigen wir nicht.)
Die Mantelflache besteht aus vier zueinander kongruenten gleichschenkligen Dreiecken mit der Basislänge a = 1,00 m und der Höhe h_s.

(1) *Berechnen der Höhe h_s einer Seitenfläche*
Nach dem Satz des Pythagoras gilt für das grüne Dreieck: $h_s^2 = h^2 + \left(\frac{a}{2}\right)^2$
$h_s^2 = (1{,}20\text{ m})^2 + (0{,}50\text{ m})^2 = 1{,}69\text{ m}^2$
$h_s = \sqrt{1{,}69\text{ m}^2} = 1{,}30\text{ m}$

(2) *Mantelflächeninhalt:* $M = 4 \cdot \frac{1}{2} \cdot a \cdot h_s = 4 \cdot \frac{1}{2} \cdot 1{,}00\text{ m} \cdot 1{,}30\text{ m} = 2{,}60\text{ m}^2$

(3) *Grundflächeninhalt:* $G = a^2 = (1{,}00\text{ m})^2 = 1{,}00\text{ m}^2$

(4) *Oberflächeninhalt:* $O = G + M = 1{,}00\text{ m}^2 + 2{,}60\text{ m}^2 = 3{,}60\text{ m}^2$

Ergebnis: Es werden 3,60 m^2 Pappe zur Herstellung einer Pyramide benötigt.

Information

Der Oberflächeninhalt ist die Größe der Oberfläche.

Satz

Für den **Oberflächeninhalt O einer Pyramide** mit dem Grundflächeninhalt A_G und dem Mantelflächeninhalt M gilt:

O = G + M

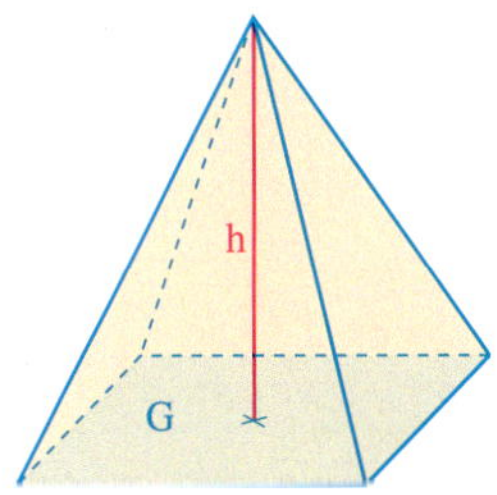

Aufgabe 2

Oberflächeninhalt und Netz eines Kegels

Das kegelförmige Dach eines alten Wehrturms soll neu mit Schiefer gedeckt werden. Der Radius r des Daches beträgt 5,60 m, die Höhe h des Daches beträgt 7,50 m. Für die Bestellung der Schieferplatten wird die Größe der Dachfläche benötigt.
Berechne diese.

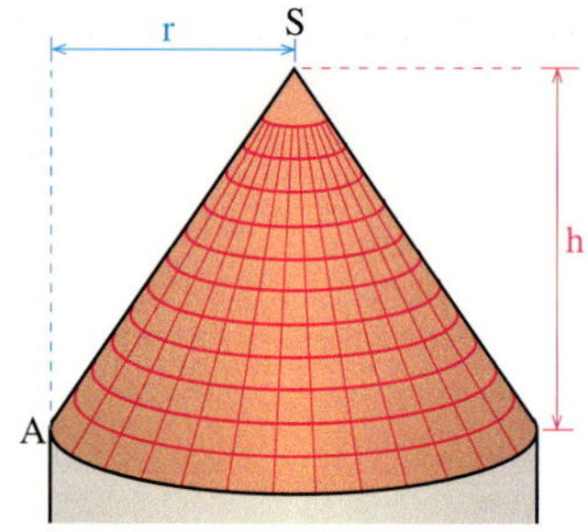

Lösung

Die Dachfläche ist die Mantelfläche eines Kegels. Bei der Berechnung der Größe M der Mantelfläche gehen wir so vor:

(1) Wir stellen uns vor: Der Mantel wird entlang einer Mantellinie aufgeschnitten und in die Ebene abgewickelt. Wir erhalten einen Kreisausschnitt mit dem Radius s und dem Bogen b. Die Länge b des Bogens ist gleich dem Umfang der Grundfläche des Kegels: $b = 2\pi r$

Beachte: r ist hier der Radius der Grundfläche des Kegels.

Nun gilt für den Flächeninhalt eines Kreisausschnitts:

$A = \frac{1}{2} b \cdot r$

In unserem Fall muss man in diese Formel für b den Umfang $2\pi r$ der Grundfläche und für r den Radius s des Kreisausschnitts einsetzen.

Also gilt für den Mantelflächeninhalt M:

$M = \frac{1}{2}\, 2\pi r \cdot s = \pi r s$

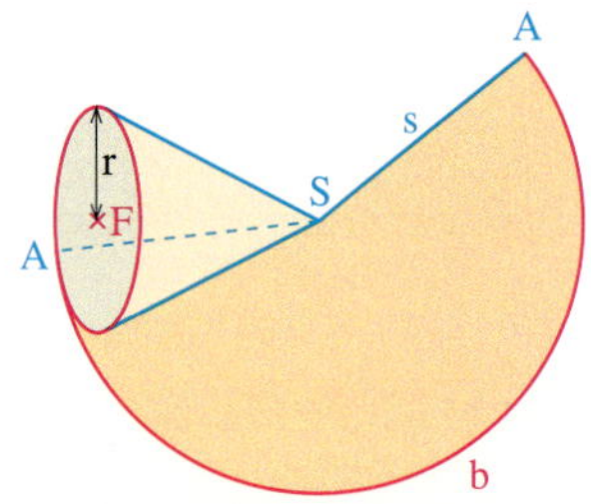

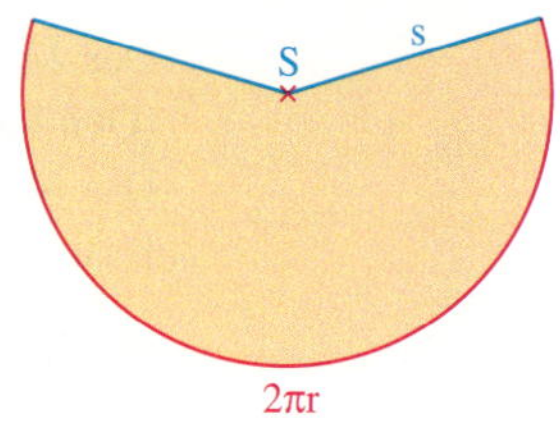

Anstatt die Formel selber herzuleiten, könntest du sie auch einer Formelsammlung entnehmen.

(2) Nach dem Satz des Pythagoras gilt im grünen Dreieck für die Länge s der Mantellinie des Kegels:

$s^2 = r^2 + h^2$

$s^2 = (5{,}60\ \text{m})^2 + (7{,}50\ \text{m})^2$

$s = \sqrt{87{,}61\ \text{m}^2} \approx 9{,}36\ \text{m}$

(3) Wir setzen die Werte in die Formel für den Mantelflächeninhalt ein:

$M = \pi r s$

$M \approx \pi \cdot 5{,}60\ \text{m} \cdot 9{,}36\ \text{m}$

$M \approx 164{,}67\ \text{m}^2$

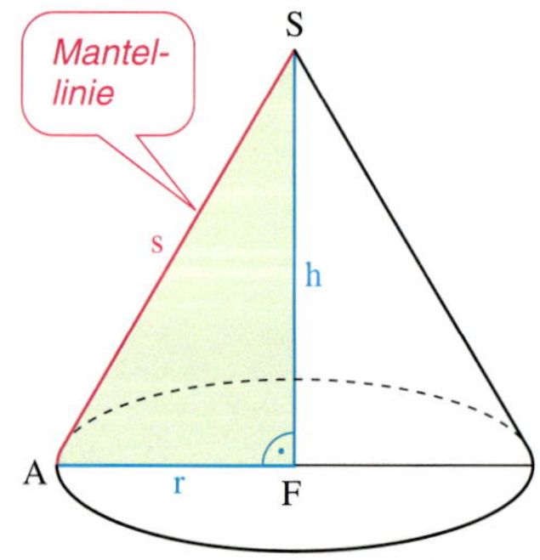

Ergebnis: Es müssen Schieferplatten für eine Dachfläche von $165\ \text{m}^2$ bestellt werden. Dabei muss noch berücksichtigt werden, dass sich die Schieferplatten überlappen und Verschnitt anfällt.

Information

Satz

Für den **Mantelflächeninhalt M eines Kegels** mit dem Grundkreisradius r und der Länge s einer Mantellinie gilt:

$\mathbf{M = \pi \cdot r \cdot s}$

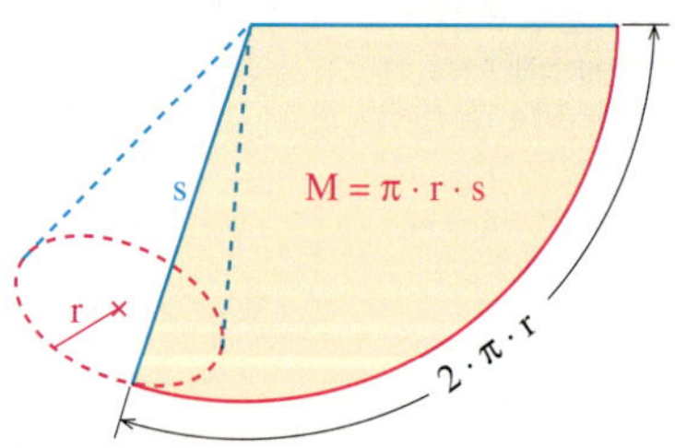

Weiterführende Aufgaben

3. *Schrägbild einer Pyramide*

Zeichne ein Schrägbild einer quadratischen Pyramide mit a = 6 cm und h = 7 cm. Wähle als Verzerrungswinkel $\alpha = 45°$ und als Verzerrungsfaktor $q = \frac{1}{2}$.

Beachte: Die quadratische Pyramide hat keine senkrecht nach oben verlaufende Kante. Verwende dafür geeignete Hilfsstrecken.

4. *Formel zur Berechnung des Oberflächeninhalts O eines Kegels*

a) Zur Dekoration eines Schaufensters werden aus Karton Kegel hergestellt. Der Radius des Grundkreises ist 0,60 m und eine Mantellinie ist 1,30 m lang.
Wie viel m^2 Karton müssen für die Herstellung eines Kegels gerechnet werden, wenn Verschnitt nicht berücksichtigt wird?

b) Begründe: Für den Oberflächeninhalt O eines Kegels mit dem Radius r des Grundkreises und der Länge s der Mantellinie gilt: $O = \pi r \cdot (r + s)$

Der Oberflächeninhalt ist die Größe der Oberfläche.

Satz

Für den **Oberflächeninhalt O eines Kegels** mit dem Grundflächeninhalt G und dem Mantelflächeninhalt M gilt:

$$\mathbf{O = G + M}$$

Bezeichnet r den Radius des Grundkreises und s die Länge einer Mantellinie des Kegels, so gilt insbesondere:

$$\mathbf{O = \pi r^2 + \pi r s = \pi r \cdot (r + s)}$$

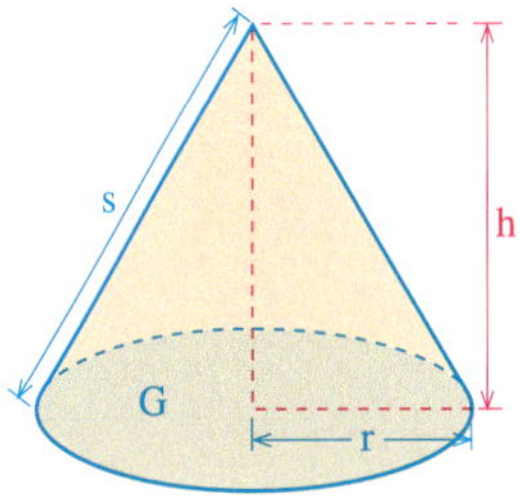

Übungsaufgaben

5. Der Fuß einer Stehlampe hat die Form einer quadratischen Pyramide. Er wird aus Stahlblech gefertigt und pulverbeschichtet.
Wie groß ist die zu beschichtende Fläche?
Entnimm die Abmessungen aus dem Schrägbild.

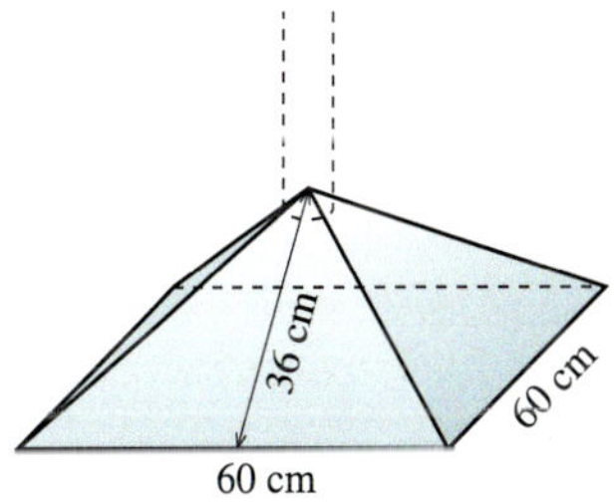

6. *Teamarbeit:* Nennt Gegenstände aus eurer Umwelt, die pyramidenförmig sind. Gestaltet damit ein Plakat für den Klassenraum.

7. Moritz hat für verschiedene Pyramiden ein Netz gezeichnet. Kontrolliere.

8. Eine quadratische Pyramide hat die Grundkante a = 4 cm und die Seitenkante s = 6 cm.

a) Zeichne ein Netz und stelle den Körper her.

b) Berechne die Seitenhöhe sowie den Mantelflächeninhalt und den Oberflächeninhalt.

c) Berechne die Körperhöhe und zeichne ein Schrägbild mit $\alpha = 45°$ und $q = \frac{1}{2}$.

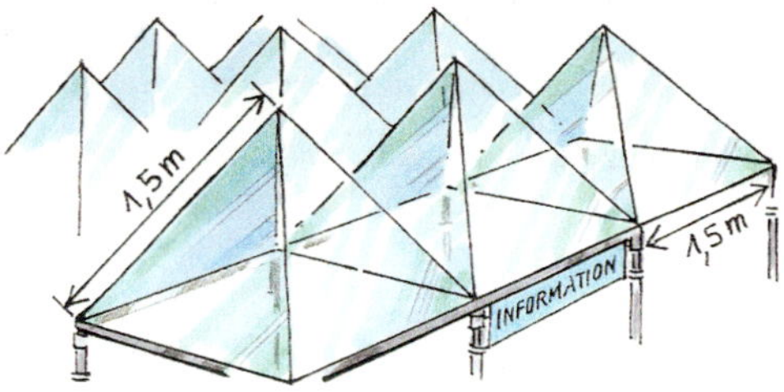

9. Die Überdachung eines Informationsstandes besteht aus 9 quadratischen Glaspyramiden ohne Boden. Diese sind aus Fensterglas von 1 cm Dicke hergestellt worden, das 2,5 g pro cm^3 wiegt. Wie schwer ist das Glasdach?

10. Gegeben ist eine quadratische Pyramide mit der Grundkante a und der Seitenhöhe h_s.
Gib eine Formel für den Oberflächeninhalt O an. Isoliere dann die Variable h_s [die Variable a].

11. Eine quadratische Pyramide hat die Grundkante q = 8 cm und die Höhe h = 7 cm. Berechne die Länge s einer Seitenkante, die Seitenhöhe h_s sowie den Mantelflächeninhalt M und den Oberflächeninhalt O.

12. **a)** Vergleiche den Materialverbrauch für die beiden quadratischen Pyramiden.

b) Verändere entweder die Länge der Grundkante oder die Seitenhöhe so, dass beide Pyramiden gleichen Materialverbrauch haben.

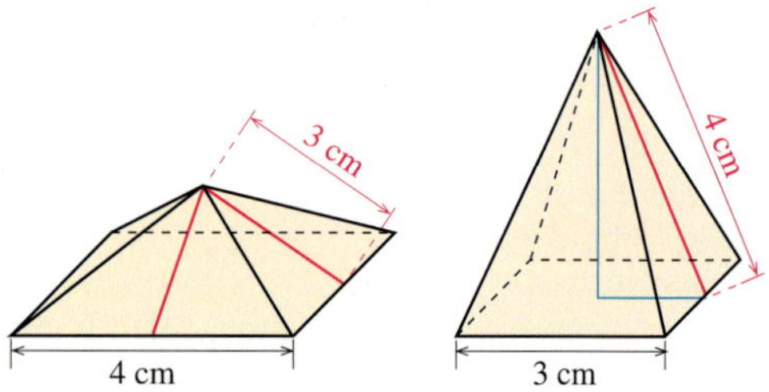

13. Gib eine Formel für den Oberflächeninhalt O einer quadratischen Pyramide mit der Länge a der Grundkante und der Seitenhöhe h_s an, wenn gilt:

a) h_s ist genau so lang wie a.

b) a ist halb so lang wie h_s.

c) a ist um 3 cm kürzer als h_s.

d) h_s ist um 15 % länger als a.

14. Für eine Schaufensterdekoration wird auf jede Seitenfläche eines Würfels eine quadratische Pyramide aufgesetzt. Der so entstandene Stern wird mit Silberfolie beklebt.
Die Kanten des Würfels sind 12 cm lang und die Seitenkanten der Pyramiden 34 cm.
Wie viel Silberfolie wird für den Stern benötigt?

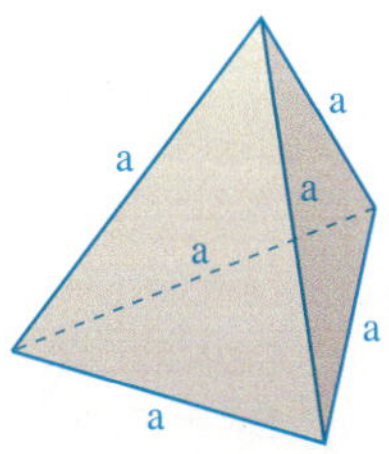

15. Ein (regelmäßiges) *Tetraeder* ist eine Pyramide, die von vier zueinander kongruenten gleichseitigen Dreiecken begrenzt ist.

a) Berechne den Oberflächeninhalt O eines Tetraeders mit der Kantenlänge a = 4 cm. Stelle zunächst eine Formel auf.

b) Zeichne auch ein Schrägbild und ein Netz des Tetraeders.

16. Gegeben ist eine Pyramide mit rechteckiger Grundfläche (a = 6 cm; b = 4 cm) und der Körperhöhe h = 5 cm. Die Spitze soll senkrecht über dem Schnittpunkt der Diagonalen des Rechtecks liegen.
Beachte: Diese Pyramide hat zwei verschiedene Seitenhöhen.

a) Zeichne ein Schrägbild ($\alpha = 45°$; $q = \frac{1}{2}$).

b) Zeichne ein Netz der Pyramide.

c) Berechne den Oberflächeninhalt O. Leite zunächst eine Formel für die zu berechnende Größe her.

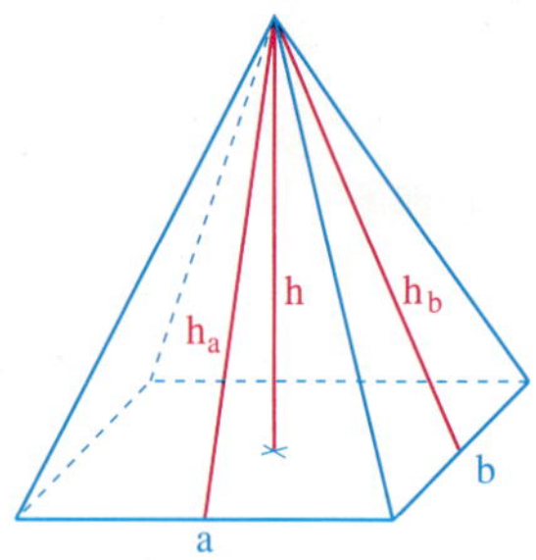

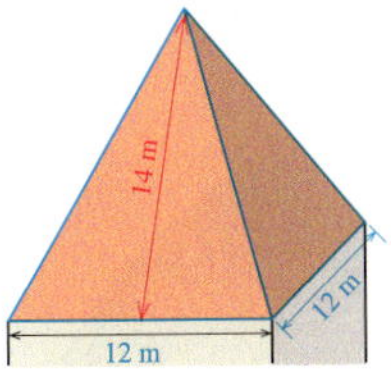

17. Links ist das pyramidenförmige Dach eines Turmes abgebildet. Es soll mit Schindeln gedeckt werden.
Von einer Firma wird die Arbeit für 105 € pro m^2 übernommen. Wie teuer sind die Dacharbeiten, wenn noch die Mehrwertsteuer dazukommt und bei Bezahlung innerhalb von 10 Tagen 3 % Rabatt gewährt werden?

18. Aus Pappe soll eine Schultüte hergestellt werden. Wie viel dm^2 sind für die Herstellung erforderlich, wenn für Verschnitt und Klebefalze 9 % dazu gerechnet werden?

19. *Teamarbeit:* Nennt Beispiele für Kegel aus eurer Umwelt.

20. Berechne den Mantelflächeninhalt M und den Oberflächeninhalt O des Kegels.

a) r = 4 cm, s = 6 cm **b)** d = 46 dm, s = 15 m **c)** r = 2,7 m, h = 2,3 m **d)** s = 9,75 m, h = 7,25 m

21. Gegeben ist ein Kegel mit dem Radius r = 3 cm und der Höhe h = 5 cm.

a) Berechne die Länge s der Mantellinie sowie den Oberflächeninhalt O.

b) Zeichne ein Netz des Kegels und stelle den Körper her.

c) Berechne die Größe des Neigungswinkels α und des Öffnungswinkels γ.

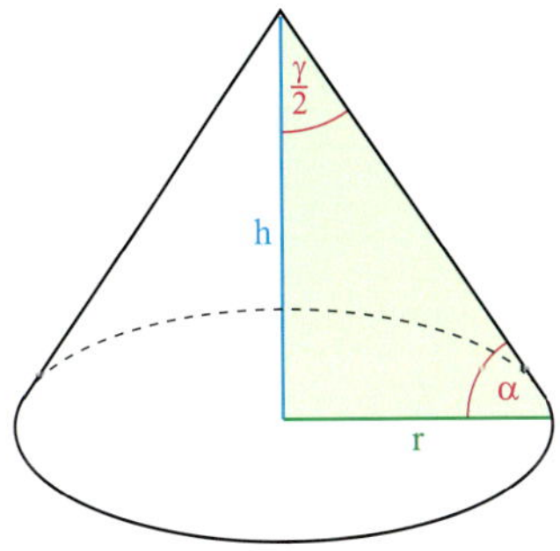

22. Der Turm hat ein annähernd kegelförmiges Dach, das neu gedeckt werden soll. Das Turmdach ist 13,80 m hoch und sein Umfang beträgt 27,75 m. Pro Quadratmeter werden 93 € gerechnet; dazu kommt noch die Mehrwertsteuer. Wie teuer wird das Decken des Daches?

23. Von einem Kegel sind die Länge der Mantellinie s = 18 cm und die Größe der Mantelfläche M = 345 cm^2 bekannt. Berechne den Oberflächeninhalt O.

24. Gib eine Formel für den Oberflächeninhalt O eines Kegels mit dem Radius r und der Mantellinie s an, wenn gilt:

a) s ist dreimal so lang wie r.

b) r ist halb so lang wie s.

c) r ist um 10 % kürzer als s.

d) r verhält sich zu s wie 7 : 10.

25. a) Ein Kreisausschnitt mit dem Radius 4 cm soll zu einem Kegel zusammengebogen werden. Die Größe des Mittelpunktswinkels ist 180° [90°; 270°].
Berechne den Radius, die Höhe sowie den Grundflächeninhalt und den Oberflächeninhalt des Kegels.

b) Begründe: Für die Größe φ des Mittelpunktswinkels des Mantels gilt:

$$\varphi = \frac{360° \cdot r}{s}$$

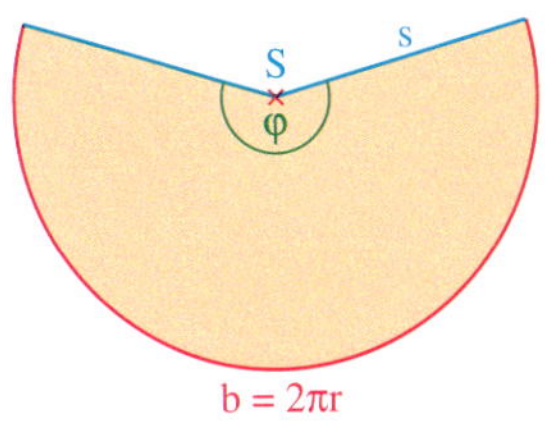

c) Berechne für die Kegel in Aufgabe 20 den Mittelpunktswinkel φ des Kegelmantels.

26. Das Bild zeigt das abgewickelte Verpackungspapier einer Eistüte.
Berechne den Flächeninhalt und bestimme den Anteil des Klebefalzes.

27. Bei einem Kegel ist die Länge der Mantellinie gleich dem Grundkreisradius r. Ein Zylinder hat denselben Grundkreisradius r und die Höhe r.
In welchem Verhältnis stehen die Oberflächeninhalte von Kegel und Zylinder zueinander?

28. Bei einem Kegel ist r der Grundkreisradius und s die Länge der Mantellinie.
In welchem Verhältnis stehen r und s zueinander, wenn gilt

a) der Oberflächeninhalt ist dreimal so groß wie der Grundflächeninhalt;

b) der Mantelflächeninhalt ist dreimal so groß wie der Grundflächeninhalt;

c) der Grundflächeninhalt ist halb so groß wie der Mantelflächeninhalt;

d) der Oberflächeninhalt verhält sich zum Mantelflächeninhalt wie 5 : 3?

29. Berechne den Oberflächeninhalt des Kegels (Bezeichnungen wie in Übung 21 auf Seite 77).

a) $s = 9$ cm, $\gamma = 60°$ **b)** $r = 4$ cm, $\gamma = 90°$ **c)** $h = 5$ cm, $\alpha = 50°$

30. Der Lampenschirm rechts soll renoviert werden. Berechne, wie viel Folie zum Bespannen benötigt wird.
Anleitung: Skizziere die Fläche. Ergänze zur Berechnung zunächst zu einem ganzen Kegel.

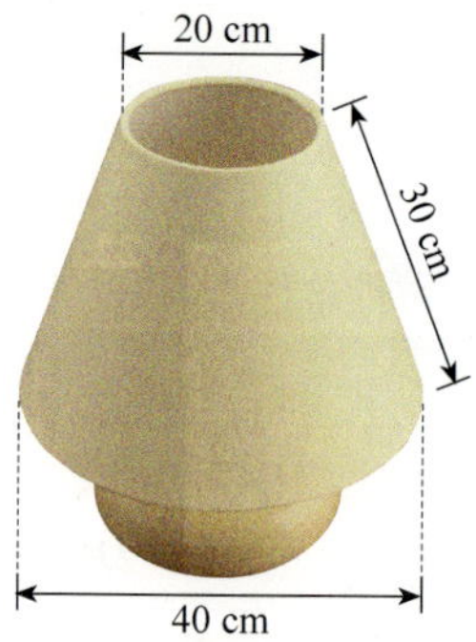

31. Beweise die in der Formelsammlung rechts angegebene Formel.

Formelsammlung

Kegelstumpf

$M = \pi\,(r_1 + r_2)\,\overline{s}$

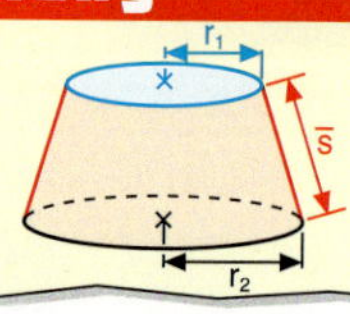

32. Modelliere die Frischkäseschachtel rechts als einfachen Körper und berechne den Materialbedarf.

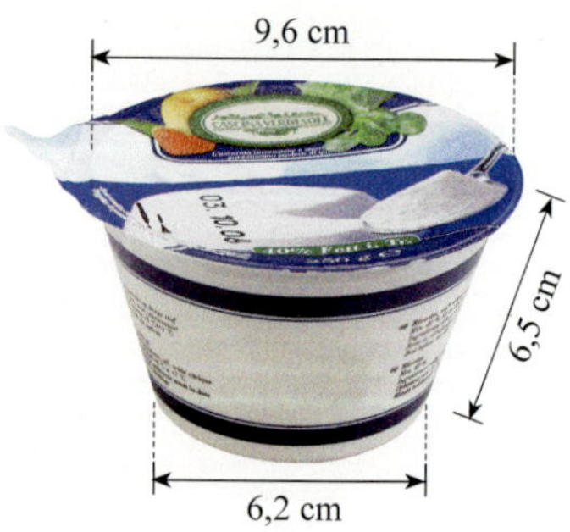

2.1.2 Satz des Cavalieri – Volumengleiche Pyramiden

Einführung

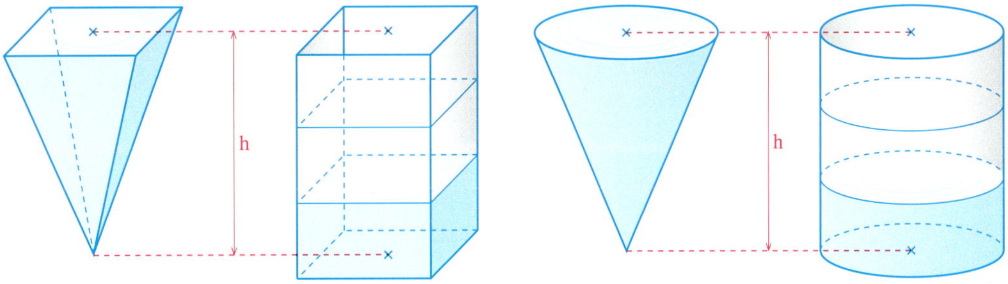

Das Wasser aus der Pyramide mit der Grundflächengröße G und der Höhe h ist in den Quader mit gleich großer Grundfläche und derselben Höhe gegossen worden. Das Wasser aus dem Kegel mit der Grundfläche G und der Höhe h ist in den Zylinder mit gleich großer Grundfläche und derselben Höhe gegossen worden. Aufgrund dieser Umfüllversuche vermuten wir:

$V_{Pyramide} = \frac{1}{3} V_{Quader}$ $\qquad$ $V_{Kegel} = \frac{1}{3} V_{Zylinder}$

Wir wollen nun versuchen, diese Formeln durch Überlegung zu begründen.

Information

(1) Satz des Cavalieri

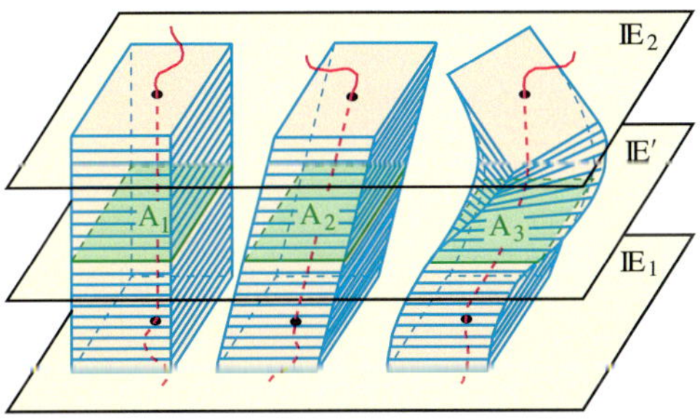

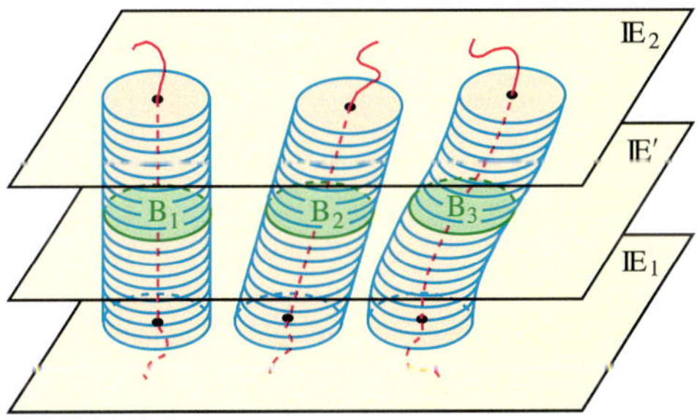

Wir fassen einen Stoß aufgeschichteter Spielkarten bzw. runder Bierdeckel als Modell eines *geraden* Prismas bzw. Zylinders auf. Die Modelle werden durchbohrt und auf eine Schnur aufgezogen. Nun kann man verschiedene Körper erzeugen, insbesondere *schiefe* Prismen bzw. *schiefe* Zylinder.

Der Anschauung entnehmen wir:

(1) Die erzeugten schiefen Körper haben dasselbe Volumen wie die geraden Ausgangskörper.

(2) Liegt eine Grundfläche eines aus den Modellen erzeugten Körpers in der Ebene $\mathbb{E}_1$, so liegt die andere Grundfläche in einer zu $\mathbb{E}_1$ parallelen Ebene $\mathbb{E}_2$.

(3) Schneidet man alle aus demselben Modell entstandenen Körper durch eine Ebene $\mathbb{E}'$, die zu $\mathbb{E}_1$ parallel ist, so haben die entstehenden Schnittflächen A_1, A_2 und A_3 alle den gleichen Flächeninhalt. Flächeninhaltsgleich sind auch die Schnittflächen B_1, B_2 und B_3.

Diesen Sachverhalt, den wir uns anschaulich klargemacht haben, hat der italienische Mathematiker CAVALIERI als grundlegenden Satz formuliert. Wir benutzen ihn für die Volumenberechnung der Pyramide, des Kegels und der Kugel.

Bonaventura CAVALIERI (1598–1647)

Satz des Cavalieri

Liegen zwei Körper zwischen zueinander parallelen Ebenen $\mathbb{E}_1$ und $\mathbb{E}_2$ und werden sie von *jeder* zu $\mathbb{E}_1$ parallelen Ebene $\mathbb{E}'$ so geschnitten, dass gleich große Schnittflächen entstehen, so haben die Körper das gleiche Volumen.

(2) Volumenvergleich zweier Pyramiden

Mithilfe des Satzes des Cavalieri kann man folgenden Satz begründen.

> **Satz**
>
> Zwei Pyramiden mit gleicher Höhe und gleich großer Grundfläche besitzen das gleiche Volumen.

Dazu führen wir folgende Überlegungen durch:

(1) Die gleich großen Grundflächen D und R der beiden Pyramiden liegen in derselben Ebene $\mathbb{E}_1$. Die Spitzen S bzw. T liegen in derselben zu $\mathbb{E}_1$ parallelen Ebene $\mathbb{E}_2$, da die Höhen übereinstimmen.

(2) Eine zu $\mathbb{E}_1$ parallele Ebene $\mathbb{E}'$ schneidet die Pyramiden in den Flächen D′ bzw. R′. Den Abstand von $\mathbb{E}'$ zu $\mathbb{E}_2$ nennen wir h*.

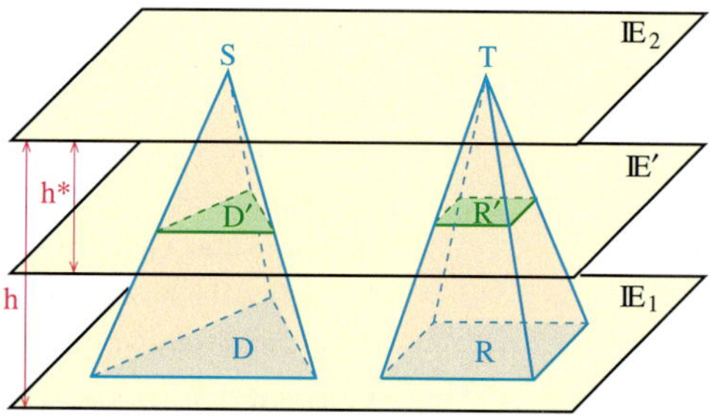

(3) Betrachte die Spitzen S bzw. T als Zentren von zwei zentrischen Streckungen im Raum, durch die die Fläche D auf die Bildfläche D′ und die Fläche R auf die Bildfläche R′ abgebildet wird (bzw. als Zentrum von Strahlensatzfiguren).
Beide Streckungen haben den Streckfaktor $k = \frac{h^*}{h}$.

(4) Da die Flächen D und D′ sowie R und R′ zueinander ähnlich sind mit dem Ähnlichkeitsfaktor k, gilt für die Flächeninhalte:
$G_{D'} = k^2 \cdot G_D$ und $G_{R'} = k^2 \cdot G_R$

(5) Da nach Voraussetzung $G_D = G_R$ ist, gilt auch $G_{D'} = G_{R'}$. Damit sind die Bedingungen des Satzes des Cavalieri erfüllt. Also sind die Pyramiden volumengleich.

Weiterführende Aufgabe

1. *Volumenvergleich von geraden und schiefen Pyramiden*

Begründe, dass auch eine schiefe Pyramide zu einer geraden Pyramide mit gleicher Höhe und gleich großer Grundfläche volumengleich ist.

Hinweis: Es gilt $k = \frac{h^*}{h} = \frac{s^*}{s}$ (rote Strahlensatzfigur bei schiefer Pyramide).

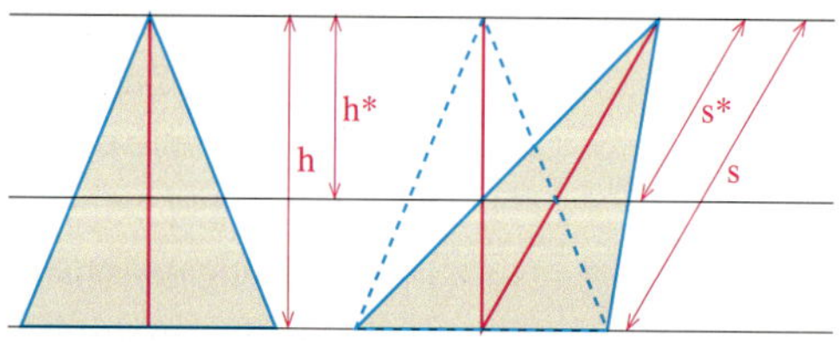

Übungsaufgaben

2. Begründe mithilfe des Satzes des Cavalieri:

a) Jedes schiefe Prisma ist volumengleich zu einem geraden Prisma mit gleich großer Grundfläche und gleicher Höhe.

b) Jeder schiefe Zylinder ist volumengleich zu einem entsprechenden geraden Zylinder.

c) Jeder schiefe Kegel ist volumengleich zu einem entsprechenden geraden Kegel.

3. Es gibt Kristalle (z.B. von Kalkspat), die die Form eines schiefen Prismas haben. Berechne das Volumen der abgebildeten Körper mit regelmäßiger Grundfläche (Maße in mm).

a)

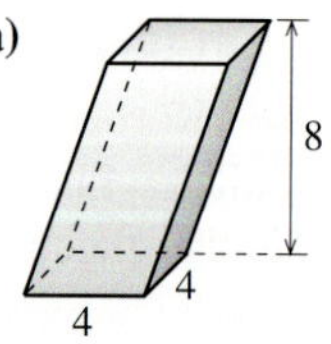

b)

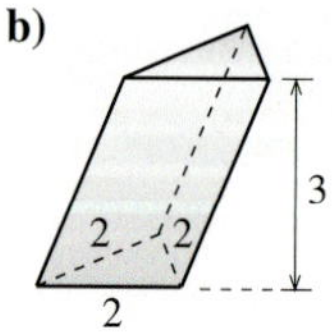

2.1.3 Volumen der Pyramide

Einführung

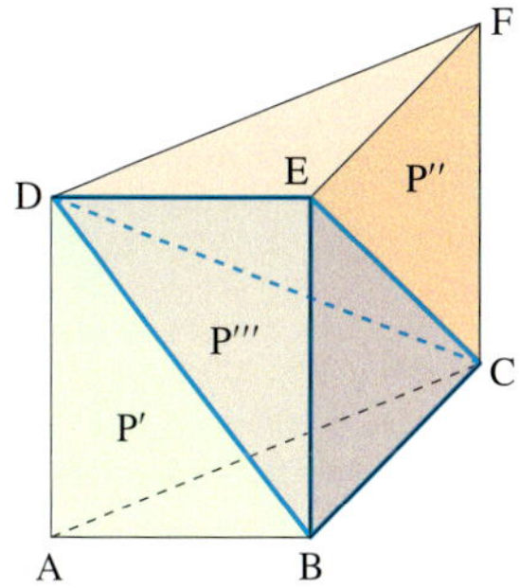

Der Umfüllversuch auf Seite 79 lässt vermuten:
Das Volumen der Pyramide ist ein Drittel des Volumens eines Prismas mit gleich großer Grundfläche und gleicher Höhe.

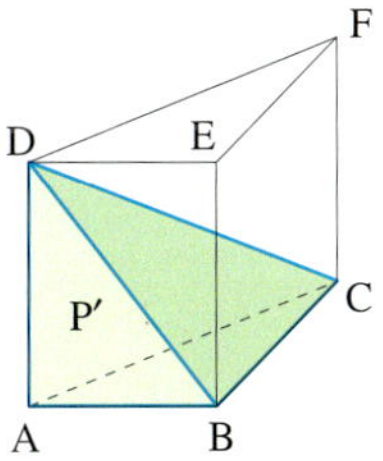

(1) Zerlegen eines dreiseitigen Prismas in drei volumengleiche Pyramiden

Um dieses Ergebnis zu beweisen, zeigen wir zunächst, dass sich ein dreiseitiges Prisma durch die eingezeichneten Schnitte in drei volumengleiche Pyramiden P′, P″ und P‴ zerlegen lässt.

(a) Betrachte die Pyramiden P′ und P″:
Das Dreieck ABC ist kongruent zum Dreieck DEF (Grundflächen des Prismas).
$\overline{AD}$ und $\overline{CF}$ sind die Höhen von P′ bzw. P″; es gilt $|\overline{AD}| = |\overline{CF}|$ (Seitenkanten des Prismas).
Die Pyramiden P′ und P″ haben also gleich große Grundflächen und die gleiche Höhe; sie sind somit volumengleich.

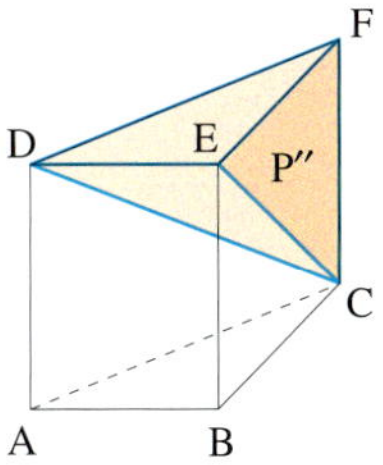

(b) Betrachte die Pyramiden P′ und P‴.
Die Dreiecke ABD und BED sind zueinander kongruent und liegen in der gleichen Ebene, da Rechteck ABED durch die Diagonale $\overline{BD}$ in zueinander kongruente Dreiecke zerlegt wird. C ist die gemeinsame Spitze der Pyramiden P′ und P‴.
Die Pyramiden P′ und P‴ haben also gleich große Grundflächen und die gleiche Höhe; sie sind somit volumengleich.

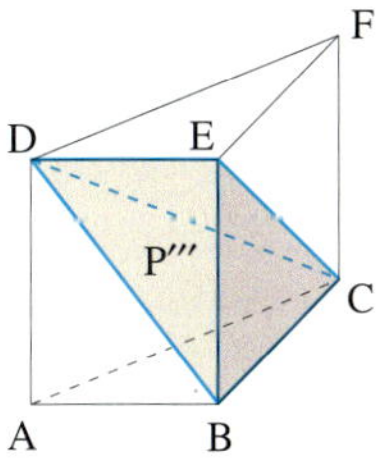

(c) Das Prisma ist also in drei zueinander volumengleiche Pyramiden zerlegt.

(2) Volumen einer beliebigen Pyramide

Jetzt betrachten wir eine beliebige Pyramide.
Zu jeder Pyramide gibt es eine dreiseitige Pyramide P mit gleichgroßer Grundfläche und gleicher Höhe; diese hat nach dem Satz von Seite 80 dasselbe Volumen. Zu einer solchen dreiseitigen Pyramide P kann man wiederum eine dreiseitige Pyramide P′ mit gleich großer Grundfläche und gleicher Höhe angeben, bei der aber eine Seitenkante orthogonal zur Grundfläche ist.

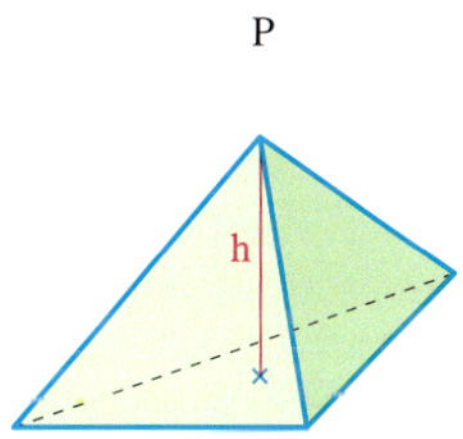

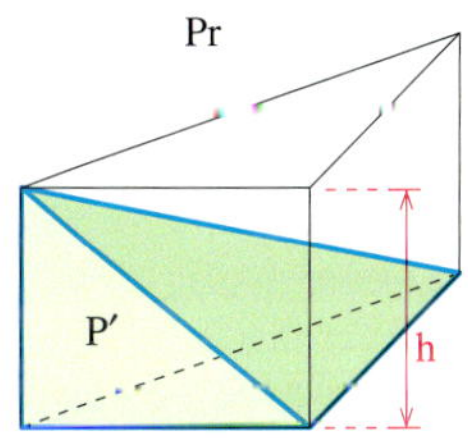

Ergänzt man die Pyramide P′ zu einem Prisma, so gilt aufgrund der Überlegung in Teil (1) oben:

$V_P = V_{P'} = \frac{1}{3} V_{Pr} = \frac{1}{3} G \cdot h$

Information

(1) Formel für das Volumen einer Pyramide

Mithilfe des Satzes des Cavalieri haben wir gezeigt, dass für jede beliebige Pyramide gilt:

Satz

Für das **Volumen V einer Pyramide** mit dem Grundflächeninhalt G und der Höhe h gilt:

$\mathbf{V = \frac{1}{3} G \cdot h}$

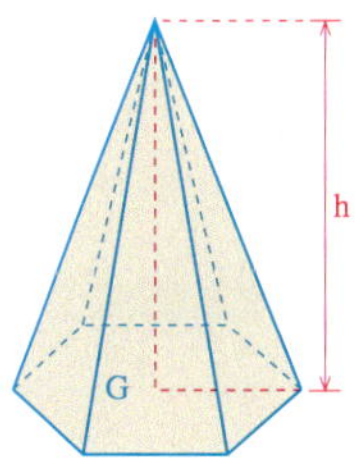

(2) Berechnen des Pyramidenvolumens durch Annäherung mit Prismen

Das Volumen einer Pyramide kann auch ohne die Anwendung des Satzes des Cavalieri bestimmt werden. Da sich jede beliebige Pyramide aus Pyramiden mit dreieckiger Grundfläche zusammensetzen lässt, betrachten wir eine solche. Diese werde durch zur Grundlinie parallele Ebenen in n gleich dicke Scheiben zerlegt. Daraus kann man Prismen erhalten, die ganz innerhalb der Pyramide liegen (rechtes Bild) und solche, die zusammen die Pyramide ganz überdecken (linkes Bild).

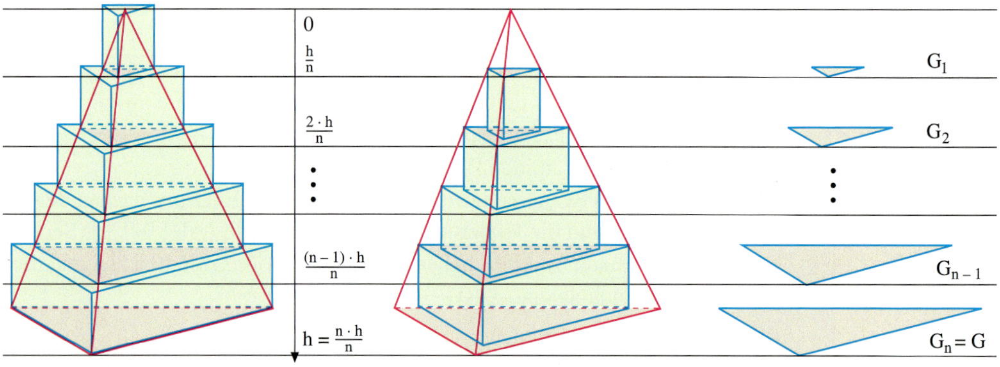

Bis auf das unterste ist jedes äußere Prisma kongruent zu einem inneren. Daher gilt für das Volumen der Pyramide:

$$G_1 \tfrac{h}{n} + G_2 \tfrac{h}{n} + \ldots + G_{n-1} \tfrac{h}{n} < V < G_1 \tfrac{h}{n} + G_2 \tfrac{h}{n} + \ldots + G_{n-1} \tfrac{h}{n} + G_n \tfrac{h}{n}$$

Weiter lässt sich jede Grundfläche eines äußeren Prismas durch eine zentrische Streckung (im Raum) an der Pyramidenspitze aus der Pyramidengrundfläche erzeugen.
Die Streckfaktoren hierfür sind $\tfrac{1}{n}, \tfrac{2}{n}, \tfrac{3}{n}, \ldots \tfrac{n-1}{n}$ und $\tfrac{n}{n} = 1$.
Das liefert dann die Grundflächeninhalte der Prismen:

$$G_1 = \left(\tfrac{1}{n}\right)^2 G,\quad G_2 = \left(\tfrac{2}{n}\right)^2 G,\quad G_3 = \left(\tfrac{3}{n}\right)^2 G,\quad \ldots,\quad G_{n-1} = \left(\tfrac{n-1}{n}\right)^2 G,\quad G_n = \left(\tfrac{n}{n}\right)^2 G = G$$

Für das Pyramidenvolumen V ergibt sich somit folgende Abschätzung:

$$\left(\frac{1}{n}\right)^2 G \cdot \frac{h}{n} + \left(\frac{2}{n}\right)^2 G \cdot \frac{h}{n} + \ldots + \left(\frac{n-1}{n}\right)^2 G \cdot \frac{h}{n} < V < \left(\frac{1}{n}\right)^2 G \cdot \frac{h}{n} + \left(\frac{2}{n}\right)^2 G \cdot \frac{h}{n} + \ldots + \left(\frac{n-1}{n}\right)^2 G \cdot \frac{h}{n} + \left(\frac{n}{n}\right)^2 G \cdot \frac{h}{n}$$

$$\frac{1^2}{n^3} Gh + \frac{2^2}{n^3} Gh + \ldots + \frac{(n-1)^2}{n^3} Gh < V < \frac{1^2}{n^3} Gh + \frac{2^2}{n^3} Gh + \ldots + \frac{(n-1)^2}{n^3} Gh + \frac{n^2}{n^3} Gh$$

$$\frac{1^2 + 2^2 + \ldots + (n-1)^2}{n^3} Gh < V < \frac{1^2 + 2^2 + \ldots + (n-1)^2 + n^2}{n^3} Gh$$

Zur weiteren Vereinfachung muss jetzt eine Formel für die Summe der ersten n Quadratzahlen gefunden werden. Diese erhält man mithilfe eines Tricks aus dem Bild rechts.

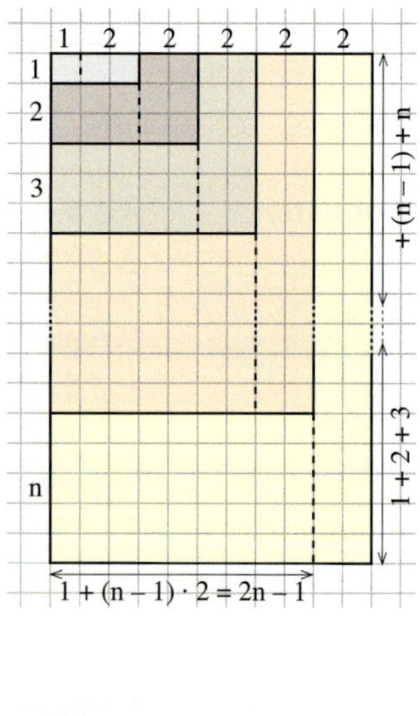

Der Flächeninhalt des n-ten Hakens ist:

$$\begin{aligned} H_n &= n(2n-1) + 2 \cdot (1 + 2 + \ldots + (n-1) + n) \\ &= n(2n-1) + 1 + 2 + 3 + \ldots + (n-1) + n \\ & + n + (n-1) + (n-2) + \ldots + 2 + 1 \\ &= n(2n-1) + n \cdot (n+1) \\ &= n(2n - 1 + n + 1) \\ &= 3n^2 \end{aligned}$$

Geschicktes Addieren

Damit ergibt sich dann für die Summe der Flächeninhalte der ersten n Haken:

$$\begin{aligned} &3 \cdot 1^2 + 3 \cdot 2^2 + 3 \cdot 3^2 + \ldots + 3 \cdot n^2 \\ &= (2n - 1 + 2) \cdot (1 + 2 + \ldots + n - 1 + n) \\ &= (2n + 1) \cdot \tfrac{1}{2} n(n+1) \end{aligned}$$

Hieraus erhält man die Summe der ersten n Quadratzahlen:

$$1^2 + 2^2 + 3^3 + \ldots + (n-1)^2 + n^2 = \tfrac{1}{3} \cdot (2n+1) \cdot \tfrac{1}{2}\, n(n+1)$$
$$= \frac{n(n+1)(2n+1)}{6}$$
$$= \frac{(n^2+1)(2n+1)}{6}$$
$$= \frac{n^3}{3} + \frac{n^2}{2} + \frac{n}{6}$$

Setzt man dieses Ergebnis in die Abschätzung für das Pyramidenvolumen ein, so ergibt sich:

$$\frac{\frac{n^3}{3} + \frac{n^2}{2} + \frac{n}{6} - n^2}{n^3}\ Gh < V < \frac{\frac{n^3}{3} + \frac{n^2}{2} + \frac{n}{6}}{n^3}\ Gh$$

$$\left(\frac{1}{3} - \frac{1}{2n} + \frac{1}{6n^2}\right) Gh < V < \left(\frac{1}{3} + \frac{1}{2n} + \frac{1}{6n^2}\right) Gh$$

Die Terme in den Klammern berechnen wir in der nebenstehenden Tabelle. Diese Terme liefern eine Intervallschachtelung für $0,\overline{3} = \frac{1}{3}$, da sich $\frac{1}{2n}$ und $\frac{1}{6n^2}$ immer mehr 0 annähern, je größer n wird.
Damit ergibt sich auch auf diesem Weg für das Pyramidenvolumen $V = \frac{1}{3}$ Gh.

n	$\frac{1}{3} - \frac{1}{2n} + \frac{1}{6n^2}$	$\frac{1}{3} + \frac{1}{2n} + \frac{1}{6n^2}$
5	0,24	0,44
10	0,285	0,385
100	0,32835	0,33835
1 000	0,3328355	0,3338335
10 000	0,3332833	0,3333833
100 000	0,3333283	0,3333383
1 000 000	0,3333328	0,3333338

Weiterführende Aufgabe

1. *Volumen eines Pyramidenstumpfes*

Die quadratische Pyramide wird 4 cm von der Spitze entfernt parallel zur Grundfläche abgeschnitten.
Ferner gilt: $G_1 = 64\ cm^2$ und $h = 10\ cm$

a) Berechne das Volumen des entstehenden Pyramidenstumpfes, indem du das Volumen der oberen Ergänzungspyramide vom Volumen der ursprünglichen Pyramide abziehst.

b) In einer Formelsammlung findest du die Formel rechts.
Begründe sie.

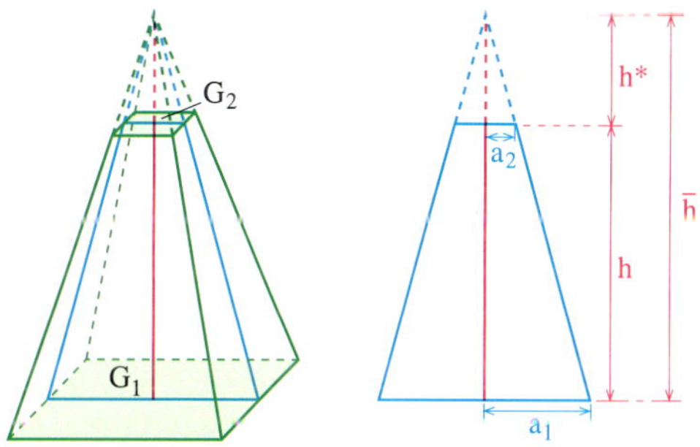

Formelsammlung

Für das Volumen V eines Pyramidenstumpfes mit der Höhe h und zueinander parallelen Flächen der Größe G_1 und G_2 gilt:

$V = \frac{1}{3} h \left(G_1 + \sqrt{G_1 G_2} + G_2\right)$

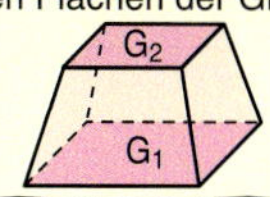

Übungsaufgaben

2. Felix behauptet, dass sich jeder Würfel durch geeignete Schnitte in sechs gleiche Pyramiden zerlegen lässt. Begründe das mithilfe der Abbildung. Erstelle dann eine Formel für das Volumen dieser Pyramiden.

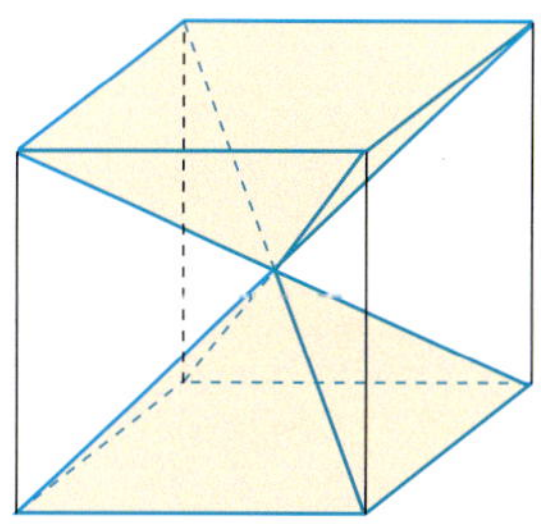

3. Berechne das Volumen V der Pyramide mit der Höhe h = 9,8 cm und zeichne ein Schrägbild.

a) Die Grundfläche ist ein Quadrat mit a = 6,3 cm.

b) Die Grundfläche ist ein Rechteck mit a = 11,3 cm und b = 7,2 cm.

c) Die Grundfläche ist ein gleichschenkliges Dreieck mit a = b = 5,9 cm und c = 9,3 cm.

d) Die Grundfläche ist ein gleichseitiges Dreieck mit a = 10,8 cm.

e) Die Grundfläche ist ein Trapez mit a = 6,8 cm, c = 4,2 cm und h_a = 5,3 cm.

4. Gib jeweils eine Formel für das Volumen einer quadratischen Pyramide und einer regelmäßigen sechsseitigen Pyramide mit der Höhe h an.

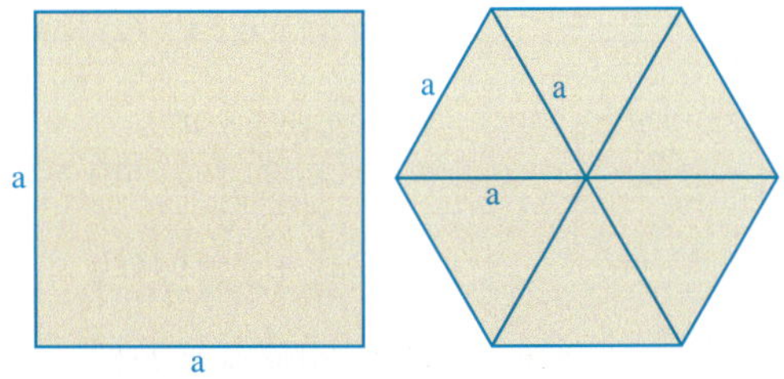

5. Stelle für die gesuchte Größe zunächst eine Formel auf; berechne dann.

a) Eine quadratische Pyramide hat das Volumen 256 cm^3 und die Grundkantenlänge 8 cm. Wie hoch ist die Pyramide?

b) Eine quadratische Pyramide hat das Volumen 216 cm^3 und die Höhe 8 cm. Wie lang ist eine Grundkante der Pyramide?

Ein (regelmäßiges) Tetraeder wird von vier zueinander kongruenten, gleichseitigen Dreiecken begrenzt.

6. Berechne das Volumen V eines Tetraeders mit der Kantenlänge a = 5 m. (Beachte Lösungshilfen im Bild.) Stelle zunächst eine Formel für das Volumen auf.

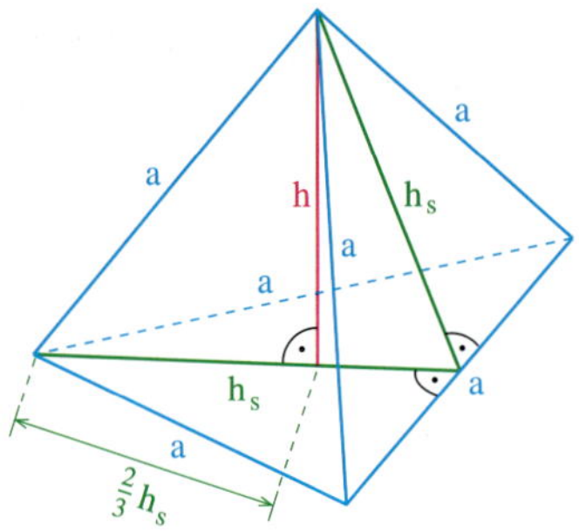

7. a) Entscheide, ob die Aussage wahr oder falsch ist. Begründe.

(1) Wenn die Größe der Grundfläche einer Pyramide verdoppelt [verdreifacht] wird, so wird auch das Volumen der Pyramide verdoppelt [verdreifacht].

(2) Werden alle Grundkanten einer Pyramide halbiert und dafür die Höhe verdoppelt, so bleibt das Volumen gleich.

(3) Wird die Höhe einer Pyramide halbiert, so wird auch das Volumen halbiert.

(4) Wird das Volumen einer Pyramide verdoppelt, so wird auch die Höhe verdoppelt.

(5) Verkürzt man jede Kantenlänge einer Pyramide um 10 %, so nimmt das Volumen auch um 10 % ab.

b) Untersuche weitere Zusammenhänge.

8. Eine Pyramide hat die abgebildete Grundfläche und die Höhe h. Gib eine Formel für das Volumen an.

a) h = a

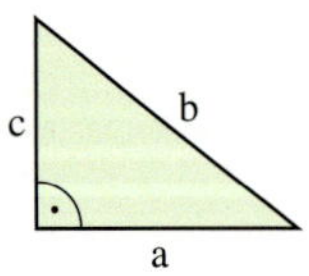

b) h = c + 3

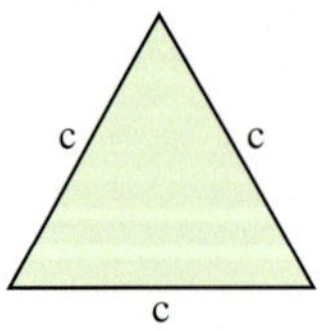

c) a = c + 1
h = 2a

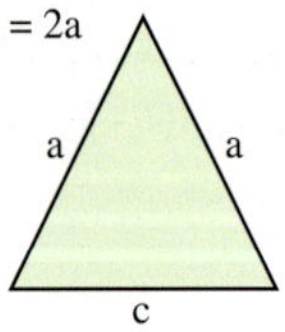

d) h = 2a

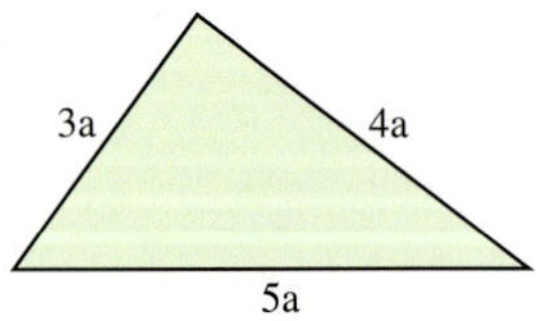

Vermischte Übungen

9. Ein Marmordenkmal besteht aus einem quadratischen Prisma mit der Höhe h = 1,20 m und der Grundkantenlänge a = 90 cm sowie einer aufgesetzten Pyramide von 1,50 m Höhe. 1 cm^3 Marmor wiegt 2,6 g. Wie viel wiegt das Denkmal?

10. Eine dreiseitige Pyramide hat ein gleichseitiges Dreieck als Grundfläche.
Berechne das Volumen und den Oberflächeninhalt. Zeichne auch ein Schrägbild.

a) Die Grundfläche hat die Seitenlänge a = 3 m; die Höhe der Pyramide beträgt h = 5 cm.

b) Die Grundfläche hat die Seitenlänge a = 3 m; die Seitenkante beträgt s = 5 m.

11. Die größte Pyramide ist die um 2600 v. Chr. erbaute Cheops-Pyramide. Sie war ursprünglich 146 m hoch, die Seitenlänge der quadratischen Grundfläche betrug ca. 233 m.

a) Berechne das Volumen der Cheops-Pyramide.

b) Heute beträgt die Länge der Grundseite nur noch ungefähr 227 m, die Höhe nur ungefähr 137 m. Wie viel m^3 Stein sind inzwischen verwittert? Gib diesen Anteil auch in Prozent an.

c) Von der heutigen Pyramide soll ein maßstabgerechtes Modell aus Pappe hergestellt werden. Wähle einen geeigneten Maßstab aus und berechne den Materialverbrauch für das Modell.

d) Bestimme zeichnerisch für die heutige Pyramide den Neigungswinkel der Seitenkante [der Seitenfläche] zur Grundfläche.

12. Berechne das Volumen und den Oberflächeninhalt und der Neigungswinkel.

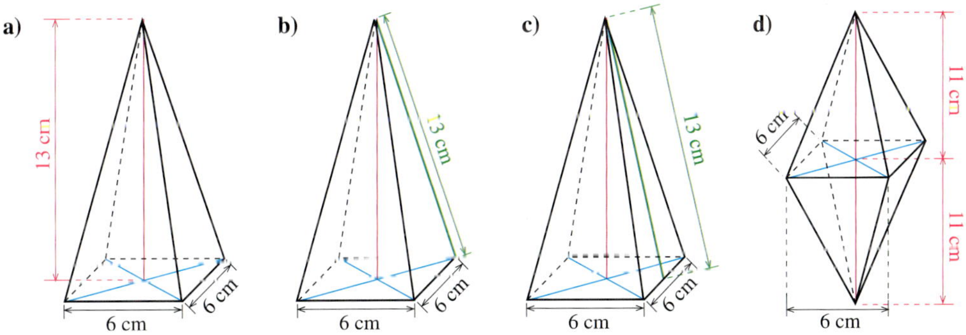

13. Beschreibe, wie die abgebildete Tomatenmark-Verpackung hergestellt wird.
Modelliere ihre Form mithilfe eines einfachen Körpers und berechne dessen Materialbedarf und Volumen.

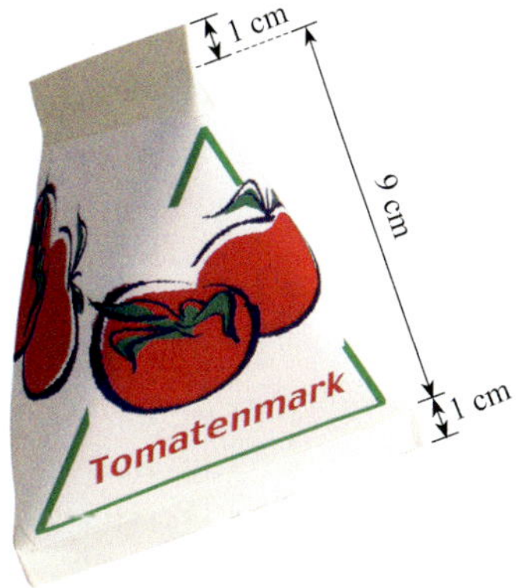

14. Zwei quadratische Pyramiden haben ein Volumen von 1 dm^3. Die eine Pyramide ist 1 dm hoch und die andere Pyramide hat eine Grundkante von 1 dm Länge.
Vergleiche die Oberflächeninhalte.

Erkundige dich nach den aktuellen Mehrwertsteuersätzen!

15. Das Dach eines Ausstellungspavillons hat die Form einer regelmäßigen achtseitigen Pyramide mit der Höhe h = 5,75 m und der Grundkantenlänge a = 6,20 m.

a) Zeichne ein Schrägbild in einem geeigneten Maßstab. Wie teuer wird das Decken des Daches, wenn 1 m^2 Dachziegel 105 € kostet und die Mehrwertsteuer noch dazukommt?

b) Berechne den Brutto-Rauminhalt, d.h. die Größe des umbauten Dachraumes. Stelle zuerst eine Formel auf.

2.1.4 Volumen des Kegels

Aufgabe 1

Die Grundfläche des Kegels K und der Pyramide P sollen gleich groß sein, ebenso die Höhen.

a) Zeige, dass der Kegel und die Pyramide dann auch dasselbe Volumen haben.

b) Leite eine Formel für das Volumen V des Kegels her.

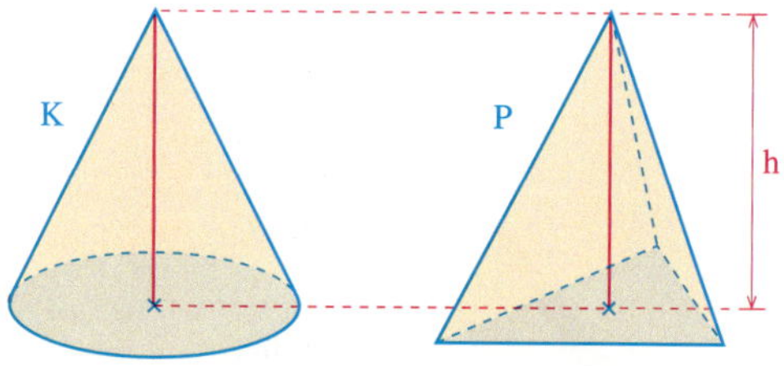

Lösung

a) Die beiden Körper liegen zwischen zwei zueinander parallelen Ebenen $\mathbb{E}_1$ und $\mathbb{E}_2$. Die zu $\mathbb{E}_1$ parallelen Schnittflächen von C′ und D′ sind gleich groß, da sie Bilder von C bzw. D bei einer zentrischen Streckung sind (siehe Seite 80). Damit sind die Voraussetzungen des Satzes des Cavalieri erfüllt. Also ist der Kegel K volumengleich zur Pyramide P.

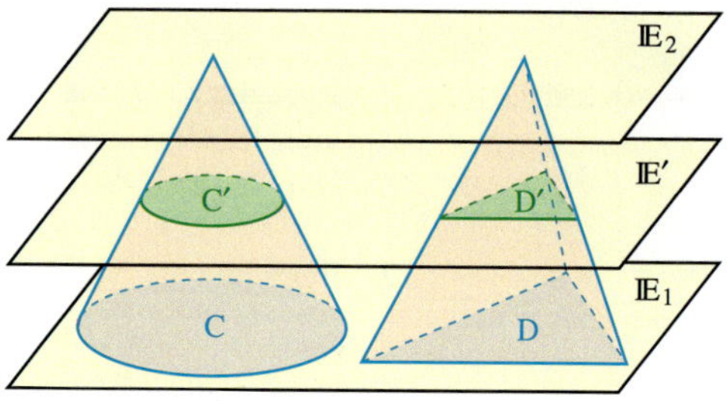

b) Bezeichnet G die Größe der Grundfläche des Kegels K bzw. der Pyramide P, dann gilt wegen $V_P = \frac{1}{3} G \cdot h$ auch $V_K = \frac{1}{3} G \cdot h$.

Information

Satz

Für das **Volumen V eines Kegels** mit dem Grundflächeninhalt G und der Höhe h gilt:

$$\mathbf{V = \frac{1}{3} G \cdot h}$$

Bezeichnet r den Radius des Grundkreises des Kegels, so gilt insbesondere:

$$\mathbf{V = \frac{1}{3} \pi r^2 \cdot h}$$

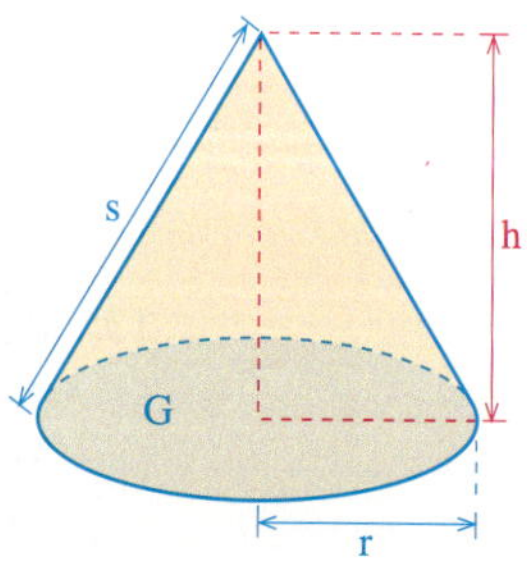

Weiterführende Aufgaben

2. *Eine weitere Formel zur Volumenberechnung eines Kegels*

In einer Formelsammlung findest du die Formel rechts.
Begründe sie.

Formelsammlung

Für die Größe des Volumens eines Kegels mit dem Durchmesser d des Grundkreises und der Höhe h gilt:

$V = \frac{1}{12} \pi d^2 \cdot h$

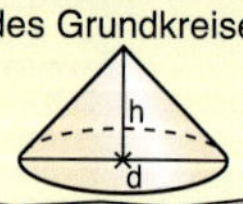

3. *Volumen des Kegelstumpfes*

Der abgebildete Kegel wird 4 cm von der Spitze entfernt abgeschnitten.
Ferner gilt $r_1 = 8$ cm und $h = 12$ cm.

a) Berechne das Volumen des entstehenden Kegelstumpfes, indem du das Volumen des oberen Ergänzungskegels vom Volumen des ursprünglichen Kegels abziehst.

b) In einer Formelsammlung findest du die Formel rechts. Begründe sie.

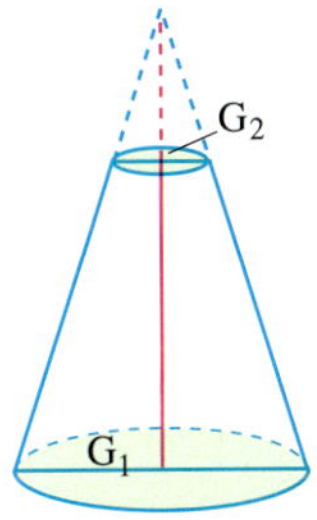

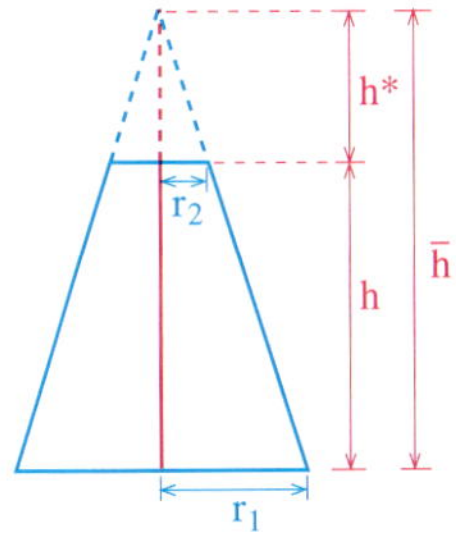

Formelsammlung

Für das Volumen V eines Kegelstumpfes mit der Höhe h und Kreisen mit dem Flächeninhalt G_1 und G_2 gilt:

$V = \frac{1}{3} h (G_1 + \sqrt{G_1 G_2} + G_2)$

bzw. $V = \frac{1}{3} \pi h (r_1^2 + r_1 r_2 + r_2^2)$

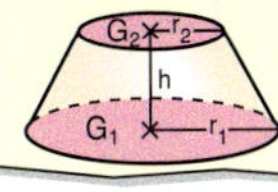

4. *Berechnen des Kegelvolumens durch Annäherung mit Zylindern*

Bestimme das Volumen eines Kegels, indem du ihn mit Zylindern annäherst.
Anleitung: Verfahre wie beim Pyramidenvolumen in der Information auf Seite 82 f.

Übungsaufgaben

5. Eine Kerze hat die Form eines Kegels mit dem Grundkreisradius $r = 2{,}9$ cm und der Höhe $h = 11{,}6$ cm.
Berechne das Volumen der Kerze.

6. Ein kegelförmiges Werkstück aus Grauguss hat einen Grundkreisdurchmesser $d = 153$ mm und eine Mantellinienlänge $s = 193$ mm. 1 cm^3 Grauguss wiegt 7,3 g.
Wie schwer ist das Werkstück?

7. Berechne das Volumen. Gib die Kantenlänge eines Würfels an, der das gleiche Volumen hat.

a) Dach

Durchmesser: 6,40 m
Länge der Dachsparren: 5,80 m

b) Sandhaufen

Umfang: 20,50 m
Mantellinie: 3,90 m

c) Vulkankrater des Poás in Costa Rica

Umfang des Kraterrandes: 4,7 km
Tiefe des Kraters: 300 m

8. a) Entscheide, ob die Aussage wahr oder falsch ist. Begründe.

(1) Wird der Radius der Grundfläche eines Kegels verdoppelt, so verdoppelt sich auch das Volumen.

(2) Wird der Radius der Grundfläche verdoppelt und dafür die Mantellinie halbiert, so bleibt das Volumen gleich.

(3) Wird das Volumen eines Kegels verdoppelt, so wird auch die Höhe verdoppelt.

(4) Wird die Mantellinie eines Kegels um 10 % verlängert und der Radius der Grundfläche bleibt unverändert, so nimmt das Volumen um 10 % zu.

b) Untersuche weitere Zusammenhänge.

9. Berechne das Volumen des Kegels.

a) $r = 5$ cm, $h = 9$ cm **b)** $d = 7{,}6$ dm, $h = 9{,}3$ dm **c)** $r = 3{,}9$ dm, $h = 1{,}2$ m **d)** $r = 4$ cm, $s = 8$ cm **e)** $M = 62{,}7\ \text{cm}^2$, $r = 3{,}7$ cm

10. Leite zunächst eine Formel zur Berechnung der gesuchten Größe her.

a) Ein Kegel hat das Volumen $V_K = 26{,}461\ \text{cm}^3$ und den Radius $r = 3{,}4$ cm. Wie hoch ist der Kegel?

b) Ein Kegel hat das Volumen $V_K = 346{,}739\ \text{dm}^3$ und die Höhe $h = 6{,}7$ dm. Welchen Radius besitzt die Grundfläche?

c) Ein Kegel hat das Volumen $V_K = 768{,}446\ \text{cm}^3$. Seine Höhe h verhält sich zum Radius r wie 3 : 2. Berechne h und r.

11. a) Zu wie viel Prozent ist das Sektglas links gefüllt, wenn der Sekt 6 cm [4 cm; 3 cm; 8 cm; 10 cm] hoch steht?

b) Melissa möchte in das Sektglas genau halb so viel füllen wie hineinpasst. Bis zu welcher Höhe muss sie einschenken?

Vermischte Übungen

12. Bei einem Kegel bezeichnet r den Grundkreisradius, h die Höhe, s die Länge einer Mantellinie, V das Volumen und O den Oberflächeninhalt. Berechne aus den Größen die fehlenden.

a) $r = 7{,}5$ cm, $h = 1{,}35$ m **b)** $r = 45$ cm, $s = 78$ dm **c)** $h = 63$ cm, $s = 7{,}9$ dm **d)** $r = 5{,}6$ cm, $V = 426{,}9\ \text{cm}^3$ **e)** $s = 3{,}6$ cm, $O = 135{,}2\ \text{cm}^2$

13. Ein kegelförmig aufgeschütteter Sandberg hat eine Mantellinienlänge $s = 2{,}10$ m und den Umfang $u = 6{,}50$ m. Die Dichte von Sand beträgt: $\varrho = 1{,}6\ \frac{\text{t}}{\text{m}^3}$.
Wie viel kg Sand wurden auf dem Berg abgeladen?

14. In verschiedene Werkstücke werden kegelförmige Hohlräume gebohrt. Dem Schrägbild kann man die Art der Bohrung und die Maße (in mm) entnehmen. Berechne das Volumen und die Größe der Oberfläche des Restkörpers.

a)

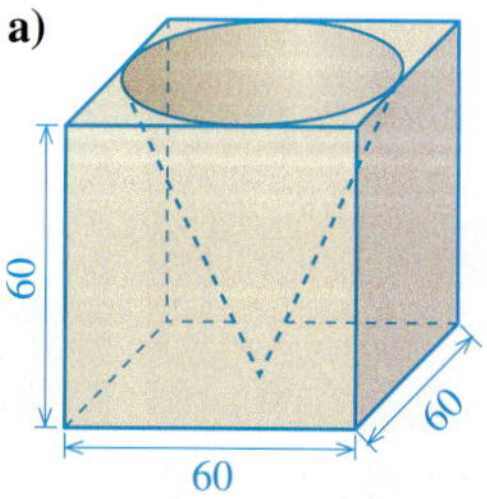

b)

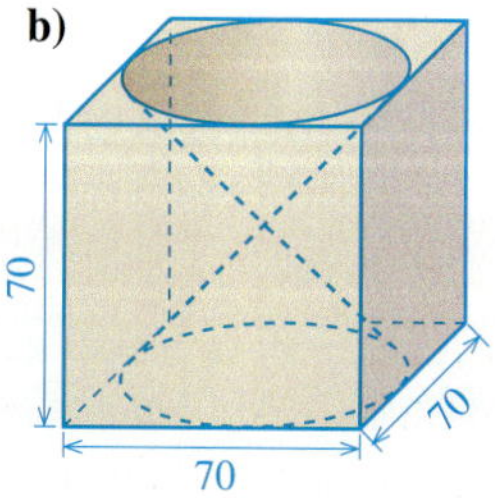

c)

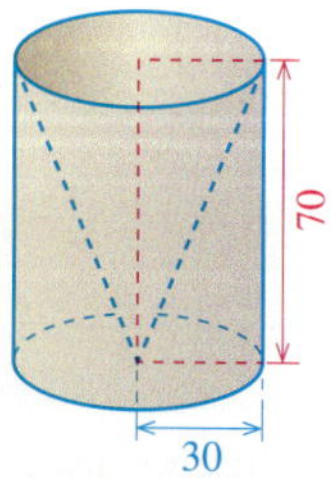

d)

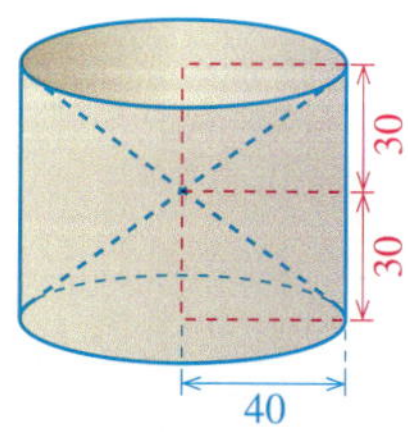

15. Aus den Blechteilen der Abbildung werden offene Behälter hergestellt.
Wie groß ist das Fassungsvermögen und der Materialverbrauch für einen Behälter?

a)

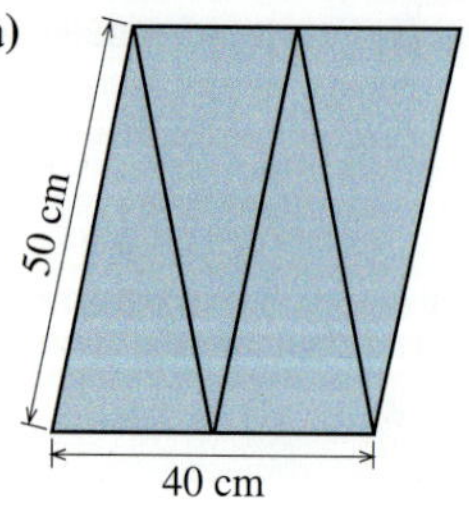

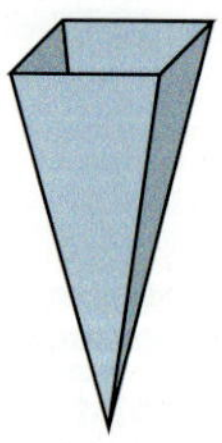

b)

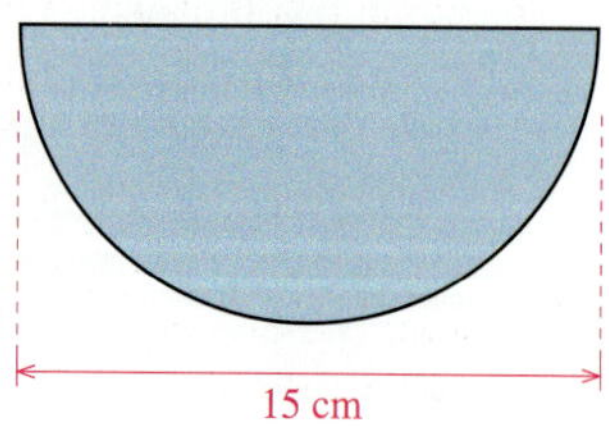

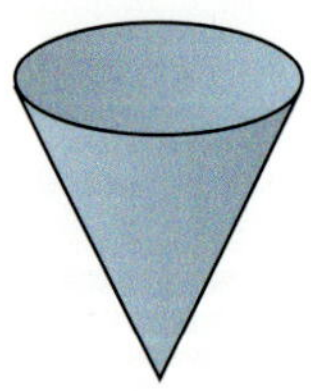

16. Ein zylindrischer und ein kegelförmiger Messbecher besitzen einen Grundkreisradius von 6 cm. In welcher Höhe müssen die Markierungen für 1 *l*, $\frac{1}{2}$ *l*, $\frac{1}{4}$ *l*, $\frac{1}{8}$ *l*, und $\frac{3}{4}$ *l* angebracht werden?

17. Aus einem kegelförmigen Metallteil $\left(r = 10\ \text{cm};\ h = 25\ \text{cm};\ \text{Dichte: } \varrho = 8{,}4\ \frac{\text{g}}{\text{cm}^3}\right)$ wird ein möglichst großes Metallteil hergestellt, das die Form einer regelmäßigen sechseckigen Pyramide hat.

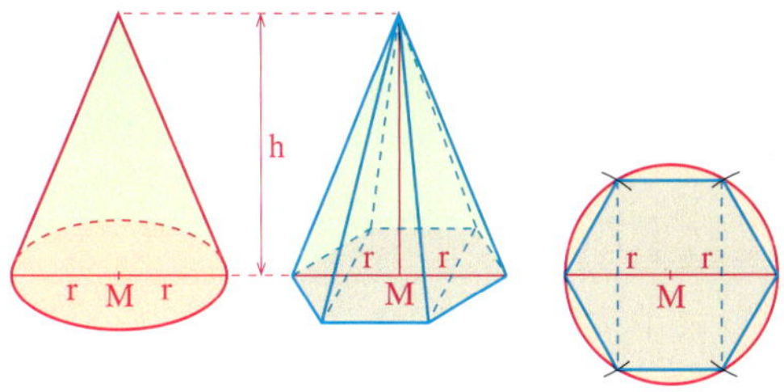

a) Wie groß ist der Gewichtsunterschied der beiden Körper?
Schätze zuerst, rechne dann genau.

b) Die beiden Körper sollen auch als Hohlkörper aus Blech hergestellt werden. Das Blech ist 1 mm dick; es hat die Dichte $\varrho = 7{,}6\ \frac{\text{g}}{\text{cm}^3}$. Berechne den Gewichtsunterschied der Hohlkörper.

18. Berechne das Volumen und den Oberflächeninhalt des Körpers (Maße in mm).

a)

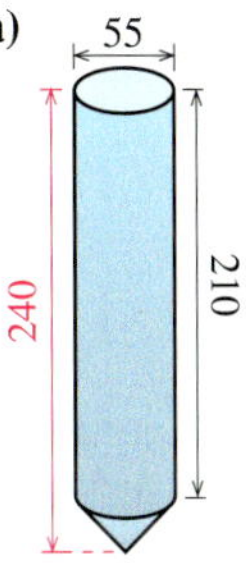

b)

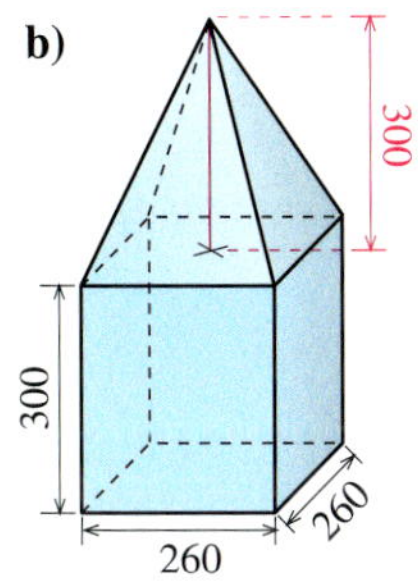

c)

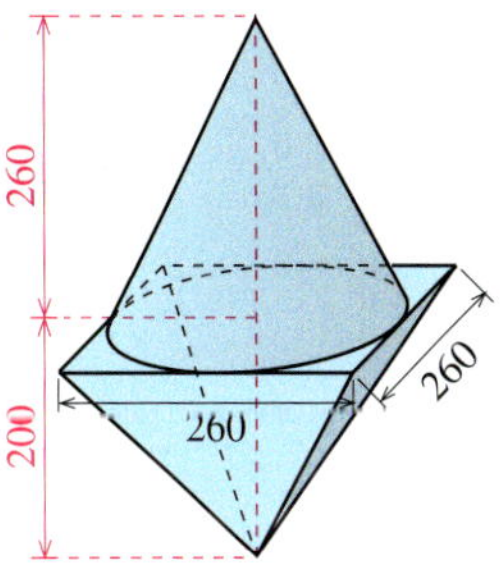

d)

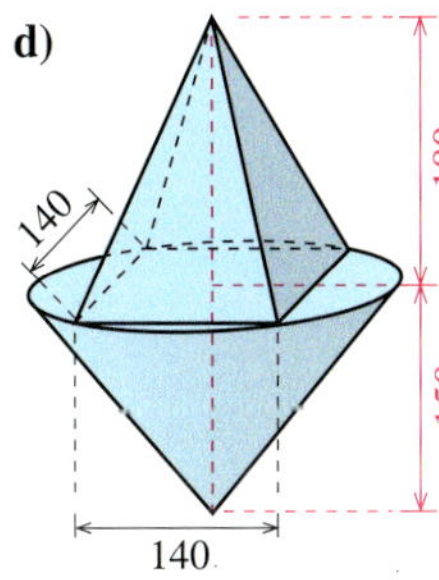

19. Ein Kegel mit dem Radius r = 35 mm und der Länge einer Mantellinie s = 69 mm wird in halber Höhe parallel zur Grundfläche geschnitten.
In welchem Verhältnis stehen die Volumina der beiden Teilkörper?
Überprüfe, ob dieses Verhältnis auch für die Oberflächeninhalte gilt.

20. Berechne das Fassungsvermögen.

a) Backform

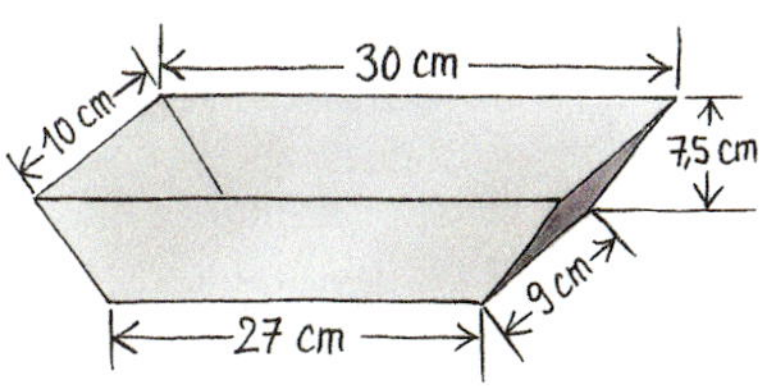

b) Schüssel

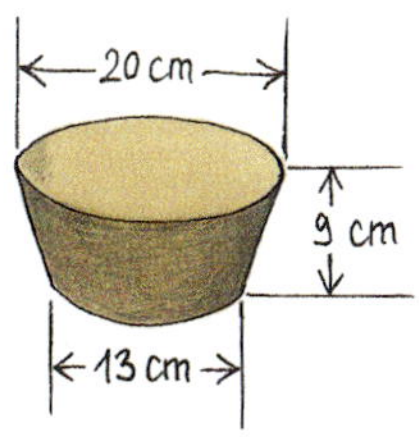

c) Blumentopf

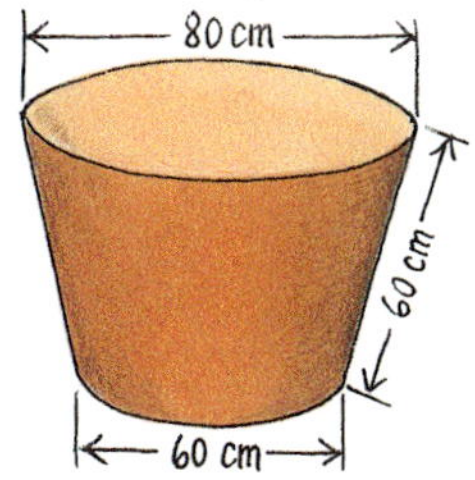

21. Eine quadratische Pyramide bzw. ein Kegel sollen parallel zur Grundfläche so zerschnitten werden, dass das Volumen der Teilkörper gleich groß ist.
Berechne die Höhe der beiden Teilkörper und die Seitenlängen bzw. den Radius der Schnittfläche.

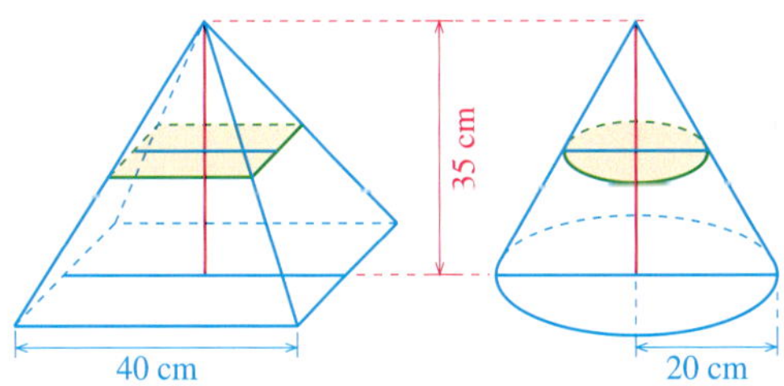

2.2 Kugel

2.2.1 Volumen der Kugel

Einführung

(1) Vergleich der Volumina von Zylinder, Kegel und Halbkugel

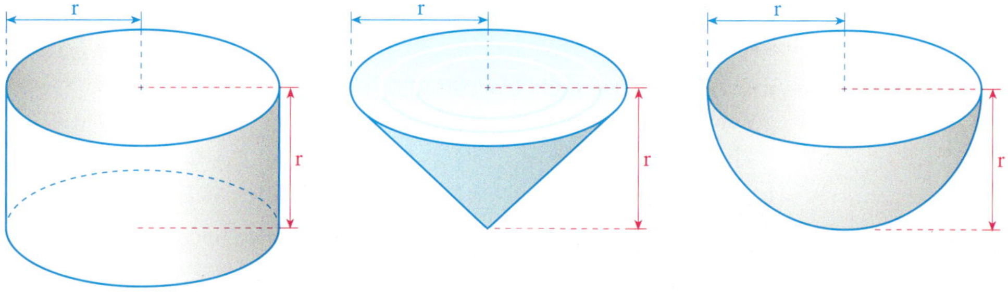

Im Bild siehst du drei Gefäße: einen Zylinder, einen Kegel und eine Halbkugel jeweils mit dem Radius r. Zylinder, Kegel und Kugel haben die Höhe r. Der Kegel ist mit Wasser gefüllt. Du weißt: Das Volumen des Kegels ist ein Drittel des Volumens des Zylinders:

$V_{Ke} = \frac{1}{3} V_{Zy}$ bzw. $V_{Ke} = \frac{1}{3} \pi r^2 \cdot r = \frac{1}{3} \pi r^3$

Durch Umschütten stellst du fest: Das Volumen der Halbkugel ist doppelt so groß wie das Volumen des Kegels: $V_H = 2 \cdot V_{Ke} = \frac{2}{3} \pi r^3$.

Für das Volumen der Kugel erhält man also: $V_{Ku} = 2 \cdot V_H = \frac{4}{3} \pi r^3$.
Wir wollen diese Formel nun begründen.

(2) Begründung der Formel für das Volumen einer Halbkugel

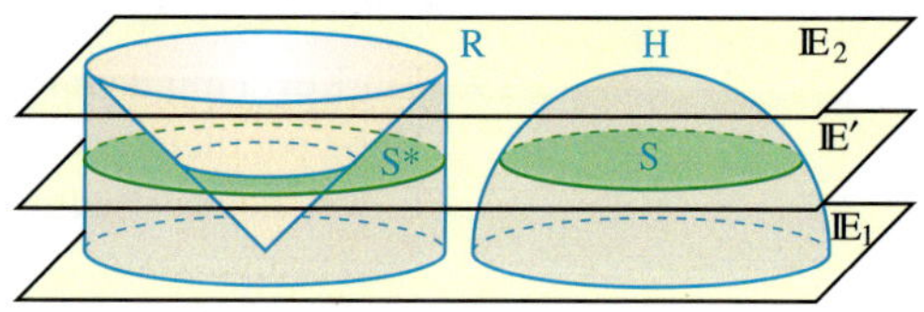

Der Restkörper R und die Halbkugel H liegen zwischen zwei zueinander parallelen Ebenen $\mathbb{E}_1$ und $\mathbb{E}_2$, da der Radius von H gleich der Höhe von R ist. Eine zu $\mathbb{E}_1$ parallele Ebene $\mathbb{E}'$ schneidet den Restkörper R in einem Kreisring S*, die Halbkugel H in einer Kreisfläche S.

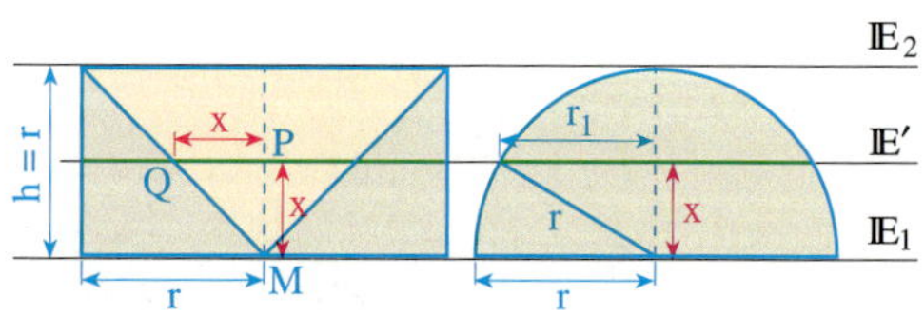

Den Abstand von $\mathbb{E}'$ zu $\mathbb{E}_1$ bezeichnen wir mit x. Der Kreisring S* hat den äußeren Radius r und den inneren Radius x, da das Dreieck MPQ rechtwinklig und auch gleichschenklig ist.

Also hat der Kreisring S* den Flächeninhalt:
$A_R = \pi r^2 - \pi x^2$

Für den Radius r_1 des Schnittkreises S der Halbkugel gilt nach dem Satz des Pythagoras:
$A_K = \pi r_1^2 = \pi (r^2 - x^2) = \pi r^2 - \pi x^2$

Der Kreisring S* und der Schnittkreis S haben also den gleichen Flächeninhalt. Da der Restkörper R und die Halbkugel H zwischen zwei zueinander parallelen Ebenen $\mathbb{E}_1$ und $\mathbb{E}_2$ liegen und von jeder Parallelebene $\mathbb{E}'$ zu $\mathbb{E}_1$ in gleich großen Flächen geschnitten werden, sind sie nach dem Satz des Cavalieri volumengleich.

Es gilt also: $V_R = V_H$

Da das Volumen der Kugel doppelt so groß ist wie das Volumen der Halbkugel, gilt damit auch:
$V_{Ku} = 2 \cdot V_H = 2 \cdot V_R$

Volumen des Zylinders: $V_Z = \pi r^2 \cdot h = \pi r^2 \cdot r = \pi r^3$

Volumen des Kegels: $V_K = \frac{1}{3}\pi r^2 \cdot h = \frac{1}{3}\pi r^2 \cdot r = \frac{1}{3}\pi r^3$

Also gilt für das Volumen des Restkörpers: $V_R = V_Z - V_K = \pi r^3 - \frac{1}{3}\pi r^3 = \frac{2}{3}\pi r^3$

Da das Volumen der Halbkugel gleich dem Volumen des Restkörpers ist, gilt: $V_H = \frac{2}{3}\pi r^3$

Das Volumen der Kugel ist doppelt so groß: $V_{Ku} = \frac{4}{3}\pi r^3$

Satz

Für das **Volumen V einer Kugel** mit dem Radius r gilt: $\mathbf{V = \frac{4}{3}\pi r^3}$

Weiterführende Aufgaben

1. *Formel zur Berechnung des Volumens einer Kugel aus dem Durchmesser*

In der Technik wird häufig mit dem Durchmesser d gerechnet.

a) Begründe: Für das Volumen der Kugel mit dem Durchmesser d gilt: $V_{Ku} = \frac{1}{6}\pi d^3$.
Berechne damit das Volumen der Kugellager-Kugel mit dem Durchmesser d = 8 mm.

b) Berechne den Durchmesser einer Kugel mit $V_{Ku} = 8\ dm^3$.

2. *Volumen einer Hohlkugel*

Welches Gewicht (welche Masse) hat eine Hohlkugel aus Gusseisen (Radius des Hohlraumes: $r_1 = 8$ cm, äußerer Radius: $r_2 = 10$ cm, Dichte: $\varrho = 7{,}3\ \frac{g}{cm^3}$)?
Leite zunächst eine Formel für das Volumen der Hohlkugel her.

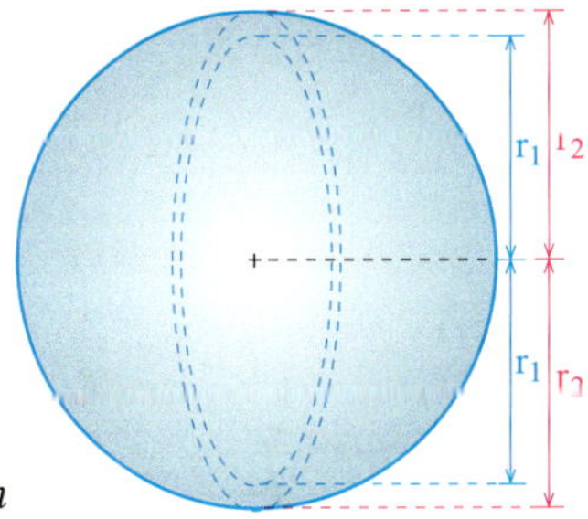

3. *Berechnen des Kugelvolumens durch Annäherung mit Zylindern*

Bestimme das Volumen einer Halbkugel, indem du sie mit Zylindern annäherst.
Anleitung: Verfahre wie beim Pyramidenvolumen in der Information auf Seite 82f.

Übungsaufgaben

4. Janina überlegt sich, wie sie das Volumen einer Kugel abschätzen kann. Sie zeichnet um die Kugel herum einen Würfel mit der Kantenlänge 2 r und zerlegt den Würfel mit der einbeschriebenen Kugel in acht volumengleiche Teilwürfel mit der Kantenlänge r, welche dann jeweils ein Achtel der Kugel enthalten.

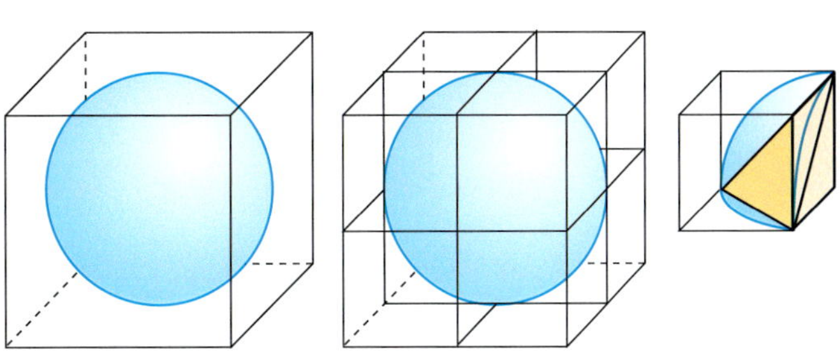

Mit dem rechten Bild kann Janina nun eine untere und eine obere Schranke für das Kugelvolumen finden. Welche Werte ergeben sich?

5. Berechne das Volumen der Kugel.

a) r = 38,6 cm **b)** d = 16,9 dm **c)** d = 0,09 m **d)** r = 214,6 dm **e)** r = 6,33 cm

6. Berechne das Volumen des Himmelskörpers.

a) Pluto: $r = 3{,}5 \cdot 10^3$ km
b) Mond: $r = 1{,}74 \cdot 10^3$ km
c) Sonne: $r = 7 \cdot 10^5$ km
d) Mars: $r = 3{,}43 \cdot 10^3$ km
e) Merkur: $r = 2{,}4 \cdot 10^3$ km
f) Venus: $r = 6{,}2 \cdot 10^3$ km
g) Saturn: $r = 6{,}04 \cdot 10^4$ km
h) Uranus: $r = 2{,}38 \cdot 10^4$ km
i) Neptun: $r = 2{,}23 \cdot 10^4$ km

7. Sven behauptet: „Das Volumen einer Kugel kann man ohne großen Fehler schneller mit der Näherung $V \approx 4 \cdot r^3$ berechnen."
Um wie viel Prozent weicht die Näherung vom korrekten Wert ab?

8. Auf dem Foto siehst du einen Brunnen, in dessen Mitte sich eine Kugel aus Granit befindet. Die Kugel hat einen Durchmesser von 1,20 m. 1 cm^3 Granit wiegt 2,8 g.
Wie schwer ist die Kugel?

9. Das Volumen einer Kugel beträgt 647 cm^3. Wie groß ist der Radius? Leite zunächst eine Formel her.

10. Kork ist ein besonders leichtes Material, es hat eine Dichte von $0{,}2\,\frac{g}{cm^3}$.

a) Kannst du eine Kugel aus Kork mit einem Durchmesser von 1 m tragen? Schätze zuerst, rechne dann.

b) Wie groß ist der Radius einer Stahlkugel, die so schwer ist wie die Korkkugel?
Die Dichte von Stahl beträgt $7{,}9\,\frac{g}{cm^3}$.

11. Drei gleich große Metallkugeln haben den Durchmesser 4,5 cm, aber unterschiedliche Masse.
Kugel 1: $m_1 \approx 350$ g Kugel 2: $m_2 \approx 500$ g Kugel 3: $m_3 \approx 130$ g
Aus welchen Metallen könnten die Kugeln bestehen? Verwende eine Dichtetabelle.

12. Kontrolliere Leonards Hausaufgaben zur Berechnung von r und d aus dem Kugelvorkommen V.

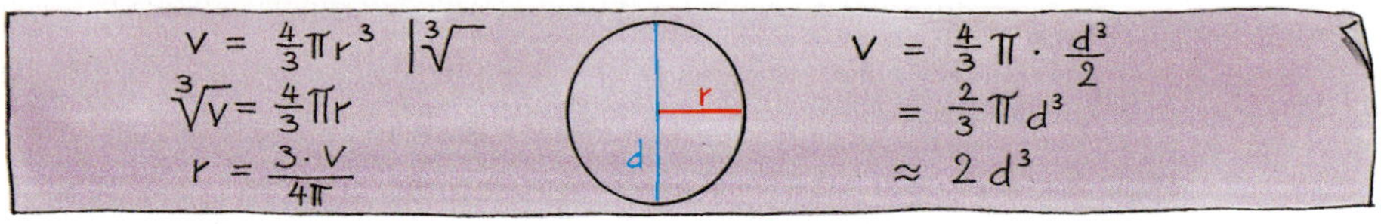

13. **a)** Wie verändert sich das Volumen einer Kugel, wenn man den Radius [Durchmesser] verdoppelt, verdreifacht, …?

b) Wie muss man den Kugelradius verändern, wenn das Volumen verdoppelt werden soll?

14. **a)** Wie groß ist das Volumen einer Kugel mit dem Radius 1 m?

b) Wie groß ist das Volumen einer Kugel mit dem Durchmesser 1 m?

c) Wie groß ist das Volumen einer Kugel mit dem Umfang 1 m?

d) Wie groß ist der Radius einer Kugel mit dem Volumen 1 m^3?

15. **a)** Wie schwer ist eine Hohlkugel aus Messing der Dichte $\varrho = 8{,}6\,\frac{g}{cm^3}$ mit dem Durchmesser d = 25,0 cm und der Wandstärke von 2,3 cm?

b) Eine Hohlkugel aus Glas der Dichte $\varrho = 2{,}5\,\frac{g}{cm^3}$ hat den Kugelumfang 56,5 cm und wiegt 31,1 g. Berechne die Wandstärke.

2.2.2 Oberflächeninhalt der Kugel

Einführung

Für Zylinder und Kegel können wir ein ebenes Netz zeichnen und so die Größe der Oberfläche bestimmen.
Die Kugeloberfläche ist eine gekrümmte Fläche, die man nicht in die Ebene abwickeln kann. Daher müssen wir zur Bestimmung der Größe der Kugeloberfläche anders vorgehen:

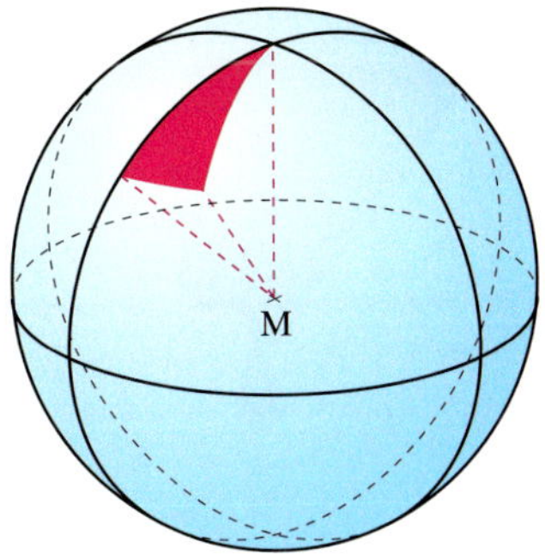

(1) Man zerlegt die Oberfläche der Kugel in kleine Flächen („gekrümmte Dreiecke") und verbindet die Randpunkte jeder Fläche mit dem Kugelmittelpunkt.
So erhält man Teilkörper $K_1, K_2, \ldots, K_n$ der Kugel, die angenähert Pyramiden mit der Höhe r sind.

(2) $V_{Ku} = V_{K_1} + V_{K_2} + \ldots + V_{K_n}$
Unter Benutzung der Formel für das Volumen der Pyramide erhält man:
$V_{Ku} \approx \frac{1}{3} G_1 \cdot r + \frac{1}{3} G_2 \cdot r + \ldots + \frac{1}{3} G_n \cdot r$
$V_{Ku} \approx \frac{1}{3} r \cdot [G_1 + G_2 + \ldots + G_n]$
Der Term in der Klammer bezeichnet die Größe O der Kugeloberfläche.

(3) Zerlegt man die Kugeloberfläche in immer mehr kleinere Flächen, so unterscheiden sich die „gekrümmten" Dreiecke immer weniger von ebenen Dreiecken; das Volumen der Teilkörper K_1, $K_2, \ldots, K_n$ unterscheidet sich immer weniger vom Volumen der entsprechenden Pyramiden. Deshalb gilt:
$V_{Ku} = \frac{1}{3} O \cdot r$

(4) Wegen $V_{Ku} = \frac{4}{3} \pi r^3$ gilt: $\frac{4}{3} \pi r^3 = \frac{1}{3} O \cdot r$
Wir isolieren die Variable O: $O = \frac{4}{3} \pi r^3 \cdot \frac{3}{r}$, also $O = 4\pi r^2$

> **Satz**
> Für den **Oberflächeninhalt einer Kugel** mit dem Radius r gilt: $\mathbf{O = 4\pi r^2}$

Weiterführende Aufgabe

1. *Oberflächeninhalt bei gegebenem Durchmesser*
In der Technik wird häufig mit dem Durchmesser d gerechnet.
a) Begründe: Für den Oberflächeninhalt gilt $O = \pi d^2$.
b) Berechne den Durchmesser einer Kugel mit $O = 8\ dm^2$.

Übungsaufgaben

2. **a)** Berechne die Größe der Dachfläche eines Kuppeldaches mit dem Radius r = 60 m.
b) Überprüfe die in dem Zeitungsartikel angegebene Behauptung.

3. Berechne den Oberflächeninhalt der Kugel.
a) r = 17 cm **b)** d = 3,9 dm **c)** r = 0,09 dm **d)** $V = 615\ mm^3$ **e)** $V = 8{,}27\ dm^3$

4. Der Oberflächeninhalt einer Kugel beträgt 803,84 cm^2. Wie groß ist der Radius? Leite zunächst eine Formel zur Berechnung des Radius r her.

5. **a)** Wie viel Stoff braucht man für die Hülle eines kugelförmigen Freiballons mit dem Durchmesser 12,75 m?

b) Für die Hülle eines kugelförmigen Freiballons wurden 415 m^2 Stoff verbraucht.
Wie viel m^3 Gas fasst der Ballon?

6. Gib zunächst eine Formel für die gesuchte Größe an. Berechne dann.

a) Wie groß ist der Oberflächeninhalt einer Kugel mit dem Radius 1 m^2?

b) Wie groß ist der Oberflächeninhalt einer Kugel mit dem Durchmesser 1 m?

c) Wie groß ist der Oberflächeninhalt einer Kugel mit dem Umfang 1 m?

d) Wie groß ist der Oberflächeninhalt einer Kugel mit dem Volumen 1 m^3?

e) Wie groß ist der Radius einer Kugel mit dem Oberflächeninhalt 1 m^2?

7. Der Erdradius beträgt 6 370 km.

a) Berechne die Länge des Äquators.

b) 70,8 % der Erdoberfläche sind mit Wasser bedeckt.
Wie viel Liter sind das bei einer durchschnittlichen Meerestiefe von 3 500 km^2?

c) Die durchschnittliche Dichte der Erde beträgt 5,56 $g \cdot cm^{-3}$.
Wie groß ist die Masse der Erde?

d) Vergleiche mit den Werten von Mond und Sonne.

8. Aus einem Wasserhahn tropft alle 3 Sekunden ein kugelförmiger Wassertropfen mit dem Durchmesser 4 mm. Wie viel Liter Wasser werden dadurch in einem Jahr verschwendet?

9. Bei einer Kugel ist r der Radius, V das Volumen und O der Oberflächeninhalt.
Berechne die fehlenden Größen. Gib zunächst eine Formel für die gesuchte Größe an.

a) r = 39 cm	**c)** V = 980 cm^3	**e)** O = 60 000 dm^2	**g)** O = 36 m^2
b) O = 260 cm^2	**d)** O = 1 985,96 m^2	**f)** r = 0,71 m	**h)** V = 36 m^3

10. Die Lunge eines Menschen enthält ungefähr $4 \cdot 10^8$ Lungenbläschen; jedes hat einen Durchmesser von 0,2 mm.

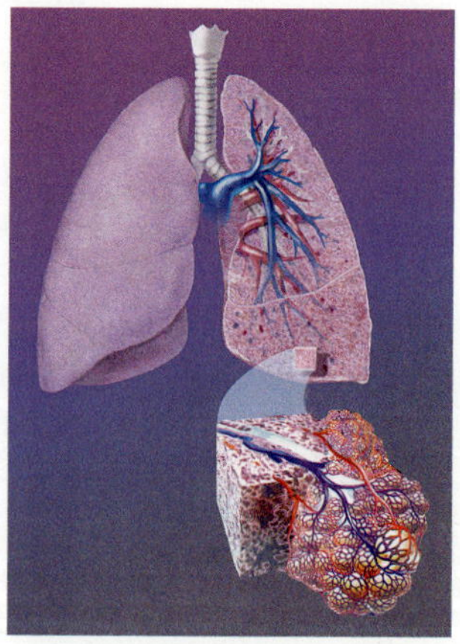

a) Wie groß ist die Oberfläche aller Lungenbläschen eines Menschen?

b) Welchen Durchmesser hätte eine einzige Kugel der gleichen Oberflächengröße?

c) Welche Oberflächengröße hätte eine Kugel, deren Volumen so groß ist wie das Volumen aller Lungenbläschen zusammen?

11. Ein Glaszylinder mit dem Innendurchmesser von 8 cm ist zum Teil mit Wasser gefüllt. Taucht man 8 Porzellankugeln mit der Dichte 2,4 $\frac{g}{cm^3}$ ein, so steigt der Wasserspiegel um 5 cm.
Wie schwer ist eine Kugel?

Auf den Punkt gebracht:
Arbeiten mit der Formelsammlung

Der Pokal eines Schachturniers in der Parkanlage eines Kurortes soll die Spielfigur eines Bauern darstellen, wie er im Spiel dieser Anlage benutzt wird.
Der Kegelstumpf hat die Höhe h = 50 cm, den oberen Radius $r_2 = 10$ cm und den unteren Radius $r_1 = 20$ cm. Der Durchmesser der Kugel ist d = 36,1 cm.

- Bestimme das Volumen der Spielfigur.
- Die Oberfläche des Körpers soll mit Blattgold belegt werden. Berechne die Kosten bei einem Preis von 7,5 Cent pro cm^2.

Dieses ist eine typische Aufgabe für vergessene oder nie gekannte Beziehungen. Um von einer Formelsammlung profitieren zu können, sollte man häufiger mit ihr gearbeitet haben und wissen, wie und wo man sich Informationen beschaffen kann. Nicht immer ist die Wahl der benutzten Variablen für die Bezeichnungen der Skizzen mit denen aus dem Unterricht übereinstimmend. Nicht einmal die unterschiedlichen Formelsammlungen sind gleich in ihren Figuren, Bezeichnungen und Begriffen zu dem gleichen Thema.

Zylinder, Kegel, Kugel, Kugelteile

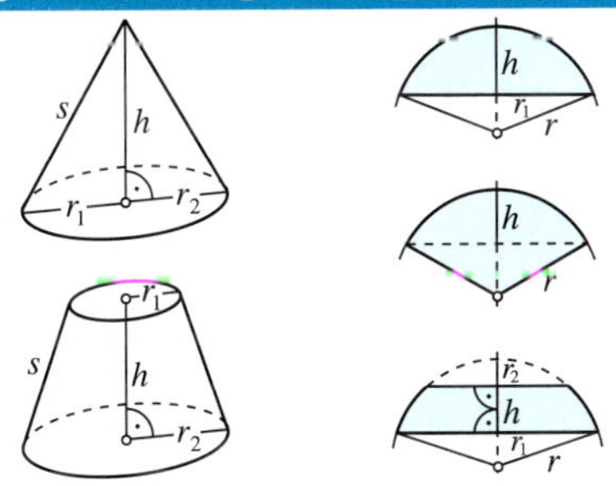

Zylinder
$V = G \cdot h$ $\quad O = 2G + M$
$V = \pi r^2 h$ $\quad M = 2\pi r h$
$O = 2\pi r(r+h)$

Kegel
$V = \frac{1}{3} Gh$ $\quad O = G + M$
$V = \frac{\pi}{3} r^2 h$ $\quad M = \pi r s$
$O = \pi r(r+s)$

Kegelstumpf
$V = \frac{\pi h}{3}(r_1^2 + r_1 r_2 + r_2^2)$ $\quad M = \pi s(r_1 + r_2)$

Kugel
$V = \frac{4}{3}\pi r^3$ $\quad O = 4\pi r^2$

Kugelabschnitt (Kugelkappe, Kugelsegment)
$V = \frac{\pi}{3} h^2(3r-h)$ $\quad M = 2\pi r h = \pi(r_1^2 + h^2)$
$= \frac{\pi h}{6}(3r_1^2 + h^2)$

Kugelausschnitt (Kugelsektor)
$V = \frac{2\pi}{3} r^2 h$ $\quad M = 2\pi r\,(h + \frac{1}{2}\sqrt{h(2r-h)})$

Kugelschicht (Kugelzone)
$V = \frac{\pi h}{6}(3r_1^2 + 3r_2^2 + h^2)$ $\quad M = 2\pi r h$

Kegelstumpf

s **Mantellinie;** A_G **Grundfläche;** A_D **Deckfläche**

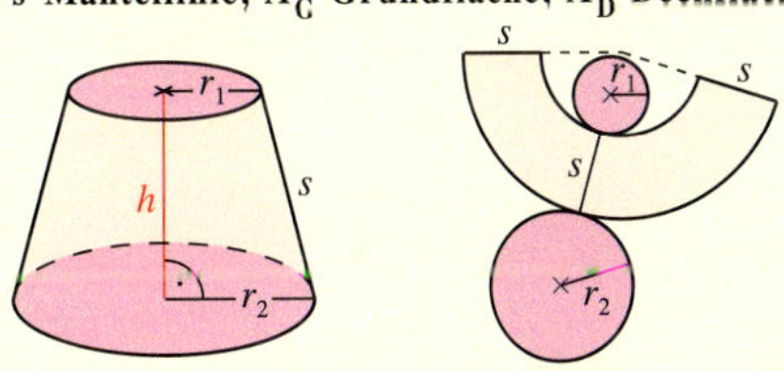

$s^2 = (r_2 - r_1)^2 + h^2$ $\quad A_G = \pi r_2^2$
$A_M = \pi s(r_2 + r_1)$ $\quad A_D = \pi r_1^2$
$V = \frac{\pi}{3} h(r_2^2 + r_2 r_1 + r_1^2)$ $\quad A_O = A_G + A_D + A_M$

Kugelschicht (Kugelzone)

d **Durchmesser;** r, R_1, R_2 **Radien;** ***h*** **Höhe**

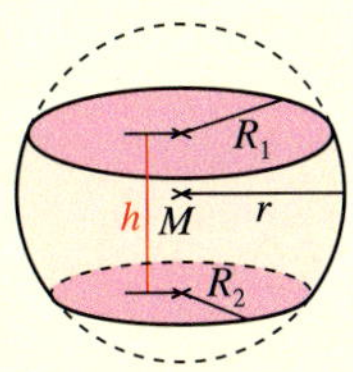

$A_M = 2\pi r h$
$A_O = \pi(R_1^2 + R_2^2 + 2rh)$
$V = \frac{\pi}{6} h(3R_1^2 + 3R_2^2 + h^2)$

Kugelabschnitt (Kugelsegment)

r, R **Radien;** ***h*** **Höhe**

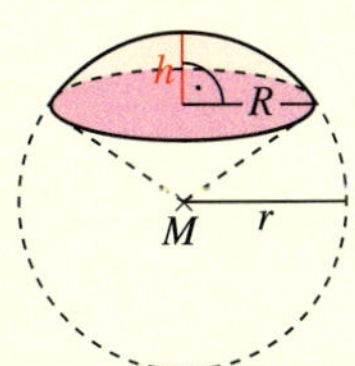

$R = \sqrt{h(2r-h)}$
$A_M = 2\pi r h = \pi(R^2 + h^2)$
(Kugelkappe)
$A_O = \pi R^2 + 2\pi r h = \pi h(4r-h)$
$= \pi(2R^2 + h^2)$
$V = \frac{\pi}{3} h^2(3r-h) = \frac{\pi}{6} h(3R^2 + h^2)$

Verwirrend ist auch das Angebot an Formeln. Hier gilt es immer, entsprechend den bekannten Größen geschickt auszuwählen. Entsprechend dem Angebot und der getroffenen Wahl ergeben sich oft andere Lösungsansätze, die in ihrem Schwierigkeitsgrad sehr unterschiedlich sein können. Darum ist es wichtig, dass du einige grundsätzliche Regeln zum sinnvollen Gebrauch beachtest.

Regeln beim Verwenden einer Formelsammlung

Sieh dir neue Formeln in der Formelsammlung an,
- damit du weißt, wo was zu finden ist,
- damit du dich an die Formulierungen gewöhnst,
- damit du die Grafiken verstehst,
- damit du nachfragen kannst, wenn du eine Formel nicht verstehst.

Benutze die Formelsammlung also regelmäßig, dann ist sie dir eine große Hilfe
- als Nachschlagwerk,
- zur Beruhigung des Gewissens.

1. Gegeben ist ein Würfel mit der Kantenlänge $a = 10$ cm.

a) Nun werden zwei gleiche pyramidenförmige Vertiefungen wie im Bild links unten in diesen Würfel eingearbeitet.
Berechne das Volumen und den Oberflächeninhalt des Restkörpers.

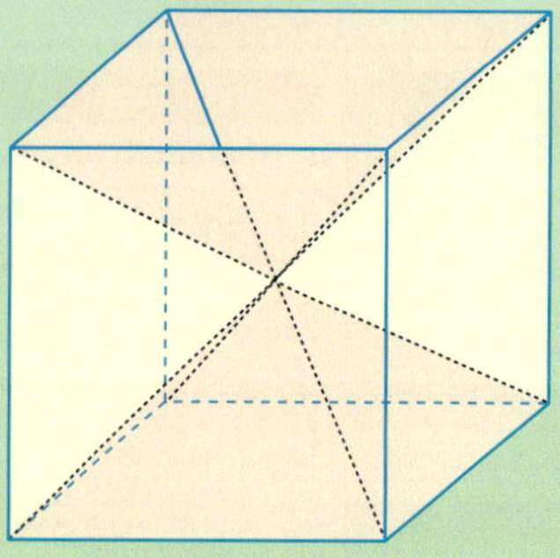

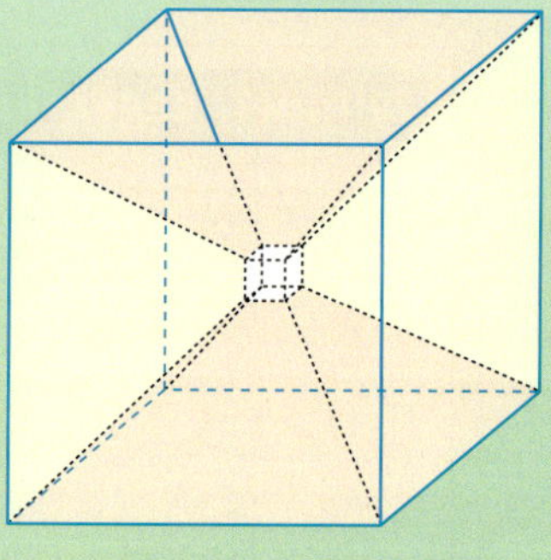

b) Zur Verbindung der beiden Hohlkörper soll eine quaderförmige Verbindung gestanzt werden, deren quadratische Grundfläche die Seitenlänge 10 mm hat (siehe Bild rechts oben).
Berechne die Länge des nun benötigten quaderförmigen Verbindungsstücks und gib den Mantelflächeninhalt von einem der entstehenden Pyramidenstümpfe an.

2. Gegeben ist ein Kreisausschnitt mit dem Radius $r = 6$ cm.

a) Berechne den Oberflächeninhalt des Kegels, wenn die Größe des Mittelpunktswinkels $\varphi = 270°$ beträgt.

b) Berechne den Mittelpunktswinkel des Kegelmantels, wenn für den Grundkreisradius des Kegels $r = 4$ cm und die Kegelhöhe $h = 7$ cm gilt.

c) Der Mantel eines Kegelstumpfes ergibt ausgerollt die im Bild dargestellte Fläche. Berechne das Volumen des zugehörigen Kegelstumpfes.

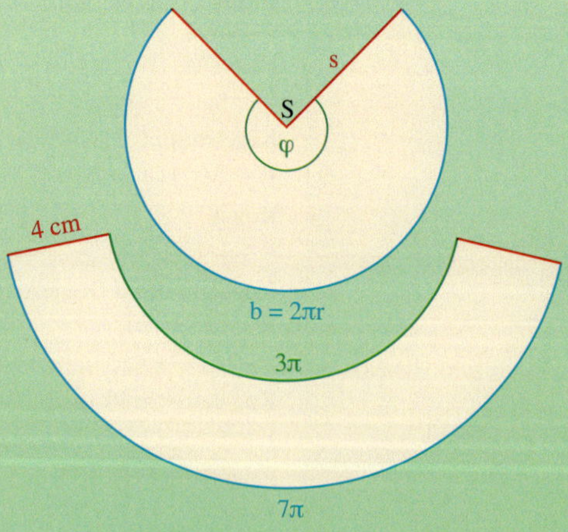

2.3 Vermischte Übungen zum Berechnen von Körpern

Du kannst auch eine Formelsammlung verwenden.

1. Berechne, wie viel Eiweißschaum der Schokokuss beinhaltet und wie viel Schokoglasur zu seiner Herstellung benötigt wird.

2. Laut Reglement darf ein Fußball den Umfang von 68 bis 70 cm besitzen.

a) Um wie viel Prozent ist das Volumen beim Mindestmaß kleiner als beim Höchstmaß?

b) Eine Firma produziert täglich 400 Bälle. Wie viel m^2 Leder werden für das Höchstmaß mehr gebraucht als für das Mindestmaß, wenn noch 25 % Verschnitt hinzu gerechnet werden müssen?

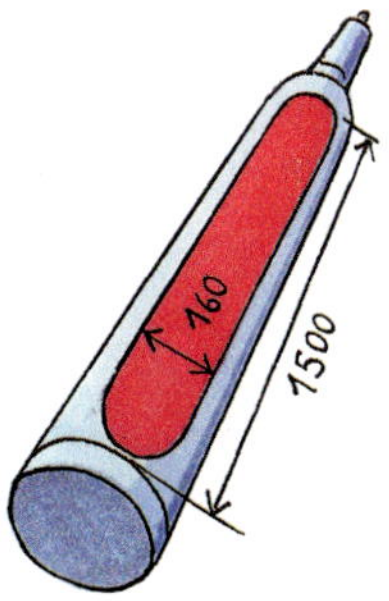

3. Der Innenraum einer Sauerstoffflasche besteht aus einem Zylinder, auf dessen Grundfläche je eine Halbkugel aufgesetzt ist (siehe Bild links; Maße in mm).
Berechne das Fassungsvermögen der Flasche.

4. Acht Metallkugeln mit dem Durchmesser 50 mm werden zu einer einzigen Kugel umgeschmolzen. Vergleiche den Oberflächeninhalt der Kugeln.

µm:
Abkürzung für Mikrometer
1 µm = 10^{-6}m

5. Ein Pokal besteht aus einem Quader mit aufgesetzter Halbkugel.
Wie viel g Gold $\left(\text{Dichte: } \varrho = 19{,}3\frac{\text{g}}{\text{cm}^3}\right)$ werden zum Vergolden benötigt, wenn eine 10 µm dicke Schicht aufgetragen werden soll?

6. a) Der Radius einer Kugel wird um 10 % verlängert [verkürzt]. Um wie viel Prozent nehmen Volumen V und Oberflächeninhalt O zu [ab]?
Stelle die Zuordnungen $r \rightarrow V$ und $r \rightarrow O$ jeweils in einem Koordinatensystem dar.

b) Das Volumen einer Kugel nimmt um 10 % zu [ab].
Wie verändern sich Radius und Oberflächeninhalt?

c) Um wie viel Prozent muss der Radius einer Kugel verlängert werden, wenn die Größe der Oberfläche um 25 % zunehmen soll?

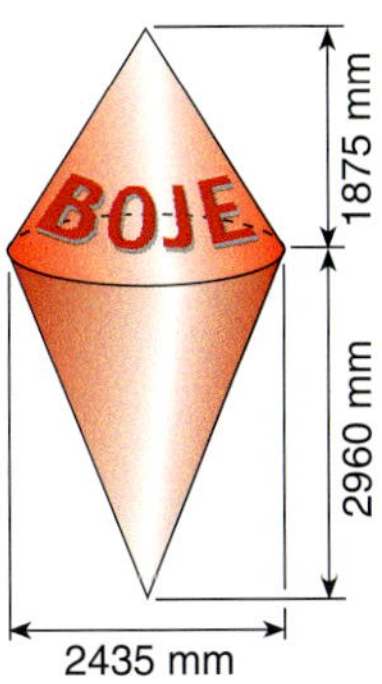

7. Eine Hutmutter besitzt zum Schutz des Schraubengewindes eine aufgesetzte Halbkugel. Das Bild zeigt einen Rohling einer Hutmutter. Dieser Rohling wird an der Unterseite mit einer zentralen und senkrechten Bohrung von 5 mm Durchmesser und 7 mm Tiefe versehen.
Um wie viel Prozent veringert sich dadurch sein Gewicht?

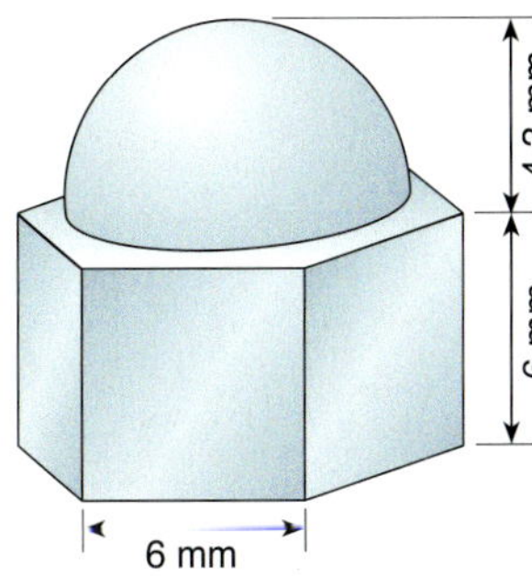

8. Zur Kennzeichnung von Gefahrenstellen im Wasser werden Spitztonnen aus Stahlblech verwendet (Maße im Bild).
Wie viel m^2 Stahlblech werden zur Herstellung einer Spitztonne benötigt?

9. **a)** Berechne Volumen und Materialbedarf der Beton-Mischtrommel des Lkw. Der Durchmesser der Trommel ist vorne 1,10 m, hinten 1,68 m und in der Mitte 2,30 m. Die Trommel ist 4,14 m lang.

b) Schätze, wie viel Beton die Trommel höchstens fasst.

Dichtetabelle $\left(\text{in } \frac{g}{cm^3}\right)$	
Granit	2,8
Marmor	2,7
Eisen	7,9

10. Frühstücksbretter sollen aus Granit- oder Marmorplatten der Dicke 1 cm hergestellt werden.
Wie schwer ist ein solches Frühstücksbrett?

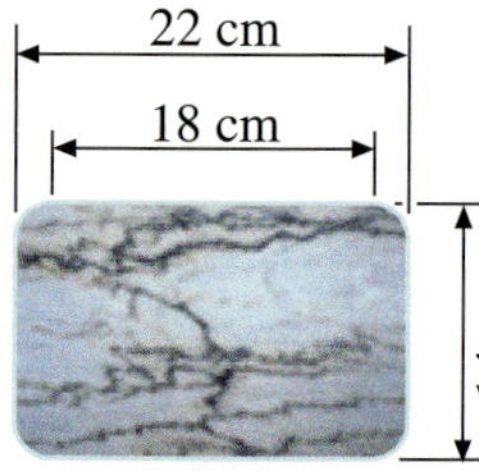

11. Ein Marmordenkmal besteht aus einem quadratischen Prisma mit der Höhe h = 1,20 m und der Grundkantenlänge a = 90 cm sowie einer aufgesetzten Pyramide von 1,50 m Höhe. 1 cm^3 Marmor wiegt 2,6 g. Wie viel wiegt das Denkmal?

12. **a)** Berechne, wie viel Zeltplane für das Zirkuszelt benötigt wird.

b) Wie viel m^3 Luft fasst der Innenraum des Zeltes?

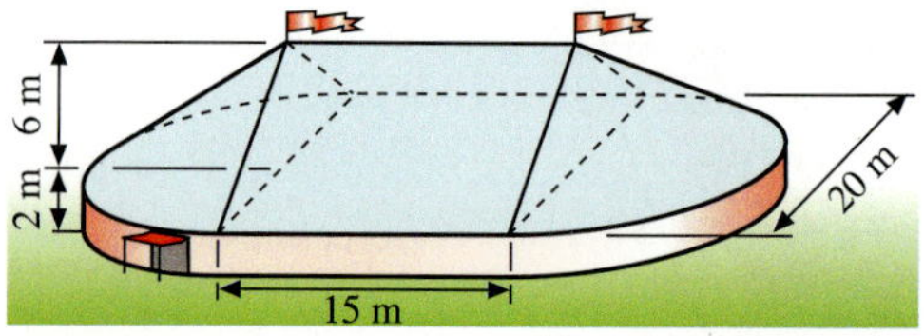

13. **a)** Berechne, wie viel Wasser die Blumenvase fasst.

b) Wie viel Material wird zur Herstellung dieser Vase aus 2 mm dickem Glas benötigt?

zu **13.**

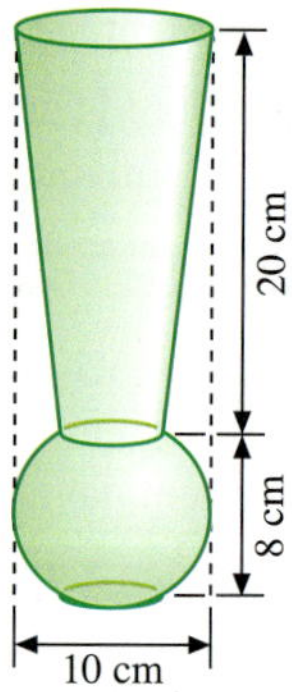

zu **14.**

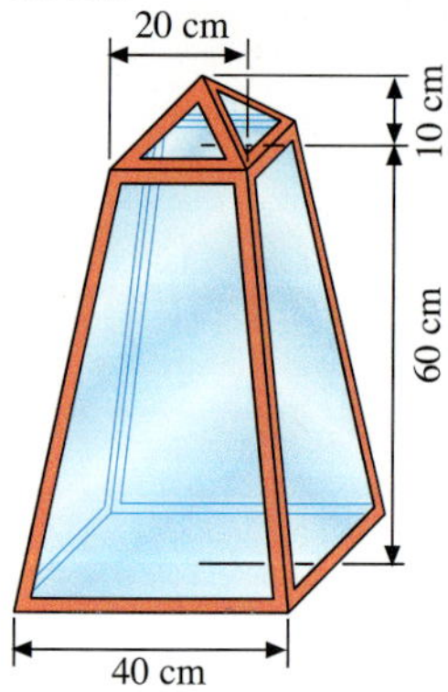

Zusammensetzung der Luft	
Stickstoff	78 %
Sauerstoff	20 %
Edelgase	1 %

14. **a)** Bis auf die Bodenfläche soll das Windlicht für den Garten, allseitig verglast sein. Die Blechprofile sind 2 cm breit. Berechne, wie viel Glas und Blech benötigt wird.

b) Auch bei geschlossener Tür kann die Kerze einige Zeit mit dem Windlicht vorhandenen Sauerstoff brennen. Berechne, wie viel Sauerstoff im Windlicht vorhanden ist.

15. **a)** Berechne das Volumen.

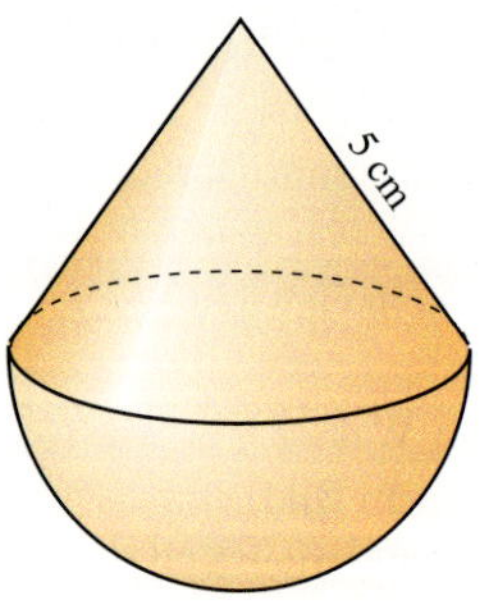

O = 103,67 cm^2

b) Berechne l.

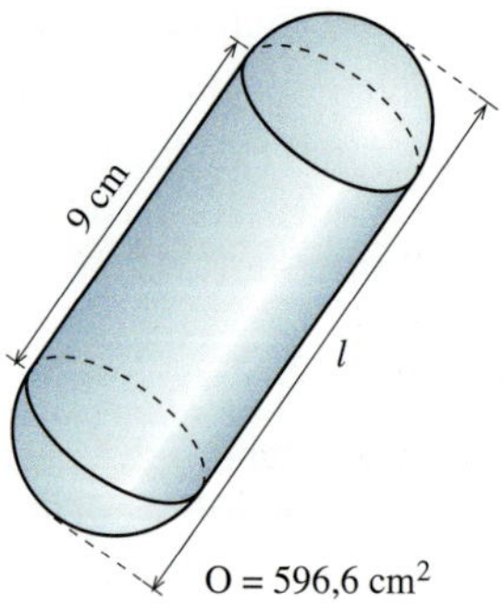

O = 596,6 cm^2

c) Berechne d und l.

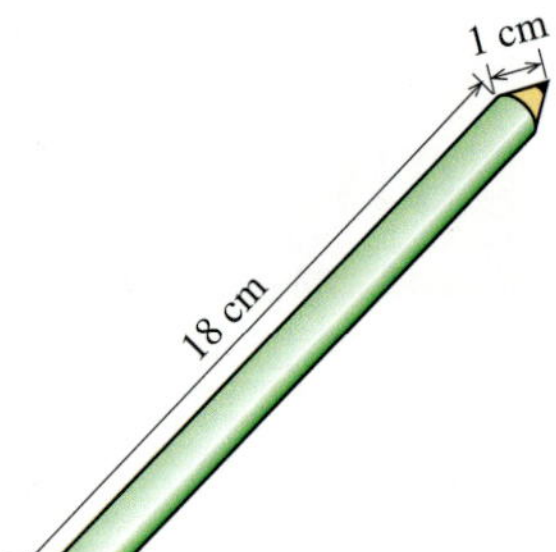

O = 50 cm^2

2.4 Aufgaben zur Vertiefung

1. Gib eine Formel für Volumen und Oberflächeninhalt des abgebildeten Körpers an.

a) 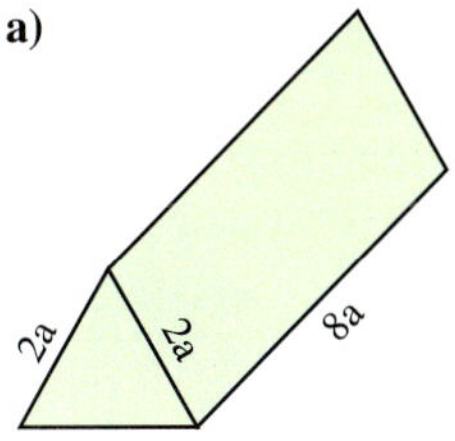

b) 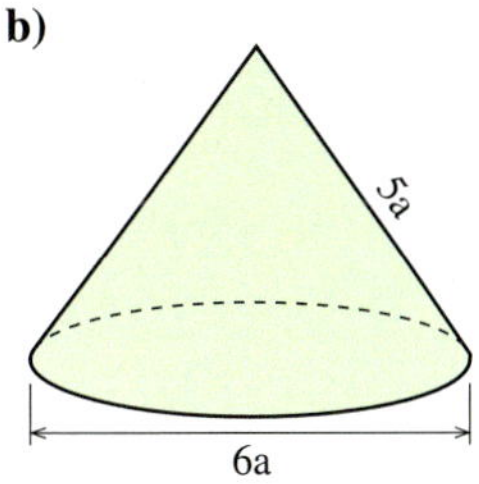

c) 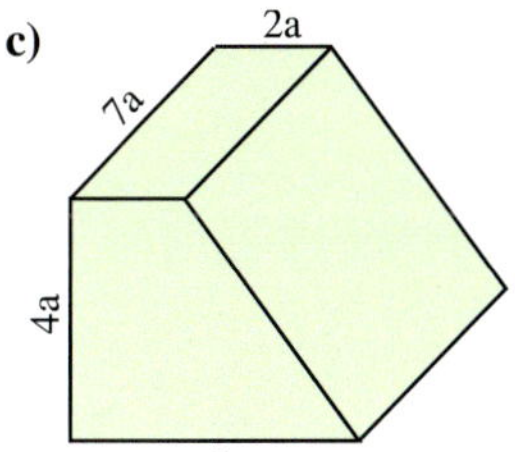

Archimedes, griechischer Mathematiker und Physiker, 287 – 212 v. Chr.

2. Archimedes erkannte, dass die Volumina von Zylinder, Halbkugel und Kegel bei gleichem Radius und gleicher Höhe in einem ganzzahligen Vielfachen zueinander stehen. Er fand das Ergebnis so schön, dass er die Figur auf seinem Grabstein haben wollte.
Berechne die Verhältnisse.

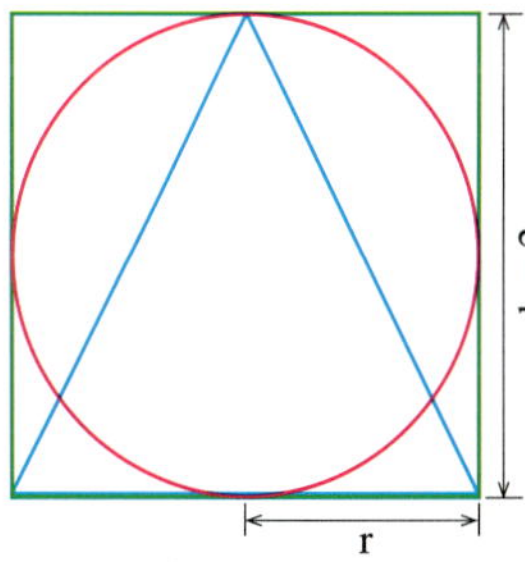

3. **a)** Eine Pyramide soll in halber Höhe abgeschnitten werden. Wie viel Prozent des Volumens bleiben übrig?

b) Bearbeite Teilaufgabe a) für einen Kegel statt einer Pyramide.

4. **a)** Eine Kugel mit dem Durchmesser d und ein Würfel mit der Kantenlänge a sollen dasselbe Volumen besitzen.
In welchem Verhältnis stehen ihre Oberflächeninhalte zueinander?

b) Eine Kugel mit dem Durchmesser d und ein Würfel mit der Kantenlänge a sollen denselben Oberflächeninhalt besitzen.
In welchem Verhältnis stehen ihre Volumina zueinander?

5. Einem Zylinder mit dem Radius r und der Höhe h wird ein Prisma mit quadratischer Grundfläche einbeschrieben und umbeschrieben.

a) In welchem Verhältnis stehen die Volumina der Körper zueinander?

b) In welchem Verhältnis stehen die Oberflächeninhalte von Zylinder und umbeschriebenem Prisma zueinander?

6. Einem Kegel mit dem Radius r und der Höhe h wird eine quadratische Pyramide einbeschrieben und umbeschrieben.
In welchem Verhältnis stehen die Volumina der drei Körper zueinander?

7. Bei einer Kugel hängt der Oberflächeninhalt und auch das Volumen nur von einer Variablen, z. B. dem Radius ab.
Zeichne den Graphen der Funktion, beschreibe ihn und gib auch die Gleichung an.

a) *Radius* $\rightarrow$ *Volumen*

b) *Radius* $\rightarrow$ *Oberflächeninhalt*

Im Blickpunkt

Im Blickpunkt

Dreitafelprojektion

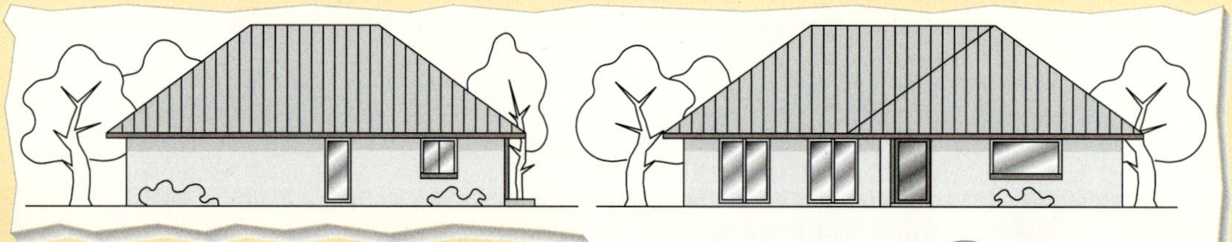

1. Wir haben zur Darstellung von Körpern Schrägbilder gezeichnet. Architekten zeichnen dagegen von geplanten Gebäuden einen Grundriss und verschiedene Ansichten. Überlege Vor- und Nachteile der beiden Darstellungsmöglichkeiten eines Körpers.

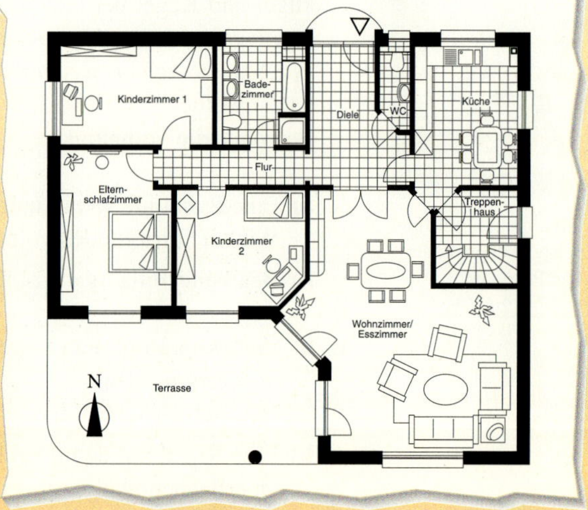

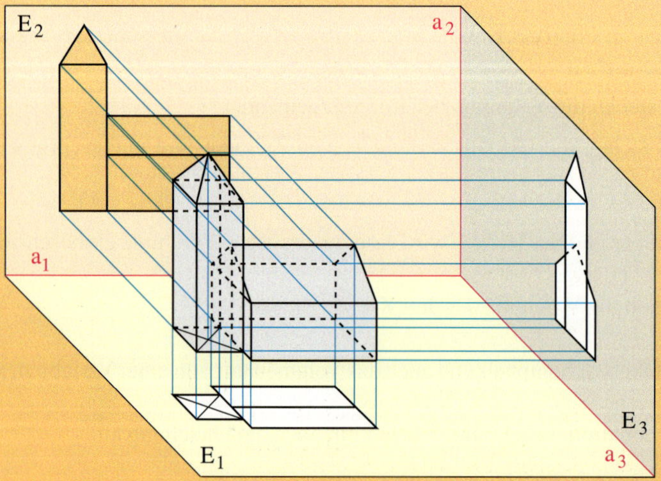

2. Für technische Zeichnungen verwendet man oft statt eines Schrägbildes eine so genannte Dreitafelprojektion.
Der Körper wird aus drei verschiedenen Blickrichtungen (von oben, von vorne und von links) mit parallelen Lichtstrahlen beschienen, die dann auf drei zueinander orthogonalen Tafeln Schattenbilder liefern:
Das Bild in der Ebene E_1 heißt **Grundriss**; es vermittelt den Eindruck, man sehe den Körper von oben.
Das Bild in der Ebene E_2 heißt **Aufriss**; es vermittelt den Eindruck, man sehe den Körper von vorne.
Das Bild in der Ebene E_3 heißt **Seitenriss**, es vermittelt den Eindruck, man sehe den Körper von links.

Um Grundriss, Aufriss und Seitenriss in einer Zeichenebene darstellen zu können, dreht man die Seitenrissebene E_3 zunächst in die Aufrissebene und klappt sie anschließend in die Grundrissebene um. Diese Darstellung nennt man **Dreitafelprojektion**.
Vergleiche die Dreitafelprojektion mit der Darstellung eines Architekten.

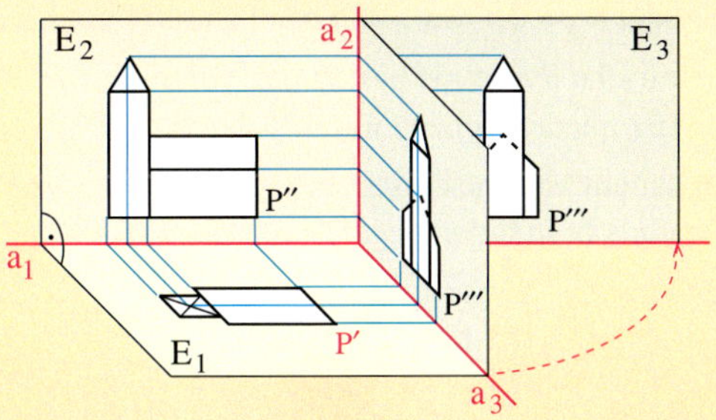

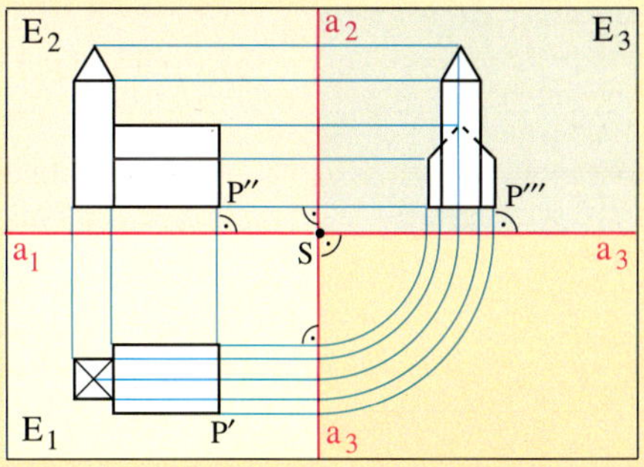

3. Zeichne eine Dreitafelprojektion des Körpers.

a)

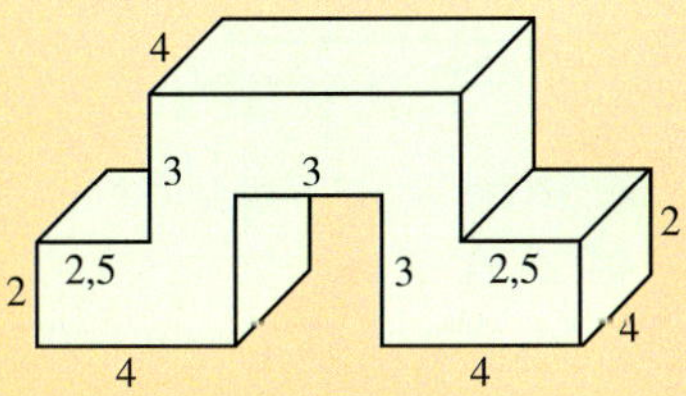

b)

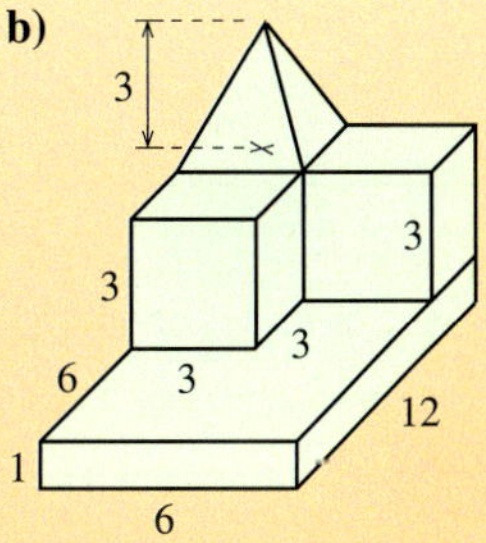

c)

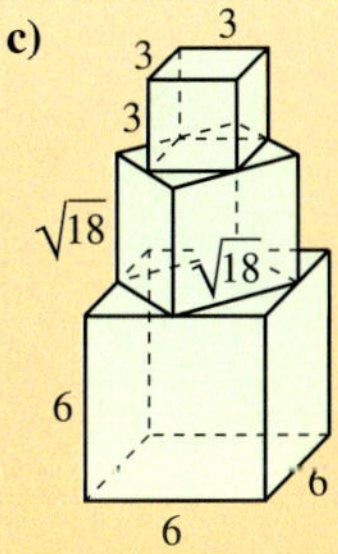

4. Konstruiere zu den beiden Rissen den dritten Riss. Skizziere auch ein Schrägbild des Körpers.

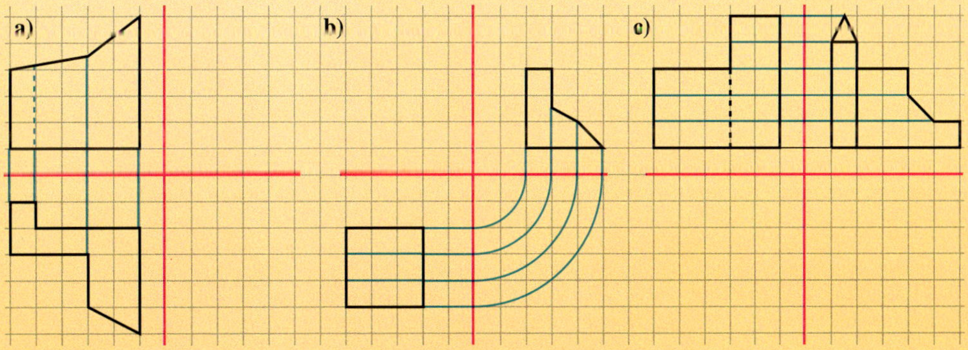

5. Verschiedene Körper können sowohl in ihren Grundrissen als auch in ihren Aufrissen übereinstimmen. Das Bild rechts zeigt ein Beispiel an. Gib einen weiteren Körper mit demselben Grundriss und Seitenriss an.

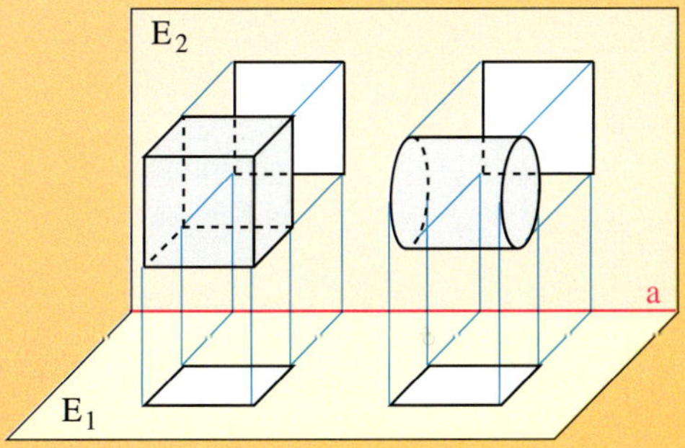

6. Das Logo des Bundeswettbewerbs Mathematik kann man als Dreitafelprojektion eines Körpers auffassen. Beschreibe den Körper.

Bist du fit?

1. **a)** Eine Pyramide hat eine quadratische Grundfläche mit der Seitenlänge a = 2,1 cm. Das Volumen der Pyramide beträgt $V_P = 0{,}1\ dm^3$. Wie hoch ist die Pyramide?

b) Eine 5 cm hohe quadratische Pyramide besitzt das Volumen $V = 700\ cm^3$. Wie lang ist die Seite der quadratischen Grundfläche?

c) Ein 1 m hoher Kegel hat ein Volumen von $1\ m^3$. Welchen Grundkreisradius besitzt der Kegel?

d) Die Oberfläche einer Kugel ist $9\ cm^2$ groß. Berechne Radius und Volumen der Kugel.

2. Berechne die Größe der Dachfläche und die Größe des Dachraumes.

a)

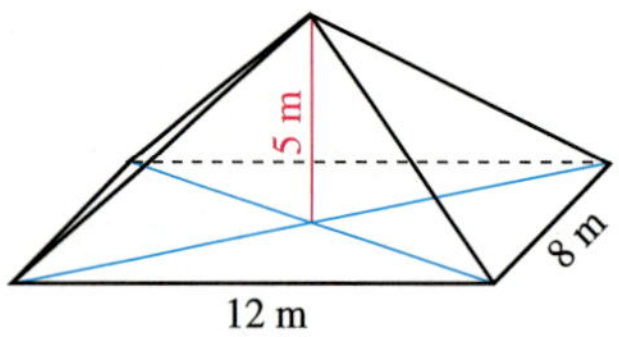

b)

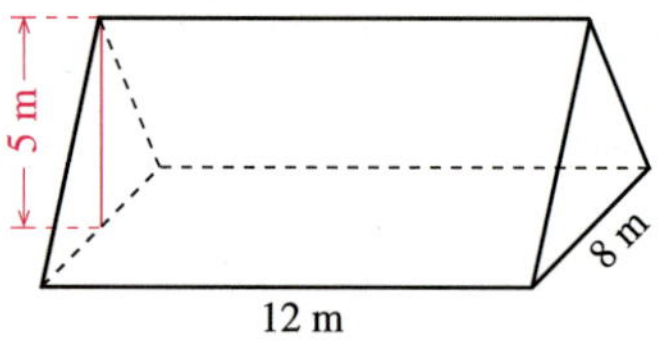

c)

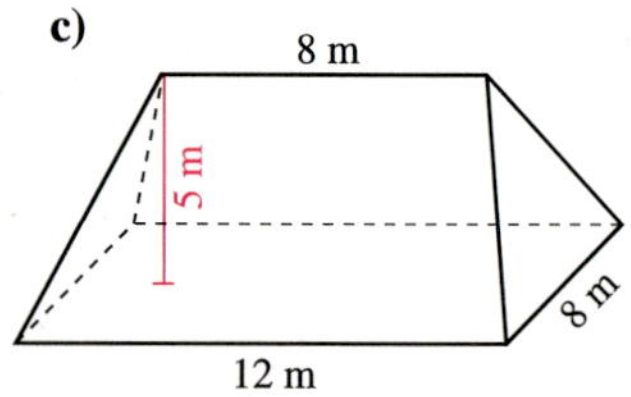

3. Ein kegelförmiger Sandhaufen mit einer Höhe von 2,5 m und einem Umfang von 22,8 m soll abgefahren werden. $1\ cm^3$ Sand wiegt 1,6 g.

a) Ein Lkw hat eine Tragfähigkeit von 3,5 t. Wie viele Fahrten sind nötig?

b) Damit der Sand bis zum Abtransport nicht dem Wetter ausgesetzt ist, soll er mit einer Folie abgedeckt werden.
Berechne dazu die Mantelfläche des kegelförmigen Sandhaufens.

4. Die Abbildung zeigt Netze von Körpern.

(1)

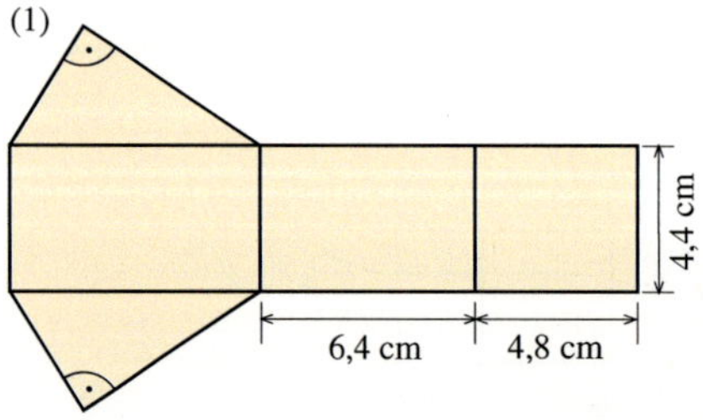

(2)

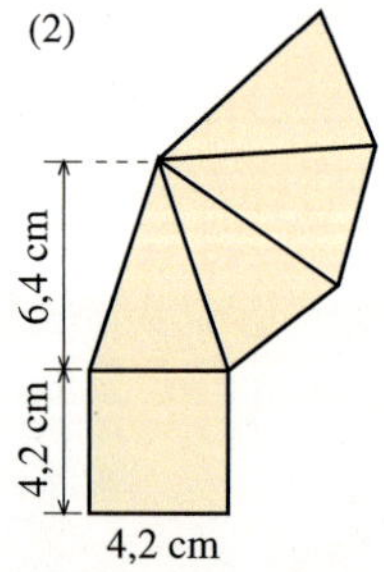

(3)

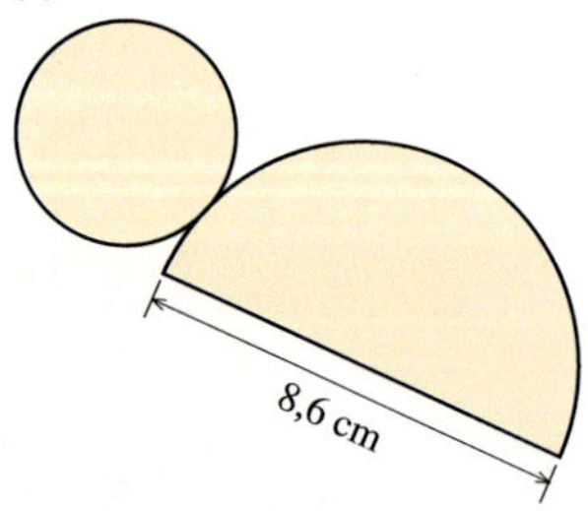

a) Gib den Namen der Körper an und zeichne ein Schrägbild.

b) Berechne Volumen und Oberflächeninhalt.

5. Eine Rolle Kupferdraht wiegt 17,5 g. Der Draht hat einen Durchmesser von 2,7 mm. Die Dichte von Kupfer beträgt $\varrho = 8{,}9\ \frac{g}{cm^3}$. Wie lang ist der Draht?

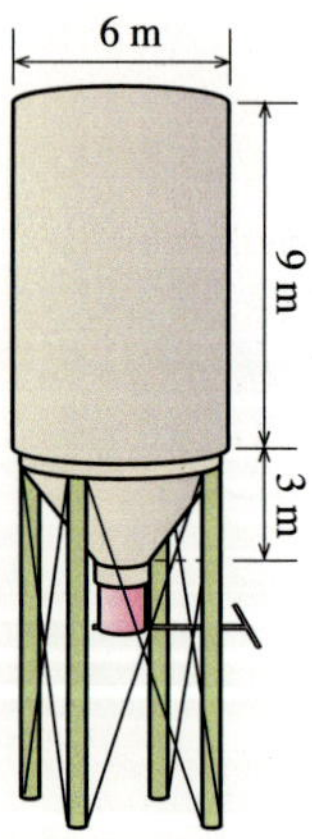

6. **a)** Wie groß ist das Fassungsvermögen des Silos links?

b) Wie viel Prozent des Inhalts entfallen auf den kegelförmigen Teil?

c) Das Silo soll von außen gestrichen werden. 1 kg Farbe reicht für $8\ m^2$.
Wie viel kg Farbe werden etwa benötigt?

3. WACHSTUMSPROZESSE – EXPONENTIALFUNKTIONEN

In den 800 Jahren von Christi Geburt bis zur Krönung Karls des Großen vermehrte sich die Weltbevölkerung um etwa 50 Millionen Menschen. Heute dauert es nur 8 Monate, bis die Menschheit um 50 Millionen Einwohner gewachsen ist.
Am Anfang des 20. Jahrhunderts lebten ungefähr 1,6 Milliarden Menschen auf der Erde, am Ende des 20. Jahrhunderts waren es über 6 Milliarden Menschen.

- Die neuesten Zahlen zum Stand der Weltbevölkerung kann man an einer besonderen Uhr ablesen, der "World population clock" des U.S. Census Büros in Washington. Diese Zahlen werden laufend aktualisiert. Ihr könnt euch die Daten über den aktuellen Stand der Weltbevölkerung aus dem Internet beschaffen; ihr findet sie unter der Adresse: *http://www.census.gov/cgi-bin/ipc/popclockw*

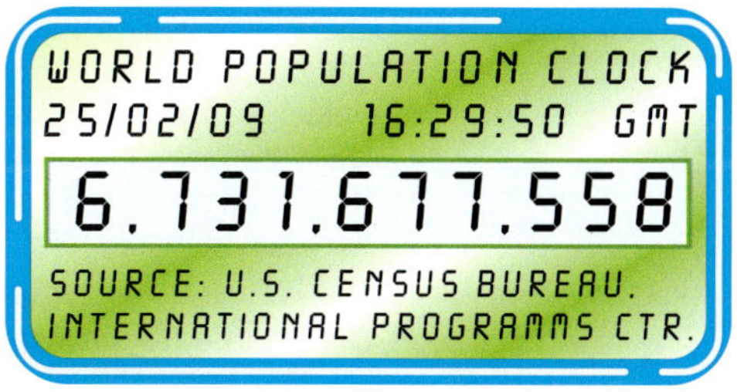

- Veranschauliche das Anwachsen der Weltbevölkerung durch ein Diagramm.

Prozesse wie das Bevölkerungswachstum haben folgende Besonderheit: Zunächst ist das Wachstum über einen langen Zeitraum kaum bemerkbar, dann aber wird es plötzlich in einer unvorstellbaren Dynamik sichtbar. Man sagt gelegentlich: Das Wachstum „explodiert".

Wir werden in diesem Kapitel lernen, wie man Wachstumsprozesse durch Funktionen darstellen und Werte berechnen kann.

Lernfeld: Weltbevölkerung wächst und wächst …

A

DSW-Weltbevölkerungsuhr 10.10.2009 / 11.25 Uhr

In dieser Minute leben
6.815.229.980 Menschen
auf unserem Planeten.

Wie funktioniert die Weltbevölkerungsuhr?
Die Weltbevölkerungsuhr zählt natürlich nicht wirklich die Menschen, die tagtäglich auf der Erde geboren werden oder sterben. Ihr liegen Daten des US-amerikanischen Population Reference Bureau (PRB) zugrunde. Experten beim PRB errechnen den Zuwachs der Weltbevölkerung bis auf die Sekunde.

Die Weltbevölkerungsuhr zählt pro Sekunde 2,6 Menschen dazu.

L & P / 3878

10.10.2009

UNO rechnet mit noch stärkerem Wachstum der Weltbevölkerung

Prognose: Über neun Milliarden Menschen im Jahr 2050

Die Vereinten Nationen gehen trotz leicht sinkender Kinderzahlen von einem noch stärkeren Wachstum der Weltbevölkerung aus als bisher. Die Weltbevölkerung wachse jährlich um 0,74 % an, heißt es in einer neuen UN-Prognose, die in Berlin vorgestellt wurde. Das Bevölkerungswachstum findet demnach in Zukunft ausschließlich in den Entwicklungsländern statt.

Bei den Prognosen handelt es sich um eine Überarbeitung der Bevölkerungsprojektionen der UN-Bevölkerungsabteilung. Maßnahmen der Familienplanung müssten in den Entwicklungsländern stärker gefördert werden, sagte die UNO-Sprecherin. „Die rasant wachsende Bevölkerung überfordert bereits heute die Gesundheits- und Bildungssysteme dieser Staaten."

L & P / 3879

Partnerarbeit:

- In beiden Materialien findet ihr verschiedene Angaben zum Wachstum der Weltbevölkerung. Die 0,74 % sind mathematisch korrekt berechnet aus dem Anwachsen auf 9 Milliarden, sie liegen nur weit unter den aktuellen 1,18 %, da die UN für die nächsten Jahre mit einem Rückgang der Wachstumsrate rechnet.
  Erstellt damit jeweils eine Prognose für die Entwicklung der Weltbevölkerung bis zum Jahr 2050. Fertigt auch Poster mit grafischen und tabellarischen Darstellungen an.
  Vergleicht die beiden Angaben zum Bevölkerungswachstum.
- Für die Beschreibung der Weltbevölkerungsentwicklung gibt man oft an, wann eine Milliardengrenze überschritten wird. Ermittelt solche Werte für die beiden obigen Angaben. Vergleicht.

3.1 Beschreibung exponentieller Prozesse

3.1.1 Lineares und exponentielles Wachstum

Aufgabe 1

In einer Flussniederung wird Kies ausgebaggert. Ein anfangs 500 m² großer See vergrößert sich durch die Baggerarbeiten jede Woche um 200 m².

Da der See später als Wassersportfläche genutzt werden soll, wird die Wasserqualität regelmäßig untersucht. Besonders genau wird eine Algenart beobachtet, die sich sehr schnell vermehrt.

Die von den grünen Algen bedeckte Fläche ist zu Beginn der Baggerarbeiten 10 m² groß, sie verdoppelt sich jede Woche.

a) Wann ungefähr ist der ganze See mit Algen bedeckt? Zeichne dazu die Graphen der beiden Funktionen

Zeit (in Wochen) → Baggerseegröße (in m²) und
Zeit (in Wochen) → Algenflächengröße (in m²).

b) Beschreibe das Anwachsen des Baggersees und der Algenfläche mithilfe von Gleichungen.

Lösung

a) Wir erstellen zunächst die Wertetabellen.

(1)

+1 +1 +1 +1 +1 +1 +1 +1

Zeit t (in Wochen)	0	1	2	3	4	5	6	7	8	…
Baggerseegröße (in m²)	500	700	900	1 100	1 300	1 500	1 700	1 900	2 100	…

+200 +200 +200 +200 +200 +200 +200 +200

(2)

+1 +1 +1 +1 +1 +1 +1 +1

Zeit t (in Wochen)	0	1	2	3	4	5	6	7	8	…
Algenflächengröße (in m²)	10	20	40	80	160	320	640	1 280	2 560	…

·2 ·2 ·2 ·2 ·2 ·2 ·2 ·2

Die Punkte zu den Wertepaaren der Tabelle zur Baggerseegröße liegen auf einer Geraden. Die Punkte aus der Tabelle zur Algenflächengröße liegen nicht auf einer Geraden. Wir verbinden die Punkte sinnvoll.

An den Graphen erkennst du:
Zwischen der 7. und 8. Woche ist der ganze See mit Algen bedeckt.
Nach diesem Zeitpunkt haben die Graphen keine Bedeutung mehr für die Wirklichkeit.

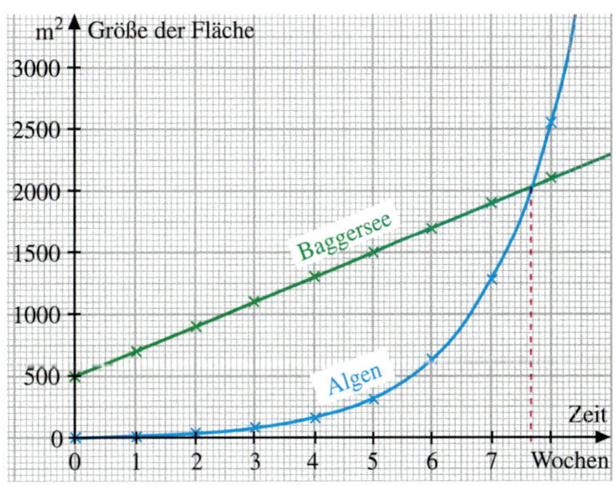

b) Wir bezeichnen die Baggerseegröße (in m^2) zum Zeitpunkt t (in Wochen) mit B (t). Die Wertetabelle für die Baggerseegröße wurde so erstellt:

In jeder abgelaufenen Woche erhöht sich die Größe der Wasserfläche um 200 m^2. In 5 Wochen ist so zur Anfangsgröße von 500 m^2 eine Fläche von $200 \cdot 5$ m^2 dazu gekommen. Nach t Wochen beträgt der Zuwachs $200 \cdot t$ m^2. Insgesamt ist die Wasserfläche dann $(500 + 200 \cdot t)$ m^2 groß.

Die Wachstumsformel lautet daher: $B(t) = 500 + 200\,t$

Wir bezeichnen die Algenflächengröße (in m^2) zum Zeitpunkt t (in Wochen) mit A(t). Die Wertetabelle für die Algenflächengröße wurde so erstellt:

In jeder abgelaufenen Woche erhöht sich die Größe der Algenfläche auf das Doppelte. In 5 Wochen wird die Ausgangsfläche von 10 m^2 mit $2 \cdot 2 \cdot 2 \cdot 2 \cdot 2$, also 2^5 multipliziert. Sie beträgt dann $10 \cdot 2^5$ m^2. Nach t Wochen ist die Fläche $10 \cdot 2^t$ m^2 groß.

Die Wachstumsformel lautet daher: $A(t) = 10 \cdot 2^t$

Information

(1) Fortschreiten in beliebigen Zeitspannen

Die Werte der Tabellen in der Aufgabe 1 wurden dadurch erzeugt, dass die Zeit immer um eine Woche erhöht wurde. Man kann z. B. auch eine Zeitspanne von zwei Wochen wählen. Du erkennst an der Tabelle rechts:

Wenn die t-Werte um 2 zunehmen, dann
- nehmen die B(t)-Werte jeweils um 400 zu,
- werden die A(t)-Werte jeweils mit 4 multipliziert.

Zeit (in Wochen)	*Baggerseegröße* (in m^2)	*Algenflächengröße* (in m^2)
t	$B(t) = 500 + 200 \cdot t$	$A(t) = 10 \cdot 2^t$
0	500	10
+2	+400	$\cdot 4$
2	900	40
+2	+400	$\cdot 4$
4	1300	160
+2	+400	$\cdot 4$
6	1700	640

Begründung: In zwei Wochen wächst der See um jeweils $2 \cdot 200$ m^2, also 400 m^2. Die Fläche der Algen wird in den zwei Wochen zweimal verdoppelt, also vervierfacht.

Auch für die Zeitspanne einer halben Woche muss gelten:
- Die Baggerseegröße wächst um einen gleich bleibenden Betrag an.
- Die Algenflächengröße vervielfacht sich mit dem gleichbleibenden Faktor.

Damit ergibt sich:

Wählt man als Zeitspanne eine halbe Woche, so wächst der See nur um jeweils die Hälfte von 200 m^2, also 100 m^2.

Die Algenfläche ist nach einer ganzen Woche, also nach zweimal einer halben Woche verdoppelt. Der Wachstumsfaktor für eine halbe Woche muss also mit sich selbst multipliziert den Wachstumsfaktor 2 für eine ganze Woche ergeben. Also muss die Algenfläche pro halbe Woche auf das $\sqrt{2}$-fache (ungefähr 1,4-fache) anwachsen, denn $\sqrt{2} \cdot \sqrt{2} = 2$.

Damit erhalten wir die Werte in der Tabelle rechts.

Zeit (in Wochen)	*Baggerseegröße* (in m^2)	*Algenflächengröße* (in m^2)
t	$B(t) = 500 + 200 \cdot t$	$A(t) = 10 \cdot 2^t$
0	500	10
+0,5	+100	$\cdot \sqrt{2}$
0,5	600	≈ 14,1
+0,5	+100	$\cdot \sqrt{2}$
1	700	20
+0,5	+100	$\cdot \sqrt{2}$
1,5	800	≈ 28,3

(2) Lineares und exponentielles Wachstum

Bei beiden Wachstumsprozessen in Aufgabe 1 handelt es sich um Größen (Größe der Baggersee-Fläche, Größe der Algenfläche), die sich mit der Zeit nach bestimmten Gesetzmäßigkeiten verändern. Ihnen liegen die Formeln $B(t) = 200 \cdot t + 500$ bzw. $A(t) = 10 \cdot 2^t$ zugrunde. Solche Wachstumsprozesse treten häufig auf. Man hat ihnen daher besondere Namen gegeben.

Lineares Wachstum

In gleichen Zeitspannen c werden zu den zugehörigen Größen B(t) immer die gleichen Summanden d addiert. Dies nennt man *lineares Wachstum (lineare Zunahme).*

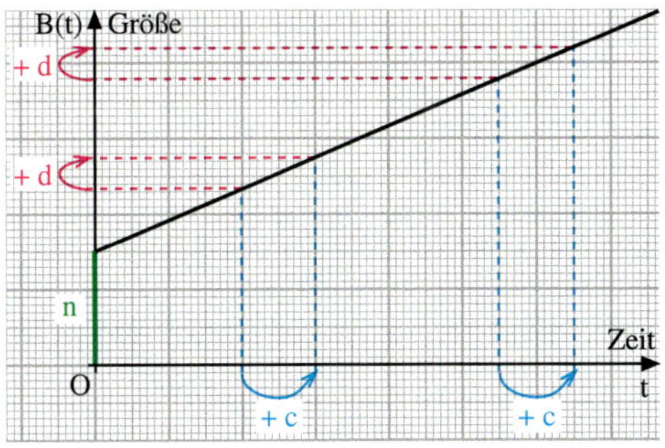

Lineares Wachstum wird durch die Formel $B(t) = m \cdot t + n$ beschrieben; dabei ist m der Summand zur Zeitspanne c = 1.

Bei der Baggerseegröße liegt lineares Wachstum mit dem Anfangsbestand n vor.

Exponentielles Wachstum

In gleichen Zeitspannen c werden die zugehörigen Größen B(t) immer mit dem gleichen Faktor d multipliziert. Dies nennt man *exponentielles Wachstum (exponentielle Zunahme).*

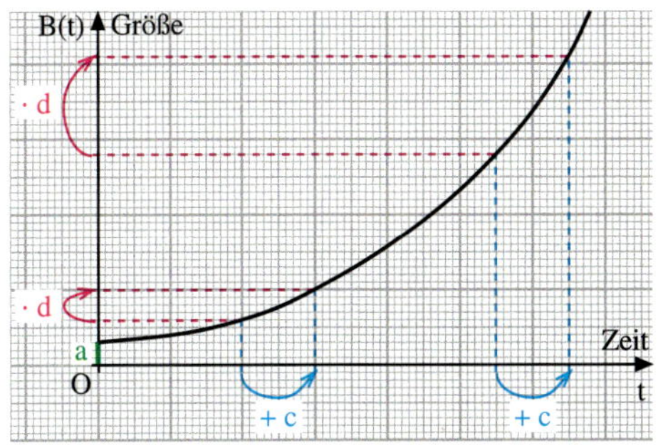

Exponentielles Wachstum wird durch die Formel $B(t) = a \cdot b^t$ beschrieben; dabei ist b der Faktor zur Zeitspanne c = 1.

Bei der Algenflächengröße liegt exponentielles Wachstum mit dem Anfangsbestand a vor.

Weiterführende Aufgabe

2. *Proportionales Wachstum*

Aus einem undichten Hahn fließt Wasser gleichmäßig aus: in 2 Minuten insgesamt 1,5 Liter.

a) Lege für die Zeit t (t = 0, 1, 2, …, 12) in Minuten und die Wassermenge B(t) in Liter eine Tabelle an und zeichne den Graphen. Beschreibe ihn durch eine Formel.

b) Begründe, dass lineares Wachstum vorliegt.

c) Welche besonderen Eigenschaften weist dieser Spezialfall eines linearen Wachstums auf?

Proportionales Wachstum

Wächst ein Bestand so an, dass nach doppelt (dreimal, viermal, …) so langer Zeit der Bestand sich verdoppelt (verdreifacht, vervierfacht, …) so liegt *proportionales Wachstum (proportionale Zunahme)* vor.
Proportionales Wachstum ist der Spezialfall linearen Wachstums mit dem Anfangsbestand 0.

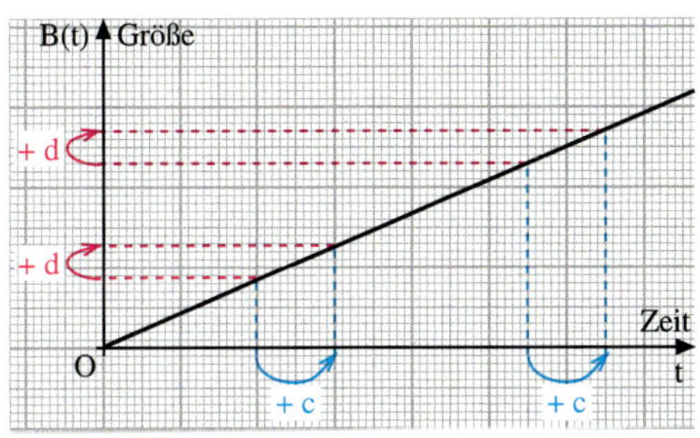

Lineares und proportionales Wachstum haben wir schon früher untersucht. Jetzt werden wir uns eingehend mit dem exponentiellem Wachstum beschäftigen.

Übungsaufgaben

3. Eine Gärtnerei überlegt verschiedene Lohnangebote für einen Ferienjob über 15 Arbeitstage.

Angebot 1: Am ersten Tag gibt es 10 €, an jedem weiteren Tag noch 25 €.

Angebot 2: An jedem Tag gibt es 20 € Lohn.

Angebot 3: Am ersten Tag gibt es 3 Cent Lohn. An jedem weiteren Tag wird so viel Lohn gezahlt, dass die Aushilfskraft insgesamt doppelt so viel Geld hat wie am Vortag.

Vergleiche die drei Angebote. Du kannst grafisch oder tabellarisch vorgehen.

4. Für das Algenwachstum eines Sees gilt $B(t) = 10 \cdot 2^t$. Dabei gibt t die Zeit (in Wochen) nach dem Beobachtungsbeginn an.

a) Mit welchem Faktor vervielfacht sich die von den Algen bedeckte Fläche jeweils nach 4 Wochen, nach 6 Wochen, nach 8 Wochen, nach 10 Wochen?

b) Welche Fläche ist nach 11 Wochen [10 Wochen; 9 Wochen] mit Algen bedeckt?

c) Wie groß ist die Algenfläche nach $\frac{1}{4}$ Woche, nach 1 Tag?

d) Begründe: Nach 10 Wochen hat sich die mit Algen bedeckte Fläche ungefähr vertausendfacht. Bewerte das Ergebnis.

5. Ein Baggersee von 1 200 m^2 Größe wird jede Woche um 700 m^2 vergrößert. Eine Algenart bedeckt zu Beginn der Baggerarbeiten 1 m^2 Wasserfläche. Die mit Algen bedeckte Fläche verdreifacht sich jede Woche.

a) Lege für die Zunahme der Wasserfläche und für das Wachstum der Algen eine Tabelle an. Beschreibe jeweils die Art des Wachstums. Gib jeweils eine Formel an.

b) Zeichne die Graphen. Wann ist die ganze Wasserfläche mit Algen bedeckt?

6. Wasserhyazinthen überwuchern den afrikanischen Victoriasee. Diese Hyazinthenart wächst jeden Monat auf das Dreifache. Am Anfang bedeckte sie eine Fläche von 2 m^2. Lege eine Tabelle an und zeichne einen Graphen der Funktion
Zeit t (in Monaten) → Größe B(t) der mit Hyazinthen bedeckten Fläche (in m^2).
Du kannst aufhören, wenn eine Fläche von 10 km^2 bedeckt ist.
Wie lautet die Formel?

7. Die Tabelle beschreibt Zunahmeprozesse. Welche Art von Wachstum könnte dem Prozess zugrunde liegen? Begründe.

	Zeit (in Tagen)	0	1	2	3	4	5	6	7	8
a)	Volumen einer Hefekultur (in cm^3)	1	3		27		243			6 561
b)	Füllhöhe eines Wasserbeckens (in cm)	0	26	52		104	130			
c)	Anzahl der infizierten Personen	1	4	16		256				65 536

3.1.2 Prozentuale Wachstumsrate

Aufgabe 1

Festmeter
gebräuchliche, aber nicht gesetzliche Buchungseinheit für Holz, die ein Kubikmeter feste Holzmasse bedeutet.

Der Holzbestand eines Waldes beträgt etwa 50 000 Festmeter. Bei natürlichem Wachstum nimmt der Holzbestand jährlich um 3,6 % zu. Lege eine Tabelle an, die den Holzbestand für die nächsten 5 Jahre beschreibt. Zeige, dass es sich dabei um exponentielles Wachstum handelt. Ermittle eine Formel.

Lösung

Der Bestand wächst pro Jahr um 3,6 %, d.h. pro Jahr kommen zu 100 % noch 3,6 % hinzu. Der neue Bestand beträgt also 103,6 % des alten Bestandes. Man muss bei einem Zeitschritt von 1 Jahr also immer mit dem Faktor 1,036 multiplizieren. Es handelt sich um exponentielles Wachstum.

Zeit t (in Jahren)	0	1	2	3	4	5
Bestand B (t) (in m^3)	50 000	51 800	53 665	55 597	57 599	59 672

Die Formel für den Bestand B (t) in Abhängigkeit von der Zeit t lautet: $B(t) = 50\,000 \cdot 1{,}036^t$.

Information

Wird eine Größe in gleichen Zeitspannen immer um den gleichen Prozentsatz p % vermehrt, so liegt exponentielles Wachstum vor. Man spricht auch vom *prozentualen Wachstum*. Dies kennst du bereits von der Berechnung der Zinseszinsen. p % heißt *Wachstumsrate* pro Zeitspanne. In der Aufgabe 1 beträgt die prozentuale Wachstumsrate 3,6 % pro Jahr.
Die Zahl, mit der man die Ausgangsgröße multiplizieren muss, um die Größe nach dieser Zeitspanne zu erhalten, heißt *Wachstumsfaktor*. In Aufgabe 1 beträgt er 1,036 pro Jahr.

Bei einer Zunahme mit konstanter **prozentualer Wachstumsrate** p % liegt exponentielles Wachstum mit dem **Wachstumsfaktor** $\left(1 + \frac{p}{100}\right)$ pro Zeitspanne vor.
Der Wachstumsfaktor $\left(1 + \frac{p}{100}\right)$ wird oft mit q abgekürzt: $q = 1 + \frac{p}{100}$

Weiterführende Aufgaben

2. *Prozentuale Wachstumsrate und Verdopplungszeit*

a) Ermittle, nach wie vielen Jahren sich ein Anfangskapital von 1 000 € bei einem Zinssatz von 5 % verdoppelt hat. Verändere das Anfangskapital. Was folgt aus der Untersuchung?

b) Untersuche, nach wie vielen Jahren sich ein Anfangskapital von 1 000 € bei unterschiedlichen Zinssätzen verdoppelt hat. Lege eine Tabelle an.

Zinssatz p %	Verdopplungszeit d
5 %	

c) Welcher Zusammenhang besteht zwischen dem Zinssatz p % und der Verdopplungszeit d? Überprüfe die Vermutung für weitere Zinssätze bis 10 % und für andere Zinssätze. Vergleiche mit der nebenstehenden Faustformel.

d) Die prozentuale Wachstumsrate der Erdbevölkerung liegt bei 1,4 % pro Jahr. Begründe, warum man mit der Formel aus Teilaufgabe c) auch die Verdopplungszeit der Erdbevölkerung näherungsweise bestimmen kann.

3. *Bestimmen der prozentualen Wachstumsrate pro Zeitspanne*
Eine Hefekultur von 5 g vermehrt sich so, dass der Bestand jede Stunde auf das Zweieinhalbfache anwächst. Wie groß ist die prozentuale Wachstumsrate pro Stunde? Welchen Einfluss hat der Anfangsbestand? Begründe.

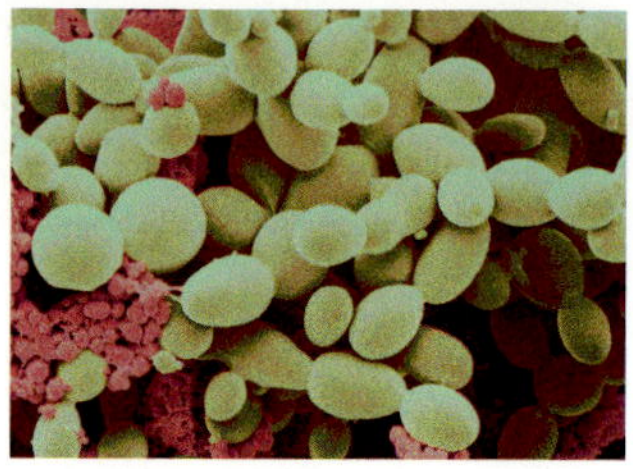

Übungsaufgaben

4. Auf wie viel Euro wachsen 1 000 € bei einer Verzinsung von 3 % pro Jahr in 3 Jahren, in 5 Jahren, in 8 Jahren an? Um welches Wachstum handelt es sich? Gib eine Formel an.

5. Gib die Bedeutung der Variablen an. Ermittle die fehlenden Werte und schreibe zu jeder Aufgabe eine Rechengeschichte.

Zinseszinsformel
$K_n = K_0 \cdot \left(1 + \frac{p}{100}\right)^n$

K_0	1 500 €	25 000 €		1 000 €	
p %	4 %	5,75 %	3 %		6 %
n	8	10	8	10	12
K_n			30 000 €	1 500 €	18 000 €

6. **a)** Durch schädliche Umwelteinflüsse verlangsamt sich das Wachstum des Holzbestandes von Aufgabe 1 so, dass er jährlich nur um 2,5 % zunimmt. Auf wie viel Festmeter wächst der Holzbestand des geschädigten Waldes nach 4 Jahren [nach 8, 12, 16, 20 Jahren] an?

b) Für einen Festmeter Holz wird durchschnittlich ein Erlös von 45 € erzielt. Wie hoch ist der durch Umweltschäden verursachte Verlust (gegenüber dem natürlichen Wachstum) in dem angegebenen Zeitraum für den Waldbesitzer?

7. Nach wie vielen Jahren würde sich die Bevölkerung jeweils verdoppeln, wenn die vorausberechnete Wachstumsrate sich als richtig erweist? Verwende die Faustformel.

Afrika	2,6 %
Asien	1,4 %
Nordamerika	0,8 %

8. Die Bevölkerung eines Landes wird sich bei gleichmäßig prozentualem Wachstum nach einer Prognose A in 25 Jahren, nach einer Prognose B in 32 Jahren verdoppeln.
Von welcher prozentualen Wachstumsrate gehen die Prognosen jeweils aus?

9. Betrachte die Überlegung von Lukas rechts. Wo steckt der Fehler?

10. **a)** Beim Metall Blei rechnet man mit einer jährlichen Wachstumsrate des Verbrauchs von 3,14 %. Heute wird ein Jahresverbrauch von 3,7 Mio t angenommen. Stelle eine Formel auf und berechne den Verbrauch nach 10, 20, 30 und 100 Jahren.

b) Hannes ist das zu umständlich. Er rechnet mit 3 % pro Jahr. Untersuche die Fragestellung aus Teilaufgabe a). Vergleiche die beiden Ergebnisse. Begründe.

11. Nimm Stellung zu der Zeitungsnotiz von Anfang 1991.

> **BERLIN:** Die jährliche Wachstumsrate der Erdbevölkerung liegt derzeit bei 1,7 %. Das bedeutet, dass sich die Menschheit unter gleichen Bedingungen alle 44 Jahre verdoppelt.

12. Im Jahr 1994 wurden folgende Angeben zu dem zu erwartenden Zeitraum der Verdoppelung der damaligen Bevölkerungszahl gemacht:

Land	Israel	Äthiopien	USA	Kuwait	Argentinien
Bevölkerungszahl	5,4 Mio.	51,3 Mio.	257,8 Mio.	1,8 Mio.	33,5 Mio.
Verdoppelungs-Zeitraum d	36 Jahre	24 Jahre	77 Jahre	16 Jahre	53 Jahre

a) Berechne die zugehörigen Wachstumsraten.

b) Vergleiche mit den aktuellen Daten und korrigiere gegebenenfalls die Angaben.

13. *Teamarbeit:* Die UNO veröffentlichte 1998 die folgende Tabelle (Angaben in Mio.):

	1950	1998	2050
World	2 521	5 901	8 909
Africa	221	749	1 766
Asia	1 402	3 585	5 268
Europe	547	729	628
Latin America and the Caribbean	167	504	809
Northern America	172	305	392
Oceania	13	30	46
More developed regions	813	1 182	1 155
Less developed regions	1 709	4 719	7 754

a) Berechnet die zugehörigen Wachstumsraten.

b) Mit welchen Verdoppelungszeiten – bezogen auf 1998 – ist aufgrund der angenommenen Prognose zu rechnen? Vergleicht mit der Periode 1950–1998.

c) Vergleicht die Angaben für die Weltbevölkerung im Jahr 2050 mit der 1999 prognostizierten Wachstumsrate von 1,33 %. Zeigt resultierende Probleme auf.

d) Vergleicht die Prognosen mit der tatsächlichen Entwicklung nach 1998.

14. Welche Modellannahme liegt dieser Prognose zugrunde?

Das Wachstum der Menschheit

Bevölkerung in Millionen:

	2004	2025	2050
Nordamerika	326	386	457
Lateinamerika und Karibik	549	685	778
Europa	728	722	668
Afrika	885	1 323	1 941
Asien	3 875	4 778	5 385
Australien, Ozeanien	33	41	47
gesamte Weltbevölkerung	**6 396**	**7 934**	**9 276**

3.1.3 Exponentielle Abnahme – Zerfall

Aufgabe 1

Eine Patientin nimmt einmalig 8 mg eines Medikaments zu sich. Im Körper wird im Laufe eines Tages $\frac{1}{4}$ des Medikaments abgebaut, d.h. es sind am nächsten Tag noch $\frac{3}{4}$ davon vorhanden.

a) Lege eine Tabelle an.
Erstelle eine Formel, mit der man die Masse M(t) zum Zeitpunkt t Tage nach der Einnahme berechnen kann.

b) Zeichne einen Graphen. Beantworte anhand des Graphen: Nach welcher Zeitspanne ist nur noch die Hälfte des Anfangsbestandes vorhanden?
Zeige am Graphen: Diese Zeitspanne bleibt gleich, auch wenn man eine andere Ausgangsmasse wählt.

Lösung

a)

Zeitpunkt t (in Tagen)	0	1	2	3	4	5	6	7	8
Masse M(t) (in mg)	8	6	4,5	3,38	2,53	1,90	1,42	1,07	0,80

Nach 1 Tag sind noch $8\text{ mg} \cdot \frac{3}{4}$ vorhanden, am 2. Tag noch $\left(8\text{ mg} \cdot \frac{3}{4}\right) \cdot \frac{3}{4} = 8\text{ mg} \cdot \left(\frac{3}{4}\right)^2$. Nach 5 Tagen liegt noch eine Masse von $8\text{ mg} \cdot \left(\frac{3}{4}\right)^5$ vor. Für t Tage gilt: $M(t) = 8 \cdot \left(\frac{3}{4}\right)^t$

b)

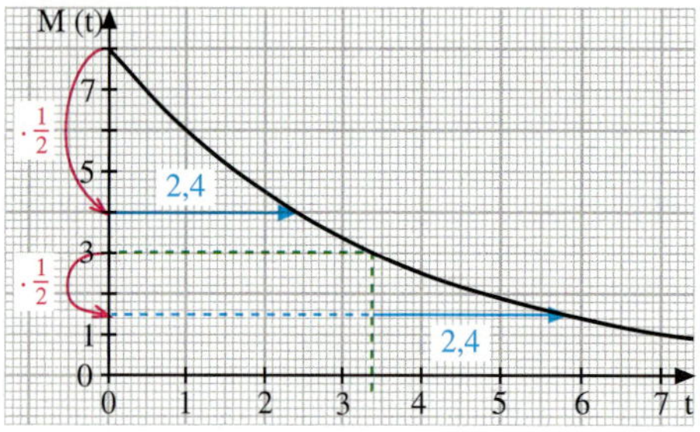

In ungefähr 2,4 Tagen ist statt 8 mg nur noch die Hälfte des Anfangsbestandes, also 4 mg vorhanden.
Die Zeitspanne, in der das Medikament z.B. von 3 mg auf 1,5 mg abnimmt, beträgt auch ungefähr 2,4 Tage.
Dies gilt auch für andere Beispiele.

Information

(1) Exponentielle Abnahme

Im Sachverhalt von Aufgabe 1 kann man auch andere Zeitspannen wählen und untersuchen, mit welchem Faktor man multiplizieren muss. Wählt man z.B. eine Zeitspanne von 2 Tagen, so wird die Medikamentenmasse zweimal mit $\frac{3}{4}$ multipliziert, also insgesamt mit $\frac{9}{16}$.

Für eine Zeitspanne von einem halben Tag muss für den Faktor x gelten: $x \cdot x = \frac{3}{4}$. Man muss also die Medikamentenmasse mit $\sqrt{\frac{3}{4}}$ multiplizieren, um zu bestimmen, wie viel nach einem halben Tag vorhanden ist.

Exponentielle Abnahme

In gleichen Zeitspannen c werden die jeweiligen Größenangaben immer mit dem gleichen Faktor d multipliziert. Der Faktor d liegt zwischen 0 und 1.
Dies nennt man *exponentielle Abnahme*.
Exponentielle Abnahme wird durch die Formel $f(t) = a \cdot b^t$ beschrieben, wobei die Basis b zwischen 0 und 1 liegt.

b ist der Faktor zur Zeitspanne c = 1.

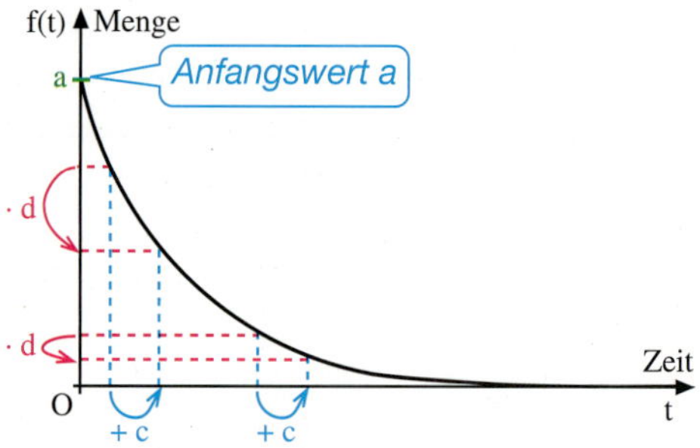

(2) Exponentielles Wachstum

Zu exponentieller Abnahme und Zunahme gehören Formeln der Form $B(t) = a \cdot b^t$, wobei bei Abnahme der Wachstumsfaktor zwischen 0 und 1 liegt. Bei Zunahme ist der Faktor größer als 1. Der Oberbegriff zu exponentieller Zunahme und exponentieller Abnahme ist **exponentielles Wachstum**.
Zuweilen werden Abnahmeprozesse auch plakativ als *„negatives Wachstum"* bezeichnet.

Weiterführende Aufgabe

Radioaktivität
Zerfall instabiler Atomkerne unter Aussendung von Strahlen

2. *Abnahmerate und Abnahmefaktor*

a) Radioaktives Iod zerfällt so, dass seine Masse um 8 % pro Tag abnimmt. Am Anfang sind 3 mg vorhanden.
Wie viel radioaktives Iod ist am 2. Tag, 3. Tag, 4. Tag, 5. Tag noch vorhanden? Stelle auch eine Formel auf.

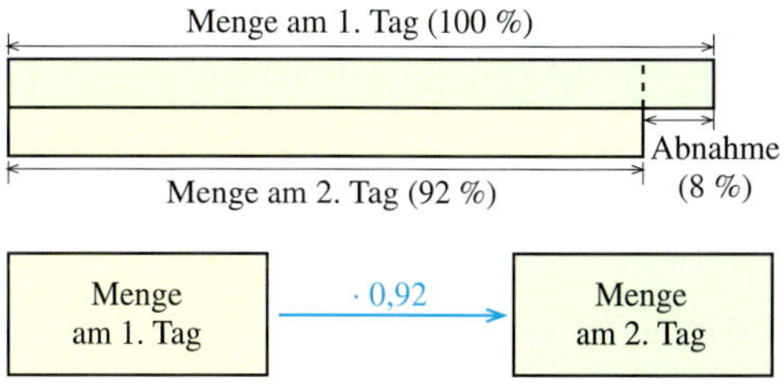

b) Erläutere folgende Regel:

> Bei einer Abnahme mit konstanter prozentualer Abnahmerate (Zerfallsrate) p % liegt **exponentielle Abnahme** mit dem **Abnahmefaktor** (*Zerfallsfaktor*) $\left(1 - \frac{p}{100}\right)$ vor.

Übungsaufgaben

3. Radioaktiver Schwefel zerfällt so, dass die Masse jedes Jahr um $\frac{1}{12}$ abnimmt. Es sind anfangs 6 g Schwefel vorhanden.

a) Wie viel Schwefel sind nach 1; 2; 3; 4; 5; 6 Jahren noch vorhanden? Zeichne einen Graphen.

b) Ermittle eine Formel. Welcher Anteil ist nach 10 Jahren noch vorhanden?

Jsotop
Atom, das sich von einem anderen desselben chemischen Elements nur in der Masse unterscheidet.

4. Für bestimmte Untersuchungen verwendet man in der Medizin ein radioaktives Iod-Isotop, das schnell zerfällt. Von 1 mg ist nach 1 Stunde jeweils nur noch 0,75 mg im menschlichen Körper vorhanden. Nach wie viel Stunden ist von 1 mg zum ersten Mal weniger als 0,5 mg vorhanden? Wie groß ist der Zerfallsfaktor zur Zeitspanne 1 Stunde, in 2, in 3, in 5 Stunden?

5. Bei einem Blutalkoholgehalt ab 0,5 Promille werden Kraftfahrer mit einem Bußgeld oder mit Führerscheinentzug bestraft. Alkohol wird von der Leber so abgebaut, dass sein Gehalt im Blut um etwa 0,2 Promillepunkte pro Stunde (also jeweils um die gleiche Menge) abnimmt.

a) Ein Zecher geht um 3 Uhr nachts mit einem Blutalkoholgehalt von 2,3 Promille schlafen. Um wie viel Uhr ist der Blutalkoholgehalt kleiner als 0,5 Promille [gleich 0]?

b) Vergleiche den Abbau des Alkohols im Blut mit dem Abbau des radioaktiven Iods im menschlichen Körper (Übungsaufgabe 4).

ppm (engl.)
parts per million;
$1 : 10^6$

6. Durch Einleitung einer giftigen Chemikalie in einen Stausee ist das Wasser so verunreinigt worden, dass ein Badeverbot erlassen werden musste. Im Stausee wurden 135 ppm der Chemikalie gemessen. Die Verunreinigung nimmt langsam ab, und zwar um 10 % pro Woche. Das Badeverbot kann aufgehoben werden, wenn die Verunreinigung den von den Gesundheitsbehörden festgesetzten Grenzwert von 25 ppm unterschritten hat. Nach wie vielen Wochen ist das möglich?

7. Röntgenstrahlen werden durch Bleiplatten abgeschirmt. Bei einer Plattendicke von 1 mm nimmt die Strahlungsstärke um 5 % ab. Wie dick muss die Bleiplatte sein, damit Strahlung auf die Hälfte [etwa $\frac{1}{10}$] der ursprünglichen Stärke vermindert wird?

Im Blickpunkt

Im Blickpunkt

Mittelwerte bei Zunahme- und Abnahmeprozessen

1. Ein Hochgeschwindigkeitszug legt einen Teil einer Teststrecke mit konstanter Geschwindigkeit zurück. Nach 30 s ist er beim Streckenkilometer 40, nach 50 s beim Streckenkilometer 43.

a) An welcher Stelle war er nach 40 s?

b) Nach t_1 Sekunden soll der Zug an der Stelle a, nach t_2 Sekunden an der Stelle b sein.
Berechne einen Term für die Stelle, an der der Zug nach $\frac{t_1 + t_2}{2}$ Sekunden ist.

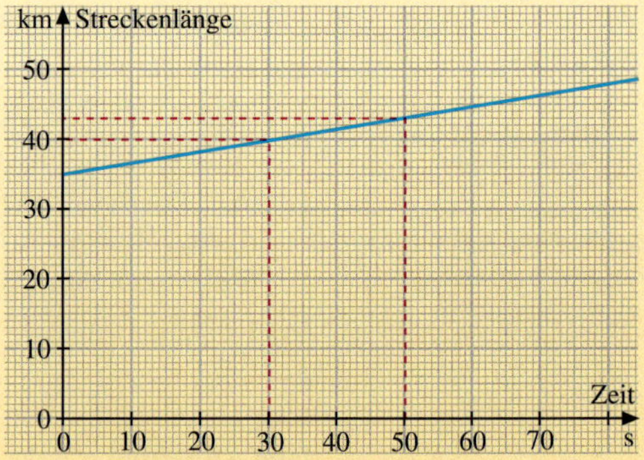

2. Bei einer anderen Testzugfahrt wird eine bestimmte Strecke zurückgelegt. Aus der benötigten Zeit wird die Geschwindigkeit bestimmt.
Ein Zug, der 30 s benötigt, hat eine Geschwindigkeit von 400 $\frac{km}{h}$, einer, der 50 s benötigt, eine Geschwindigkeit von 240 $\frac{km}{h}$.

a) Welche Geschwindigkeit hat der Zug, der 40 s benötigt?

b) Ein Zug, der t_1 Sekunden benötigt, hat die Geschwindigkeit a, einer, der t_2 Sekunden benötigt, die Geschwindigkeit b.
Berechne einen Term für die Geschwindigkeit eines Zuges, der $\frac{t_1 + t_2}{2}$ Sekunden benötigt.

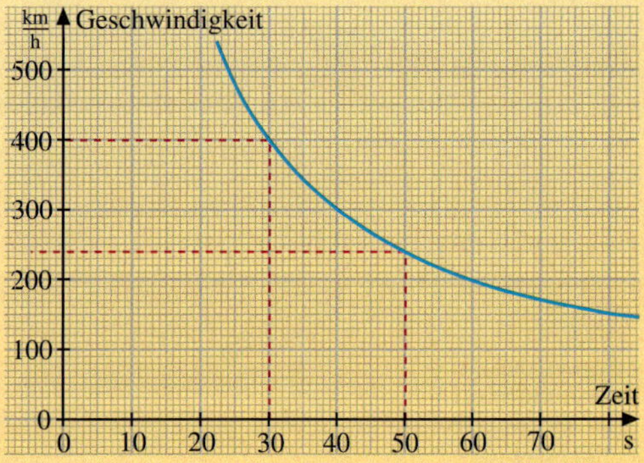

3. Eine Algenart wächst exponentiell an. 30 Tage nach Beobachtungsbeginn sind 40 m^2 bedeckt, nach 50 Tagen 90 m^2.

a) Wie viel war nach 40 Tagen bedeckt?

b) Nach t_1 Tagen sollen a Quadratmeter, nach t_2 Tagen b Quadratmeter bedeckt sein. Berechne einen Term für die Größe der nach $\frac{t_1 + t_2}{2}$ Tagen bedeckten Fläche.

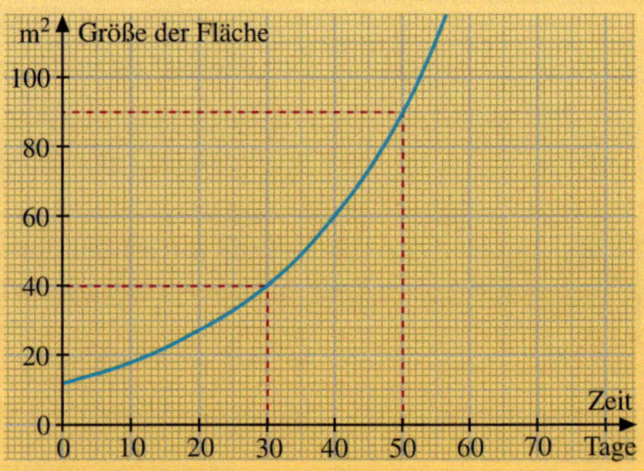

4. Katharina entdeckt in einem Lexikon, dass es zu zwei gegebenen Werten a und b verschiedene Mittelwerte gibt:

Arithmetisches Mittel	Harmonisches Mittel	Geometrisches Mittel
$m = \frac{1}{2}(a + b)$	$\frac{1}{h} = \frac{1}{2}\left(\frac{1}{a} + \frac{1}{b}\right)$	$g = \sqrt{a \cdot b}$

a) Felix bemerkt, dass die drei Formeln mit den ersten drei Aufgaben zusammenhängen. Erläutere.

b) Untersuche an einem selbst gewählten Beispiel, welcher der obigen Mittelwerte bei einem linearen Abnahmeprozess, welcher bei einem exponentiellen Abnahmeprozess anzuwenden ist.

c) Begründe Folgendes:

(1) Verändert sich eine Größe linear, so gehört zum arithmetischen Mittel zweier Ausgangswerte das arithmetische Mittel der zugehörigen Werte.

(2) Verändert sich eine Größe exponentiell, so gehört zum arithmetischen Mittel zweier Ausgangswerte das geometrische Mittel der zugehörigen Werte.

(3) Verändert sich eine Größe antiproportional, so gehört zum arithmetischen Mittel zweier Ausgangswerte das harmonische Mittel der zugehörigen Werte.

5. Überlege, welcher Mittelwert der angemessene ist.

(1) Nicole fährt eine Stunde mit dem Fahrrad. Die Hälfte der Zeit fährt sie mit 18 $\frac{km}{h}$, die andere Hälfte mit 12 $\frac{km}{h}$.
Wie groß ist ihre Durchschnittsgeschwindigkeit?

(2) Niklas fährt 12 km mit dem Fahrrad. Die ersten 6 km mit 18 $\frac{km}{h}$, die zweiten 6 km mit 12 $\frac{km}{h}$.
Wie groß ist seine Durchschnittsgeschwindigkeit?

(3) Jessica und Tina fahren Tandem. Der Preis für ihr Tandem-Modell erhöht sich im ersten Jahr von 500 € um 30 %, dann im zweiten Jahr um 10 %.
Wie groß ist ihre durchschnittliche prozentuale Erhöhung pro Jahr?

6. Erfinde selbst je eine Aufgabe zur Mittelwertberechnung, bei der das arithmetische Mittel, das harmonische Mittel und das geometrische Mittel berechnet werden muss.

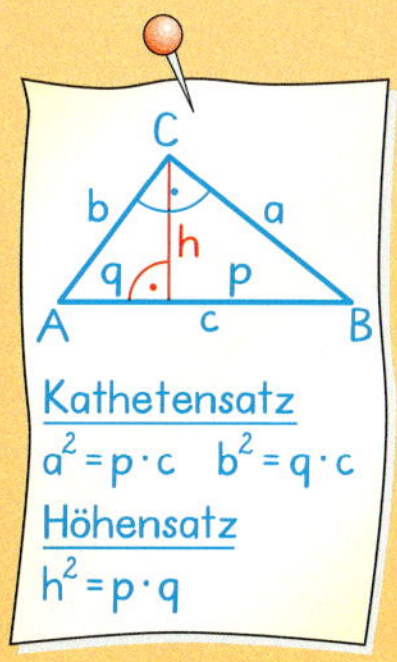

7. Aus der Zeichnung rechts kann man einen Größenvergleich von arithmetischem, geometrischem und harmonischem Mittel für positive Werte a und b herleiten.

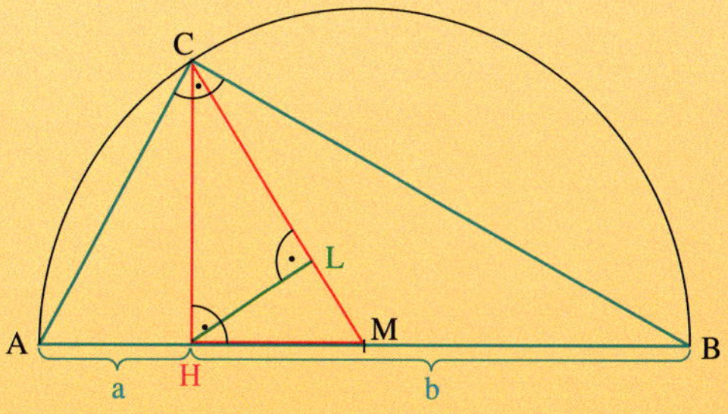

(1) Begründe, dass |MC| das arithmetische Mittel von a und b ist.

(2) Begründe mithilfe des Höhensatzes für das Dreieck ABC, dass |HC| das geometrische Mittel von a und b ist.

(3) Begründe mithilfe des Kathetensatzes für das Dreieck HMC, dass |LC| das harmonische Mittel von a und b ist.

(4) Folgere daraus eine Größenreihenfolge der drei Mittelwerte.

3.2 Exponentialfunktionen und ihre Eigenschaften

Bei den exponentiellen Prozessen des Algenwachstums (Seite 105) und der Medikamentenabnahme (Seite 112) haben wir die Abhängigkeit der Größe der Algenfläche bzw. der Masse von der Zeit durch die Formeln $f(t) = 10 \cdot 2^t$ bzw. $f(t) = 8 \cdot \left(\frac{3}{4}\right)^t$ beschrieben. Durch solche Formeln werden auch Funktionen beschrieben, mit denen und deren Eigenschaften wir uns beschäftigen wollen.

3.2.1 Die Exponentialfunktionen mit $y = b^x$ mit $b > 0$; $b \neq 1$

Aufgabe 1

Die Exponentialfunktion zur Basis 2

a) Zeichne den Graphen der Exponentialfunktion f mit $f(x) = 2^x$ im Bereich $-3 \leq x \leq 3$.

b) Gib Eigenschaften des Graphen an.

c) Wie ändert sich der Funktionswert, wenn x um 1 bzw. um 3 erhöht wird? Begründe.

d) Wie ändert sich der Funktionswert, wenn x um s erhöht wird? Begründe.

Lösung

a) *Wertetabelle:*

x	2^x
– 3	0,125
– 2,5	0,177
– 2	0,25
– 1,5	0,354
– 1	0,5
– 0,5	0,707
0	1
0,5	1,414
1	2
1,5	2,828
2	4
2,5	5,657
3	8

Graph:

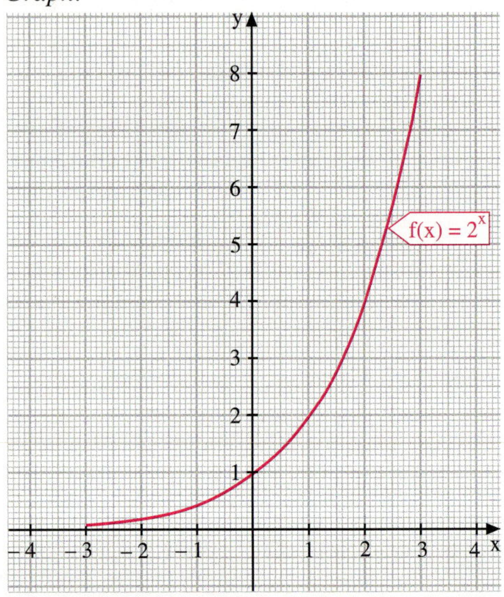

b) Der Graph der Funktion steigt (von links nach rechts) immer an; mit wachsendem x werden die Funktionswerte größer. Er verläuft vom 2. Quadranten durch den Punkt P(0|1) der y-Achse in den 1. Quadranten. Der Graph nähert sich im 2. Quadranten der x-Achse immer mehr an, je kleiner (niedriger) die Werte für x werden.

c) An der Wertetabelle oder am Graphen erkennst du:
Wenn man x um 1 erhöht, verdoppelt sich der Funktionswert, denn:
$f(x + 1) = 2^{x+1} = 2^x \cdot 2 = f(x) \cdot 2$
Wenn man x um 3 erhöht, verachtfacht sich der Funktionswert, denn:
$f(x + 3) = 2^{x+3} = 2^x \cdot 2^3 = f(x) \cdot 8$

$a^{r+s} = a^r \cdot a^s$

d) Wenn man x um s erhöht, wird der Funktionswert 2^x mit 2^s multipliziert. Das kann man auch mit einem Potenzgesetz begründen:
$f(x + s) = 2^{x+s} = 2^x \cdot 2^s = f(x) \cdot 2^s$

Aufgabe 2

Die Exponentialfunktion zur Basis $\frac{1}{2}$

Zeichne den Graphen zur Exponentialfunktion f mit $f(x) = (\frac{1}{2})^x$ im Bereich $-4 \le x \le 4$.
Zeichne in dasselbe Koordinatensystem den Graphen der Exponentialfunktion g mit $g(x) = 2^x$.
Vergleiche die beiden Graphen. Was fällt auf? Begründe.

Lösung

Wertetabelle:

x	$(\frac{1}{2})^x$	2^x
– 4	16	0,06
– 3,5	11,31	0,09
– 3	8	0,13
– 2,5	5,66	0,18
– 2	4	0,25
– 1,5	2,83	0,35
– 1	2	0,5
– 0,5	1,41	0,71
0	1	1
0,5	0,71	1,41
1	0,5	2
1,5	0,35	2,83
2	0,25	4
2,5	0,18	5,66
3	0,13	8
3,5	0,09	11,31
4	0,06	16

Graph:

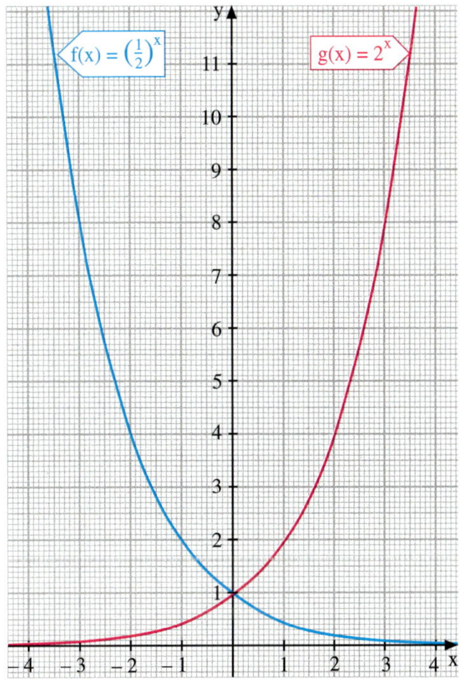

Der Graph zu $f(x) = (\frac{1}{2})^x$ geht aus dem Graphen zu $g(x) = 2^x$ durch Spiegelung an der y-Achse hervor und umgekehrt.

$a^{-n} = \frac{1}{a^n}$

Begründung: Ersetzt man in dem einen Funktionsterm x durch –x, so ergibt sich der andere Funktionsterm:

$g(-x) = 2^{-x} = \frac{1}{2^x} = \frac{1^x}{2^x} = \left(\frac{1}{2}\right)^x = f(x)$ bzw. $f(-x) = \left(\frac{1}{2}\right)^{-x} = \frac{1}{(\frac{1}{2})^x} = \frac{1}{\frac{1^x}{2^x}} = \frac{1}{\frac{1}{2^x}} = 2^x = g(x)$

Information

Definition
Eine Funktion mit der Gleichung $y = b^x$, wobei $b > 0$, $b \neq 1$, heißt **Exponentialfunktion zur Basis b**.

Weiterführende Aufgabe

3. *Eigenschaften der Exponentialfunktion zu $y = b^x$*

a) In den Aufgaben 1 und 2 hast du die Exponentialfunktionen zu den Basen 2 und $\frac{1}{2}$ betrachtet.
Zeichne Graphen von Exponentialfunktionen auch für andere Basen.
Nenne Eigenschaften der Graphen. Welche Gemeinsamkeiten bestehen, welche Unterschiede?

b) Was ergibt sich im Fall $b = 1$?
Warum wird dieser Fall wohl ausgeschlossen?
Warum wird der Fall $b = 0$ für die Basis ausgeschlossen?
Warum darf für die Basis b keine negative Zahl genommen werden?

Information Wir fassen die Ergebnisse der Aufgaben 1 bis 3 noch einmal zusammen.

Satz (*Eigenschaften der Exponentialfunktionen*)

Für jede Exponentialfunktion zu $y = b^x$ mit $x \in \mathbb{R}$ und beliebiger positiver Basis $b \neq 1$ gilt:

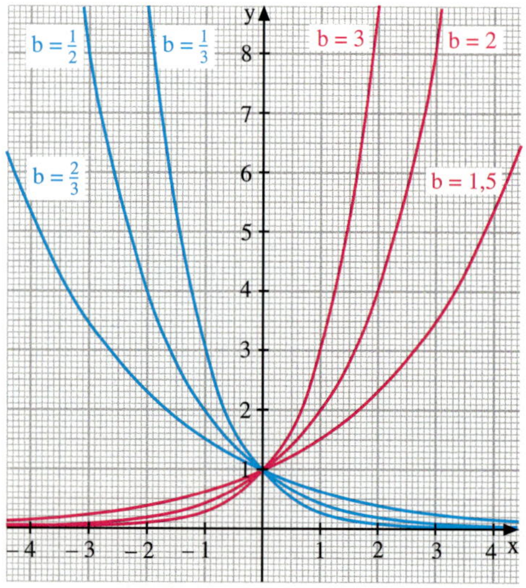

- Der Graph
  - steigt für $b > 1$;
  - fällt für $0 < b < 1$.
- Der Graph liegt oberhalb der x-Achse. Jede positive reelle Zahl kommt als Funktionswert vor, also ist die Wertemenge $\mathbb{R}^*_+$.
- Der Graph schmiegt sich
  - für $b > 1$ dem negativen Teil der x-Achse an;
  - für $0 < b < 1$ dem positiven Teil der x-Achse an.
- Jedes Mal, wenn x um s wächst, wird der Funktionswert b^x mit dem Faktor b^s multipliziert (*Grundeigenschaft der Exponentialfunktion*).
- Alle Graphen haben den Punkt $P(0|1)$ und nur diesen Punkt gemeinsam (Schnittpunkt mit der y-Achse).
- Die Graphen der Exponentialfunktionen zu $y = b^x$ und $y = \left(\frac{1}{b}\right)^x$ gehen durch Spiegelung an der y-Achse auseinander hervor.
  Statt $y = \left(\frac{1}{b}\right)^x$ kann man auch $y = b^{-x}$ schreiben.

Übungsaufgaben

4. Zeichne für verschiedene Werte von b die Graphen von Exponentialfunktionen mit $f(x) = b^x$ in ein gemeinsames Koordinatensystem.
Wie ändert sich der Graph, wenn man die Basis b ändert?
Nenne gemeinsame Eigenschaften und Unterschiede der Graphen.

5. Zeichne den Graphen zu $y = 2^x$.

a) Lies am Graphen Näherungswerte ab für $2^{\frac{1}{4}}$; $2^{\frac{3}{4}}$; $2^{0,6}$; $2^{1,2}$; $2^{-0,8}$.

b) Lies am Graphen Näherungswerte für die Stellen ab, zu denen die folgenden Funktionswerte gehören: 0,5; $\frac{4}{5}$; 1,2; 1,5; 2; 3; $\frac{5}{2}$; $\frac{7}{3}$; $\frac{11}{2}$; $-\frac{1}{2}$

6. Wie ändert sich jedes Mal der Funktionswert bei $f(x) = 2^x$, wenn man x

a) um 2 vergrößert;
b) um 2 verkleinert;
c) um 3 vergrößert;
d) um 3 verkleinert;
e) um 0,5 vergrößert;
f) um 0,5 verkleinert;
g) verdoppelt;
h) verdreifacht;
i) halbiert?

7. a) Wie viel Mal so groß wird der Funktionswert bei $f(x) = 2^x$, wenn x um 10 größer wird [um 10 kleiner wird]? Formuliere eine Faustregel.

b) Um wie viel muss man x vermehren, damit sich der Funktionswert 4^x vertausendfacht?

8. Zeichne den Graphen von $y = (\frac{1}{2})^x$. Lies am Graphen Näherungswerte ab:

a) Für $(\frac{1}{2})^{2,5}$; $(\frac{1}{2})^{\frac{3}{4}}$; $(\frac{1}{2})^{0,6}$; $0,5^{-2,2}$

b) Für die Stellen, die zu folgenden Funktionswerten gehören: 0,75; 4,7; $\frac{1}{100}$; 0; -3

9. Wie verändert sich jeweils der Funktionswert bei $f(x) = (\frac{1}{2})^x$, wenn man x

a) um 2 vergrößert;
b) um 4 vergrößert;
c) um 10 vergrößert;
d) um 1 verkleinert;
e) um 0,5 vergrößert;
f) verdoppelt?

10. Zeichne den Graphen der Exponentialfunktion zur Basis 2,5 [Basis 1,3; Basis 3,4]. Beschreibe Eigenschaften des Graphen. Wähle die Schrittweite 0,5 und veranschauliche die Grundeigenschaften der Exponentialfunktion am Graphen für $-2 \leq x \leq 2$.

11. Der Graph einer Funktion steigt von links nach rechts und liegt oberhalb der x-Achse. Er schmiegt sich dem negativen Teil der x-Achse an und geht durch die Punkte $P(0|1)$ und $Q(1|5)$. Skizziere einen derartigen Graphen und überlege, ob er zu einer Exponentialfunktion gehört.

12. Ordne einander begründet zu. Ergänze die fehlende Tabelle.

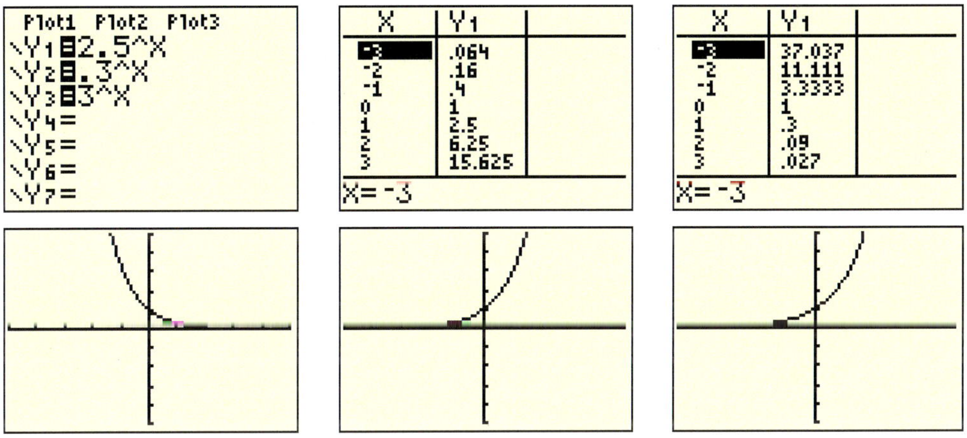

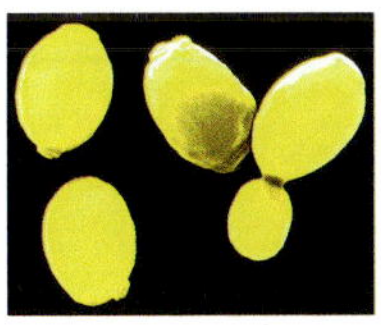

13. Das Wachstum einer Hefekultur wird durch folgende Tabelle von Messwerten beschrieben.

Zeit (in h)	0	0,5	0,75	1	1,4	$-0,5$	-1
Volumen (in cm^3)	1	1,4	1,7	2	2,65	0,7	0,5

a) Bestätige: Nach x Stunden hat die Hefekultur ein Volumen von ungefähr 2^x cm^3.

b) Welches Volumen würde sie nach 2 [nach 5; nach 10; nach 20] Stunden einnehmen?

14. Das Wachstum einer Algenkultur wurde durch folgende Tabelle von Messwerten beschrieben.

Zeit (in h)	0	0,5	1	1,5	2	3	3,5	4	10	20	-1
Größe der Algenfläche (in m^2)	1	1,58	2,5	3,95	6,25	15,625					

a) Bestätige: Das Wachstum der Algenkultur lässt sich annähernd durch eine Exponentialfunktion modellieren. Überlege verschiedene Nachweismöglichkeiten.

b) Bewerte Tims Behauptung: „Nach 5 Stunden hat die Kultur eine Fläche von 32 m^2 erreicht.“

15. Zeichne den Graphen der Exponentialfunktion g mit $g(x) = (\sqrt{3})^x$.
Ermittle am Graphen Näherungswerte für die Lösungen der folgenden Gleichungen.
$g(2) = y$; $g(-2{,}5) = z$; $g(x) = 4{,}3$; $g(r) = -0{,}01$; $g(c) = 1{,}73$; $g(x) = 0{,}5$

16. In dem Koordinatensystem rechts sind die Einheiten nicht eingetragen. Trotzdem kann man den Graphen je einen der folgenden Funktionsterme richtig zuordnen.
Begründe.

(1) $2{,}7^x$ (3) $0{,}8x + 1$ (5) $3{,}4^x$
(2) $1{,}8^x$ (4) $2{,}8x + 1$ (6) $2x + 2$

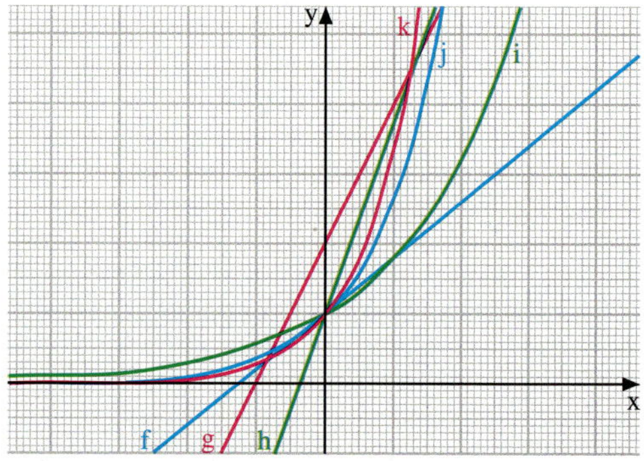

17. Zeichne den Graphen der Exponentialfunktion zur Basis 0,7 [zur Basis 0,3].
Gib Eigenschaften an.

18. Zeichne den Graphen von f mit $f(t) = \left(\frac{1}{4}\right)^t$ im Bereich $-2 \leq t \leq 2$.

a) Lies, soweit möglich, am Graphen Näherungswerte ab für die Werte von a, die folgende Gleichung erfüllen: $f(-0{,}8) = a$; $f(1{,}9) = a$; $f(a) = 1$; $f(a) = 3$; $f(a) = 0$; $f(a) = -3$

b) Wie verändert sich jeweils der Funktionswert, wenn man t
(1) um 1 vergrößert; (3) um 0,5 vergrößert; (5) verdoppelt;
(2) um 1 verkleinert; (4) um 0,5 verkleinert; (6) halbiert?

19. In dem Koordinatensystem sind die Einheiten nicht eingetragen. Trotzdem kann man den Graphen je einen der folgenden Funktionsterme richtig zuordnen. Begründe.

a) $0{,}3^x$ **c)** $-x + 1$ **e)** $1 - \frac{8}{5}x$
b) $\left(\frac{1}{4}\right)^x$ **d)** $0{,}9^x$ **f)** $2 - 0{,}9x$

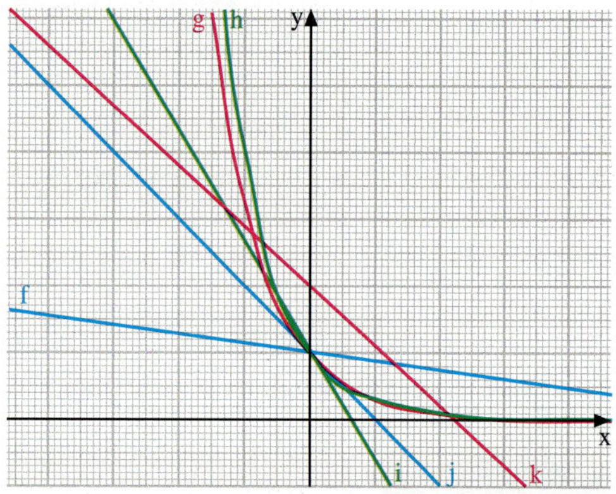

20. Zeichne die Graphen zu $y = 3^x$ und $y = \left(\frac{1}{3}\right)^x$ in ein gemeinsames Koordinatensystem. Zeige durch eine Rechnung, dass sie durch Spiegeln an der y-Achse auseinander hervorgehen.

21. Bilde Paare von Funktionstermen, deren Graphen beim Spiegeln an der y-Achse auseinander hervorgehen: $\left(\frac{3}{4}\right)^x$; 10^x; $1{,}2^x$; $\left(\frac{4}{3}\right)^x$; $1{,}4^x$; $\left(\frac{5}{6}\right)^x$; $\left(\frac{5}{7}\right)^x$

22. Der Graph einer Exponentialfunktion mit $y = b^x$ geht durch den Punkt P. Bestimme die Basis b wie im Beispiel.

a) P(2|25) **d)** P(−3|0,125) **g)** P(3|0,343)
b) P(−1|0,25) **e)** P(−4|0,25) **h)** P(−4|256)
c) $P\left(\frac{1}{2}\middle|\frac{1}{2}\sqrt{2}\right)$ **f)** P(−1|6) **i)** $P\left(-0{,}5\middle|\frac{1}{3}\right)$

P(1,5|8)
$b^{1{,}5} = 8$
$b^{\frac{3}{2}} = 8 \quad |\ (\ )^{\frac{2}{3}}$
$b = \sqrt[3]{8^2}$
$= 4$

23. Kann man in Aufgabe 22 an den Koordinaten von P erkennen, ob die Basis b größer oder kleiner als 1 ist? Formuliere eine Regel. Begründe sie.

3.2.2 Potenzen mit irrationalen Exponenten

Information

(1) Definition von Potenzen mit irrationalen Exponenten

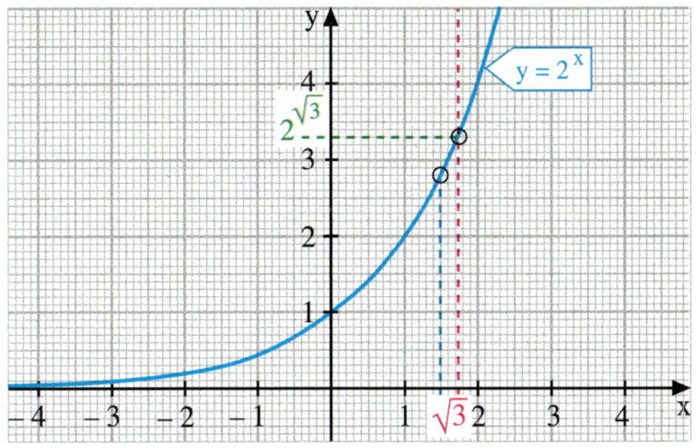

Im vorigen Abschnitt haben wir für die Exponentialfunktion mit $y = 2^x$ stillschweigend die Menge $\mathbb{R}$ der reellen Zahlen als Definitionsmenge angenommen. Bisher haben wir aber nur Potenzen mit rationalen Exponenten kennen gelernt, z. B. ist:

$2^{1,5} = 2^{\frac{3}{2}} = \sqrt{2^3} = \sqrt{8} = 2{,}8284\ldots$

Eine solche Termumformung ist aber nur möglich, wenn der Exponent eine rationale Zahl ist. Wenn man z. B. $2^{\sqrt{3}}$ angeben möchte, wird man sinnvoller Weise für $\sqrt{3}$ rationale Näherungswerte einsetzen und die Potenz berechnen, z. B.

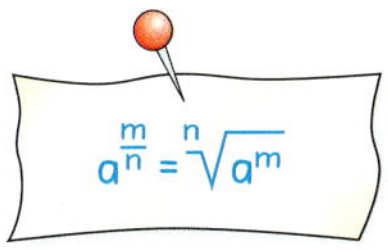

$2^{\sqrt{3}} \approx 2^{1,73} = 2^{\frac{173}{100}} = \sqrt[100]{2^{173}} = 3{,}31\ldots$

Wir nähern also $\sqrt{3}$ durch rationale Zahlen an, um einen Näherungswert für $2^{\sqrt{3}}$ zu erhalten. Deshalb ist folgende Definition sinnvoll:

Definition

Unter Potenzen mit irrationalen Exponenten versteht man die Werte, welche die Lücken bei dem Graph der entsprechenden Exponentialfunktion mit rationalen Exponenten schließen.

Wir vereinbaren: Wenn die Definitionsmenge einer Funktion nicht angegeben ist, soll die größtmögliche in $\mathbb{R}$ angenommen werden, bei Exponentialfunktionen also $\mathbb{R}$.

(2) Potenzgesetze für reelle Exponenten

Alle Potenzgesetze auf Seite 57 gelten nicht nur für rationale, sondern sogar für beliebige reelle Exponenten. Wir verzichten auf einen Beweis.

Satz

Für beliebige reelle Exponenten r und s und reelle Basen $a > 0$, $b > 0$ gilt:

	Potenzgesetze	*Beispiele*
(P1)	$a^r \cdot a^s = a^{r+s}$	$2^{\sqrt{3}} \cdot 2^{\sqrt{5}} = 2^{\sqrt{3}+\sqrt{5}}$
(P1*)	$a^r : a^s = a^{r-s}$	$2^{\sqrt{5}} : 2^{\sqrt{3}} = 2^{\sqrt{5}-\sqrt{3}}$
(P2)	$a^r \cdot b^r = (a \cdot b)^r$	$2^{\sqrt{5}} \cdot 3^{\sqrt{5}} = (2 \cdot 3)^{\sqrt{5}} = 6^{\sqrt{5}}$
(P2*)	$a^r : b^r = (a : b)^r$	$6^{\sqrt{5}} : 3^{\sqrt{5}} = (6 : 3)^{\sqrt{5}} = 2^{\sqrt{5}}$
(P3)	$(a^r)^s = a^{r \cdot s}$	$(2^{\sqrt{8}})^{\sqrt{2}} = 2^{\sqrt{8}\cdot\sqrt{2}} = 2^{\sqrt{16}} = 2^4$

Übungsaufgaben

1. Ermittle mithilfe des Taschenrechners Näherungswerte auf vier Stellen gerundet.

a) $3^{\sqrt{2}}$; $2^{\frac{1}{2}\sqrt{2}}$; $4^{\sqrt{20}}$ **b)** $6{,}3^{\sqrt{\sqrt{8}}}$; $2^{-\sqrt{6}}$ **c)** $-\frac{\sqrt{10}}{3}$; $\left(\frac{6}{5}\right)^{-\sqrt{1,4}}$ **d)** $\sqrt{2}^{\sqrt{5}}$; $\left(\frac{2}{\sqrt{7}}\right)^{-\sqrt{10}}$

2. Vereinfache: **a)** $33^{\sqrt{6}} : 11^{\sqrt{6}}$ **b)** $4^{\sqrt[3]{7}} \cdot 0{,}5^{\sqrt[3]{7}}$ **c)** $(3^{\sqrt{10}})^{\sqrt{40}}$ **d)** $6^{\sqrt{5}} \cdot \left(\frac{12}{2}\right)^{3\sqrt{5}}$

3. Welche der folgenden Terme sind wertgleich zueinander? Begründe.

$(3^{\sqrt{5}})^2$; $3^{(2\cdot\sqrt{5})}$; $(3^2)^{\sqrt{5}}$; $3^{((\sqrt{2})^2)}$; $3^{\sqrt{2}} \cdot 3^{\sqrt{2}}$; $3^{\sqrt{5}} \cdot 3^{\sqrt{5}}$; $(3^{\sqrt{2}})^2$

3.2.3 Die Exponentialfunktion mit $y = a \cdot b^x$ mit $b > 0$, $b \neq 1$, $a > 0$

Aufgabe 1

Strecken des Graphen einer Exponentialfunktion parallel zur y-Achse

Zeichne die Graphen zu $f(x) = 2^x$ und $g(x) = 3 \cdot 2^x$ in ein Koordinatensystem; ebenso die Graphen zu $f(x) = \left(\frac{1}{3}\right)^x$ und $g(x) = 2 \cdot \left(\frac{1}{3}\right)^x$ in ein anderes Koordinatensystem. Wie entsteht jeweils der Graph zu g aus dem Graphen zu f? Vergleiche auch die Eigenschaften der Graphen.

Lösung

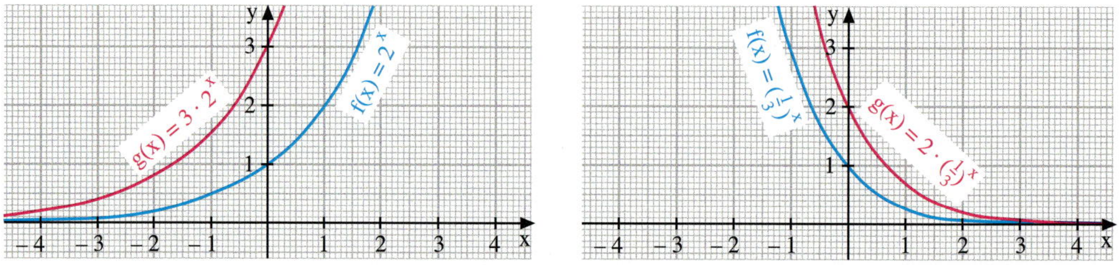

Für jeden Wert von x wird der Funktionswert f(x) mit 3 bzw. 2 multipliziert, d. h. die y-Koordinate wird verdreifacht bzw. verdoppelt. Dies entspricht einer Streckung des Graphen in y-Richtung mit dem Faktor 3 bzw. 2. Bis auf den Schnittpunkt mit der y-Achse bleiben die Eigenschaften erhalten.

Aufgabe 2

Bestimmen des Funktionsterms zu einem exponentiellen Prozess

Eine Bakterienart vermehrt sich so, dass sich alle 3 Stunden die von ihr bedeckte Fläche verdoppelt. Zu Beginn der Beobachtung sind 12 cm^2 bedeckt. Erläutere, warum die Abhängigkeit durch eine Exponentialfunktion mit dem Term $f(x) = a \cdot b^x$ beschrieben werden kann, wobei x die Zeit seit Beobachtungsbeginn (in Stunden) bezeichnet. Ermittle a und b. Zeichne den Graphen.
Wie groß war die bedeckte Fläche 4 Stunden vor Beobachtungsbeginn?

Lösung

Da die bedeckte Fläche in jeweils gleichen Zeitspannen (3 Stunden) mit dem jeweils gleichen Faktor (2) multipliziert wird, handelt es sich um ein exponentielles Wachstum; die Größe f(x) der bedeckten Fläche (in cm^2) zum Zeitpunkt x (in h) kann also durch eine Exponentialfunktion mit dem Term $f(x) = a \cdot b^x$ beschrieben werden.

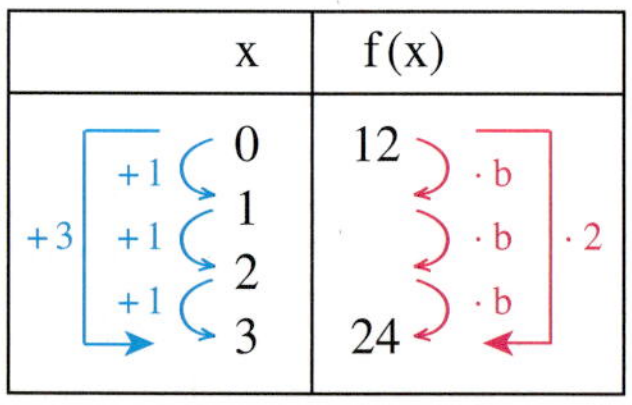

Bestimmen des Faktors a

Zum Zeitpunkt 0 ist $f(0) = a \cdot b^0 = a$, also ist $a = 12$.
Der Funktionsterm lautet also $f(x) = 12 \cdot b^x$, wobei die Basis b noch zu bestimmen ist.

x	f(x)
0	12
1	
2	
3	24

(+1 von Zeile zu Zeile, insgesamt +3; · b von Zeile zu Zeile, insgesamt · 2)

Bestimmen der Basis b

Nach 3 Stunden sind 24 cm^2 bedeckt, d. h. $f(3) = 24$.
Also muss gelten: $24 = 12 \cdot b^3$
Daher ist $b^3 = 2$.
Die Basis ist demnach:
$b = \sqrt[3]{2} = 1{,}2599\ldots \approx 1{,}26$

Die gesuchte Gleichung lautet also:
$f(x) = 12 \cdot \sqrt[3]{2}^{\,x}$ bzw. $f(x) \approx 12 \cdot 1{,}26^x$

Ergebnis: 4 Stunden vor Beobachtungsbeginn waren
$f(-4) \approx 12 \cdot 1{,}26^{-4} \approx 4{,}76$,
also ungefähr 4,76 cm^2 bedeckt.

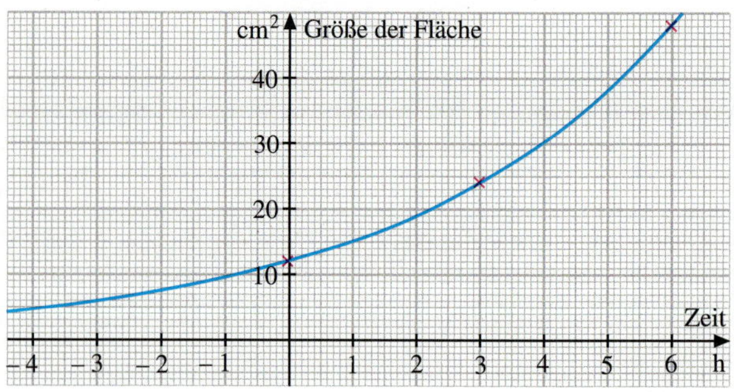

Information

(1) Exponentialfunktionen

Auch Funktionen mit einem Funktionsterm der Form $g(x) = a \cdot b^x$ mit $x \in \mathbb{R}$, $a > 0$, $b > 0$, $b \neq 1$ werden als Exponentialfunktionen bezeichnet.

Man erhält den Graphen von $g(x) = a \cdot b^x$ aus dem Graphen von $f(x) = b^x$ durch Strecken mit dem Faktor a in Richtung der y-Achse.

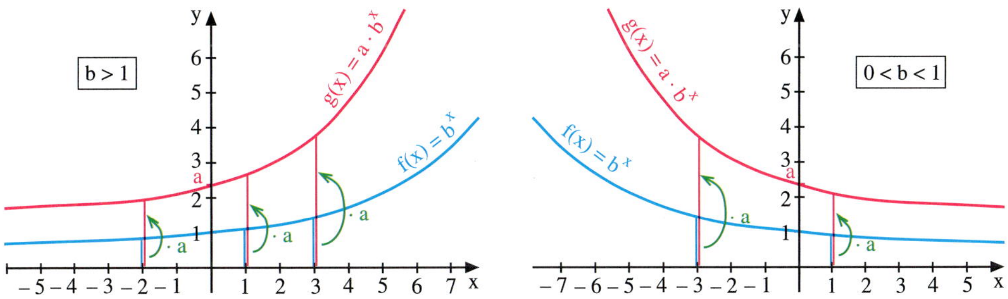

Die Eigenschaften der Funktion f mit $f(x) = b^x$ übertragen sich auf die Funktion g mit $g(x) = a \cdot b^x$. Erhalten bleibt das Steigen bzw. Fallen und das Anschmiegen an die x-Achse. Weiterhin wird jede reelle positive Zahl als Funktionswert angenommen. Auch die Grundeigenschaft der Exponentialfunktion bleibt erhalten: Wenn x um s wächst, wird der Funktionswert mit b^s multipliziert.
Statt durch $P(0|1)$ verläuft der Graph durch $S(0|a)$.

(2) Exponentielles Wachstum

Wir können nun den Zusammenhang zwischen exponentiellem Wachstum und Exponentialfunktionen herstellen.

„Ein Prozess verläuft exponentiell“ bedeutet anders formuliert:
Die Zunahme bzw. die Abnahme kann durch eine Exponentialfunktion mit einem Funktionsterm der Form $f(x) = a \cdot b^x$ beschrieben werden.
Liegt ein exponentieller Zunahmeprozess vor, so ist die Basis b größer als 1; bei einem exponentiellen Abnahmeprozess liegt die Basis zwischen 0 und 1.

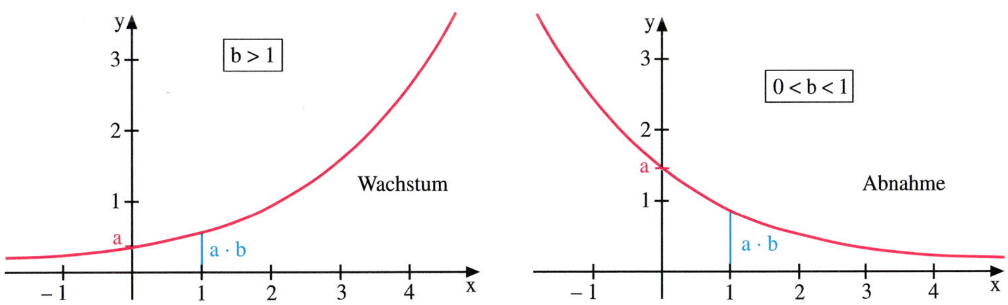

In der Funktionsgleichung $f(x) = a \cdot b^x$ kann die Zahl a verschieden gedeutet werden:
- a kann als Streckfaktor aufgefasst werden.
- a ist die Ordinate (2. Koordinate) des Schnittpunktes des Graphen mit der y-Achse. $S(0|a)$
- a ist der Anfangswert bei exponentiellen Zunahmeprozessen bzw. Abnahmeprozessen.

Weiterführende Aufgabe

3. *Bestimmen einer Exponentialfunktion, wenn zwei Punkte des Graphen gegeben sind*

a) Von einer Messtabelle eines exponentiellen Wachstumprozesses ist der Anfang abgerissen worden. Kristina und Phil haben zwei unterschiedliche Wege, wie sie die Tabelle ergänzen können. Erläutere ihre Überlegungen.

1	4	6
0,8	12,5	?

Kristina

P(1|0,8) und Q(4|12,5) $f(x) = a \cdot b^x$
$0{,}8 = a \cdot b^1$ $12{,}5 = a \cdot b^4$ } dividieren
$15{,}625 = b^3 \quad \mid (\ )^{\frac{1}{3}}$ $2{,}5 = b$
$0{,}8 = a \cdot 2{,}5^1$ $0{,}32 = a$
$f(x) = 0{,}32 \cdot 2{,}5^x$

$f(6) = 78{,}125$

Phil

x	f(x)
1	0,8
4	12,5

+3 (+1, +1, +1) · 15,625 (· b, · b, · b)

also: $b^3 = 15{,}625$
$b = 2{,}5$

Anfangswert: Von Wert 0,8 bei 1 einen „Zeitschritt" zurückgehen:

also: $a = 0{,}8 : 2{,}5 = 0{,}32$
$f(x) = 0{,}32 \cdot 2{,}5^x$
$f(6) = 78{,}125$

b) Bei welcher Exponentialfunktion verläuft der Graph durch P(−2|0,16) und Q(−1|0,8)?

Übungsaufgaben

4. Zeichne für verschiedene Werte von a und b die Graphen von Exponentialfunktionen mit der Gleichung $y = a \cdot b^x$ in ein gemeinsames Koordinatensystem.
Wie ändert sich der Graph, wenn man den Faktor a bzw. die Basis b verändert?

5. a) Zeichne die Graphen von $g(x) = 2 \cdot 3^x$ und von $f(x) = 3^x$ im Intervall $-4 \le x \le 2$.
Durch welche Abbildung geht der Graph zu $g(x) = 2 \cdot 3^x$ aus dem zu $f(x) = 3^x$ hervor?

b) Welche Eigenschaften der Exponentialfunktion zu $y = 3^x$ (Seite 118) übertragen sich auf die Funktion zu $y = 2 \cdot 3^x$ [zu $y = a \cdot 3^x$ mit $a > 0$]?

6. Zeichne die Graphen von $y = \frac{1}{2} \cdot 0{,}8^x$ und $y = 0{,}8^x$ [von $y = \frac{5}{3} \cdot 2^x$ und $y = 2^x$] in ein gemeinsames Koordinatensystem. Vergleiche die Eigenschaften beider Graphen. Wie verändert sich der Funktionswert, wenn x um 2 [0,5; 1,5] wächst?

7. Ordne jedem Funktionsterm den passenden Graphen zu.
$f_1(x) = 2 \cdot 1{,}3^x$ $\quad f_2(x) = 3 \cdot 1{,}5^x$
$f_3(x) = 3 \cdot (\frac{2}{3})^x$ $\quad f_4(x) = 2 \cdot 1{,}7^x$
$f_5(x) = 3 \cdot 0{,}8^x$

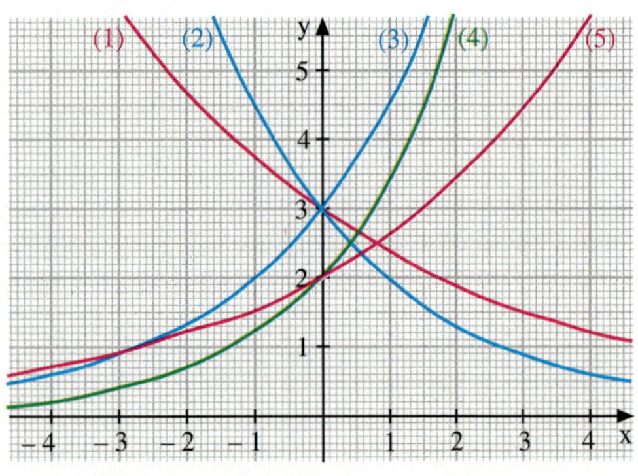

8. a) Skizziere den Verlauf der Graphen von $y = 2 \cdot 3^x$; $y = 2{,}1 \cdot 3^x$; $y = 2 \cdot 3{,}1^x$ und $y = 2{,}1 \cdot 3{,}1^x$ in ein gemeinsames Koordinatensystem.

b) *Partnerarbeit:* Bildet selbst ähnliche Beispiele. Formuliert ein allgemeines Ergebnis.

9. Eine Bakterienart vermehrt sich so, dass sie alle 3 Wochen auf das 2,8fache anwächst. Zu Beginn sind 20 Bakterien vorhanden.

a) Julian rundet den Wachstumsfaktor pro Woche auf 2 Stellen nach dem Komma, Ann-Kathrin auf 4. Vergleiche ihre Werte für die Bakterienanzahl nach 5 Wochen, 10 Wochen und 20 Wochen.

b) Berechne die Werte aus Teilaufgabe a) nach einer eigenen Rundungsregel. Verändere auch den Anfangswert.

10. Eine Bakterienart vermehrt sich so, dass sie sich alle 4 Tage verdreifacht. Am Anfang sind 60 Bakterien vorhanden.

a) Gib die prozentuale Wachstumsrate pro Tag an.

b) Wie viele Bakterien sind nach 8 Tagen, 10 Tagen, 3 Wochen vorhanden?

11. Eine Substanz nimmt so ab, dass sie sich alle 4 Tage drittelt. Anfangs sind 90 g vorhanden.

a) Welche Masse ist nach 8 Tagen, nach 12 Tagen vorhanden?

b) Ermittle die prozentuale Abnahmerate pro Tag und gib die Masse nach 7 Tagen [11 Tagen] an.

12. Ergänze die Lücken im Heft.

Beschreibung des Prozesses	Anfangsbestand	Zeiteinheit	Wachstumsfaktor pro Zeiteinheit	prozentuale Wachstumsrate pro Zeiteinheit	Bestand nach x Zeiteinheiten
Vergrößerung einer Länge auf das 2,3fache alle 7 Wochen	350 cm	1 Woche	$\sqrt[7]{2{,}3} = 1{,}1264$	$\sqrt[7]{2{,}3} - 1 \approx 0{,}1264 = 12{,}64\,\%$	$350\text{ cm} \cdot 1{,}1264^x$
Zunahme pro Jahr	600 €			3 %	
		1 Minute			$30\text{ g} \cdot \left(\sqrt[6]{2{,}3}\right)^x$

13. Ermittle eine Funktionsgleichung für den Prozess.

a) Ein Anfangsbestand von 30 vervierfacht sich alle drei Tage.

b) Ein Anfangsbestand von 2 drittelt sich alle 5 Stunden.

c) Ein Anfangsbestand von 0,65 vermehrt sich alle 2,5 Minuten auf das 1,5fache.

d) Ein Anfangsbestand von 400 verringert sich jeweils in einem halben Jahr um 12 %.

e) Ein Anfangsbestand von 32 vermehrt sich jeweils in 3 Sekunden um 5 %.

f) Ein Anfangsbestand von 4 wächst stündlich um 0,3.

g) Ein Anfangsbestand von 13,7 fällt alle vier Tage um 5.

14. Der Graph einer Exponentialfunktion soll durch die Punkte P(1|1) und Q(2|3) verlaufen. Die Rechnung rechts von Tobias ist fehlerhaft. Korrigiere sie.

$1 = a \cdot b^1$
$2 = a \cdot b^3 = a \cdot b \cdot b^2$

$2 = 1 \cdot b^2$
$b = \sqrt{2}$
$a = \frac{1}{\sqrt{2}}$

$y = \frac{1}{\sqrt{2}} \cdot \sqrt{2}^x = \sqrt{2}^{x-1}$

15. Der Graph der Exponentialfunktion mit $y = a \cdot b^x$ geht durch die Punkte P und Q. Bestimme a und b. Gib auch die Funktionsgleichung an.

a) $P(1|6)$, $Q(2|18)$ **c)** $P(4|12{,}5)$, $Q(1|0{,}8)$ **e)** $P(-2|40)$, $Q(-4|160)$ **g)** $P(0|r)$, $Q(t|1)$

b) $P(-1|0{,}3)$, $Q(2|37{,}5)$ **d)** $P(\frac{1}{2}|3)$, $Q(2|18)$ **f)** $P(0|r)$, $Q(1|t)$ **h)** $P(0|r)$, $Q(s|t)$

16. **a)** Welcher Graph und welche Funktionsgleichung passen zusammen? Entscheide anhand der Eigenschaften. Wie verläuft der Graph zur noch fehlenden Funktionsgleichung?

(1) $y = 1{,}5 \cdot 1{,}3^x$
(2) $y = 1{,}5 \cdot 0{,}8^x$
(3) $y = 0{,}2 \cdot x^3 + 1{,}5$
(4) $y = 0{,}1 \cdot x^4 + 1{,}5$
(5) $y = 4 \cdot x^{-1}$
(6) $y = 1{,}5x + 1$

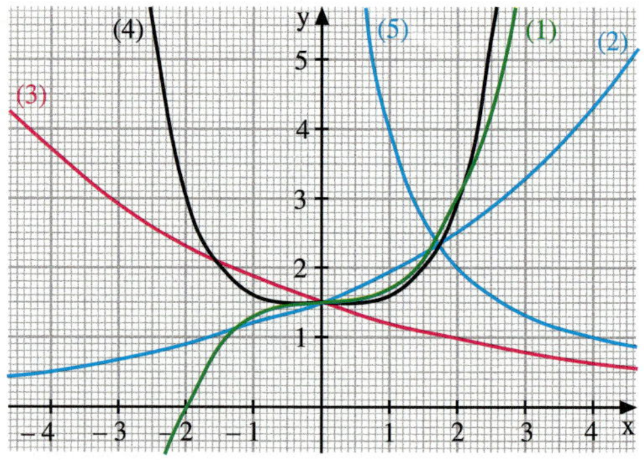

b) Zeichne alle Graphen mit dem GTR. Wie groß ist die Seitenlänge eines Quadrates mindestens, das alle Schnittpunkte in der „Nähe" von $A(1{,}7|2)$ enthält?

17. Gib eine lineare Funktion mit $y = m \cdot x + b$, eine Exponentialfunktion mit $y = a \cdot b^x$ und eine Potenzfunktion mit $y = a \cdot x^p$ an, deren Graphen durch die beiden Punkte P und Q verlaufen.

a) $P(1|1)$; $Q(2|4)$ **b)** $P(2|2)$; $Q(4|\frac{1}{2})$

18. Rechts siehst du die Graphen einer linearen Funktion und einer Exponentialfunktion. Erzeuge die Graphen mit einem GTR. Wie stark weichen die Funktionswerte für $x = 5$ voneinander ab?

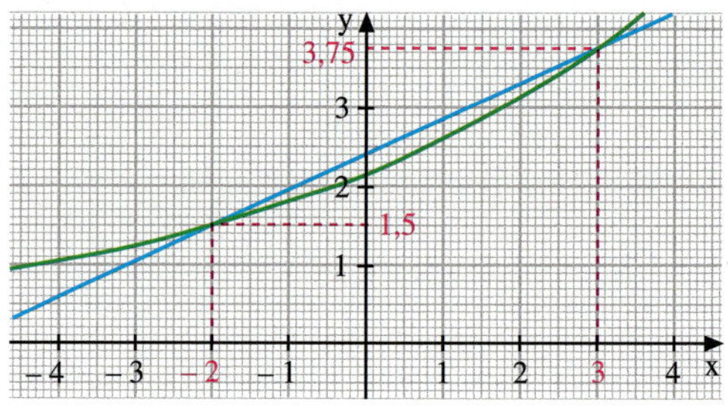

19. In zwei Schalen 1 und 2 werden zwei Substanzen beobachtet:
In Schale 1 sind anfangs 200 cm² bedeckt, in Schale 2 sind es 150 cm². Die Substanz von Schale 1 zerfällt kontinuierlich so, dass sie sich in jeweils zwei Monaten halbiert. Von Schale 2 wird kontinuierlich so viel weggenommen, dass sich die Substanz monatlich um 20 cm² verringert.

a) Stelle für beide Prozesse eine Funktionsgleichung auf, welche die bedeckte Fläche in Abhängigkeit von der Anzahl der Monate angibt.

b) Löse grafisch: Wann ist in Schale 2 eine größere Fläche bedeckt als in Schale 1?

Angebot A:
Ihre Anlage von 20 000 €
wächst an
in 3 Jahren auf 24 500 €,
in 6 Jahren auf 30 014 €,
in 10 Jahren auf 39 343 €.

Angebot B:
Ihre Anlage von 50 000 €
wächst an
in 4 Jahren auf 63 123 €,
in 8 Jahren auf 78 020 €,
in 12 Jahren auf 100 609 €.

20. Überprüfe, ob den Angeboten ein fester Zinssatz zugrunde liegt.

21. **a)** Bestimme eine Gleichung für die Exponentialfunktion durch die Punkte $P(1|-0{,}75)$ und $Q(-1|-192)$.

b) Untersuche, ob man deren Funktionsgleichung auch in der Form $y = -3 \cdot 4^{1-2x}$ schreiben kann.

3.3 Verschieben und Strecken der Graphen der Exponentialfunktionen
Zum Selbstlernen

Ziel

Wir haben beliebige exponentielle Wachstumsprozesse mit Exponentialfunktionen vom Typ $y = a \cdot b^x$ mit $c > 0$ beschrieben. Diese Exponentialfunktionen haben an der Stelle 0 einen positiven Anfangswert $a > 0$. Hier lernst du das Strecken auch mit negativen Streckfaktoren und das Verschieben parallel zur x-Achse kennen.

Zum Erarbeiten

Strecken des Graphen parallel zur y-Achse

a) *Zeichne die Graphen zu* $f(x) = 1{,}5^x$, $g(x) = 3 \cdot 1{,}5^x$ *und* $h(x) = -3 \cdot 1{,}5^x$ *in ein Koordinatensystem.*

b) *Zeichne die Graphen zu* $f(x) = \left(\frac{1}{4}\right)^x$, $g(x) = 2 \cdot \left(\frac{1}{4}\right)^x$ *und* $h(x) = -2 \cdot \left(\frac{1}{4}\right)^x$ *in ein anderes Koordinatensystem.*

c) *Wie entsteht jeweils der Graph zu g bzw. h aus dem Graphen zu f?*

Du erhältst folgende Graphen:

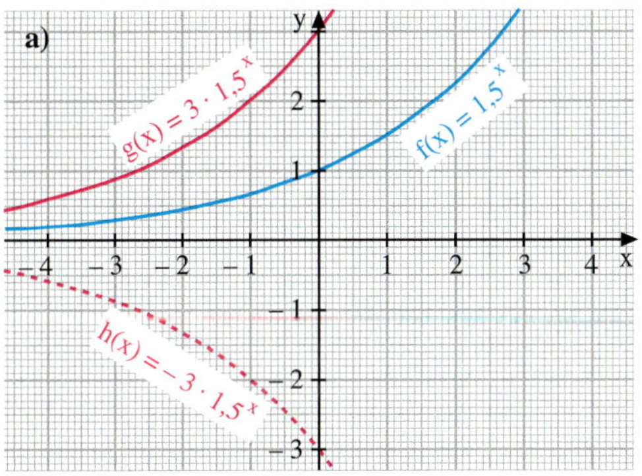

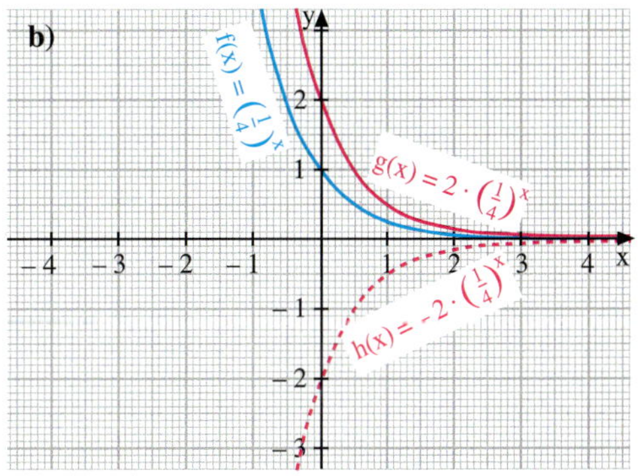

c) Wird der Funktionswert f(x) mit 3 bzw. 2 multipliziert, so wird die y-Koordinate jedes Punktes verdreifacht bzw. verdoppelt. Dies entspricht einer Streckung des Graphen in y-Richtung.

Man erhält den Graphen zu $g(x) = a \cdot b^x$ aus dem Graphen zu $f(x) = b^x$ durch Strecken mit dem Faktor a in Richtung der y-Achse.

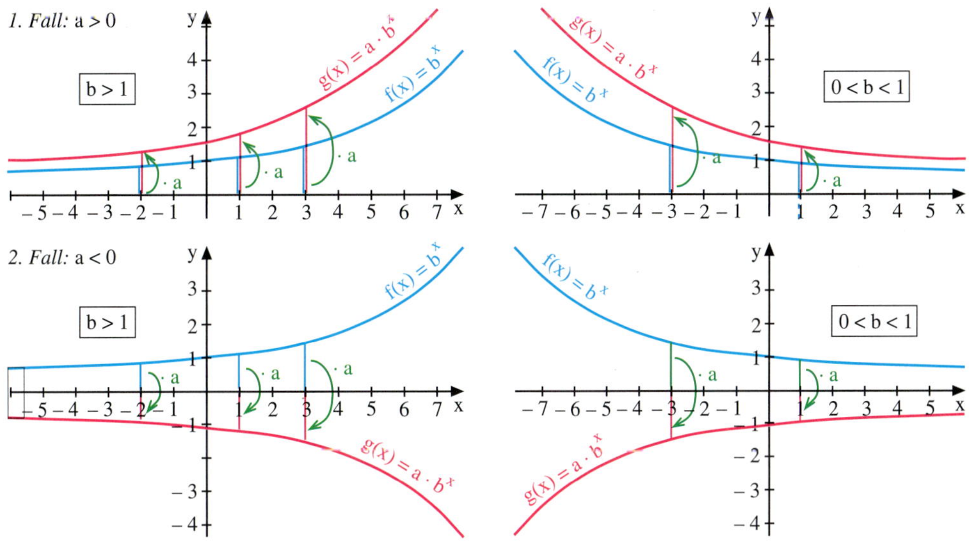

Verschieben der Graphen parallel zur x-Achse

Zeichne den Graphen der Exponentialfunktion zu $f(x) = 2^x$ und verschiebe ihn um 1 Einheit nach rechts.
Zeichne ein weiteres Koordinatensystem des Graphen der Exponentialfunktion zu $g(x) = \left(\frac{1}{3}\right)^x$ und verschiebe ihn um 2 Einheiten nach links.
Erstelle die Funktionsterme der beiden verschobenen Graphen. Formuliere Gemeinsamkeiten und Unterschiede.

Bezeichne die Funktion zu dem nach rechts verschobenen Graphen mit u.

Bezeichne die Funktion zu dem nach links verschobenen Graphen mit v.

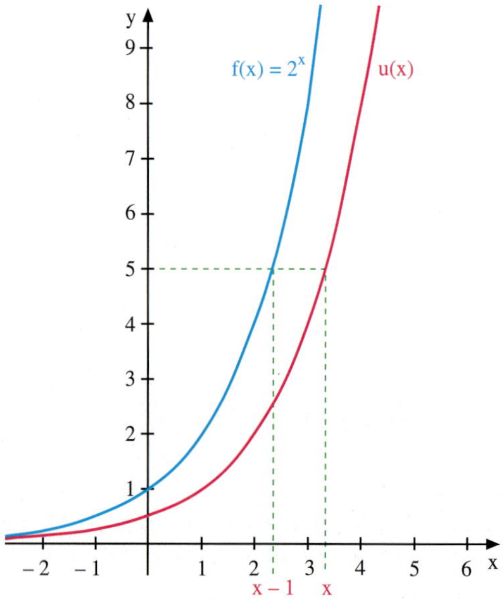

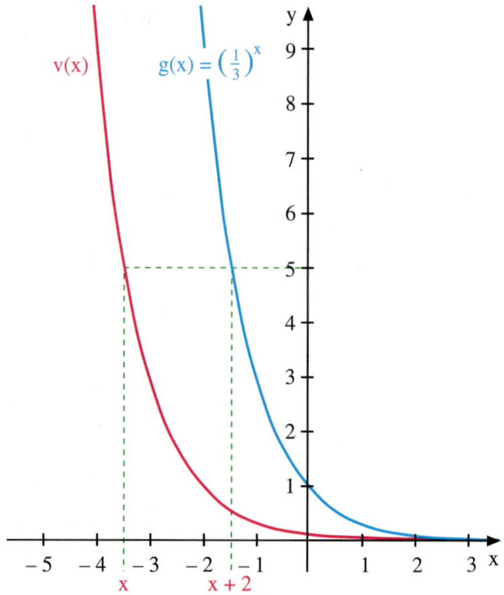

Betrachte die Wertetabellen der Funktionen:

x	– 3	– 2	– 1	0	1	2	3
$f(x) = 2^x$	$\frac{1}{8}$	$\frac{1}{4}$	$\frac{1}{2}$	1	2	4	8
u(x)		$\frac{1}{8}$	$\frac{1}{4}$	$\frac{1}{2}$	1	2	4

x	– 3	– 2	– 1	0	1	2	3
$g(x) = \left(\frac{1}{3}\right)^x$	27	9	3	1	$\frac{1}{3}$	$\frac{1}{9}$	$\frac{1}{27}$
v(x)	3	1	$\frac{1}{3}$	$\frac{1}{9}$	$\frac{1}{27}$	$\frac{1}{81}$	$\frac{1}{243}$

Der Funktionswert u(x) des um 1 nach rechts verschobenen Graphen an der Stelle x ist gleich dem Funktionswert der Funktion f an der um 1 weiter links liegenden Stelle x – 1.

Also gilt:

$u(x) = f(x - 1) = 2^{x-1}$

Der Funktionswert v(x) des um 2 nach links verschobenen Graphen an der Stelle x ist gleich dem Funktionswert der Funktion g an der um 2 weiter nach rechts liegenden Stelle x + 2.

Also gilt:

$v(x) = g(x + 2) = \left(\frac{1}{3}\right)^{x+2}$

Das Verschieben des Graphen wird in beiden Fällen durch eine Veränderung des Exponenten im Funktionsterm bewirkt. Eine Addition einer positiven Zahl bewirkt eine Verschiebung nach links, eine Subtraktion einer positiven Zahl (bzw. Addition einer negativen Zahl) bewirkt eine Verschiebung nach rechts.

Die Verschiebung der Graphen dieser Exponentialfunktionen parallel zur x-Achse führt zu einem Ersetzen des Exponenten x durch eine Summe x + c, wobei c positiv, aber auch negativ sein kann.

Man erhält den Graphen von $g(x) = b^{x+c}$ aus dem Graphen von $f(x) = b^x$ durch Verschieben parallel zur x-Achse um c Einheiten, und zwar

nach links, falls $c > 0$; nach rechts, falls $c < 0$.

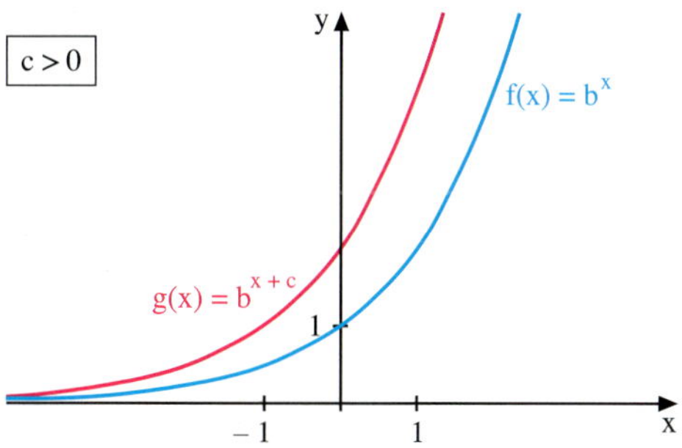

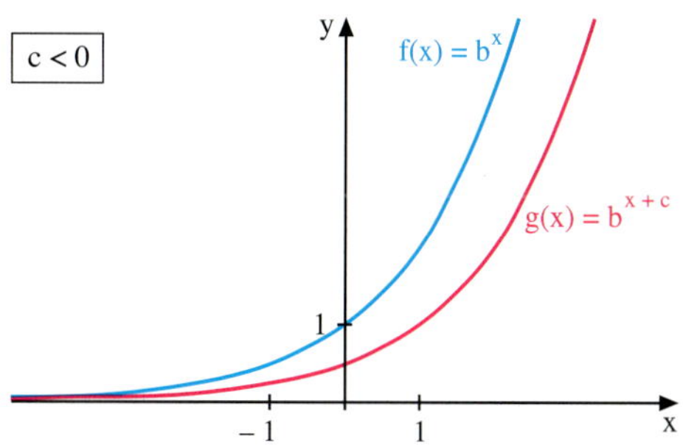

A Ersetzen einer Verschiebung durch eine Streckung

Zeichne den Graphen zu $g(x) = 2^{x+3}$. Finde zwei verschiedene Möglichkeiten, wie man ihn aus dem Graphen zu $f(x) = 2^x$ erhalten kann.

Aus dem Term erkennt man unmittelbar, dass man den Graphen zu $f(x) = 2^x$ um 3 Einheiten nach links verschieben kann, um den Graphen zu $g(x) = 2^{x+3}$ zu erhalten. Andererseits kann man den Graphen aber auch mit dem Faktor 2^3, also 8, parallel zur y-Achse strecken, um den Graphen zu g(x) zu erhalten. Dies lässt sich durch eine Umformung des Funktionstermes begründen:

$$g(x) = 2^{x+3} = 2^x \cdot 2^3 = 8 \cdot 2^x$$

Potenzgesetz
$a^n \cdot a^m = a^{n+m}$

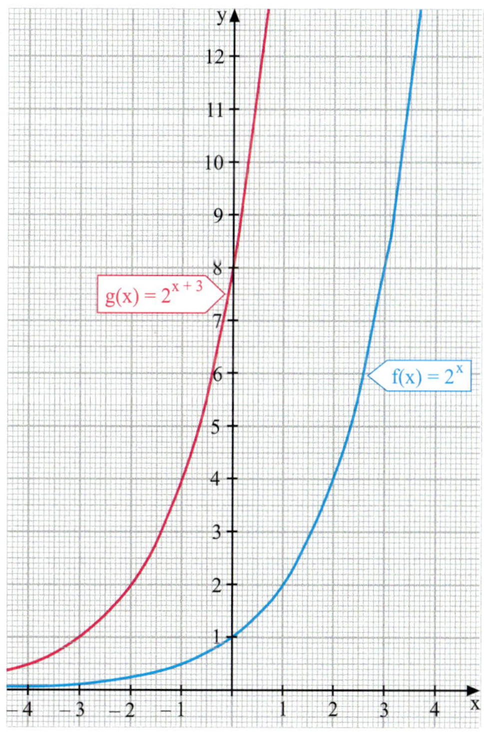

Der Graph zu $g(x) = b^{x+c}$ kann auf zwei verschiedene Weisen aus dem zu $f(x) = b^x$ entstehen:

(1) durch Verschieben parallel zur x-Achse um c Einheiten;

(2) durch Strecken parallel zur y-Achse mit dem Faktor b^c, denn $g(x) = b^{x+c} = b^x \cdot b^c = b^c \cdot b^x$.

Zum Selbstlernen

A Verschieben des Graphen parallel zur y-Achse

Zeichne den Graphen der Exponentialfunktion zu $f(x) = 2^x$ und verschiebe ihn

a) *um 1 Einheit nach oben.* **b)** *um 3 Einheiten nach unten.*

Erstelle die Funktionsterme der beiden verschobenen Graphen. Formuliere anschließend ein allgemeines Ergebnis zum Verschieben des Graphen einer Exponentialfunktion parallel zur y-Achse.

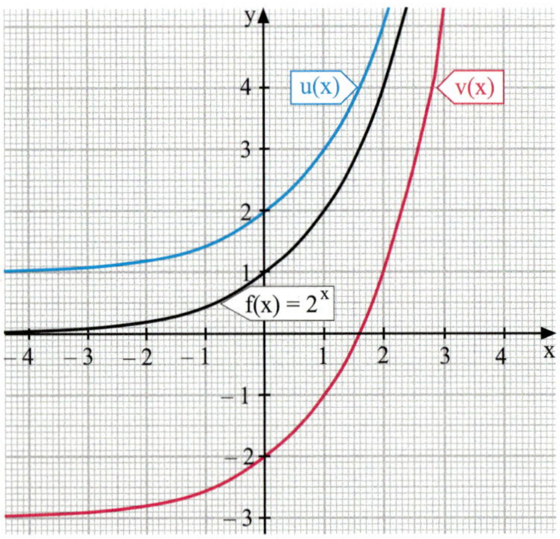

Der Funktionswert u(x) des um 1 Einheit nach oben verschobenen Graphen an der Stelle x ist um 1 größer als der Funktionswert f(x).

Also gilt: $u(x) = f(x) + 1 = 2^x + 1$

Entsprechend ist der Funktionswert v(x) des um 3 Einheiten nach unten verschobenen Graphen an jeder Stelle um 3 kleiner als der Funktionswert f(x).

Also gilt: $v(x) = f(x) - 3 = 2^x - 3$

$2^x - 3 = 2^x + (-3)$

Man erhält den Graphen zu $g(x) = b^x + c$ aus den Graphen zu $f(x) = b^x$ durch Verschieben parallel zur y-Achse um c Einheiten, und zwar
nach oben, falls $c > 0$;
nach unten, falls $c < 0$.

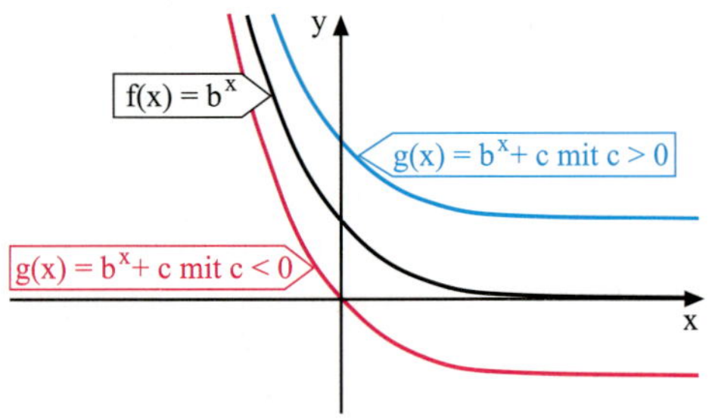

Zum Üben

1. Zeichne den Graphen zu $y = 2^x$. Zeichne in dasselbe Koordinatensystem die Graphen zu:
(1) $y = 0{,}4 \cdot 2^x$ (2) $y = 1{,}5 \cdot 2^x$ (3) $y = -2^x$ (4) $y = -0{,}3 \cdot 2^x$ (5) $y = -1{,}2 \cdot 2^x$
Beschreibe, wie diese Graphen aus dem der Exponentialfunktion zu $y = 2^x$ entstehen.

2. Schreibe eine kleine Zusammenfassung: Wie sieht der Graph einer Funktion mit $g(x) = a \cdot b^x$ im Vergleich zu dem der Exponentialfunktion mit $y = b^x$ aus? Beachte verschiedene Fälle.

3. Zeichne den Graphen zu:
a) $y = -\frac{1}{3} \cdot 5^x$ **b)** $y = -\frac{2}{3} \cdot 2^x$ **c)** $y = -3 \cdot \left(\frac{1}{2}\right)^x$
Gib Eigenschaften der Graphen an. Wie verändert sich der Funktionswert, wenn x um 2 [um 0,5; um 1,5] wächst?

4. Zeichne die Graphen zu $y = 2^{x+c}$ für c = –2; –1; 0; 1; 2. Wie verändern sich die Graphen, wenn c größer (kleiner) wird?

5. Zeichne die Graphen der Exponentialfunktionen f und g mit $f(x) = \left(\frac{3}{2}\right)^{x+1}$ bzw. $g(x) = \left(\frac{3}{2}\right)^{x-2}$. Durch welche Verschiebung geht der Graph von g aus dem Graphen f hervor?

Zum Selbstlernen

6. Ordne zu jedem Funktionsterm den passenden Graphen zu.

$f_1(x) = 2 \cdot 1{,}2^x$ $\quad$ $f_5(x) = 2 \cdot 0{,}4^x$

$f_2(x) = 3 \cdot 1{,}4^x$ $\quad$ $f_6(x) = -1{,}8^x$

$f_3(x) = 3 \cdot \left(\frac{3}{4}\right)^x$ $\quad$ $f_7(x) = -2 \cdot 2{,}5^x$

$f_4(x) = 2 \cdot 1{,}6^x$ $\quad$ $f_8(x) = -2 \cdot 1{,}5^x$

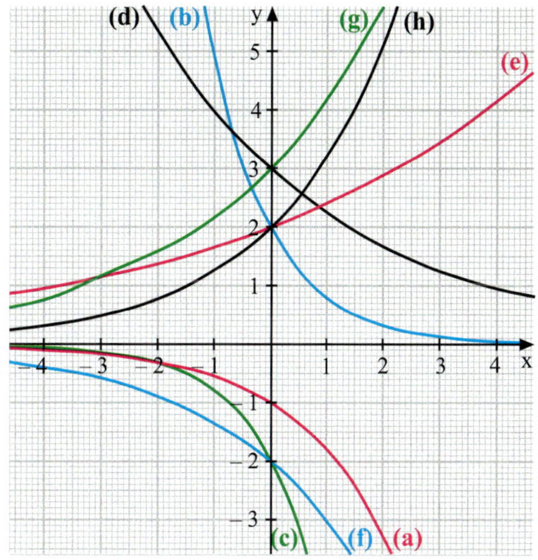

7. *Partnerarbeit:* Beschreibt die Veränderungen der Graphen, wenn

Parameter ⟨griech.⟩
Math.: konstante oder unbestimmt gelassene Hilfsvariable

a) in der Gleichung $y = 1{,}5^{x+c}$ der Parameter c verändert wird;

b) in der Gleichung $y = a \cdot 1{,}5^x$ der Parameter a verändert wird.

Fasst eure Überlegungen übersichtlich auf einer Folie zusammen.

8. Ordne jedem Funktionsterm den passenden Graphen zu.

$f_1(x) = 2^{x+1}$ $\quad$ $f_4(x) = \left(\frac{2}{3}\right)^{x+1}$

$f_2(x) = \left(\frac{1}{2}\right)^{x-2}$ $\quad$ $f_5(x) = 3^{x-1}$

$f_3(x) = 1{,}5^{x+2}$ $\quad$ $f_6(x) = 0{,}2^{x-2}$

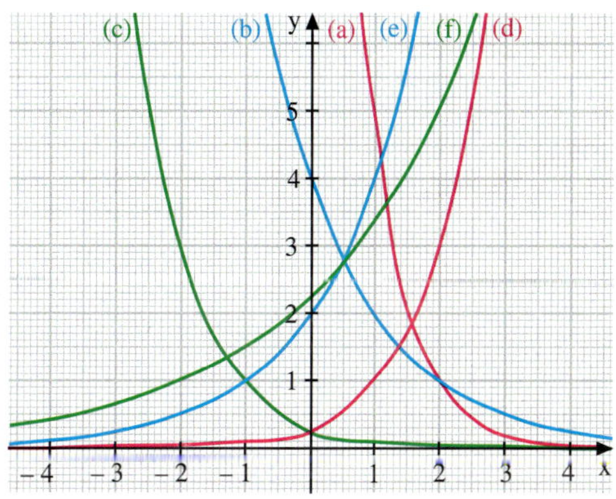

9. Bestimme c so, dass die Graphen zu den Funktionen mit den Gleichungen $y = 4 \cdot \left(\frac{1}{2}\right)^x$ und $y = \left(\frac{1}{2}\right)^{x+c}$ übereinstimmen.

10. a) Stelle $y = 4^{x+3}$ in der Form $y = a \cdot 4^x$ dar. Durch welche Abbildung kann der Graph aus dem zu $y = 4^x$ gehörenden Graphen hervorgehen?

b) Stelle $y = 2 \cdot 8^x$ in der Form $y = 8^{x+c}$ dar. Gib Abbildungen an, durch die der Graph zu $y = 2 \cdot 8^x$ aus dem $y = 8^x$ hervorgeht.

11. Begründe, dass sich die Graphen zu $y = b^{x+c}$ und $y = b^{x+d}$ für $c \neq d$ nicht schneiden.

GTR **12.** Zeichne mit dem GTR den Graphen zu $f(x) = \left(\frac{1}{2}\right)^x + c$ [$f(x) = 1{,}2^x + c$] für verschiedene Werte von c. Was fällt dir auf? Begründe.

13. Der Graph der Exponentialfunktion zur Basis 2 wird

a) an der x-Achse [y-Achse] gespiegelt,

b) um 3 Einheiten entlang der x-Achse nach links [nach rechts] verschoben,

c) um 1 Einheit entlang der y-Achse nach oben [nach unten] verschoben,

d) an der x-Achse [y-Achse] gespiegelt und dann um 1 Einheit nach links und um 3 Einheiten nach oben verschoben.

Bestimme die Funktionsgleichung. Überprüfe mit dem Rechner.

14. Beschreibe den Verlauf des Graphen.

a) $y = -2 \cdot 3^x$ $\quad$ **b)** $y = \frac{1}{2} \cdot 1{,}5^{x-2}$ $\quad$ **c)** $y = 3 \cdot 0{,}5^x - 3$ $\quad$ **d)** $y = -0{,}25 \cdot \left(\frac{1}{4}\right)^{x+0{,}5} + 2$

Zum Selbstlernen

3.4 Wachstum modellieren – Regression

Aufgabe 1

Sport-Physiologen haben versucht, die Entwicklung der sportlichen Rekorde zu prognostizieren.
Der Weltrekord der Männer auf der 200-Meter-Laufstrecke hat sich seit 1900 folgendermaßen entwickelt:

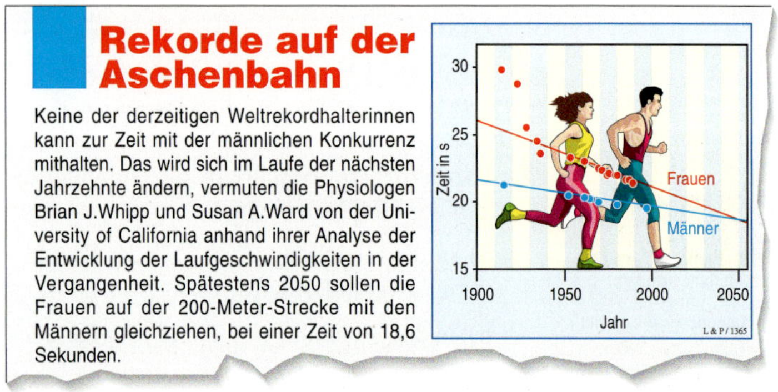
Rekorde auf der Aschenbahn

Keine der derzeitigen Weltrekordhalterinnen kann zur Zeit mit der männlichen Konkurrenz mithalten. Das wird sich im Laufe der nächsten Jahrzehnte ändern, vermuten die Physiologen Brian J.Whipp und Susan A.Ward von der University of California anhand ihrer Analyse der Entwicklung der Laufgeschwindigkeiten in der Vergangenheit. Spätestens 2050 sollen die Frauen auf der 200-Meter-Strecke mit den Männern gleichziehen, bei einer Zeit von 18,6 Sekunden.

Jahr	1914	1951	1960	1963	1964	1968	1979	1996
Zeit (in s)	21,2	20,6	20,5	20,3	20,2	20,0	19,72	19,32

Bei den Frauen sah die Entwicklung folgendermaßen aus:

Jahr	1927	1933	1935	1952	1960	1968	1970	1973	1978	1979	1984	1988
Zeit (in s)	25,4	24,6	23,6	23,4	22,9	22,5	22,4	22,1	22,06	22,02	21,71	21,34

a) Passe den Daten mithilfe des GTR lineare Funktionen, Potenz- und Exponentialfunktionen an und kontrolliere damit die im obigen Artikel aufgestellte Behauptung.

b) Bewerte die Eignung dieser drei Funktionstypen zur Beschreibung der obigen Daten.

Lösung

a) Die Daten werden in Listen eingegeben, dann werden mithilfe des Regressions-Befehls die zugehörigen Funktionen ermittelt und schließlich deren Schnittpunkt ermittelt.

Lineare Regression

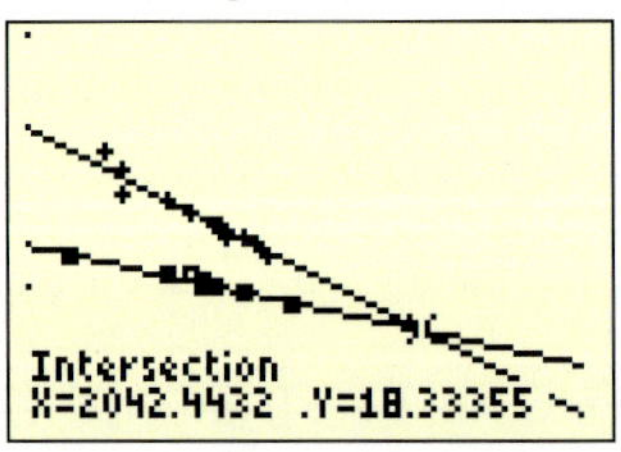

Potenz-Regression

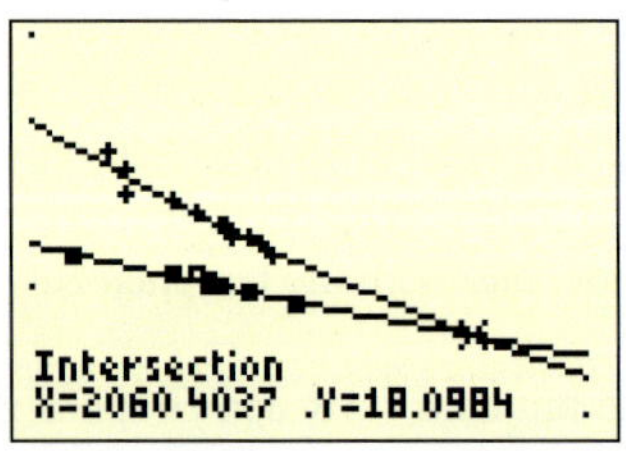

Exponentielle Regression

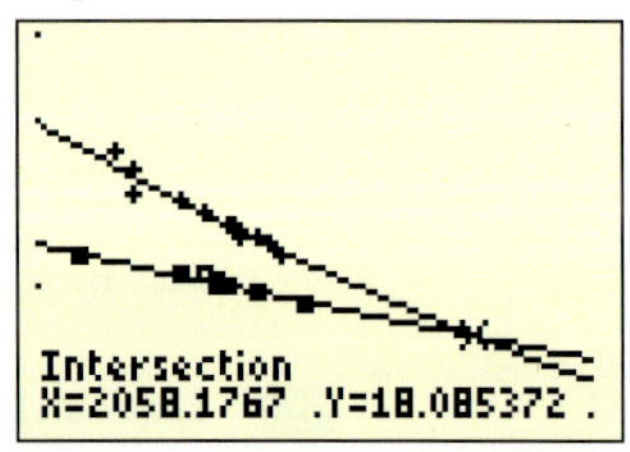

Mit dem Modell der linearen Regression, das im dem Bild des Artikels abgebildet ist, ergibt sich, dass die Frauen schon im Jahr 2042 ebenso wie die Männer die 200-m-Strecke in 18,3 s bewältigen sollten. Bei den anderen Modellen ergeben sich davon abweichende Jahre und Laufzeiten. Keines der Ergebnisse stimmt genau mit denen im Artikel überein, was z. B. an der Auswahl der Daten (hier ab dem Jahr 1900) oder dem verwendeten Regressionsmodell liegen könnte.

b) Alle drei Regressionsmodelle können die Daten über längere Zeiträume nicht zutreffend beschreiben: Beim linearen Modell ergeben sich in ferner Zukunft negative Laufzeiten, da die Geraden fallend sind. Beim potenziellen und exponentiellen Modell findet eine asymptotische Annäherung an die Laufzeit 0 statt: Rechts sind die drei Graphen für die Laufzeiten der Frauen von 1900 bis 3000 gezeichnet.

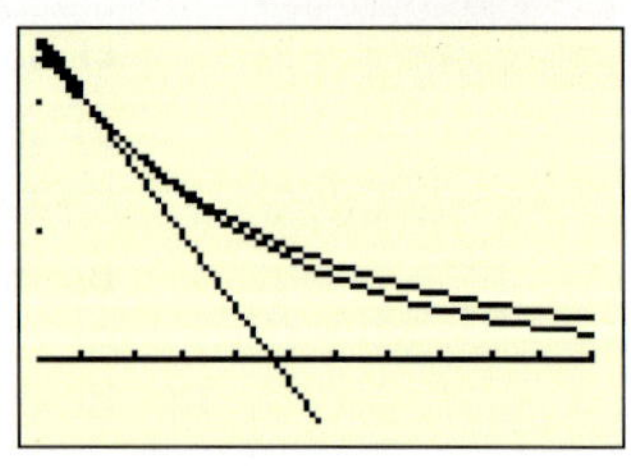

Information

Beim Modellieren von Wachstumsprozessen mit Funktionen hängen die Ergebnisse für Prognosen stark von dem verwendeten Funktionstyp ab. Eine Entscheidung für einen Funktionstyp kann sich aus dem Sachverhalt oder mithilfe der Betrachtung des Graphenverlaufs über längere Zeiträume ergeben. In manchen Situationen sind solche Entscheidungskriterien nicht verfügbar.

Übungsaufgaben

2. Die Tabelle zeigt die Weltrekordzeiten der Frauen im Eisschnelllauf.
Betrachte die Funktion
Streckenlänge → zugehörige Weltrekordzeit.

a) Begründe, dass hier weder lineares noch exponentielles Wachstum vorliegt.

b) Ermittle die Funktionsgleichung einer Potenzfunktion, die diese Werte gut annähert.

c) Welche Rekordzeit müsste man für eine 15 000-m-Strecke erwarten, welche für eine Marathonstrecke von ca. 42 km, wenn es sie denn gäbe? Bewerte deine Prognosen.

Weltrekord der Frauen im Eisschnelllauf Stand 1.1.2008

100 Meter	10,22 Sekunden	Jenny Wolf (Deutschland)	16.12.2007 Erfurt
500 Meter	37,02 Sekunden	Jenny Wolf (Deutschland)	16.11.2007 Calgary
1 000 Meter	1 : 13,11 Minuten	Cindy Klassen (Kanada)	25.03.2006 Calgary
1 500 Meter	1 : 51,79 Minuten	Cindy Klassen (Kanada)	20.11.2005 Salt Lake City
3 000 Meter	3 : 53,34 Minuten	Cindy Klassen (Kanada)	18.03.2006 Calgary
5 000 Meter	6 : 45,61 Minuten	Martina Sáblíková (Tschechische Republik)	11.03.2007 Salt Lake City
10 000 Meter	13 : 48,33 Minuten	Martina Sáblíková (Tschechische Republik)	15.03.2007 Calgary

3. Die Tabelle zeigt die im Jahr 2008 gültigen Weltrekordzeiten der Männer auf Laufstrecken.

a) Zeige, dass die Funktion *Laufstrecke (in m) → Weltrekordzeit (in s)* näherungsweise durch eine Potenzfunktion beschrieben werden kann. Ermittle die Funktionsvorschrift.

b) Welche Zeiten ergeben sich nach der Zuordnungsvorschrift für die 5 000-m-Strecke, 10 000-m-Strecke und die Marathonstrecke? Vergleiche mit den gültigen Weltrekorden.

100 m	9,74 s	Asafa Powell, Jamaika	9.9.2007	Rieti
200 m	19,32 s	Michael Johnson, USA	1.8.1996	Atlanta
400 m	43,18 s	Michael Johnson. USA	26.8.1999	Sevilla
800 m	1 : 41,11 min	Wilson Kipketer, Dänemark	24.8.1997	Köln
1 000 m	2 : 11,96 min	Noah Ngeny, Kenia	5.9.1999	Rieti
1 500 m	3 : 26,00 min	Hicham El Guerrouj, Marokko	14.7.1998	Rom

4. Das Bild links zeigt den Zieleinlauf des 100-m-Endlaufs der Frauen bei Olympischen Sommerspielen. Die Entwicklung der Siegerzeiten bei den Olympischen Sommerspielen seit 1960 bei den Frauen zeigt die folgende Tabelle:

Jahr	1960	1964	1968	1972	1976	1980	1984	1988	1992	1996	2000	2004
Zeiten Frauen	11,03	11,40	11,00	11,07	11,01	11,06	10,97	10,54	10,82	10,94	10,75	10,93

Ermittle eine zu den Messdaten passende Funktion.

Langzeitaufgabe

5. Recherchiere selber (im Internet) nach sportlichen Rekorden, z.B. beim Laufen oder anderen Disziplinen der Leichtathletik. Stelle geeignete Fragen und beantworte sie, indem du den Daten einen möglichst guten Funktionsgraphen anpasst. Vergleiche und bewerte verschiedene Möglichkeiten.

6. Im Jahr 2002 erschien die rechts abgebildete Grafik.

a) Zeige, dass die Behauptung exponentiellen Anstiegs zutrifft und bestimme die Funktionsgleichung einer Funktion, die die Anzahl der Viren in Abhängigkeit von der Zeit beschreibt.

b) Am Jahresende 2006 gab es 410 000 Computerviren, am Ende von 2007 sogar 1 120 000. Prüfe, ob man diese Anzahlen im Jahre 2002 durch eine Prognose vorhergesagt hätte.

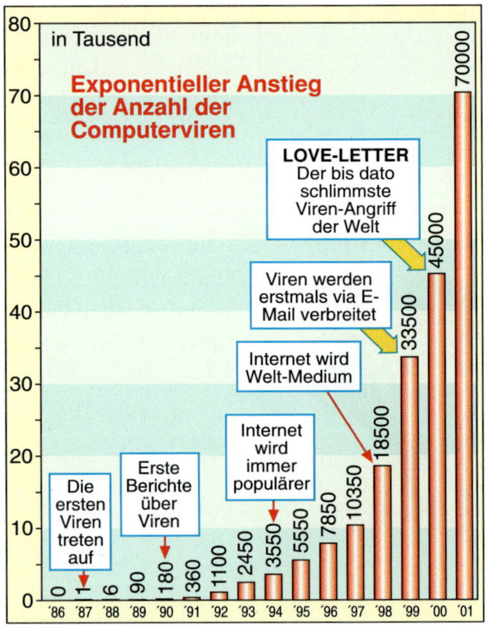

7. Kohlendioxid (CO_2) wird für den Treibhauseffekt und damit für die globale Erwärmung verantwortlich gemacht. In Mauna Loa auf Hawaii wird seit 1958 an jedem 15. eines Monats der CO_2-Gehalt in der Atmosphäre gemessen. Die Tabellen enthalten die Daten jeweils für den Monat Mai.

a) Passe den Daten eine möglichst gute Funktion an.

b) Welche Prognosen kannst du damit vornehmen?

c) Bewerte die Prognosen.

Jahr	CO_2-Gehalt (in ppm)	Jahr	CO_2-Gehalt (in ppm)
1958	317,50	1995	363,62
1960	320,03	2000	371,32
1970	328,07	2005	382,45
1980	341,47	2006	384,94
1990	357,08	2007	386,54

8.

Tankstellenzahl weiter gefallen

Zum 1. Juli 2007 ermittelte der Hamburger Erdölinformationsdienst (EID) 14 975 Stationen und damit nur 61 weniger als Anfang des Jahres. Damit ist die Zahl der Tankstellen in Deutschland erstmals unter 15 000 gesunken. Wie in den vorangegangenen Jahren hat die Zahl der Anlagen allerdings weiterhin nur mäßig abgenommen. Die jährliche Rückgangsrate hat sich von 200 bis 300 Anfang des Jahrzehnts auf 100 bis 200 verringert. Nur mit großer Disziplin dürfte deshalb ein Preiskampf bei immer rückläufigerer Nachfrage nach Kraftstoff zu vermeiden sein, hieß es.

Jahr	Anzahl der Tankstellen
1970	46 091
1975	34 804
1980	27 528
1985	19 781
1990	19 317
1995	17 957
1999	16 617
2001	16 324
2003	15 971
2005	15 428

L & P / 3132

a) Welche Anzahl von Tankstellen kann man aufgrund der bisherigen Entwicklung für das Jahr 2020 vorhersagen?

b) Warum ist ein lineares Modell zur Prognose nicht geeignet?

c) Überlege, welches Modell zur Beschreibung angemessener erscheint.

d) Bestimme mithilfe eines GTR eine „passende" Funktion und korrigiere die Vorhersage aus Teilaufgabe a).

3.5 Logarithmen – Exponentialgleichungen

3.5.1 Logarithmen

Aufgabe 1

1 000 € werden zu 4 % Zinsen angelegt. Wann sind mindestens 1 500 € auf dem Konto?
Nach x Jahren beträgt der Kontostand $1\,000 \cdot 1{,}04^x$. Du musst also die Ungleichung $1\,000 \cdot 1{,}04^x > 1\,500$ mit der Variablen im Exponenten lösen. Durch Probieren mit dem Taschenrechner findest du x = 11. Nach 11 Jahren sind also erstmals mindestens 1 500 € vorhanden.
Bei den folgenden Gleichungen kannst du den gesuchten Exponenten sogar im Kopf bestimmen.

a) $2^x = 8$; $2^x = \frac{1}{4}$; $2^x = \sqrt{2}$

b) $3^x = 3$; $3^x = \frac{1}{3}$; $3^x = \sqrt[3]{81}$

c) $10^x = 1$; $10^x = 0{,}01$; $10^x = 100 \cdot \sqrt{10}$

Lösung

a) Um die Lösung zu finden, stellt man die rechte Seite der Gleichung als Potenz von 2 dar: $8 = 2^3$.
Also gilt $2^x = 2^3$ und somit x = 3.
Ebenso gilt: $2^x = \frac{1}{4} = \frac{1}{2^2} = 2^{-2}$, also x = –2; $2^x = \sqrt{2} = 2^{\frac{1}{2}}$, also $x = \frac{1}{2}$

b) $3^x = 3 = 3^1$, also x = 1; $3^x = \frac{1}{3} = 3^{-1}$, also x = –1
$3^x = \sqrt[3]{81} = 81^{\frac{1}{3}} = (3^4)^{\frac{1}{3}} = 3^{\frac{4}{3}}$, also $x = \frac{4}{3}$

c) $10^x = 1 = 10^0$, also x = 0; $10^x = 0{,}01 = \frac{1}{100} = 10^{-2}$, also x = –2
$10^x = 100 \cdot \sqrt{10} = 10^2 \cdot 10^{\frac{1}{2}} = 10^{2{,}5}$, also x = 2,5

Information

(1) Begriff des Logarithmus

Beim Logarithmieren sucht man Exponenten.

Definition

Gegeben sind zwei positive Zahlen y und b ($b \neq 1$).
Unter dem **Logarithmus von y zur Basis b** verstehen wir diejenige Zahl x, mit der man b potenzieren muss, um y zu erhalten. Für die Zahl x gilt also $b^x = y$.
Dafür schreibt man $\log_b(y)$. Die Zahl y hinter dem $\log_b$-Symbol heißt **Numerus**.
Das Bestimmen des Logarithmus von y zur Basis b heißt **Logarithmieren**.

Beispiel: „Bestimme $\log_3(81)$" bedeutet:
Suche den Exponenten x, sodass 3^x die Zahl 81 ergibt.
$\log_3(81) = 4$, denn $3^4 = 81$.

Weitere Beispiele: $\log_{10}\left(\frac{1}{1000}\right) = -3$, denn $10^{-3} = \frac{1}{1000}$ $\log_{\frac{1}{4}}(2) = -\frac{1}{2}$, denn $\left(\frac{1}{4}\right)^{-\frac{1}{2}} = 2$

Für den Logarithmus zur Basis 10 schreibt man auch nur lg oder log.

Beachte:

(a) Logarithmuswerte kann man nur von positiven Zahlen bestimmen, da Potenzen b^x für $b > 0$ stets positiv sind.

(b) Beim Logarithmieren zur Basis 10 wollen wir die Basis in der Schreibweise weglassen:
$\log_{10}(15) = \log(15) = 1{,}176\ldots$

(c) Gelegentlich lässt man Klammern bei Logarithmen weg, wenn durch ihr Fehlen keine Missverständnisse entstehen, z.B. log15 statt log(15).

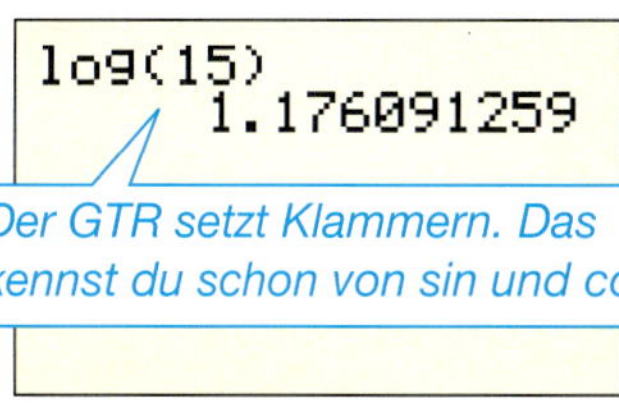

Der GTR setzt Klammern. Das kennst du schon von sin und cos.

(2) Zusammenhang zwischen Potenzieren, Logarithmieren und Wurzelziehen (Radizieren)

Das Bilden einer Potenz b^x nennt man auch *Potenzieren*. Man erhält dann als Ergebnis den Potenzwert.

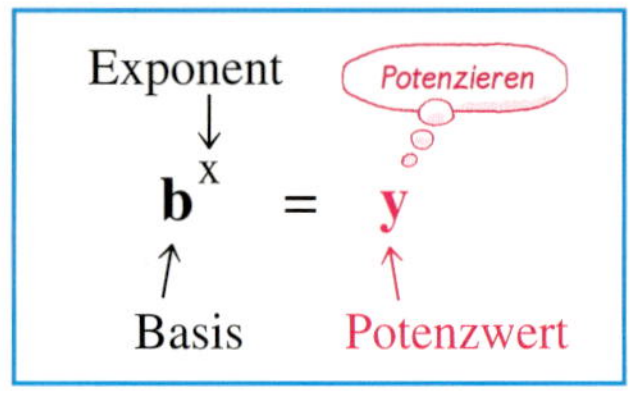

Für das Potenzieren gibt es zwei Umkehrungen:

(a) *Das Radizieren als 1. Umkehrung des Potenzierens*
Sind in der Gleichung $b^x = y$ der Exponent x und der Potenzwert y gegeben und ist die Basis b gesucht, so erhält man diese durch Wurzelziehen (*Radizieren*). Es gilt dann:
$b = \sqrt[x]{y}$

Beispiel: $b^4 = 81$; $b = \sqrt[4]{81} = 3$

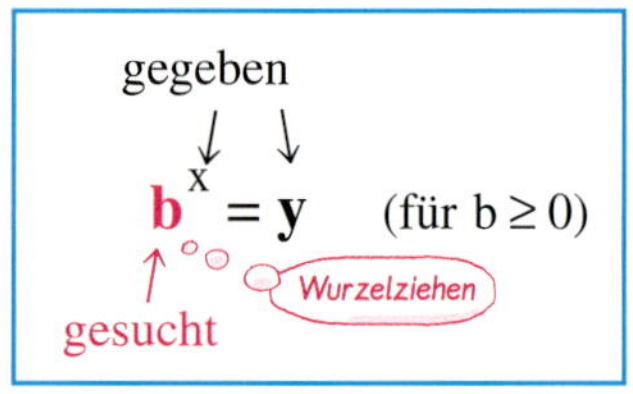

(b) *Das Logarithmieren als 2. Umkehrung des Potenzierens*
Sind in der Gleichung $b^x = y$ die Basis b und der Potenzwert y gegeben und ist der Exponent x gesucht, so erhält man diesen durch *Logarithmieren.*
Man schreibt dann:
$x = \log_b(y)$

Beispiel: $2^x = 256$; $x = \log_2(256) = 8$

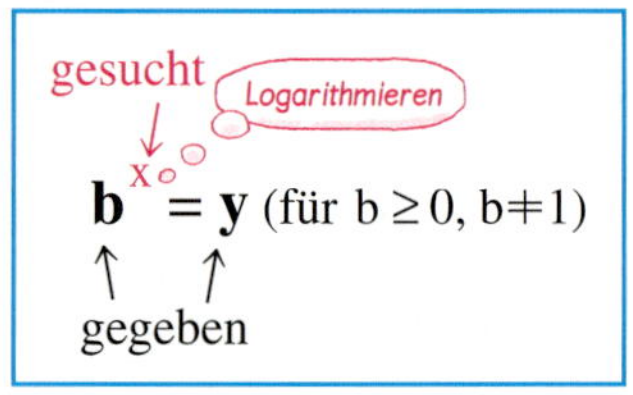

Nützlich ist häufig die folgende Merkregel:

$\log_b(y) = x$ bedeutet dasselbe wie $b^x = y$

(3) Zur Geschichte der Logarithmen

Logarithmus, Kunstwort aus den griechischen Wörtern **logos,** das Berechnen, Verhältnis **arithmos,** Zahl

Ursprünglich sind die Logarithmen aus dem Bedürfnis heraus entstanden, die Genauigkeit von Berechnungen zu erhöhen (z.B. in der Astronomie). Man hat dabei z.B. den Verhältnissen $(\frac{a}{b})^1$, $(\frac{a}{b})^2$, $(\frac{a}{b})^3$, ... die Zahlen 1, 2, 3, ... gegenübergestellt.

Bedeutende Werke mit Tabellen solcher Gegenüberstellungen stammen vom Schotten John Napier (1614) und dem Engländer Henry Briggs (1617). Erst 1748 wurde vom Schweizer Leonard Euler die Bedeutung von Logarithmen bei Exponentialgleichungen erkannt. Von Euler stammt auch die Sprechweise „Logarithmus zur Basis ...".

Weiterführende Aufgaben

2. *Ausschluss der Basis 1*

Überlege, warum bei der Definition des Logarithmus die Basis 1 ausgeschlossen wird.

3. *Logarithmieren und Potenzieren heben sich gegenseitig auf*

a) Bilde zuerst den Logarithmus zur Basis 2 von

8; 16; $\frac{1}{2}$; $\sqrt{2}$; $8\sqrt{2}$

Potenziere dann 2 mit jedem Ergebnis:

	$\xrightarrow{\log_2}$	$\xrightarrow{\text{2 hoch}}$
8	3	8

b) Potenziere zuerst 2 mit

4; 5; −2; $\frac{3}{2}$; −0,5

Bilde dann von jedem Ergebnis den Logarithmus zur Basis 2:

	$\xrightarrow{\text{2 hoch}}$	$\xrightarrow{\log_2}$
4	16	4

Vervollständige die Tabellen. Vergleiche jeweils die erste und dritte Spalte.

(1) Das Potenzieren zur Basis b ist die Umkehrung des Logarithmierens zur Basis b:
$\mathbf{b^{\log_b(x)} = x}$ (für alle $x > 0$, $b > 0$, $b \neq 1$)

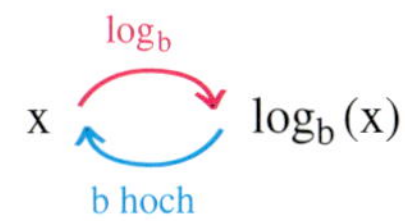

(2) Das Logarithmieren zur Basis b ist die Umkehrung des Potenzierens zur Basis b:
$\mathbf{\log_b(b^x) = x}$ (für alle $x \in \mathbb{R}$, $b > 0$, $b \neq 1$)

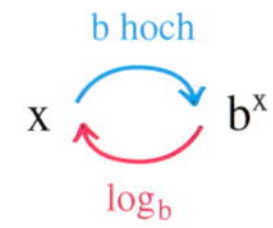

4. *Grundaufgaben bei Logarithmen*

a) Erläutere die drei Beispiele rechts. Welche Unterschiede bestehen?

$\log_5(\frac{1}{25}) = x$	$\log_b(64) = 3$	$\log_2(y) = 5$
$5^x = \frac{1}{25}$	$b^3 = 64$	$2^5 = y$
$5^x = 5^{-2}$	$b^3 = 4^3$	$y = 32$
$x = -2$	$b = 4$	

b) Ermittle wie in Teilaufgabe a):
(1) $\log_2(16) = x$ (4) $\log(x) = 3$
(2) $\log_b(8) = 3$ (5) $\log(0{,}001) = c$
(3) $\log_4(x) = \frac{1}{2}$ (6) $\log_b(1\,024) = 5$

Übungsaufgaben

5. Bestimme jeweils die Zahl für x.

a) $2^x = 16$; $3^x = 9$; $4^x = 1$

b) $3^x = \frac{1}{9}$; $2^x = \frac{1}{16}$; $5^x = \frac{1}{125}$

c) $2^x = \sqrt[3]{8}$; $3^x = \sqrt[3]{9}$; $5^x = \sqrt[5]{25}$

d) $2^x = \frac{1}{\sqrt[3]{16}}$; $3^x = \frac{1}{\sqrt[3]{9}}$; $4^x = \frac{1}{\sqrt[5]{64}}$

6. Bestimme:

a) $\log_2(64)$; $\log_2(1\,024)$; $\log_2(1)$; $\log_2(\frac{1}{8})$; $\log_2(\frac{1}{16})$; $\log_2(\frac{1}{128})$; $\log_2(\sqrt{2})$; $\log_2(2^{13})$

b) $\log_3(9)$; $\log_3(1)$; $\log_3(243)$; $\log_3(\frac{1}{81})$; $\log_3(\frac{1}{9})$; $\log_3(3^7)$; $\log_3(\sqrt{3})$; $\log_3(\sqrt{3^3})$

c) $\log_4(4)$; $\log_4(16)$; $\log_4(1)$; $\log_4(256)$; $\log_4(4^5)$; $\log_4(0{,}25)$; $\log_4(0{,}0625)$; $\log_4(2)$

7. Ordne die Logarithmen zunächst der Größe nach. Bestimme sie dann zur Kontrolle.

a) $\log_5(625)$; $\log_5(5)$; $\log_5(25)$; $\log_5(1)$; $\log_5(0{,}2)$; $\log_5(\frac{1}{625})$; $\log_5(\sqrt{5})$; $\log_5(5^8)$

b) $\log(100)$; $\log(1\,000)$; $\log(0{,}001)$; $\log(0{,}1)$; $\log(10^9)$; $\log(10^{-6})$; $\log(\sqrt{10})$

8. **a)** $\log_2(512)$; $\log_4(1\,024)$; $\log_3(729)$; $\log_6(36)$; $\log_8(64)$; $\log_{12}(12)$; $\log_7(1)$

b) $\log_2(\frac{1}{256})$; $\log_2(0{,}125)$; $\log_3(\frac{1}{243})$; $\log_7(\frac{1}{49})$; $\log_8(\frac{1}{8})$; $\log_8(\frac{1}{512})$; $\log_6(6^5)$

9. Berechne im Kopf, zwischen welchen ganzen Zahlen der Logarithmus liegt. Argumentiere.

a) $\log_2(3)$ **b)** $\log_2(5)$ **c)** $\log_2(\frac{1}{3})$ **d)** $\log_3(2)$ **e)** $\log_4(13)$; **f)** $\log_5(36)$ **g)** $\log_6(99)$

10. **a)** $\log_2(\sqrt[3]{16})$; $\log_2(\sqrt[5]{128})$; $\log_2(\sqrt[4]{8})$; $\log_2(\sqrt{0{,}25})$; $\log_2\left(\frac{1}{\sqrt[3]{16}}\right)$; $\log_2(2^{\frac{4}{7}})$; $\log_2(2^{-\frac{2}{3}})$

b) $\log_5(\sqrt[3]{5})$; $\log_4\left(\frac{1}{\sqrt[3]{16}}\right)$; $\log(10^{\frac{2}{3}})$; $\log_3\left(\sqrt[5]{\frac{1}{27}}\right)$; $\log(\sqrt{0{,}1})$; $\log_5(\sqrt{0{,}2})$; $\log_7(\sqrt[3]{49})$

11.

a) $\log_2(2^m)$
b) $\log_5(\frac{1}{5^m})$
c) $\log_3(\sqrt[n]{3})$
d) $\log_4\left(\frac{1}{\sqrt[n]{4}}\right)$
e) $\log_b(b)$
f) $\log_b(1)$
g) $\log_b(\frac{1}{b})$
h) $\log_b(b^2)$
i) $\log_b(\frac{1}{b^2})$
j) $\log_a(a^n)$
k) $\log_c(\sqrt{c})$
l) $\log_c(\frac{1}{\sqrt{c}})$
m) $\log_a(\sqrt[n]{a})$
n) $\log_a(a^{\frac{m}{n}})$
o) $\log_a\left(\frac{1}{\sqrt[5]{a^3}}\right)$

12. Berechne.

a) $2^{\log_2(7)}$ **b)** $2^{\log_2(u^2)}$ **c)** $3^{\log_3(\sqrt{12})}$ **d)** $10^{\log(2)}$ **e)** $\log_5(5^9)$ **f)** $\log_3\left(3^{\sqrt{2}}\right)$ **g)** $\log\left(10^{-7}\right)$

13. Bestimme die Zahl für y.

a) $\log_2(y) = 5$ **c)** $\log(y) = 6$ **e)** $\log_3(y) = 2{,}5$ **g)** $\log_4(y) = \frac{1}{2}$ **i)** $\log(y) = 1$

b) $\log_2(y) = \frac{2}{3}$ **d)** $\log_4(y) = \frac{2}{3}$ **f)** $\log_2(y) = -5$ **h)** $\log_4(y) = -\frac{1}{2}$ **j)** $\log(y) = -\frac{3}{4}$

14. Die Lösungen sind fehlerhaft. Korrigiere.

a) $x^4 = 25$, $x = \log_4(25)$ b) $3^x = 101$, $x = \sqrt[3]{101}$ c) $3x - 7 = 20$, $x = -1$ d) $x^6 = -12$, $x = -\sqrt[6]{12}$ e) $2^x = -13$, $x = -\log_2(13)$

15. Für welche Basis b ist die Gleichung erfüllt?

a) $\log_b(9) = 2$ **c)** $\log_b\left(\frac{1}{9}\right) = -2$ **e)** $\log_b(125) = 3$ **g)** $\log_b\left(\sqrt{8}\right) = \frac{3}{4}$

b) $\log_b\left(\sqrt{2}\right) = \frac{1}{2}$ **d)** $\log_b(5) = 1$ **f)** $\log_b(256) = 4$ **h)** $\log_b\left(\sqrt{729}\right) = \frac{3}{2}$

16. a) Beweise, dass $\log_2(3)$ keine rationale Zahl ist.
Anleitung: Nimm das Gegenteil an, d. h. $\log_2(3) = \frac{m}{n}$ mit $m \in \mathbb{N}^*$ und $n \in \mathbb{N}^*$; folgere hieraus dann $2^m = 3^n$ und widerlege dies.

b) Marc fragt sich: „Auf diese Weise kann man doch auch beweisen, dass $\log_9(3)$ eine irrationale Zahl ist, oder?" Kontrolliere dies und begründe deine Meinung.

17. Bestimme die Lösungsmenge der Gleichung bzw. Ungleichung.

a) $\log_2(x-1) = 2$ **c)** $\log_5(4x+1) = 1$ **e)** $\log_2(x) < 5$ **g)** $\log_2(u) \geq 2$

b) $\log\left(\frac{1}{5}x\right) = -3$ **d)** $\log_2\left(u^2\right) = 4$ **f)** $0{,}5 < \log(x) \leq 1$ **h)** $0 \leq \log_3(x) \leq 1$

3.5.2 Logarithmengesetze

Aufgabe 1

Bei Potenzen hast du Potenzgesetze kennen gelernt. Für die erste Umkehrung des Potenzierens, das Wurzelziehen, kennst du Wurzelgesetze.
Gibt es auch Gesetze für die zweite Umkehrung, das Logarithmieren?
Stelle eine Wertetabelle für die Zehner-Logarithmen im Bereich von 1 bis 10 auf und versuche, solche Gesetze zu entdecken.

Lösung

x	1	2	3	4	5	6	7	8	9	10
log (x)	0	0,301	0,477	0,602	0,699	0,778	0,845	0,903	0,954	1

Du erkennst z. B.

(1) $\log(6) = \log(2) + \log(3)$, $\log(10) = \log(2) + \log(5)$

(2) $\log(5) = \log(10) - \log(2)$, $\log(1) = \log(7) - \log(7)$

(3) $\log(4) = 2 \cdot \log(2)$, $\log(8) = 3 \cdot \log(2)$

Es gelten also vermutlich folgende Logarithmengesetze:

(1) $\log(a \cdot b) = \log(a) + \log(b)$ (2) $\log\left(\frac{a}{b}\right) = \log(a) - \log(b)$ (3) $\log\left(a^n\right) = n \cdot \log(a)$

Information

Die Lösung der Aufgabe 1 legt folgende Gesetze nahe.

Satz *(Logarithmengesetze)*

Für $b > 0, b \neq 1, u > 0, v > 0, r \in \mathbb{R}$ gilt:

(L1): $\log_b(u \cdot v) = \log_b(u) + \log_b(v)$ (für $u > 0, v > 0$)

(L2): $\log_b\left(\frac{u}{v}\right) = \log_b(u) - \log_b(v)$ (für $u > 0, v > 0$)

(L3): $\log_b(u^r) = r \cdot \log_b(u)$ (für $u > 0, r \in \mathbb{R}$)

statt Multiplizieren Addieren
statt Dividieren Subtrahieren
statt Potenzieren Multiplizieren

Beispiele:

$\log_4(16 \cdot 4^a) = \log_4(16) + \log_4(4^a) = 2 + a$

$\log\left(\frac{1000}{x}\right) = \log(1000) - \log(x) = 3 - \log(x)$

$\log\left(\sqrt[10]{100}\right) = \log\left(100^{\frac{1}{10}}\right) = \frac{1}{10}\log(100) = \frac{1}{10} \cdot 2 = 0{,}2$

Beweis der Logarithmengesetze:

Wir beschränken uns auf die Basis 10, weil dadurch die Schreibweise übersichtlicher ist.

(1) $\log(u \cdot v) = \log(u) + \log(v)$ gilt, falls $10^{\log(u)+\log(v)}$ gleich dem Produkt $u \cdot v$ ist.
Mit einem Potenzgesetz ergibt sich: $10^{\log(u)+\log(v)} = 10^{\log(u)} \cdot 10^{\log(v)} = u \cdot v$.

(2) $\log\left(\frac{u}{v}\right) = \log(u) - \log(v)$ gilt, falls $10^{\log(u)-\log(v)}$ gleich dem Quotienten $\frac{u}{v}$ ist.
Mit einem Potenzgesetz ergibt sich: $10^{\log(u)-\log(v)} = \frac{10^{\log(u)}}{10^{\log(v)}} = \frac{u}{v}$.

(3) $\log(u^r) = r \cdot \log(u)$ gilt, falls $10^{r \cdot \log(u)}$ gleich der Potenz u^r ist.
Mit einem Potenzgesetz ergibt sich: $10^{r \cdot \log(u)} = 10^{\log(u) \cdot r} = \left(10^{\log(u)}\right)^r = u^r$.

Potenzgesetze:
$a^n \cdot a^m = a^{n+m}$
$\frac{a^n}{a^m} = a^{n-m}$
$(a^n)^m = a^{n \cdot m}$

Weiterführende Aufgaben

2. *Berechnen von beliebigen Logarithmen mit der log-Taste*

Der Taschenrechner liefert nur Näherungswerte für Logarithmen zur Basis 10. Dies reicht auch aus, um Logarithmen zu einer beliebigen Basis mit dem Taschenrechner berechnen zu können.

a) Beweise die folgende Formel, indem du die einzelnen Schritte rechts erläuterst.

$$\log_b(y) = \frac{\log(y)}{\log(b)} \quad (y > 0,\ b > 0,\ b \neq 1)$$

Zu zeigen: $x = \log_b(y) = \frac{\log(y)}{\log(b)}$

$$b^{\frac{\log(y)}{\log(b)}} = \left(10^{\log b}\right)^{\frac{\log(y)}{\log(b)}} = 10^{\frac{\log(b) \cdot \log(y)}{\log(b)}} = 10^{\log(y)} = y$$

b) Bestimme mithilfe der Formel Näherungswerte für $\log_2(3)$ und $\log_{0,4}(1{,}3)$ (auf 5 Nachkommastellen gerundet). Mache die Probe durch Potenzieren.

3. *Sonderfälle der Logarithmengesetze*

a) Für das Logarithmengesetz (L1) lassen sich in Sonderfällen weitere Regeln aufstellen. Kontrolliere die beiden Regeln rechts mit Zahlenbeispielen.
Beweise sie anschließend.

Für $u = 1$ gilt: $\log_b\left(\frac{1}{v}\right) = -\log_b(v)$

Für $u = b$ gilt: $\log_b(b \cdot v) = 1 + \log_b(v)$

b) Finde Regeln für Sonderfälle der Logarithmengesetze.

Übungsaufgaben

4. *Partnerarbeit:* Für das Multiplizieren, Dividieren und Potenzieren von Potenzen kennst du die Potenzgesetze. Untersucht, ob es auch für das Logarithmieren Gesetze gibt.

5. Vereinfache durch Zusammenfassen der Logarithmenterme.

a) $\log(8) + \log(5) + \log(25)$ **e)** $\log_2(10) + \log_2\left(\frac{3}{5}\right) + \log_2\left(\frac{1}{3}\right)$

b) $\log(150) + \log(2) - \log(3)$ **f)** $\log_2(7) + \log_2(12) - \log_2\left(\frac{21}{4}\right)$

c) $\log(60) - \log(2) - \log(3)$ **g)** $\log_3(4) + \log_3\left(\frac{2}{3}\right) + \log_3\left(\frac{1}{8}\right)$

d) $\log\left(\frac{5}{3}\right) + \log\left(\frac{4}{5}\right) + \log\left(\frac{3}{4}\right)$ **h)** $\log_3\left(\frac{4}{5}\right) - \log_3\left(\frac{4}{7}\right) + \log_3\left(\frac{5}{7}\right)$

$\log(4) + \log(25)$
$= \log(4 \cdot 25)$
$= \log(100) = 2$

6. Es ist $\log_2(3) \approx 1{,}6$. Bestimme ohne Taschenrechner die Logarithmen zur Basis 2 von:

a) 9 **b)** 27 **c)** 36 **d)** 12 **e)** $\sqrt{3}$ **f)** $\frac{1}{3}$ **g)** $\frac{2}{3}$

$\log_2(1{,}5) = \log_2 \frac{3}{2}$
$= \log_2(3) - \log_2(2)$
$\approx 1{,}6 - 1 = 0{,}6$

7. Wende Logarithmengesetze an. Beachte einschränkende Bedingungen.

a) $\log_b(4x)$ **d)** $\log_b(a \cdot b \cdot c)$ **g)** $\log_b\left(\frac{1}{4b}\right)$

b) $\log_b(r \cdot s)$ **e)** $\log_b(x(y+z))$ **h)** $\log_b\left(\frac{1}{x \cdot y}\right)$

c) $\log_b\left(\frac{3}{z}\right)$ **f)** $\log_b\left(\frac{2a}{3b}\right)$ **i)** $\log_b\left(\frac{xyz}{5b}\right)$

$\log_b\left(\frac{x \cdot y}{z}\right) = \log_b(x \cdot y) - \log_b(z)$
$= \log_b(x) + \log_b(y) - \log_b(z)$
(für $x > 0,\ y > 0,\ z > 0,\ b > 0,\ b \neq 1$)

8. **a)** $\log_b\left(x^5\right)$ **c)** $\log_a\left(a^{-2}\right)$ **e)** $\log_b\left(\frac{1}{x^3}\right)$

b) $\log_b\left(r^{\frac{4}{5}}\right)$ **d)** $\log_b\left(z^{-\frac{2}{3}}\right)$ **f)** $\log_b\left(\frac{1}{a^{\frac{1}{3}}}\right)$

$\log_b\left(\sqrt[3]{x^2}\right) = \log_b\left(x^{\frac{2}{3}}\right) = \frac{2}{3}\log_b(x);\ x > 0$

9. Bestimme die Lösungsmenge der Gleichung.

a) $\log_2(x) + \log_2(3) = \log_2(5)$ **c)** $\log(3x+1) = 1$ **e)** $\log_2 y - \log_2(25) = 0$

b) $\log(5) + \log(z) = 1$ **d)** $\log_5(x+2) + 1 = \log_5(12)$ **f)** $\log_2 y - 2\log_2(25) = 2$

10. **a)** Begründe, warum im Allgemeinen gilt:
(1) $\log(x+y) \neq \log(x) + \log(y)$; (2) $\log(r-s) \neq \log(r) - \log(s)$.

b) Untersuche, ob es Sonderfälle gibt, in denen diese Formeln richtig sind.

11. Gib auf 5 Nachkommastellen gerundet an.

a) $1 - \log_3(7)$ **b)** $(\log_{13}(27))^2$ **c)** $\log_5(6) - \log_6(5)$ **d)** $\log_{3,4}(0{,}27) : (1 + \log_{3,4}(0{,}27))$

12. **a)** Wie viele Stellen hat 10^3; 10^9; 10^{100}?

b) Wie viele Stellen vor dem Komma hat die Zahl $10^{1,5}$; $10^{6,3}$; $10^{21,1}$?

c) Björn behauptet:
„Die Zahl 4^{13} hat im Dezimalsystem 8 Stellen."
Erläutere seine Rechnung rechts.
Kontrolliere den Wert, indem du 4^{13} mit dem Taschenrechner berechnest.

(1) $\log\left(4^{13}\right) = 13 \cdot \log(4) = 7{,}826\ldots$
(2) $4^{13} = 10^{7,826\ldots}$
(3) 4^{13} hat 8 Stellen.

d) Ermittle mit dem Verfahren von Björn die Stellenzahl von 5^5; $(5^5)^5$; $5^{(5^5)}$ im Dezimalsystem.

e) Daniela behauptet, dass die größte Zahl, die man im Dezimalsystem mit drei Ziffern schreiben kann, ungefähr 370 Millionen Stellen hat. Überprüfe diese Behauptung.

3.5.3 Lösen von Exponentialgleichungen mithilfe von Logarithmen

Einführung

Julia hat 3 000 € zu 2,5 %, Dennis 2 500 € zu 3,25 % angelegt. Wann hat Dennis doppelt so viel Guthaben auf seinem Sparbuch wie Julia?
Wir bezeichnen die Zeit (in Jahren), die vergehen muss, bis Dennis doppelt so viel Geld wie Julia auf seinem Sparbuch hat, mit x.
Zu lösen ist dann folgende Gleichung:
$3\,000 \cdot 1{,}025^x = 2\,500 \cdot 1{,}0325^x$
Diese Gleichung kannst du schon tabellarisch oder grafisch lösen. Wir wollen jetzt ein algebraisches Lösungsverfahren entwickeln. Betrachte und erläutere das Vorgehen rechts.

$$3\,000 \cdot 1{,}025^x = 2\,500 \cdot 1{,}0325^x$$
$$\frac{3\,000}{2\,500} = \frac{1{,}0325^x}{1{,}025^x}$$
$$1{,}2 = \left(\frac{1{,}0325}{1{,}025}\right)^x$$
$$1{,}2 \approx 1{,}0073^x$$
$$x \approx \log_{1{,}0073}(1{,}2)$$
$$x \approx \frac{\log(1{,}2)}{\log(1{,}0073)}$$
$$x \approx 25{,}066\ldots \approx 25$$

Ergebnis: Nach ungefähr 25 Jahren hat Dennis erstmals mehr als doppelt so viel wie Julia, wenn in dieser Zeitspanne keine Veränderungen eintreten.

Aufgabe 1

Bestimme die Lösung der Gleichung. Überlege zunächst, was im ersten Schritt gemacht wurde.

a) $6^{x+2} = 720$
$6^x = \square$

b) $5^{2x} = 4 \cdot 2^x$
$(5^2)^x = \square$

c) $5^{4x-2} = 3^{7x+4} \cdot 0{,}13$
$(5^4)^x \cdot 5^{-2} = \square$

Führe eine Probe durch.

Lösung

$$\log_b(y) = \frac{\log(y)}{\log(b)}$$

a)
$$6^{x+2} = 720$$
$$6^x \cdot 6^2 = 720 \quad | :36$$
$$6^x = 20$$
$$x = \log_6(20)$$
$$x = \frac{\log(20)}{\log(6)} \approx 1{,}672$$

b)
$$5^{2x} = 4 \cdot 2^x$$
$$(5^2)^x = 4 \cdot 2^x \quad | :2^x$$
$$12{,}5^x = 4$$
$$x = \log_{12{,}5}(4)$$
$$x = \frac{\log(4)}{\log(12{,}5)} \approx 0{,}549$$

c)
$$5^{4x-2} = 3^{7x+4} \cdot 0{,}13$$
$$(5^4)^x \cdot 5^{-2} = (3^7)^x \cdot 3^4 \cdot 0{,}13$$
$$625^x \cdot 0{,}04 = 2\,187^x \cdot 10{,}53 \quad | :(625^x \cdot 10{,}53)$$
$$0{,}003799 \approx 3{,}4992^x$$
$$x \approx \log_{3{,}4992}(0{,}003799)$$
$$x \approx \frac{\log(0{,}003799)}{\log(3{,}4992)} \approx -4{,}449$$

Probe zu c):
linke Seite: $1{,}4561 \cdot 10^{-14}$
rechte Seite: $1{,}4569 \cdot 10^{-14}$

Rechenungenauigkeit

Weiterführende Aufgaben

2. *Anwenden von Logarithmengesetzen beim Lösen von Exponentialgleichungen*

a) Vergleiche die beiden Verfahren zur Bestimmung der Lösung der Gleichung
$8 \cdot 3^{2x} = 32 \cdot 5^x$.
Begründe jeden Umformungsschritt.

Anwenden von Potenzgesetzen	Anwenden von Logarithmengesetzen
$8 \cdot 3^{2x} = 32 \cdot 5^x$	$8 \cdot 3^{2x} = 32 \cdot 5^x$
$(3^2)^x = 4 \cdot 5^x$	$3^{2x} = 4 \cdot 5^x$
$\left(\frac{3^2}{5}\right)^x = 4$	$\log(3^{2x}) = \log(4 \cdot 5^x)$
$1{,}8^x = 4$	$2x \cdot \log(3) = \log(4) + x \cdot \log(5)$
$x = \log_{1{,}8}(4)$	$x \cdot (2 \cdot \log(3) - \log(5)) = \log(4)$
$x = \frac{\log(4)}{\log(1{,}8)}$	$x = \frac{\log(4)}{2 \cdot \log(3) - \log(5)}$
$x \approx 2{,}36$	$x \approx 2{,}36$

b) Löse ebenso die folgenden Gleichungen auf zwei Arten. Mache die Probe.
(1) $60 \cdot 2{,}2^x = 180 \cdot 1{,}5^{3x}$
(2) $24 \cdot 3^{-2x} = 18 \cdot 6^{3x}$

Blei-Jsotop ^{210}Pb,
kommt als Zerfallsprodukt des Uran-Jsotops ^{238}U in Bleierzen vor.
Radioaktiver β-Strahler, der zu Bismut zerfällt.
Blei ^{210}Pb hat eine Halbwertszeit von 22 Jahren.

3. *Bestimmen der Halbwertszeit mit Logarithmen*

Bei exponentiellen Zerfallsprozessen kann man ermitteln, innerhalb welcher Zeitspanne sich der Bestand jeweils halbiert hat. Diese Zeitspanne heißt **Halbwertszeit**.

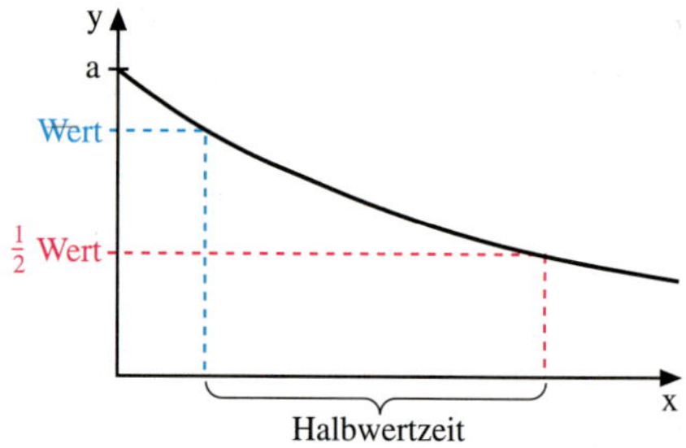

a) Begründe, warum die Halbwertszeit nur von der Basis der Exponentialfunktion $y = a \cdot b^x$ abhängt, aber nicht vom Anfangsbestand a.

b) Begründe den Ansatz zur Bestimmung der Halbwertszeit s und die Umformungsschritte. Ermittle die Halbwertszeit des Prozesses mit dem Term $f(t) = 5{,}5 \cdot 0{,}63^t$.

c) Ermittle eine Formel, die den Bestand von Blei ^{210}Pb nach t Jahren beschreibt, wenn anfangs 3,2 g vorhanden waren.

$$\frac{1}{2} \cdot a \cdot b^x = a \cdot b^{x+s} \quad | : (a \cdot b^x)$$
$$0{,}5 = b^s$$
$$s = \log_b(0{,}5)$$
$$s = \frac{\log(0{,}5)}{\log(b)}$$

Übungsaufgaben

4. Es gibt Algen, die ihre Höhe jede Woche verdoppeln können. Wie viele Wochen dauert es, bis eine 60 cm große Alge an die Oberfläche des 6,40 m tiefen Sees gelangt?

5. Bestimme x. Runde das Ergebnis auf Tausendstel.

a) $5^x = 7$ **c)** $5 \cdot 4^{2x+1} = 26$ **e)** $3^{2x} = 4 \cdot 5^{x+3}$ **g)** $22 \cdot 3^{x-3} = 9 \cdot 5^{3+x}$

b) $3^{x-1} = 120$ **d)** $5^x = 2 \cdot 7^{x+1}$ **f)** $5 \cdot 6^{2x} = 6 \cdot 5^{2x}$ **h)** $18 \cdot 2^{7x-1} = 2 \cdot 5^{2x-1}$

6. Ein Kapital von 4 000 € wird mit 4,5 % jährlich verzinst. Nach wie viel Jahren hat es sich verdoppelt [verdreifacht; vervierfacht]?

7. Wassermelonen wachsen anfangs so schnell, dass sich ihre Masse täglich um 13 % vermehrt. Nach wie viel Tagen hat eine ursprünglich 1,3 kg schwere Melone die Masse 4,6 kg?

8. Eine Bakterienart vermehrt sich so, dass sie alle 3 Tage auf das 1,5fache anwächst. Nach welcher Zeit sind aus 10 Bakterien 45 geworden?

9. Bestimme die Lösungsmenge der Exponentialungleichung.

a) $4^x < 12$ **b)** $5 \cdot 3^x < 30$ **c)** $3^{2x} > 5$ **d)** $2^x < 3^{x-1}$

10. Bestimme die Lösung der Exponentialgleichung im Kopf.

a) $6 \cdot 3^x = 54$ **b)** $5 \cdot 0{,}2^x = 0{,}2$ **c)** $19{,}2 = 0{,}3 \cdot 4^x$ **d)** $20 \cdot 2^x - 500 = 780$

11. Manche Exponentialgleichungen lassen sich auch ohne Logarithmieren lösen. Löse wie im Beispiel.

$3^{3x+1} = \frac{1}{9}$ (Als Potenz mit der gleichen Basis schreiben)
$3^{3x+1} = 3^{-2}$ (Vergleich der Exponenten)
$3x + 1 = -2$ (Lösen der linearen Gleichung)
$x = -1$

a) $2^{2x+1} = 8$

b) $3^{3x-6} = 81$ **d)** $2^{x^2-2} = 0{,}5$ **f)** $3^{x+1} = 2 \cdot 3^{2x}$ **h)** $2^{4x-3} \cdot 4^{2x+1} = 8^x$

c) $2^{2-3x} = 0{,}25$ **e)** $b^{2x-3} = b^{3-x}$ **g)** $3 \cdot 4^{x+1} = 2^{x-1}$ **i)** $3^{3x+1} \cdot 9^{1-2x} = 27^x$

Du kannst die algebraischen Lösungen grafisch kontrollieren.

12. In welchem Punkt schneiden sich die Graphen der beiden Exponentialfunktionen?

a) $f(x) = 80 \cdot 2^x$ und $g(x) = 5 \cdot 4^x$

b) $f(x) = \left(\frac{1}{9}\right)^x$ und $g(x) = 81 \cdot 3^{-x}$

c) $f(x) = 5 \cdot 2^x$ und $g(x) = 6 \cdot 0{,}3^x$

d) $f(x) = 3 \cdot 2^{-x}$ und $g(x) = 6 \cdot \left(\frac{8}{5}\right)^x$

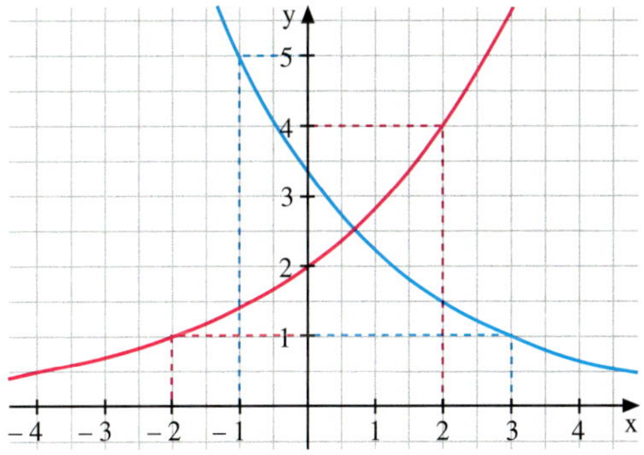

13. In den beiden Graphen rechts sind Exponentialfunktionen dargestellt. Bestimme die Koordinaten des Schnittpunktes.

14. Berechne die Halbwertszeit für das exponentielle Wachstum mit folgender Vorschrift:

a) $y = 3 \cdot \left(\frac{1}{8}\right)^x$ **b)** $y = 10 \cdot 0{,}7^x$ **c)** Basis: $\frac{3}{5}$

d) Anfangsbestand: 8; prozentuale Abnahmerate: 6 % pro Tag

e) Anfangsbestand: a; Abnahmefaktor: 0,65 pro Stunde

15. a) Ein radioaktives Präparat zerfällt so, dass die vorhandene Substanz nach jeweils 5 Tagen auf ein Drittel zurückgeht. Zu Beginn der Messung sind 12 mg vorhanden.
Welche Funktion liegt dem Zerfallsprozess zugrunde? Wie groß ist die Halbwertszeit?

b) Ein radioaktives Präparat zerfällt so, dass es jeweils in 6 Stunden um 15 % abnimmt.
Ermittle die Halbwertszeit.

c) Im Bild rechts ist der Zerfall von 30 g radioaktivem Iod dargestellt. Ermittle die Halbwertszeit. Nach welcher Zeit sind nur noch 3 g vorhanden?

d) Radioaktives Cäsium 137 hat eine Halbwertszeit von ca. 30 Jahren.
Welcher Anteil der anfangs vorhandenen Menge Cäsium ist nach 10 Jahren, nach 40 Jahren noch vorhanden?

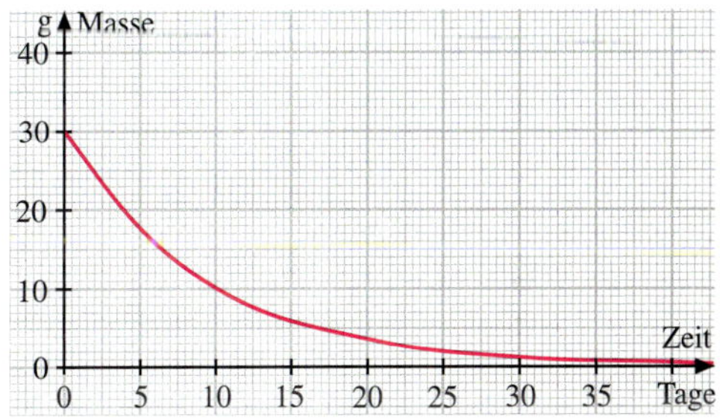

16. Bei gewissen Untersuchungen wird Patienten radioaktives Iod gegeben, das so zerfällt, dass die vorhandene Menge nach jeweils (etwa) 8 Tagen auf die Hälfte zurückgeht.
Nach wie viel Tagen sind noch 10 % [noch 1 %, noch 2 ‰] der Anfangsdosis vorhanden?

17. Ein Kapital von 2 500 € ist in 4 Jahren auf 2 868,80 € angewachsen. Nach wie vielen Jahren wären bei gleich bleibender Bedingungen 5 000 € auf dem Konto, wann 10 000 €?

18. Die Strahlung von Cäsium 137 wird durch 3,5 cm dicke Aluminiumschichten, die von Cobalt 60 erst durch 5,3 cm dicke Schichten um die Hälfte geschwächt.

a) Wie viele 2 cm dicke Platten benötigt man, wenn man die jeweilige Strahlung auf 5 % reduzieren will?

b) Die Dichte von Aluminium beträgt $2{,}7\,\frac{g}{cm^3}$.
Welche Masse hat die jeweilige Abschirmung, wenn die Platten quadratisch mit einer Seitenlänge von 5 cm sind?

3.5.4 Logarithmusfunktionen

Auf Seite 137 haben wir festgestellt, dass Potenzieren und Logarithmieren sich gegenseitig aufheben. In diesem Abschnitt wollen wir untersuchen, welcher Zusammenhang zwischen den entsprechenden Funktionen besteht.

Aufgabe 1

a) Zeichne den Graphen der Logarithmusfunktion zur Basis 2 mit der Gleichung $y = \log_2(x)$, wobei $x > 0$. Benutze zur Berechnung der Funktionswerte die Formel $\log_2 x = \frac{\log(x)}{\log(2)}$.
Verwende auf beiden Koordinatenachsen die gleiche Skalierung.

b) Gib Eigenschaften des Graphen an.

c) Zeichne in dasselbe Koordinatensystem den Graphen der Exponentialfunktion zur Basis 2 mit der Gleichung $y = 2^x$ mit $x \in \mathbb{R}$. Wir hängen die beiden Graphen zusammen?

Lösung

a)

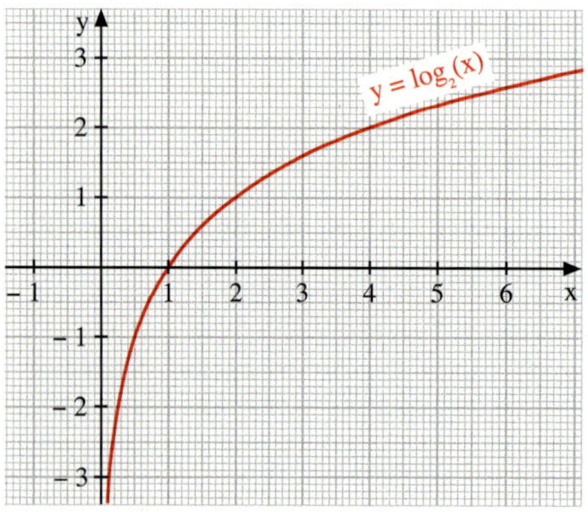

b) Der Graph der Logarithmusfunktion mit der Gleichung $y = \log_2(x)$ steigt an.
Der Graph verläuft im 4. und 1. Quadranten.
Jede reelle Zahl kommt als Funktionswert vor.
Der Graph schmiegt sich dem negativen Teil der y-Achse an.

c)

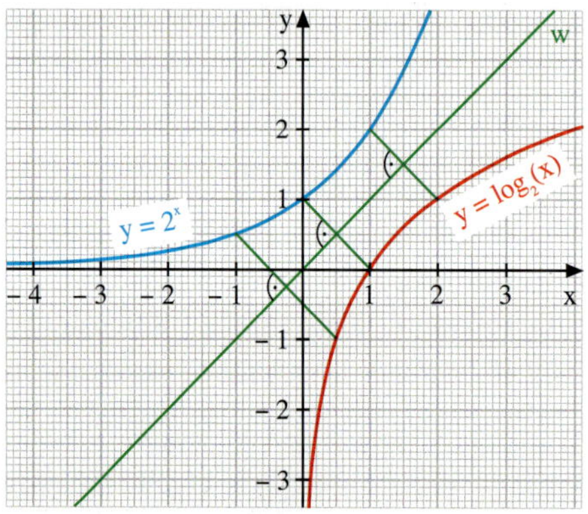

Der Graph der Logarithmusfunktion mit der Gleichung $y = \log_2(x)$ geht aus dem Graphen der Exponentialfunktion mit der Gleichung $y = 2^x$ durch Spiegeln an der Hauptwinkelhalbierenden w hervor, wenn beide Koordinatenachsen die gleiche Skalierung haben.

Information

(1) Definition der Logarithmusfunktionen

Definition

Die Funktion mit der Gleichung $y = \log_b(x)$ mit $x > 0$ heißt **Logarithmusfunktion** zur Basis b, wobei $b > 0$, $b \neq 1$.

(2) Zusammenhang zwischen Logarithmusfunktionen und Exponentialfunktionen

Satz

Es sei $b > 0$ und $b \neq 1$.
Den Graphen zu $y = \log_b(x)$ mit $x > 0$ erhält man durch Spiegeln des Graphen zu $y = b^x$ mit $x \in \mathbb{R}$ an der Hauptwinkelhalbierenden w des Koordinatensystems und umgekehrt, wenn beide Koordinatenachsen die gleiche Skalierung haben.
Die Funktion zu $y = \log(x)$ ist die Umkehrfunktion zur Exponentialfunktion zu $y = b^x$.

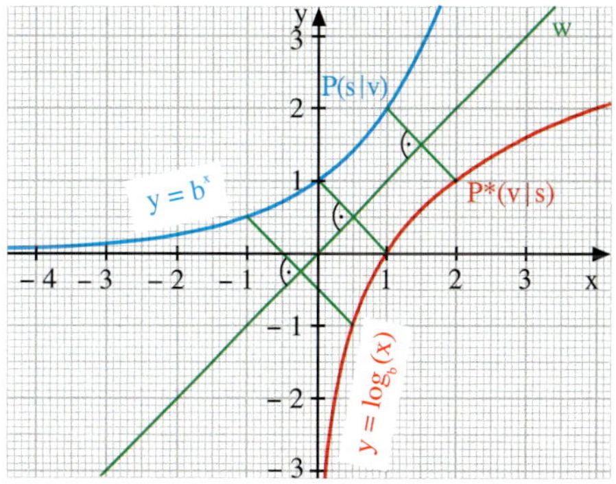

Begründung: Der Punkt $P(s|v)$ geht beim Spiegeln an w über in den Punkt $P^*(v|s)$. Wenn nun $P(s|v)$ auf dem Graphen der Funktion zu $y = b^x$ liegt, so gilt $v = b^s$. Daraus folgt $s = \log_b(v)$.
Also ist s der Funktionswert der Logarithmusfunktion an der Stelle v.
P^* hat also die Koordinaten $(v|\log_b(v))$. Somit liegt P^* auf dem Graphen der Funktion zu $y = \log_b(x)$.

(3) Eigenschaften der Logarithmusfunktionen

Wegen des Zusammenhangs der Graphen der Exponentialfunktionen mit denen der entsprechenden Logarithmusfunktionen ergeben sich unmittelbar die Eigenschaften von Logarithmusfunktionen mit der Gleichung $y = \log_b(x)$.

Satz: *(Eigenschaften der Logarithmusfunktionen)*

Für jede Logarithmusfunktion zu $y = \log_b(x)$ mit $x > 0$, $b > 0$, $b \neq 1$ gilt:

(1) Der Graph der Funktion
- steigt für $b > 1$;
- fällt für $0 < b < 1$.

(2) Der Graph der Funktion liegt rechts von der y-Achse. Jede reelle Zahl kommt als Funktionswert vor: Wertemenge $\mathbb{R}$. Es gilt
- für $b > 1$:
  - $\log_b(x) < 0$, falls $0 < x < 1$
  - $\log_b(x) = 0$, falls $x = 1$
  - $\log_b(x) > 0$, falls $x > 1$
- für $0 < b < 1$:
  - $\log_b(x) > 0$, falls $0 < x < 1$
  - $\log_b(x) = 0$, falls $x = 1$
  - $\log_b(x) < 0$, falls $x > 1$

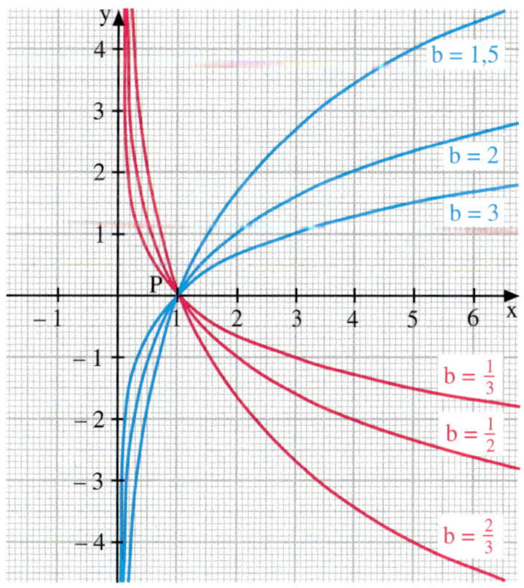

(3) Der Graph schmiegt sich
- dem negativen Teil der y-Achse an für $b > 1$;
- dem positiven Teil der y-Achse an für $0 < b < 1$.

(4) Jedes Mal, wenn x mit s multipliziert wird, wird zu dem Funktionswert $\log_b(x)$ der Summand $\log_b(s)$ addiert (*Grundeigenschaft*).

(5) Alle Graphen haben den Punkt $P(1|0)$ und nur diesen Punkt gemeinsam.

Übungsaufgaben

2. **a)** Zeichne für verschiedene Werte von b die Graphen von Logarithmusfunktionen mit der Gleichung $y = \log_b(x)$ in ein gemeinsames Koordinatensystem. Wie ändert sich der Graph, wenn man die Basis b ändert? Nenne gemeinsame Eigenschaften und Unterschiede der Graphen.

b) Untersuche einen Zusammenhang von Graphen der Logarithmusfunktionen mit $y = \log_b(x)$ und von Exponentialfunktionen mit $y = b^x$. Wähle gleiche Skalierung auf den beiden Koordinatenachsen.

3. Zeichne den Graphen der Logarithmusfunktionen im Bereich $0 < x \leq 8$.

a) $y = \log_3(x)$ **b)** $y = \log_{\frac{3}{2}}(x)$ **c)** $y = \log_{1,7}(x)$

4. Zeichne den Graphen zu $y = \log_{0,3}(x)$. Nenne Eigenschaften dieses Graphen. Begründe die Eigenschaften mithilfe der entsprechenden Eigenschaften der zugehörigen Exponentialfunktion.

5. **a)** Begründe den Zusammenhang der Graphen zu $y = \log_4(x)$ und $y = \log_{0,25}(x)$, indem du die Eigenschaften der Exponentialfunktionen zu $y = 4^x$ und $y = 0{,}25^x$ benutzt.

b) Bilde selbst ähnliche Beispiele.

6. Bestimme diejenige Logarithmusfunktion mit $\log_b x$, wobei $b > 0$, deren Graph durch den Punkt P verläuft.

a) $P(8|3)$ **b)** $P(3|8)$ **c)** $P(0{,}5|-1)$ **d)** $P(\frac{1}{3}|3)$ **e)** $P(1|0)$ **f)** $P(0{,}1|-6)$

7. Ordne jedem Graphen einen Funktionsterm zu.

(1) $\log_2(x)$ (3) $\log_{1,26}(x)$
(2) $\log_{2,5}(x)$ (4) $\log_{0,5}(x)$

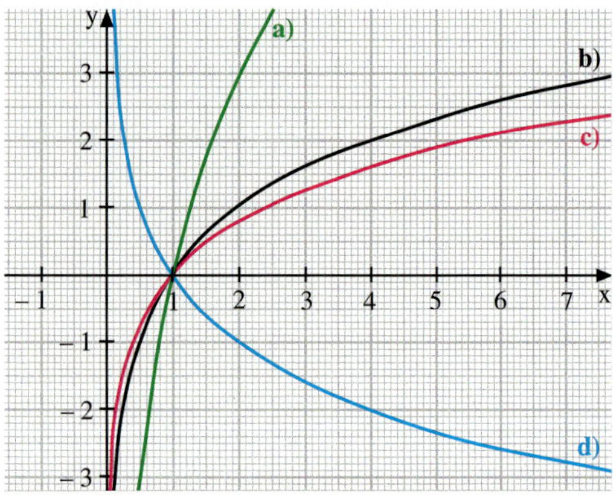

8. **a)** Begründe die Grundeigenschaft der Logarithmusfunktionen:
Jedes Mal, wenn x mit s multipliziert wird, wird zum Funktionswert f(x) ein konstanter Summand addiert. Erläutere diese Eigenschaft auch am Graphen.

b) Du kennst weitere Eigenschaften der Exponentialfunktionen (siehe Seite 118). Formuliere entsprechende Eigenschaften für Logarithmusfunktionen und begründe sie.

9. Tim hat den Graphen der Logarithmusfunktion mit $y = \log_2(x)$ in ein Koordinatensystem mit der Einheit 1 cm auf ein DIN-A4-Blatt gezeichnet, einmal im Hochformat, einmal im Querformat.

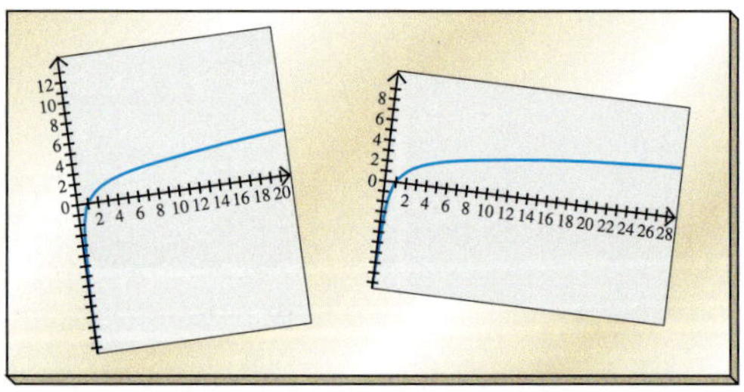

a) Wie viele DIN-A4-Blätter müsste Tim anlegen, damit auf dem letzten Blatt der Graph an den oberen Rand stößt?

b) Wie viel wiegt der Papierstapel, wenn Tim den Graphen der Funktion mit $y = \log(x)$ zeichnet und 1 000 Blätter 5 kg wiegen?

c) Wie lautet die Basis einer Logarithmusfunktion mit $y = \log_b(x)$, die auf dem ersten Blatt gerade durch die obere rechte Ecke verläuft?

3.6 Aufgaben zur Vertiefung

1. Vergleiche exponentielles und quadratisches Wachstum miteinander. Was bewirkt

a) eine Vergrößerung des x-Wertes um 1 [2; 3; 4] für den zugehörigen y-Wert;

b) eine Verdoppelung [Verdreifachung; Vervierfachung] des x-Wertes für den zugehörigen y-Wert?

2. a) Überprüfe die Behauptung in der Anzeige.

b) Welcher Zinssatz würde sich ergeben, wenn man sogar halbmonatlich verzinsen würde?

c) Welche Zinssätze ergäben sich für wöchentliche, tägliche, stündliche, minütliche bzw. sekündliche Verzinsung?

d) Kann man auf diese Weise einen beliebig hohen Zinssatz erreichen?

Ihr Konto im Internet

mehr Zinsen

So viel Zinsen bekommen Sie im Internet

Sie erhalten mindestens 2,9 % Zinsen p.a. Je nach Einzahlung steigt Ihr Zinssatz auf bis zu 3,8 % p.a. an (Stand 01/2007). Die Zinsen werden monatlich gutgeschrieben. Die effektive Verzinsung liegt durch den Zinseszins sogar bei 3,56 % p.a.

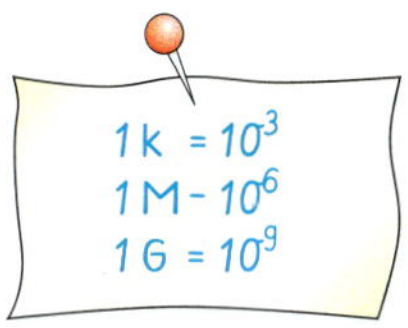

3. Verändern sich Größen sehr stark, so wird in Diagrammen die nach oben gerichtete Achse häufig nicht linear unterteilt:

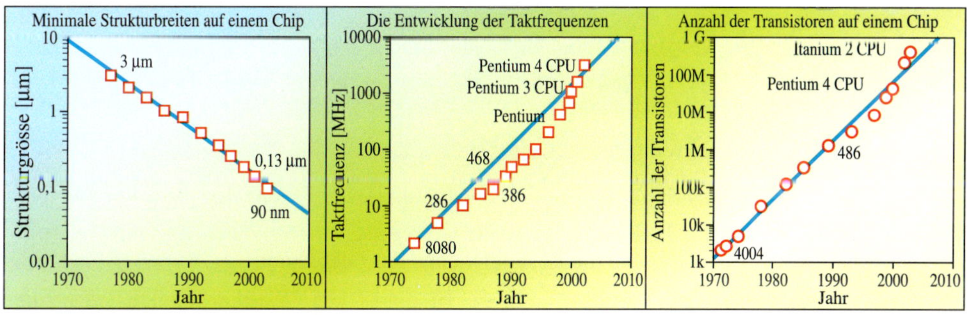

Auch mit manchen Computerprogrammen kann man derartige Darstellungen erzeugen. In solchen so genannten logarithmischen Achseneinteilungen erreicht man, dass z. B. einer Verzehnfachung der Werte auf der Achse immer eine gleichlange Strecke auf der Achse entspricht. Entsprechendes gilt für jeden anderen Multiplikator.

a) Erläutere dies an der nebenstehenden Abbildung.

b) In der nebenstehenden Abbildung ist die nach oben gerichtete Achse logarithmisch geteilt, die waagerechte Achse linear. Zeige, dass die Punkte der Geraden auf dem Graphen einer Exponentialfunktion liegen, wenn man beide Achsen wie gewöhnlich linear teilt. Ermittle die Funktionsgleichung.

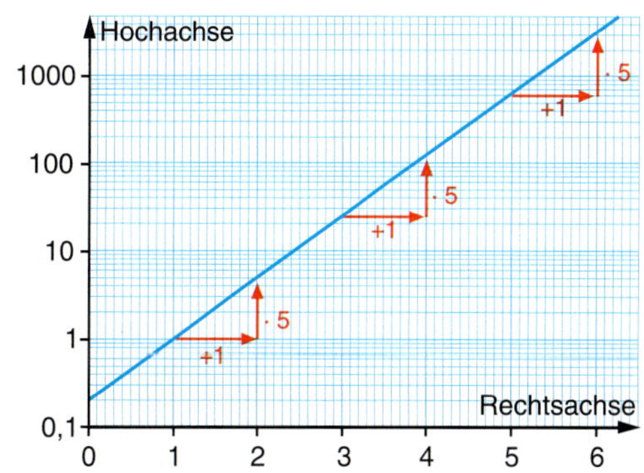

Langzeitaufgabe

4. Suche selbst in Zeitungen, Lexika, ... solche Darstellungen, bei denen die Achsen nicht linear, sondern logarithmisch geteilt sind.

Bist du fit?

1. a) Ein Anfangsbestand von 20 verdreifacht sich alle 7 Tage.
Wie groß ist der Bestand nach 5 Tagen?

b) Eine Substanz zerfällt so, dass nach jeweils einem Tag 10 % weniger als am Vortag vorhanden ist. Wie viel g sind nach 2 Wochen zu erwarten, wenn anfangs 30 g vorhanden waren?

2. In dem Bild rechts sind die Graphen der Funktionen zu $y = 2 \cdot 1{,}4^x$; $y = x^2 + 2$ und $y = 2 \cdot 0{,}3^x$ gezeichnet.
Zeichne das Bild ab und ergänze es um die Graphen zu $y = 2 \cdot 1{,}8^x$; zu $y = x^3$; zu $y = 2 \cdot 0{,}5^x$; und zu $y = 0{,}8 \cdot 1{,}4^x$ ohne Wertetabelle qualitativ richtig.

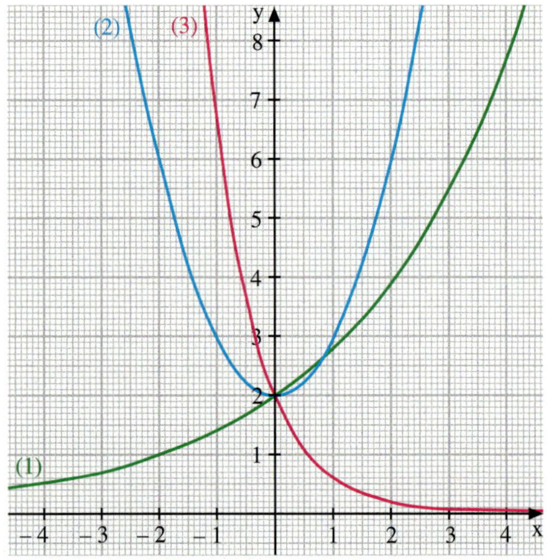

3. Von einem exponentiellen Prozess ist bekannt, dass nach 3 Tagen 1 cm² und nach 5 Tagen 4 cm² bedeckt waren.
Wie viel cm² sind nach 8 Tagen bedeckt? Nach wie vielen Tagen sind 6 cm² bedeckt?

4. Bestimme folgende Logarithmen.

a) $\log_2(64)$ **b)** $\log_2\left(\frac{1}{4}\right)$ **c)** $\log_5\left(\sqrt{5}\right)$ **d)** $\log_5 \sqrt[3]{25}$ **e)** $\log_b(b^n)$ **f)** $\log\left(\frac{1}{b}\right)$

5. Vereinfache so weit wie möglich.

a) $\log\left(\frac{a-5}{a^2 - 10a + 25}\right) + \log(a-5)$ **b)** $\log_4 \sqrt{(a+1)} - \log_4(1+a) + \log_4(1024)$

6. Bestimme die Lösungsmenge der Gleichung.

a) $2 \cdot 3^x = 4^x$ **b)** $3 \cdot 4^{2x} = 5^{x-3}$ **c)** $\log_3(x) - 2\log_3(4) = 4$

7. Skizziere die Graphen der Funktionen zu $y = 3 \cdot 0{,}4^x$ und $y = 2 \cdot 1{,}3^x$. Bestimme die Koordinaten des Schnittpunktes auf Hundertstel genau.

8. Gib eine lineare Funktion, eine Exponentialfunktion und eine Potenzfunktion an, deren Graph durch die Punkte P(2|3) und Q(3|2) verläuft.
Welche Funktionswerte ergeben sich in der „Mitte“ bei x = 2,5?

9. Ein Kunde erhält von einer Bank ein Darlehen von 8 000 € zu einem Zinssatz von 8,25 %.
Wie lange läuft das Darlehen, wenn der Kunde am Jahresende jährlich 1 150 € zurückzahlen kann? Wie hoch ist die letzte Rate?

10. Eine kleine Gemeinde mit 5 000 Haushalten erhält die Möglichkeit zum Kabelanschluss. Zu Beginn lassen sich 200 Haushalte anschließen. Danach kommen monatlich 5 % der Differenz zu 5 000 hinzu.

a) Zeichne einen Graphen für die Entwicklung der Anzahl der Kabelanschlüsse.

b) Wann sind 90 % aller Haushalte angeschlossen?

Bleib fit im ... Umgang mit Zufallsexperimenten

Zum Aufwärmen

1. Krischan und Sophie würfeln mit einem Oktaeder, dessen Seitenflächen mit den Zahlen von 1 bis 8 beschriftet sind.

a) Bestimme die Wahrscheinlichkeit dafür,
(1) eine 3 zu werfen,
(2) keine 3 zu werfen,
(3) mindestens 3 zu werfen,
(4) eine durch 3 teilbare Zahl zu werfen.

b) Krischan erhält beim Werfen 1, 7, 6, 2, 4, 5, 8.
Wie groß ist die Wahrscheinlichkeit, beim nächsten Wurf eine 3 zu erhalten?

c) Sophie ist nicht sicher, ob dieser Würfel wirklich alle Zahlen mit gleicher Wahrscheinlichkeit liefert.
Wie kann sie das überprüfen?

Zum Erinnern

(1) Wahrscheinlichkeiten von Ergebnissen bei einstufigen Zufallsexperimenten

Man kann zwei Typen von Zufallsexperimenten unterscheiden:

- Bei **LAPLACE-Experimenten** wird ein Zufallsgerät benutzt, bei dem kein Grund ersichtlich ist, warum eines der möglichen Ergebnisse eine größere Chance als ein anderes hat aufzutreten. Besitzt ein solches Zufallsexperiment n mögliche Ergebnisse, so beträgt die Wahrscheinlichkeit für das Auftreten eines bestimmten Ergebnisses $\frac{1}{n}$.

  Beispiele: Werfen einer Münze, Werfen eines Würfels, Drehen eines Glücksrades mit gleich großen Sektoren, Ziehen von gleichartigen Kugeln aus einer Urne.

- Bei **Nicht-LAPLACE-Experimenten** lassen sich die Wahrscheinlichkeiten für die einzelnen möglichen Ergebnisse nicht durch Symmetrieüberlegungen (oder Ähnliches) bestimmen.

  Beispiel: Reißnägel unterscheiden sich durch unterschiedliche Druckflächen und unterschiedliche Längen der Nägel; man kann nicht vorhersagen, wie oft ein Reißnagel beim Werfen auf der Seite liegen bleibt oder mit der Spitze nach oben zeigt.

  Weitere Beispiele: Werfen eines LEGO-Würfels oder eines Kronkorkens.

  Nach vielen Durchführungen eines Zufallsexperiments kann man jedoch Schätzwerte für die zugrunde liegenden Wahrscheinlichkeiten bestimmen.

Beispiel: Lego-Vierer

Ergebnis	1	2	3	4	5	6
Wahrscheinlichkeit	0,48	0,06	0,06	0,28	0,06	0,06

Keine Regel ohne Ausnahme!

Das **empirische Gesetz der Großen Zahlen** besagt, dass bei wiederholten Durchführungen eines Zufallsexperiments die *relativen Häufigkeiten*, mit denen das betrachtete Ergebnis eines Zufallsexperiments auftritt, mit zunehmender Anzahl der Durchführungen in der Regel immer weniger um die Wahrscheinlichkeit schwanken.

(2) Wahrscheinlichkeiten von Ereignissen bei einstufigen Zufallsexperimenten

Ergebnisse eines Zufallsexperiments kann man zu *Ereignissen* zusammenfassen.

Beispiel: Beim Werfen eines Würfels gehören zum Ereignis *gerade Augenzahl* die Ergebnisse 2, 4 und 6. Dieses Ereignis wird durch die Menge {2; 4; 6} angegeben.

> Die *Wahrscheinlichkeit eines Ereignisses* erhält man als Summe der Wahrscheinlichkeiten der zugehörigen Ergebnisse (*Summenregel*).

Bei LAPLACE-Experimenten verwendet man speziell die **LAPLACE-Regel:**

Wahrscheinlichkeit,
engl.: probability
franz.: probabilité
lat.: probabilitas

> Für die Wahrscheinlichkeit eines Ereignisses E bei einem LAPLACE-Experiment gilt:
>
> $$P(E) = \frac{\text{Anzahl der zu E gehörenden Ergebnisse}}{\text{Anzahl aller möglichen Ergebnisse}}$$
>
> *Beispiel:* Werfen eines Würfels $\quad$ $P(\text{gerade Augenzahl}) = \frac{3}{6} = \frac{1}{2}$

Zum Trainieren

2. Bei einem Geburtstag werden kleine Gewinne mit einem Würfelspiel verteilt. Worauf würdest du setzen?
(1) Erscheinen einer Primzahl beim Werfen des Oktaeders
(2) Erscheinen einer geraden Zahl beim Werfen eines gewöhnlichen Würfels

3. Marc spielt mit seinen Großeltern Skat. Er denkt, dass die erste Karte, die er erhält, ein Glücks- oder Unglückszeichen ist.
Bestimme die Wahrscheinlichkeit dafür, dass die 1. Karte

a) der Kreuz-Bube ist;
b) ein Bube ist;
c) eine Kreuz-Karte ist;
d) eine rote Karte ist;
e) eine Karte ohne Punkte (also 7, 8 oder 9) ist.

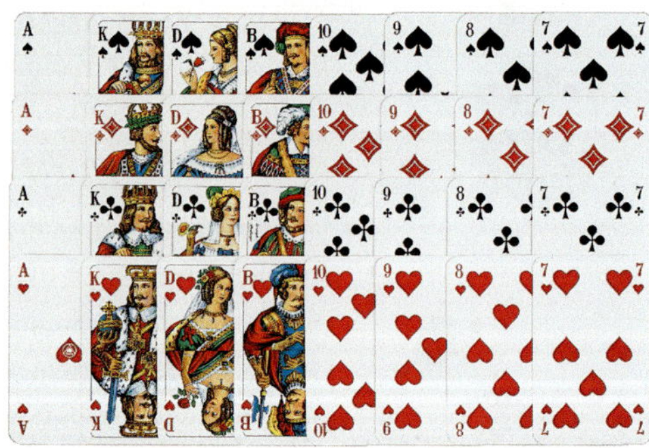

4. Bestimme für einen Lego-Vierer mithilfe der auf Seite 149 angegebenen Wahrscheinlichkeitsverteilung die Wahrscheinlichkeit für das Werfen

a) einer geraden Augenzahl;
b) einer ungeraden Augenzahl;
c) einer Augenzahl von höchstens 3;
d) einer Augenzahl von mindestens 2;
e) einer durch 7 teilbaren Augenzahl;
f) einer kleineren Augenzahl als 7.

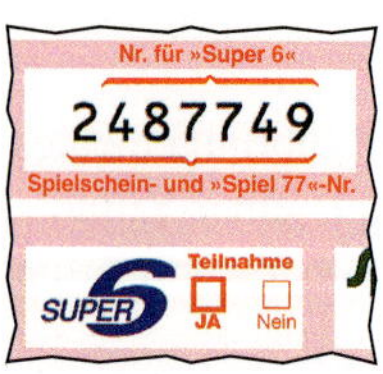

5. *Super 6* ist eine Zusatzlotterie zum gewöhnlichen Lottospiel. Bei jeder Ziehung wird eine sechsstellige Gewinnzahl von 000000 bis 999999 gezogen, die mit der Spielschein-Nummer verglichen wird. Die Teilnahme kostet 1,25 €. Bestimme für jede Gewinnhöhe die Wahrscheinlichkeit.

Gewinnzahl	Gewinn
6 richtige Endziffern:	100.000,00 €
5 richtige Endziffern:	6.666,00 €
4 richtige Endziffern:	666,00 €
3 richtige Endziffern:	66,00 €
2 richtige Endziffern:	2,50 €

4. MEHRSTUFIGE ZUFALLSEXPERIMENTE

Maximilian muss auf seinem Weg zur Schule zwei Straßen überqueren und dabei das Ampelsignal beachten.

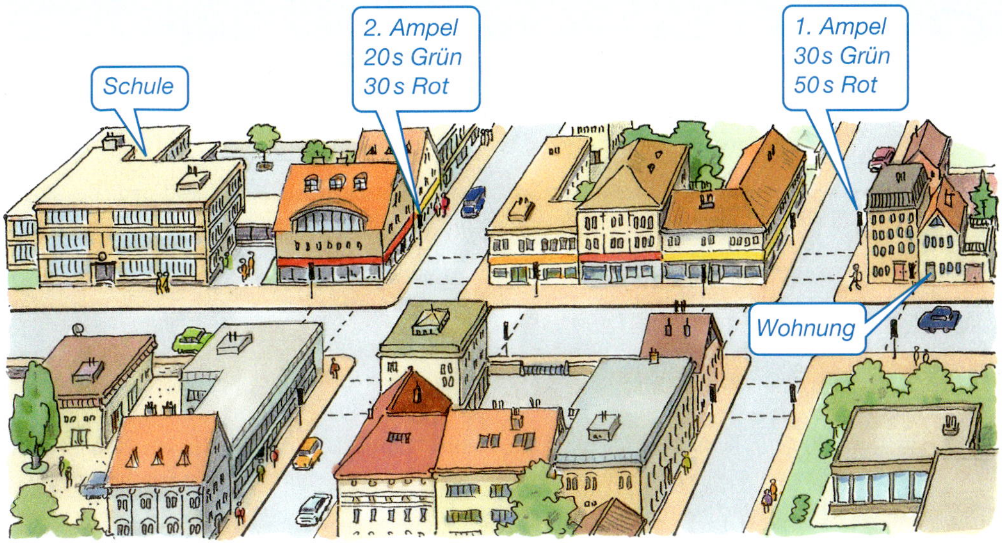

Manchmal, wenn er es besonders eilig hat, zeigen beide Ampeln Rot. An anderen Tagen lässt er sich Zeit, weil es unterwegs viel zu sehen gibt, und trotzdem zeigen beide Ampeln Grün. Es scheint also vom Zufall abzuhängen, ob Maximilian bei Grün oder bei Rot an einer Ampel ankommt.

- Was kommt öfter vor:
  Beide Ampeln zeigen Rot
  oder
  Beide Ampeln zeigen Grün?
- Schätze, wie oft es vorkommt, dass er zweimal hintereinander Rot hat.
- Wie kann man den Vorgang mit den unterschiedlich eingestellten Ampeln simulieren?

Maximilian muss zweimal nacheinander die Ampel beachten; dabei hängt es vom Zufall ab, ob sie Rot oder Grün für ihn zeigt. Hier liegt also ein zweistufiges Zufallsexperiment vor.

In diesem Kapitel beschäftigen wir uns mit der Frage, wie man Wahrscheinlichkeiten für zweistufige bzw. mehrstufige Zufallsexperimente berechnet. Außerdem beschäftigen wir uns mit der Darstellung von Häufigkeitsverteilungen.
Darüber hinaus lernen wir, wie man bei statistischen Daten fehlende Daten erschließen kann.

Lernfeld: Ein Zufall nach dem anderen

Werfen von Reißnägeln

Reißnägel können mit der Spitze nach oben ( ) oder zur Seite ( ) liegen bleiben.

- Bestimmt zunächst für die euch zur Verfügung stehende Sorte von Reißnägeln die Wahrscheinlichkeit für die Ergebnisse „ “ und „ “.
- Jetzt sollen zwei Reißnägel dieser Sorte zugleich geworfen werden. Stellt eine Prognose: Wie oft werden die Ereignisse „einmal , einmal “, „zweimal “ und „zweimal “ auftreten?
- Überprüft nun eure Prognose: Werft zwei Reißnägel 100-mal. Bestätigt euer Experiment eure Prognose? Vergleicht auch mit den Ergebnissen eurer Mitschülerinnen und Mitschüler.
- Überlegt mit eurem Partner: Hätte man den Zufallsversuch auch mit einem Reißnagel durchführen können, der zweimal geworfen wird?

Junge oder Mädchen?

Tabellenkalkulation kann die Auswertung erleichtern.

In Deutschland beträgt die Wahrscheinlichkeit dafür, dass ein Neugeborenes ein Junge ist, etwa 51,4 %. Viele Eltern wünschen sich, beim zweiten Kind ein Pärchen zu erhalten.

- Überlegt in Gruppenarbeit, welche „Typen“ von 2-Kind-Familien es gibt und wie hoch der Anteil dieser Familien sein müsste.
- Führt in eurer Schule eine Umfrage durch, um eure Vermutung zu überprüfen.
- Wird euer Befragungsergebnis verfälscht, wenn ihr in eurer Erhebung Familien mit zwei Kindern doppelt erfasst, weil ihr beide Geschwister fragt?
- Welche Typen von 3-Kind-Familien gibt es? Wie hoch müsste deren Anteil sein?

Schülerzeitung

Frieder und Johanna aus der Klasse 9a wollen für die Schülerzeitung einen Artikel über das Rauchen schreiben. Sie entscheiden sich, eine Umfrage unter den Schülerinnen und Schülern der Oberstufe ihrer Schule durchzuführen.
Sie haben 150 ausgefüllte Fragebogen zurückbekommen. Um eine Übersicht über die Ergebnisse zu bekommen, sortieren sie diese in vier Stapel. Anschließend zählen Frieder und Johanna die Stapel aus. Die Ergebnisse übertragen sie in eine Tabelle.

Umfrage für die Schülerzeitung
QUERSCHLÄGER

	Ja	Nein
Ich bin Junge	○	○
Ich habe mindestens einmal geraucht	○	○

Junge und geraucht **30**	Junge und nicht geraucht **20**
Mädchen und geraucht **40**	Mädchen und nicht geraucht **60**

- Fasse die Ergebnisse in einem kurzen Zeitungsartikel zusammen. Weise in deinem Text auf Ergebnisse hin, die du für bemerkenswert hältst.

- Frieder und Johanna überlegen, welchen Titel sie ihrem Artikel geben sollen.
  Hier sind einige Vorschläge:
  (a) Fast die Hälfte hat schon einmal geraucht!
  (b) 40 % aller Mädchen haben schon einmal geraucht!
  (c) 40 % aller Raucher sind Mädchen!
  (d) Mehr Mädchen als Jungen haben schon einmal geraucht!
  (e) Mehr Jungen als Mädchen haben schon einmal geraucht!
  Welchen würdest du wählen? Welchen auf keinen Fall?

A Tabellen erzeugen Übersicht

Ein Markforschungsinstitut hat die Verbreitung von Handys bei Jugendlichen untersucht. Rechts siehst du die Ergebnisse in einer Tabelle zusammengefasst.

	Junge	Mädchen	Summe
besitzt ein Handy	401	512	913
besitzt kein Handy	36	51	87
Summe	437	563	1 000

- Die Tabelle rechts bezeichnet man als *Vierfeldertafel*, da die wesentlichen Informationen in den mittleren vier Feldern stehen. Formuliere Aussagen, die du aus der Vierfeldertafel folgern kannst.

- Die Klasse 9a hat weitere Umfragen durchgeführt und die Ergebnisse in unvollständigen Vierfeldertafeln notiert. Vervollständige diese, falls möglich. Erläutere dein Vorgehen.

	Junge	Mädchen	Summe
besitzt ein Handy	20	13	
besitzt kein Handy		16	26
Summe			

	Mädchen	Junge	Summe
tanzt gern			
tanzt nicht gern	3		17
Summe		55	

	bis 16 Jahre	über 16 Jahre	Summe
hat eigenen Fernseher	15		
hat keinen eigenen Fernseher			43
Summe		65	100

	nimmt an einer AG teil	nimmt an keiner AG teil	Summe
besitzt ein Handy	6	8	14
besitzt kein Handy			
Summe			26

4.1 Mehrstufige Zufallsexperimente – Baumdiagramme

Aufgabe 1

Bei einem Schulfest kann man an einem Stand mit zwei Glücksrädern spielen. Gewinner ist, wer für beide Glücksräder richtig vorhersagt, auf welchen Feldern die Zeiger stehen bleiben werden.

Beim linken Glücksrad gibt es ein rotes und ein blaues Feld.
Beim linken Glücksrad ist $\frac{1}{4}$ der Fläche rot und $\frac{3}{4}$ blau gefärbt.
Beim rechten Glücksrad gibt es gleich große Felder, die die Nummern 1, 2 oder 3 tragen.
Im Bild rechts ist der Zeiger des linken Glücksrades auf „Rot", der Zeiger des rechten Glücksrades ist auf „1" stehen geblieben. Wir notieren dieses Ergebnis als Paar (Rot|1) oder kurz auch als (R|1).

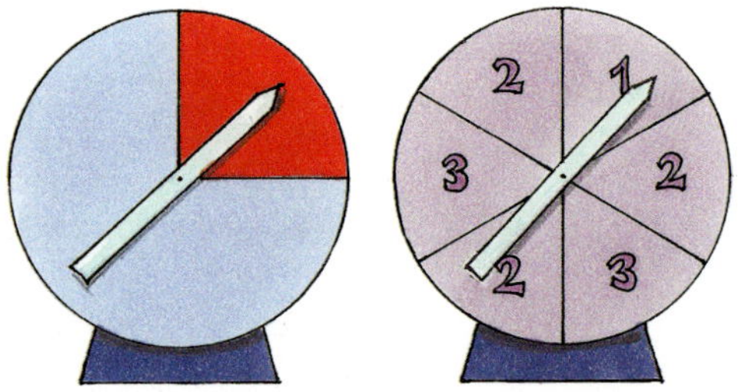

a) Welche anderen Ergebnisse sind möglich?

b) Die möglichen Ergebnisse beim Drehen der beiden Glücksräder kann man in einem **Baumdiagramm** darstellen. Dem Ergebnis (R|1) entspricht der rote Pfad im Baumdiagramm.
Ergänze das Diagramm. Schreibe an die einzelnen Teile des Pfades die zugehörigen Wahrscheinlichkeiten und notiere am Ende eines jeden Pfades das Ergebnis des Zufallsexperiments.

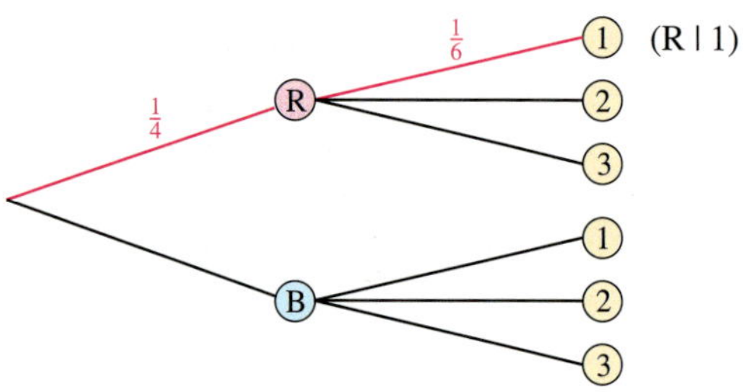

Lösung

a) Bleibt das linke Glücksrad auf dem roten Feld stehen, so sind beim rechten Glücksrad noch drei Ergebnisse möglich. Ebenso sind beim rechten Glücksrad drei Ergebnisse möglich, wenn das linke Glücksrad auf dem blauen Feld stoppt. Insgesamt sind dies zwei mal drei mögliche Ergebnisse, also sechs Ergebnisse des zweistufigen Zufallsexperiments:
(R|1), (R|2), (R|3), (B|1), (B|2), (B|3).

b) Die 6 möglichen Ergebnisse des Zufallsexperiments sind durch die 6 Pfade im Baumdiagramm dargestellt.
Da beim linken Glücksrad $\frac{1}{4}$ der Fläche rot und $\frac{3}{4}$ blau gefärbt ist, gehen wir davon aus, dass die Wahrscheinlichkeit für das Stoppen des Zeigers auf „Rot" $\frac{1}{4}$ und auf „Blau" $\frac{3}{4}$ beträgt.

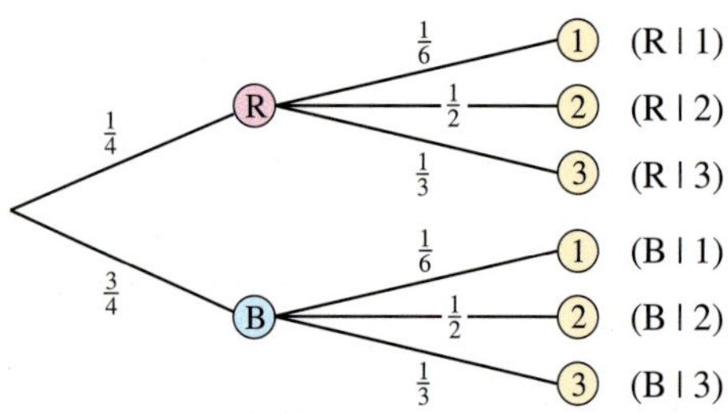

Das rechte Glücksrad hat 6 gleich große Felder, davon trägt ein Feld die Nummer „1".
Die Wahrscheinlichkeit, dass der Zeiger auf „1" stehen bleibt, ist somit $\frac{1}{6}$.
Drei von 6 Feldern tragen die Nummer „2".
Die Wahrscheinlichkeit, dass der Zeiger auf „2" stehen bleibt, beträgt also $\frac{3}{6} = \frac{1}{2}$.
Für „3" beträgt die Wahrscheinlichkeit entsprechend $\frac{2}{6} = \frac{1}{3}$.

Information

(1) Mehrstufige Zufallsexperimente

Manche Zufallsexperimente werden in zwei oder mehr Schritten *nacheinander* durchgeführt.

Beispiele:

- Jemand wirft zweimal hintereinander eine Münze.
- Eine siebenstellige Glückszahl wird so bestimmt, dass ein Glücksrad mit den Sektoren 0, 1, 2, …, 9 siebenmal hintereinander gedreht wird.
- Jemand würfelt dreimal hintereinander.
- Nacheinander werden 6 Kugeln aus einer Lottotrommel mit 49 Kugeln gezogen.

Man nennt solche Zufallsexperimente **mehrstufig**; die Ergebnisse werden bei zweistufigen Zufallsexperimenten als Paare (2|3), bei dreistufigen als Tripel (2|5|3) usw. notiert.

(2) Baumdiagramme – Pfad in einem Baumdiagramm

Mehrstufige Zufallsexperimente lassen sich in Form von Baumdiagrammen darstellen, um einen Überblick über alle möglichen Ergebnisse zu erhalten. Zu jedem der möglichen Ergebnisse des Zufallsexperiments gehört ein so genannter **Pfad** im Baumdiagramm. Er beginnt an der Wurzel des Baums, verläuft über die verschiedenen Verzweigungen und endet mit der letzten Stufe.
Der rote Pfad im Beispiel rechts gehört zum Ergebnis (W|Z|W).

Beispiel: Dreifacher Münzwurf

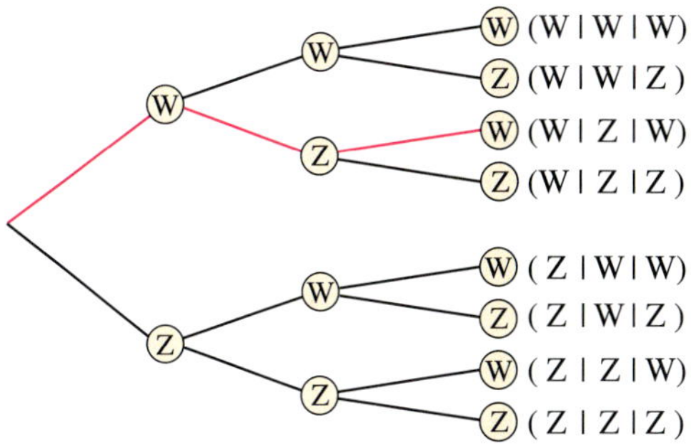

Weiterführende Aufgaben

2. *Veränderte Anordnung der Stufen eines Baumdiagramms*

Bei der Aufgabe 1 (Seite 154) ist nicht beschrieben, ob zunächst das linke und dann das rechte Glücksrad gedreht wird. Deshalb ist es auch möglich, das Zufallsexperiment durch ein Baumdiagramm zu beschreiben, bei dem zunächst die möglichen Ergebnisse des rechten Glücksrades und dann die des linken Glücksrades erfasst werden. Zeichne ein solches Baumdiagramm.

3. *Doppelter Münzwurf – nacheinander bzw. gleichzeitig*

a) Eine Münze wird zweimal geworfen. Stelle die möglichen Ergebnisse des Zufallsexperiments in einem Baumdiagramm dar.

b) Eine 5-Cent- und eine 10-Cent-Münze werden gleichzeitig geworfen. Überlege, wie sich auch dieses Zufallsexperiment in einem Baumdiagramm darstellen lässt.

c) Zwei gleichartige Münzen werden (1) gleichzeitig, (2) nacheinander geworfen. Zeichne Baumdiagramme. Vergleiche mit den Baumdiagrammen aus den Teilaufgaben a) und b).

Information

(1) Summenprobe im Baumdiagramm

Trägt man in ein vollständig gezeichnetes Baumdiagramm an den einzelnen Strecken alle Wahrscheinlichkeiten ein, so ist *immer* eine Kontrolle möglich: Die Summe der Wahrscheinlichkeiten nach jeder Verzweigung bis zur nächsten Stufe ist immer 1 (*Summenprobe*).

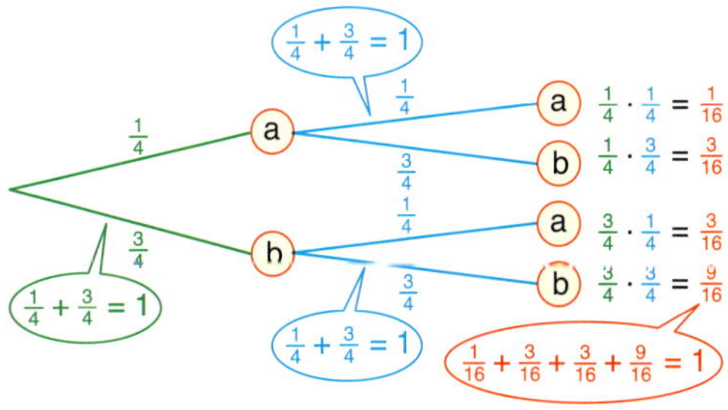

(2) Deutung gleichzeitig durchgeführter Zufallsexperimente als mehrstufige Zufallsexperimente

Oft kann man Zufallsexperimente, bei denen Vorgänge *gleichzeitig* erfolgen, als mehrstufig auffassen. Es spielt dann keine Rolle, welchen Vorgang man als 1. oder 2. (oder 3., …) Stufe ansieht.

Beispiele:
- Ein roter und ein blauer Würfel werden gleichzeitig geworfen.
- Drei unterschiedliche Münzen werden gleichzeitig geworfen.
- Mehrere Lose werden gleichzeitig aus einer Lostrommel gezogen.

Übungsaufgaben

4. In einer Fabrik werden hergestellte Porzellanbecher nacheinander auf Form, Farbe und Oberfläche geprüft. Bei der Form unterscheidet man nach gut, mittelmäßig und schlecht, bei der Farbe nach gleichmäßig und ungleichmäßig. Bei der Oberflächenbeschaffenheit unterscheidet man nach glatt und uneben. Jeder Becher durchläuft alle drei Kontrollen. Stelle übersichtlich dar, welche Kombinationsmöglichkeiten auftreten können.

5. In einem Gefäß sind eine rote, zwei blaue und drei grüne Kugeln. Nacheinander werden zwei Kugeln gezogen (und nicht wieder zurückgelegt).
Stelle das Zufallsexperiment in einem Baumdiagramm dar.

Tetraeder, Vierflächner, dreiseitige Pyramide

6. Ein Tetraeder wird zweimal geworfen. Welche Ergebnisse gehören zu den Ereignissen?

E_1: Mindestens einmal Augenzahl 1
E_2: Beim zweiten Wurf Augenzahl 1
E_3: Nur beim zweiten Wurf Augenzahl 1
E_4: Nur ungerade Augenzahlen
E_5: Eine gerade, eine ungerade Augenzahl
E_6: Augensumme drei

7. Eine Münze und ein Würfel werden nacheinander geworfen.

a) Stelle das Zufallsexperiment in einem Baumdiagramm dar. Welche Ergebnisse sind möglich?

b) Welche Baumdiagramme kann man zeichnen, wenn Münze und Würfel gleichzeitig geworfen werden?

8. Drei verschiedene Münzen werden gleichzeitig geworfen. Welche Ergebnisse sind möglich? Stelle das Zufallsexperiment in einem Baumdiagramm dar.

9. a) Zwei Glücksräder werden gedreht. Stelle das Zufallsexperiment in einem Baumdiagramm dar. Welche der Pfade gehören zum Ereignis *Zweimal dieselbe Farbe*? Welchem Ergebnis wird man die größte Wahrscheinlichkeit zuordnen?

b) Zwei Glücksräder werden gedreht. Ergänze die Eintragungen am Baumdiagramm. Gib an, wie groß die verschiedenen Sektoren der beiden Glücksräder sind. Welchem Ergebnis wird man die kleinste Wahrscheinlichkeit zuordnen?

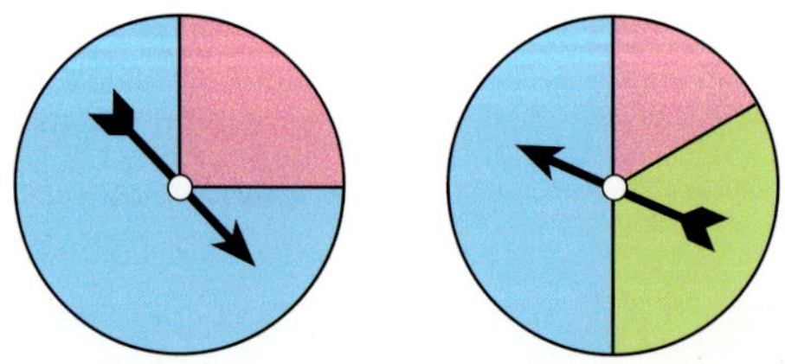

Glücksrad A   Glücksrad B

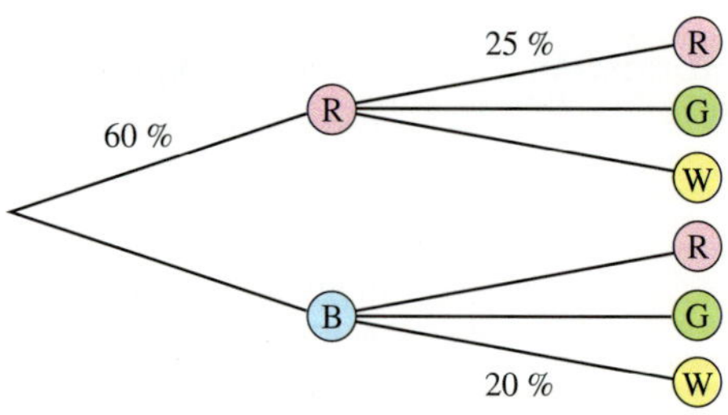

10. Eine Münze wird zweimal geworfen. Beschreibe die Ereignisse mit Worten.
$E_1 = \{(W|W); (W|Z); (Z|W)\}$
$E_2 = \{(W|W); (Z|Z)\}$ $E_3 = \{(W|Z); (Z|W)\}$

4.2 Pfadregeln

Aufgabe 1

Ein Glücksrad hat drei verschieden große Felder. Das blaue Feld ist doppelt so groß wie das rote Feld; das grüne Feld hat die dreifache Größe des roten Feldes.

a) Das Glücksrad wird einmal gedreht. Ordne den Einzelergebnissen „Grün“, „Rot“, „Blau“ Wahrscheinlichkeiten zu.

b) (1) Das Glücksrad wird zweimal hintereinander gedreht. Stelle dieses Zufallsexperiment durch ein Baumdiagramm dar und trage die zugehörigen Wahrscheinlichkeiten ein.

(2) Das Zufallsexperiment *Zweifaches Drehen des Glücksrades* wird 600-mal durchgeführt. Wie oft kann man dabei das Ergebnis (*Rot*|*Grün*) erwarten?

(3) Welche Wahrscheinlichkeit kann man dem Ergebnis (*Rot*|*Grün*) zuordnen? Wie kann man diese Wahrscheinlichkeit direkt aus den Wahrscheinlichkeiten längs des Pfades bestimmen?

c) Das Glücksrad wird dreimal hintereinander gedreht.

(1) Welche Wahrscheinlichkeit hat das Ereignis *Dreimal dieselbe Farbe*?

(2) Ist es günstiger, auf das Ereignis *Dreimal dieselbe Farbe* oder auf das Ergebnis *Drei verschiedene Farben* zu wetten?

Lösung

a) Das grüne Feld nimmt die Hälfte der gesamten Fläche ein:
$P(\text{Grün}) = \frac{1}{2}$.

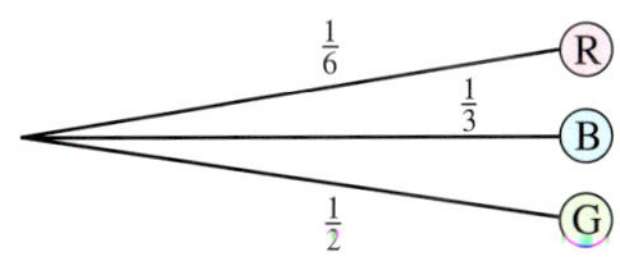

Das rote Feld ist ein Drittel des grünen Feldes, also ein Sechstel der gesamten Fläche:
$P(\text{Rot}) = \frac{1}{6}$.

Die blaue Fläche ist doppelt so groß wie die rote Fläche, also $\frac{1}{3}$ der gesamten Fläche:
$P(\text{Blau}) = \frac{1}{3}$.

b) (1)

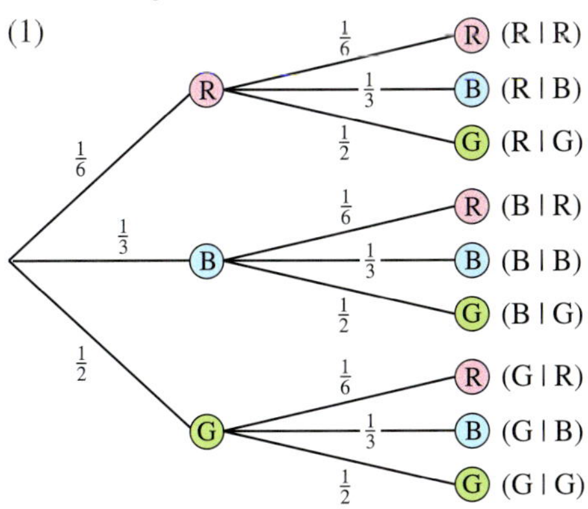

(2) Bei ungefähr $\frac{1}{6}$ aller Drehungen des Glücksrades bleibt der Zeiger auf *Rot* stehen, d.h. bei ungefähr 100 der 600 Versuchsdurchführungen. Bei ungefähr der Hälfte aller Drehungen des Glücksrades hält der Zeiger auf dem *grünen* Feld an; also auch bei der Hälfte der 100 Zufallsexperimente, bei denen er zuvor auf *Rot* stehen blieb.

Das Ergebnis (*Rot*|*Grün*) wird also bei ungefähr 50 der 600 Doppeldrehungen vorkommen.

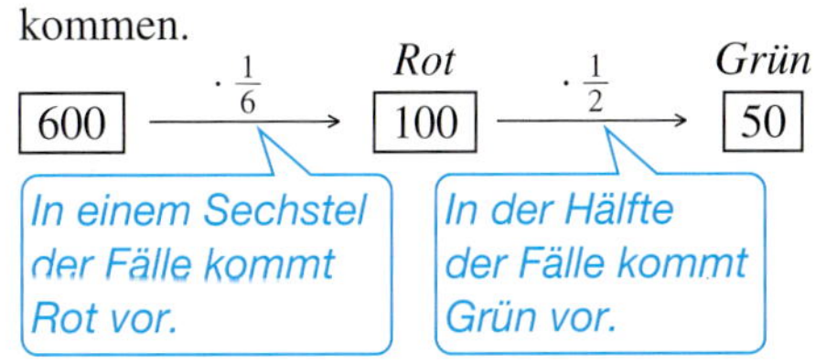

(3) Die Wahrscheinlichkeit für das Ergebnis (*Rot*|*Grün*) ist $\frac{5}{600}$, also $\frac{1}{12}$.
Die Wahrscheinlichkeit für das Ergebnis (*Rot*|*Grün*) kann man auch als Produkt aus den Wahrscheinlichkeiten für Rot ($\frac{1}{6}$) und für Grün ($\frac{1}{2}$) berechnen, denn bei einem Sechstel der Versuchsdurchführungen erscheint Rot, bei der Hälfte davon Grün. Die Hälfte von einem Sechstel ist ein Zwölftel: $\frac{1}{6} \cdot \frac{1}{2} = \frac{1}{12}$.

c) (1) Bei dem dreistufigen Zufallsexperiment würden sich die 9 Pfade des zweistufigen Experiments nochmals jeweils dreimal verzweigen. Es interessieren aber nur die drei Pfade, die zu den Ergebnissen (Rot|Rot|Rot), (Blau|Blau|Blau), (Grün|Grün|Grün), also zum Ereignis „Dreimal dieselbe Farbe" führen.

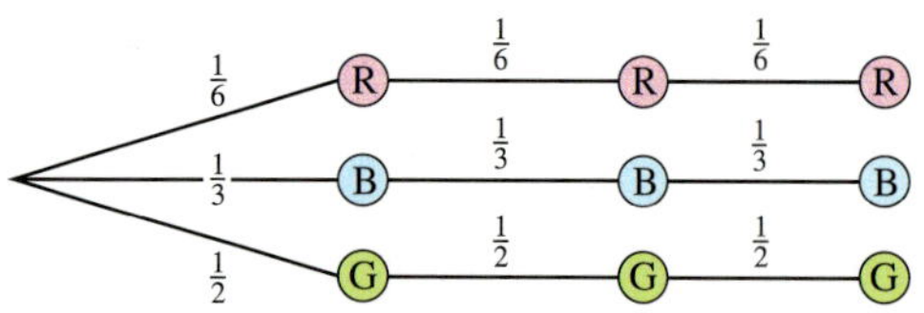

Die Wahrscheinlichkeiten für die einzelnen Pfade können jeweils wieder als Produkt der Wahrscheinlichkeiten längs des betreffenden Pfades berechnet werden:

$P(R|R|R) = \frac{1}{6} \cdot \frac{1}{6} \cdot \frac{1}{6} = \frac{1}{216}$

$P(B|B|B) = \frac{1}{3} \cdot \frac{1}{3} \cdot \frac{1}{3} = \frac{1}{27} = \frac{8}{216}$

$P(G|G|G) = \frac{1}{2} \cdot \frac{1}{2} \cdot \frac{1}{2} = \frac{1}{8} = \frac{27}{216}$

Das Ereignis „Dreimal dieselbe Farbe" besteht aus diesen drei Ergebnissen. Die Wahrscheinlichkeit für dieses Ereignis ist dann:

P (Dreimal dieselbe Farbe)
$= P(R|R|R) + P(B|B|B) + P(G|G|G) = \frac{1}{216} + \frac{8}{216} + \frac{27}{216} = \frac{36}{216} = \frac{1}{6}$

(2) Zum Ereignis „Drei verschiedene Farben" führen von 27 möglichen Pfaden sechs Pfade.

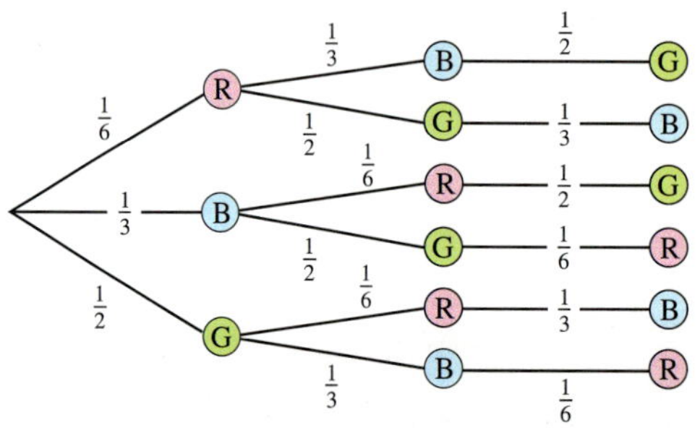

Wieder kann man längs der Pfade die Wahrscheinlichkeit des zugehörigen Ergebnisses durch Multiplikation längs des Pfades berechnen. Dabei treten in jedem Fall die Faktoren $\frac{1}{6}$, $\frac{1}{3}$ und $\frac{1}{2}$ auf, wenn auch in verschiedenen Reihenfolgen. Daraus ergibt sich:

$P(R|B|G) = \frac{1}{6} \cdot \frac{1}{3} \cdot \frac{1}{2} = \frac{1}{36}$

sowie

$P(R|G|B) = P(B|R|G) = P(B|G|R) = P(G|R|B) = P(G|B|R) = \frac{1}{36}$.

Für die Wahrscheinlichkeit des Ereignisses „Drei verschiedene Farben" folgt also:

P (Drei verschiedene Farben) $= 6 \cdot \frac{1}{36} = \frac{1}{6}$.

Die beiden Ereignisse „Dreimal dieselbe Farbe" und „Drei verschiedene Farben" haben die gleiche Wahrscheinlichkeit, also hat man beim Wetten bei beiden Ereignissen die gleiche Chance zu gewinnen.

Information

(1) Pfadmultiplikationsregel

Bei einem mehrstufigen Zufallsexperiment erhält man die Wahrscheinlichkeit eines Ergebnisses, das durch einen Pfad in einem Baumdiagramm dargestellt ist, indem man die Wahrscheinlichkeiten längs dieses Pfades miteinander multipliziert.

Pfadmultiplikationsregel

Die Wahrscheinlichkeit eines Pfades ist gleich dem Produkt der Wahrscheinlichkeiten längs des Pfades.

Beispiel:	*Ergebnis:*	*Wahrscheinlichkeit:*
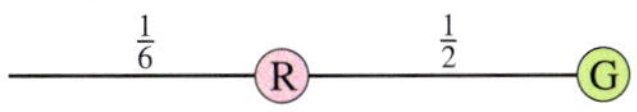	(R|G)	$\frac{1}{6} \cdot \frac{1}{2} = \frac{1}{12}$

(2) Pfadadditionsregel

Ereignisse können sich aus mehreren Ergebnissen zusammensetzen. In der Aufgabe 1c wird das Ereignis *Dreimal dieselbe Farbe* aus den Ergebnissen (R|R|R), (B|B|B) und (G|G|G) gebildet. Die Wahrscheinlichkeit eines Ereignisses wird als Summe der Wahrscheinlichkeiten der zugehörigen Ergebnisse berechnet (*Summenregel*). Da jedes Ergebnis eines mehrstufigen Zufallsexperiments mithilfe eines Pfades in einem Baumdiagramm dargestellt werden kann, lässt sich diese Regel auch wie folgt formulieren:

Pfadadditionsregel

Gehören zu einem Ereignis mehrere Pfade in einem Baumdiagramm, dann erhält man die Wahrscheinlichkeit des Ereignisses, indem man die Pfadwahrscheinlichkeiten der einzelnen zu dem Ereignis gehörenden Ergebnisse addiert.

(3) Vereinfachtes Baumdiagramm

Will man bei einem mehrstufigen Zufallsexperiment nur die Wahrscheinlichkeit *eines* Ereignisses bestimmen, dann genügt es, ein *vereinfachtes* Baumdiagramm zu zeichnen, das nur die interessierenden Pfade enthält. Es entfällt dann aber die Möglichkeit der Summenprobe.

Weiterführende Aufgabe

2. *Anwendung der Komplementärregel bei mehrstufigen Zufallsexperimenten*

Ein Glücksrad wird dreimal gedreht.
Wie groß ist die Wahrscheinlichkeit für das Ereignis
E: *Der Zeiger bleibt mindestens einmal auf dem roten Feld stehen?*

Komplementärregel

Die Wahrscheinlichkeit P(E) eines Ereignisses E und die Wahrscheinlichkeit $P(\overline{E})$ des zugehörigen Gegenereignisses $\overline{E}$ ergänzen sich zu 1:

$$\mathbf{P(E) + P(\overline{E}) = 1}$$

Übungsaufgaben

3. Beim Deutschen Roten Kreuz geht man für die Verteilung der vier Blutgruppen A, B, AB und 0 in der Bevölkerung von den nebenstehenden Daten aus.
Zwei nicht verwandte Personen kommen zur Blutspende.
Wie groß ist die Wahrscheinlichkeit, dass
(1) die erste Person Blutgruppe A hat, die zweite Person Blutgruppe B,
(2) die erste Person Blutgruppe 0 hat, die zweite eine andere,
(3) die beiden Personen gleiche Blutgruppen haben,
(4) mindestens eine Person die seltene Blutgruppe AB hat?

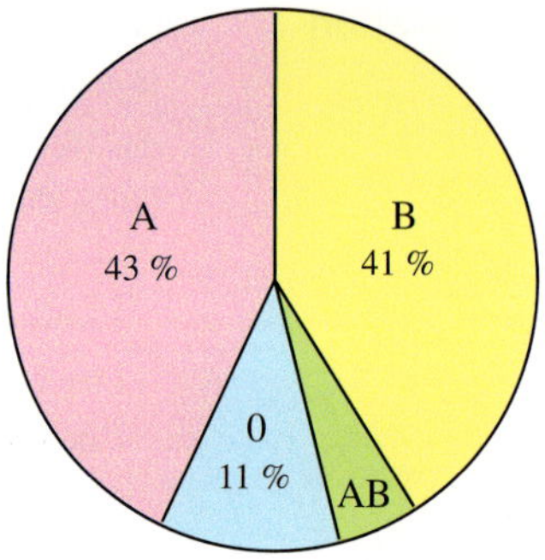

4. Ein Glücksrad wird zweimal gedreht. Zeichne das zugehörige Baumdiagramm.

(1)
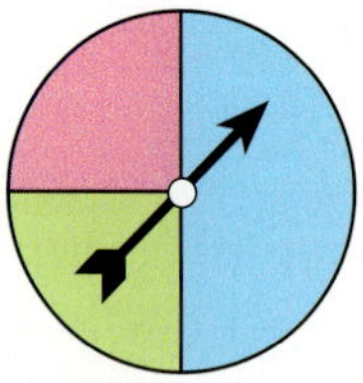
(2)
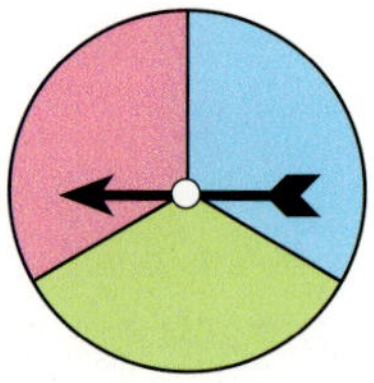
(3)
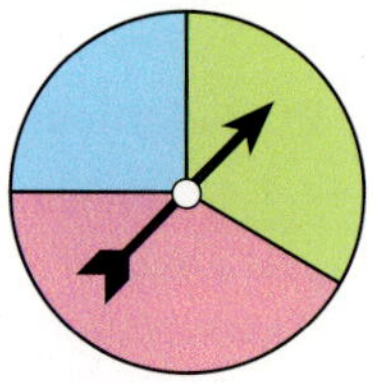
(4)
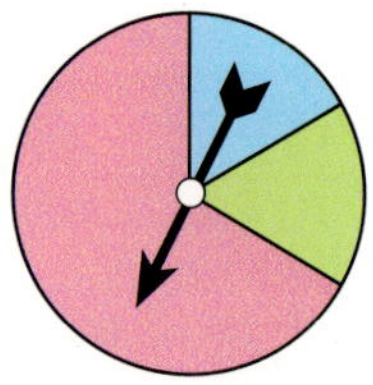

a) Welche Wahrscheinlichkeit hat das Ergebnis (Rot|Grün)?

b) Welche Wahrscheinlichkeit hat das Ereignis *Zweimal dieselbe Farbe?*

c) Bei welchem Glücksrad ist es günstig, auf das Ereignis *Zweimal dieselbe Farbe* zu setzen?

5. a) Ein Glücksrad wird dreimal gedreht. Stelle das Zufallsexperiment in einem Baumdiagramm dar.
Welche Wahrscheinlichkeit hat das Ereignis
(1) dreimal Rot;
(2) dreimal dieselbe Farbe;
(3) zweimal Rot;
(4) öfter Rot als Blau?

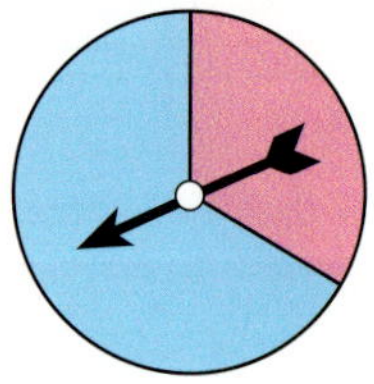

b) *Teamarbeit:* Bastelt ein solches Glücksrad. Führt das Zufallsexperiment mehrfach durch. Vergleicht mit den in Teilaufgabe a) berechneten Wahrscheinlichkeiten.

6. Eine Münze wird dreimal nacheinander geworfen. Stelle das Zufallsexperiment in einem Baumdiagramm dar. Bestimme für das angegebene Ereignis die Wahrscheinlichkeit seines Eintretens.
(1) zuerst Wappen, dann zweimal Zahl
(2) nicht dreimal Wappen
(3) der letzte Wurf ist Zahl
(4) mindestens einmal Wappen
(5) mehr Wappen als Zahl
(6) gleich oft Wappen und Zahl
(7) Pasch (d.h. drei gleiche Ergebnisse)
(8) höchstens zweimal Zahl
(9) der erste Wurf ist Wappen
(10) der zweite Wurf ist Zahl

7. Wirft man Reißnägel einer bestimmten Sorte, dann tritt Lage „Kopf: Spitze nach oben" mit Wahrscheinlichkeit 0,4 und Lage „Spitze zur Seite" mit Wahrscheinlichkeit 0,6 auf.
Ein Reißnagel wird dreimal geworfen.

a) Zeichne das zugehörige Baumdiagramm.

b) Mit welcher Wahrscheinlichkeit tritt das Ergebnis (Kopf | Kopf | Seite) auf?

c) Welche Wahrscheinlichkeit hat das Ereignis *Kopf kommt öfter als Seite*?

d) Welche Wahrscheinlichkeit hat das Ereignis *Nur Kopf oder nur Seite*?

8. *Teamarbeit:* Besorgt euch Reißnägel einer Sorte und bestimmt dafür die Wahrscheinlichkeiten für die Ergebnisse „Kopf" und „Seite".
Welche Wahrscheinlichkeiten erwartet ihr für die Ergebnisse beim dreifachen Wurf?
Kontrolliert eure Erwartungen experimentell.

9. **a)** Die Wahrscheinlichkeit für Wappen beim Münzwurf ist $\frac{1}{2}$, d.h. durchschnittlich kommt auf 2 Würfe einmal Wappen. Wie groß ist die Wahrscheinlichkeit für das Ereignis *(Genau) einmal Wappen* beim zweifachen Münzwurf?

b) Die Wahrscheinlichkeit für *Augenzahl 1 oder 2* beim Würfeln ist $\frac{1}{3}$. Wie groß ist die Wahrscheinlichkeit für das Ereignis *(Genau) einmal Augenzahl 1 oder 2* beim dreifachen Würfeln?

c) Die Wahrscheinlichkeit für *Zweimal Wappen* beim Werfen zweier Münzen beträgt $\frac{1}{4}$. Wie groß ist die Wahrscheinlichkeit, dass bei einem vierfachen Doppelwurf von Münzen das Ergebnis *Zweimal Wappen* (genau) einmal auftritt?

10. Bevor ein Buch gedruckt wird, werden die probeweise gedruckten Seiten auf Fehler durchgesehen. Der erste Kontrolleur findet erfahrungsgemäß 70 % der Fehler und korrigiert sie. Bei den nächsten beiden Kontrollen werden (von übrig bleibenden Fehlern) 50 % bzw. 30 % entdeckt.
Mit welcher Wahrscheinlichkeit ist ein Fehler, der ursprünglich in einem Drucktext vorhanden war, auch nach diesen drei Kontrollen noch nicht entdeckt?

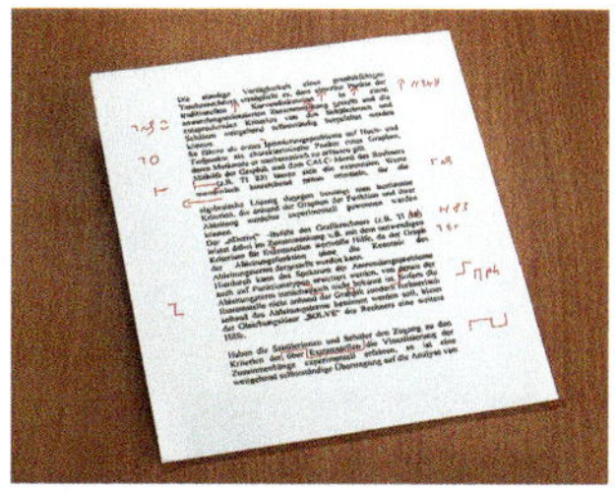

11. *Teamarbeit:* Robin und Verena beginnen ein „Mensch ärgere dich-nicht"-Spiel mit einem üblichen Spielwürfel. Als Robin an die Reihe kommt, hat er nach drei Würfen noch keine einzige Sechs erzielt und ist enttäuscht.

a) Spielt das dreifache Würfeln mehrfach nach. Wie oft erhaltet ihr keine Sechs in drei Würfen?

b) Verena stellt das dreistufige Zufallsexperiment mit den Einzel-Ergebnissen „Sechs" und „Keine Sechs" mit einem geeigneten Baumdiagramm dar. Zeichne es und erkläre damit Robin, dass noch kein Grund für eine Enttäuschung vorliegt.

12. Zu Annas Schulweg gehören 3 Kreuzungen mit Fußgängerampeln. Häufig, wenn sie es eilig hat, zeigen alle drei Ampeln Rot. An anderen Tagen kommt es auch vor, dass alle 3 Ampeln gerade Grün zeigen, wenn sie kommt. Zur genaueren Untersuchung dieses Sachverhalts stoppt Anna die Rot- und Grünzeiten der Ampeln.

	Ampel 1	Ampel 2	Ampel 3
Rotzeit	60 s	60 s	40 s
Grünzeit	30 s	20 s	60 s

Nimm an, dass die Ampeln nicht auf „Grüne Welle" geschaltet sind, d.h. es ist an jeder Ampel zufällig, ob man sie bei Rot oder Grün antrifft.

a) Berechne zunächst für jede Ampel einzeln die Wahrscheinlichkeit dafür, dass sie bei Annas Ankunft Rot bzw. Grün zeigt. Zeichne dann ein Baumdiagramm.

b) Wie groß ist die Wahrscheinlichkeit, dass alle 3 Ampeln bei Annas Ankunft Rot zeigen?

c) Wie groß ist die Wahrscheinlichkeit dafür, dass alle 3 Ampeln Grün zeigen?

d) Wie groß ist die Wahrscheinlichkeit dafür, dass mindestens eine Ampel Rot zeigt?

e) Wie groß ist die Wahrscheinlichkeit dafür, dass genau eine Ampel Rot zeigt?

13. *Partnerarbeit:* Welche der folgenden Schlussfolgerungen ist richtig? Diskutiere mit deinem Nachbarn. Schreibt anschließend jeder eine kleine Zusammenfassung und vergleicht diese.

(1) Ungefähr 40 % der Deutschen haben Blutgruppe 0; 30 % der Blutspender beim Deutschen Roten Kreuz sind unter 20 Jahre alt. Ein Blutspender beim DRK wird ausgelost.
Der Leiter der Blutspendeaktion vermutet, dass die Wahrscheinlichkeit, dass diese Person unter 20 Jahre alt ist *und* Blutgruppe 0 hat, ungefähr 12 % beträgt.

(2) 40 % der Schülerinnen und Schüler einer Klasse haben im Fach Deutsch eine gute Note (1 oder 2); im Fach Englisch sind es 30 %. Hieraus folgt, dass der Anteil derer, die in beiden Fächern eine gute Note haben, ungefähr 12 % beträgt.

14. Ein Glücksrad wird zweimal gedreht.

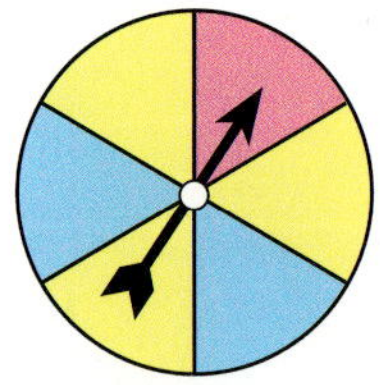

a) Welche Wahrscheinlichkeit hat das Ereignis
E: *Zwei verschiedene Farben*?

b) Das Glücksrad wird jetzt dreimal gedreht.
Welche Wahrscheinlichkeit hat das Ereignis
F: *Mindestens zwei Farben sind gleich*?

15. Julia schlägt Maria das folgende Spiel vor:
„Du darfst aus dem Becher 2 Kugeln nacheinander ziehen, ohne die erste zurückzulegen. Du gewinnst, wenn sie die gleichen Farben haben, sonst gewinne ich."

a) Sollte Maria sich auf das Spiel einlassen,
(1) wenn 3 rote und 4 blaue Kugeln in dem Becher sind;
(2) wenn 3 rote und 3 blaue Kugeln in dem Becher sind;
(3) wenn 6 rote und 3 blaue Kugeln in dem Becher sind?

b) Jetzt soll die erste gezogene Kugel nach dem Ziehen zurückgelegt werden. Welche der Spielregeln (1) bis (3) sind nun günstig für Maria, welche für Julia?

16. Auf dem Tisch liegen verdeckt 8 Zahlkärtchen. Davon werden zwei Kärtchen gezogen und aus den Ziffern eine zweistellige Zahl gebildet.

a) Das erste gezogene Kärtchen stellt die Zehnerziffer dar. Dann wird das Kärtchen wieder zurückgelegt und nach dem Mischen wird ein zweites Kärtchen gezogen. Dies stellt die Einerziffer dar.
(1) Wie viele Ergebnisse sind möglich? Begründe, dass es sich bei diesem Zufallsexperiment um ein Laplace-Experiment handelt.
(2) Wie groß ist die Wahrscheinlichkeit, dass bei diesem Ziehvorgang eine Zahl unter 20 entsteht?

b) Das erste gezogene Kärtchen stellt die Zehnerziffer dar. Das erste Kärtchen wird nicht zurückgelegt. Dann wird ein zweites Kärtchen gezogen. Die zweite Ziffer stellt die Einerziffer dar.
(1) Wie viele Ergebnisse sind möglich? Handelt es sich bei diesem Zufallsexperiment um ein Laplace-Experiment? Begründe.
(2) Wie groß ist die Wahrscheinlichkeit, dass bei diesem Ziehvorgang eine Zahl unter 20 entsteht?

c) Die beiden Kärtchen werden gleichzeitig gezogen und so angeordnet, dass eine möglichst hohe Zahl entsteht. Bestimme die Wahrscheinlichkeit, dass bei diesem Ziehvorgang eine Zahl unter 30 entsteht.

17. Ein Skatspiel besteht aus 32 Karten, jeweils 8 Kreuz-, 8 Pik-, 8 Herz- und 8 Karokarten. Beim Austeilen erhält jeder Spieler 10 Karten, 2 Karten werden verdeckt als Skat auf den Tisch gelegt. Bestimme die Wahrscheinlichkeit, dass im Skat

a) zwei Herzkarten liegen;

b) zwei gleichfarbige Karten liegen;

c) eine Herzkarte und eine Karokarte liegen.

18. Beim Roulette bleibt die Kugel in einem der Felder mit den Nummern 0, 1, …, 36 liegen. Davon sind 18 Felder rot markiert. Ufuk hat noch zwei Chips, von denen er je einen in zwei aufeinander folgenden Spielen auf „Rot" setzen will. Bleibt die Kugel in einem roten Feld liegen, so erhält er seinen Einsatz und einen gleich hohen Gewinn zurück. Sonst ist der Einsatz verloren.

a) Wie viele Chips kann Ufuk nach zwei Spielen besitzen?

b) Welche Wahrscheinlichkeiten bestehen für die einzelnen Anzahlen?

c) Warum heißt es in Spielerkreisen: „Auf Dauer gewinnt immer die Bank"?

Komplementärregel
$P(E) = 1 - P(\bar{E})$

19. Das Glücksrad rechts wird mehrfach gedreht.
Mit welcher Wahrscheinlichkeit wird der Zeiger spätestens beim 3. Mal auf *Rot* stehen bleiben?

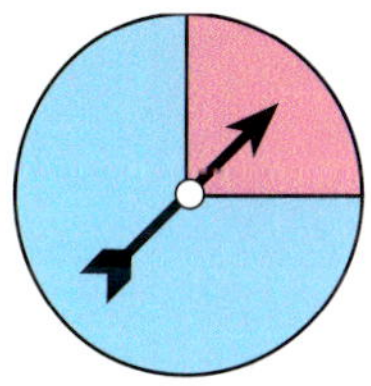

20. **a)** Ein Würfel wird dreimal geworfen. Welche Wahrscheinlichkeit hat das Ereignis *Höchstens zweimal Augenzahl 6*?

b) Das Glücksrad aus Aufgabe 1 auf Seite 157 wird fünfmal gedreht. Welche Wahrscheinlichkeit hat das Ereignis *Weniger als fünfmal Rot*?

c) Eine Münze wird viermal geworfen. Welche Wahrscheinlichkeit hat das Ereignis *Mindestens einmal Zahl*?

21. *Partnerarbeit:* Laura und Katharina würfeln abwechselnd solange, bis die Augenzahl 1 gefallen ist; jeder wirft jedoch höchstens dreimal. Laura beginnt. Gewinnt Laura auf lange Sicht öfter als Katharina oder haben beide gleiche Gewinnchancen?

a) Stellt Vermutungen auf; ihr könnt das Spiel auch selbst einige Male durchführen, bevor ihr eine Vermutung aufstellt.

b) Berechnet die Wahrscheinlichkeit dafür, dass Laura gewinnt.

c) Wie groß ist die Wahrscheinlichkeit, dass es bei einer Spielrunde keinen Gewinner gibt? Wie viele von 100 Spielen müssen wiederholt werden, weil es keinen Sieger gibt?

22. Bei einem Fernsehquiz mit hohen Gewinnmöglichkeiten müssen die 10 Kandidaten zunächst unter Zeitdruck vier Begriffe in die richtige Reihenfolge bringen. Der Moderator behauptet, dass man bei einer zufällig getippten Reihenfolge eine Wahrscheinlichkeit von $\frac{1}{24}$ besteht, die richtige Reihenfolge erwischt zu haben. Hat er Recht?

23. Bei der Lottoziehung *6 aus 49* werden nacheinander 6 Kugeln aus einer Urne mit 49 nummerierten Kugeln ohne Zurücklegen gezogen.

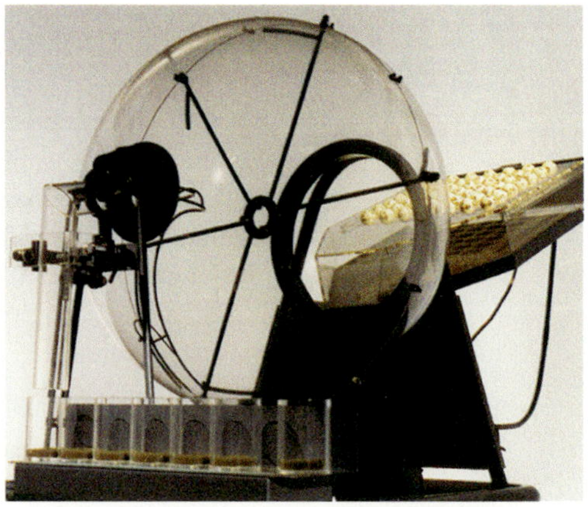

a) Begründe: Die Wahrscheinlichkeit, alle 6 Zahlen richtig vorherzusagen, beträgt:
$\frac{6}{49} \cdot \frac{5}{48} \cdot \frac{4}{47} \cdot \frac{3}{46} \cdot \frac{2}{45} \cdot \frac{1}{44} = \frac{1}{13\,983\,816}$

b) Begründe: Die Wahrscheinlichkeit, keine der 6 Zahlen richtig vorherzusagen, beträgt:
$\frac{43}{49} \cdot \frac{42}{48} \cdot \frac{41}{47} \cdot \frac{40}{46} \cdot \frac{39}{45} \cdot \frac{38}{44}$

c) Jede Woche werden ungefähr 100 Millionen Tipps abgegeben. Wie viele Tipps mit *6 Richtigen* [*0 Richtigen*] werden etwa dabei sein?

d) Kontrolliere dein Ergebnis durch Recherche der letzten Wochenziehungen im Internet.

Recherche ⟨**franz.**⟩
Nachforschung

24. Martin und Alexa werfen mit zwei Würfeln um Gummibärchen.

a) Martin gewinnt ein Bärchen, wenn die Summe der beiden Augenzahlen gerade ist. Mit wie vielen Bärchen kann Martin bei 30 Doppelwürfen rechnen?

b) Alexa gewinnt ein Bärchen, wenn das Produkt der beiden Augenzahlen ungerade ist. Mit wie vielen Bärchen kann Alexa bei 50 Doppelwürfen rechnen?

Dränage ⟨**franz.**⟩
Entwässerungsleitung im Boden; med.: Ableitung von Wundflüssigkeiten.

25. In einen Schacht wird Wasser aus einer Dränage geleitet. Steht es dort zu hoch, kann es in den Keller eines Gebäudes eindringen. Daher wird das Wasser automatisch ab einem gewissen Wasserstand abgepumpt. Zur Sicherheit befinden sich im Schacht zwei unabhängig voneinander arbeitende Pumpen, damit ein Abpumpen auch dann noch erfolgt, wenn eine der beiden Pumpen versagt. Nach Werksangaben wird für die Pumpe die einwandfreie Funktion in 99,99 % aller Fälle garantiert.

a) Mit welcher Wahrscheinlichkeit versagen beide Pumpen zugleich?

b) Wie groß ist die Wahrscheinlichkeit für das korrekte Abpumpen?

c) Eine der beiden Pumpen soll durch eine teurere ersetzt werden, die in 99,999 % aller Fälle funktioniert. Auf welchen Wert steigt dadurch die Wahrscheinlichkeit für die einwandfreie Funktion?

Im Blickpunkt

Im Blickpunkt

Klassische Probleme aus der Geschichte der Wahrscheinlichkeitsrechnung

1. Warum lohnt es sich, beim 4-fachen Würfeln darauf zu wetten, dass mindestens eine Sechs fällt, aber nicht darauf, dass beim 24-fachen Würfeln mit zwei Würfeln mindestens ein Sechser-Pasch auftritt?

BLAISE PASCAL (1623–1662) und PIERRE FERMAT (1601–1665) korrespondierten 1654 über die Lösung dieses Problems des CHEVALIER DE MÉRÉ – dies gilt als die „Geburtsstunde" der Wahrscheinlichkeitsrechnung.
Betrachte zur Lösung das Ereignis
E_1: *Beim 4-fachen Würfeln fällt keine Sechs* bzw.
E_2: *Beim 24-fachen Würfeln mit zwei Würfeln fällt keine Doppelsechs* und jeweils das zugehörige Gegenereignis. Vergleiche die berechneten Wahrscheinlichkeiten.

2. Bei einem Glücksspiel, das aus mehreren Runden besteht, gewinnt derjenige von zwei Mitspielern den gesamten Spieleinsatz, der als erster eine bestimmte Punktzahl erreicht. Das Spiel muss bei einem gewissen Zwischenstand abgebrochen werden. Wie ist die gerechte Aufteilung des Spieleinsatzes?

Dieses so genannte *Problème des partis* findet sich im Buch „Della Summa de Arithmetica Geometria Proportioni et Proportionalita" von LUCA PACIOLI (1445–1514). PACIOLI gab eine Lösung an, die von GERONIMO CARDANO (1501–1576) und von NICCOLO TARTAGLIA (1449–1557) kritisiert wurde. PIERRE DE FERMAT und BLAISE PASCAL lösten das Problem 1654 mithilfe eines Baumdiagramms.
PASCAL und FERMAT sahen es als gerecht an, wenn die ausgefallenen Runden des abgebrochenen Spiels durch Münzwurf ersetzt werden.
Angenommen, eine Mannschaft gewinnt das Spiel, wenn sie 6 Punkte erreicht hat; das Spiel musste beim Stand von 5:2 abgebrochen werden. Zeichne ein Baumdiagramm für die ausstehenden Runden und bestimme die Wahrscheinlichkeit dafür, dass die führende Mannschaft gewinnt.

3. Der holländische Mathematiker CHRISTIAN HUYGENS (1629–1695) nahm 1657 verschiedene bekannte Probleme in das erste große Lehrbuch der Wahrscheinlichkeitsrechnung „Van reeckening in spelen von geluck" (lateinisch: „De ratiociniis in ludo aleae") auf. HUYGENS löste viele Aufgaben, indem er Gewinnerwartungen berechnete.
Wir betrachten die in Aufgabe 2 beschriebene Situation eines Spiels, das beim Stand von 5:2 abgebrochen wurde und das eigentlich solange hätte dauern sollen, bis eine Mannschaft 6 Punkte erreicht hat. Wie oft muss man im Mittel noch die Münze werfen, um das unterbrochene Spiel zu Ende zu bringen?

4. Beim Würfeln mit 2 Würfeln tritt die Augensumme 11 genauso häufig auf wie Augensumme 12. Beide Augensummen kommen dreimal so häufig vor wie Augensumme 7.

Dem großen Mathematiker GOTTFRIED WILHELM LEIBNIZ (1646–1716) werden diese Behauptungen nachgesagt. Überprüfe dies. Bestimme dazu allgemein die Wahrscheinlichkeit für die Augensummen 2, 3, 4, ..., 12 beim zweifachen Würfeln.

5. Die Wahrscheinlichkeit für eine Sechs ist $\frac{1}{6}$; also lohnt es sich darauf zu wetten, dass eine Sechs in drei Würfen auftritt.

Diese Aussage findet man im Buch „Liber de ludo aleae" (Über das Glücksspiel) von GERONIMO CARDANO (1501–1576). Überprüfe diese Behauptung.

6. Erhält man beim Werfen mit 3 Würfeln Augensumme 10 häufiger als Augensumme 9?

GALILEO GALILEI (1564–1642) wurde diese Aufgabe von seinem Fürsten vorgelegt. Überprüfe diese Behauptung.

7. Aus einem Kartenspiel mit 32 Karten [52 Karten] werden zufällig 4 Karten ohne Zurücklegen gezogen. A wettet mit B, dass dies 4 Karten mit verschiedenen Symbolen sind (Kreuz, Pik, Herz, Karo). Bei welchem Wetteinsatz ist dies eine faire Wette?

Aufgaben dieser Art schickte PIERRE DE FERMAT (1601–1665) an CHRISTIAN HUYGENS (1629–1695). Was müsste B zahlen, wenn A einen Euro setzen würde?

8. 13 Karten werden gut gemischt und eine Karte nach der anderen abgehoben. Stimmt kein Kartenwert mit der Ziehungsnummer überein, so gewinnt der Spieler, andernfalls die Bank.

Dieses so genannte *Rencontre-Problem* findet sich zum ersten Mal im „Essai d'Analyse sur les Jeux de Hazard" von PIERRE RÉMOND DE MONTMORT (1678–1719). Seit einer Arbeit von LEONHARD EULER (1707–1783) wird das Problem als Rencontre-Problem bezeichnet („Calcul de la probabilité dans le jeu de rencontre", 1751). Löse dieses Problem für ein Kartenspiel mit 3 Karten [4 Karten]. Mit welcher Wahrscheinlichkeit stimmt bei keiner Karte der Kartenwert mit der Nummer überein [bei einer Karte; bei zwei Karten; bei drei Karten; bei vier Karten]? *Hinweis:* Nimm für das Ass den Kartenwert 1.

9. A und B spielen mit einem Würfel. Derjenige von beiden hat gewonnen, der als Erster eine Sechs wirft. Welche Chancen hat A zu gewinnen?
(1) A beginnt; dann würfelt B; danach ist A wieder an der Reihe usw.
(2) A beginnt und wirft einmal; dann folgt B; anschließend darf A zweimal würfeln, dann B zweimal usw.
(3) A beginnt und wirft einmal; dann würfelt B zweimal; anschließend darf A dreimal würfeln, dann B viermal usw.

Aufgaben dieser Art findet man im Buch „Ars conjectandi" („Mutmaßungskunst") des Schweizer Mathematikers JACOB BERNOULLI (1655–1705). Berechne die Wahrscheinlichkeiten für einen Gewinn von A bzw. innerhalb der ersten 10 Runden.

4.3 Bestimmen von Wahrscheinlichkeiten durch Simulation

Einführung

In einer Gruppe sind 10 Jungen und Mädchen. Zum Weihnachtsfest wird vereinbart, dass jeder ein kleines Geschenk bastelt und eingepackt in einen Sack legt. Bei einer Weihnachtsfeier soll sich dann jeder ein Geschenk blind aus dem Sack herausgreifen. Maria befürchtet, dass bei diesem Verfahren einige Kinder das Geschenk erhalten könnten, das sie selbst gebastelt haben.
Kannst du abschätzen, ob die Wahrscheinlichkeit für das Ereignis, dass mindestens ein Kind sein eigenes Geschenk erhält, groß oder klein ist?
Es ist schwierig, diese Wahrscheinlichkeit zu berechnen. Man kann sich dann damit behelfen, dass man das Zufallsexperiment sehr oft *simuliert*, d.h. nachspielt, um mithilfe der relativen Häufigkeit wenigstens näherungsweise herauszufinden, wie groß die gesuchte Wahrscheinlichkeit ist.

Wir vereinfachen das Simulieren des Zufallsexperiments schrittweise:

1. Schritt: Statt Geschenke zu nehmen, könnte jeder seinen Namen auf einen Zettel schreiben und diesen in einen Behälter legen. Dann könnten alle nacheinander einen Zettel herausgreifen und nachschauen, was auf dem Zettel steht.

2. Schritt: Dies könnte auch einer alleine machen: Man nimmt eine Namensliste aus der Gruppe und schreibt jeweils hinter den Namen auf, welcher Name auf dem gezogenen Zettel steht (siehe Tabelle rechts).

3. Schritt: Statt der Namen kann man auch Nummern auf Zettel schreiben. In einer Tabelle notiert man, welche Nummer bei welcher Ziehung gezogen wurde. Das geht schneller und ist übersichtlicher.

Gruppenliste	Namen auf den gezogenen Zetteln	
	1. Simulation	2. Simulation
1. Alexander	Laura	Katharina
2. Anna	Maria	Lukas
3. Leon	Anna	Leon STOP
4. Laura	Tim	
5. Katharina	Lukas	
6. Lukas	Alexander	
7. Maria	Leon	
8. Maximilian	Sophie	
9. Sophie	Katharina	
10. Tim	Maximilian	

Hier sind die Ergebnisse von acht Simulationen:

	Nummern auf den gezogenen Zetteln							
Ziehung Nr.	1. Simulation	2. Simulation	3. Simulation	4. Simulation	5. Simulation	6. Simulation	7. Simulation	8. Simulation
1	9	2	10	6	5	2	9	6
2	2	6	3	1	1	6	3	10
3		8	1	7	8	4	4	2
4		1	9	3	9	7	5	1
5		4	4	10	2	10	2	8
6		9	7	2	10	3	10	7
7		7	5	8	7	1	8	4
8			6	5		8	7	9
9			8	9			6	5
10			2				1	3

Bei 5 von 8 Simulationen gab es übereinstimmende Nummern; man kann bei dieser geringen Anzahl von Simulationen noch nicht entscheiden, ob es eher wahrscheinlich ist, dass irgendjemand sein eigenes Geschenk erhält. Simuliert man das Zufallsexperiment 100-mal, dann stellt man fest, dass ungefähr 63-mal der Fall „Es gibt mindestens eine Übereinstimmung" vorliegt.

Ergebnis: Die Wahrscheinlichkeit für das betrachtete Ereignis ist also ungefähr 63 %.

Weiterführende Aufgaben GTR

1. *Simulation mithilfe von Zufallszahlen*

Für ein Fantasy-Spiel wird ein Oktaeder als Würfel benötigt. Du kannst ersatzweise auch deinen grafikfähigen Taschenrechner verwenden.
Im Menü **MATH** findest du im Untermenü **PRB** den Befehl **randInt**.

```
MATH NUM CPX PRB
1:rand
2:nPr
3:nCr
4:!
5:randInt(
6:randNorm(
7:randBin(
```

kleinste Zahl — größte Zahl — gewünschte Anzahl

```
randInt(1,8,7)
{8 8 2 5 4 6 1}
```

Erzeuge mit deinem grafikfähigen Taschenrechner 100 Zufallszahlen zwischen 1 und 8. Zähle dann aus, wie viele Einsen, Zweien, …, Achten du erhalten hast. Vergleiche mit deinem Nachbarn.

2. *Simulation eines Zufallsexperiments mithilfe eines Zufallsgeräts*

Im einführenden Beispiel wurden statt der gebastelten Geschenke nur Zettel mit Nummern verwendet, um das Zufallsexperiment zu simulieren.

a) Eine Münze soll geworfen werden. Angenommen, du hast keine Münze, aber einen Würfel. Wie kannst du mit diesem den Münzwurf simulieren?

b) Ein Würfel soll geworfen werden. Angenommen du hast keinen Würfel, aber ein Glücksrad mit 30 gleich großen Sektoren [20 gleich großen Sektoren].
Wie kannst du mit diesem das Würfeln simulieren?

c) Das Glücksrad rechts ist defekt. Du möchtest aber das Drehen des Glücksrades simulieren. Du besitzt eine Reihe von roten, blauen und grünen Kugeln (Murmeln).
Wie kannst du mit diesen das Drehen des Glücksrads simulieren? Wie viele Kugeln musst du von den einzelnen Farben nehmen?

Information

(1) Simulation von Zufallsexperimenten

Zufallsexperimente kann man mit geeigneten Zufallsgeräten simulieren (nachspielen). Die Simulation eines Zufallsexperiments kann weniger aufwändig sein; oft spart man bei der Simulation auch Zeit. Es kann auch vorkommen, dass der betrachtete Vorgang so kompliziert ist, dass eine einfache Berechnung von Wahrscheinlichkeiten nicht gelingt. Dann ist eine Simulation von Zufallsexperimenten besonders sinnvoll.
Man führt das (simulierte) Zufallsexperiment oft durch und schätzt dann aus der berechneten relativen Häufigkeit, wie groß die gesamte Wahrscheinlichkeit ist.

Wahrscheinlichkeit bei einem komplizierten Zufallsversuch → Simulation des Zufallsexperiments durch einen vereinfachten Zufallsexperiment → Bestimmung der relativen Häufigkeit im vereinfachten Zufallsexperiment → Schätzwert für die Wahrscheinlichkeit im vereinfachten Zufallsexperiment

(2) Zufallszahlen

Der Zufallszahlengenerator eines Rechners liefert Zahlenfolgen, die so aussehen, als wären sie beim Würfeln mit einem regelmäßigen Gegenstand entstanden. Mit ihrer Hilfe kann man Zufallsexperimente simulieren.

(3) Telefonnummern als Zufallszahlen

Man kann sogar das Telefonbuch als Zufallszahlengenerator benutzen. Dazu schlägt man das Telefonbuch auf einer beliebigen Seite auf und beginnt bei einer beliebigen Nummer. Man schreibt sich die letzten beiden Ziffern der Telefonnummer ab, genauso verfährt man bei den nachfolgenden Telefonnummern. Auf diese Weise erhält man nacheinander zufällig Ziffernpaare zwischen 00 und 99, also 100 mögliche Zufallszahlen.

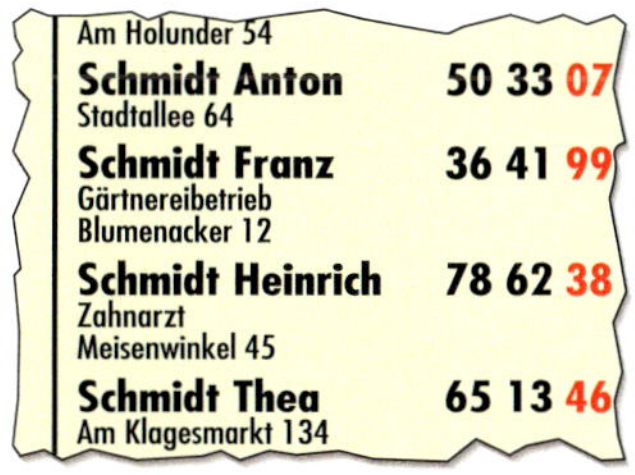

(4) Simulation mithilfe von Zufallszahlen

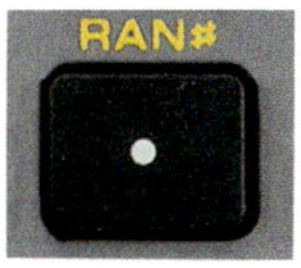

Viele Taschenrechner erzeugen auf Knopfdruck so genannte Zufallszahlen. Auch Tabellenkalkulationsprogramme können Zufallszahlen erzeugen. Der Excel-Befehl ZUFALLSBEREICH (1;6) liefert eine zufällig gewählte natürliche Zahl zwischen 1 und 6.

Der Befehl ZUFALLSZAHL ( ) liefert einen Dezimalbruch zwischen 0 und 1. Multipliziert man diese Zahl mit 6, so erhält man entsprechend einen Dezimalbruch zwischen 0 und 6. Mit dem Befehl GANZZAHL (6∗ ZUFALLSZAHL) ( )) werden die Stellen hinter dem Komma abgeschnitten, man erhält also eine der natürlichen Zahlen 0, 1, 2, 3, 4, 5. Addiert man noch die Zahl 1, dann sieht das Ergebnis so aus wie beim Würfeln eines Würfels.

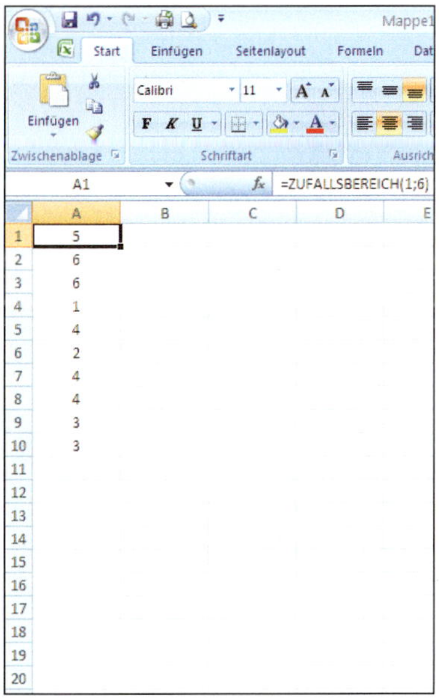

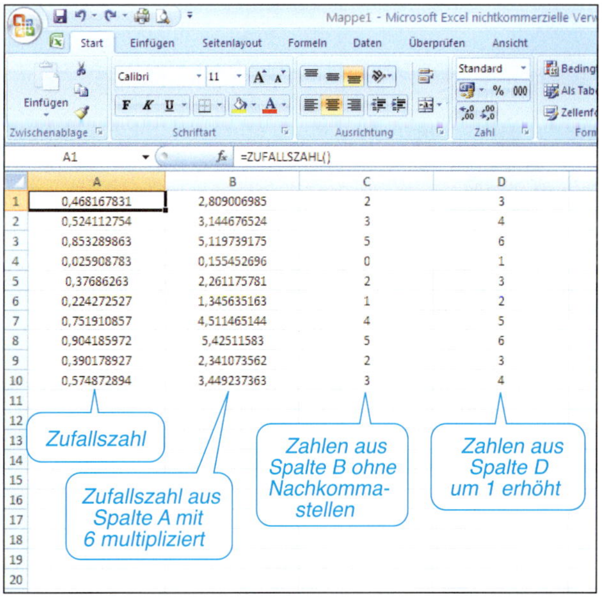

Auch die Auswertung, wie oft ein bestimmtes Ergebnis aufgetreten ist, kann man vom Tabellenkalkulationsprogramm durchführen lassen. Mithilfe des Befehls ZÄHLENWENN kann man auszählen, wie oft eine bestimmte Zahl in einem Bereich des Tabellenblattes steht.

Zum Beispiel liefert ZÄHLENWENN (D1 : D10; 3) wie oft die Zahl 3 in den Zahlen D1 bis D10 vorkommt.

Übungsaufgaben

dodeka ⟨griech.⟩
zwölf

3. Mara, Leo und Lukas benötigen für ein besonderes Würfelspiel einen Dodekaeder. Das ist ein völlig regelmäßiger Körper mit 12 dreieckigen Seitenflächen. Da sie keinen Dodekaeder haben, wollen sie sich behelfen. Was hältst du von folgenden Vorschlägen:

Leo: „Wir nehmen zwei gewöhnliche Würfel und bilden die Augensumme."

Mara: „Wir basteln uns ein Glücksrad mit 12 Sektoren."

Lukas: „Wir würfeln mit einer Münze und einem gewöhnlichen Würfel. Erscheint Zahl, wird das Würfelergebnis verdoppelt, sonst nicht."

4. Auf einem Tisch stehen 6 gleichartig aussehende Pakete mit den Nummern 1 bis 6. Drei Personen schreiben auf, welches Paket sie gerne hätten. Wird ein Paket nur von einer Person gewünscht, dann darf sie es behalten. Wird eine Nummer mehrfach aufgeschrieben, dann gehen die betreffenden Personen leer aus.
Simuliere wie folgt das Spiel mithilfe von drei Würfeln:

Zeigen die 3 Würfel lauter verschiedene Augenzahlen, dann dürfen alle 3 Personen ihr Paket behalten.

Stimmen 2 der 3 Augenzahlen überein, dann erhält nur die Person ein Paket, deren Augenzahl nicht mit den übrigen übereinstimmt.

Zeigen alle 3 Würfel die gleiche Augenzahl, dann gehen alle leer aus.

Führe diese Simulation 100-mal durch und notiere, wie oft die einzelnen Fälle vorkommen.

5. Für ein Spiel soll mit einem Tetraeder gewürfelt werden. Du hast kein Tetraeder zur Hand, aber einen Rechner. Wie kannst du dir helfen?

6. Wie kannst du vorgehen, um die Güte der Zufälligkeit der Zufallszahlen deines Rechners zu überprüfen? Prüfe an einem selbst gewählten Beispiel.

7. Mit dem Glücksrad rechts sollten Gewinne bei einem Klassenfest ausgelost werden. Da es defekt ist, soll die Auslosung mit einem anderen Zufallsgerät erfolgen. Nenne mehrere Möglichkeiten.

8. Zu einer Serie von Sammelbildern in Cornflakes-Packungen gehören 8 verschiedene Bilder. Jede Packung enthält ein Sammelbild. Anna will 12 Cornflakes-Packungen kaufen, um möglichst viele verschiedene Bilder zu haben.
Simuliere dieses Zufallsexperiment. Nimm dazu 12 Zufallszahlen und zähle, wie viele verschiedene Zahlen dabei sind. Führe die Simulation insgesamt 10-mal durch.

4.4 Darstellen von Daten in Vierfeldertafeln

Einführung

Die im folgenden Zeitungsartikel veröffentlichten Daten beruhen auf den Ergebnissen einer statistischen Erhebung.

Mädchen machen in der Bildung das Rennen

Mainz. Im Schuljahr 2008/2009 besuchen mehr Mädchen als Jungen eine weiterführende Schule in Rheinland-Pfalz (153 967 von 306 567); einen noch deutlicheren Vorsprung haben die Mädchen an der Schulform Gymnasium: 73 802 Schülerinnen besuchen Schulen dieses Typs und nur 63 308 Schüler.

Welche Informationen über den Besuch von weiterführenden Schulen können wir dem Zeitungsartikel entnehmen?

(1) Zugrunde liegende Merkmale und ihre Ausprägungen

In der Erhebung wurde zum einen das Merkmal *Geschlecht* mit den Ausprägungen *Junge* und *Mädchen* erfasst. Zum anderen wurde das Merkmal *besuchte Schule* mit den Ausprägungen *Gymnasium* und *andere Schulform* erfasst. Vermutlich wurden in der Erhebung bei den anderen Schulformen auch noch nach Dualen Oberschulen, Hauptschulen, Integrierte Gesamtschulen, Organisatorisch verbundene Dualen Grund- und Hauptschulen, Organisatorisch verbundene Grund- und Regionalschulen, Realschulen und Regionale Schulen unterschieden. Aber darüber lassen sich aus dem Zeitungstext keine Informationen entnehmen.

(2) Rekonstruktion der Daten

Zur übersichtlichen Darstellung der Daten aus dem Zeitungsartikel legen wir eine Tabelle mit zwei Spalten für die Ausprägungen des Geschlechts und zwei Zeilen für die Ausprägungen der besuchten Schule an *(Vierfeldertafel)*.
Da im Zeitungstext auch Gesamtzahlen genannt sind, ergänzen wir die Tabelle noch um eine Zeile und eine Spalte für die Summen.

Im 1. Schritt entnehmen wir aus dem Zeitungstext die folgenden Daten:

Rheinland-Pfalz		Geschlecht		gesamt
		Mädchen	Jungen	
Schulform	Gymnasium	73 802	63 308	
	andere Schulformen			
gesamt		153 967		306 567

In einem 2. Schritt können wir weitere Zahlen in die Tabelle eintragen:

Gesamtzahl der Schülerinnen und Schüler am Gymnasium: $73\,802 + 63\,308 = 137\,110$

Gesamtzahl der Jungen: $306\,567 - 153\,967 = 152\,600$

Wir können nun auch die Zahlen für die andere Schulform als dem Gymnasium bestimmen.

Gesamtzahl der Schüler(innen) an einer anderen Schulform:	306 567 – 137 110 = 169 457
Anzahl der Mädchen an einer anderen Schulform:	153 967 – 73 802 = 80 165
Anzahl der Jungen an einer anderen Schulform:	152 600 – 63 308 = 89 292

Wir ergänzen dann die Vierfeldertafel um die berechneten Werte:

Rheinland-Pfalz		Geschlecht Mädchen	Jungen	gesamt
Schulform	Gymnasium	73 802	63 308	137 110
	andere Schulformen	80 165	89 292	169 457
gesamt		153 967	152 600	306 567

Information

Vierfeldertafel

In der Einführung auf Seite 171 haben wir statistische Daten über zwei Merkmale mit je zwei Ausprägungen in einer Tabelle mit vier *inneren Feldern,* einer so genannten **Vierfeldertafel** notiert.

Merkmal A:	*Schulform*	Merkmal B:	*Geschlecht*
Ausprägung a_1:	*Gymnasium*	Ausprägung b_1:	*weiblich*
Ausprägung a_2:	*andere Schulform*	Ausprägung b_2:	*männlich*

In die *inneren Felder* der Vierfeldertafel wird eingetragen, wie viele der Merkmalsträger (in der Einführung: Schülerinnen und Schüler, die eine weiterführende Schule besuchen) bestimmte Kombinationen von Ausprägungen haben.
Für die einzelnen Merkmalsausprägungen kann man Summen bilden, die in die so genannten *Randfelder* eingetragen werden. Schließlich wird in das Randfeld unten rechts die Gesamtzahl der betrachteten Merkmalsträger *(Grundgesamtheit)* notiert.

		Merkmal B b_1	b_2	gesamt
Merkmal A	a_1	r	s	r + s
	a_2	t	u	t + u
gesamt		r + t	s + u	r + s + t + u

Gesamtzahl der Merkmalsträger mit Ausprägung a_1

Gesamtzahl der Merkmalsträger mit Ausprägung a_2

Gesamtzahl der betrachteten Merkmalsträger (Grundgesamtheit)

Gesamtzahl der Merkmalsträger mit Ausprägung b_1

Gesamtzahl der Merkmalsträger mit Ausprägung b_2

Durch die Angaben in den inneren Feldern ist eine Vierfeldertafel eindeutig festgelegt, d. h. alle anderen Felder (also: die Randfelder) lassen sich hieraus eindeutig berechnen.

Weiterführende Aufgabe

1. *Vierfeldertafel mit relativen Häufigkeiten*

Statt der absoluten Häufigkeiten kann man in einer Vierfeldertafel auch relative Häufigkeiten notieren.
Bestimme eine solche Tabelle für die Daten aus der Einführung auf Seite 171.

Niedersachsen		Geschlecht Mädchen	Junge	gesamt
Schulform	Gymnasium			
	andere Schulform			
gesamt				100 %

Übungsaufgaben

2. Zu Schuljahresbeginn werden in einer Schule statistische Daten erhoben. Von den 333 Mädchen wohnen 167 im Schulort, von den 378 Jungen wohnen 159 im Schulort.
Welche weiteren Angaben lassen sich erschließen?
Stelle die Daten in Form einer Tabelle zusammen.

3. Eine Firma stellt Isolierglasscheiben sowohl mit einer Silberbeschichtung als auch mit einer Goldbeschichtung her. Diese Metallbeschichtung erhöht die Wärmereflektion und führt somit zu einer besseren Isolation.
Im Rahmen einer Qualitätskontrolle wurde festgestellt, dass 15 von 232 Glasscheiben mit Silberbeschichtung nicht in Ordnung waren. Bei den 167 mit Gold beschichteten Scheiben waren 9 fehlerhaft.
Erstelle mit diesen Daten eine Vierfeldertafel.

4. Erstelle mit den Daten des Zeitungsausschnittes rechts zum Verkehrsverhalten von Autofahrern eine Vierfeldertafel mit

a) absoluten Häufigkeiten;

b) relativen Häufigkeiten.

Raser unterwegs

Bei der gestrigen Geschwindigkeitskontrolle an der Willy-Brandt-Allee wurde festgestellt, dass 14 der 101 überprüften Männer die Geschwindigkeit überschritten, bei den Frauen waren es 3 von 26.

5. a) Am 1. Januar 2007 waren in Deutschland 55,5 Millionen Pkw zugelassen. Bestimme die zugehörige Vierfeldertafel mit absoluten Häufigkeiten.

Zugelassene Pkw		Hersteller-Land Deutschland	Ausland	gesamt
Motorart	Benzin	57,8 %	28,5 %	86,3 %
	Diesel	8,7 %	5,0 %	13,7 %
gesamt		66,5 %	33,5 %	100 %

b) *Teamarbeit:* In einem Artikel zu den Zulassungszahlen würde ein Journalist nicht alle Daten aus der obigen Vierfeldertafel angeben, sondern nur einige wichtige Daten. Schreibt selber Artikel zu dieser Vierfeldertafel. Vergleicht anschließend eure Artikel.

6. Die folgenden Vierfeldertafeln enthalten Informationen zur Zusammensetzung verschiedener Abteilungen eines Sportvereins nach Geschlecht (**m**ännlich, **w**eiblich) und Altersgruppe (**J**ugendliche, **E**rwachsene). Vervollständige die Vierfeldertafel, sofern möglich.

(1)

Schwimmen	m	w	gesamt
J		12	
E			34
gesamt	17		63

(2)

Tennis	m	w	gesamt
J		0,12	0,38
E			
gesamt	0,24		1

(3)

Rudern	m	w	gesamt
J		14	45
E		21	
gesamt	38		

(4)

Fußball	m	w	gesamt
J	55 %		63 %
E			37 %
gesamt			100 %

7. Wie viele Angaben sind in den mit ? gekennzeichneten Feldern mindestens notwendig, um die Daten in der Vierfeldertafel vervollständigen zu können?

a)

		Merkmal B b_1	Merkmal B b_2	gesamt
Merkmal A	a_1	?	?	
Merkmal A	a_2	?	?	
gesamt				145

b)

		Merkmal B b_1	Merkmal B b_2	gesamt
Merkmal A	a_1	25 %		?
Merkmal A	a_2			?
gesamt		?	?	?

8. a) Die folgende Vierfeldertafel enthält statistische Daten für Niedersachsen.
Notiere die zugehörigen Vierfeldertafeln mit relativen Häufigkeiten.

Geburtenstatistik	männlich	weiblich	gesamt
ehelich	30203	28934	59137
nicht ehelich	8258	7844	16102
gesamt	38461	36778	75239

b) Recherchiere selber aktuelle Daten. Vergleiche und schreibe dann einen Zeitungsartikel.

9. Erschließe aus dem Zeitungstext die Vierfeldertafel mit absoluten Häufigkeiten.

a) Im Jahre 2008 waren 15,1 % der 4,028 Mio. Einwohner von Rheinland-Pfalz unter 16 Jahre alt. Die Jungen unter 16 hatten damals einen Anteil von 15,8 % unter allen männlichen Einwohnern von Rheinland-Pfalz, die Mädchen einen Anteil von 14,4 % unter den Frauen.

b) Im Jahre 2008 besaßen von den 4,028 Millionen Einwohnern von Rheinland-Pfalz 7,7 % eine ausländische Staatsangehörigkeit. 49,1 % aller Einwohner waren Männer. Unter den Frauen hatten 92,8 % deutsche Staatsangehörigkeit.

4.5 Zufallsexperimente und Vierfeldertafeln

Aufgabe 1

Die Ergebnisse einer Studie über Lebensgemeinschaften wurden in Form einer Vierfeldertafel veröffentlicht.

Zusammenleben ohne Trauschein

Die Anzahl der nichtehelichen Lebensgemeinschaften hat sich in den letzten 10 Jahren in Westdeutschland verdoppelt. Dieses Ergebnis weist eine kürzlich durchgeführte Studie aus.

nichteheliche Lebensgemeinschaften	mit Kindern	ohne Kinder	gesamt
früheres Bundesgebiet	372 000	1 221 000	1 593 000
neue Länder und Berlin-Ost	252 000	268 000	520 000
gesamt	624 000	1 489 000	2 113 000

a) Bestimme die zugehörige Vierfeldertafel mit relativen Häufigkeiten.

b) Für eine weitere Studie sollen nichteheliche Lebensgemeinschaften zufällig ausgewählt werden. Wir betrachten *eine* solche zufällig ausgewählte Lebensgemeinschaft.
Mache eine Prognose, mit welcher Wahrscheinlichkeit die ausgewählte Lebensgemeinschaft
(1) in den Neuen Bundesländern einschließlich Berlin-Ost lebt,
(2) eine solche mit Kindern ist,
(3) eine solche ohne Kinder aus dem früheren Bundesgebiet ist.

c) Betrachtet man eine zufällig ausgesuchte nichteheliche Lebensgemeinschaft, so kann man z.B. zuerst feststellen, ob sie Kinder hat, und dann woher sie kommt. Man kann aber auch in der anderen Reihenfolge vorgehen und erst feststellen, woher sie kommt und dann, ob sie Kinder hat. Die Daten aus der Vierfeldertafel mit relativen Häufigkeiten lassen sich daher auf zwei Arten in Form von Baumdiagrammen darstellen. Zeichne beide Baumdiagramme einschließlich aller Wahrscheinlichkeiten längs der Pfade.

Lösung

a) 372 000 von 2 113 000 nichtehelichen Lebensgemeinschaften haben Kinder und leben im früheren Bundesgebiet. Dies ist ein Anteil von $\frac{372\,000}{2\,113\,000} \approx 0{,}176 = 17{,}6\ \%$.
Entsprechend erhält man die übrigen Anteile (relative Häufigkeiten).

nichteheliche Lebensgemeinschaften	mit Kindern	ohne Kinder	gesamt
früheres Bundesgebiet	17,6 %	57,8 %	75,4 %
neue Länder und Berlin-Ost	11,9 %	12,7 %	24,6 %
gesamt	29,5 %	70,5 %	100 %

b) Mithilfe der LAPLACE-Regel bestimmen wir den Anteil der Merkmalsträger mit der interessierenden Eigenschaft:

(1) Da der Anteil der nichtehelichen Lebensgemeinschaften in den neuen Bundesländern 24,6 % beträgt, machen wir die Prognose, dass eine zufällig ausgewählte Lebensgemeinschaft mit einer Wahrscheinlichkeit von 24,6 % in Ostdeutschland lebt.

(2) Analog zu (1) ergibt sich als Wahrscheinlichkeit für die Auswahl einer Lebensgemeinschaft mit Kindern 29,5 %.

(3) 57,8 % ist die Wahrscheinlichkeit dafür, dass eine zufällig ausgewählte Lebensgemeinschaft ohne Kinder im früheren Bundesgebiet lebt.

c) Da die Vierfeldertafel Informationen zu den Merkmalen *Wohnregion* (Ausprägungen: **W**est, **O**st) und *Art der Lebensgemeinschaft* (Ausprägungen: **m**it bzw. **o**hne Kinder) enthält, kann man zunächst das eine, dann das andere Merkmal auf den beiden Stufen des Baumdiagramms betrachten.

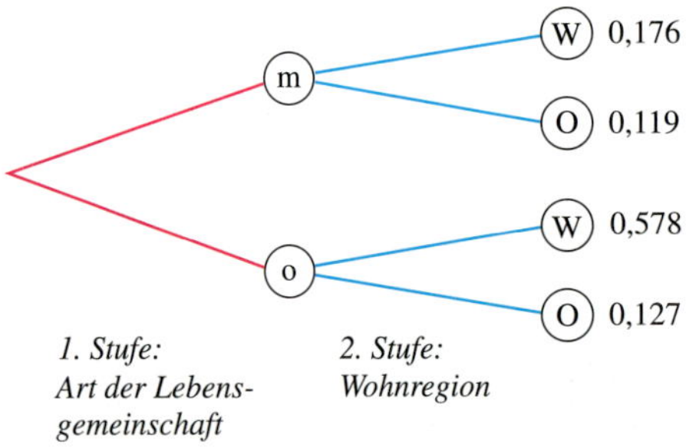

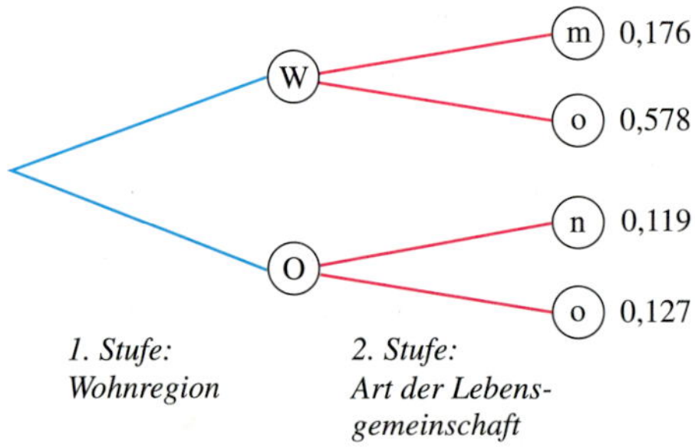

Die *Pfadwahrscheinlichkeiten* kann man unmittelbar den inneren Feldern der Vierfeldertafel entnehmen, z. B.:
P(Lebensgemeinschaft mit Kindern im früheren Bundesgebiet) = 17,6 % = 0,176.
Die Wahrscheinlichkeit *längs* der Pfade lesen wir für die 1. Stufe in den Randfeldern der Vierfeldertafel ab, z. B. für das Baumdiagramm links:
P(Lebensgemeinschaft mit Kindern) = 29,5 %.
Um die Wahrscheinlichkeiten auf der 2. Stufe der Baumdiagramme zu bestimmen, müssen wir beachten, dass sich durch die 1. Stufe eine neue Grundgesamtheit ergibt.
Wählt man als Ergebnis auf der 1. Stufe, dass eine Lebensgemeinschaft im früheren Bundesgebiet lebt, so muss z. B. auf der 2. Stufe die Wahrscheinlichkeit dafür berechnet werden, dass eine solche Lebensgemeinschaft Kinder hat. Dafür gibt es zwei Wege:

1. Weg: Berechnung aus den absoluten Häufigkeiten

372 000 von 1 593 000 Lebensgemeinschaften im früheren Bundesgebiet haben Kinder.

Dies entspricht einem Anteil von $\frac{372\,000}{1\,593\,000} \approx 0{,}234 = 23{,}4\ \%$.

2. Weg: Berechnung mit den relativen Häufigkeiten

75,4 % aller Lebensgemeinschaften leben im früheren Bundesgebiet; 17,6 % leben im früheren Bundesgebiet und haben Kinder.

Dies entspricht einem Anteil von $\frac{17{,}6\ \%}{75{,}4\ \%} \approx 0{,}233 = 23{,}3\ \%$.

Dieser Wert weicht in der letzten Ziffer von dem auf dem 1. Weg berechneten ab; dies liegt daran, dass die relativen Häufigkeiten schon gerundete Werte sind.
Entsprechend erhält man die übrigen Wahrscheinlichkeiten der 2. Stufe in beiden Baumdiagrammen. Wir verwenden dabei die direkt aus den absoluten Häufigkeiten berechneten Werte, da diese genauer sind.

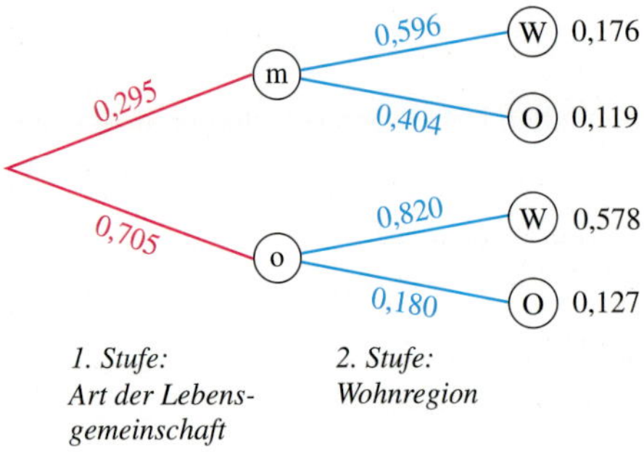

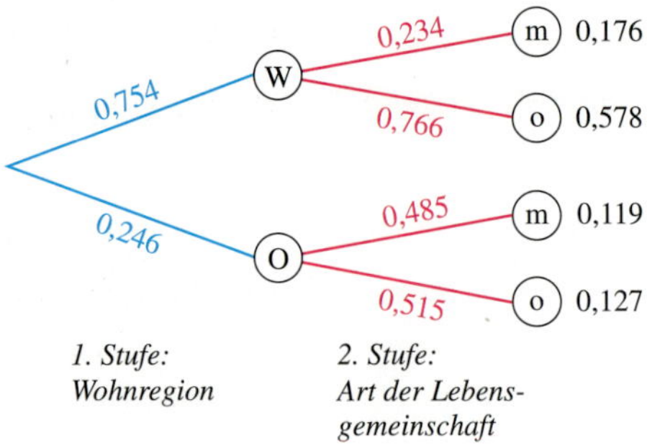

Information

In Vierfeldertafeln werden statistische Daten über zwei Merkmale mit je zwei Ausprägungen festgehalten. Die Anteile, die sich aus diesen Daten ergeben, liefern Wahrscheinlichkeiten für Prognosen bezüglich der zufälligen Auswahl eines Merkmalsträgers aus der Gesamtheit.
Zu jeder Vierfeldertafel kann man zwei zweistufige Zufallsexperimente angeben.
Auf der 1. Stufe untersuchen wir, mit welcher Wahrscheinlichkeit die eine bzw. die andere Ausprägung des zuerst betrachteten Merkmals auftreten wird.
Auf der 2. Stufe wird dann dargestellt, mit welcher Wahrscheinlichkeit die Ausprägungen des anderen Merkmals auftreten.

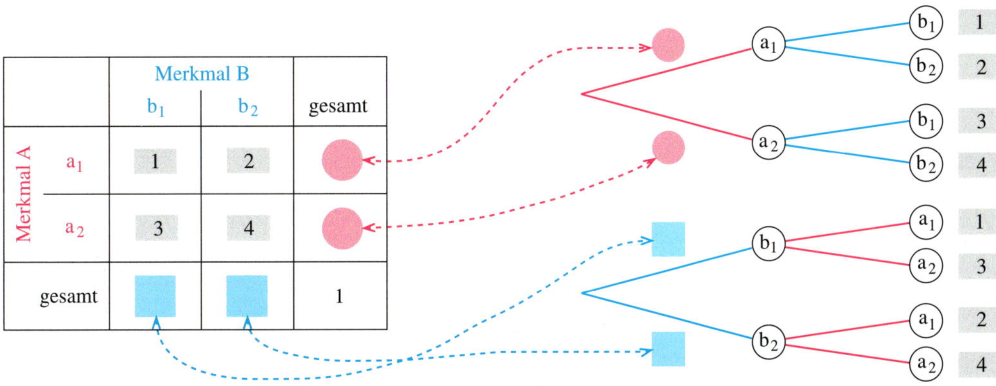

Die Pfadwahrscheinlichkeiten kann man den inneren Feldern der Vierfeldertafel mit relativen Häufigkeiten entnehmen. Nach Pfadmultiplikationsregel ergeben sie sich auch als Produkt der Wahrscheinlichkeiten längs eines Pfades. Auch hieraus erkennt man, dass die Wahrscheinlichkeiten auf der 2. Stufe der Baumdiagramme als Quotienten berechnet werden können.

Übungsaufgaben

2. Im Verkehrszentralregister des Kraftfahrtbundesamtes in Flensburg werden Ordnungswidrigkeiten und Straftaten im Straßenverkehr in Form von „Punkten" festgehalten. Die Tabelle enthält Angaben über die Eintragungen eines Jahres.

Geschwindigkeitsüberschreitungen in geschlossenen Ortschaften

Überschreitung	Bußgeld	Punkte	Fahrverbot
21 - 25 km/h	50 €	1	Keines
26 - 30 km/h	60 €	3	Keines
31 - 40 km/h	100 €	3	1 Monat
41 - 50 km/h	125 €	4	1 Monat
51 - 60 km/h	175 €	4	2 Monate
61 - 70 km/h	300 €	4	3 Monate
Über 70 km/h	425 €	4	3 Monate

Punkte in Flensburg		Geschlecht		gesamt
		männlich	weiblich	
Voreintragung	nein	55,6 %	15,1 %	70,7 %
	ja	26,4 %	2,9 %	29,3 %
gesamt		82,0 %	18,0 %	100 %

Eine im letzten Jahr im Verkehrszentralregister eingetragene Person wird zufällig ausgewählt. Die Vierfeldertafel liefert Wahrscheinlichkeiten für zwei zweistufige Zufallsexperimente:

(1) Zunächst wird festgestellt, ob es sich um einen Wiederholungstäter handelt oder nicht und dann, ob es sich um eine Frau oder einen Mann handelt.

(2) Zunächst wird festgestellt, ob es sich um eine Frau oder einen Mann handelt und dann, ob es sich um einen Wiederholungstäter handelt oder nicht.

Zeichne für beide Zufallsexperimente das zugehörige Baumdiagramm. Gib die darin enthaltenen Informationen mit Worten wieder.

3. **a)** Zeichne die beiden Baumdiagramme, die zu der Vierfeldertafel gehören.

b) Entnimm den Baumdiagrammen Aussagen, die du zu einem Zeitungsartikel zusammenstellst.

Immer mehr Berufstätige in Deutschland haben einen Teilzeitjob. Ein Blick in die Statistik zeigt, dass Teilzeitarbeit nach wie vor eine Frauendomäne ist.

		Geschlecht w	Geschlecht m	gesamt
Beschäftigung	Vollzeit	27,4 %	51,9 %	79,3 %
	Teilzeit	17,9 %	2,8 %	20,7 %
	gesamt	45,3 %	54,7 %	100 %

4. Im Baumdiagramm unten ist die Aufteilung der Lehrerschaft nach dem Geschlecht (**m**ännlich, **w**eiblich) und nach der Beschäftigungsart (**v**ollzeitbeschäftigt, **t**eilzeitbeschäftigt) angegeben.
Erstelle die zugehörige Vierfeldertafel.

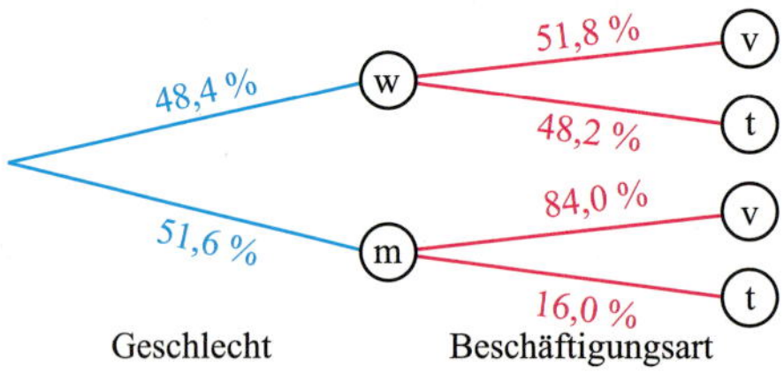

Immer mehr Lehrerinnen am Gymnasium

Der Anteil der Frauen im Lehrpersonal der Gymnasien nimmt kontinuierlich zu; diese sind jedoch häufig nur als Teilzeitkräfte tätig.

5. Das Baumdiagramm enthält Informationen zu den im Verkehrszentralregister in Flensburg erfassten Personen über das Geschlecht (**m**ännlich, **w**eiblich) und die Frage, ob der Führerschein entzogen wurde (**j**a, **n**ein).
Erstelle eine Vierfeldertafel

a) mit den relativen Häufigkeiten; **b)** mit den absoluten Häufigkeiten.

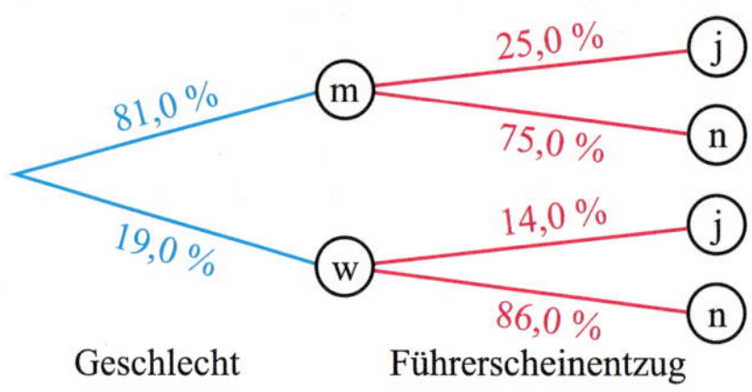

Im Flensburger Verkehrszentralregister sind 8,1 Millionen Personen registriert; wegen der Schwere des Verkehrsvergehens wurden in vielen Fällen die Führerscheine entzogen.

6. Lies die beiden Zeitungsartikel zur theoretischen Führerscheinprüfung. Zeige dann, dass beide Zeitungsartikel auf Daten beruhen, die zur selben Vierfeldertafel gehören.

Anmeldung zur theoretischen Führerscheinprüfung

75 % der Anmeldungen zur theoretischen Führerscheinprüfung erfolgen als Erstmeldungen. Von diesen Prüfungen gehen 73 % erfolgreich aus, während 43 % der Kandidaten, die zur Wiederholungsprüfung antreten, auch bei dieser Prüfung durchfallen.

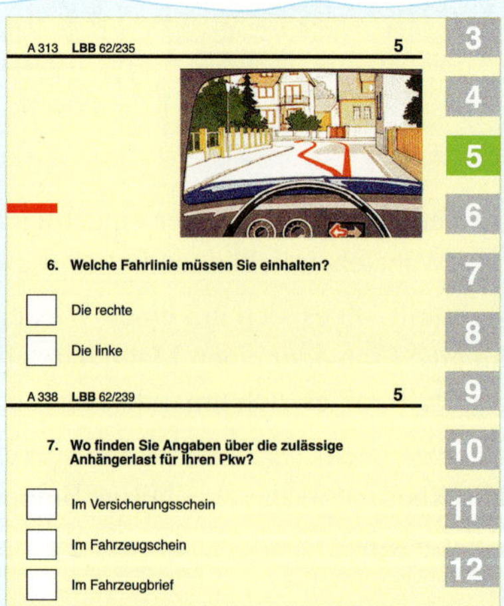

31 % der Prüflinge fallen durch die theoretische Führerscheinprüfung

31 % der Prüflinge bestehen die theoretische Führerscheinprüfung nicht; von diesen hatten es 34 % schon vorher mindestens einmal vergeblich versucht.
Unter den erfolgreichen Kandidaten sind immerhin 20 %, die vorher schon einmal durchgefallen waren.

4.6 Umkehren von Baumdiagrammen

Aufgabe 1

Diabetes (mellitus), umgangssprachlich Zuckerkrankheit, ist eine chronische Stoffwechselkrankheit, bei der zu wenig Insulin in der Bauchspeicheldrüse produziert wird. Dies führt zu einer Störung des Kohlehydrat-, aber auch des Fett- und Eiweißstoffwechsels. Zur Untersuchung, ob jemand an Diabetes erkrankt ist, wird ein so genannter Glukosetoleranztest durchgeführt. Der Arzt gibt dem Patienten eine genau bemessene Zuckerwassermenge zu trinken und prüft damit nach einer kurzen Wartezeit die Blutzuckerwerte. Aufgrund von umfangreichen Untersuchungen hat man folgende Erfahrungswerte gefunden:

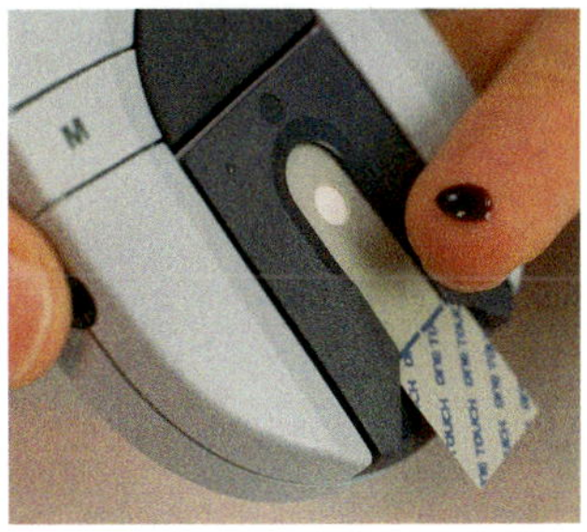

Sensitivität ⟨lat.⟩ Überempfindlichkeit
Spezifität Eigentümlichkeit, Besonderheit

- Bei Personen, die an Diabetes erkrankt sind, reagiert der Test in 72 % der Fälle („positiv"). Man sagt dafür auch: Die *Sensitivität* dieses Tests beträgt 72 %.
- Bei Personen, die nicht an Diabetes erkrankt sind, zeigt sich in 73 % der Fälle keine Reaktion („negativ"). Man sagt dafür auch: Die *Spezifität* des Tests beträgt 73 %.
- Eine Person, die schon weiß, dass sie an Diabetes erkrankt ist, wird den Glukosetoleranztest nicht durchführen. Betrachtet man nur die Personen, die nicht wissen, ob sie an Diabetes erkrankt sind oder nicht, so schätzt man, dass darunter 1 % Diabetiker sind.

a) Was bedeutet es, wenn bei einer Vorsorgeuntersuchung ein „positiver" Befund festgestellt wird? Mit welcher Wahrscheinlichkeit ist diese Person tatsächlich erkrankt? Wie brauchbar ist der Glukosetoleranztest überhaupt?
Um diese Fragen zu beantworten, stelle zunächst die gegebenen Informationen in Form eines Baumdiagramms dar, entwickle hieraus die zugehörige Vierfeldertafel und das zweite mögliche Baumdiagramm.

b) Erkläre, warum das Rechenergebnis im zweiten Baumdiagramm paradox erscheint.

Lösung

a) Sensitivität und Spezifität geben Informationen zum Testverfahren, wenn bekannt ist, ob eine Person an Diabetes erkrankt ist bzw. nicht erkrankt ist. Daher können diese Informationen erst auf der 2. Stufe des Baumdiagramms verwendet werden.
Auf der 1. Stufe tragen wir ein, dass 1 % der Testteilnehmer an der Krankheit leidet (also 99 % nicht).

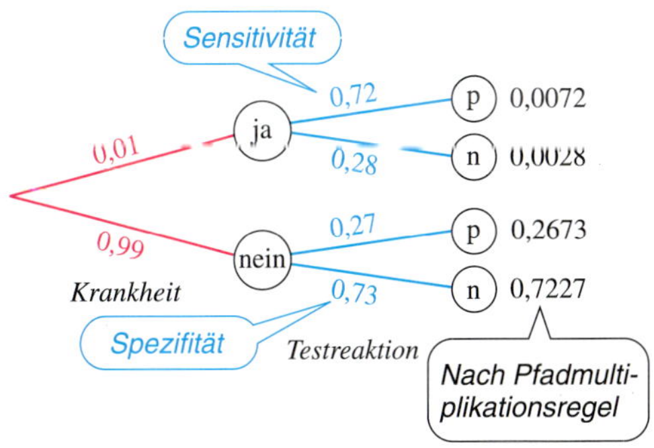

Die Pfadwahrscheinlichkeiten tragen wir in die inneren Felder der nebenstehenden Vierfeldertafel ein.

Diabetestest		Testreaktion positiv	Testreaktion negativ	gesamt
Krankheit	ja	0,0072	0,0028	0,01
	nein	0,2673	0,7227	0,99
gesamt		0,2745	0,7255	1

Zur Beantwortung der Fragen erstellen wir das zweite Baumdiagramm mit der vertauschten Reihenfolge der Stufen.
Wir lesen ab:
Die Wahrscheinlichkeit dafür, dass ein Patient tatsächlich an Diabetes erkrankt ist, nachdem das Testergebnis *positiv* war, beträgt nur rund 2,6 %!

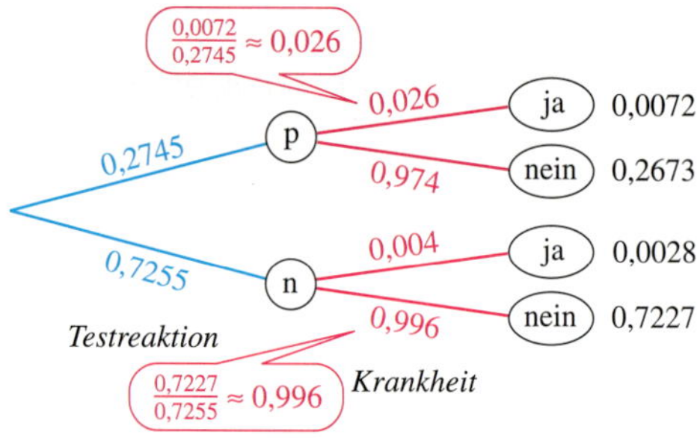

Immerhin ist die Wahrscheinlichkeit dafür, dass ein Patient nicht erkrankt ist, nachdem das Testergebnis *negativ* war, 99,6 %, also fast 100 %. Das Testverfahren scheint also dazu geeignet, eine Diabeteserkrankung auszuschließen.

b) Die berechnete Wahrscheinlichkeit von 2,6 % steht nur im scheinbaren Widerspruch zur Sensitivität von 72 %, wie an der Vierfeldertafel mit absoluten Häufigkeiten bei einer Gesamtheit von 10 000 zufällig ausgewählten Patienten abzulesen ist:

Bei 2 745 von 10 000 Patienten ist eine positive Testreaktion zu erwarten, davon sind nur etwa 72 tatsächlich erkrankt.
Die fast 27 % falschen Reaktionen bei nichterkrankten Personen bewirken, dass eine positive Reaktion des Tests nicht zur Beunruhigung der Patienten führen sollte.

		Testreaktion positiv	Testreaktion negativ	gesamt
Krankheit	ja	72	28	100
	nein	2 673	7 227	9 900
gesamt		2 745	7 255	10 000

Weiterführende Aufgabe

2. *Gefahr der Verwechslung von Wahrscheinlichkeiten*

Bei einer Wahl wurde Partei A vor allem von jüngeren Wählern gewählt. Eine repräsentative Befragung am Wahltag ergab die nebenstehenden Daten. Welche Schlagzeile für eine Zeitungsmeldung ist richtig?

		Wähler von Partei A	Wähler von sonstigen Parteien	gesamt
Altersgruppe	unter 30 Jahre	4,5 %	13,5 %	18,0 %
	30 Jahre und älter	7,5 %	74,5 %	82,0 %
gesamt		12,0 %	88,0 %	100,0 %

(1) **Jeder vierte Wähler der Partei A ist unter 30**

(2) **Jeder vierte Wähler unter 30 entschied sich für Partei A**

Information

(1) Umkehrung eines Baumdiagramms

In Aufgabe 1 war die Wahrscheinlichkeit dafür, dass eine erkrankte Person ein positives Testergebnis hat, bekannt. Zu bestimmen war jedoch umgekehrt die für einen Patienten bedeutsamere Wahrscheinlichkeit, dass jemand mit einem positiven Testergebnis tatsächlich an Diabetes erkrankt ist.
Zur Berechnung dieser Wahrscheinlichkeit haben wir zu dem durch die Informationen zur Testgüte gegebenen Baumdiagramm das Baumdiagramm mit vertauschten Stufen gezeichnet. Man bezeichnet diesen Übergang von einem ursprünglich gegebenen Baumdiagramm zu einem Baumdiagramm mit vertauschten Stufen als **Umkehrung eines Baumdiagramms.** Hierbei erweist es sich als nützlich, zunächst zu einem gegebenen Baumdiagramm eine Vierfeldertafel aufzustellen, aus der man dann die benötigten Wahrscheinlichkeiten für das umgekehrte Baumdiagramm bestimmen kann.

(2) Wahrscheinlichkeiten, die sich auf verschiedene Gesamtheiten beziehen

Beim Ablesen von Wahrscheinlichkeiten aus Vierfeldertafeln muss man genau aufpassen, dass man den richtigen Bezug zur interessierenden Gesamtheit herstellt.
In Aufgabe 1 auf Seite 179 müssen wir z. B. unterscheiden:

- Die Wahrscheinlichkeit, dass eine beliebig aus der Gesamtheit der Testteilnehmer herausgegriffene Person an Diabetes erkrankt ist, beträgt 1 %.
- Die Wahrscheinlichkeit, dass eine aus der Teilgesamtheit der Personen mit positivem Testergebnis herausgegriffene Person an Diabetes erkrankt ist, beträgt ungefähr 2,6 %.
- Die Wahrscheinlichkeit, dass eine aus der Teilgesamtheit der Personen mit negativem Testergebnis herausgegriffene Person an Diabetes erkrankt ist, beträgt ungefähr 0,4 %.

Je nach Fragestellung betrachtet man die ganze Grundgesamtheit oder nur Teilgesamtheiten.
Auf welche Bezugsgruppe sich ein Text bezieht, muss deutlich aus der Formulierung hervorgehen.
In der Stochastik nennt man solche Wahrscheinlichkeiten, bei denen durch Angabe einer Bedingung der Bezug zu einer besonderen Gruppe hergestellt wird, **bedingte Wahrscheinlichkeiten.**
Bedingte Wahrscheinlichkeiten werden als Quotienten von absoluten oder relativen Häufigkeiten bzw. Wahrscheinlichkeiten aus der Vierfeldertafel analog zur LAPLACE-Regel berechnet:

Die Wahrscheinlichkeit für das Eintreten eines Ereignisses unter der Voraussetzung einer bestimmten Bedingung („möglich für das Ereignis") beträgt:

$$\frac{P(\text{„günstig für das Ereignis"})}{P(\text{„möglich für das Ereignis"})}$$

Thomas Bayes
(1702–1761)

Beispiel (zu Aufgabe 1 auf Seite 179): Die Wahrscheinlichkeit dafür, dass eine Person an Diabetes erkrankt ist, wenn der Glukosetoleranztest positive Reaktion gezeigt hat, beträgt:

$$\frac{P(\text{Person ist erkrankt und hat positives Testergebnis})}{P(\text{Person hat positives Testergebnis})} = \frac{0{,}0072}{0{,}2745} \approx 0{,}026 \approx 2{,}6\ \%$$

Diese Regel wird nach dem englischen Mathematiker Thomas BAYES auch als BAYES-Regel bezeichnet. Wahrscheinlichkeiten aus umgekehrten Baumdiagrammen können oft paradox erscheinende Werte haben, weil man falsche Vorstellungen hat, wenn man nur das ursprüngliche Baumdiagramm betrachtet. Um vollständige Informationen über einen Vorgang zu erhalten, sollte man also stets beide Baumdiagramme aufstellen.

Übungsaufgaben

3. Seit vielen Jahren ist es üblich, Wählerinnen und Wähler beim Verlassen des Wahllokals zu befragen. Auch werden in einigen – repräsentativ ausgewählten – Wahlbezirken nach verschiedenen Merkmalsausprägungen unterschiedlich gefärbte Wahlzettel ausgegeben, um nach Auszählung der Stimmen Aussagen über einzelne Wählergruppen machen zu können.
Nach der Bundestagswahl 2009 wurde folgende Wahlanalyse abgedruckt:

> Dass die CDU die meisten Stimmen bei der Bundestagswahl 2009 erhielt (33,8 %), verdankt sie überwiegend den Frauen: 54,9 % der CDU/CSU-Stimmen kamen von weiblichen Wählern. Bei den Stimmen der übrigen Parteien hatten die Frauen nur einen Anteil von 50,2 %.

a) Die Daten des Textes lassen sich unmittelbar in ein Baumdiagramm übertragen.

b) Bestimme die zugehörige Vierfeldertafel.

c) Welche Aussagen lassen sich aus dem zweiten Baumdiagramm gewinnen, das zu der Vierfeldertafel in Teilaufgabe b) gehört?

4. Über die Zusammensetzung der Schülerschaft der Jahrgangsstufe 9 eines Gymnasiums ist bekannt: 54 % der Stufe sind Mädchen. Von den Jungen haben 35 % eine 3. Fremdsprache gewählt; bei den Mädchen beträgt der Anteil 60 %.

a) Stelle die Daten in einem Baumdiagramm und einer Vierfeldertafel zusammen.

b) (1) Wie groß ist die Wahrscheinlichkeit, dass ein Teilnehmer am Unterricht in einer 3. Fremdsprache ein Junge [ein Mädchen] ist?

(2) Wie groß ist die Wahrscheinlichkeit, dass jemand, der keine 3. Fremdsprache lernt, ein Junge [ein Mädchen] ist?

5.

Tuberkulose

Tuberkulose (kurz TBC) ist weltweit immer noch eine der gefährlichsten Infektionskrankheiten. Bis in die 90er Jahre wurden in Deutschland Röntgen-Reihenuntersuchungen durchgeführt. Dabei wurde festgestellt, ob Schatten auf der Lunge zu sehen waren. Als der Anteil der Erkrankten aber auf unter 0,2 % gesunken war und die Gefährdung durch zu häufige Belastung des Körpers durch Röntgenstrahlungen in den Blick geriet, wurde die flächendeckende Reihenuntersuchung eingestellt. Ein weiterer Gesichtspunkt war in diesem Zusammenhang der sehr hohe Anteil von 30 % falsch-negativer Befunde und der nicht zu übersehende Anteil von 2 % falsch-positiver Befunde.

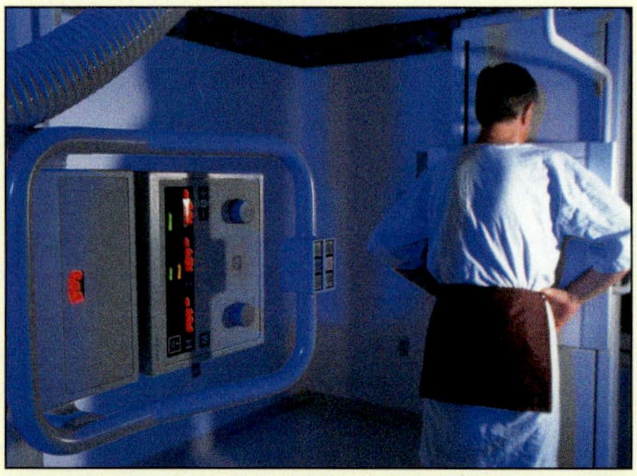

L & P / 2576

a) Erläutere, was mit „falsch-negativen“ und „falsch-positiven“ Befunden gemeint ist.

b) Stelle für einen Anteil von 0,2 % Tuberkulose-Kranken unter den Testteilnehmern die Informationen in einem Baumdiagramm dar.

c) Welche Informationen kann man dem umgekehrten Baumdiagramm entnehmen?

6. Die Wahrscheinlichkeit, dass Eltern oder Kinder von Diabeteskranken selbst an Diabetes erkranken, ist mit 10 % vergleichsweise hoch (siehe Aufgabe 1 auf Seite 179).
Welche Aussagen sind möglich, wenn bei einem Glukosetoleranztest eine positive bzw. eine negative Reaktion erfolgt?

GIB AIDS
KEINE
CHANCE

7. Die Testverfahren zum Nachweis der HIV-Infektion haben mittlerweile eine hohe Sicherheit: Bei 99,9 % der tatsächlich Infizierten erfolgt eine positive Testreaktion (d.h. nur bei 0,1 % der Infizierten versagt der Test). Allerdings zeigt der Test auch irrtümlich eine positive Reaktion bei 0,2 % der Nichtinfizierten.

a) Man schätzt, dass 0,1 % der Testteilnehmer in Deutschland HIV-infiziert sind. Wie groß wäre die Wahrscheinlichkeit für eine Infektion, wenn der Test bei einer Person positiv ausgeht? Wie sicher können sich Personen mit negativem Testergebnis fühlen?

b) Wenn ein HIV-Test positiv verlaufen ist, wird der Test bei der betreffenden Person noch einmal durchgeführt.
Was bedeutet es nun, wenn zweimal hintereinander eine positive Testreaktion erfolgte (Ereignis „pp“)? Vervollständige das nebenstehende Baumdiagramm.
Gib das Rechenergebnis in Worten wieder.

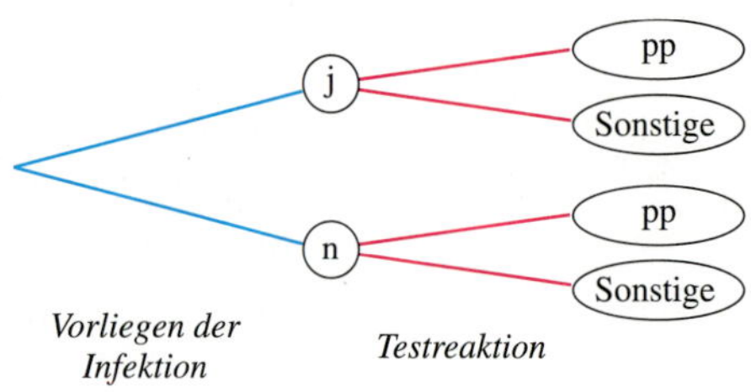

8. Bei der Warenausgabe einer Fabrik, die Elektronikbauteile fertigt, werden Kontrollmessungen durchgeführt. Bauteile, die nicht vollständig funktionstüchtig sind, werden zu 95 % als solche erkannt; allerdings kommt es auch in 2 % der Fälle vor, dass wegen eines Messfehlers funktionstüchtige Bauteile irrtümlich als *nicht* funktionstüchtig angezeigt werden.
Erfahrungsgemäß sind 90 % der produzierten Bauteile in Ordnung.

a) (1) Ein zufällig herausgegriffenes Bauteil wird als „fehlerhaft“ angezeigt. Mit welcher Wahrscheinlichkeit ist es tatsächlich nicht zu gebrauchen?
(2) Ein zufällig herausgegriffenes Bauteil wird als „funktionstüchtig“ angezeigt. Mit welcher Wahrscheinlichkeit ist es tatsächlich zu gebrauchen?

b) Um die Fehlerquote zu senken, wird die Kontrollmessung von einer unabhängig arbeitenden Person wiederholt. Mit welcher Wahrscheinlichkeit ist ein zweifach als „fehlerhaft“ angezeigtes Bauteil auch tatsächlich nicht funktionstüchtig bzw. ist ein zweifach als „funktionstüchtig“ angezeigtes Bauteil tatsächlich in Ordnung?

Mikrozensus
⟨griech.; lat.⟩
statistische Repräsentativerhebung der Bevölkerung und des Erwerbslebens

9. Der Mikrozensus ist eine vierteljährlich vom Statistischen Bundesamt durchgeführte statistische Erhebung.
An einer repräsentativen Stichprobe der Bevölkerung wurden nebenstehende Daten zum Rauchverhalten von Personen über 18 Jahren erhoben.

		Rauchverhalten		
		Nichtraucher	früherer Raucher	Raucher
Geschlecht	m	1 270	696	933
	w	1 959	431	690

a) Eine Person aus der Stichprobe wird zufällig ausgewählt. Wie groß ist die Wahrscheinlichkeit, dass die Person
(1) ein Mann ist;
(2) ein Mann ist, der raucht;
(3) ein Mann ist, wenn bekannt ist, dass es sich um einen Raucher handelt;
(4) ein Raucher ist, wenn bekannt ist, dass es sich um einen Mann handelt;
(5) Raucher ist?

b) 58 % der erwachsenen deutschen Männer haben Übergewicht, unter den Nichtrauchern sind es 55 %, unter den früheren Rauchern 70 %, unter den Rauchern 51 %.
(1) Folgt hieraus, dass das Rauchen eher vor Übergewicht bewahrt?
(2) Wie groß ist der Anteil der Raucher unter den erwachsenen Männern mit Übergewicht?

c) Trotz aller Warnungen vor den gesundheitlichen Gefahren des Rauchens hat der Anteil der jugendlichen Raucher zugenommen. Bestimme diese Anteile für verschiedene Altersgruppen aus der folgenden Notiz:

22,4 % aller Frauen über 18 Jahren rauchen; 46,4 % der Raucherinnen sind zwischen 15 und 40 Jahre alt, 46,4 % zwischen 40 und 65 Jahre alt. Die Altersverteilung unter den Nichtraucherinnen ist: 18 bis 40 Jahre: 31,1 %; 40 bis 65 Jahre: 37,5 %.

10.

Wie sicher sind BSE-Tests?

BERLIN Als erstmals auch in Deutschland Fälle der Rinderkrankheit BSE (so genannter „Rinderwahnsinn“) auftraten, wurde der Ruf nach flächendeckenden Tests laut. Die Aussagekraft solcher Tests ist aber trotz hoher Spezifität und Sensitivität (jeweils fast 100 %) begrenzt.
Niemand weiß, ob die mehr als 150 BSE-Fälle unter den inzwischen drei Millionen getesteten Rindern tatsächlich krank waren. Denn um die Verlässlichkeit der Tests zu beziffern, müsste man erst einmal wissen, wie verbreitet BSE in Deutschland ist. Im Prinzip wird wild drauflos getestet und etliche Millionen Euro ausgegeben, ohne dass diese wirklich etwas bringen.

a) Nimm an, dass 2 % der Rinder in Deutschland unerkannt an BSE erkrankt sind. Erstelle mithilfe einer Tabellenkalkulation die folgende Tabelle. Erläutere auch die darin verwendeten Formeln (siehe rechte Tabelle).

	A	B	C	D
1		BSE - Test		
2	Verbreitung von BSE	2%		
3	Sensitivität	99%		
4	Spezifität	99%		
5	Anzahl Rinder	positiv	negativ	Summe
6	tatsächlich krank	59400	600	60000
7	tatsächlich gesund	29400	2910600	2940000
8	Summe	88800	2911200	3000000
9	Diagnosesicherheit	67%		

	A	B	C	D
1		BSE - Test		
2	Verbreitung von BSE	0,02		
3	Sensitivität	0,99		
4	Spezifität	0,99		
5	Anzahl Rinder	positiv	negativ	Summe
6	tatsächlich krank	=D6*B3	=D6-B6	=D8*B2
7	tatsächlich gesund	=D7-C7	=D7*B4	=D8-D6
8	Summe	=B6+B7	=C6+C7	3000000
9	Diagnosesicherheit	=B6/B8		

b) Untersuche nun den Einfluss der Verbreitung von BSE auf die Diagnosesicherheit des Tests. Welche Verbreitung hältst du für die damalige Zeit für realistisch? Fasse deine Ergebnisse in Form eines kurzen Artikels zusammen.

c) Was ändert sich, wenn man Sensitivität und Spezifität näher bei 100 % vermutet?

11. Nach den Bundestagswahlen 2009 wurde veröffentlicht, welchen Anteil verschiedene Altersgruppen an den Stimmen der einzelnen Parteien hatten (Bild links). Dabei hatten die Wähler(innen) von 18–35 Jahren etwa einen Anteil von 20 % an der Wählerschaft und die von 35–60 Jahren etwa 46 %. Bei der Wahl erhielten die Parteien die Stimmanteile, die aus dem Kreisdiagramm ablesbar sind (Bild rechts).

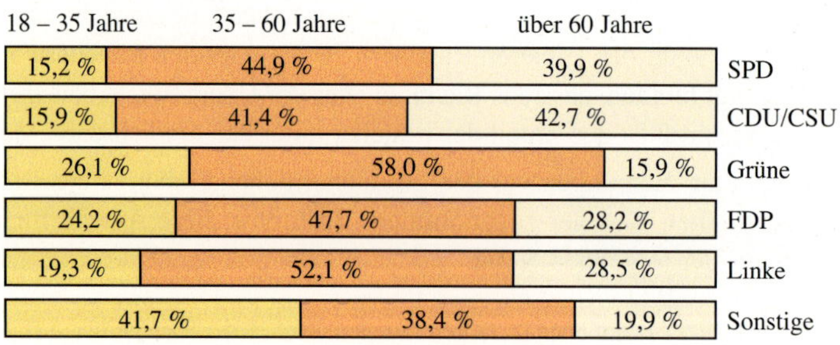

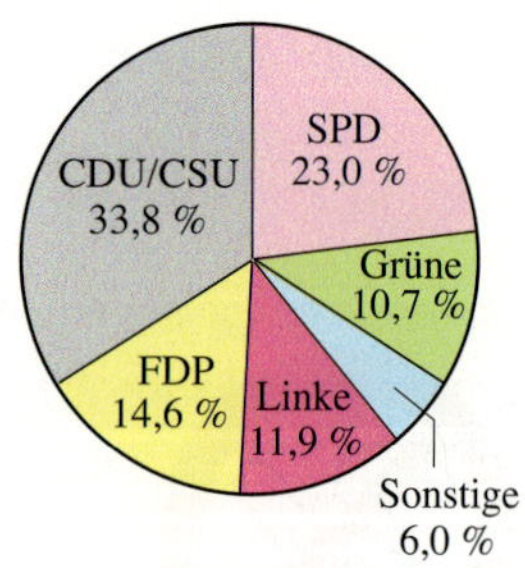

a) Erstelle mithilfe einer Tabellenkalkulation eine Mehrfeldertafel mit den Merkmalen *Partei* und *Altersgruppe*.

b) Wie hätte die Stimmverteilung ausgesehen, wenn nur 18–35-jährige [35–60-jährige, über 60-jährige] hätten wählen dürfen?

Im Blickpunkt

Im Blickpunkt

Paradoxien mit bedingten Wahrscheinlichkeiten

1. Wir stellen uns drei Spielkarten von gleicher Größe her. Die erste Karte bekleben wir auf beiden Seiten mit einer roten Folie, die zweite Karte auf beiden Seiten mit einer blauen Folie, die dritte Karte auf der einen Seite mit roter, auf der anderen Seite mit blauer Folie.

Wir mischen nun die drei Karten und ziehen eine Karte verdeckt (d.h. so, dass wir die anderen nicht sehen).
Wir stellen fest, dass die Oberseite dieser Karte blau ist. Mit welcher Wahrscheinlichkeit ist die Unterseite der Karte rot?

a) Führe das Spiel etliche Male durch, um einen Schätzwert für diese Wahrscheinlichkeit zu erhalten.

b) Alexander sagt: „Die Wahrscheinlichkeit ist $\frac{1}{2}$, denn es gibt zwei Karten, die eine rote Oberfläche haben: die eine Karte hat zwei rote Oberflächen, die andere Karte hat eine rote Oberfläche."
Maximilian sagt: „Die Wahrscheinlichkeit ist $\frac{1}{3}$, denn was ich sehe, ist eine von drei blauen Oberflächen, von denen zwei zu der Karte gehören, die auf beiden Seiten blau ist, und eine zu der Karte gehört, die nur auf einer Seite blau ist."
Beschrifte das nebenstehende Diagramm: Auf der 1. Stufe wird die Nummer der gezogenen Karte eingetragen, auf der zweiten Stufe die Farbe, die man sieht, wenn man diese Karte zieht.

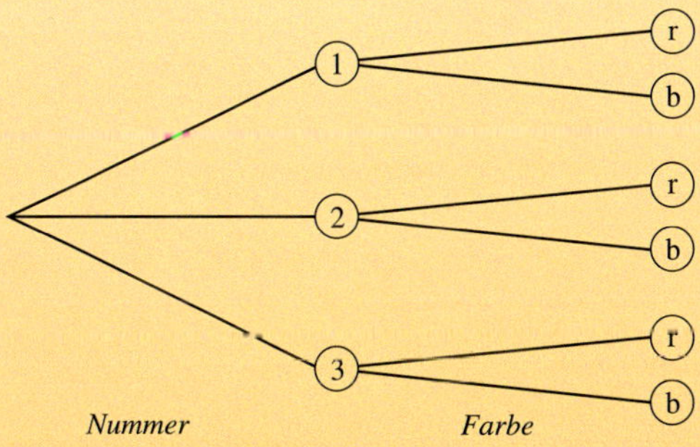

Wenn du dann das umgekehrte Baumdiagramm bestimmst, weißt du, wer von beiden, Alexander oder Maximilian, Recht hat.

2. Frau Meier sieht vom Fenster ihrer Wohnung aus, dass vor dem Haus Nr. 7 ein Möbelwagen steht. Eine neue Familie mit zwei Kindern zieht in das Nachbarhaus ein, allerdings kann sie nicht erkennen, ob die Kinder Jungen oder Mädchen sind. Als ihre Kinder, Marie und Eva, von der Schule nach Hause kommen, erzählt sie von den neuen Nachbarn.

a) Marie hat die neuen Nachbarn auch schon bemerkt und gesehen, dass zu der neuen Familie ein Mädchen in ihrem Alter gehört. Aus ihrer Sicht ist das andere Kind der Familie dann mit Wahrscheinlichkeit $\frac{1}{3}$ ebenfalls ein Mädchen. Wie kann sie dies begründen?

b) Eva hat mit den Nachbarn kurz gesprochen und weiß, dass das ältere der beiden Nachbarskinder ein Mädchen ist. Aus ihrer Sicht ist dann die Wahrscheinlichkeit, dass das andere Kind der Familie ebenfalls ein Mädchen ist, sogar $\frac{1}{2}$. Wie kommt das?

3. Die drei Freunde Justin, Kevin und Leon warten ungeduldig auf die Rückgabe ihrer Mathematik-Klassenarbeit. Da der Mathematik-Lehrer vorher nichts verraten will, antwortet er nur unbestimmt auf die Fragen der drei Ungeduldigen. „Einer von euch hat leider eine 5 geschrieben“, sagt er schließlich. Alle drei wissen von sich selbst, dass es jeden von ihnen gleichermaßen getroffen haben kann.
Justin ist hartnäckig und gibt nicht nach. Er sagt sich, dass er mit Wahrscheinlichkeit $\frac{1}{3}$ derjenige ist, der nicht so erfolgreich war. Er sagt zu seinem Lehrer, ohne dass die beiden anderen es hören können: „Ich weiß, dass mindestens einer von den beiden anderen keine 5 geschrieben hat. Sie verraten mir also nichts, wenn Sie mir einen Namen nennen von jemand, der keine 5 geschrieben hat.“ Daraufhin antwortet der Lehrer, dass Kevin keine 5 hat. Durch diese Information ist Justins Meinung nach die Wahrscheinlichkeit, dass er derjenige mit der 5 ist, auf 50 % gestiegen.
Hat sich die Wahrscheinlichkeit, dass er die Klassenarbeit 5 geschrieben hat, tatsächlich durch die Information des Lehrers verändert? Entscheide mithilfe eines Baumdiagramms.

Die amerikanische Fernsehshow „Let`s make a deal" steuert ihrem Höhepunkt entgegen. Gelingt es dem Kandidaten, das Luxusauto zu gewinnen? Der Showmaster zeigt auf drei Türen. Welche Tür soll der Kandidat auswählen: Hinter einer der Türen steht ein Luxuswagen, hinter zwei Türen steht jeweils eine Ziege als Zeichen für die verlorene Wette. Der Kandidat zeigt auf eine der Türen. Der Showmaster reagiert zunächst nicht, öffnet dann aber plötzlich eine der beiden anderen Türen. Hinter dieser geöffneten Tür steht natürlich nicht das Auto, sondern eine meckernde Ziege.
Hat es der Kandidat jetzt leichter? Hat sich seine Gewinnwahrscheinlichkeit erhöht? Soll er sich neu entscheiden oder bei seinem ersten Tipp bleiben?

4. In der Kolumne „Ask Marilyn“ der amerikanischen Zeitschrift *Parade* erklärte die Journalistin *Marilyn vos Savant*, dass es für den Kandidaten günstiger sei, auf die Tür zu wechseln, auf die er am Anfang nicht gezeigt hatte. Dann würden sich seine Gewinnchancen verdoppeln. Die Journalistin erhielt wegen ihres Hinweises 10 000 Leserbriefe; die meisten widersprachen ihr.
Kann es wirklich sein, dass sich durch das Öffnen einer Tür die Gewinnchancen des Kandidaten verändern?
Betrachte dazu das nebenstehende Baumdiagramm. Trage die fehlenden Wahrscheinlichkeiten ein.

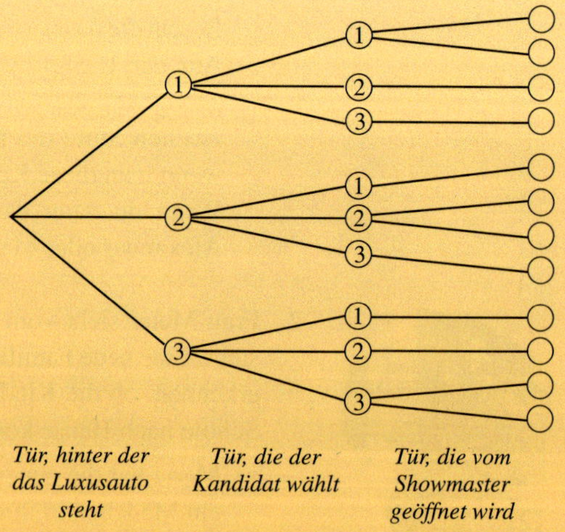

Angenommen, der Kandidat hat Tür Nr. 1 gewählt und Tür Nr. 2 wurde geöffnet. Dann könnte es sein, dass das Auto hinter Tür Nr. 1 oder Tür Nr. 3 befindet.
Zeichne jetzt ein vereinfachtes Baumdiagramm, bei dem die 2. Stufe weggelassen wird und nur noch die Pfade enthalten sind, die an Tür Nr. 2 oder Tür Nr. 3 enden (denn der Showmaster hätte ja auch eventuell Tür Nr. 3 öffnen können, wenn dahinter kein Auto steht).
Zeige anhand des umgekehrten Baumdiagramms, dass es sich für den Kandidaten lohnt, seine ursprüngliche Wahl der Tür zu verändern!

TIPP
Wenn du deiner eigenen Rechnung nicht traust, simuliere den Vorgang.

4.7 Aufgaben zur Vertiefung

1. a) Sechs Freunde sitzen zusammen und feiern den Geburtstag von Leon. Dabei fällt ihnen auf, dass jeder von ihnen in einem anderen Monat Geburtstag hat. „Mich wundert das nicht", sagt Pascal, „schließlich gibt es doch 12 Monate und wir sind sechs!"

(1) Schätze zunächst, wie häufig es vorkommt, dass 6 zufällig ausgewählte Personen in lauter verschiedenen Monaten Geburtstag haben.

(2) Begründe dazu, warum die gesuchte Wahrscheinlichkeit gleich $P(E) = \frac{12}{12} \cdot \frac{11}{12} \cdot \frac{10}{12} \cdot \frac{9}{12} \cdot \frac{8}{12} \cdot \frac{7}{12}$ ist, und berechne den Term.

(3) Welche Wahrscheinlichkeit hat also das Ereignis $\overline{E}$: *Mindestens zwei von sechs zufällig ausgewählten Personen haben im gleichen Monat Geburtstag?*

b) (1) Wie groß ist die Wahrscheinlichkeit, dass von 10 zufällig ausgewählten Personen mindestens zwei am gleichen Tag Geburtstag haben?

(2) Berechne die gesuchte Wahrscheinlichkeit auch für 15, 20, 25 Personen.

Ikosaeder,
Zwanzigflächner

2. a) Wie oft muss man ein Ikosaeder werfen, damit die Wahrscheinlichkeit für das Ereignis

(1) *Mindestens zwei Würfe haben die gleiche Augenzahl*

(2) *Augenzahl 1 ist mindestens einmal gefallen*

größer ist als 50 %?

b) Was hat die Aufgabenstellung in Teilaufgabe a) mit der in Aufgabe 1 zu tun?

3. Bei einer Blutspende-Stelle eines Krankenhauses werden dringend Spenden der Blutgruppe B benötigt, die nur bei 13 % der Einwohner Deutschlands vorhanden ist. Nacheinander kommen einzelne Spender zum Krankenhaus.

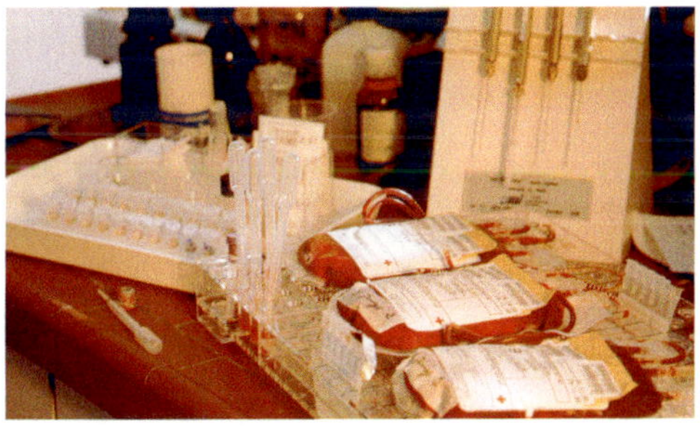

a) Berechne die Wahrscheinlichkeit, dass unter 5 Blutspendern auch mindestens einer mit Blutgruppe B ist.

b) Wie viele Spender sind notwendig, damit die Wahrscheinlichkeit für das Ereignis *Mindestens ein Spender hat Blutgruppe B* größer ist als 90 %?

4. Alexander und Boris vereinbaren einen Würfel zu werfen, bis die Augenzahl 6 erscheint, aber höchstens sechsmal. Alexander zahlt für jeden Wurf einen Einsatz von 10 Cent an Boris. Kommt eine 6 während der Würfe, so gewinnt Alexander und er erhält von Boris eine Auszahlung von 1 €.

a) Wie groß ist die Wahrscheinlichkeit, dass Alexander verliert? Welchen Gesamtbetrag hat er dann an Boris bezahlt?

b) Zeige, dass die Spielregel für Boris vorteilhaft ist.

c) Wie hoch müsste die Auszahlung für Alexander im Gewinnfall sein, damit ein faires Spiel vorliegt?

Bist du fit?

1. **a)** Ein Glücksrad wird dreimal gedreht. Bestimme die Wahrscheinlichkeit für das Ereignis:
E_1: *Dreimal die gleiche Farbe*
E_2: *Mindestens einmal rot*

b) In einer Urne befinden sich 12 gleichartige Kugeln, davon 5 rote, 4 blaue, 2 grüne und 1 gelbe. Drei Kugeln werden ohne Zurücklegen gezogen. Bestimme die Wahrscheinlichkeiten der Ereignisse E_1 und E_2 aus Teilaufgabe a).

2. Wenn man viermal eine Münze wirft, so kann die Anzahl der Wappen 0, 1, 2, 3 oder 4 betragen.

a) Schätze: Welche Wappenanzahl hat die höchste Wahrscheinlichkeit?

b) Bestimme für alle Wappenanzahlen die zugehörigen Wahrscheinlichkeiten.

3. Das Büro einer Firma ist mit einer Sicherung an der Haupttür und einem Bewegungsmelder im Kassenraum gegen Einbruch gesichert. Nach Werksangaben wird garantiert, dass die Türsicherung in 99,5 %, der Bewegungsmelder in 98,5 % aller Störungen funktioniert.

a) Welche Wahrscheinlichkeit wird für das gleichzeitige Funktionieren beider Sicherungssysteme garantiert?

b) Bestimme die Wahrscheinlichkeit, dass beim Einbruch beide Sicherungen versagen können.

c) Die Firma möchte einen anderen Bewegungsmelder installieren, sodass die Wahrscheinlichkeit für ein ungehindertes Eindringen bei höchstens 1 : 100 000 liegt. Mit welcher Wahrscheinlichkeit müsste dann das Funktionieren des Melders garantiert sein?

4. Rechts siehst du, wie viele Schülerinnen und Schüler welche Fremdsprache als zweite Fremdsprache im nächsten Schuljahr belegen wollen.

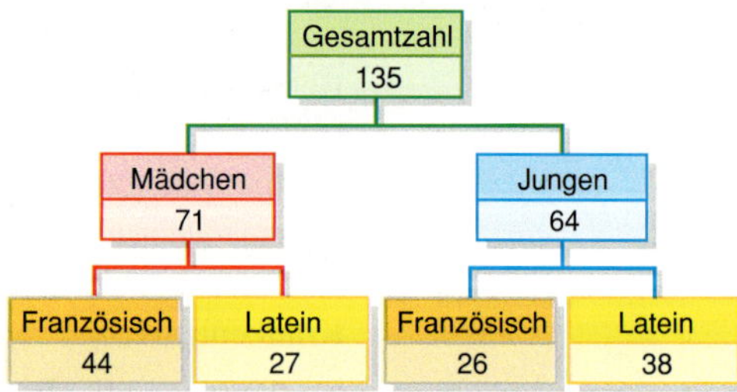

a) Stelle die Daten in einer geeigneten Vierfeldertafel zusammen.

b) Eine Schülerin oder ein Schüler aus der Jahrgangsstufe wird ausgelost.
Mit welcher Wahrscheinlichkeit hat die ausgewählte Person
(1) Latein gewählt;
(2) Französisch gewählt, wenn man weiß, dass es sich um ein Mädchen handelt?
Mit welcher Wahrscheinlichkeit ist die ausgewählte Person
(3) ein Mädchen, wenn man weiß, dass die Person Latein gewählt hat;
(4) ein Junge, wenn man weiß, dass die Person Französisch gewählt hat?

5. Ein Schnelltest-Verfahren zur Früherkennung einer Infektionskrankheit hat eine Sensitivität von 75 % (d.h. bei 75 % der tatsächlich Erkrankten ergibt sich ein positives Testergebnis) und eine Spezifität von 80 % (d.h. auch bei 20 % der Nichterkrankten ist das Testergebnis positiv). Unter der Krankheit leiden 5 % der Bevölkerung.
Welche Informationen lassen sich aus diesen Angaben gewinnen?

5. TRIGONOMETRIE

Auf dem bis zum Jahr 2001 gültigen 10-DM-Schein war Carl Friedrich Gauß (1777–1855) abgebildet. Er hatte eine besondere Bedeutung für die Landvermessung (Geodäsie). Sein Beitrag ist ein Messgerät, der Heliotrop, mit dem das Sonnenlicht durch einen Spiegel von einem Messpunkt über weite Entfernungen zum anderen Messpunkt gesendet werden kann. Dieses Licht erscheint bei Tage wie ein heller Stern.

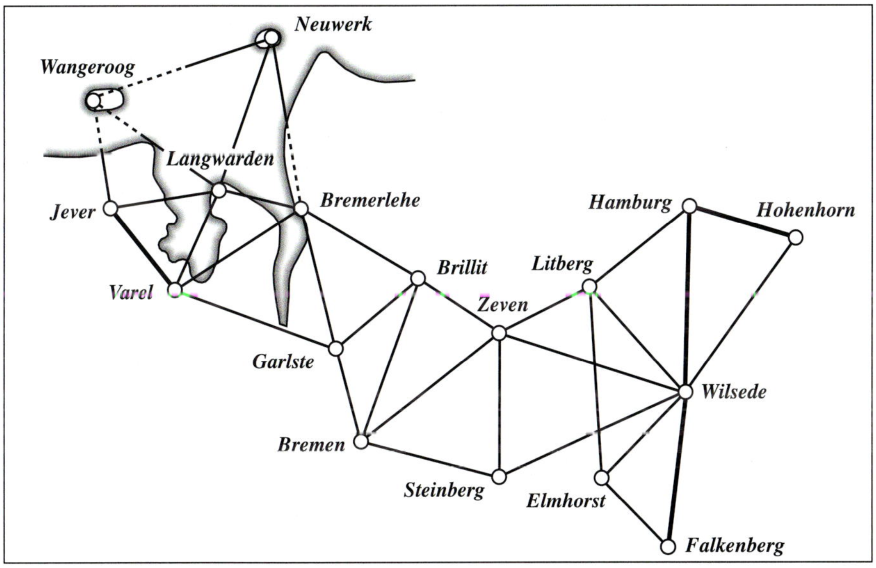

Gauß hat für den König von Hannover dessen Königreich zwischen 1818 und 1827 alle Sommer wieder weiter genau vermessen. Er überzog dazu das Gebiet mit einem Netz von Dreiecken (Triangulation). Die Eckpunkte dieser Dreiecke nennt man *trigonometrische Punkte*. Im Gelände handelt es sich um Granitblöcke mit der Inschrift *TP*.

- Heute verwendet man statt des Heliotrops ein anderes Messgerät.
  Erkunde, welches.

τρίγωνον – Dreieck
μέτρησις – Messung

- Die mathematischen Grundlagen zur Berechnung von Streckenlängen und Winkeln zu den gemessenen Daten sind Inhalt der Trigonometrie. Überlege, warum man wohl diese Bezeichnung gewählt hat.

Bislang hast du die Länge von Strecken sowie die Größe von Winkeln in beliebigen Dreiecken zeichnerisch ermittelt.

In diesem Kapitel lernst du, wie man z. B. im Dreieck Längen und Winkel berechnen kann.

Lernfeld: Alles über Dreiecke

A Rund um einen Spielzeugkran

Arbeite mit einem Partner zusammen.

- Schätze die Länge des Seilteils, das senkrecht herunterhängt. Vergleiche deinen Wert mit dem deines Partners.

- Nun sind die Maße angegeben: Der Drehpunkt des Schwenkarms befindet sich 22 cm über dem Boden, der Ausleger ist 40 cm lang. Verändert man den Winkel zwischen dem Ausleger und der Plattform, so verändert sich auch die Länge des Seils bis zum Boden.
  Stellt eine Vermutung auf, wie der Graph der Zuordnung
  Winkel $\alpha \rightarrow$ Seillänge l bis zum Boden
  aussieht. Skizziert ihn dazu.

- Der Kran kann auch die Länge des Auslegers verändern.
  Überlegt und begründet, wie sich das auf die Seillänge l bis zum Boden auswirkt. Beschreibt Gemeinsamkeiten und Unterschiede zum Graphen im vorigen Auftrag.

- Ermittelt:
  Wie groß ist die Seillänge l bei dem Winkel $\alpha = 52°$ und einer Auslegerlänge von 45 cm?
  Wie groß ist der Winkel α bei einer Auslegerlänge von 50 cm, wenn die Seillänge bis zum Boden $l = 55$ cm ist?
  Vergleicht anschließend eure Vorgehensweisen und Ergebnisse in der Klasse.

Behindertengerechte Planung

Stadtbücherei für Behinderte

In der Stadtbücherei gibt es viele Barrieren, die so nicht sein müssen.
Eine davon wurde erst in der jüngsten Vergangenheit geschaffen. Für den Zugang zur Hörbuchabteilung wurde eine Rampe zur Überbrückung von drei Stufen geschaffen. Dies wurde konsequent am Benutzer vorbeigeplant: Die Rampe weist eine Steigung von 60 % auf.

- Schätze geeignete Streckenlängen anhand des Bildes oben und überprüfe die Angabe 60 %. Welcher Steigungswinkel wäre zu überwinden?

Gesetzliche Verordnung für öffentliche Rampen

Rampen im öffentlichen Bereich sind immer nach DIN 18024 mit max. 6 % auszuführen!

Aus der Forderung einer maximalen Steigung von 6 % ergeben sich sehr große Rampenlängen.
Beispiel:
Für eine zu überwindende Stufenhöhe von 36 cm ergibt sich eine Rampenlänge von 600 cm. Meist steht aber kein ausreichender Platz für eine solche große Rampe zur Verfügung. Unter der Voraussetzung, dass der Rollstuhl von einer Begleitperson geschoben wird, oder dass ein Elektroantrieb zur Verfügung steht, kann die Rampe im privaten Bereich auch steiler ausgeführt werden. Dadurch lässt sich die Länge der Rampe verkürzen. Die Rampenbreite kann ebenfalls angepasst werden.

Im privaten Bereich haben sich in der Praxis folgende Werte für die Steigung als geeignet herausgestellt:

■ Selbstfahrer:	6 %
■ kräftige Selbstfahrer:	6 % - 10 %
■ es wird von einer kräftigen Person geschoben:	12 % - 20 %
■ es wird von einer schwachen Person geschoben:	max. 12 %
■ Elektroantrieb (Steigung laut Bedienungsanleitung):	bis ca. 20 %

- Ermittle für die in der gesetzlichen Verordnung angegebenen Steigungen die zugehörigen Steigungswinkel.
  Zeichne den Graphen der Zuordnung *Steigung (in %) → Steigungswinkel (in °)*.
  Was vermutest du?
  Überprüfe deine Vermutung, indem du auch größere Steigungen untersuchst.

Teamarbeit:

- Vergleicht eure Werte in der Klasse.
  Zeichnet den Graphen für die Zuordnung *Steigung (in %) → Steigungswinkel (in °)* für Werte von 0 % bis 900 %.

- Überlegt gemeinsam, wo große Steigungen in eurer Umwelt vorkommen. Eventuell könnt ihr euch auch noch im Internet informieren.
  Verwendet den im vorigen Auftrag gezeichneten Graphen, um die zugehörigen Steigungswinkel zu ermitteln.

5.1 Trigonometrie – Sinus, Kosinus und Tangens

5.1.1 Einführung von Sinus, Kosinus und Tangens

Aufgabe 1

Im Berner Oberland in der Schweiz fährt eine Standseilbahn von Lauterbrunnen auf einer 1421 m langen Strecke zur Grütschalp.

a) Bei einer Bergfahrt blieb der Wagen nach einer Fahrstrecke von 850 m wegen eines Schadens stehen.
Welche Höhe über der Talstation hatte der Wagen erreicht?
Welche Höhe bis zur Bergstation mussten die Fahrgäste also noch zu Fuß überwinden?

b) Wie groß ist die Steigung (in Prozent)?

c) Eine Vorstellung von der Größe der Steigung liefert die Größe des Winkels β, auch *Steigungswinkel* genannt.
Bestimme den Winkel β.

Lösung

Modellieren
Vereinfachen eines realen Sachverhalts für die innermathematische Behandlung.

a) Bei der Lösung gehen wir davon aus, dass die Fahrstrecke geradlinig verläuft und überall die gleiche Steigung hat. Damit kann die Sachsituation mithilfe einer Strahlensatzfigur mit dem Zentrum B dargestellt werden. In ihr kennen wir folgende Längen:

$b = 1\,481\text{ m} - 796\text{ m} = 685\text{ m}$; $x = 850\text{ m}$; $c = 1\,421\text{ m}$

Die Höhe y über der Talstation soll bestimmt werden.
Nach dem 2. Strahlensatz können wir die Höhe y berechnen.

Es gilt: $\frac{y}{b} = \frac{x}{c}$, also $y = \frac{x \cdot b}{c}$

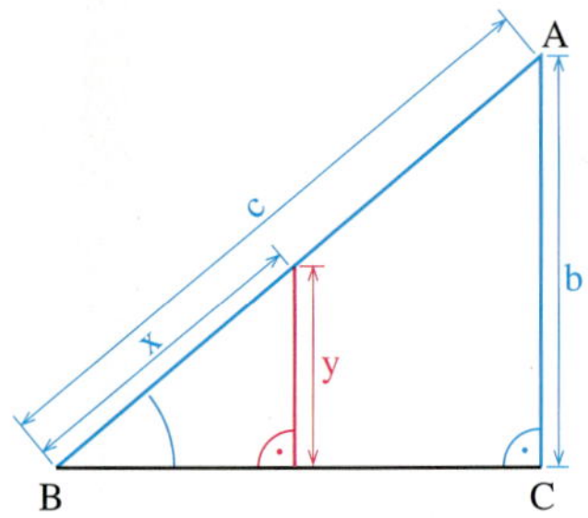

Durch Einsetzen erhalten wir: $y = \frac{850\text{ m} \cdot 685\text{ m}}{1\,421\text{ m}} \approx 410\text{ m}$

Ergebnis: Nach einer Fahrstrecke von 850 m wurde eine Höhe von etwa 410 m über der Talstation erreicht. Die Fahrgäste mussten noch eine Höhe von 275 m überwinden.

b) Unter der Steigung versteht man das Verhältnis (den Quotienten) aus dem Höhenunterschied b und der horizontalen Entfernung a, in unserem Beispiel also den Quotienten $\frac{b}{a}$. Die Länge a müssen wir noch bestimmen.

Da das Dreieck ABC rechtwinklig ist und die Länge der Hypotenuse und die Länge einer Kathete bekannt sind, können wir die Länge a nach dem Satz des Pythagoras berechnen.

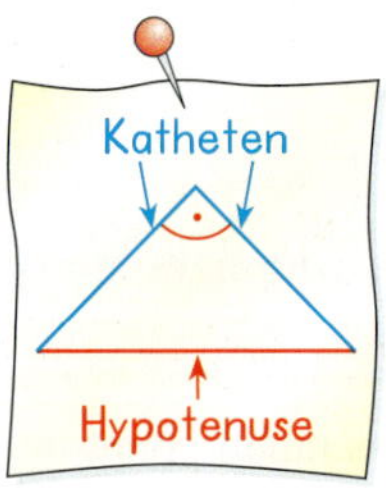

Es gilt $a^2 + b^2 = c^2$, also:

$a = \sqrt{c^2 - b^2}$

Durch Einsetzen erhalten wir:

$a = \sqrt{(1\,421\text{ m})^2 - (685\text{ m})^2} \approx 1\,245\text{ m}$

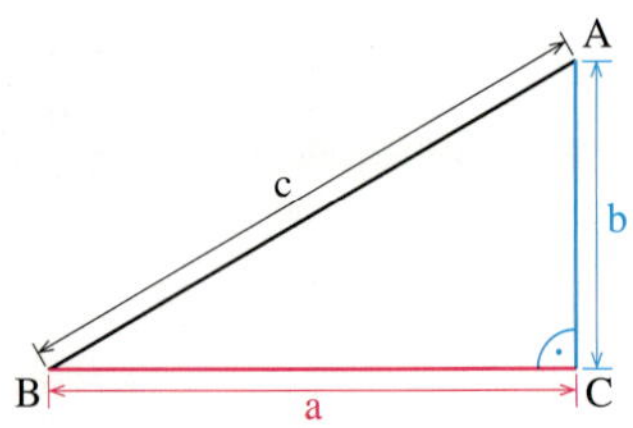

Dann gilt für die Steigung:

$\frac{b}{a} \approx \frac{685\text{ m}}{1\,245\text{ m}} \approx 0{,}55 \approx 55\ \%$

Ergebnis: Die Steigung beträgt ungefähr 55 %.

c) Diese Teilaufgabe können wir nur zeichnerisch lösen; dazu wählen wir für 200 m in der Wirklichkeit 1 cm in der Zeichnung (Maßstab 1:20 000).
Wir konstruieren ein rechtwinkliges Dreieck ABC mit dem rechten Winkel bei C sowie den Seitenlängen c = 7,1 cm (Länge der Hypotenuse) und b = 3,4 (Länge der dem gesuchten Winkel β gegenüberliegenden Kathete).
Wir messen: β = 29°.
Ergebnis: Der Steigungswinkel beträgt 29°.

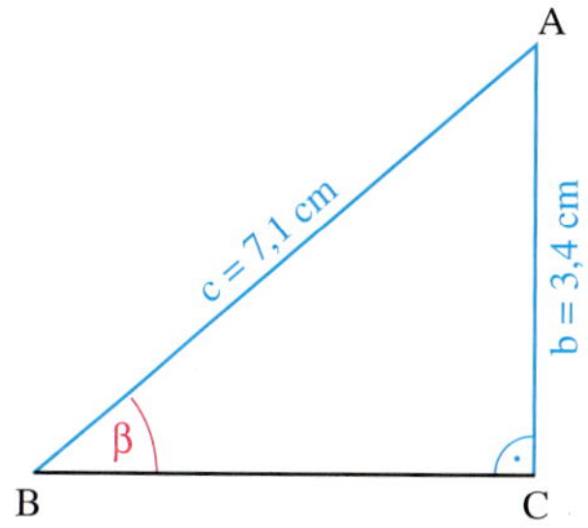

Information

(1) Zielsetzung

In rechtwinkligen Dreiecken (siehe Aufgabe 1 b)) können wir nach dem Satz des Pythagoras Seitenlängen berechnen. Jedoch können wir in solchen Dreiecken die Größe von Winkeln in der Regel bisher nur zeichnerisch ermitteln (siehe Aufgabe 1 c)).
Unser Ziel ist es nun, Verfahren kennen zu lernen, mit deren Hilfe man in beliebigen Dreiecken Seitenlängen und auch die Winkel aus gegebenen Stücken *berechnen* kann. Wir beschränken uns jedoch zunächst auf *rechtwinklige* Dreiecke und untersuchen, wie die Größe eines Winkels von den Seitenlängen abhängt.

(2) Gleiche Längenverhältnisse bei rechtwinkligen Dreiecken

Wir betrachten zwei rechtwinklige Dreiecke ABC und A′B′C′, die in der Größe eines spitzen Winkels, z. B. in der Größe von β, übereinstimmen. Dann stimmen aber nach dem Winkelsummensatz beide Dreiecke in der Größe aller Winkel überein.

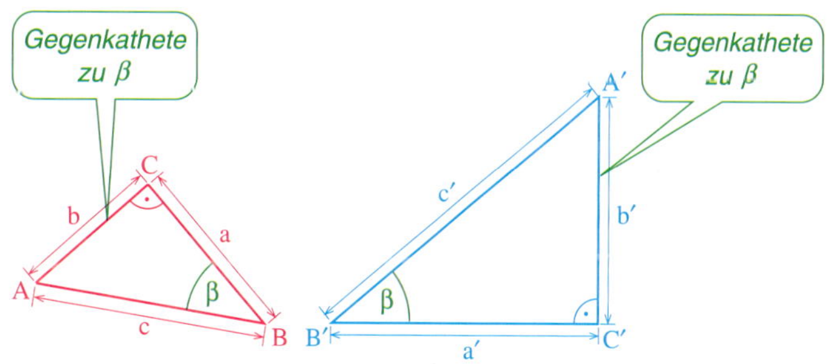

Nach dem Ähnlichkeitssatz für Dreiecke sind dann die beiden Dreiecke ABC und A′B′C′ ähnlich zueinander. Folglich stimmt das Längenverhältnis je zweier Seiten des Dreiecks ABC mit dem entsprechender Seiten des Dreiecks A′B′C′ überein; also gilt:

Längenverhältnis: Quotient zweier Längen

$\frac{b}{c} = \frac{b'}{c'}$; $\frac{a}{c} = \frac{a'}{c'}$; $\frac{b}{a} = \frac{b'}{a'}$

Wir erhalten also:
Alle rechtwinkligen Dreiecke, die in einem weiteren Winkel und damit in allen Winkeln übereinstimmen, besitzen dieselben Längenverhältnisse entsprechender Seiten.

(3) Abhängigkeit der Längenverhältnisse von der Winkelgröße

Die Figur rechts macht deutlich, dass die unter (2) betrachteten Längenverhältnisse in rechtwinkligen Dreiecken jedoch von der Größe des Winkels bei B abhängen.

Für β < β′ gilt offenbar z. B.:

$\frac{|AC|}{|BC|} < \frac{|A'C|}{|B'C|}$ und $\frac{|BC|}{|BA|} > \frac{|BC|}{|BA'|}$

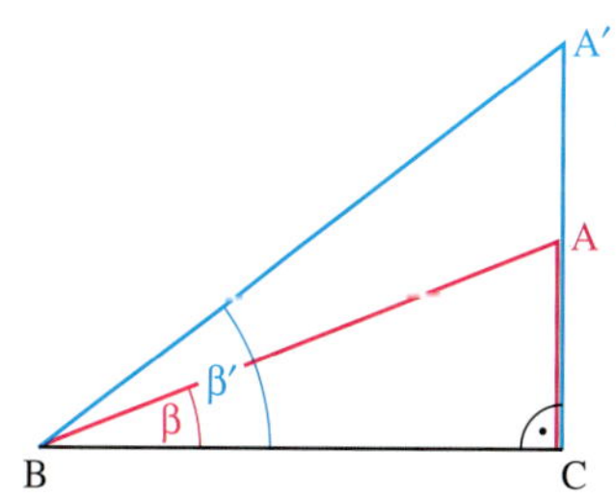

Satz

In allen rechtwinkligen Dreiecken, die in einem spitzen Winkel (z. B. β) übereinstimmen, gilt:

(1) Das Verhältnis $\frac{\text{Länge der Gegenkathete (zu } \beta)}{\text{Länge der Hypotenuse}}$ hat immer den gleichen Wert.

(2) Das Verhältnis $\frac{\text{Länge der Ankathete (zu } \beta)}{\text{Länge der Hypotenuse}}$ hat immer den gleichen Wert.

(3) Das Verhältnis $\frac{\text{Länge der Gegenkathete (zu } \beta)}{\text{Länge der Ankathete (zu } \beta)}$ hat immer den gleichen Wert.

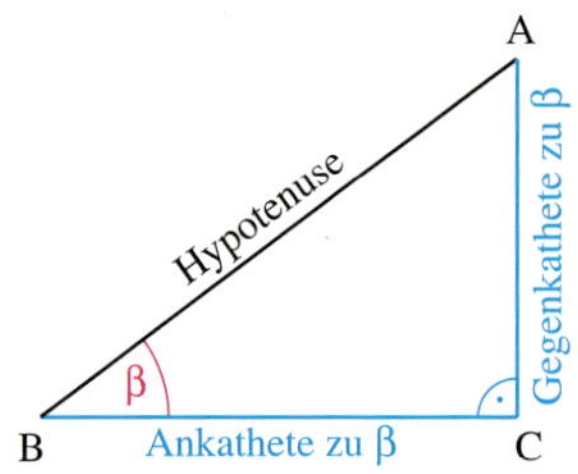

(4) Sinus, Kosinus und Tangens eines spitzen Winkels

Definition

In jedem *rechtwinkligen Dreieck* gilt:

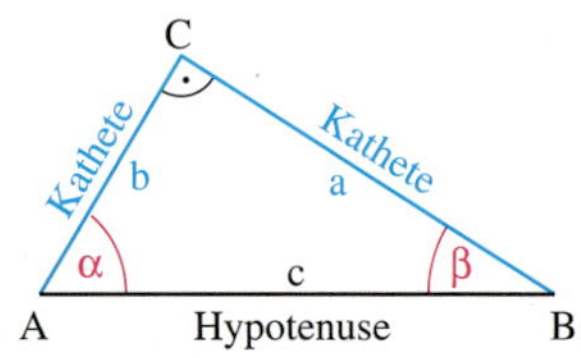

(1) Das Verhältnis aus der Länge der Gegenkathete eines spitzen Winkels und der Länge der Hypotenuse nennt man den **Sinus** dieses Winkels:

Sinus ⟨lat.⟩: Krümmung, übertragen auch Strecke

$$\textbf{Sinus eines Winkels} = \frac{\textbf{Länge der Gegenkathete des Winkels}}{\textbf{Länge der Hypotenuse}}$$

Beispiel: Für das Dreieck ABC mit $\gamma = 90°$ gilt: $\sin(\alpha) = \frac{a}{c}$; $\sin(\beta) = \frac{b}{c}$

(2) Das Verhältnis aus der Länge der Ankathete eines spitzen Winkels und der Länge der Hypotenuse nennt man **Kosinus** dieses Winkels.

$$\textbf{Kosinus eines Winkels} = \frac{\textbf{Länge der Ankathete des Winkels}}{\textbf{Länge der Hypothenuse}}$$

Beispiel: Für das Dreieck ABC mit $\gamma = 90°$ gilt: $\cos(\alpha) = \frac{b}{c}$; $\cos(\beta) = \frac{a}{c}$

(3) Das Verhältnis aus der Länge der Gegenkathete und der Länge der Ankathete eines spitzen Winkels nennt man **Tangens** dieses Winkels.

$$\textbf{Tangens eines Winkels} = \frac{\textbf{Länge der Gegenkathete des Winkels}}{\textbf{Länge der Ankathete des Winkels}}$$

Beispiel: Für das Dreieck ABC mit $\gamma = 90°$ gilt: $\tan(\alpha) = \frac{a}{b}$; $\tan(\beta) = \frac{b}{a}$

Für Aufgabe 1 von Seite 192 gilt:

$\sin(\beta) = \frac{685\text{ m}}{1\,421\text{ m}} \approx 0{,}482$; $\cos(\beta) = \frac{1\,245\text{ m}}{1\,412\text{ m}} \approx 0{,}876$; $\tan(\beta) = \frac{685\text{ m}}{1\,245\text{ m}} \approx 0{,}550$

(5) Vereinbarung zum Einsparen von Klammern

Gelegentlich verzichtet man auf das Setzen von Klammern, wenn durch ihr Fehlen keine Missverständnisse entstehen, also $\sin\alpha$ statt $\sin(\alpha)$, $\cos 37°$ statt $\cos(37°)$.
Allerdings sind bei $\tan(37° \cdot 2)$ die Klammern nötig.

Weiterführende Aufgabe

2. *Weitere Längenverhältnisse am rechtwinkligen Dreieck*

Mit den Seitenlängen eines Dreiecks ABC kann man insgesamt sechs Längenverhältnisse bilden. Gib sie an. Erkläre, warum man sich wie in der Information (2) bis (4) auf die Längenverhältnisse $\frac{a}{c}$, $\frac{b}{c}$ und $\frac{a}{b}$ beschränkt.

Übungsaufgaben

3.

Info: Gleitzahl

Segelflugzeuge gleiten. Je weiter sie bei einem Gleitflug aus einer bestimmten Höhe kommen, um so besser sind sie. Ein Maß für die „Güte" eines Segelflugzeugs ist die Gleitzahl. Dies ist das Verhältnis aus dem Höhenverlust und der Länge der dabei zurückgelegten Flugstrecke. Moderne Segelflugzeuge besitzen eine Gleitzahl zwischen 1 : 30 und 1 : 70.

L & P / 2338

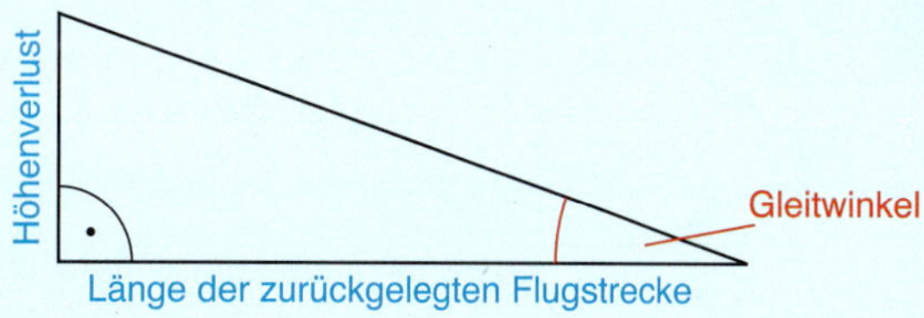

a) Ein Segelflugzeug hat die Gleitzahl 1:14.
Wie viel Höhe verliert es, wenn es (1) 10 m, (2) 20 m Flugstrecke zurücklegt?
Gib jeweils die Größe des Gleitwinkels an. Was stellst du fest? Begründe.

b) Das Gefälle gibt man wie bei einer Straße durch das Verhältnis aus dem Höhenunterschied und der horizontalen Entfernung an. Gib das Gefälle in Prozent an.

4. Zeichne mehrere verschieden große rechtwinklige Dreiecke mit $\alpha = 30°$ [$\alpha = 44°$]. Zeichne dabei die Gegenkathete zu α in Rot, die Ankathete zu α in Blau und die Hypotenuse in Grün. Miss jeweils alle Seitenlängen und berechne $\sin(\alpha)$, $\cos(\alpha)$ und $\tan(\alpha)$.

5. Skizziere das Dreieck zunächst zweimal im Heft und markiere zu jedem Winkel die Gegenkathete in Rot, die Ankathete in Blau und die Hypotenuse in Grün. Gib dann Sinus, Kosinus und Tangens der beiden spitzen Winkel jeweils als Längenverhältnis an.

a)

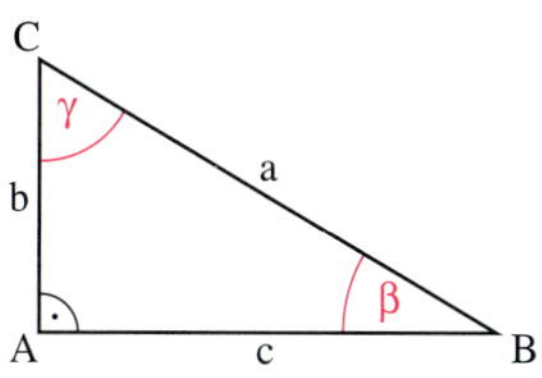

b)

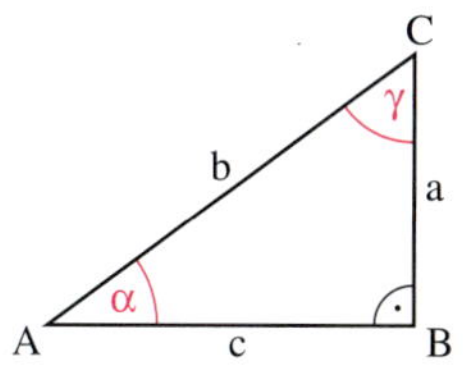

c)

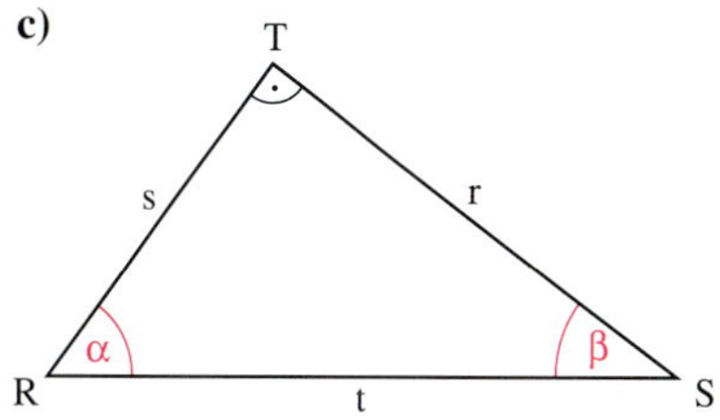

6. Berechne Sinus, Kosinus und Tangens des angegebenen Winkels.

a)

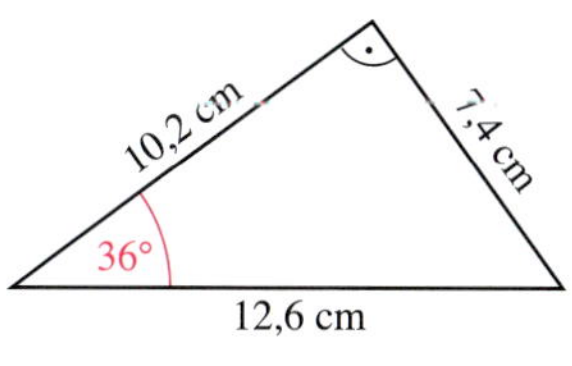

b)

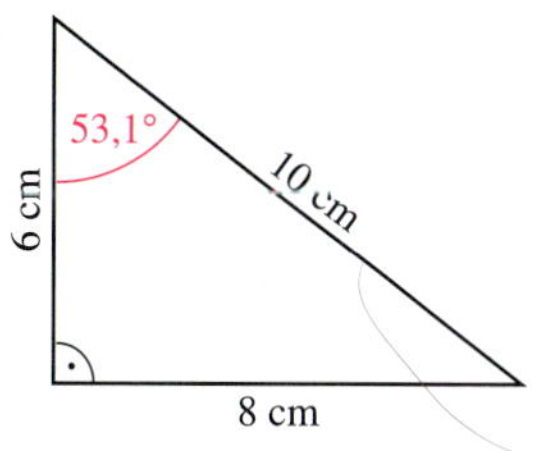

c)

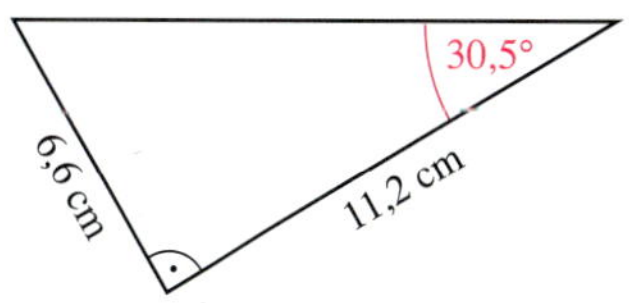

7. Berechne sin(α), cos(α), tan(α), sin(β), cos(β) und tan(β).

a)

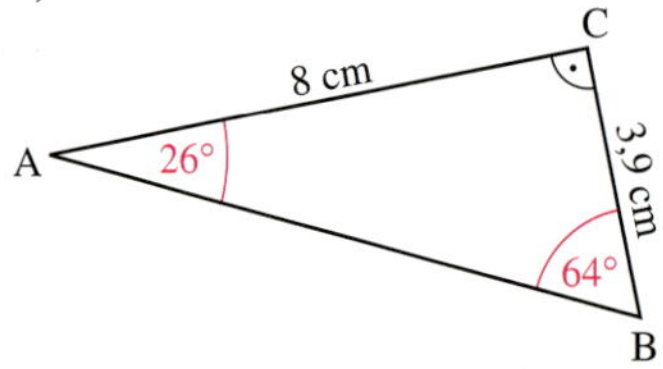

b)

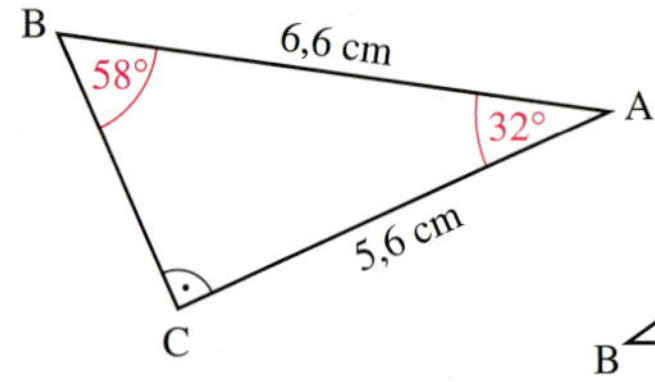

c)

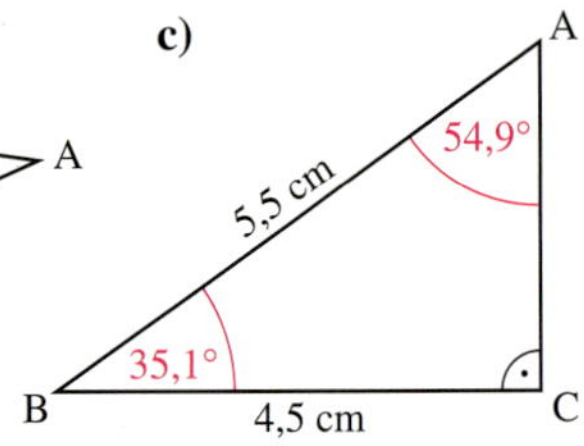

8. Kontrolliere Vanessas Hausaufgaben.

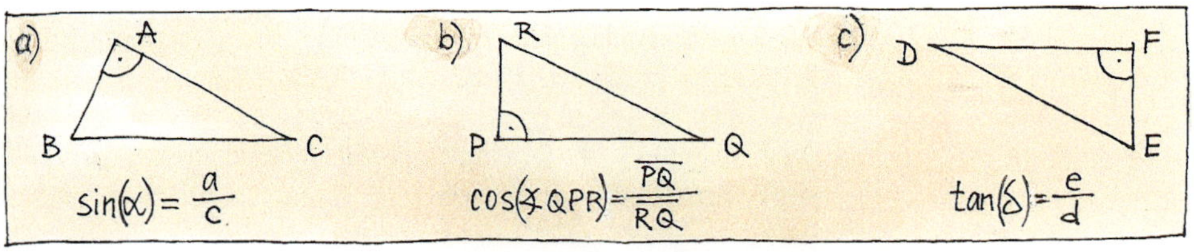

9. Konstruiere ein rechtwinkliges Dreieck ABC mit γ = 90°, c = 10 cm sowie

a) α = 35°; **b)** α = 62°; **c)** α = 75°; **d)** α = 53°; **e)** α = 15°.

Miss die Seitenlängen a und b und bestimme näherungsweise sin(α), cos(α) und tan(α) sowie sin(β), cos(β) und tan(β).

10. Konstruiere das Dreieck ABC aus den gegebenen Stücken.
Berechne bzw. miss die fehlenden Stücke. Berechne dann in dem rechtwinkligen Dreieck Sinus, Kosinus und Tangens der beiden spitzen Winkel.

a) α = 90°	**b)** α = 90°	**c)** β = 90°	**d)** β = 90°	**e)** γ = 90°
β = 38°	γ = 48°	a = 5 cm	α = 28°	a = 2,8 cm
c = 9 cm	b = 8 cm	γ = 58°	c = 13 cm	β = 48°

11. Gib die Größe des Winkels α an. Zeichne dazu ein geeignetes rechtwinkliges Dreieck ABC.

a) $\sin(\alpha) = \frac{2}{3}$	**d)** $\tan(\alpha) = \frac{5}{4}$	**g)** sin(α) = 0,8	**j)** tan(α) = 1,5	**m)** tan(α) = 5
b) $\cos(\alpha) = \frac{4}{5}$	**e)** $\sin(\alpha) = \frac{7}{10}$	**h)** cos(α) = 0,3	**k)** tan(α) = 4	**n)** cos(α) = 0,2
c) $\tan(\alpha) = \frac{4}{5}$	**f)** sin(α) = 0,5	**i)** cos(α) = 0,8	**l)** sin(α) = 0,2	**o)** sin(α) = 0,9

12. Konstruiere ein rechtwinkliges Dreieck ABC mit α = 55°, β = 35° und γ = 90°. Miss die Seitenlängen. Berechne sin(α), cos(α), sin(β) und cos(β).
Was kannst du entdecken?

13. Gib Sinus, Kosinus und Tangens der beiden spitzen Winkel β und γ in der Figur rechts jeweils als Längenverhältnis an.

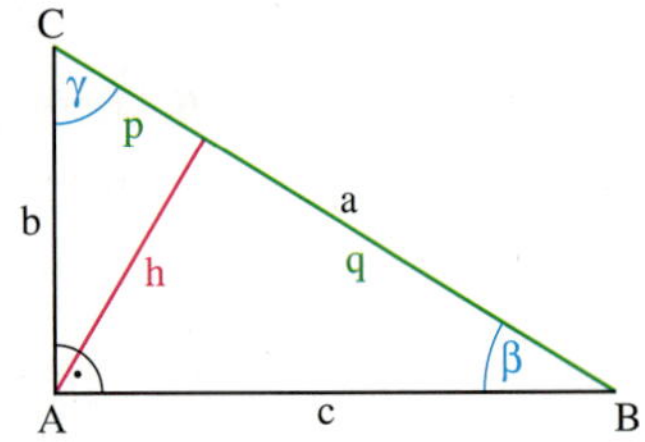

14. **a)** Untersuche, ob der Sinus eines Winkels proportional zur Winkelgröße ist.
Du kannst dazu geeignete Dreiecke zeichnen.

b) Untersuche entsprechend Kosinus und Tangens.

5.1.2 Bestimmen von Werten für Sinus, Kosinus und Tangens – Zusammenhänge

Um Berechnungen an rechtwinkligen Dreiecken durchführen zu können, benötigen wir für jeden spitzen Winkel die Werte für Sinus, Kosinus und Tangens.

Aufgabe 1

Sinus, Kosinus und Tangens für spezielle Winkelgrößen

Für einige spezielle Winkelgrößen kann man die genauen Werte für Sinus, Kosinus und Tangens bestimmen.

a) Zeichne ein geeignetes rechtwinkliges Dreieck und berechne sin (45°), cos (45°) und tan (45°).

b) Berechne Sinus, Kosinus und Tangens für 30° und 60°.
Wähle dazu ein geeignetes Dreieck.

Lösung

a) Ein Winkel der Größe 45° tritt als Basiswinkel in einem recht-winklig-gleichschenkligen Dreieck auf. Zur Schenkellänge a berechnen wir die Hypotenusenlänge c:

Satz des Pythagoras

$c^2 = a^2 + a^2 = 2a^2$, also $c = \sqrt{2a^2} = a\sqrt{2}$

$\sin(45°) = \cos(45°) = \frac{a}{c} = \frac{a}{a\sqrt{2}} = \frac{1}{\sqrt{2}} = \frac{1 \cdot \sqrt{2}}{\sqrt{2} \cdot \sqrt{2}} = \frac{1}{2}\sqrt{2}$

$\tan(45°) = \frac{a}{a} = 1$

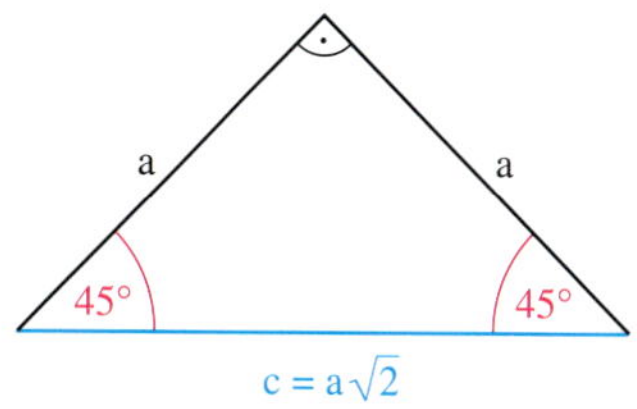

Längenverhältnis: Quotient zweier Längen

b) In jedem gleichseitigen Dreieck sind alle Winkel 60° groß.
Die Höhe einer Seite im gleichseitigen Dreieck halbiert auch den gegenüberliegenden Winkel. In jedem der beiden recht-winkligen Teildreiecke kommen daher Winkel der Größe 30° und 60° vor.
Nach dem Satz des Pythagoras gilt:

$h^2 = a^2 - \left(\frac{a}{2}\right)^2 = \frac{3}{4}a^2$, also $h = \sqrt{\frac{3}{4}a^2} = \frac{a}{2}\sqrt{3}$

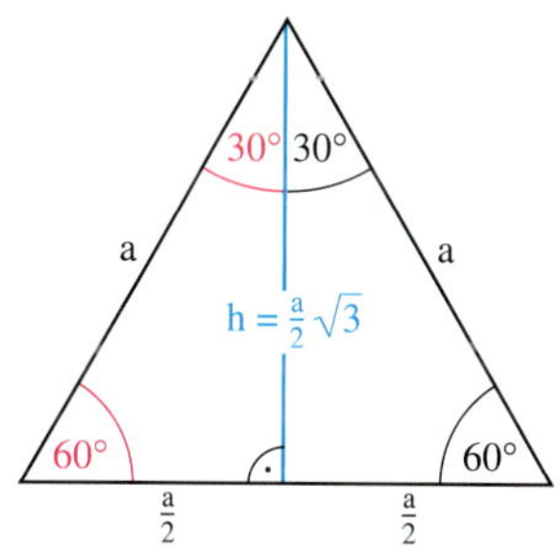

$\sin(30°) = \cos(60°) = \frac{\frac{a}{2}}{a} = \frac{1}{2}$

$\tan(30°) = \frac{\frac{a}{2}}{h} = \frac{\frac{a}{2}}{\frac{a}{2}\sqrt{3}} = \frac{1}{\sqrt{3}} = \frac{1 \cdot \sqrt{3}}{\sqrt{3} \cdot \sqrt{3}} = \frac{1}{3}\sqrt{3}$

$\sin(60°) = \cos(30°) = \frac{h}{a} = \frac{\frac{a}{2}\sqrt{3}}{a} = \frac{1}{2}\sqrt{3}$

$\tan(60°) = \frac{h}{\frac{a}{2}} = \frac{\frac{a}{2}\sqrt{3}}{\frac{a}{2}} = \sqrt{3}$

Information

Zusammenstellung von Sinus-, Kosinus- und Tangenswerten für spezielle Winkel

In der obigen Aufgabe wurde für einige spezielle Winkelgrößen die Sinus-, Kosinus- und Tangenswerte rechnerisch bestimmt.

α	30°	45°	60°
$\sin(\alpha)$	$\frac{1}{2}$	$\frac{1}{2}\sqrt{2}$	$\frac{1}{2}\sqrt{3}$
$\cos(\alpha)$	$\frac{1}{2}\sqrt{3}$	$\frac{1}{2}\sqrt{2}$	$\frac{1}{2}$
$\tan(\alpha)$	$\frac{1}{3}\sqrt{3}$	1	$\sqrt{3}$

Merke:
$\frac{1}{2}\sqrt{a}$ für a = 1, 2, 3

Die Tabelle zeigt, dass die Werte von Sinus, Kosinus und Tangens irrational sein können.

Aufgabe 2

Zeichnerisches Bestimmen von Näherungswerten

Bestimme zeichnerisch Näherungswerte von sin (α), cos (α) und tan (α) für α = 10°, 20°, 30°, 40°, 50°, 60°, 70°, 80°. Lege eine Wertetabelle an.

Anleitung:

(1) Zeichne auf Millimeterpapier einen Viertelkreis mit dem Radius 1 dm.
(2) Zeichne in den Viertelkreis rechtwinklige Dreiecke mit den Winkelgrößen 10°, 20°, …, 80°. Die Hypotenuse ist jeweils ein Kreisradius; der Scheitelpunkt ist der Kreismittelpunkt.
(3) Lies aus der Zeichnung die Werte für sin (α) und cos (α) auf Hundertstel genau ab.
(4) Berechne die Werte für tan (α).

Lösung

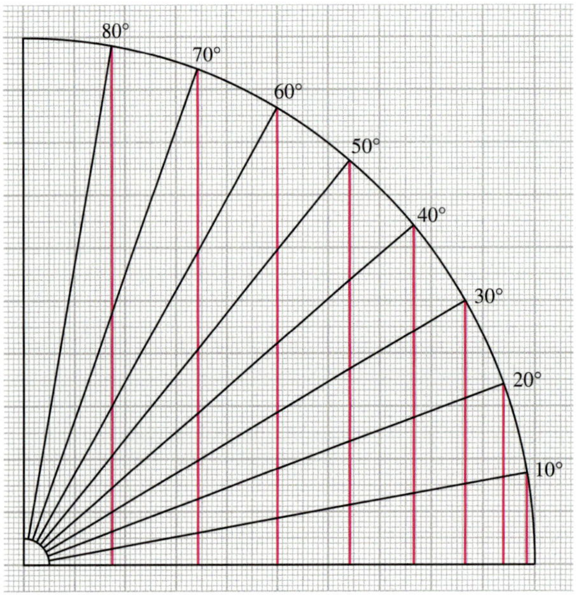

α	Näherungswerte für sin(α)	cos(α)	tan(α)
10°	0,17	0,98	0,18
20°	0,34	0,94	0,36
30°	0,50	0,87	0,58
40°	0,64	0,77	0,84
50°	0,77	0,64	1,19
60°	0,87	0,50	1,73
70°	0,94	0,34	2,75
80°	0,98	0,17	5,67

Weiterführende Aufgaben

3. *Deutung von Sinus, Kosinus und Tangens am Einheitskreis*

Die Lösung der Aufgabe 1 führt uns zu einer weiteren Deutung von Sinus, Kosinus und Tangens eines spitzen Winkels. Wir zeichnen in den 1. Quadranten eines Koordinatensystems einen Viertelkreis mit dem Radius 1. Einen Kreis mit dem Radius 1 um den Koordinatenursprung O nennt man **Einheitskreis**.

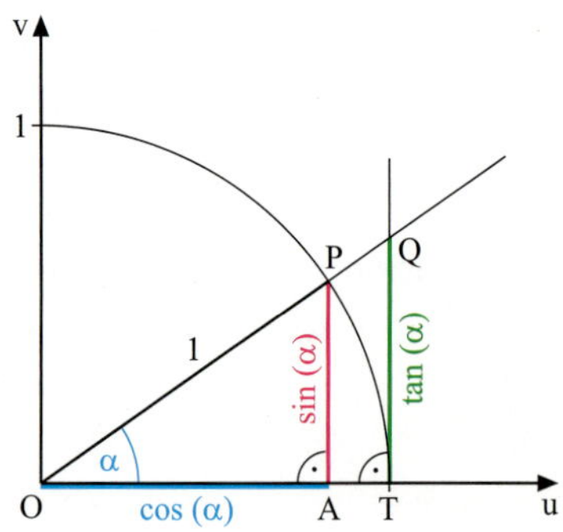

a) Betrachte die rechtwinkligen Dreiecke OAP und OTQ.
Begründe: $|OA| = \cos(\alpha)$; $|AP| = \sin(\alpha)$; $|TQ| = \tan(\alpha)$

b) Erläutere die Bezeichnung „Tangens“.

c) Begründe: $(\sin(\alpha))^2 + (\cos(\alpha))^2 = 1$

4. *Zusammenhänge zwischen sin (α), cos (α) und tan (α)*

a) Anhand der Tabelle in Aufgabe 2 erkennst du: $\sin(10°) = \cos(80°) = \cos(90° - 10°)$.
Bestätige anhand der Tabelle $\sin(\alpha) = \cos(90° - \alpha)$ und $\cos(\alpha) = \sin(90° - \alpha)$.
Begründe dies mithilfe der Definitionen.

b) An der Berechnung von tan (α) in Aufgabe 2 erkennst du: $\tan(\alpha) = \frac{\sin(\alpha)}{\cos(\alpha)}$. Begründe.

Information

Statt $(\sin(\alpha))^2$ schreibt man auch $\sin^2(\alpha)$, gelesen: Sinus Quadrat α.

Beziehungen zwischen Sinus, Kosinus und Tangens für $0° < \alpha < 90°$

(a) $\cos(\alpha) = \sin(90° - \alpha)$

(b) $\sin(\alpha) = \cos(90° - \alpha)$

(c) $\tan(\alpha) = \frac{\sin(\alpha)}{\cos(\alpha)}$

(d) $(\sin(\alpha))^2 + (\cos(\alpha))^2 = 1$

Anmerkung: Die Beziehung (a) zwischen Sinus und Kosinus ist die Basis für die Namensgebung „Kosinus“: Kosinus kommt von: Komplimenti sinus; der Kosinus eines Winkels α ist der Sinus des Komplementwinkels zu α (Ergänzungswinkel von α zu 90°).

Übungsaufgaben

DGS

5. Zeichne mit einem dynamischen Geometrie-System eine Strecke $\overline{AP}$, eine dazu orthogonale Gerade durch A sowie dann dazu einen Viertelkreis um A. Erzeuge dann auf dem Kreisbogen einen Punkt B. Zeichne durch diesen die Orthogonale zu $\overline{AP}$. Benenne ihren Schnittpunkt mit $\overline{AP}$ mit C.

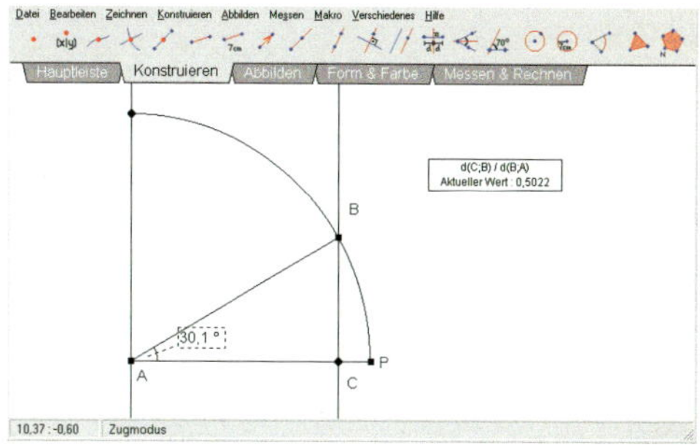

a) Erzeuge ein Termobjekt, das den Sinus des Winkels bei A angibt. Verändere den Winkel und notiere so eine Wertetabelle für Sinuswerte in deinem Heft.

b) Erstelle entsprechend eine Wertetabelle für Kosinuswerte.

c) Erstelle entsprechend eine Wertetabelle für Tangenswerte.

6. Bestimme wie in Aufgabe 2 auf Seite 198 Näherungswerte von $\sin(\alpha)$, $\cos(\alpha)$ und $\tan(\alpha)$ für die Winkelgrößen $\alpha = 5°, 15°, 25°, \ldots, 85°$.

7. Ordne die Werte der Größe nach. Denke an die Deutung am Einheitskreis.

a) sin (80°); sin (30°); sin (15°); sin (50°); sin (70°); sin (85°); sin (25°); sin (65°)

b) cos (80°); cos (30°); cos (15°); cos (50°); cos (70°); cos (85°); cos (25°); cos (65°)

c) tan (80°); tan (30°); tan (15°); tan (50°); tan (70°); tan (85°); tan (25°); tan (65°)

d) sin (30°); tan (30°); sin (80°); tan (80°)

8. Die Gleichungen sind durchgestrichen. Zeige anhand der Tabelle auf Seite 198, dass sie nicht gelten.

1) ~~$\sin(\alpha + \beta) = \sin(\alpha) + \sin(\beta)$~~

2) ~~$\cos(\alpha + \beta) = \cos(\alpha) + \cos(\beta)$~~

3) ~~$\tan(\alpha + \beta) = \tan(\alpha) + \tan(\beta)$~~

9. Lies an einem Viertelkreis wie in Aufgabe 2 auf Seite 198 ab: Für welche Winkelgröße α bzw. β gilt:

a) $\sin(\alpha) = 0{,}2$; $\cos(\beta) = 0{,}2$

b) $\sin(\alpha) = 0{,}4$; $\cos(\beta) = 0{,}4$

c) $\sin(\alpha) = 0{,}6$; $\cos(\beta) = 0{,}6$

d) $\sin(\alpha) = 0{,}7$; $\cos(\beta) = 0{,}7$

e) $\sin(\alpha) = 0{,}8$; $\cos(\beta) = 0{,}8$

10. a) Begründe durch Umformen von $(\sin(\alpha))^2 + (\cos(\alpha))^2 = 1$ die Formeln:
$\cos(\alpha) = \sqrt{1 - (\sin(\alpha))^2}$; $\sin(a) = \sqrt{1 - (\cos(\alpha))^2}$

b) Ergänze die Tabelle im Heft mithilfe der Formeln aus Teilaufgabe a).

$\sin(\alpha)$	0,42	0,95		
$\cos(\alpha)$			0,66	0,45

c) Gegeben ist $\sin(32°) \approx 0{,}53$.
Berechne $\cos(32°)$; $\tan(32°)$; $\sin(58°)$; $\tan(58°)$.

11. Übertrage in dein Heft und fülle die Tabelle aus.

	α	5°	15°	25°	35°	45°	55°	65°	75°	85°
Näherungswerte für	$\sin(\alpha)$		0,26		0,57		0,82		0,97	
	$\cos(\alpha)$	0,99		0,91		0,71		0,42		0,09
	$\tan(\alpha)$									

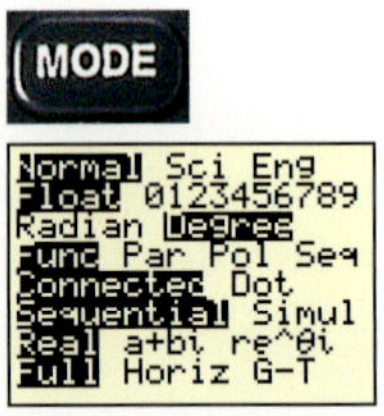

12. Taschenrechner haben Tasten zur Berechnung der Werte von Sinus, Kosinus und Tangens. Achte darauf, dass der Taschenrechner im Modus *Degree* anzeigt. Gegebenenfalls musst du auch Klammern um die Winkelgröße setzen. Probiere das mit deinem Rechner aus.
Gib mit dem Taschenrechner auf drei Stellen nach dem Komma gerundet an.

a) $\sin(16°)$, $\cos(16°)$, $\tan(16°)$ **b)** $\cos(24°)$, $\sin(24°)$, $\tan(24°)$ **c)** $\tan(38°)$, $\sin(38°)$, $\cos(38°)$ **d)** $\sin(49{,}7°)$, $\cos(49{,}7°)$, $\tan(49{,}7°)$ **e)** $\sin(51{,}2°)$, $\cos(51{,}2°)$, $\tan(51{,}2°)$ **f)** $\tan(68{,}5°)$, $\sin(68{,}5°)$, $\cos(68{,}5°)$

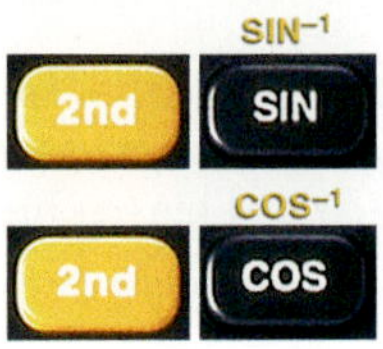

13. Die Tasten deines Taschenrechners sind doppelt belegt. So hat z. B. die Taste für Sinus als zweite Belegung $\boxed{\sin^{-1}}$. Damit kann man umgekehrt zu einem Sinuswert die Größe des spitzen Winkels bestimmen. Man erhält diese zweite Belegung, indem man vorher die Taste $\boxed{2nd}$ drückt.
Bestimme mit dem Taschenrechner die Winkelgröße α, gerundet auf zehntel Grad.

a) $\sin(\alpha) = 0{,}1$, $\cos(\alpha) = 0{,}1$, $\tan(\alpha) = 0{,}1$ **b)** $\sin(\alpha) = 0{,}4$, $\cos(\alpha) = 0{,}4$, $\tan(\alpha) = 0{,}4$ **c)** $\sin(\alpha) = 0{,}75$, $\cos(\alpha) = 0{,}75$, $\tan(\alpha) = 0{,}75$ **d)** $\cos(\alpha) = 0{,}88$, $\sin(\alpha) = 0{,}88$, $\tan(\alpha) = 0{,}88$ **e)** $\cos(\alpha) = 0{,}643$, $\tan(\alpha) = 0{,}643$, $\sin(\alpha) = 0{,}643$

14. a) Bestimme die Werte mit dem Taschenrechner. Was fällt dir auf?
$\tan(89°)$; $\tan(89{,}9°)$; $\tan(89{,}99°)$; $\tan(89{,}999°)$; $\tan(89{,}9999°)$; $\tan(89{,}999999°)$
Führe das entsprechend für $\sin(\alpha)$ und $\cos(\alpha)$ durch.

b) Bestimme die Werte mit dem Taschenrechner. Was fällt auf?
$\tan(1°)$; $\tan(0{,}1°)$; $\tan(0{,}01°)$; $\tan(0{,}001°)$; $\tan(0{,}0001°)$
Führe das entsprechend für $\sin(\alpha)$ und $\cos(\alpha)$ durch.

c) Vergleiche $\sin(\alpha)$ und $\tan(\alpha)$ für folgende Winkelgrößen α: 1°; 0,9°; 0,8°; 0,7°.
Was stellst du fest? Erläutere den Sachverhalt am Einheitskreis.

15. ABC ist ein gleichschenkliges Dreieck mit $\gamma = 45°$ und $|CA| = |CB| = a = 10$ cm.

a) Berechne nacheinander die Längen x, y und c.

b) Berechne anschließend:
$\sin(22{,}5°)$; $\cos(22{,}5°)$; $\tan(22{,}5°)$

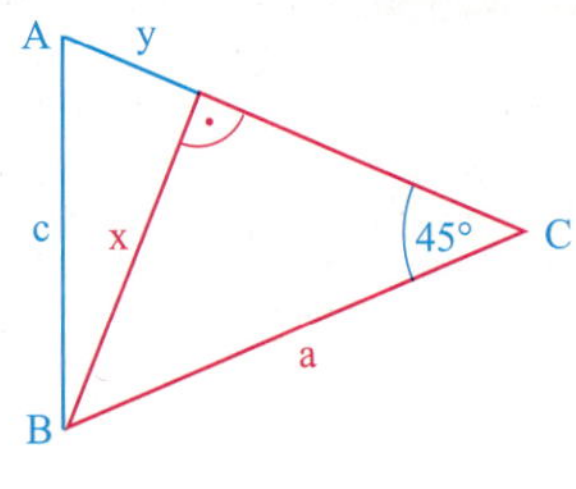

5.2 Berechnungen in rechtwinkligen Dreiecken

Aufgabe 1

Anwenden des Sinus und Kosinus

a) Eine Leiter von 6 m Länge soll an eine Hauswand gelehnt werden. Damit sie nicht abrutscht oder umkippt, muss nach Sicherheitsvorschriften der Neigungswinkel, den sie mit dem waagerechten Erdboden bildet, mindestens 68°, aber höchstens 75° betragen.
In welchem Abstand muss das Fußende der Leiter von der Hauswand aufgestellt werden, damit der Neigungswinkel 70° beträgt?
Wie hoch reicht die Leiter dann?

b) Eine 7 m lange Leiter soll an einer Wand 6,70 m hoch reichen. Ist dann der Neigungswinkel nach den Sicherheitsvorschriften noch eingehalten?

Lösung

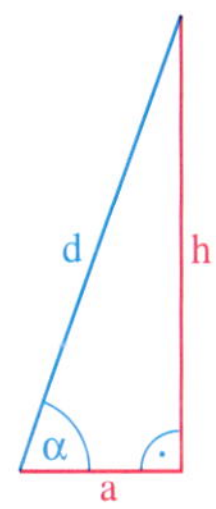

a) In dem rechtwinkligen Dreieck bedeuten:

d = 6 m	Länge der Leiter
$\alpha = 70°$	Größe des Neigungswinkels der Leiter
a	gesuchter Abstand von der Hauswand
h	gesuchte Höhe an der Hauswand

Der Skizze entnehmen wir: $\cos(\alpha) = \frac{a}{d}$ und $\sin(\alpha) = \frac{h}{d}$.

Wir isolieren die Variable a und die Variable h und setzen ein:

Hast du einen anderen Lösungsweg gefunden?

$a = d \cdot \cos(\alpha)$	$h = d \cdot \sin(\alpha)$
$a = 6\text{ m} \cdot \cos(70°)$	$h = 6\text{ m} \cdot \sin(70°)$
$a \approx 2{,}05\text{ m}$	$h \approx 5{,}64\text{ m}$

gerundet auf volle cm

Ergebnis: Das Fußende der Leiter muss unten in einem Abstand von ungefähr 2 m von der Hauswand aufgestellt werden; sie reicht dann etwa 5,60 m hoch.

b) Der Skizze zu Teilaufgabe a) entnehmen wir: $\sin(\alpha) = \frac{h}{d}$.

Durch Einsetzen erhalten wir: $\sin(\alpha) = \frac{6{,}70\text{ m}}{7{,}00\text{ m}} \approx 0{,}9571$, also $\alpha \approx 73°$.

Ergebnis: Die Größe des Neigungswinkels der Leiter beträgt etwa 73°. Die Sicherheitsvorschriften sind eingehalten.

Aufgabe 2

Anwenden des Tangens

a) Von einem 75 m entfernten Turm wird mithilfe eines Theodoliten (siehe Foto links) die Größe des Höhenwinkels mit dem Ergebnis $\alpha = 38°$ bestimmt.
Wie hoch ist der Turm?
Vernachlässige die Höhe des Theodoliten über dem Boden.

b) Wie groß ist der Höhenwinkel in einer Entfernung von 120 m?

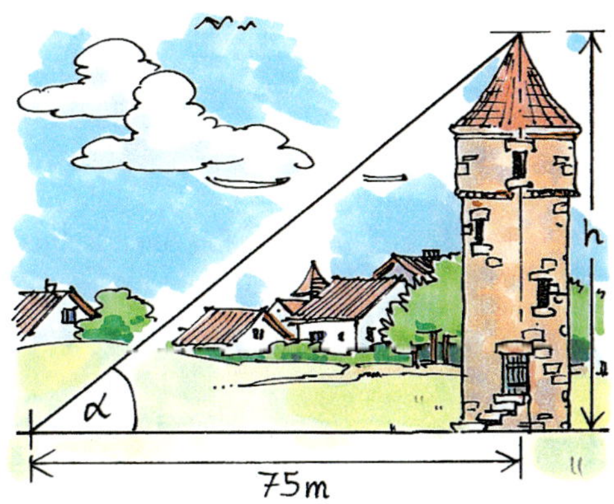

Lösung

a) Aus der Skizze rechts entnehmen wir: $\tan(\alpha) = \frac{h}{s}$.
Wir isolieren h und setzen: s = 75 m und $\alpha = 38°$
$h = s \cdot \tan(\alpha) = 75\text{ m} \cdot \tan(38°) \approx 59\text{ m}$
Ergebnis: Der Turm ist ungefähr 59 m hoch.

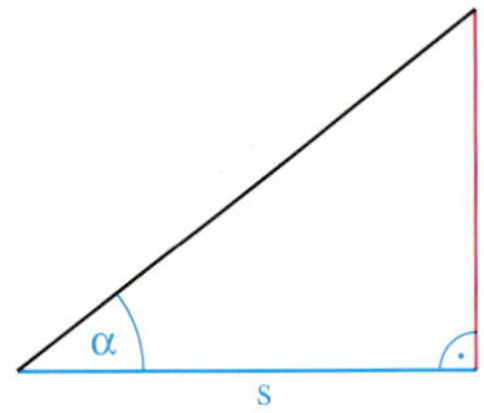

b) Aus der Skizze entnehmen wir wieder: $\tan(\alpha) = \frac{h}{s}$.
Gegeben sind: s = 120 m und h = 59 m.
Einsetzen ergibt: $\tan(\alpha) = \frac{59\text{ m}}{120\text{ m}} \approx 0{,}4917$, also $\alpha \approx 26°$
Ergebnis: In einer Entfernung von 120 m ist der Höhenwinkel etwa 26° groß.

Übungsaufgaben

3. Ein Sendemast soll mit vier Seilen von je 40 m Länge gehalten werden. Der Neigungswinkel α der Seile soll jeweils 55° groß sein.
In welcher Höhe müssen die Seile befestigt werden? Wie weit vom unteren Ende des Mastes müssen sie befestigt werden?

4. **a)** Damit eine 6 m lange Leiter beim Besteigen nicht hinten überkippt, soll ihr Neigungswinkel nicht größer als 75° sein. Wie hoch reicht sie in diesem Fall und wie weit steht dann das Fußende von der Hauswand entfernt?

b) Wie lang muss eine Leiter sein, damit sie bei 70° Neigungswinkel 3,50 m hoch reicht?

c) Eine 3,60 m lange Leiter lehnt an einer Wand. Ihr Fußende ist 1,50 m von der Wand entfernt.

5. Berechne die rot markierte Größe.

a)
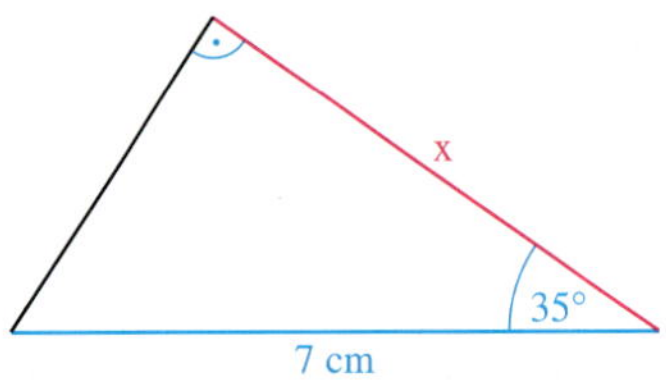

b)
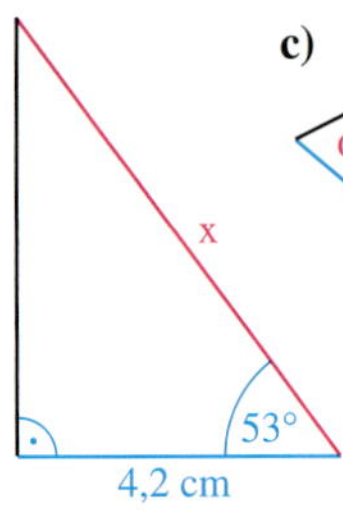

c)
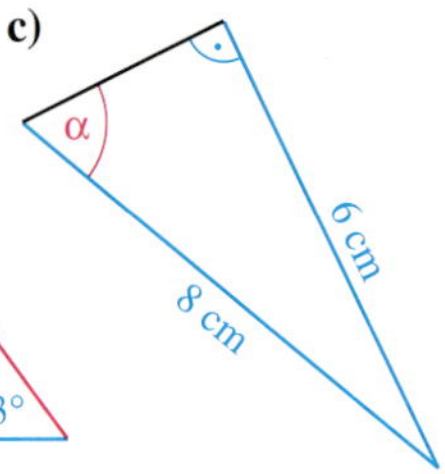

d)
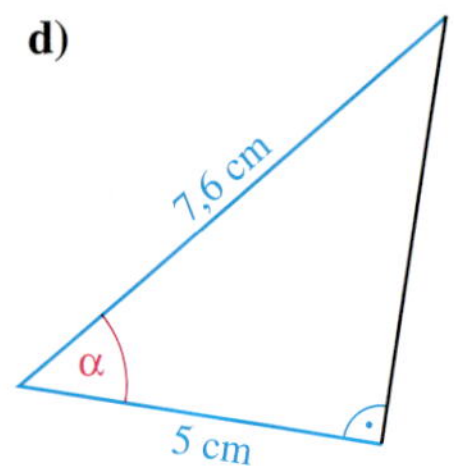

6. In einem Dreieck ABC mit $\alpha = 90°$ sind außerdem folgende Stücke gegeben:

a) a = 12,7 cm; c = 5,9 cm **b)** a = 14,1 cm; b = 7,8 cm **c)** a = 21 cm; c = 17 cm

Berechne jeweils die Größe der beiden fehlenden Winkel sowie die Länge der fehlenden Seiten.

7. **a)** An einer geradlinig verlaufenden Straße zeigt ein Straßenschild ein Gefälle von 14 % an. Das bedeutet:
Auf 100 m horizontal gemessener Entfernung beträgt der Höhenunterschied 14 m.
Wie groß ist der Neigungswinkel α?

b) Wie groß ist der Höhenunterschied auf 4 km (bei gleich bleibendem Gefälle)?

c) Wie groß ist der Neigungswinkel bei 100 % Gefälle?

d) Wie groß ist das Gefälle in Prozent bei einem Neigungswinkel von 60° [85°]?

8. a) Eine Rampe für Rollstuhlfahrer ist 4,50 m lang. Der Neigungswinkel beträgt 3,4°.
Welche Höhe wird mit der Rampe überwunden?

b) Die Neigung einer Rampe für Rollstuhlfahrer beträgt laut Bauvorschrift maximal 6 %.
Wurde diese Bestimmung in Teilaufgabe a) eingehalten?

c) Eine Rampe für Rollstuhlfahrer soll höchstens 6 m lang sein.
Welche Höhe kann damit maximal erreicht werden?

9. Kontrolliere Dominiks Hausaufgaben.

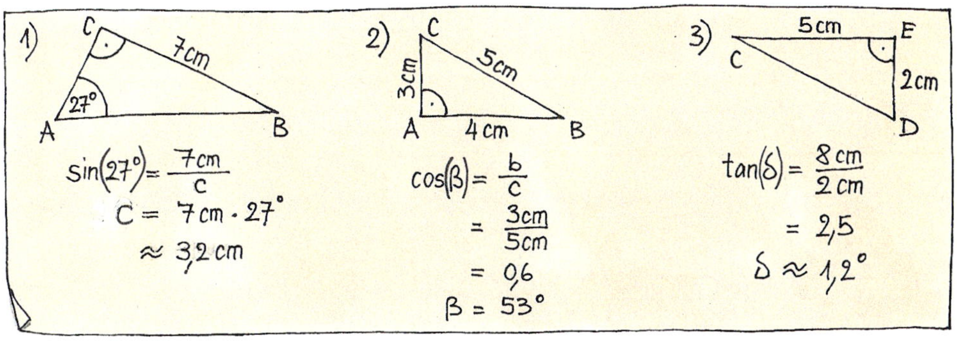

10. Berechne die rot markierte Größe.

a)

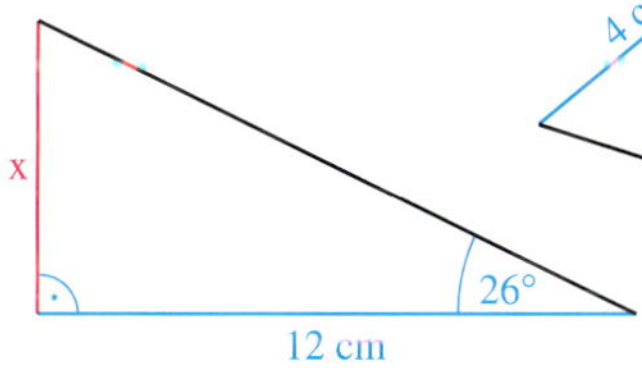

b)

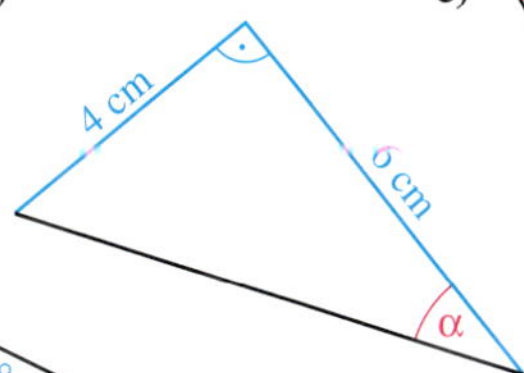

c)

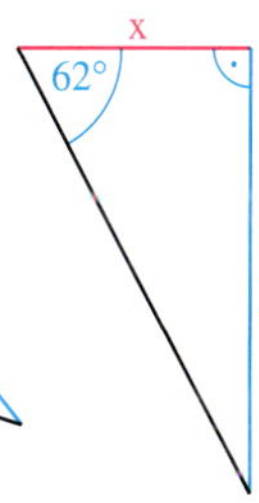

d)

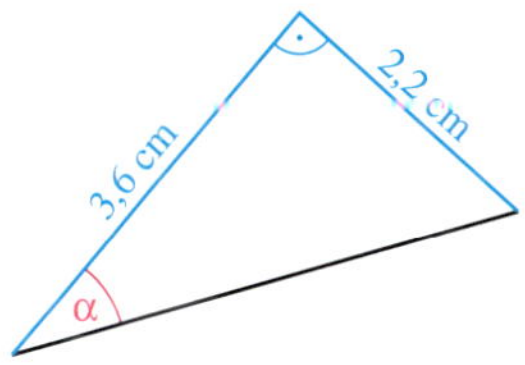

11. Bei Passstraßen ist auf Straßenkarten stets die größte Steigung angegeben:
Jaufenpass: 12 % St. Gotthard: 10 % Timmelsjoch: 13 % Julierpass: 11 %

a) Gib jeweils die Größe des zugehörigen Steigungswinkels an.

b) Welcher Höhenunterschied wird jeweils auf einer 1,2 km langen Strecke mit größter Steigung zurückgelegt?

12. Berechne die Größe der anderen Winkel sowie die Länge der dritten Seite des Dreiecks ABC.

a)	**b)**	**c)**	**d)**	**e)**
a = 12,3 cm	a = 7,8 cm	b = 23 cm	a = 10,4 cm	a = 4,3 cm
c = 9,4 cm	b = 5,2 cm	c = 16 cm	c = 2,5 cm	b = 5,7 cm
β = 90°	γ = 90°	α = 90°	β = 90°	γ = 90°

13. Berechne die Länge der anderen Kathete und die Länge der Hypotenuse des Dreiecks ABC.

a)	**b)**	**c)**	**d)**	**e)**
a = 5,5 cm	c = 13,7 cm	b = 15 cm	a = 27,4 cm	b = 4,9 cm
γ = 90°	β = 90°	γ = 90°	γ = 90°	α = 90°
β = 67°	γ = 22°	α = 79°	α = 51°	β = 50°

14. Der Schatten eines 4,50 m hohen Baumes ist 6 m lang.
Wie hoch steht die Sonne, d.h. unter welchem Winkel α treffen die Sonnenstrahlen auf den Boden?

15. Wie groß ist die Steigung (in %) einer Eisenbahnlinie, wenn der Neigungswinkel
a) 0,7°, **b)** 1,4°, **c)** 2,1° groß ist?

Promille:
$1\,‰ = \frac{1}{1000}$

16. Die maximal mögliche Steigung ist bei den verschiedenen Bahnen unterschiedlich.

Reibungsbahnen:	70 ‰	Standseilbahnen:	750 ‰
Zahnradbahnen:	280 ‰	Seilschwebebahnen:	900 ‰

Gib jeweils den maximalen Steigungswinkel an. Berechne auch, welchen Höhenunterschied diese Bahnen auf einer 1,5 km langen Strecke überwinden.

Gleitzahl: Verhältnis aus Höhenverlust und der Länge der zurückgelegten Wegstrecke.

17. Hochleistungssegelflugzeuge haben eine Gleitzahl von 1 : 70. Mit einer Seilwinde können Segelflugzeuge auf eine Höhe von 500 m gebracht werden.
Im Schleppflug kann das Flugzeug auf eine Höhe von 1,2 km gebracht werden.
Stelle selbst geeignete Aufgaben und löse sie.

18. Eine Firma bietet verschieden lange Anlegeleitern an. Der Neigungswinkel soll 70° betragen. Die erreichbare Arbeitshöhe ist um 1,35 m höher als die Höhe, bis zu der die Leiter reicht.

a) Stelle selbst geeignete Aufgaben und löse sie.

b) Untersuche, ob folgende Zuordnungen proportional sind.
(1) *Länge der Leiter → erreichte Höhe*
(2) *Länge der Leiter → erreichbare Arbeitshöhe*

BAUMARKT

Anlegeleitern

Anzahl der Sprossen	Länge der Leiter
9	2,65 m
12	3,50 m
15	4,35 m
18	5,20 m

19. Das nebenstehende Bild zeigt, wie man die Breite eines Flusses an der Stelle B bestimmen kann. Man misst die Länge einer Strecke $\overline{AB}$ (parallel zum Flussufer) und den Winkel α = ∢ BAC.
Es ist $|AB| = 30$ m und α = 52,3°.
Wie breit ist der Fluss?

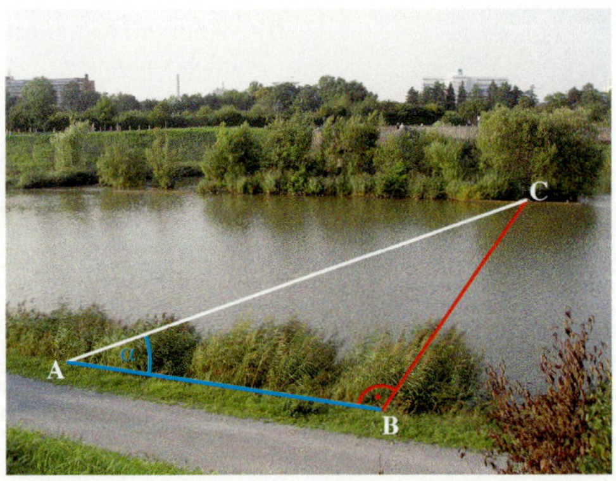

20. Unter welchem Höhenwinkel α sieht man aus einer Entfernung von 1,5 km die 137 m hohe Cheopspyramide?
Beobachtungspunkt und Fußpunkt sollen in gleicher Höhe sein.

21. In welcher waagerechten Entfernung vom Fußpunkt erscheint unter einem Höhenwinkel von 52° die Turmspitze des 143 m hohen Straßburger Münsters?

22. Ein Würfel hat die Kantenlänge 5 cm [a].

a) Berechne den Winkel einer Raumdiagonalen
(1) mit einer Kante;
(2) mit der Diagonalen einer Seitenfläche.

b) Wie groß ist der Winkel zwischen zwei Raumdiagonalen?

zu **a)**

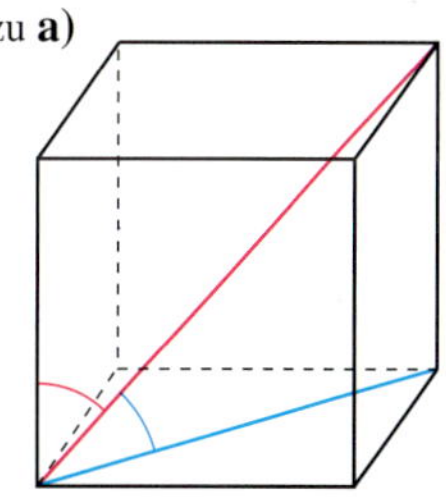

zu **b)**

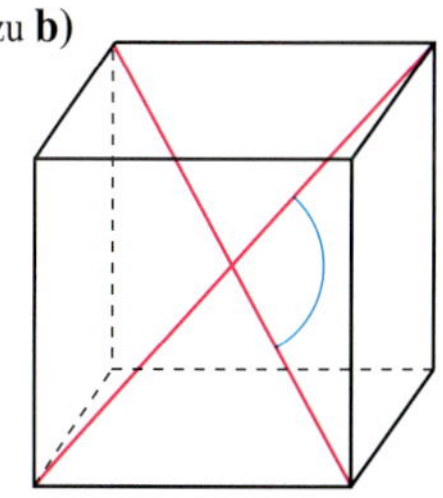

23. Ein Quader besitzt die Kantenlängen
$a = 8{,}5$ cm; $b = 4{,}2$ cm; $c = 5{,}9$ cm.
Wie groß sind die Winkel zwischen

a) den Flächendiagonalen und den Kanten;

b) einer Raumdiagonalen und den Kanten;

c) einer Raumdiagonalen und den Flächendiagonalen;

d) zwei Raumdiagonalen?

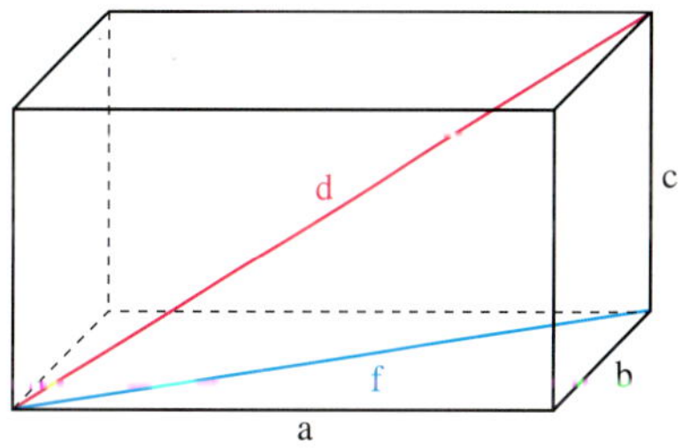

24. In einer Turnhalle hängt ein Kletterseil so, dass noch 50 cm dieses Seils auf dem Boden liegen. Zieht man das untere Seilende 2,50 m zur Seite, so berührt es gerade noch den Boden.
Wie lang ist das Seil? Wie groß ist der Winkel, den das Seil dann mit dem Boden bildet?

25. Ein Verkehrsflugzeug befindet sich in 10 000 m Höhe. Der Flugkapitän will durch einen Sinkflug geradlinig einen Landeplatz ansteuern. Der Sinkwinkel beträgt in der Regel 3° bis 5°, höchstens jedoch 10°. In welcher horizontalen Entfernung vom Landeplatz muss der Flugkapitän normalerweise [spätestens] den Sinkflug beginnen?

26. Stelle selbst geeignete Aufgaben zur Niesenbahn und löse sie.

Die Niesenbahn bei Mülenen südwestlich des Thunersees in der Schweiz wurde 1906 – 1910 erbaut. Sie ist in zwei Abschnitte geteilt und mit 3 499 m die längste Standseilbahn der Welt. Die für die Wartung der Gleise erstellte Treppe ist mit 11 674 Stufen die längste Treppe der Welt. 1990 wurde ein Niesen-Treppenlauf durchgeführt. Der schnellste Läufer benötigte 52:26,33 Minuten. Die Bahn benötigt für diese Strecke 28 Minuten.

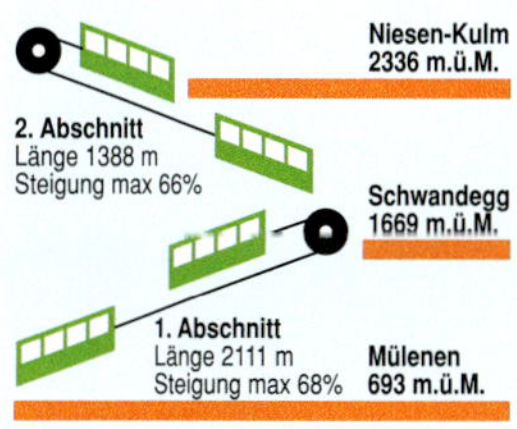

5.3 Überblick über die verschiedenen Aufgabentypen bei der Berechnung rechtwinkliger Dreiecke *Zum Selbstlernen*

Ziel

In den vorangegangen Abschnitten hast du gelernt, wie Seitenlängen und Winkelgrößen im rechtwinkligen Dreieck berechnet werden.
Hier sollst du nun einen Überblick über die verschiedenen Aufgabentypen und die zugehörigen Lösungswege erhalten. Die Kongruenzsätze für Dreiecke helfen dir, die möglichen Aufgabentypen zu finden.

Zum Erarbeiten

Berechnen im Falle wsw und Ssw

In einem rechtwinkligen Dreieck ABC sind gegeben:

a) *$b = 7{,}3$ cm; $\alpha = 90°$; $\gamma = 32°$ (wsw)*

b) *$a = 5{,}7$ cm; $b = 3{,}2$ cm; $\alpha = 90°$ (Ssw)*

Berechne die übrigen Stücke des Dreiecks aus den gegebenen Stücken. Verwende dabei keine der berechneten Größen zum Weiterrechnen.

Runde bei Längen und Winkelgrößen auf Zehntel.

a) Gesucht sind a, c und β.

Berechnen von a	*Berechnen von c*	*Berechnen von β*
$\frac{b}{a} = \cos(\gamma)$	$\frac{c}{b} = \tan(\gamma)$	$\beta + \gamma = 90°$
$a = \frac{b}{\cos(\gamma)}$	$c = b \cdot \tan(\gamma)$	$\beta = 90° - \gamma$
$a = \frac{7{,}3\text{ cm}}{\cos(32°)}$	$c = 7{,}3\text{ cm} \cdot \tan(32°)$	$\beta = 90° - 32°$
$a \approx 8{,}6$ cm	$c \approx 4{,}6$ cm	$\beta = 58°$

Ergebnis: $a \approx 8{,}6$ cm; $c \approx 4{,}6$ cm; $\beta = 58°$

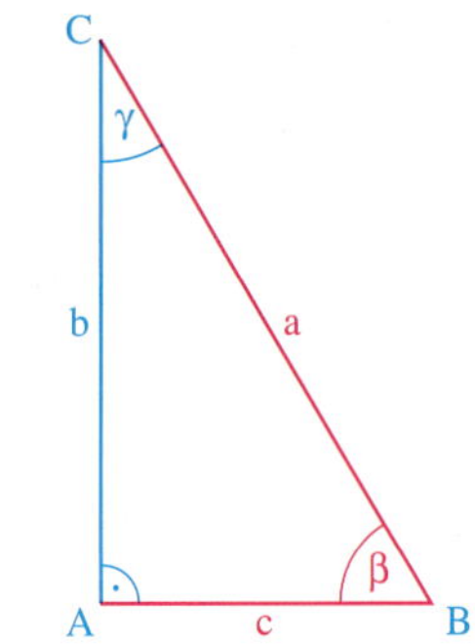

b) Gesucht sind a, β und γ.

Berechnen von c	*Berechnen von β*	*Berechnen von γ*
$a^2 - b^2 = c^2$	$\sin(\beta) = \frac{b}{a}$	$\cos(\gamma) = \frac{b}{a}$
$c = \sqrt{a^2 - b^2}$	$\sin(\beta) = \frac{3{,}2\text{ cm}}{5{,}7\text{ cm}}$	$\cos(\gamma) = \frac{3{,}2\text{ cm}}{5{,}7\text{ cm}}$
$c = \sqrt{5{,}7^2 - 3{,}2^2}$ cm	$\sin(\beta) \approx 0{,}5614$	$\cos(\gamma) \approx 0{,}5614$
$c \approx 4{,}7$ cm	$\beta \approx 34{,}2°$	$\gamma = 55{,}8°$

Ergebnis: $c \approx 4{,}7$ cm; $\beta \approx 34{,}2°$; $\gamma = 55{,}8°$

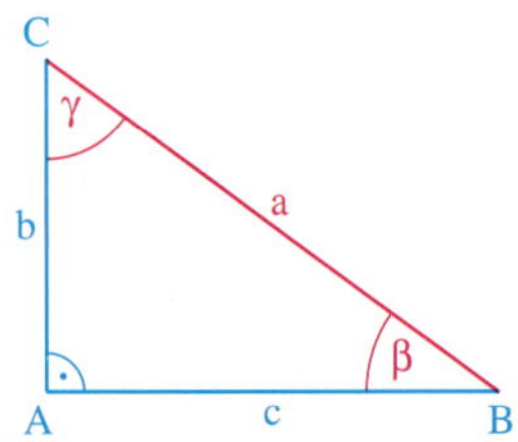

Berechnen im Falle sws bzw. sww

Berechne die in dem rechtwinkligen Dreieck nicht gegebenen Stücke direkt. Verwende dabei keine der berechneten Größen zum Weiterrechnen.

a) *$a = 2{,}9$ cm; $b = 3{,}8$ cm; $\gamma = 90°$*

b) *$b = 4{,}5$ cm; $\alpha = 55°$; $\beta = 90°$*

a) Gesucht sind c, α und β.

Berechnen von c	*Berechnen von α*	*Berechnen von β*
$c^2 = a^2 + b^2$	$\tan(\alpha) = \frac{a}{b}$	$\tan(\beta) = \frac{b}{a}$
$c = \sqrt{a^2 + b^2}$	$\tan(\alpha) = \frac{2{,}9\text{ cm}}{3{,}8\text{ cm}}$	$\tan(\beta) = \frac{3{,}8\text{ cm}}{2{,}9\text{ cm}}$
$c = \sqrt{2{,}9^2 + 3{,}8^2}\text{ cm}$	$\tan(\alpha) \approx 0{,}7632$	$\tan(\beta) \approx 1{,}310$
$c \approx 4{,}8\text{ cm}$	$\alpha \approx 37{,}3°$	$\beta = 52{,}7°$

Ergebnis: $c \approx 4{,}8$ cm; $\alpha \approx 37{,}3°$; $\beta \approx 52{,}7°$

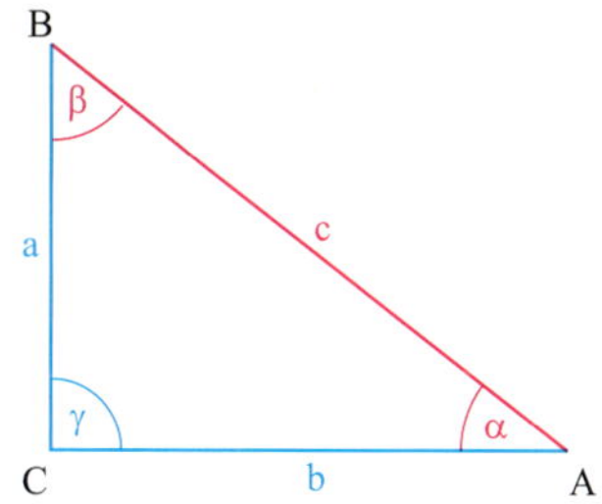

b) Gesucht sind a, c und γ.

Berechnen von a	*Berechnen von c*	*Berechnen von γ*
$\frac{a}{b} = \sin(\alpha)$	$\frac{c}{b} = \cos(\alpha)$	$\gamma + \alpha = 90°$
$a = b \cdot \sin(\alpha)$	$c = b \cdot \cos(\alpha)$	$\gamma = 90° - \alpha$
$a = 4{,}5\text{ cm} \cdot \sin(55°)$	$c = 4{,}5\text{ cm} \cdot \cos(55°)$	$\gamma = 90° - 55°$
$a \approx 3{,}7\text{ cm}$	$c \approx 2{,}6\text{ cm}$	$\gamma = 35°$

Ergebnis: $a \approx 3{,}7$ cm; $c \approx 2{,}6$ cm; $\gamma = 35°$

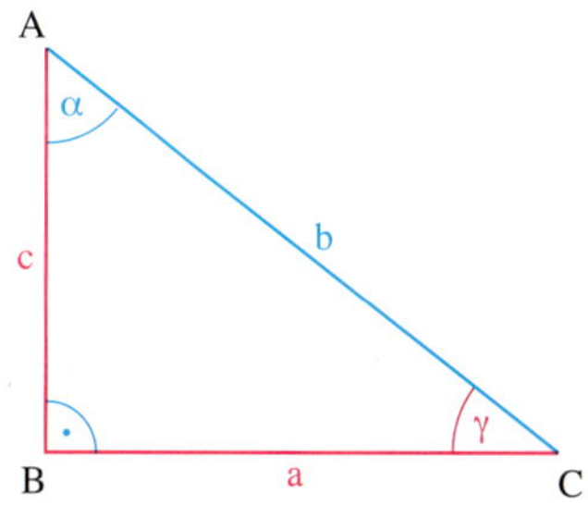

Zum Üben

1. *Teamarbeit:* Denkt euch verschiedene Aufgaben zur Berechnung von Seitenlängen und Winkelgrößen in rechtwinkligen Dreiecken aus. Denkt an verschiedene Typen. Bildet Gruppen, legt dann fest, welche Gruppe welche Aufgaben bearbeitet.

2. In einem Dreieck ABC ist $\gamma = 90°$. Berechne die übrigen Stücke. Welcher Aufgabentyp liegt vor?

a) $a = 4{,}9$ cm, $\alpha = 32°$
b) $b = 6{,}1$ cm, $\beta = 75°$
c) $a = 3{,}7$ cm, $c = 5{,}6$ cm
d) $b = 4{,}1$ cm, $c = 6{,}2$ cm
e) $c = 4{,}5$ cm, $\beta = 42°$
f) $a = 5{,}4$ cm, $b = 3{,}6$ cm
g) $a = 7{,}5$ cm, $\beta = 55°$
h) $c = 7{,}8$ cm, $\alpha = 66°$
i) $a = 2{,}5$ cm, $\alpha = 25°$
j) $b = 7{,}8$ cm, $\alpha = 43°$

3. Berechne aus den gegebenen Stücken des rechtwinkligen Dreiecks ABC die übrigen Stücke. Welcher Aufgabentyp liegt vor?

a) $\gamma = 90°$, $a = 4{,}2$ cm, $c = 7{,}9$ cm
b) $\alpha = 90°$, $b = 5{,}5$ cm, $c = 3{,}1$ cm
c) $\beta = 90°$, $a = 3{,}2$ cm, $b = 4{,}9$ cm
d) $\gamma = 90°$, $\alpha = 35{,}3°$, $b = 5{,}2$ cm
e) $\beta = 90°$, $\gamma = 65{,}9°$, $b = 6{,}3$ cm

4. Bei den Kongruenzsätzen hast du auch den Fall sss kennen gelernt. In der Aufstellung der Typen zur Berechnung vorgegebener rechtwinkliger Dreiecke erscheint er nicht. Überlege, warum.

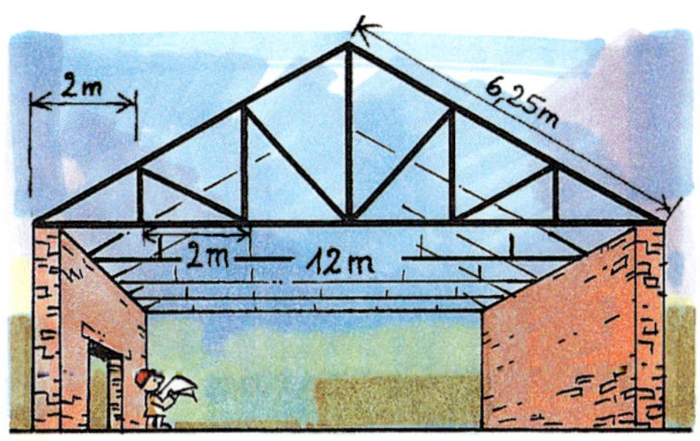

5. Das Bild zeigt einen Fachwerkträger.

a) Wie hoch ist der Dachraum?

b) Wie lang sind jeweils die Füllstäbe?

Zum Selbstlernen

Im Blickpunkt

Im Blickpunkt

Wie hoch ist eigentlich … euer Schulgebäude?

Mit etwas handwerklichem Geschick könnt ihr euch selbst einfache Geräte basteln, mit denen ihr Gebäude vermessen könnt. Die Geräte eignen sich auch dazu, im freien Gelände beispielsweise die Breite eines Flusses zur bestimmen. Wie das funktioniert, erfahrt ihr hier.

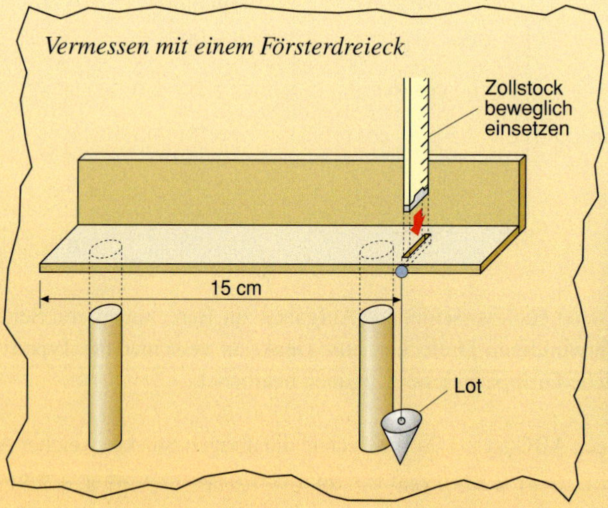

1. Oben ist die Bauanleitung für ein Försterdreieck abgebildet. Seht euch die Skizze an und erläutert das Funktionsprinzip des Gerätes. Baut euch selbst ein Försterdreieck. Worauf müsst ihr achten, wenn ihr das Gerät zur Höhenmessung einsetzt? Besprecht euch untereinander!

2. Bestimmt mithilfe von Maßband und Försterdreieck die Gebäudehöhe eines Flachdachbaus. Schätzt zunächst!
Fertigt anschließend eine Planfigur an und messt die notwendigen Größen.

3. Sucht euch im Gelände weitere Objekte (z.B. Bäume, Fahnenstangen usw.) und bestimmt deren Höhe.

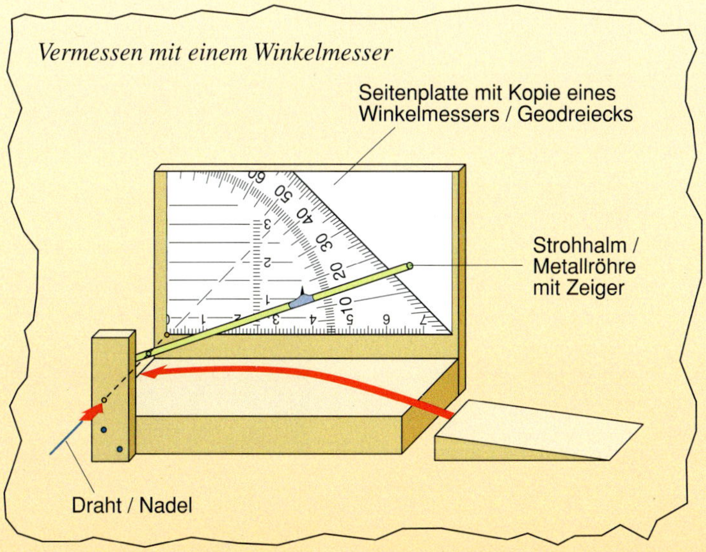

4. Auf dieser Seite findet ihr oben die Bauanleitung zu einem Winkelmesser. Seht euch die Skizze an und erläutert die Funktionsweise des Gerätes. Baut euch selbst einen Winkelmesser.

5. Mit dem Winkelmesser könnt ihr nun auch dann die Höhe eurer Schule bestimmen, wenn das Schulgebäude kein Flachdachbau ist. Peilt dazu die höchste Stelle von zwei Punkten an, die auf einer Linie liegen. Fertigt zunächst eine Skizze an. Messt dann die notwendigen Größen und bestimmt hieraus die Gebäudehöhe.

6. In dieser Aufgabe lernt ihr ein Verfahren kennen, um beispielsweise die Breite eines Flusses zu bestimmen.
Stellt euch den Schulhof als Fluss vor. Peilt von zwei Stellen auf der einen Seite des Schulhofes eine Stelle auf der gegenüberliegenden Seite an und bestimmt die Größe der Peilungswinkel. Mithilfe dieser Winkel und der Entfernung der beiden Peilstellen könnt ihr die Breite des Schulhofes (Flusses) berechnen. Fertigt zuerst eine Skizze an. Überprüft am Ende euer berechnetes Ergebnis durch Nachmessen.

Hinweis: Zum Peilen müsst ihr den Winkelmesser auf die Seitenplatte legen.

Tipp:
Zerlege in rechtwinklige Dreiecke.

5.4 Berechnungen in gleichschenkligen Dreiecken

Bisher haben wir nur rechtwinklige Dreiecke betrachtet. Wir wollen nun eine Strategie kennen lernen, wie man auch Stücke in nichtrechtwinkligen Dreiecken berechnen kann. In diesem Abschnitt betrachten wir zunächst nur gleichschenklige Dreiecke.

Aufgabe 1

In einer Ferienanlage werden Dachhäuser gebaut. Der Giebel hat die Form eines gleichschenkligen Dreiecks. Die Dachsparren sind 6,50 m lang, der Winkel an der Dachspitze beträgt 50°.
Wie breit ist der Giebel am Boden?
Wie groß ist die Dachneigung?

Lösung

In einem gleichschenkligen Dreieck ABC sind die Länge der beiden Schenkel $a = b = 6{,}50$ m sowie die Größe des Winkels an der Spitze $\gamma = 50°$ gegeben.
Gesucht sind die Länge der Basis sowie die Größe eines Basiswinkels.

Eine solche Aufgabe haben wir bisher nur zeichnerisch gelöst. Zur rechnerischen Lösung zerlegen wir das gleichschenklige Dreieck ABC durch die Höhe h_c zur Basis $\overline{AB}$ in zwei rechtwinklige Dreiecke. Wir wissen:
Im gleichschenkligen Dreieck halbiert diese Höhe (Symmetrieachse) die Basis und den Winkel an der Spitze.
Im rechtwinkligen Teildreieck ADC können wir folgende Berechnungen durchführen:

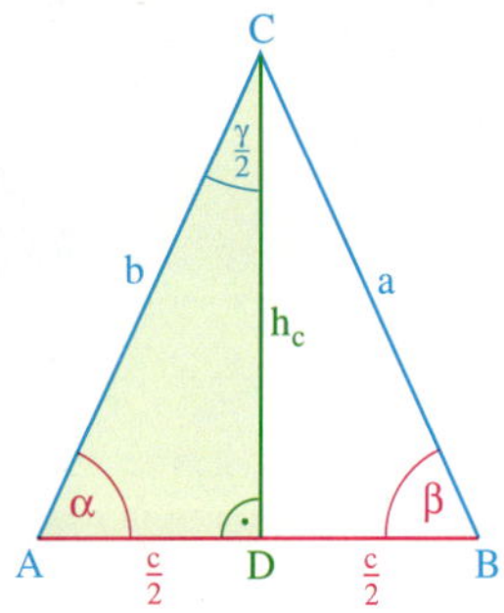

(1) *Berechnen der Basis c*

$$\sin\left(\tfrac{\gamma}{2}\right) = \frac{\frac{c}{2}}{b}$$
$$b \cdot \sin\left(\tfrac{\gamma}{2}\right) = \tfrac{c}{2}$$
$$c = 2b\sin\left(\tfrac{\gamma}{2}\right)$$
$$c = 2 \cdot 6{,}50\text{ m} \cdot \sin(25°)$$
$$c \approx 5{,}49\text{ m}$$

(2) *Berechnen des Basiswinkels α*

$$\alpha + \tfrac{\gamma}{2} = 90°$$
$$\alpha = 90° - \tfrac{\gamma}{2}$$
$$\alpha = 90° - 25°$$
$$\alpha = 65°$$
$$\beta = 65°$$

Basiswinkel gleich groß

Ergebnis: Der Giebel ist am Boden ungefähr 5,50 m breit; die beiden Dachneigungen betragen 65°.

Strategie zum Berechnen gleichschenkliger Dreiecke

Die Berechnung von Stücken in gleichschenkligen Dreiecken kann man auf die von rechtwinkligen Dreiecken zurückführen, indem man das gleichschenklige Dreieck durch eine Symmetrieachse (bzw. geeignete Höhe) in zwei rechtwinklige Teildreiecke zerlegt.

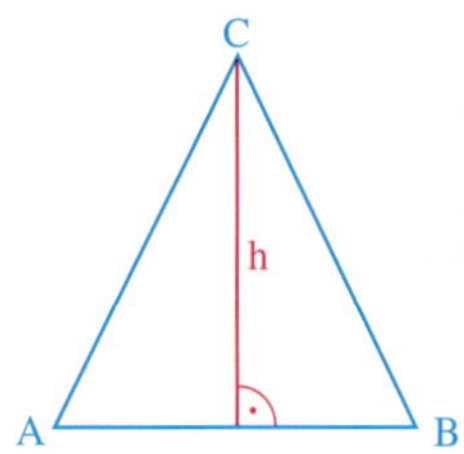

Weiterführende Aufgabe

2. *Berechnen von Höhe und Flächeninhalt des gleichschenkligen Dreiecks*
Berechne die Höhe h_c und den Flächeninhalt A des in Aufgabe 1 gegebenen Dreiecks.

Übungsaufgaben

3. Eine Stehleiter ist zusammengeklappt 2,50 m lang. Sie wird mit dem Öffnungswinkel von $\gamma = 50°$ aufgestellt.

a) Wie hoch reicht die Leiter?

b) Wie weit stehen die Fußpunkte der Leiter auseinander?

c) Die Leiter soll genau 2,20 m hoch reichen. Wie groß muss der Öffnungswinkel γ sein?

4. ABC soll ein gleichschenkliges Dreieck mit der Basis $\overline{AB}$ sein. Berechne aus den gegebenen Größen die übrigen sowie die Höhe zur Basis und den Flächeninhalt.

a) $c = 2$ m; $\gamma = 72°$ **b)** $c = 4$ cm; $\beta = 62°$ **c)** $b = 9$ cm; $\beta = 34°$ **d)** $a = 6$ cm; $c = 1$ cm

Eine Raute ist ein Viereck mit vier gleich langen Seiten.

5. Von den drei Größen a, e und f einer Raute sind zwei gegeben. Berechne die dritte Größe.
Berechne auch den Flächeninhalt und den Umfang der Raute.

a) $e = 5$ cm; $f = 7$ cm **c)** $a = 4{,}8$ km; $f = 3{,}1$ km

b) $a = 6$ mm; $e = 9$ mm **d)** $e = 4{,}7$ m; $f = 3{,}3$ m

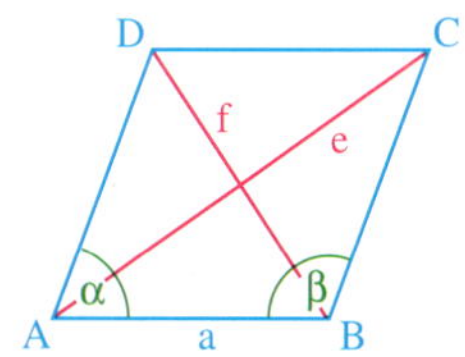

Bei einem Drachenviereck gibt es zu jeder Seite eine benachbarte gleich lange.

6. Das Drachenviereck ABCD hat die Symmetrieachse AC.
Die Seite $\overline{AB}$ ist 5 cm lang, die Diagonale $\overline{AC}$ ist 9 cm lang und die Diagonale $\overline{BD}$ ist 8 cm lang.
Wie lang sind die drei Seiten $\overline{BC}$, $\overline{DC}$ und $\overline{DA}$?

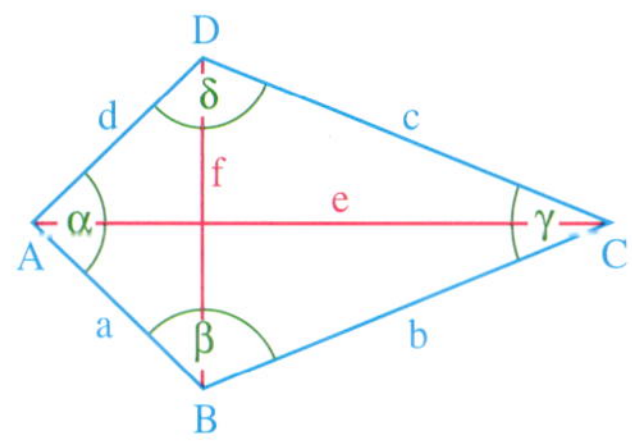

7. Von einem gleichschenkligen Dreieck ABC sind gegeben: $\alpha = \beta = 65°$ und $A = 11{,}5\ \text{cm}^2$. Wie lang ist die Basis $\overline{AB}$?

8. Ein Haus mit Satteldach ist 10,40 m breit. Die Dachsparren sind 6,30 m lang und stehen 30 cm über. Vernachlässige die Dicke der Dachsparren.
Stelle selbst geeignete Aufgaben und löse sie.

9. Gegeben ist ein regelmäßiges Sechseck ABCDEF mit der Seitenlänge $a = 3$ cm.

a) Wie groß ist der Winkel α?
Was für ein Dreieck ist ABM?

b) Gib den Radius r_a des Umkreises des Sechsecks an.

c) Gib den Radius ϱ des Inkreises des Sechsecks an.

d) Gib den Flächeninhalt des Sechsecks an.

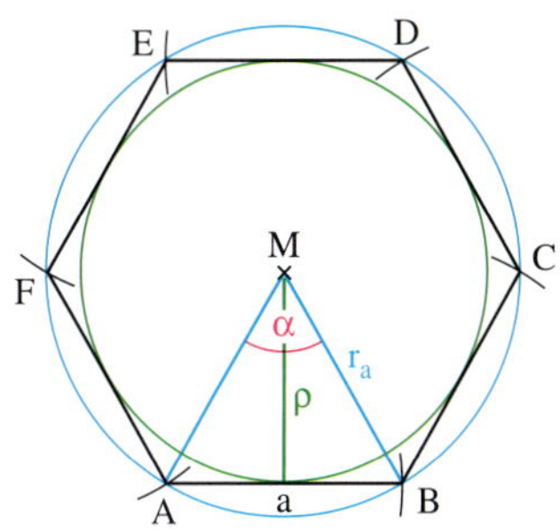

1 Minute (1'), ist der 60te Teil von 1°:
$1' = \left(\frac{1}{60}\right)°$

10. Die Sonne sieht man unter einem Sehwinkel von 32'. Sie ist $1{,}5 \cdot 10^8$ km von der Erde entfernt.
Welchen Durchmesser besitzt die Sonne ungefähr?
Welche Vereinfachung muss man zur Lösung der Aufgabe machen?

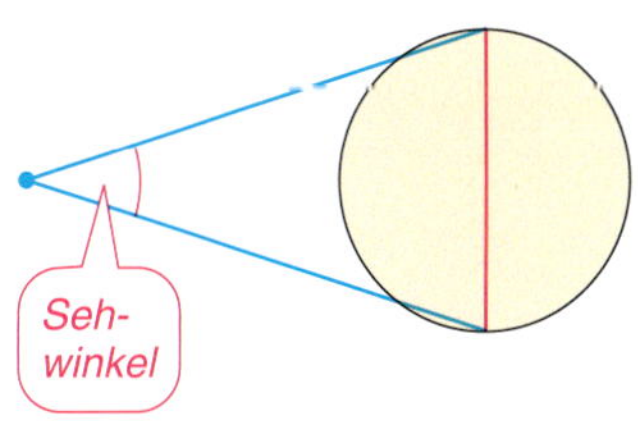

5.5 Berechnungen in beliebigen Dreiecken

Bisher haben wir Berechnungen nur bei rechtwinkligen und gleichschenkligen Dreiecken durchgeführt. Wir wollen nun Berechnungen bei beliebigen Dreiecken durchführen und dabei auch Berechnungsformeln entwickeln. Dabei wird uns die Strategie, die wir schon bei gleichschenkligen Dreiecken kennen gelernt haben (Seite 210), hilfreich sein. Um systematisch vorgehen zu können, wollen wir uns zunächst die verschiedenen Aufgabentypen überlegen. Stelle sie zusammen.

5.5.1 Sinussatz

Aufgabe 1

Berechnen eines Dreiecks im Fall wsw

a) A, B und C sind die Kirchtürme dreier Dörfer, wobei A von B und von C durch einen Fluss getrennt ist.
Wie kann man die Entfernung von A nach C bestimmen, ohne diese (wegen des Flusses) direkt zu messen?
Man misst die Entfernung von B nach C sowie die Winkelgrößen β und γ:
$|BC| = 5{,}4$ km; $\beta = 44°$; $\gamma = 69°$
Berechne die Entfernung von A nach C.

b) In einem Dreieck ABC sind gegeben:
$a = 8{,}0$ cm; $\beta = 115°$; $\gamma = 20°$
Berechne die Seitenlänge b.

Lösung

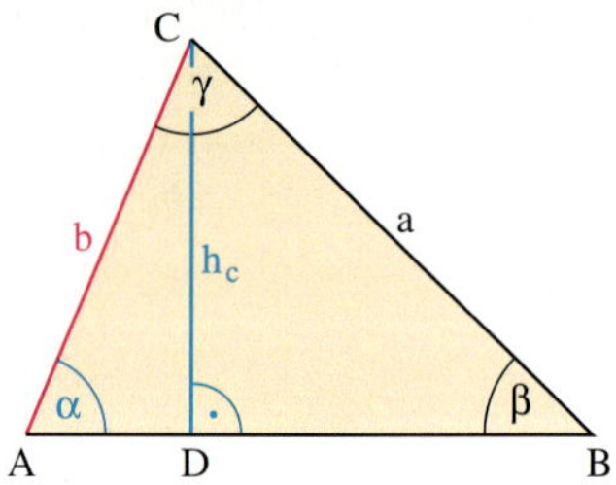

a) Bisher haben wir eine solche Aufgabe zeichnerisch gelöst. Um nun die gesuchte Entfernung zu berechnen, zerlegen wir das *spitzwinklige* Dreieck ABC so in zwei rechtwinklige Teildreiecke, dass wir aus den gegebenen Stücken nacheinander die beiden rechtwinkligen Teildreiecke und damit auch die gesuchte Länge b berechnen können. Wir erreichen dies, indem wir die Höhe h_c zu der Seite $\overline{AB}$ einzeichnen.
Das Ziel ist, die Seitenlänge b im Teildreieck ADC zu berechnen; in diesem Teildreieck ist jedoch kein weiteres Stück gegeben. Wir beginnen daher mit dem rechtwinkligen Teildreieck DBC, da hier zwei weitere Stücke, nämlich a und β, gegeben sind. Damit lässt sich die Höhe h_c berechnen, die auch zum Teildreieck ADC gehört. Den auch zum Teildreieck gehörenden Winkel α können wir mithilfe des Winkelsummensatzes berechnen. Damit sind dann auch zwei weitere Stücke im Teildreieck ADC bekannt und wir können die Seitenlänge b berechnen.

Berechnen von h_c im Dreieck DBC

$$\frac{h_c}{a} = \sin(\beta)$$
$$h_c = a \cdot \sin(\beta)$$
$$h_c = 5{,}4\text{ km} \cdot \sin(44°)$$
$$\approx 3{,}751\text{ km}$$

Berechnen von α im Dreieck ABC

$$\alpha = 180° - (\beta + \gamma)$$
$$\alpha = 180° - (44° + 69°)$$
$$= 67°$$

Berechnen von b im Dreieck ADC

$$\frac{h_c}{b} = \sin(\alpha)$$
$$b = \frac{h_c}{\sin(\alpha)}$$
$$b \approx \frac{3{,}751\text{ km}}{\sin(67°)} \approx 4{,}075\text{ km}$$

Ergebnis: Die Entfernung $b = |AC|$ beträgt ungefähr 4,1 km.

b) Wir ergänzen das stumpfwinklige Dreieck ABC durch die Höhe h_c zur Seite $\overline{AB}$ zu einem rechtwinkligen Dreieck ADC. In diesem Teildreieck BDC können wir h_c und anschließend im Teildreieck ADC die gesuchte Länge b berechnen.

Berechnen von h_c im Dreieck BDC:

$\frac{h_c}{a} = \sin(180° - \beta)$

$h_c = a \cdot \sin(180° - \beta)$

$h_c = 8\text{ cm} \cdot \sin(180° - 115°)$

$h_c = 8\text{ cm} \cdot \sin(65°)$

$h_c \approx 7{,}3\text{ cm}$

Berechnen von α im Dreieck ADC:

$\alpha = 180° - (\beta + \gamma)$

$\alpha = 180° - (115° + 20°)$

$\alpha = 45°$

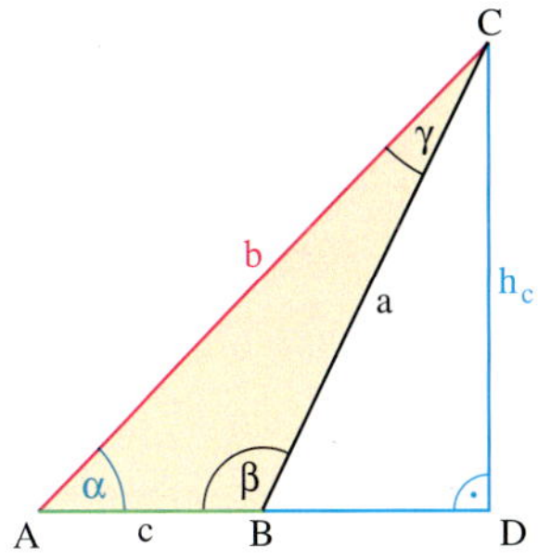

Berechnen von b im Dreieck ADC:

$\frac{h_c}{b} = \sin(\alpha)$, also $b = \frac{h_c}{\sin(\alpha)}$.

Einsetzen ergibt: $b \approx \frac{7{,}3\text{ cm}}{\sin(45°)} \approx 10{,}3\text{ cm}.$

Ergebnis: Die Seite $\overline{AC}$ ist ungefähr 10,3 cm lang.

Information

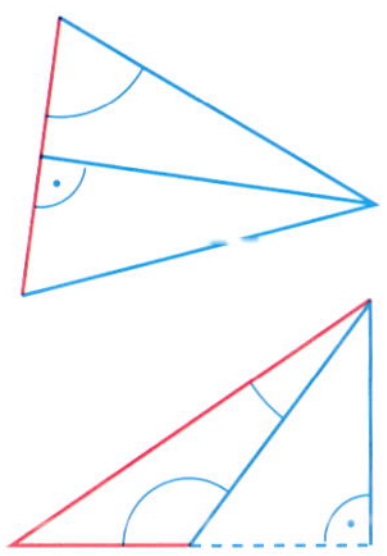

(1) Berechnen eines nicht rechtwinkligen Dreiecks

Strategie zur Berechnung von Stücken eines beliebigen Dreiecks

In einem beliebigen Dreieck kann man aus einer Seite und den beiden anliegenden Winkeln (wsw) die übrigen Stücke mit Sinus und Winkelsummensatz berechnen.
Durch Einzeichnen einer geeigneten Höhe zerlegt man das gegebene Dreieck in rechtwinklige Dreiecke oder ergänzt es zu einem rechtwinkligen Dreieck. Man wählt die Höhe so, dass in einem der beiden Teildreiecke zwei Stücke gegeben sind.

(2) Herleitung des Sinussatzes

Um Berechnungsformeln für die oben genannten Aufgabentypen zu entwickeln, führen wir die Berechnungen im Falle sww allgemein durch.
In einem Dreieck ABC seien die Stücke a, α und β gegeben. Wir wollen nun wie in der Aufgabe 1 (Seite 212) die Seitenlänge b allgemein berechnen.

1. Fall: $0° < \alpha < 90°$ und $0° < \beta < 90°$

Wir zerlegen das Dreieck ABC durch die Höhe h_c in zwei rechtwinklige Teildreiecke ADC und DBC.

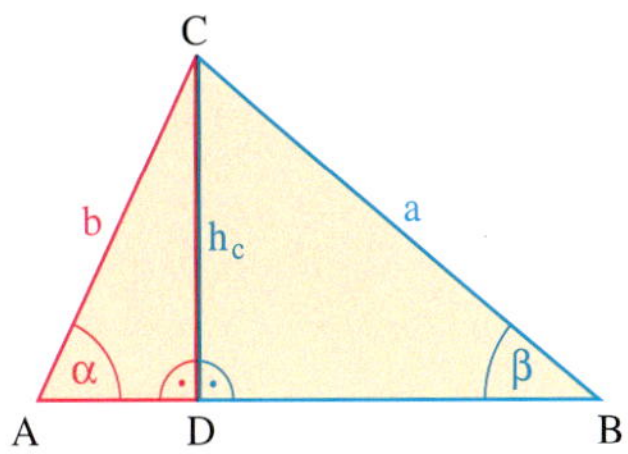

Für das Dreieck ADC gilt:

$\sin(\alpha) = \frac{h_c}{b}$, also $h_c = b \cdot \sin(\alpha)$

Für das Dreieck DBC gilt:

$\sin(\beta) = \frac{h_c}{a}$, also $h_c = a \cdot \sin(\beta)$

Aus beiden Gleichungen erhalten wir durch Gleichsetzen:

$$b \cdot \sin(\alpha) = a \cdot \sin(\beta)$$

Durch Dividieren beider Seiten durch b und durch sin (β) erhalten wir dann:

$\frac{\sin(\alpha)}{\sin(\beta)} = \frac{a}{b}$ für $0° < \alpha < 90°$ und $0° < \beta < 90°$

2. Fall: $90° < \alpha < 180°$

Wir ergänzen das stumpfwinklige Dreieck ABC durch die Höhe h_c zu einem rechtwinkligen Dreieck DBC.
Wir entnehmen der nebenstehenden Figur:

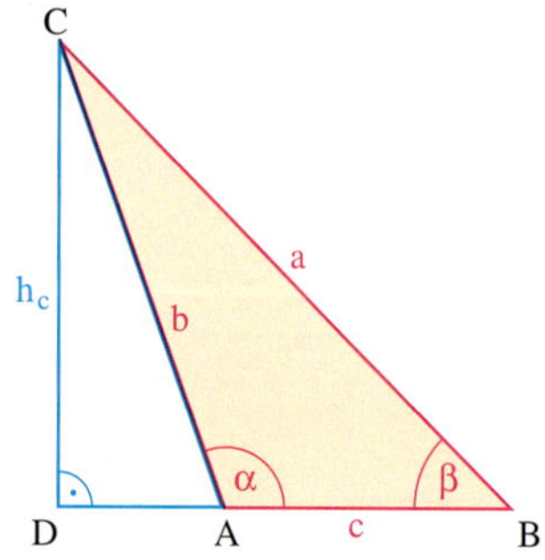

(1) Für das Dreieck DAC gilt:

$\frac{h_c}{b} = \sin(180° - \alpha)$, also $h_c = b \cdot \sin(180° - \alpha)$

(2) Für das Dreieck DBC gilt:

$\frac{h_c}{a} = \sin(\beta)$, also $h_c = a \cdot \sin(\beta)$

Durch Gleichsetzen ergibt sich:

$a \cdot \sin(\beta) = b \cdot \sin(180° - \alpha)$

Durch Dividieren beider Seiten durch b und durch $\sin(\beta)$ erhalten wir:

$\frac{\sin(180° - \alpha)}{\sin(\beta)} = \frac{a}{b}$ für $90° < \alpha < 180°$ und $0° < \beta < 90°$

(3) Sinus im Bereich $90° < \alpha < 180°$

Um zu erreichen, dass die Formel $\frac{a}{b} = \frac{\sin(\alpha)}{\sin(\beta)}$ auch für stumpfe Winkel gilt, definieren wir den Sinus auch für Winkelgrößen zwischen 90° und 180°.

Definition
Für Winkelgrößen α mit $90° < \alpha < 180°$ soll gelten: $\mathbf{\sin(\alpha) = \sin(180° - \alpha)}$

Aufgrund der Definition ist unmittelbar klar:
Für alle α mit $90° < \alpha < 180°$ gilt: $0 < \sin(\alpha) < 1$

(4) Definition des Sinus am Einheitskreis

Die Definition unter (3) können wir am rechtwinkligen Dreieck nicht als Längenverhältnis deuten, da im rechtwinkligen Dreieck wegen des Winkelsummensatzes kein stumpfer Winkel vorkommen kann.
Wir greifen deshalb die Darstellung des Sinus am Einheitskreis in einem Koordinatensystem von Seite 198 auf. Für einen Punkt $P(u|v)$ auf dem Einheitskreis ist α die Größe des Winkels, den die Halbgerade $\overleftarrow{OP}$ mit der Rechtsachse bildet. Der Sinus des Winkels α ist dann die 2. Koordinate des Punktes P:

$\sin(\alpha) = v$

Dass die Definition unter (3) sinnvoll ist, erkennen wir auch, wenn wir den Einheitskreis im 2. Quadranten betrachten. Zum Winkel α mit $90° < \alpha < 180°$ gehört der Punkt $P(u|v)$ auf dem Einheitskreis. Spiegelt man P an der Hochachse, so erhält man den Punkt $P'(u'|v')$, der zum Winkel $180° - \alpha$ gehört.

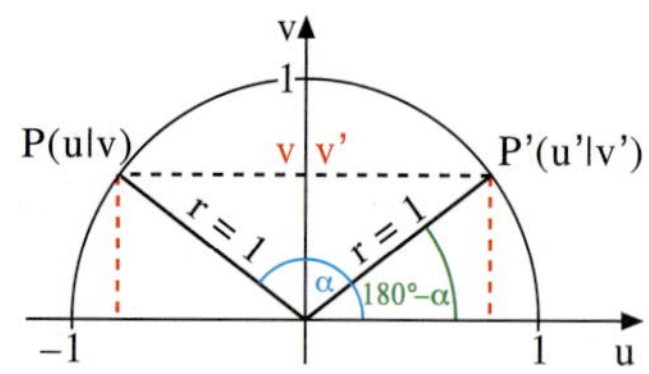

Daraus folgt:

$\sin(\alpha) = \sin(180° - \alpha) = v' = v$, also

$\sin(\alpha) = v$

Deutung des Sinus am Einheitskreis

Gegeben ist in einem Koordinatensystem ein Punkt P(u|v) auf dem Einheitskreis im 1. oder im 2. Quadranten.
α ist die Größe des Winkels, den die Halbgerade $\overline{OP}$ mit der Rechtsachse bildet.
Dann gilt:

sin (α) = v (2. Koordinate von P)

Insbesondere gilt:

sin (0°) = 0; sin (90°) = 1; sin (180°) = 0

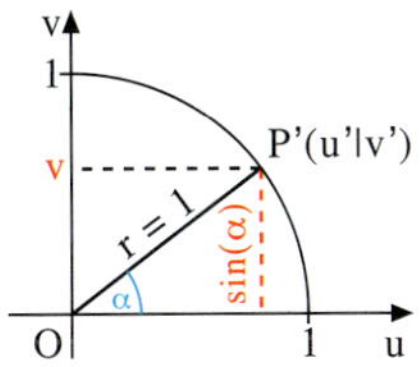

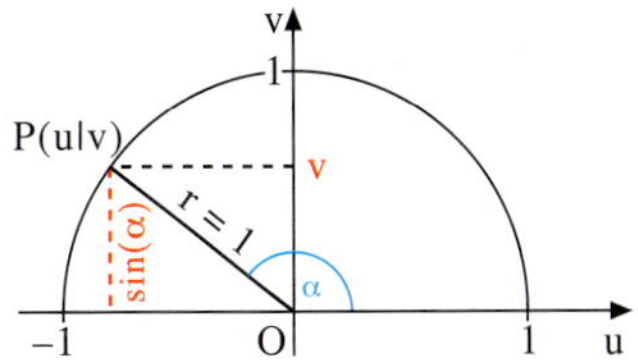

(5) Endgültige Formulierung des Sinussatzes

Sinussatz

In jedem Dreieck ist das Verhältnis der Längen zweier Dreieckseiten gleich dem Verhältnis der Sinuswerte der gegenüberliegenden Winkel.

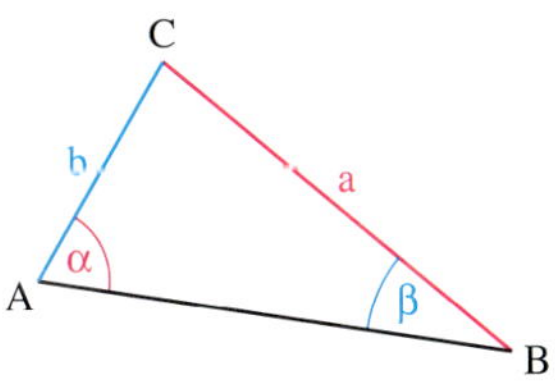

$\frac{a}{b} = \frac{\sin(\alpha)}{\sin(\beta)}$

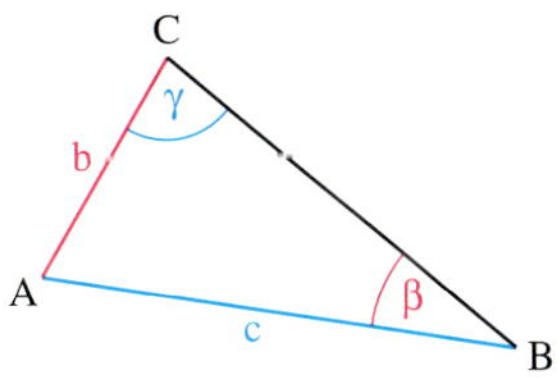

$\frac{b}{c} = \frac{\sin(\beta)}{\sin(\gamma)}$

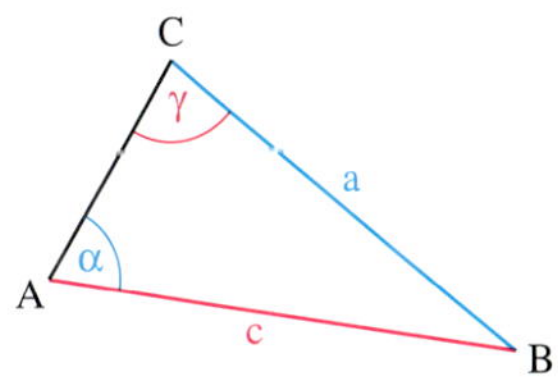

$\frac{c}{a} = \frac{\sin(\gamma)}{\sin(\alpha)}$

Sind in einem Dreieck zwei Winkel (wsw bzw. sww) und eine Seite oder zwei Seiten und der der größeren Seite gegenüberliegende Winkel (Ssw) gegeben, so kann man die übrigen Stücke mithilfe des Sinussatzes und des Winkelsummensatzes berechnen.

(6) Verwenden des Taschenrechners bei stumpfen Winkeln

Bestimmen von Sinuswerten zu vorgegebenen Winkeln

Der Rechner liefert auch für alle Winkelgrößen im Bereich $90° < \alpha \le 180°$ beim Drücken der Taste [sin] die zugehörigen Sinuswerte.

```
sin(130)
      .7660444431
```

Bestimmen von Winkelgrößen zu vorgegebenen Sinuswerten

Am Einheitskreis ist unmittelbar klar, dass es zu einem Sinuswert zwischen 0 und 1 stets zwei Winkelgrößen gibt. Der Taschenrechner liefert aber nur die Winkelgröße im Bereich $0° < \alpha < 90°$.

Rechts wurde zum Sinuswert 0,4 mit dem Rechner eine zugehörige Winkelgröße bestimmt.

```
sin-1(0.4)
      23.57817848
```

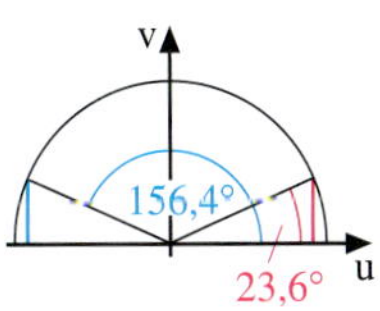

Wegen $\sin(\alpha) = \sin(180° - \alpha)$ besitzt die Gleichung $\sin(\alpha) = 0{,}4$ noch eine zweite Lösung, nämlich $\alpha_2 = 180° - \alpha_1$, also $\alpha_2 \approx 180° - 23{,}6° = 156{,}4°$.
Kontrolliere die Ergebnisse.

Aufgabe 2

Beispiel für die Berechnung eines Dreiecks mithilfe des Sinussatzes

In einem Dreieck ABC sind gegeben:
$a = 3{,}7\text{ cm}$, $c = 4{,}8\text{ cm}$ und $\gamma = 112°$
Berechne die übrigen Stücke des Dreiecks.

Lösung

Beginne mit der gesuchten Größe im Zähler

Berechnen von α:

$\frac{\sin(\alpha)}{\sin(\gamma)} = \frac{a}{c}$; $\sin(\alpha) = \frac{a}{c} \cdot \sin(\gamma)$

Planskizze:

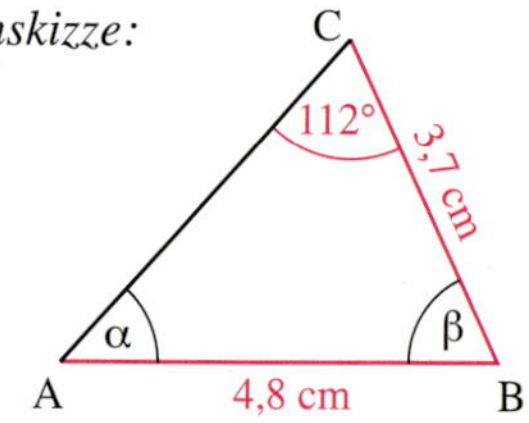

$\sin(\alpha) = \frac{3{,}7\text{ cm}}{4{,}8\text{ cm}} \cdot \sin(112°) \approx 0{,}7147$

Aus $\sin(\alpha) \approx 0{,}7147$ folgt $\alpha \approx 45{,}6°$ oder $\alpha \approx 134{,}4°$.
Wegen $112° + 134{,}4° > 180°$ kommt $\alpha \approx 134{,}4°$ nach dem Winkelsummensatz für Dreiecke nicht infrage, also gilt $\alpha \approx 45{,}6°$.

Berechnen von β:

$\beta = 180° - (\alpha + \gamma)$; $\beta = 180° - (45{,}6° + 112°)$, also $\beta = 22{,}4°$

Berechnen von b:

$\frac{b}{c} = \frac{\sin(\beta)}{\sin(\gamma)}$; $b = c \cdot \frac{\sin(\beta)}{\sin(\gamma)}$; $b = 4{,}8\text{ cm} \cdot \frac{\sin(22{,}4°)}{\sin(112°)}$, also $b \approx 1{,}97\text{ cm}$

Weiterführende Aufgabe

3. Berechnen eines Dreiecks im Fall sww
In einem Dreieck ABC sind gegeben: $b = 7\text{ cm}$; $\alpha = 25°$; $\beta = 52°$.
Berechne die übrigen Stücke des Dreiecks. Kontrolliere die Ergebnisse zeichnerisch.

Übungsaufgaben

4. **a)** Die Entfernung zwischen zwei Berggipfeln D und E beträgt 36 km (Bild rechts). Von D aus sieht man den Gipfel E und einen weiteren Gipfel F unter dem Sehwinkel von 47°, von E aus sieht man D und F unter dem Sehwinkel von 58°. Wie weit ist der Gipfel F von den Gipfeln D und E entfernt?

b) In einem Dreieck ABC sind $c = 7\text{ cm}$, $\alpha = 115°$ und $\beta = 30°$ gegeben. Bestimme die Seitenlängen a und b.

5. **a)** Mithilfe der Definition auf Seite 214 kann man alle Sinuswerte im Bereich $90° < \alpha \leq 180°$ berechnen, indem man sie auf den Bereich $0° < \alpha \leq 90°$ zurückführt. Berechne wie im Beispiel:
$\sin(135°)$; $\sin(120°)$; $\sin(180°)$

$$\begin{aligned}\sin(150°) &= \sin(180° - 150°)\\ &= \sin(30°)\\ &= \tfrac{1}{2}\end{aligned}$$

b) Begründe, dass die Gleichung $\sin(\alpha) = \sin(180° - \alpha)$ auch für $0° < \alpha \leq 90°$ gilt.

6. Bestimme zeichnerisch am Einheitskreis ($r = 1\text{ dm}$) auf zwei Stellen nach dem Komma oder mithilfe der Definition (Seite 215) und der Tabelle auf Seite 198:
$\sin(100°)$; $\sin(130°)$; $\sin(140°)$; $\sin(110°)$; $\sin(160°)$; $\sin(170°)$

7. a) Bestimme $\sin(\alpha)$ mit dem Rechner für folgende Winkelgrößen α:
117°; 175°; 95°; 143°; 167,4°; 99,5°; 156,1°; 104,8°

b) Für welche Winkelgrößen α zwischen 0° und 180° gilt:
$\sin(\alpha) = 0{,}9945$; $\sin(\alpha) = 0{,}5978$; $\sin(\alpha) = 0{,}7384$; $\sin(\alpha) = 0{,}2345$?

8. Berechne die übrigen Stücke des Dreiecks ABC.

a) a = 7,3 cm; α = 75°; b = 31°
b) c = 8,4 cm; α = 52°; b = 61°
c) b = 34 cm; α = 107°; b = 19°
d) a = 56 m; β = 18°; γ = 44°
e) a = 73 m; b = 64 m; α = 81°
f) b = 12 m; c = 8 m; γ = 37°
g) a = 1,11 m; c = 3,16 m; γ = 98°
h) a = 19,3 cm; b = 27,1 cm; β = 123°

9. Kontrolliere Jasmins Hausaufgabe.

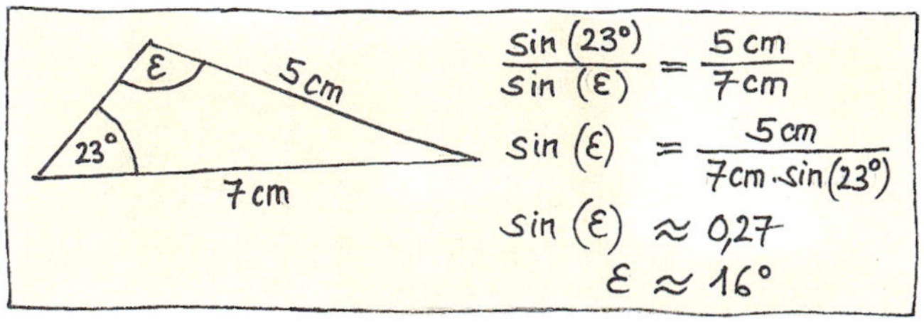

10. Bestätige wie in der Information (2) auf Seite 213 für ein beliebiges Dreieck ABC:
$\frac{b}{c} = \frac{\sin(\beta)}{\sin(\gamma)}$ und $\frac{c}{a} = \frac{\sin(\gamma)}{\sin(\alpha)}$. Gelten diese Formeln auch, falls ein Winkel ein rechter ist?

11. a) Beweise den folgenden Satz zur Berechnung des Flächeninhalts eines Dreiecks aus zwei Seitenlängen und der Größe des eingeschlossenen Winkels.

> **Satz**
> Für den Flächeninhalt A eines beliebigen Dreiecks ABC gilt:
> $\mathbf{A = \frac{1}{2} a b \cdot \sin(\gamma)}$; $\mathbf{A = \frac{1}{2} b c \cdot \sin(\alpha)}$; $\mathbf{A = \frac{1}{2} c a \cdot \sin(\beta)}$

b) Bestimme mithilfe dieser Formeln den Flächeninhalt des Dreiecks.
(1) a = 4,5 cm; b = 5,2 cm; γ = 34° (2) a = 6,3 m; c = 8,4 m; β = 65°

c) Leite aus den unter Teilaufgabe a) bewiesenen Formeln den Sinussatz her.

12. Berechne die übrigen Stücke des Dreiecks ABC. Gib auch den Flächeninhalt an.

a) α = 63,2°; β = 41°; b = 5,2 cm
b) a = 4,4 cm; b = 6,9 cm; β = 67°
c) β = 22,5°; γ = 69,3°; a = 6,4 cm
d) b = 8,5 cm; c = 3,1 cm; β = 111°
e) a = 4,9 cm; c = 5,7 cm; γ = 95°
f) α = 115°; γ = 29,2°; c = 4,8 cm
g) a = 3,9 cm; b = 7,8 cm; β = 135°
h) α = 35°; γ = 97°; b = 2,9 cm
i) α = 107°; β = 22,3°; a = 12 cm
j) a = 6,3 cm; b = 4,7 cm; γ = 75°

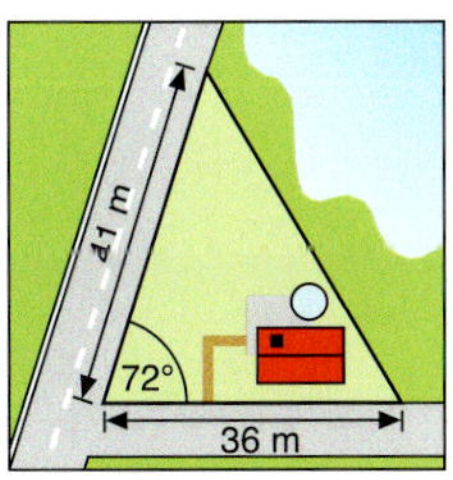

13. Berechne die Größe des links abgebildeten Eckgrundstücks.

14. a) Konstruiere ein Dreieck ABC mit a = 5,4 cm, b = 4,5 cm und β = 50°.
Versuche, den Winkel α zu berechnen. Was fällt auf? Erkläre.

b) Von einem Dreieck ABC sind α, a und b mit $a < b$ bekannt.
Um was für ein Dreieck handelt es sich, wenn die Aufgabe eindeutig lösbar ist?

15. a, b, α und β sind Stücke eines Dreiecks ABC (Längenangaben in cm).
Fülle die Tabelle aus.

a	8,3	7,6	5,8		6,4	1,4
b		5,3	4,2	6,2	9,1	2,9
α	34°	112°		122°	37°	31°
β	75°		52°	24°		

16. Das Grundstück ABCD soll vermessen werden. Dazu werden die folgenden Stücke gemessen:
$|BD| = 46$ m; $\sphericalangle ADB = 44°$; $\sphericalangle ABD = 42°$;
$\sphericalangle BDC = 69°$; $\sphericalangle DBC = 55°$
Bestimme die Längen der Seiten $\overline{AB}$, $\overline{AD}$, $\overline{DC}$ und $\overline{BC}$.

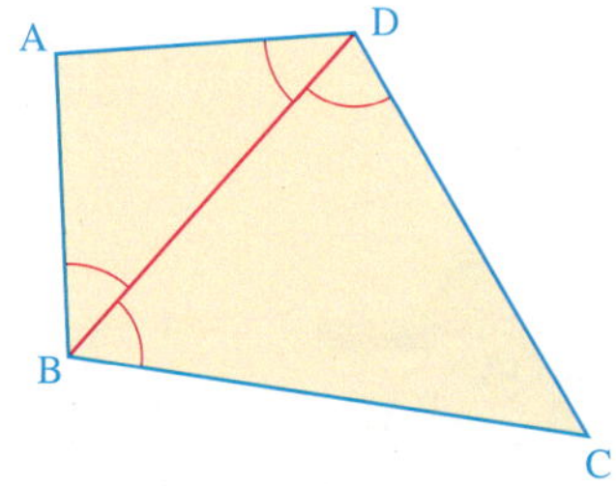

17. a) Beweise:

Satz
Ist r der Radius des Umkreises eines Dreiecks ABC,
so gilt: $\frac{a}{\sin(\alpha)} = \frac{b}{\sin(\beta)} = \frac{c}{\sin(\gamma)} = 2r$

Anleitung: Benutze den Umfangswinkelsatz und berechne $\sin(\gamma)$ aus Dreieck ABC′.

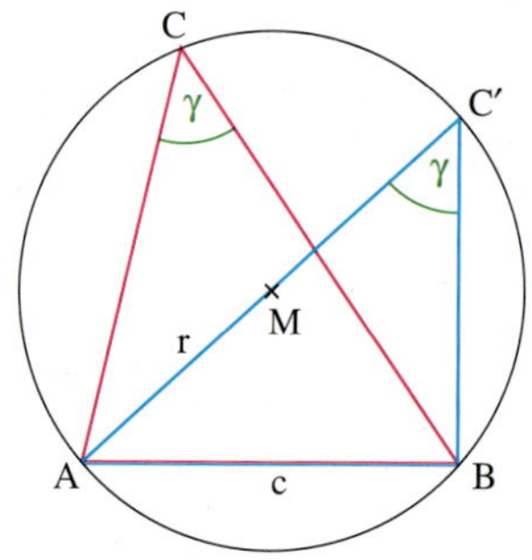

b) Berechne jeweils den Radius des Umkreises des Dreiecks.
(1) $a = 8{,}2$ cm; $\alpha = 48°$
(2) $b = 5{,}4$ cm; $\beta = 73°$
(3) $\alpha = 67°$; $\beta = 43°$; $b = 4{,}3$ cm
(4) $a = 4{,}8$ cm; $b = 5{,}7$ cm; $\beta = 125°$

18. Wie groß sind die fehlenden Seiten und Winkel sowie der Flächeninhalt des Dreiecks ABC?
a) $a = 29{,}8$ cm; $\beta = 40{,}8°$; $r = 16{,}2$ cm
b) $a = 38{,}5$ m; $c = 42{,}1$ m; $r = 21{,}7$ m

19. Beweise:
Im Dreieck teilt die Winkelhalbierende eines Winkels die gegenüberliegende Seite im Verhältnis der anliegenden Seiten.
Z.B. gilt also: $\frac{a_1}{a_2} = \frac{b}{c}$

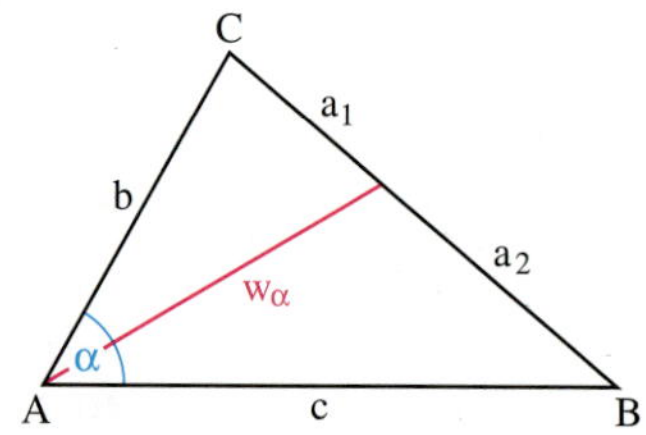

20. Beweise:
Für den Flächeninhalt eines Dreiecks ABC mit dem Umkreisradius r und dem Inkreisradius ϱ gilt:
(1) $A = 2r^2 \sin(\alpha) \cdot \sin(\beta) \cdot \sin(\gamma)$
(2) $A = \frac{a \cdot b \cdot c}{4r}$
(3) $A = \frac{1}{2}(a + b + c) \cdot \varrho$
(4) $A = \frac{a^2 \sin(\beta) \cdot \sin(\gamma)}{2 \sin(\alpha)}$; $A = \frac{b^2 \sin(\alpha) \cdot \sin(\gamma)}{2 \sin(\beta)}$; $A = \frac{c^2 \sin(\alpha) \cdot \sin(\beta)}{2 \sin(\gamma)}$

5.5.2 Kosinussatz

Aufgabe 1

Berechnen eines Dreiecks im Falle sws

a) Ein Straßentunnel soll geradlinig durch einen Berg gebaut werden. Um seine Länge zu bestimmen, werden von einem geeigneten Punkt C aus die Entfernungen a und b zu den Tunneleingängen sowie die Größe des Winkels γ gemessen:
a = 2,851 km; b = 4,423 km; γ = 62,3°
Berechne die Länge des Tunnels.

b) In einem Dreieck ABC sind a = 6 cm; b = 8 cm; γ = 140° gegeben. Berechne die Seitenlänge c.

Lösung

Strategie: Zurückführen auf rechtwinklige Dreiecke

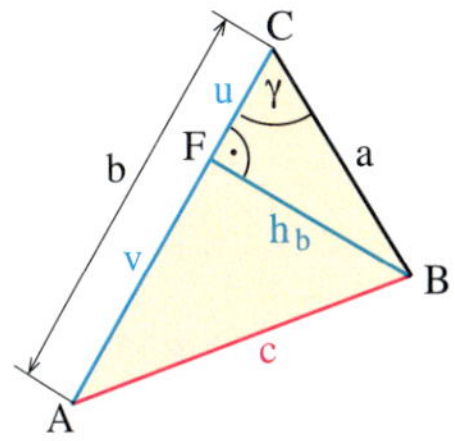

a) Bisher haben wir eine solche Aufgabe zeichnerisch gelöst. Um die Länge zu berechnen, zerlegen wir das spitzwinklige Dreieck ABC in zwei rechtwinklige Teildreiecke, indem wir die Höhe h_b zur Seite $\overline{AC}$ einzeichnen. Die Länge der Teilstrecken $\overline{FC}$ und $\overline{FA}$ nennen wir u bzw. v.
Aus den beiden rechtwinkligen Teildreiecken BCF und ABF können wir nun nacheinander h_b, u, v und c berechnen.

Berechnen von h_b im Dreieck BCF:

$\frac{h_b}{a} = \sin(\gamma)$

$h_b = a \cdot \sin(\gamma)$

$h_b = 2{,}851\text{ km} \cdot \sin(62{,}3°) \approx 2{,}524\text{ km}$

Berechnen von u im Dreieck BCF:

$\frac{u}{a} = \cos(\gamma)$

$u = a \cdot \cos(\gamma)$

$u = 2{,}851\text{ km} \cdot \cos(62{,}3°) \approx 1{,}325\text{ km}$

Berechnen von v im Dreieck ABF:

$u + v = b$

$v = b - u$

$v \approx 4{,}423\text{ km} - 1{,}325\text{ km} = 3{,}090\text{ km}$

Berechnen von c im Dreieck ABF:

$c^2 = h_b^2 + v^2$

$c = \sqrt{h_b^2 + v^2}$

$c = \sqrt{(2{,}524\text{ km})^2 + (3{,}090\text{ km})^2} \approx 3{,}990\text{ km}$

Ergebnis: Die Länge des Tunnels beträgt fast 4 km.

b) Wir ergänzen das stumpfwinklige Dreieck ABC durch die Höhe h_b zu einem rechtwinkligen Dreieck ABF.

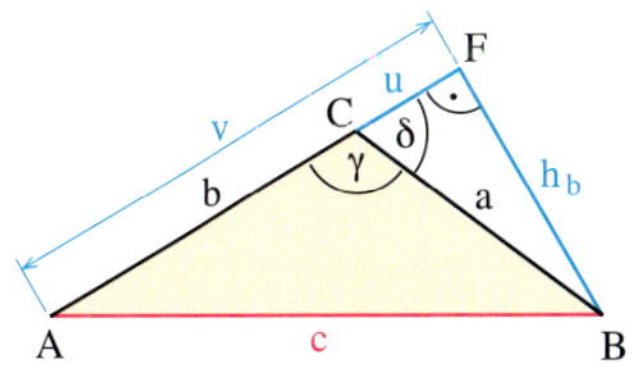

Berechnen von h_b im Dreieck BFC:

$\frac{h_b}{a} = \sin(180° - \gamma)$

$h_b = a \cdot \sin(180° - \gamma)$

$h_b = 6\text{ cm} \cdot \sin(180° - 140°)$

$= 6\text{ cm} \cdot \sin(40°) \approx 3{,}9\text{ cm}$

Berechnen von u im Dreieck BFC:

$\frac{u}{a} = \cos(180° - \gamma)$

$u = a \cdot \cos(180° - \gamma)$

$u = 6\text{ cm} \cdot \cos(180° - 140°)$

$= 6\text{ cm} \cdot \cos(40°) \approx 4{,}6\text{ cm}$

Berechnen von v im Dreieck ABF

$v = b + u$

$v \approx 8\text{ cm} + 4{,}6\text{ cm} = 12{,}6\text{ cm}$

Berechnen von c im Dreieck ABF

$c^2 = h_b^2 + v^2$

$c = \sqrt{h_b^2 + v^2} \approx \sqrt{3{,}9^2 + 12{,}6^2}\text{ cm} \approx 13{,}2\text{ cm}$

Ergebnis: Die Seitenlänge c beträgt ungefähr 13,2 cm.

Information

(1) Herleitung des Kosinussatzes

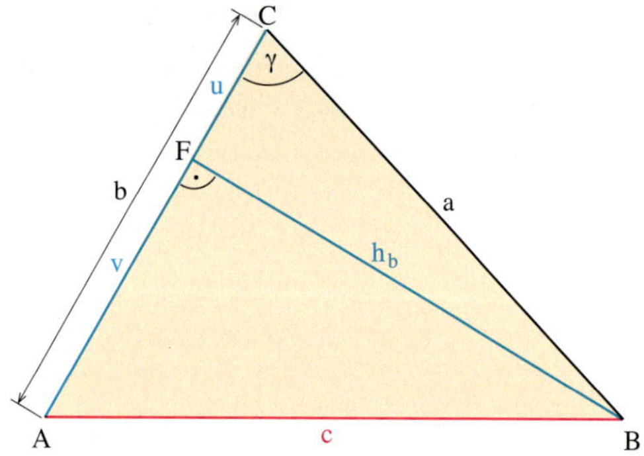

In der Aufgabe 1 auf Seite 219 haben wir ein Dreieck berechnet, in dem zwei Seitenlängen und die Größe des Zwischenwinkels gegeben sind (sws).
Wir führen die Berechnungen im Falle sws allgemein durch.
In einem Dreieck ABC sind die Stücke a, b und γ gegeben.
Wir wollen nun wie in der Aufgabe 1 auf Seite 219 die Seitenlänge c allgemein berechnen.

1. Fall: $\gamma < 90°$
Dazu zerlegen wir das Dreieck ABC durch die Höhe h_b in zwei rechtwinklige Dreiecke ABF und FBC.

Berechnen von h_b im Dreieck FBC	*Berechnen von u im Dreieck FBC*	*Berechnen von v im Dreieck ABC*	*Berechnen von c im Dreieck ABF*
$\frac{h_b}{a} = \sin(\gamma)$	$\frac{u}{a} = \cos(\gamma)$	$u + v = b$	$c^2 = h_b^2 + v^2$
$h_b = a \cdot \sin(\gamma)$	$u = a \cdot \cos(\gamma)$	$v = b - u$	$c = \sqrt{h_b^2 + v^2}$

Durch Einsetzen erhalten wir:

$$\begin{aligned} c^2 &= h_b^2 + v^2 \\ &= h_b^2 + (b-u)^2 \\ &= h_b^2 + b^2 - 2bu + u^2 \\ &= a^2 \cdot (\sin(\gamma))^2 + b^2 - 2ba \cdot \cos(\gamma) + a^2 \cdot (\cos(\gamma))^2 \\ &= a^2 \cdot (\sin(\gamma))^2 + \cos(\gamma)^2 + b^2 - 2ab \cdot \cos(\gamma) \end{aligned}$$

Wegen $(\sin(\gamma))^2 + (\cos(\gamma))^2 = 1$ (siehe Seite 199) folgt:

$$c^2 = a^2 + b^2 - 2ab \cdot \cos(\gamma) \text{ (für } 0° < \gamma < 90°)$$

Man nennt diese Gleichung den **Kosinussatz**.

2. Fall: $90° < \gamma < 180°$

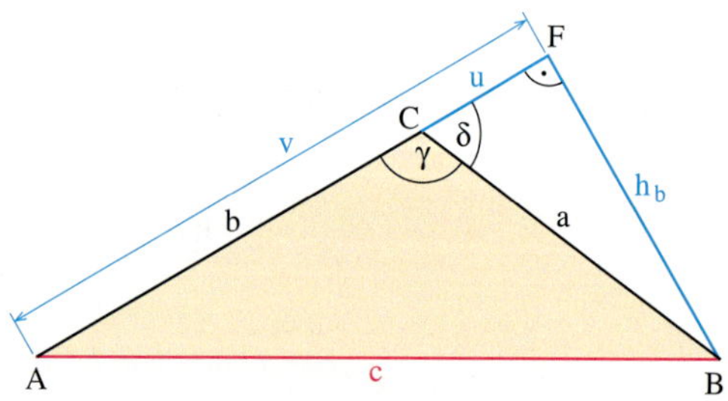

Wir ergänzen das stumpfwinklige Dreieck ABC durch die Höhe h_b zu einem rechtwinkligen Dreieck ABF.

Aus der Figur rechts entnehmen wir:

(1) $c^2 = h_b^2 + v^2$ (3) $u = a \cdot \cos(\delta)$
(2) $v = b + u$ (4) $h_b = a \cdot \sin(\delta)$

Einsetzen ergibt:

$$\begin{aligned} c^2 &= h_b^2 + v^2 \\ &= h_b^2 + (b+u)^2 \\ &= h_b^2 + b^2 + 2bu + u^2 \\ &= a^2 (\sin\delta)^2 + b^2 + 2ba \cdot \cos(\delta) + a^2 (\cos(\delta))^2 \\ &= a^2 (\sin(\delta))^2 + (\cos(\delta))^2 + b^2 + 2ba \cdot \cos(\delta) \\ &= a^2 + b^2 + 2ab \cdot \cos(\delta) \end{aligned}$$

Wegen $\delta = 180° - \gamma$ folgt:

$$c^2 = a^2 + b^2 + 2ab \cdot \cos(180° - \gamma) \quad \text{für } 90° < \gamma < 180°$$

(2) Kosinus im Bereich $90° < \alpha < 180°$

Um zu erreichen, dass die Formel $c^2 = a^2 + b^2 - 2ab \cdot \cos(\gamma)$ auch für stumpfe Winkel gilt, definieren wir den Kosinus auch für Winkelgrößen zwischen 90° und 180°.

Definition

Für Winkelgrößen α mit $90° < \alpha < 180°$ soll gelten: $\mathbf{\cos(\alpha) = -\cos(180° - \alpha)}$

Aufgrund der Definition ist unmittelbar klar: Für alle α mit $90° < \alpha < 180°$ gilt: $-1 < \cos(\alpha) < 0$

(3) Deutung des Kosinus am Einheitskreis

Wie beim Sinus auf Seite 215 deuten wir nun auch den Kosinus am Einheitskreis. Für einen Punkt $P(u|v)$ auf dem Einheitskreis, ist α die Größe des Winkels, den die Halbgerade $\overline{OP}$ mit der Rechtsachse bildet. Der Kosinus des Winkels α ist dann die erste Koordinate des Punktes P: $\cos(\alpha) = u$

Die Definition unter (2) steht im Einklang mit der Deutung des Kosinus als 1. Koordinate eines Punktes am Einheitskreis. Zum Winkel α mit $90° < \alpha < 180°$ gehört der Punkt $P(u|v)$ auf dem Einheitskreis. Spiegelt man P an der Hochachse, so erhält man den Punkt $P'(u'|v')$, der zum Winkel $180° - \alpha$ gehört. Daraus folgt:

$\cos(\alpha) = -\cos(180° - \alpha) = -u' = u$, also $\cos(\alpha) = u$.

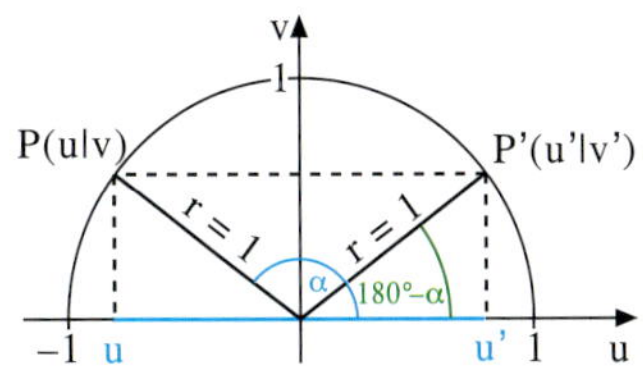

Deutung des Kosinus am Einheitskreis

Gegeben ist ein Punkt $P(u|v)$ auf dem Einheitskreis im 1. oder im 2. Quadranten.

α ist die Größe des Winkels, den die Halbgerade $\overline{OP}$ mit der Rechtsachse bildet.

Dann gilt:

$\mathbf{\cos(\alpha) = u}$ (1. Koordinate von P)

Insbesondere gilt:

$\mathbf{\cos(0°) = 1; \quad \cos(90°) = 0; \quad \cos(180°) = -1}$

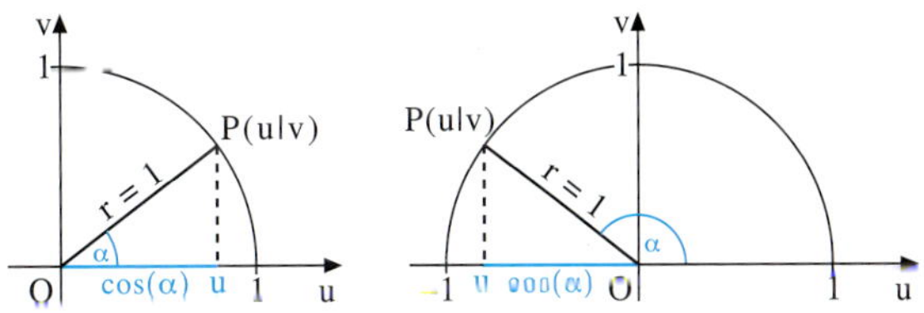

(4) Endgültige Formulierung des Kosinussatzes

Kosinussatz: In einem Dreieck ABC gilt:

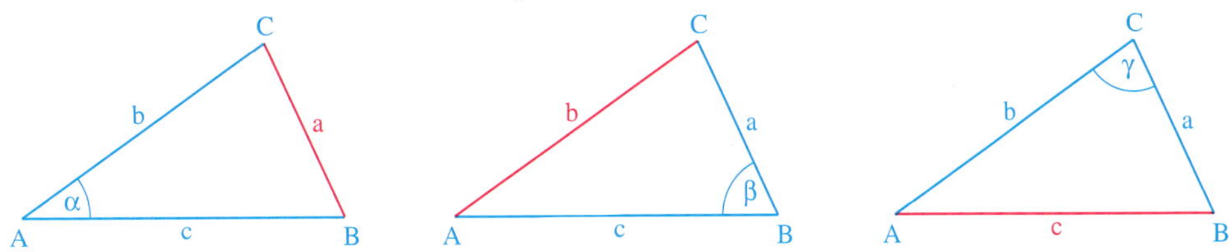

$a^2 = b^2 + c^2 - 2bc \cdot \cos(\alpha)$ $\quad$ $b^2 = c^2 + a^2 - 2ca \cdot \cos(\beta)$ $\quad$ $c^2 = a^2 + b^2 - 2ab \cdot \cos(\gamma)$

In einem Dreieck ist das Quadrat einer Seitenlänge gleich der Summe der Quadrate der beiden anderen Seitenlängen, vermindert um das doppelte Produkt aus diesen Seitenlängen und dem Kosinus des eingeschlossenen Winkels.

Aufgabe 2 *Berechnen eines Dreiecks im Fall sss*

In einem Dreieck ABC sind a = 5 cm; b = 3,5 cm; c = 6,5 cm gegeben. Berechne die drei Winkel.

Lösung Nach dem Kosinussatz gilt: $c^2 = a^2 + b^2 - 2ab\cos(\gamma)$

Wir isolieren cos (γ):

$$c^2 = a^2 + b^2 - 2ab \cdot \cos(\gamma) \quad | + 2ab \cdot \cos(\gamma) \quad | - c^2$$

$$2ab \cdot \cos(\gamma) = a^2 + b^2 - c^2 \quad | : (2ab)$$

$$\cos(\gamma) = \frac{a^2 + b^2 - c^2}{2ab}$$

Hier ist nur ein Winkel im Dreieck möglich

Wir setzen ein: $\cos(\gamma) = \frac{(5\text{ cm})^2 + (3{,}5\text{ cm})^2 - (6{,}5\text{ cm})^2}{2 \cdot 5\text{ cm} \cdot 3{,}5\text{ cm}} = -\frac{5\text{ cm}^2}{35\text{ cm}^2} \approx -0{,}1429.$

Also: $\gamma \approx 98{,}2°$

Entsprechend berechnen wir den Winkel α aus dem Kosinussatz in der Form

$$a^2 = b^2 + c^2 - 2bc \cdot \cos(\alpha)$$

$$\cos(\alpha) = \frac{b^2 + c^2 - a^2}{2bc}$$

$$\cos(\alpha) = \frac{3{,}5^2 + 6{,}5^2 - 5^2}{2 \cdot 3{,}5 \cdot 6{,}5} \approx 0{,}6484$$

Also: $\alpha \approx 49{,}6°$

Den Winkel β erhalten wir mithilfe des Winkelsummensatzes:

$\beta = 180° - (\alpha + \gamma);$

$\beta \approx 180° - (49{,}6° + 98{,}2°) \approx 32{,}2°$

In einem beliebigen Dreieck kann man aus vorgegebenen Stücken sws und sss die übrigen mit Kosinussatz, Sinussatz und Winkelsummensatz berechnen.

Übungsaufgaben

3. Vom Punkt D eines Bergwerks sind zwei Stollen in den Berg getrieben worden. Von E nach F soll nun ein Verbindungsstollen getrieben werden.
Wie lang wird dieser?
Welche Winkel bildet er mit den bestehenden Stollen?

4. Bestimme zeichnerisch am Einheitskreis (r = 1 dm) oder mithilfe der Definition auf Seite 221 und der Tabelle auf Seite 198:
cos (100°); cos (110°); cos (130°); cos (140°); cos (160°); cos (170°)

5. **a)** Bestimme cos (α) mit dem Rechner für folgende Winkelgrößen α:
117°; 175°; 95°; 143°; 167,4°; 99,5°; 156,1°; 104,8°

b) Ermittle Winkelgrößen α zwischen 0° und 180°, für die gilt:
cos (α) = −0,2588; cos (α) = −0,9397; cos (α) = −0,5461; cos (α) = −0,1212

6. **a)** Mithilfe der Definition auf Seite 221 kann man alle Kosinuswerte im Bereich $90° < \alpha \leq 180°$ berechnen, indem man sie auf den Bereich $0° \leq \alpha \leq 90°$ zurückführt.
Berechne wie im Beispiel:
$\cos(135°)$; $\cos(120°)$; $\cos(180°)$

$$\cos(150°) = -\cos(180° - 150°) = -\cos(30°) = -\tfrac{1}{2}\sqrt{3}$$

b) Begründe, dass die Gleichung $\cos(\alpha) = -\cos(180° - \alpha)$ auch für $0° \leq \alpha \leq 90°$ gilt.

7. Berechne die übrigen Stücke des Dreiecks ABC. Berechne auch den Flächeninhalt.

a) $b = 12$ m; $c = 9$ m; $\alpha = 64°$
b) $a = 9{,}4$ cm; $b = 6{,}9$ cm; $\gamma = 57°$
c) $a = 15{,}4$ m; $c = 11{,}3$ m; $\alpha = 108°$
d) $a = 5{,}3$ cm; $c = 8{,}7$ cm; $\beta = 124°$

8. Kontrolliere Daniels Hausaufgabe.

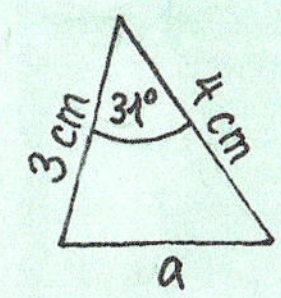

$a^2 = (3\,\text{cm})^2 + (4\,\text{cm})^2 + 2 \cdot 3\,\text{cm} \cdot 4\,\text{cm}\cos(31°)$
$= 49\,\text{cm}^2 \cdot 0{,}85$
$\approx 42\,\text{cm}^2$
$a \approx 6{,}5\,\text{cm}$

9. Berechne die übrigen Stücke des Dreiecks. Berechne auch den Flächeninhalt.

a)	b)	c)	d)	e)
$a = 3{,}8$ cm	$a = 12$ cm	$a = 7{,}3$ m	$p = 112$ km	$d = 4{,}8$ cm
$b = 5{,}1$ cm	$b = 15$ cm	$b = 5{,}8$ m	$q = 75$ km	$e = 4{,}2$ cm
$c = 4{,}4$ cm	$c = 18$ cm	$c = 11{,}6$ m	$r = 52$ km	$f = 5{,}5$ cm

10. Das Dreieck ABC soll gleichschenklig mit der Basis $\overline{AB}$ sein. Leite eine Formel zur Berechnung der Basislänge c aus der Länge der Schenkel und der Größe des Winkels an der Spitze her.

11. **a)** Beweise entsprechend der Information (1) auf Seite 220 für ein beliebiges Dreieck ABC:
$b^2 = a^2 + c^2 - 2ac \cdot \cos(\beta)$; $a^2 = b^2 + c^2 - 2bc \cdot \cos(\alpha)$.

b) Beweise: Für ein beliebiges Dreieck ABC gilt:
(1) $a^2 + b^2 > c^2$, falls $0° < \gamma < 90°$; (2) $a^2 + b^2 < c^2$, falls $90° < \gamma < 180°$.

c) Gilt die Formel $c^2 = a^2 + b^2 - 2ab \cdot \cos(\gamma)$ auch für den Grenzfall $\gamma = 180°$ [$\gamma = 90°$]?

d) Für ein Dreieck ABC gilt:
(1) $a = 3{,}9$ cm; $b = 3{,}2$ cm; $c = 5{,}4$ cm
(2) $a = 3{,}6$ cm; $b = 1{,}5$ cm; $c = 3{,}9$ cm
(3) $a = 5{,}2$ dm; $b = 6{,}7$ dm; $c = 5{,}5$ dm
Was kannst du über die Winkelgröße γ [β; α] aussagen?

12. Die Entfernungen zwischen drei Burgtürmen A, B und C betragen $|AB| = 4{,}1$ km, $|BC| = 5{,}7$ km und $|CA| = 3{,}2$ km. Bestimme die Sehwinkel, unter denen man jeweils von einem der drei Burgtürme die beiden anderen Türme sieht.

13. Um die Entfernung zweier Orte A und B zu bestimmen, die wegen eines dazwischen liegenden Hindernisses nicht direkt gemessen werden kann, werden von einem dritten Punkt C aus die Entfernungen von C nach A und von C nach B gemessen, sowie der Winkel γ, unter dem die Strecke $\overline{AB}$ erscheint:
$|AB| = 290$ m; $|BC| = 600$ m; $\gamma = 100{,}3°$
Berechne die Entfernung von A nach B.

5.5.3 Vermischte Übungen

1. *Überblick über die Berechnungen in beliebigen Dreiecken*

Sind von einem Dreieck eine Seitenlänge und zwei weitere Stücke gegeben, so lassen sich die übrigen drei Stücke mithilfe von Winkelsummensatz, Sinussatz und Kosinussatz eindeutig berechnen.

Ausnahme: Gegeben sind zwei unterschiedliche Seitenlängen und die Größe des der kleineren Seite gegenüberliegenden Winkels.

Übertrage die Tabelle ins Heft; fülle sie aus, indem du die verwendeten Formeln einträgst.

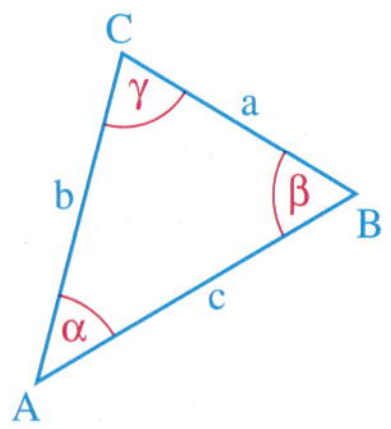

Typ	gegeben	gesucht		
wsw	α, β, c	$\gamma = 180° - (\alpha + \beta)$	$a =$	$b =$
wws	α, β, a	$\gamma =$	$b = a \cdot \frac{\sin(\beta)}{\sin(\alpha)}$	$c =$
Ssw	a, b, α $a > b$	$\sin(\beta) =$	$\gamma =$	$c =$
sws	a, b, γ		$\sin(\alpha) =$	
sss	a, b, c	$\cos(\alpha) =$		

2. Berechne die übrigen Stücke des Dreiecks ABC. Gib auch den Flächeninhalt an.

a) $\alpha = 115°$, $\gamma = 29°$, $c = 4{,}8$ cm
b) $a = 2{,}7$ cm, $b = 3{,}5$ cm, $\gamma = 102°$
c) $\alpha = 35°$, $\gamma = 97°$, $b = 2{,}9$ cm
d) $b = 9{,}1$ cm, $c = 6{,}4$ cm, $\alpha = 37°$
e) $\alpha = 57{,}8°$, $\beta = 22{,}3°$, $a = 12$ cm
f) $a = 5{,}3$ cm, $b = 3{,}1$ cm, $c = 4{,}8$ cm
g) $b = 8{,}5$ cm, $c = 3{,}1$ cm, $\beta = 111°$
h) $c = 8{,}4$ cm, $\alpha = 52°$, $\beta = 61°$
i) $a = 4{,}9$ cm, $c = 5{,}7$ cm, $\gamma = 95°$
j) $b = 4{,}9$ cm, $c = 5{,}1$ cm, $\beta = 43°$

w_α: Winkelhalbierende von α
s_a: Seitenhalbierende von a

3. Berechne die übrigen Stücke des Dreiecks ABC und den Flächeninhalt.

a) $\alpha = 27°$; $\gamma = 56°$; $w_\gamma = 4$ cm
b) $a = 6{,}2$ cm; $\gamma = 125°$; $w_\gamma = 2{,}4$ cm
c) $b = 6{,}5$ cm; $\gamma = 49°$; $w_\alpha = 5$ cm
d) $a = 5{,}4$ cm; $\gamma = 54°$; $h_a = 3{,}7$ cm
e) $b = 9$ m; $a = 5$ m; $h_b = 4$ m
f) $a = 6{,}1$ cm; $c = 7{,}4$ cm; $s_a = 5{,}2$ cm

4. Auf dem Foto links siehst du eine Steigungsangabe für Fahrradfahrer. Erkläre sie.
Wie kann man das Steigungsverhalten des Fahrradweges noch angeben?

5. Jede Straße muss eine Querneigung besitzen, damit z. B. das Regenwasser abfließen kann. Die Querneigung beträgt in der Regel 2,5 %.

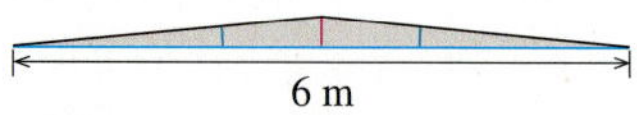

Linkskurve

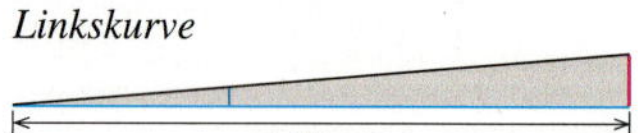

a) Um wie viel cm ist eine 6 m breite, gerade Straße in der Mitte höher als am Rande?

b) Um wie viel cm ist eine 6,50 m breite Straße in einer Kurve an einer Seite höher als an der anderen?

6. Der Hersteller von Objektiven für Spiegelreflexkameras gibt zu den Objektiven die horizontalen Bildwinkel an.
Ein 90 m breites Schloss soll fotografiert werden.
Welchen Abstand vom Gebäude muss man bei den verschiedenen Objektiven mindestens haben, um es vollständig auf das Bild zu bekommen?

Objektiv	Bildwinkel
50 mm (Normal)	47°
28 mm (Weitwinkel)	75°
135 mm (Tele)	18°

7. Die Höhe des Fernsehturmes soll bestimmt werden. Dazu wird eine 50 m lange Standlinie $\overline{AB}$, die auf den Turm zuläuft, abgesteckt. Außerdem werden die Höhenwinkel $\alpha' = 56{,}4°$ und $\beta = 42{,}1°$ gemessen.
Wie hoch ist der Fernsehturm?
Rechne zunächst allgemein.

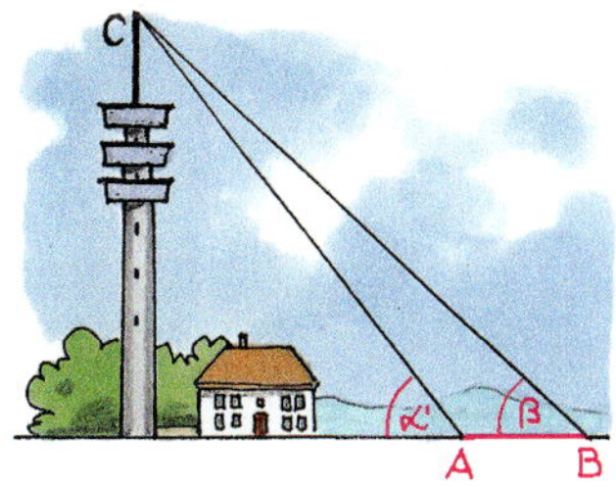

8. Berechne von den Stücken a, b, α, β, e, f und ε eines Parallelogramms ABCD die fehlenden Stücke.

a) a = 5 cm; d = 4 cm; β = 130°
b) e = 8 cm; f = 6 cm; ε = 55°
c) a = 7 cm; b = 4,3 cm; β = 65°
d) a = 5,3 cm; f = 5,1 cm; β = 115°

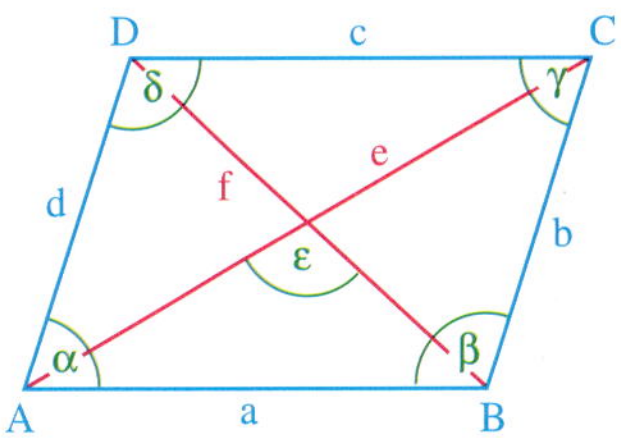

9. Berechne von den Stücken a, b, c, α, γ, e eines gleichschenkligen Trapezes ABCD mit AB ∥ CD die fehlenden Stücke.

a) a = 5,4 cm; d = 3,1 cm; β = 64,5°
b) c = 3,5 m; d = 2,8 m; γ = 125,7°
c) a = 6,1 km; c = 2,9 km; β = 68,8°
d) c = 4,8 cm; b = 2,4 cm; e = 5,6 cm

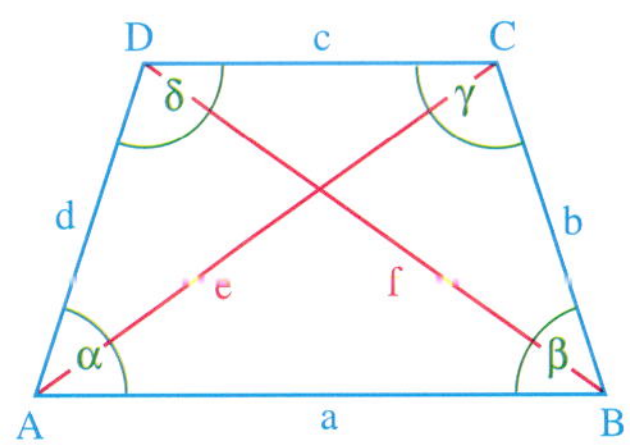

10. Die Giebelwand rechts soll mit einem Wärmedämmputz versehen werden. Das Verputzen kostet 78 € pro m^2. Berechne die Kosten.

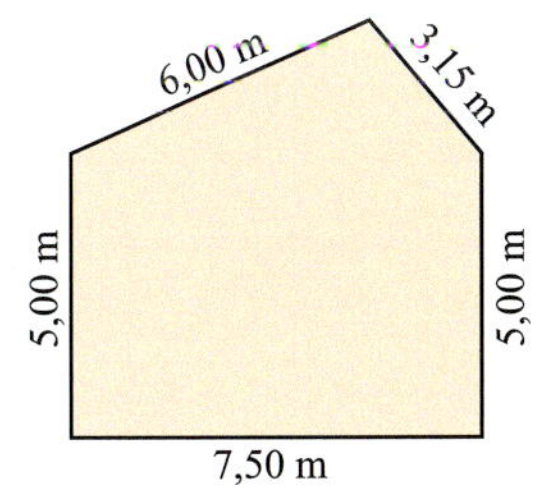

11. Die Entfernung der beiden Berggipfel P und Q soll bestimmt werden. Dazu wird eine 2,943 km lange Standlinie $\overline{AB}$ abgesteckt, von dem Endpunkt A und B aus der Punkt P angepeilt und die Winkel α_1 und β_1 gemessen:
$\alpha_1 = 87{,}7°$; $\beta_1 = 47{,}4°$
Dieses Verfahren heißt *Vorwärtseinschneiden.*
Dann wird auf dieselbe Weise von A und B der Punkt Q angepeilt und die Winkel α_2 und β_2 gemessen:
$\alpha_2 = 42{,}3°$; $\beta_2 = 109{,}5°$
Berechne die Entfernung von P und Q.

12. Um die Höhe h einer Felswand zu bestimmen, wird eine waagerechte Standlinie $\overline{AB}$ abgesteckt. In ihren Endpunkten werden die Höhenwinkel γ und δ gemessen. Ferner misst man in der Horizontalebene die Winkel α und β.
Bestimme die Höhe h für:
s = 950 m;
γ = 21,2°; δ = 25,7°;
α = 52,4°; β = 80,5°.

13. Stelle selbst Aufgaben und löse sie.

a) Eine Leiter ist genauso lang wie eine Mauer hoch ist. Lehnt man diese Leiter 20 cm unter dem oberen Mauerrand an, so steht sie unten 1,20 m von der Mauer entfernt.

b) Zwischen der Talstation und der Bergstation verläuft ein Skilift.

14. Die Bilder zeigen die Skiflugschanze in Oberstdorf (Allgäu). Sie wurde anlässlich der 1. Skiflugweltmeisterschaften 1973 erbaut.
In den technischen Daten ist das Gefälle (die Neigung) der Anlaufbahn und des Schanzentisches nicht in Prozent angegeben, sondern durch den Neigungswinkel.
Gib das Gefälle der Anlaufbahn [des Schanzentisches] in Prozent an.

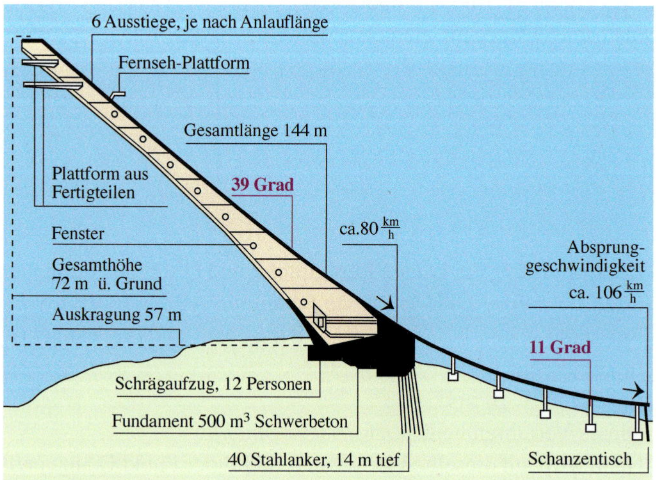

5.6 Aufgaben zur Vertiefung

1. Der Flächeninhalt A einer Raute hängt außer von der Seitenlänge a nur von der Winkelgröße α ab.

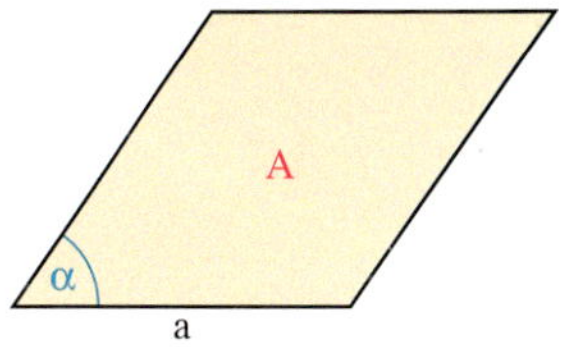

a) Stelle eine Formel auf, mit der man zu vorgegebener Seitenlänge a und vorgegebener Winkelgröße α den Flächeninhalt berechnen kann.

b) Eine Raute hat die Seitenlänge a = 3,5 cm.
Gib die Funktionsgleichung der Funktion *Winkelgröße α ⟶ Flächeninhalt A* an.
In welchem Bereich kann α liegen? Zeichne den Graphen der Funktion.

2. In einem Kreis mit dem Radius 10 cm ist ein regelmäßiges n-Eck einbeschrieben. Berechne mithilfe geeigneter Winkel Umfang und Flächeninhalt des n-Ecks für n = 5 [9; 12; 100].

3. Wenn ein Lichtstrahl von einem Medium I (z. B. Luft) in ein Medium II (z. B. Wasser) übergeht, dann gilt für Einfallswinkel α und Brechungswinkel β das Brechungsgesetz $\frac{\sin(\alpha)}{\sin(\beta)} = n$, wobei n eine Konstante ist, die von den beiden Medien abhängt. Sie heißt *Brechungsindex*.

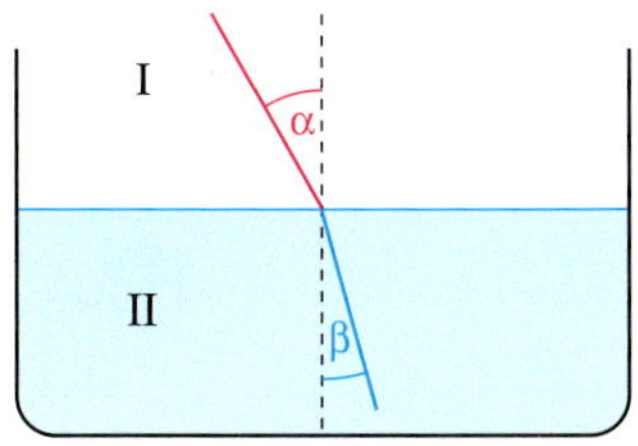

a) Berechne für den Übergang Luft–Wasser (n = 1,333) den Brechungswinkel β für α = 20° [32°; 50°; 67,5°].

b) Berechne dieselben Werte für den Übergang Luft–Glas (n = 1,500).

c) Wie groß ist der Brechungsindex umgekehrt von Wasser in Luft [von Glas in Luft]?

d) Bestimme für den umgekehrten Übergang Wasser–Luft [Glas–Luft] den Winkel α für β = 90° (Grenzfall der Totalreflexion).

4. **a)** Für spitze Winkel α gilt: $\tan(a) = \frac{\sin(\alpha)}{\cos(\alpha)}$. Was ergibt sich für α = 0° und α = 90°?

b) Die Beziehung aus Teilaufgabe a) soll auch für stumpfe Winkel 90° < α < 180° gelten. Veranschauliche tan (α) am Einheitskreis und erstelle eine Wertetabelle für α = 100°, 110°, 120°, 170°. Gib die Tangenswerte mit zwei Stellen nach dem Komma an.

Gleiche Einheiten auf beiden Achsen!

5. Bei einer linearen Funktion mit der Gleichung y = m x + b gibt der Faktor m die Steigung der zugehörigen Geraden an.

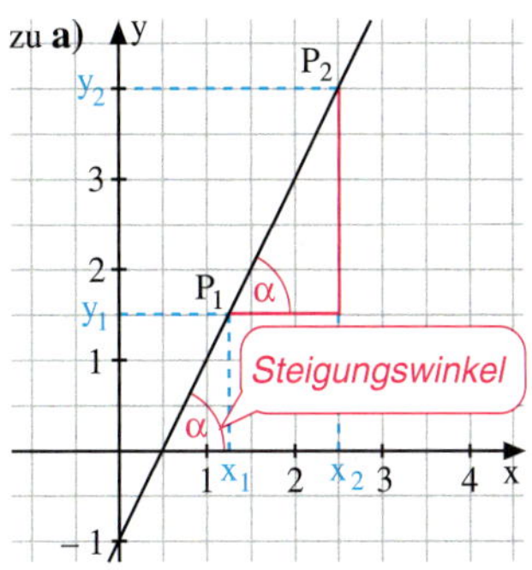

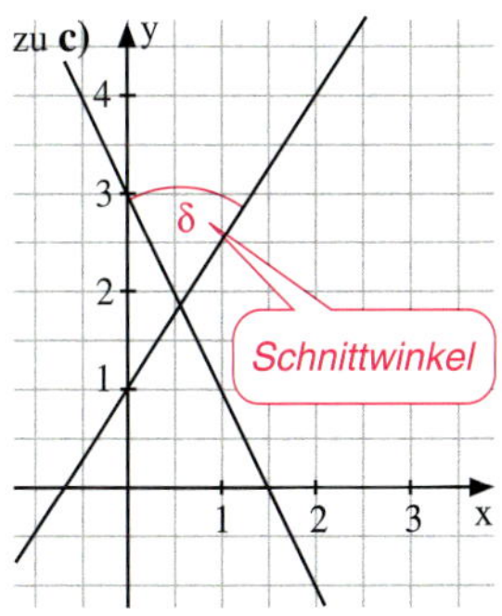

a) Beweise, dass für den Steigungswinkel α gilt:
m = tan (α)

b) Gib den Steigungswinkel der Geraden an. Zeichne auch die Gerade und kontrolliere das Ergebnis durch Messen des Steigungswinkels.

(1) y – 2x + 1 (2) y = –3x + 2 (3) $y = -\frac{4}{5}x - 1$ (4) $y = \frac{1}{2}x - 2$

c) Gegeben sind die beiden Geraden zu y = 1,5x + 1 und y = –2x + 3. Berechne den Schnittwinkel δ der beiden Geraden.

Bist du fit?

1. Berechne die sämtlichen Stücke des rechtwinkligen Dreiecks ABC; berechne auch den Umfang und den Flächeninhalt.

a) $a = 7$ cm; $\beta = 14°$; $\gamma = 90°$
b) $a = 4{,}4$ cm; $\alpha = 44°$; $\beta = 90°$
c) $\alpha = 90°$; $a = 185$ m; $\gamma = 58°$
d) $c = 41$ m; $\beta = 34°$; $\gamma = 90°$
e) $\gamma = 90°$; $b = 84$ cm; $\beta = 43°$
f) $c = 7{,}8$ cm; $\gamma = 51°$; $\beta = 90°$

2. Gegeben ist ein gleichschenkliges Dreieck ABC mit $\overline{AB}$ als Basis.
Bestimme aus den gegebenen Stücken die übrigen. Berechne auch den Flächeninhalt.

a) $c = 17$ cm; $a = 14$ cm
b) $c = 150$ m; $\gamma = 126°$
c) $c = 23$ m; $\alpha = 77°$
d) $a = 67$ m; $\gamma = 55°$
e) $a = 104{,}7$ cm; $\alpha = 17°$
f) $h_c = 25$ m; $\alpha = 36°$

3. Für welche Winkelgrößen α im Bereich $0° \leq \alpha \leq 180°$ gilt:

a) $\sin(\alpha) = 0{,}4384$; $\sin(\alpha) = 0{,}2588$
b) $\sin(\alpha) = 0{,}1564$; $\sin(\alpha) = 0{,}9848$
c) $\cos(\alpha) = -0{,}9848$; $\cos(\alpha) = 0{,}6691$
d) $\cos(\alpha) = 0{,}8090$; $\cos(\alpha) = -0{,}1392$

4. Berechne aus den gegebenen Stücken des Dreiecks ABC die übrigen.

a) $a = 5$ cm; $b = 4$ cm; $\gamma = 67°$
b) $c = 9$ cm; $a = 6$ cm; $\gamma = 53{,}5°$
c) $a = 4{,}5$ cm; $\beta = 57{,}3°$; $\gamma = 43{,}8°$
d) $c = 5{,}3$ km; $\alpha = 44{,}4°$; $\beta = 61{,}2°$
e) $b = 8{,}1$ km; $c = 5{,}3$ km; $\alpha = 36{,}4°$
f) $a = 3{,}6$ cm; $b = 2{,}9$ cm; $c = 3{,}2$ cm
g) $c = 6{,}2$ cm; $a = 5{,}4$ cm; $\gamma = 129°$
h) $b = 8{,}4$ cm; $c = 5{,}9$ cm; $\gamma = 28{,}2°$

5. a) Wie groß ist in der nebenstehenden Dachkonstruktion der Neigungswinkel α?
b) Berechne die Höhe des Dachraumes.

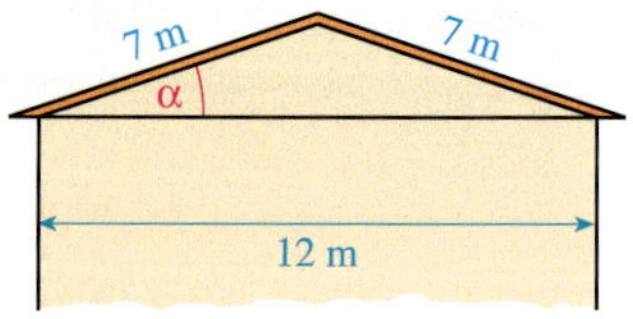

6. Die Sonnenhöhe beträgt 46°. Eine Säule wirft auf eine waagerechte Ebene einen 8,72 m langen Schatten.
Wie hoch ist die Säule?

7. Der Querschnitt des Daches rechts soll aus einem rechtwinkligen Dreieck mit den angegebenen Maßen bestehen.
Berechne die Dachneigungen.

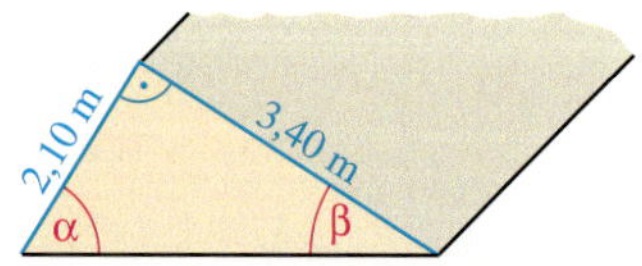

8. Die Neigung einer Garageneinfahrt darf höchstens 16 % betragen. Wie groß darf maximal der Höhenunterschied auf einer 5 m langen Einfahrt sein?

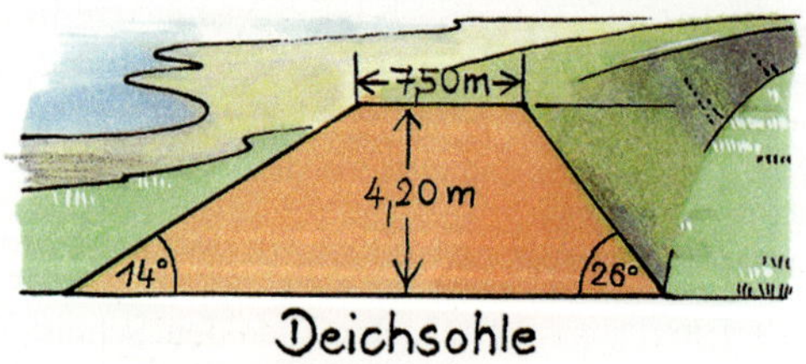

9. Der Böschungswinkel eines Deiches ist zur Seeseite kleiner als zur Landseite. Wie lang ist die Deichsohle?

10. Auf einem Berg steht ein 10 m hoher Turm. Von einem Punkt im Tal aus sieht man den Fußpunkt des Turmes unter dem Winkel $\alpha = 44{,}3°$ (gegen die Horizontale) und die Spitze des Turmes unter dem Winkel $\beta = 45{,}5°$. Wie hoch erhebt sich der Berg über die Talsohle?

6. MODELLIEREN PERIODISCHER VORGÄNGE

In der Natur und im Alltag gibt es Vorgänge mit Wiederholungen. Der regelmäßige Herzschlag wird durch eine Folge elektrischer Impulse gesteuert. Mit Elektroden, die man an verschiedenen Körperstellen anbringt, kann man diese Ströme aufzeichnen. Ein solches Diagramm nennt man Elektrokardiogramm oder kurz EKG. Dieses ist oft sehr nützlich für die Diagnose von Herz-Kreislauf-Erkrankungen.

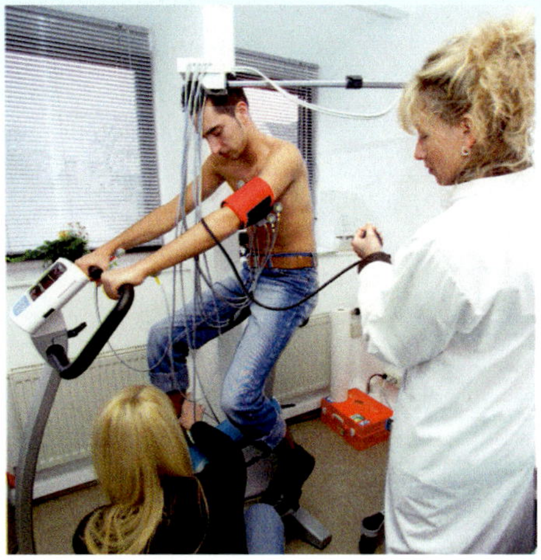

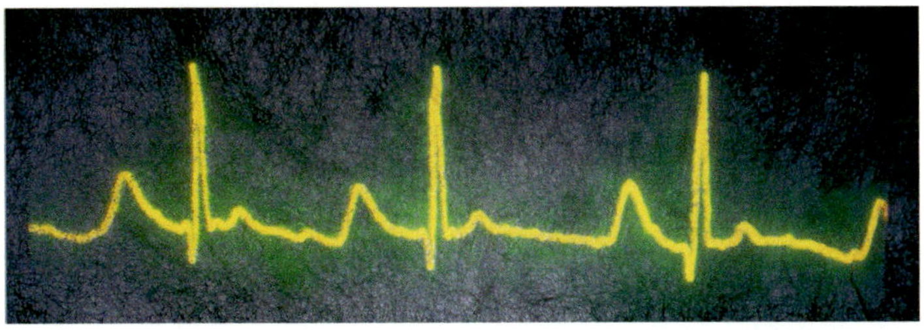

In Hammerfest, der nördlichsten Stadt Europas, scheint die Sonne vom 13. Mai bis zum 29. Juli Tag und Nacht. Selbst bei Mitternacht sehen die Menschen in der Polarregion die so genannte „Mitternachtssonne“. Im unteren Fotomosaik wurde der Stand der Sonne über dem Horizont in stündlichen Abständen fotografiert.

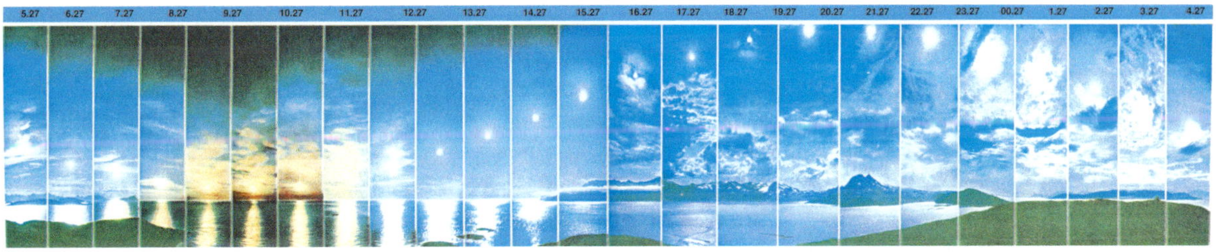

Auf Jahrmärkten gibt es Karussells, deren Gondeln sich drehen und zugleich auf- und abwärts bewegen.

- Bei diesen drei Vorgängen gibt es jeweils eine Größe, deren Werte sich in Abhängigkeit von der Zeit regelmäßig wiederholen. Gib an, um welche Größe es sich jeweils handelt. Nenne Gemeinsamkeiten und Unterschiede.

In diesem Kapitel wollen wir Vorgänge, bei denen es nach bestimmten Zeitabschnitten Wiederholungen gibt, mathematisch beschreiben. Damit sind dann Vorhersagen für den weiteren Verlauf möglich.

Lernfeld: Hin und her – rauf und runter

Schwingen einer Spiralfeder

Partnerarbeit:

Betrachtet ein Gewichtsstück, das an einer Spiralfeder hängt, die aus der Ruhelage ausgelenkt wurde.

Hier seht ihr den Graphen der Funktion *Zeit ab Beobachtungsbeginn → Abstand des Gewichtsstücks von der Tischoberfläche.*

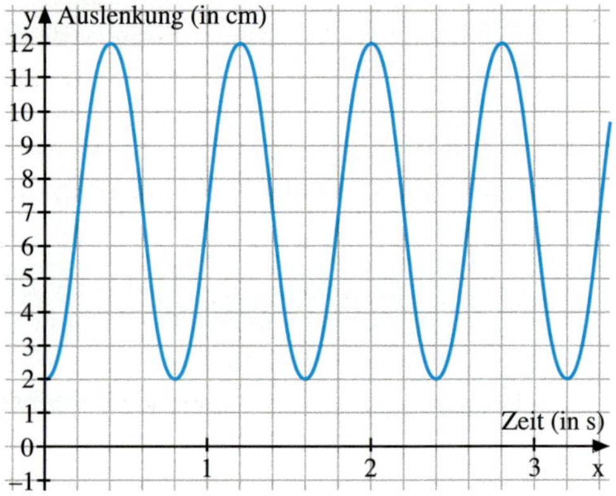

- Beschreibt und interpretiert den Verlauf des Graphen.
- Überlegt, wie sich der Graph ändern wird, wenn ihr den Abstand zum Tisch verändert, eine größere Masse anhängt oder eine andere Feder nehmt. Skizziert Graphen zu euren Vermutungen.
- Überprüft eure Vermutungen experimentell. Dies ist besonders einfach, wenn ihr ein Gerät zur Messerfassung für GTR, CAS oder Computer verwendet.
- Was ist das Gemeinsame an allen Graphen, was ist unterschiedlich? Fasst die Ergebnisse der Klasse auf einem Plakat mit Bildern zusammen.

Sinuskurven mit verschiedenen Formen

Bisher hast du den Sinus eines Winkels als Verhältnis von Seitenlängen in einem rechtwinkligen Dreieck kennen gelernt. Der grafikfähige Taschenrechner kann mit der Taste sin auch Funktionen zeichnen (so genannte Sinuskurven).

- Zeichne im **MODE DEGREE** den Graphen für $f(x) = \sin(x)$ im Bereich von 0° bis 90°. Beschreibe den Graphen.
- Zeichne den Graphen nun im Bereich von 0° bis 180° bzw. von 0° bis 1 000°. Beschreibe den Graphen.

- Untersuche nun, wie sich ein Summand oder Faktor im Sinusterm auf die Sinuskurve auswirkt. Betrachte dazu den Einfluss eines Parameters an folgenden Stellen im Funktionsterm:
  (1) $f(x) = a \cdot \sin(x)$
  (2) $f(x) = \sin(b \cdot x)$
  (3) $f(x) = \sin(x + c)$
  (4) $f(x) = \sin(x) + d$

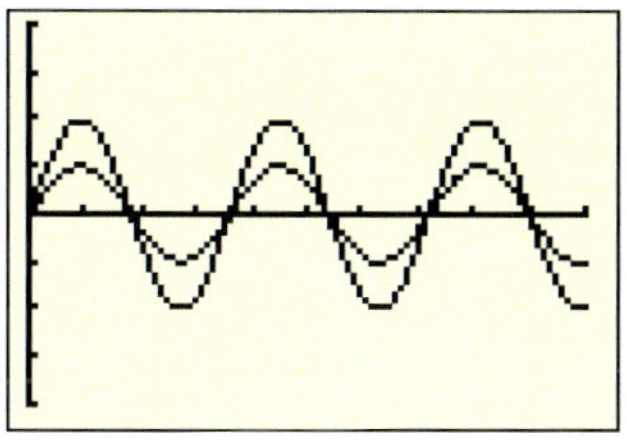

  Zeichne Graphen für verschiedene Werte des Parameters. Denke auch an negative Zahlen. Beschreibe deine Beobachtungen allgemein.

Entdeckungen mithilfe der CD „Mathematik interaktiv"

Starte das Programm Graphix von der CD.

- Ziehe mit der Maus am roten Punkt. Beschreibe deine Beobachtungen. Begründe sie.

- *Partnerarbeit:* Das Programm startet automatisch mit der Einstellung Sinus im Gradmaß von 0° bis 360°.
  Probiert auch andere Einstellungen aus. Vergleiche insbesondere die Ergebnisse im Gradmaß und im Bogenmaß.
  Überlegt, was Bogenmaß bedeutet.

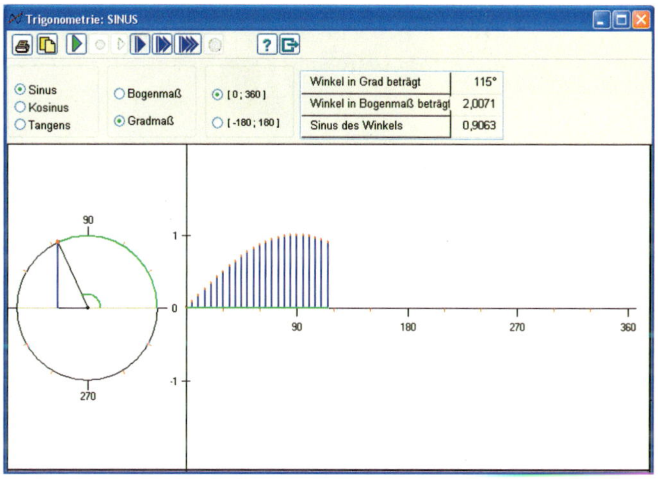

- Welche Einstellungen sind im nebenstehenden Bild ausgewählt?

Das Programm verfügt über eine Hilfefunktion.

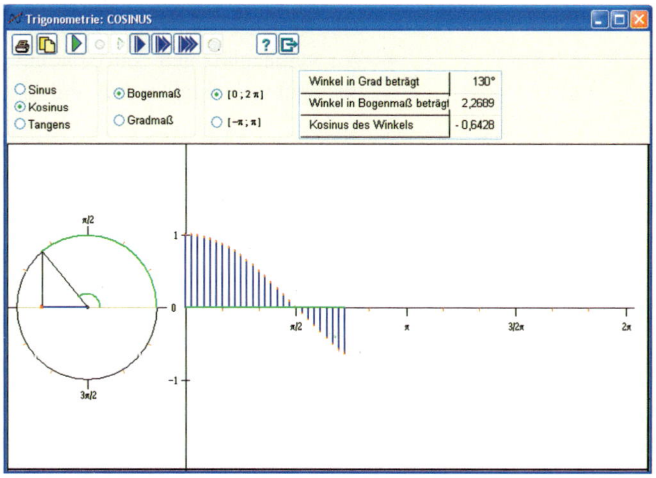

6.1 Periodische Vorgänge

Aufgabe 1

Im Schweizer Wintersportort Engelberg führt ein Sessellift von Ristis zur Brunnihütte.
In einer 10-minütigen Fahrt überwindet er eine Höhendifferenz von 260 m.

Das Riesenrad London Eye wurde im Jahr 2000 errichtet. Es dreht sich kontinuierlich mit kleinerer Geschwindigkeit als Schritttempo, sodass problemloser Ein- und Ausstieg ohne Halt gewährleistet ist.
Während der gemächlichen 30-minütigen Fahrtrunde erreicht man eine Höhe von 135 m, aus der man eine gute Sicht bis Schloss Windsor hat.

Sowohl für eine Fahrt mit dem Sessellift als auch mit dem Riesenrad soll die Abhängigkeit der erreichten Höhe (über der Starthöhe) von der Fahrzeit untersucht werden.

a) Betrachte einen Sessel des Sesselliftes und eine Gondel des Riesenrads. Zeichne jeweils den Graphen der Funktion *Zeit (in min) → erreichte Höhe (über Starthöhe in m)* für den Zeitraum einer Stunde. Vereinfache dazu die Bewegungen und gib an, welche Vereinfachungen du vorgenommen hast.

b) Beschreibe und vergleiche die beiden Graphen.

Lösung

a) Für den Sessellift nehmen wir vereinfachend an:

- Die Steigung auf der Strecke ist konstant.
- Die Gondel startet unten und bewegt sich mit konstanter Geschwindigkeit, das bedeutet gleicher Höhenzuwachs pro Zeiteinheit.
- Wir vernachlässigen den Umlenkvorgang zwischen Berg- und Talfahrt und betrachten die Bewegung als direktes Auf und Ab.

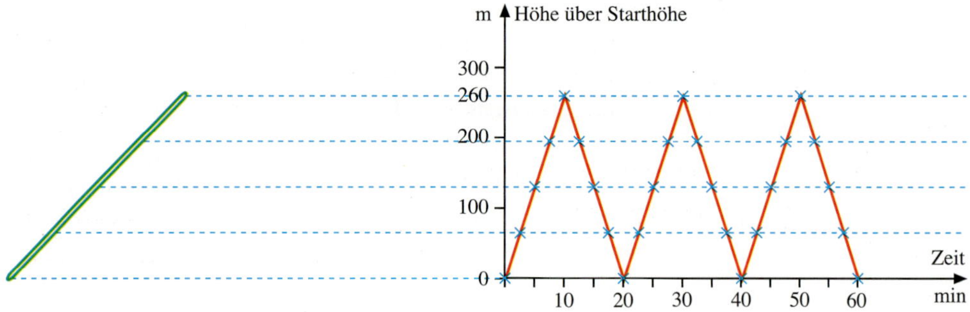

Auch beim Riesenrad betrachten wir eine Gondel, die unten startet. Die kontinuierliche Bewegung führt zu einer Drehung um einen konstanten Winkel pro Zeiteinheit: 360° in 30 Minuten. Wir bestimmen die Höhe in Schritten von 30°, d.h. alle $2\frac{1}{2}$ Minuten.

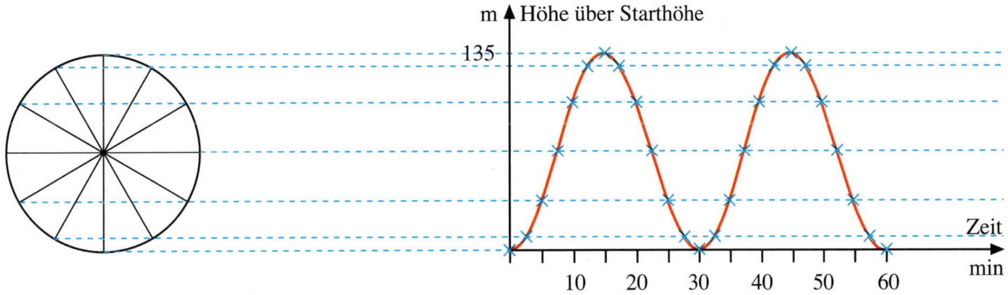

b) Beide Graphen steigen zunächst an und fallen dann wieder. Danach ergibt sich ein genau gleiches Ansteigen und Abfallen.
Beim Sessellift erfolgt der Höhenzuwachs bis zur maximalen Höhe gleichmäßig und ebenso die Höhenabnahme bis zur Starthöhe zurück: 260 m pro 10 min, also 26 m pro min.
Die Beschreibung kann also abschnittsweise mithilfe linearer Funktionen erfolgen.
Beim Riesenrad dagegen wird z.B. für $\frac{1}{4}$ Runde (Drehung um 90°) je nach Abschnitt ein größerer oder kleinerer Höhenunterschied erreicht. Damit ist hier eine Beschreibung mithilfe linearer Funktionen nicht möglich.

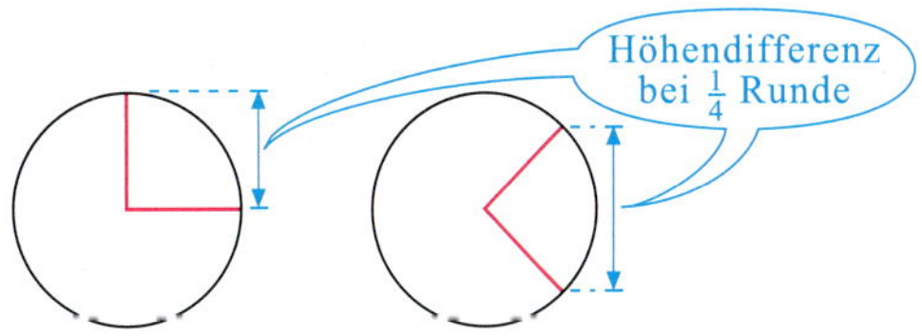

Information

Beim Sessellift erreicht ein Sessel alle 20 Minuten dieselbe Position: Die Höhe h(x) zu einem Zeitpunkt x stimmt überein mit der Höhe zu dem 20 Minuten späteren Zeitpunkt x + 20; es gilt also:

$h(x) = h(x + 20)$

Beim Riesenrad erreicht eine Gondel alle 30 Minuten dieselbe Position; hier gilt also:

$h(x) = h(x + 30)$

Beim Sessellift ist die Zeitspanne von 20 Minuten die kleinste, nach der sich jede Position wiederholt. Damit wiederholt sich jede Position aber auch nach 40, 60, … Minuten. Beim Riesenrad ist entsprechend 30 Minuten die kleinste Zeitspanne, nach der sich jede Position wiederholt. Solche Vorgänge, bei denen sich der Ablauf in festen Zeitabständen wiederholt, nennt man *periodisch*.
Häufig beschreibt man bestimmte Abhängigkeiten bei periodischen Vorgängen mithilfe von Funktionen. Dazu muss man meistens die Situation vereinfachen und ein Koordinatensystem einführen.

periodisch ⟨**griech.**⟩ regelmäßig auftretend, wiederkehrend

Definition

Eine Funktion f heißt **periodisch,** wenn sich ihre Funktionswerte in festen Abständen wiederholen. Ihre **Periode** ist die kleinste positive Zahl p, für die für alle Werte x aus der Definitionsmenge der Funktion gilt:

$\mathbf{f(x) = f(x + p)}$

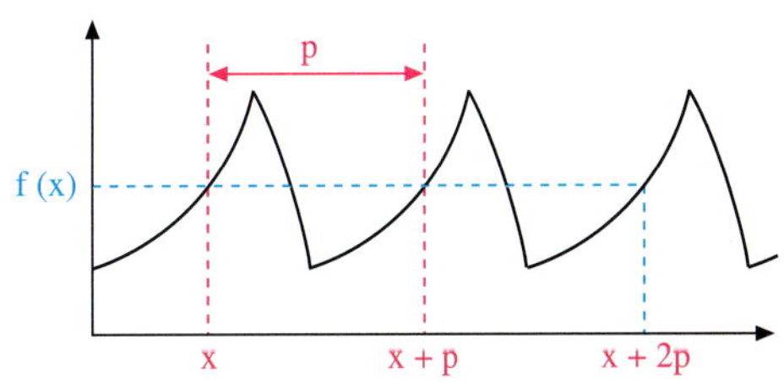

Übungsaufgaben

2. Das Sägeblatt einer Kreissäge wird mithilfe einer Kette angetrieben. Ein Kettenglied und ein Sägezahn sind rot markiert.
Betrachte die Höhe der roten Markierung über der Starthöhe in Abhängigkeit von der Zeit. Skizziere dazu sowohl für das markierte Kettenglied als auch den markierten Sägezahn den Graphen der Funktion *Zeit → Höhe über Starthöhe.*

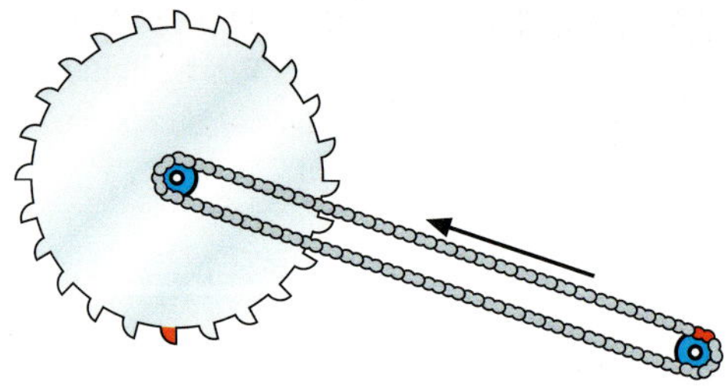

Vereinfache dazu die Sachsituation in geeigneter Weise und gib an, welche Vereinfachungen du vorgenommen hast. Vergleiche beide Graphen.

3.

Nockenwellen dienen z. B. zur Steuerung der Ein- und Auslassventile in den Motoren von Kraftfahrzeugen.
Die Nocken einer Nockenwellen sind auf einem sich drehenden Stab (Welle) montiert. Dabei wird die Drehbewegung der Welle oder Scheibe in eine Hub- oder Hebelbewegung umgesetzt. Je nach Anforderung gibt es Nocken mit einfachen und komplizierten Profilen. Um die jeweils gewünschte Bewegungsfolge zu erzielen, muss man in vielen Fällen das Nockenprofil nur leicht verändern.
Auch in Automaten für die Massenproduktion werden Nockenwellen zur Steuerung der Prozesse eingesetzt.

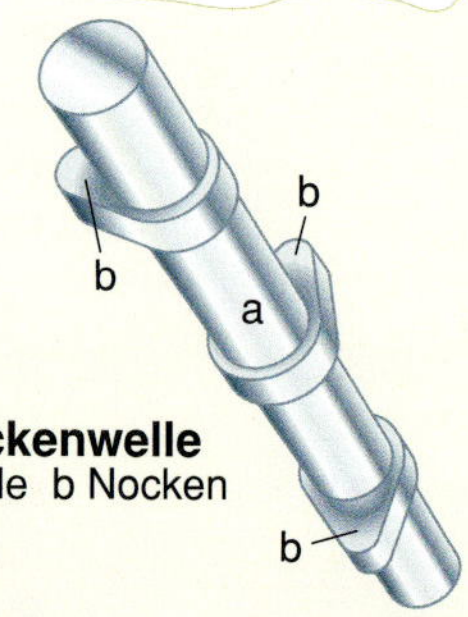

Nockenwelle
a Welle b Nocken

Rechts siehst du die Hubbewegung einer Nocke in Abhängigkeit von der Zeit.

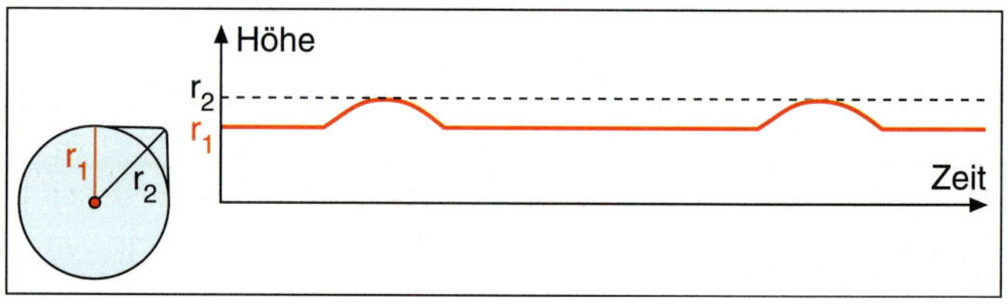

a) Zeichne die entsprechenden Graphen zu folgenden Nocken:

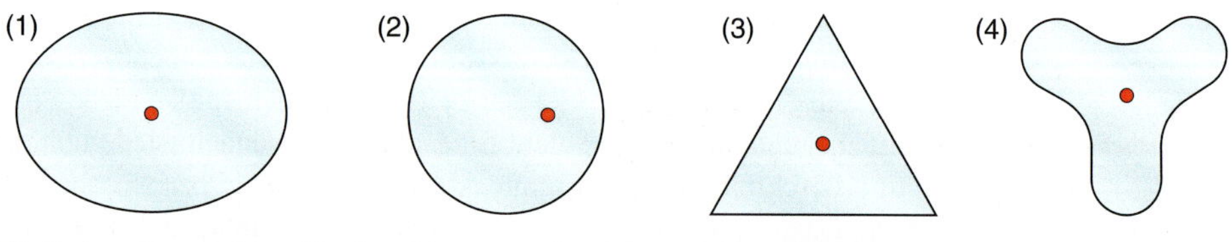

b) Erfinde selbst weitere Nockenformen und zeichne die zugehörigen Graphen.

4. Die Fahrt mit einer Achterbahn über mehrere Runden hintereinander ist ein periodischer Vorgang.

a) Zwischen welchen Größen kann hier eine Zuordnung vorgenommen werden?

b) Beschreibe eine Fahrt in Worten und zeichne dazu einen Graphen.

5. a) Unten siehst du das Gelände der Rennstrecke auf dem Sachsenring. Es wird auch als Auto-Teststrecke genutzt. Zeichne für die Rundkurse A und B jeweils ein Diagramm für die Geschwindigkeit eines Testfahrzeugs, das auf dieser Strecke fährt.

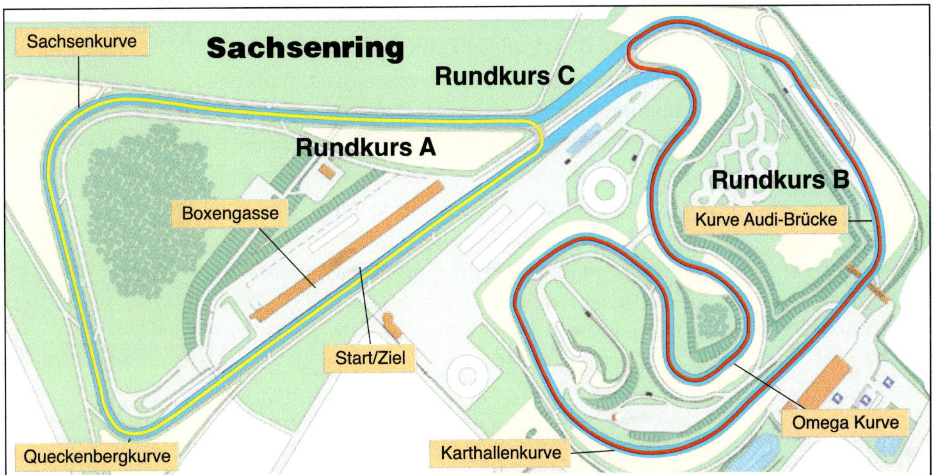

Rundkurs A: 1,7 km Länge
Hochgeschwindigkeitsstrecke mit langer, schneller Geraden bergab.
Die Queckenbergkurve führt extrem bergauf.

Rundkurs B: 2,1 km Länge
Kurvenreiche, anspruchsvolle Strecke mit verschiedensten Kurvenradien sowie vielen Steigungen und Gefälleabschnitten bis 12 %.

L & P / 2369

b) *Teamarbeit:* Besorgt euch die Daten zum Nürburgring. Erstellt auch hierzu ein Diagramm und vergleicht.

6. Die Gezeiten an der Nordsee ändern den Wasserstand in den Seehäfen.
Große, schwer beladene Schiffe benötigen eine Mindestwassertiefe zum Ein- und Auslaufen in den Hafen.
Ein Containerschiff wird beladen und soll am 12. Oktober bei Hochwasser auslaufen.

a) Stelle den Zeitpunkt des Hochwassers an den verschiedenen Tagen im September grafisch dar (siehe Tabelle).
Achte auf geeignetes Verbinden der Punkte. Beschreibe das Diagramm.

Gezeiten in Wilhelmshaven
September 2007

Tag	Hochwasser		Tag	Hochwasser	
1	04 : 54	17 : 06	16	04 : 53	17 : 09
2	05 : 33	17 : 48	17	05 : 17	17 : 35
3	06 : 11	18 : 31	18	05 : 42	18 : 03
4	06 : 52	19 : 22	19	06 : 15	18 : 45
5	07 : 48	20 : 32	20	07 : 10	19 : 57
6	09 : 08	22 : 04	21	08 : 34	21 : 31
7	10 : 40	23 : 36	22	10 : 08	23 : 02
8	12 : 01	–	23	11 : 29	–
9	00 : 49	13 : 01	24	00 : 14	12 : 30
10	01 : 41	13 : 47	25	01 : 08	13 : 18
11	02 : 24	14 : 29	26	01 : 55	14 : 02
12	03 : 02	15 : 08	27	02 : 37	14 : 43
13	03 : 35	15 : 42	28	03 : 14	15 : 22
14	04 : 04	16 : 13	29	03 : 50	16 : 01
15	04 : 28	16 : 41	30	04 : 26	16 : 42

b) Erstelle eine Prognose für den Hochwasserzeitpunkt am 12. Oktober 2007.

c) Gib Grenzen des Modells an: Welche Besonderheiten wurden nicht beachtet, welche Vereinfachungen wurden vorgenommen?

7. Die Gondel eines Sessellifts bewegt sich in 10 Minuten über eine Höhendifferenz von 150 m. Vereinfache die Bewegung modellmäßig. Zeichne dann den Graphen der Funktion
Zeit → Höhe über Starthöhe für einen Zeitraum von 30 Minuten. Mit welchen Funktionsvorschriften kann man die einzelnen Abschnitte im vereinfachten Modell beschreiben?

Langzeitaufgabe

8. *Teamarbeit:* Findet weitere Beispiele für periodische Vorgänge im Alltag. Stellt sie grafisch dar. Gestaltet eine Ausstellung dazu im Klassenraum.

6.2 Sinus und Kosinus am Einheitskreis

Aufgabe 1

Der Arm eines Industrieroboters ist so gelagert, dass er eine Bewegung auf einem Kreis mit dem Radius 1 (gemessen in m) um einen Mittelpunkt M ausführen kann.

In der Ebene, in der dieser Kreis liegt, wählen wir ein Koordinatensystem so, dass der Mittelpunkt des Kreises im Koordinatenursprung liegt. Dann kann man die Position P des Endpunktes in einfacher Weise mithilfe von Koordinaten beschreiben.

Gesucht ist die Abhängigkeit der Position P vom Drehwinkel α des Armes gegenüber (dem positiven Teil) der Rechtsachse des Koordinatensystems.

a) Zeichne den Graphen der Funktion, die jedem Drehwinkel α von 0° bis 360° die Höhe der Position P über der Rechtsachse (also die 2. Koordinate v von P) zuordnet.

b) Zeichne den entsprechenden Graphen für die 1. Koordinate u von P.

c) Beschreibe die Funktionen für Winkel von 0° bis 180° jeweils durch eine Formel.

Lösung

a) Die 2. Koordinate eines Punktes P kann direkt in den Graphen übertragen werden.

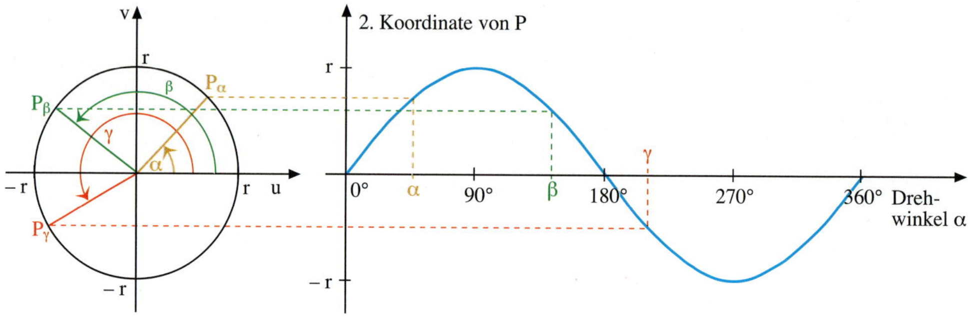

b) Die 1. Koordinate eines Punktes P kann auf der Rechtsachse abgelesen werden. Um sie direkt in den Graphen zu übertragen, müssen wir die 1. Koordinate zunächst auf die Hochachse übertragen. Dazu zeichnen wir einen Viertelkreis von der 1. Koordinate auf der Rechtsachse bis zur Hochachse. Der Wert, an dem der Viertelkreis auf die Hochachse trifft, kann nun direkt in den Graphen als 2. Koordinate übertragen werden.

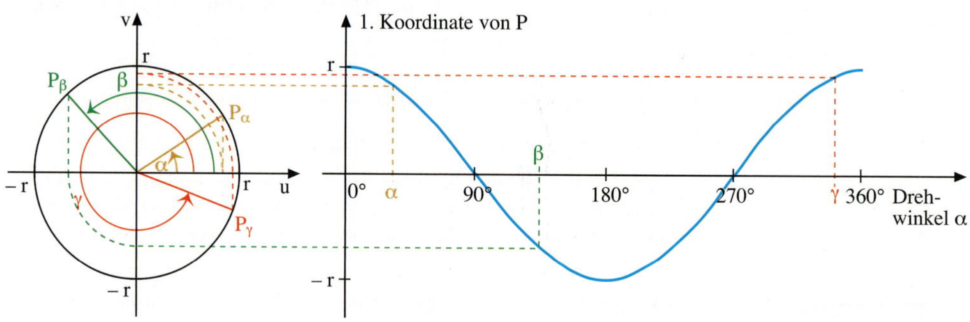

$\sin(\alpha) = \frac{\text{Gegenkathete}}{\text{Hypotenuse}}$

$\cos(\alpha) = \frac{\text{Ankathete}}{\text{Hypotenuse}}$

c) Wir betrachten einen Punkt P auf dem Teil des Einheitskreises im 1. Quadranten. Die Koordinaten dieses Punktes P können wir mithilfe des eingezeichneten rechtwinkligen Dreiecks berechnen.
Für die 1. Koordinate u gilt:
$\frac{u}{1} = \cos(\alpha)$, also $u = \cos(\alpha)$
Entsprechend erhält man für die 2. Koordinate:
$v = \sin(\alpha)$
Für Winkel α von 0° bis 180° gilt also:
Die Funktion *Drehwinkel α → 1. Koordinate von P* wird also durch die Formel $u = \cos(\alpha)$ und die Funktion *Drehwinkel α → 2. Koordinate von P* durch die Formel $v = \sin(\alpha)$ beschrieben.

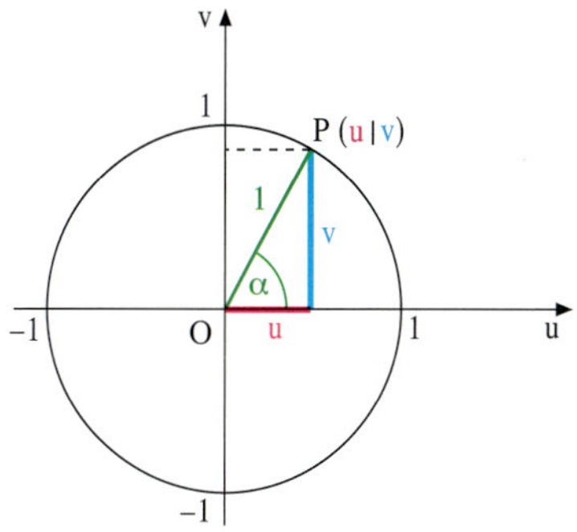

Information

(1) Koordinaten eines Punktes auf dem Einheitskreis für $0° \leq \alpha \leq 360°$

Die auf den Seiten 215 und 221 vorgenommene Deutung des Sinus und des Kosinus am oberen Teil des Einheitskreises übertragen wir nun auf den ganzen Einheitskreis: Auch wenn der Punkt P auf dem Teil des Einheitskreises nicht im 1. Quadranten liegt, ist seine 1. Koordinate $\cos(\alpha)$ und seine 2. Koordinate $\sin(\alpha)$, wobei α der Winkel zwischen der Halbgeraden $\overrightarrow{OP}$ und der positiven Rechtsachse ist (siehe Seite 215 und 221).

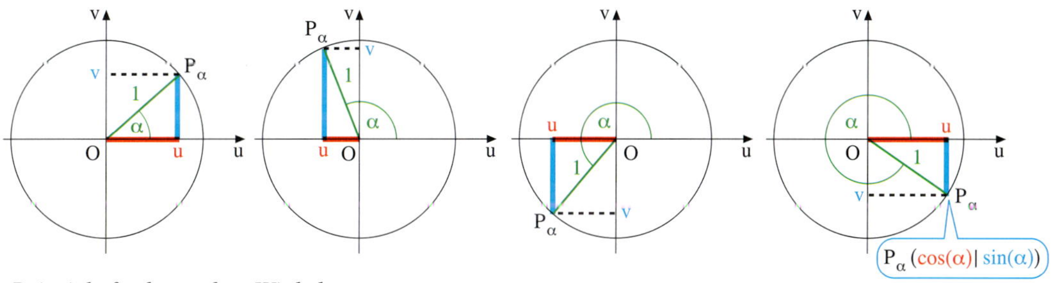

Beispiele für besondere Winkelwerte:

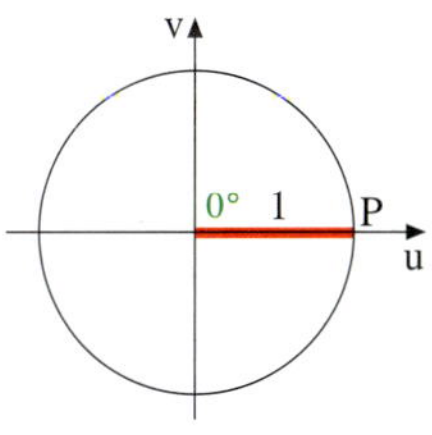

$\sin(0°) = 0$
$\cos(0°) = 1$

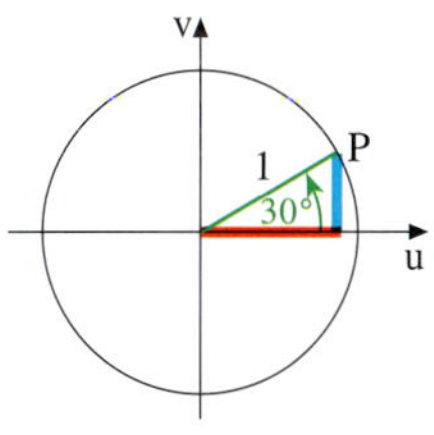

$\sin(30°) = \frac{1}{2}$
$\cos(30°) = \frac{1}{2}\sqrt{3}$

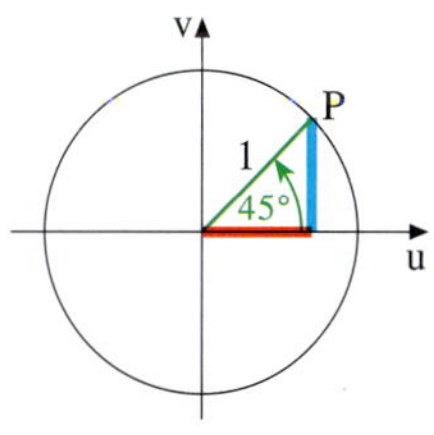

$\sin(45°) = \frac{1}{2}\sqrt{2}$
$\cos(45°) = \frac{1}{2}\sqrt{2}$

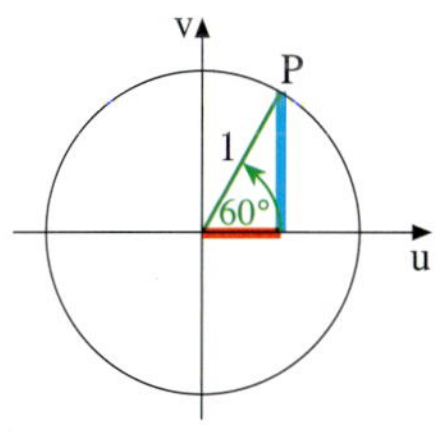

$\sin(60°) = \frac{1}{2}\sqrt{3}$
$\cos(60°) = \frac{1}{2}$

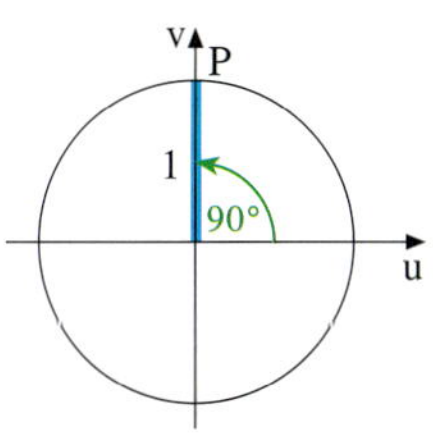

$\sin(90°) = 1$
$\cos(90°) = 0$

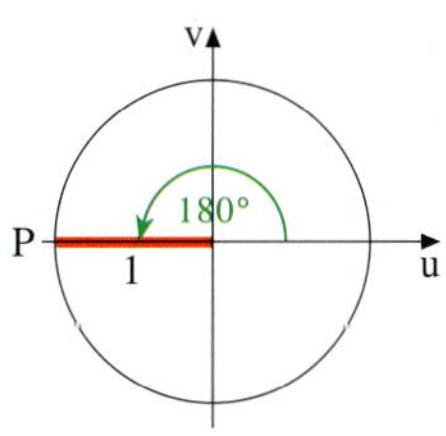

$\sin(180°) = 0$
$\cos(180°) = -1$

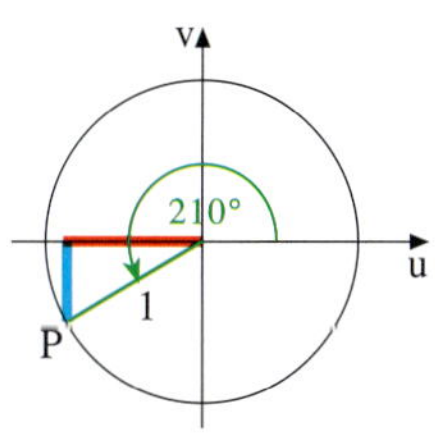

$\sin(210°) = -\frac{1}{2}$
$\cos(210°) = -\frac{1}{2}\sqrt{3}$

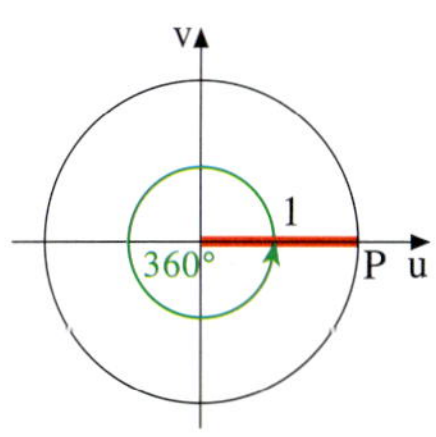

$\sin(360°) = 0$
$\cos(360°) = 1$

(2) Winkelgrößen über 360° und negative Winkelgrößen

Den Roboterarm in Aufgabe 1 auf Seite 236 haben wir linksherum (d.h. entgegen dem Uhrzeigersinn, auch mathematisch positiv genannt) bis zu seiner Endposition gedreht. Für den Drehwinkel α gilt dann $0° \le \alpha \le 360°$.
Wir können den Roboterarm auch über eine Volldrehung (360°) hinaus weiterdrehen. Den Drehwinkel α geben wir dann durch Winkelgrößen über 360° an.
Für eine Drehung rechtsherum (d.h. im Uhrzeigersinn, auch mathematisch negativ genannt) verwenden wir Winkelgrößen mit negativer Maßzahl.

Am Einheitskreis können wir das so veranschaulichen:
In Bild (1) bildet der Zeiger mit (dem positiven Teil) der Rechtsachse einen Winkel von 40°. Der Zeiger hat diese Lage durch eine Volldrehung und zusätzlich eine Drehung um 40°, also insgesamt durch eine Drehung um 400° linksherum erreicht: $360° + 40° = 400°$.
Dreht man den Zeiger rechtsherum, also im Uhrzeigersinn (mathematisch negativ genannt), so gibt man den Drehwinkel durch eine negative Maßzahl an, z.B. –320° in Bild (2).

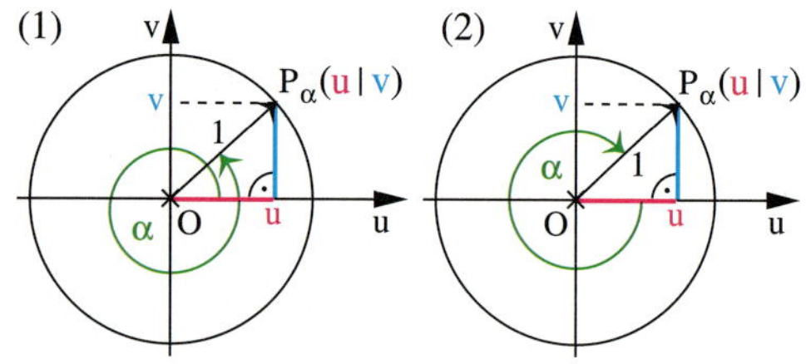

$\alpha = 400°$ $\alpha = -320°$

Damit können wir nun den Sinus und den Kosinus von beliebigen Winkelgrößen definieren.

Definition

Gegeben ist ein beliebiger Winkel α mit dem Scheitelpunkt im Koordinatenursprung und dem 1. Schenkel auf (dem positiven Teil) der Rechtsachse des Koordinatensystems. Der 2. Schenkel schneidet den Einheitskreis in einem Punkt $P_\alpha(u|v)$. Für die Koordinaten von P_α gilt dann für jeden beliebigen Winkel α:

$v = \sin(\alpha)$, $u = \cos(\alpha)$

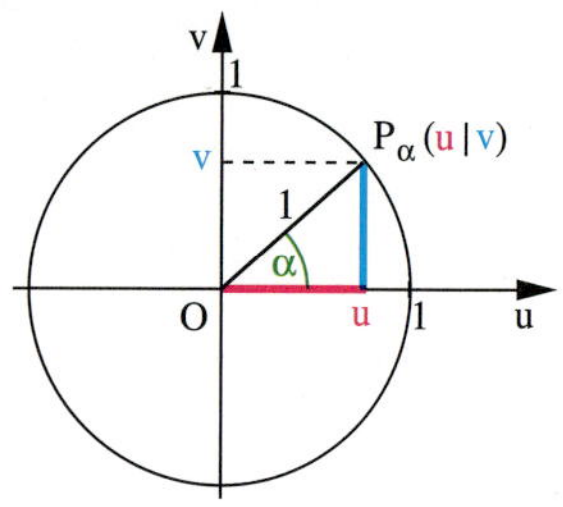

(3) Graphen zu den Funktionen mit y = sin (α) und y = cos (α)

Definition

Der Graph der Funktion mit der Gleichung $y = \sin(\alpha)$ heißt **Sinuskurve**.

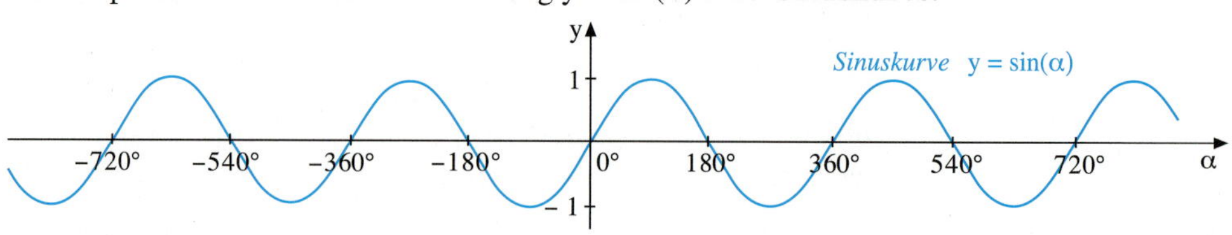

Der Graph der Funktion mit der Gleichung $y = \cos(\alpha)$ heißt **Kosinuskurve**.

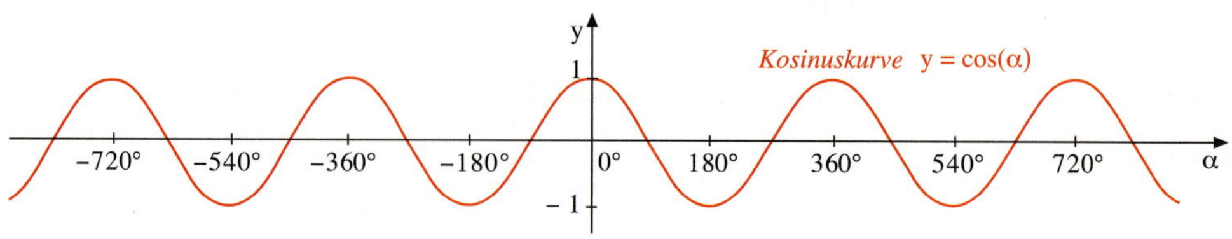

Die Sinuskurve und die Kosinuskurve haben die Periode 360°.

Übungsaufgaben

2. Der Rückstrahler eines sich gleichmäßig drehenden Fahrradpedals zeigt bei Betrachtung von hinten eine besondere Auf- und Abbewegung. Diese Bewegung soll durch ein mathematisches Modell untersucht werden.

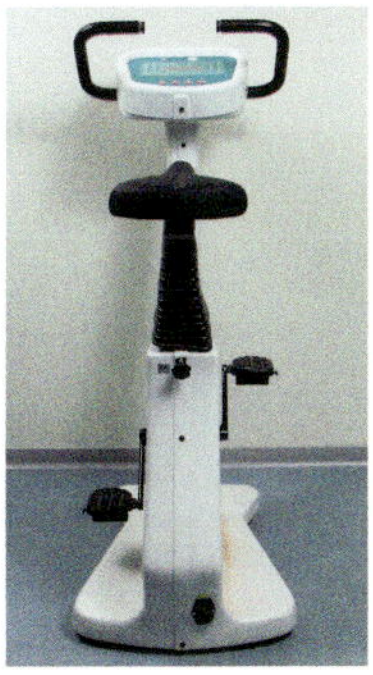

Anstelle des Fahrradpedals betrachten wir einen Zeiger der Länge r. Er dreht sich um einen Mittelpunkt M mit gleich bleibender Geschwindigkeit. Beleuchtet man den Zeiger von der linken Seite (Ansicht des Pedals von hinten), so entsteht an der Wand ein Schatten des Zeigers. Die Länge v des Schattens ist dabei abhängig von der Größe α des Drehwinkels des Zeigers.

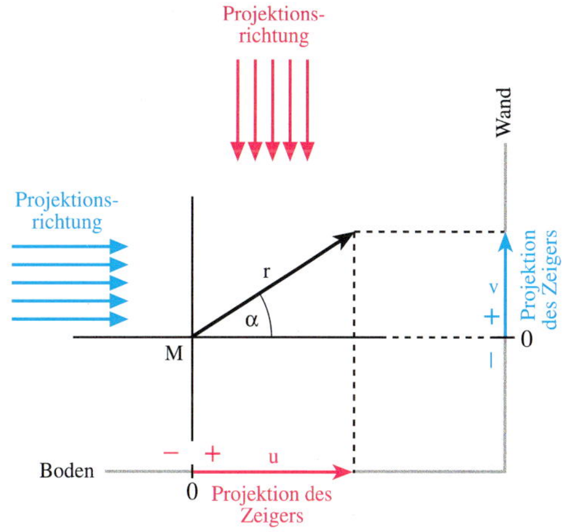

a) Zeichne den Graphen der Funktion, die jeder Größe α des Drehwinkels die Länge v des Schattens an der Wand zuordnet. Zeigt die Pfeilspitze des Schattens nach oben, so wählen wir v positiv, sonst negativ.

b) Beschreibe die Funktion im Bereich $0° \leq \alpha \leq 180°$ durch eine Gleichung.

c) Betrachte nun eine Beleuchtung von oben (Ansicht des Fahrradpedals von oben). Zeichne den Graphen der Funktion, die jeder Größe α des Drehwinkels die Schattenlänge u auf dem Boden zuordnet. Zeigt die Pfeilspitze nach rechts, so wählen wir u positiv, sonst negativ. Beschreibe die Funktion im Bereich $0° \leq \alpha \leq 180°$ durch eine Gleichung.

3. Bestimme zeichnerisch am Einheitskreis (r = 1 dm) auf Hundertstel.

a) $\sin(75°)$, $\cos(75°)$ **b)** $\sin(156°)$, $\cos(156°)$ **c)** $\sin(214°)$, $\cos(214°)$ **d)** $\sin(281°)$, $\cos(281°)$ **e)** $\sin(349°)$, $\cos(349°)$ **f)** $\sin(415°)$, $\cos(415°)$

4. Bestimme am Einheitskreis die Winkelgrößen aus dem Bereich $0° \leq \alpha \leq 360°$, für die gilt:

a) $\sin(\alpha) = 0{,}24$; $\sin(\alpha) = -0{,}56$ **b)** $\cos(\alpha) = 0{,}75$; $\cos(\alpha) = -0{,}32$ **c)** $\sin(\alpha) \geq 0{,}35$; $\sin(\alpha) \leq -0{,}45$ **d)** $\cos(\alpha) \geq 0{,}65$; $\cos(\alpha) \leq -0{,}45$

5. Bestimme die Winkelgrößen im Bereich $0° \leq \alpha \leq 360°$, für die gilt:

a) $\cos(\alpha) = 0$ **b)** $\sin(\alpha) = 1$ **c)** $\cos(\alpha) = -1$ **d)** $\sin(\alpha) = -1$ **e)** $\cos(\alpha) = 1$

6. Bestimme mithilfe des Taschenrechners. Runde sinnvoll.

a) $\sin(119{,}5°)$, $\cos(254{,}5°)$ **b)** $\sin(-202{,}8°)$, $\cos(-153{,}1°)$ **c)** $\sin(775{,}4°)$, $\cos(-514{,}6°)$ **d)** $-\sin(-358{,}1°)$, $-\cos(-261{,}5°)$

7. Zu dem Punkt P_α gehört der jeweils angegebene Drehwinkel α. Durch welche Winkelgröße α aus dem Bereich $0° \leq \alpha \leq 360°$ wird dieselbe Lage des Punktes P_α beschrieben?

a) $\alpha = 768°$, $\alpha = 432°$ **b)** $\alpha = 920°$, $\alpha = 860°$ **c)** $\alpha = 973°$, $\alpha = 1\,217°$ **d)** $\alpha = -82°$, $\alpha = -64°$ **e)** $\alpha = -138°$, $\alpha = -218°$ **f)** $\alpha = -333°$, $\alpha = -614°$

8. Skizziere die Sinuskurve [Kosinuskurve] im Bereich $-360° \leq \alpha \leq 720°$.

9. Für welche Winkelgrößen α im Bereich $0° \leq \alpha \leq 360°$ gilt jeweils:

a) $\sin(\alpha) > 0$ **b)** $\cos(\alpha) < 0$ **c)** $\sin(\alpha) > 0$ *und* $\cos(\alpha) > 0$ **d)** $\sin(\alpha) > 0$ *und* $\cos(\alpha) < 0$?

6.3 Sinus- und Kosinusfunktion mit $\mathbb{R}$ als Definitionsmenge

6.3.1 Bogenmaß eines Winkels

Bislang haben wir die Größe von Winkeln im Gradmaß in der Einheit ° gemessen. Jetzt soll die Größe von Winkeln mithilfe reeller Zahlen angegeben werden.

Aufgabe 1

Berechnen der Größe eines Winkels aus der Bogenlänge

Ein Schweißroboter soll für das Herstellen zweier kreisförmiger Schweißnähte programmiert werden. Die Schweißnähte sollen dabei auf Kreisbögen mit den Radien $r_1 = 1$ m und $r_2 = 1{,}5$ m liegen und eine Bogenlänge von $b_1 = 0{,}48$ m bzw. $b_2 = 0{,}72$ m haben.
Welcher Drehwinkel muss für den Roboterarm jeweils programmiert werden?

Lösung

Für die zu einer Kreisbogenlänge b_α gehörende Winkelgröße α gilt:

$b_\alpha = 2\pi r \cdot \frac{\alpha}{360°}$, also: $\alpha = \frac{b_\alpha \cdot 360°}{2\pi r} = \frac{b_\alpha \cdot 180°}{\pi r}$

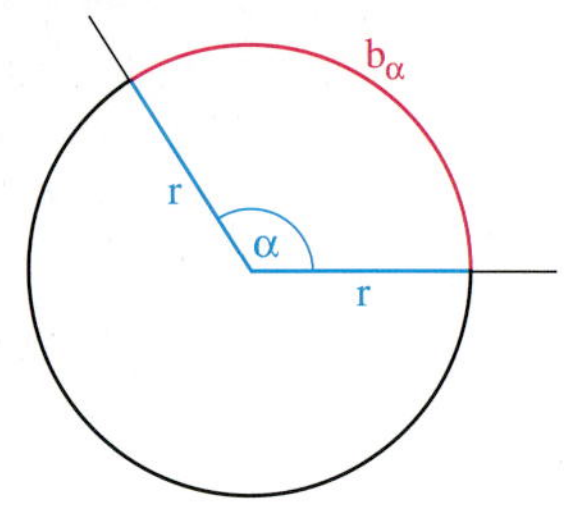

Damit folgt:

$\alpha_1 = \frac{0{,}48 \text{ m} \cdot 180°}{\pi \cdot 1 \text{ m}} = 27{,}50\ldots° \approx 27{,}5°$ und

$\alpha_2 = \frac{0{,}72 \text{ m} \cdot 180°}{\pi \cdot 1{,}5 \text{ m}} = 27{,}50\ldots° \approx 27{,}5°$

Information

Größen kann man in verschiedenen Einheiten messen:

Länge: Meter ↔ inch

Temperatur: Grad Celsius ↔ Grad Fahrenheit

Winkel: Gradmaß ↔ Bogenmaß

Bogenmaß eines Winkels

In Aufgabe 1 haben wir beide Male als Winkelgröße 27,5° erhalten. Dies liegt daran, dass der Radius r_2 genau 1,5-mal so groß wie der Radius r_1 und auch die Bogenlänge b_2 genau 1,5-mal so groß wie die Bogenlänge b_1 ist. Formt man die Formel $\alpha = \frac{b_\alpha \cdot 180°}{\pi r}$ um in $\frac{b_\alpha}{r} = \alpha \cdot \frac{\pi}{180°}$, so sieht man, dass das Verhältnis $\frac{b_\alpha}{r}$ aus Bogenlänge b_α und Radius r nur von der Winkelgröße α abhängt, denn π und 180° sind Konstanten.
Das Verhältnis $\frac{b_\alpha}{r}$ können wir daher auch dazu verwenden, um die Größe eines Winkels anzugeben. Man nennt es das *Bogenmaß* des Winkels α. Das Bogenmaß eines Winkels ist eine reelle Zahl. Bisher haben wir die Größe eines Winkels in der Einheit Grad angegeben, also im so genannten Gradmaß. Mit der Formel $\frac{b_\alpha}{r} = \alpha \cdot \frac{\pi}{180°}$ können wir jede Winkelgröße, die im Gradmaß angegeben ist, in das Bogenmaß umrechnen und umgekehrt.

Definition

Das Verhältnis $\frac{b_\alpha}{r}$ aus der Länge b_α des Kreisbogens und dem Radius r heißt das **Bogenmaß** des Winkels α.

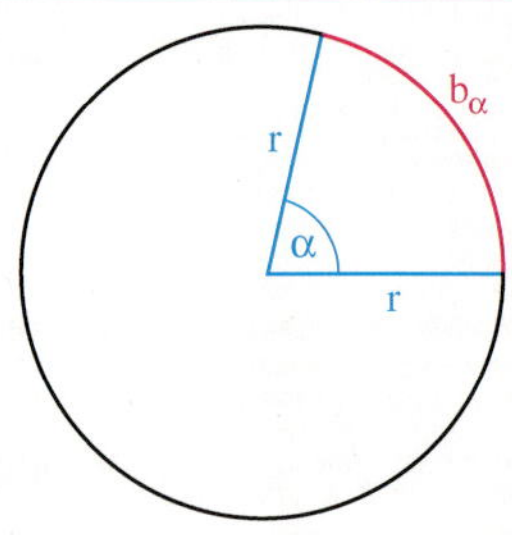

Das Bogenmaß ist eine reelle Zahl!

Satz

(1) Zu dem Gradmaß α eines Winkels gehört das Bogenmaß $x = \alpha \cdot \frac{\pi}{180°}$.

(2) Zu dem Bogenmaß x eines Winkels gehört das Gradmaß $\alpha = x \cdot \frac{180°}{\pi}$.

Beispiele: $\alpha = 152°$ — $x = \alpha \cdot \frac{\pi}{180°} = 152° \cdot \frac{\pi}{180°} \approx 2{,}65$

$x = 5{,}1$ — $\alpha = x \cdot \frac{\pi}{180°} = 5{,}1 \cdot \frac{\pi}{180°} \approx 292{,}2°$

Aufgabe 2

Umrechnen vom Gradmaß in das Bogenmaß

Gib für −90°, 0°, 30°, 45°, 60°, 90°, 180°, 270°, 360° und 720° den Zusammenhang zwischen Gradmaß und Bogenmaß an.

Lösung

Du könntest das Gradmaß für jede einzelne Winkelgröße mithilfe der Formel $x = \alpha \cdot \frac{\pi}{180°}$ berechnen. Einfacher ist jedoch folgendes Vorgehen:
Zu dem Gradmaß α = 360° eines Winkels gehört das Bogenmaß x = 2π, zu dem Gradmaß 180° gehört das Bogenmaß π, … Die weiteren Werte für das Bogenmaß ergeben sich aus der Tatsache, dass die Zuordnung zwischen Gradmaß und Bogenmaß proportional ist.

Gradmaß	−90°	0°	30°	45°	60°	90°	180°	270°	360°	720°
Bogenmaß	$-\frac{\pi}{2}$	0	$\frac{\pi}{6}$	$\frac{\pi}{4}$	$\frac{\pi}{3}$	$\frac{\pi}{2}$	π	$\frac{3}{2}\pi$	2π	4π

360° entspricht 2π

Information

Verschiedene Winkelmaße beim Taschenrechner

Der Taschenrechner kann neben dem Gradmaß auch das Bogenmaß für Berechnungen verwenden. Dazu muss er aber auf das Bogenmaß umgeschaltet werden.
Für das Gradmaß wird auch die Abkürzung DEG (Degree) und für das Bogenmaß die Abkürzung RAD (Radiant) verwandt.
Auch Tabellenkalkulationsprogramme verwenden das Bogenmaß für Winkelgrößen.

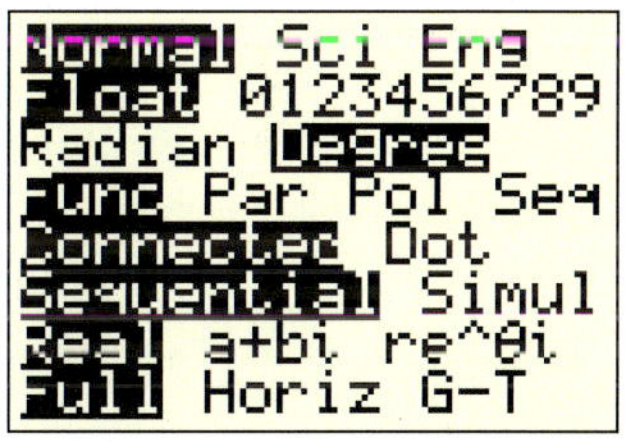

Übungsaufgaben

3. Zur Kontrolle des Winkels einer neu gebauten Diskuswurf-Anlage wird sowohl der Bogen auf dem Wurfkreis gemessen als auch auf der des 50 m-Weitenkreises im Wurfsektor: 0,87 m bzw. 28,50 m.
Überlege, warum es leichter ist, diese Größen statt der Winkelgröße direkt zu messen. Berechne dann die Größe des Winkels.

SPORTINFO

Diskuswerfen

Der Diskus ist eine mit Metall eingefasste Hartholz- oder Metallscheibe, die aus einem Wurfkreis mit 2,50 Meter Durchmesser in das gekennzeichnete Wurffeld geworfen wird.
Der Wurfkreis wird durch eine Metallumrandung oder eine weiße Linie markiert. Vom Mittelpunkt des Kreises führen in einem 40-Grad-Winkel zwei gerade Linien nach vorne und begrenzen somit einen Sektor, in dem alle gültigen Würfe landen müssen. Die Messung der Würfe erfolgt auf einer geraden Linie durch den Kreismittelpunkt von der Auftreffstelle zur Innenkante der Kreisumrandung.

4. Gegeben sind Winkelgrößen im Gradmaß. Berechne jeweils das zugehörige Bogenmaß.

a) 37°; 109°; 348°; 258°; 17,5°; 339,8°; 127,1° **b)** −55°; 456°; −125°; −518°; −256,8°

5. Gegeben sind Winkelgrößen im Bogenmaß. Berechne jeweils das zugehörige Gradmaß.

a) 2,67; 5,14; 0,5; −3,25; 23,6; −1,3; 20,4 **b)** $\frac{3}{2}\pi$; $\frac{\pi}{4}$; $\frac{5}{4}\pi$; $-\frac{7}{4}\pi$; $-\frac{3}{8}\pi$; $-\frac{5}{8}\pi$; $\frac{7}{8}\pi$; $-\frac{\pi}{6}$

6. Rechne jeweils in das andere Winkelmaß um, gerundet auf Zehntel.

a) 17°; 3,4; 2,7; 93°; −93; 1,9° **b)** 1°; 1; −1; −1°; π; π°

7. *Partnerarbeit:* Lasse dir von deinem Partner einen Winkel im Bogenmaß bzw. im Gradmaß sagen. Schätze den Winkel im anderen Maß. Dein Partner berechnet den Wert zur Kontrolle. Tauscht die Rollen nach jeder Aufgabe.

6.3.2 Definition der Sinus- und Kosinusfunktion

Aufgabe 1

Die Sinusfunktion und die Kosinusfunktion können auch für Winkelgrößen im Bogenmaß definiert werden. In der grafischen Darstellung wird das Gradmaß an der Rechtsachse durch das Bogenmaß ersetzt. Die Werte an der Rechtsachse sind dann reelle Zahlen.

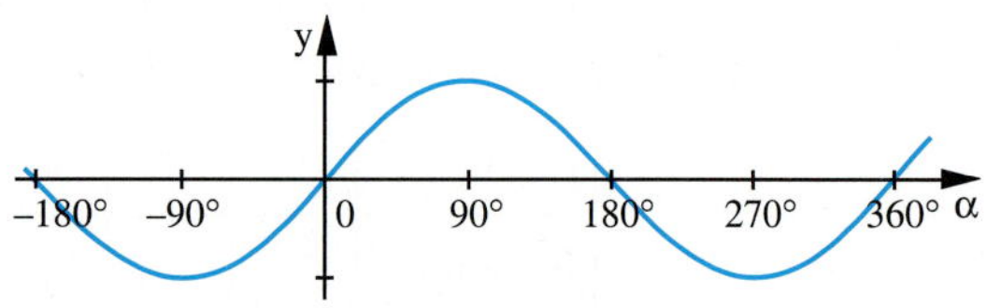

a) Zeichne den Graphen der Sinusfunktion für Winkelgrößen im Bogenmaß und gib an der Rechtsachse zusätzlich die Werte für das Gradmaß an.

b) Lies am Graphen die Funktionswerte für sin (0,5); sin (1); sin (2,5); $\sin\left(\frac{\pi}{2}\right)$ und sin (π) ab.

c) Zeichne entsprechend zu Teilaufgabe a) auch den Graphen der Kosinusfunktion.

Lösung

a) Mithilfe einer Wertetabelle erhalten wir den Graphen:

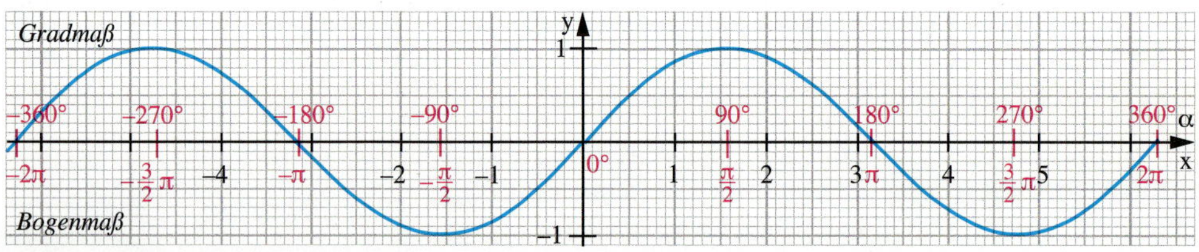

b) Unter Berücksichtigung der Ablesegenauigkeit ergibt sich:

sin (0,5) ≈ 0,5; sin (1) ≈ 0,8; sin (2,5) ≈ 0,6; $\sin\left(\frac{\pi}{2}\right) = 1$; sin (π) = 0

c) Mithilfe einer Wertetabelle erhalten wir den Graphen:

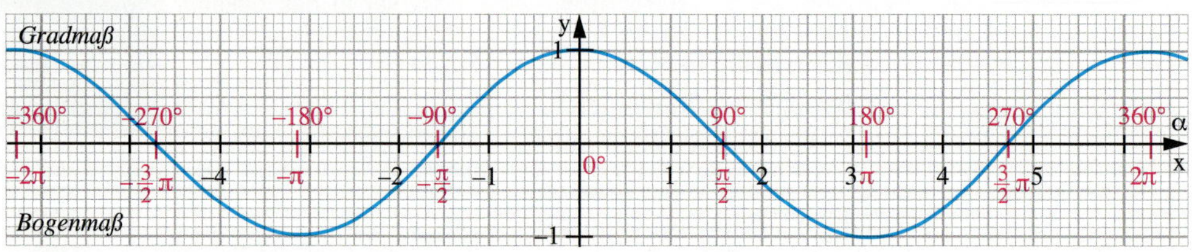

Information

Definition

Die Funktion mit der Gleichung $y = \sin(x)$ und ℝ (bzw. einer Teilmenge von ℝ) als Definitionsmenge heißt **Sinusfunktion.** Ihr Graph heißt auch *Sinuskurve.*
Die Funktion mit der Gleichung $y = \cos(x)$ und ℝ (bzw. einer Teilmenge von ℝ) als Definitionsmenge heißt **Kosinusfunktion.** Ihr Graph heißt auch *Kosinuskurve.*

Graph der Sinusfunktion:

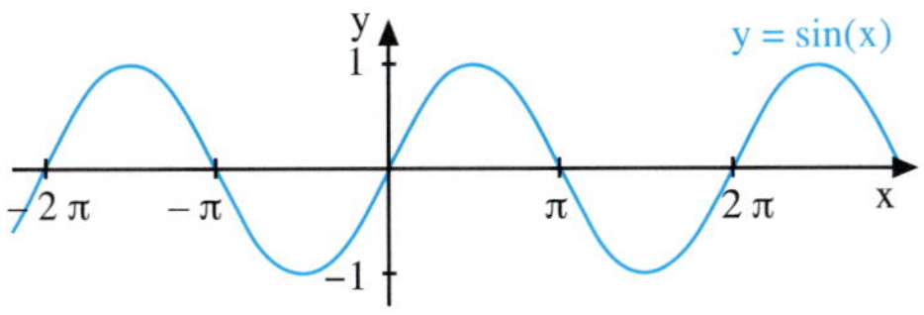

Graph der Kosinusfunktion:

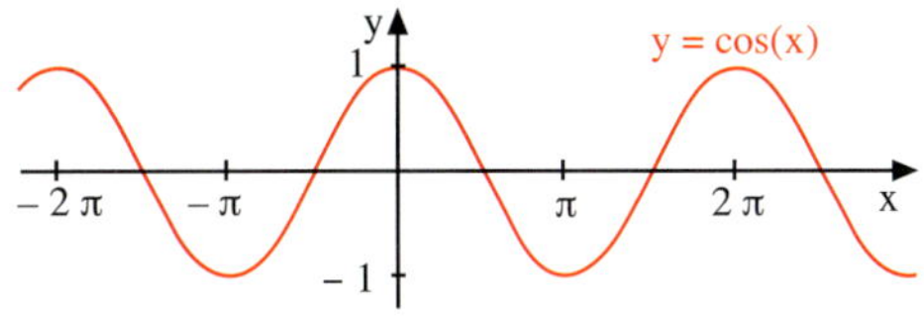

Die Wertemenge ist jeweils die Menge aller reellen Zahlen y, für die gilt: $-1 \leq y \leq 1$.

Satz

Die Sinus- und die Kosinusfunktion sind periodische Funktionen mit der Periode 2π:
$\mathbf{\sin(x + 2\pi) = \sin(x)}$ $\quad$ $\mathbf{\cos(x + 2\pi) = \cos(x)}$

Besondere Werte: $\sin(0) = 0$ $\quad \sin\left(\frac{\pi}{2}\right) = 1$ $\quad \sin(\pi) = 0$ $\quad \sin\left(\frac{3}{2}\pi\right) = -1$ $\quad \sin(2\pi) = 0$
$\cos(0) = 1$ $\quad \cos\left(\frac{\pi}{2}\right) = 0$ $\quad \cos(\pi) = -1$ $\quad \cos\left(\frac{3}{2}\pi\right) = 0$ $\quad \cos(2\pi) = 1$

Übungsaufgaben

2. **a)** Zeichne mit dem Rechner den Graphen der Funktion „Sinus“ und „Kosinus“ im Bogenmaß.
b) Begründe, dass der angezeigte Graph in beiden Fällen der Graph einer Funktion ist.
c) Erläutere den Verlauf des Graphen jeweils mithilfe der Definition am Einheitskreis.

GTR

3. Gerrit hat versucht, den Graphen der Sinusfunktion mit seinem Rechner zu zeichnen. Welchen Fehler hat er gemacht?

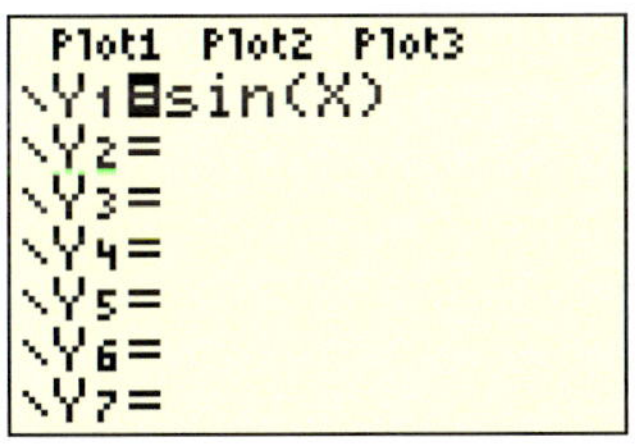

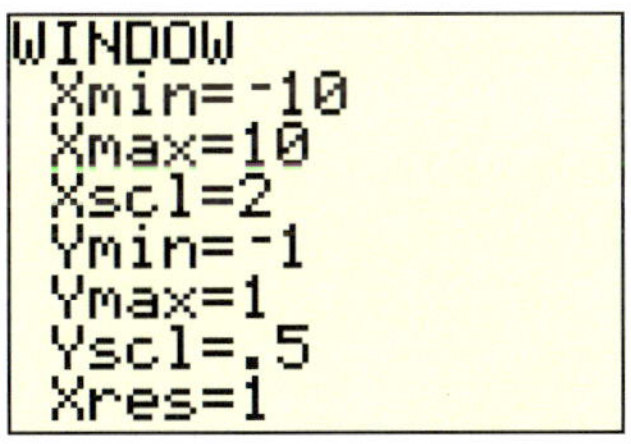

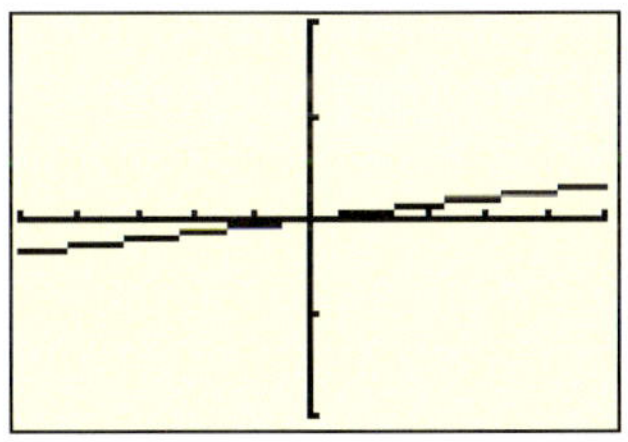

4. Zeichne den Graphen der Sinusfunktion und verdeutliche daran die folgenden Funktionswerte.
(1) $\sin(\pi)$ (2) $\sin(\pi°)$ (3) $\sin(15)$ (4) $\sin(15°)$ (5) $\sin(-1)$ (6) $\sin(-1°)$

5. Zeichne den Graphen der Funktion mit der angegebenen Gleichung im Bereich $-13 \leq x \leq 13$.
a) $y = 1 + \sin(x)$ **b)** $y = \frac{1}{2}x - \cos(x)$ **c)** $y = \sin(x) + \cos(x)$ **d)** $y = \frac{1}{10}x^2 - \cos(x)$

GTR

Verwende ZoomDec oder ZoomSqr für gleiche Einteilung auf beiden Achsen.

6. Zeichne den Graphen der Kosinusfunktion mit dem Rechner und untersuche, wie sich die verschiedenen Fenster, die man im Zoom-Menu wählen kann, auf die Darstellung des Graphen auswirken.

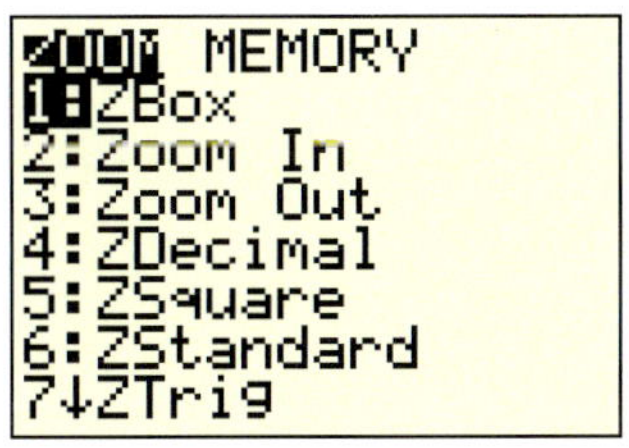

6.3.3 Eigenschaften der Sinus- und Kosinusfunktion

Aufgabe 1

a) Zeichne die Graphen der Sinus- und Kosinusfunktion und untersuche sie auf Symmetrie.

b) Gib die Nullstellen der beiden Funktionen an.

Lösung

a) (1) Wir können nur einen kleinen Ausschnitt des Graphen der Sinusfunktion zeichnen.

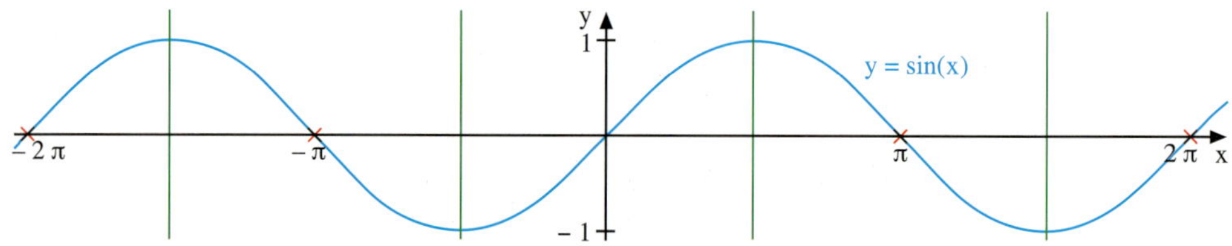

Die rot markierten Punkte sind Symmetriepunkte. Die grünen Geraden sind Symmetrieachsen.

(2) Auch vom Graphen der Kosinusfunktion können wir nur einen kleinen Ausschnitt zeichnen.

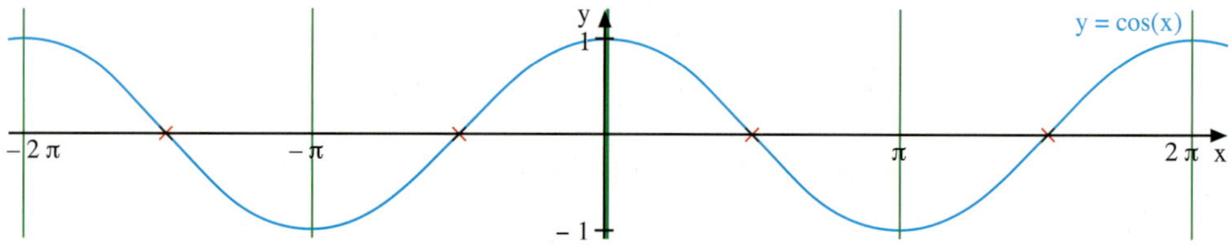

Die rot markierten Punkte sind Symmetriepunkte. Die grünen Geraden sind Symmetrieachsen.

Menge der ganzen Zahlen: $\mathbb{Z} = \{..., -2, -1, 0, 1, 2, ...\}$

b) Die Sinusfunktion hat zwischen 0 und 2π die Nullstellen 0; π; 2π. Wegen der Periode 2π hat sie in $\mathbb{R}$ unendlich viele Nullstellen, z.B. -3π, -2π, $-\pi$, 0, π, 2π, 3π; allgemein $k \cdot \pi$ mit $k \in \mathbb{Z}$.

Auch die Kosinusfunktion hat unendlich viele Nullstellen, z.B. $-\frac{5}{2}\pi$, $-\frac{3}{2}\pi$, $-\frac{1}{2}\pi$, $\frac{1}{2}\pi$, $\frac{3}{2}\pi$, $\frac{5}{2}\pi$; allgemein $\frac{\pi}{2} + k \cdot \pi$ mit $k \in \mathbb{Z}$.

Information

(a) Der Graph der Sinusfunktion ist punktsymmetrisch zu allen Punkten, an denen der Graph die x-Achse schneidet, insbesondere auch zum Koordinatenursprung O.

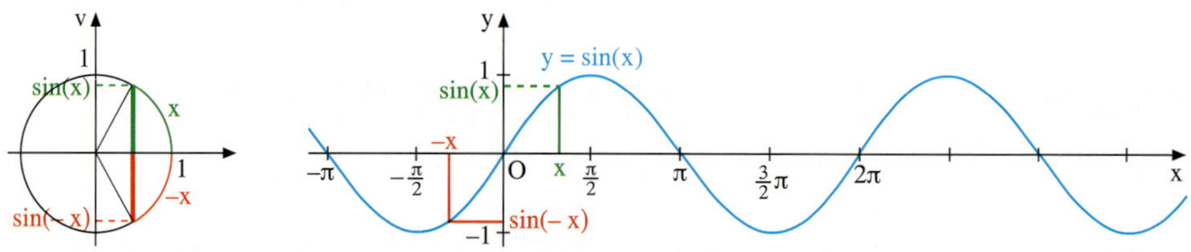

Bezüglich des Koordinatenursprungs O(0|0) gilt also: $\sin(-x) = -\sin(x)$

(b) Der Graph der Sinusfunktion ist achsensymmetrisch zu allen zur y-Achse parallelen Geraden, die durch einen Hoch- oder Tiefpunkt des Graphen verlaufen.

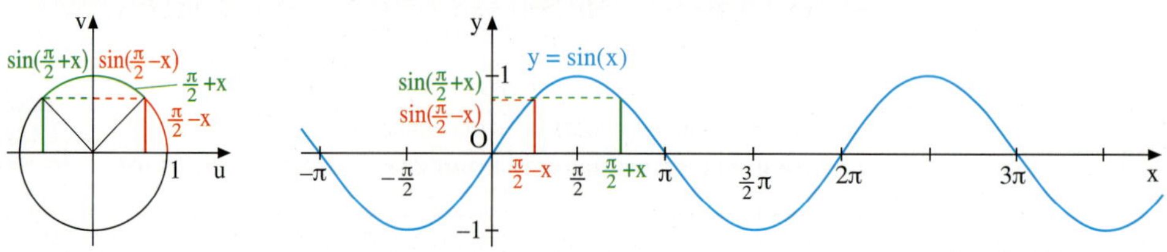

Bezüglich des Hochpunktes $H(\frac{\pi}{2}|1)$ gilt also beispielsweise: $\sin(\frac{\pi}{2} + x) = \sin(\frac{\pi}{2} - x)$

(c) Der Graph der Kosinusfunktion ist punktsymmetrisch zu allen Punkten, an denen der Graph die x-Achse schneidet.

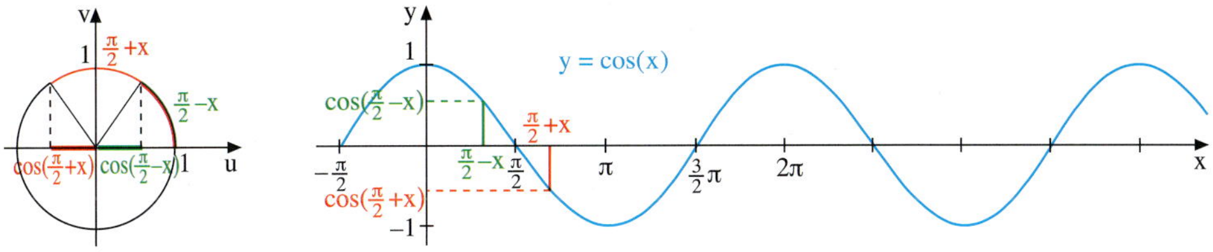

Bezüglich des Punktes $N\left(\frac{\pi}{2}\middle|0\right)$ gilt also beispielsweise: $\cos\left(\frac{\pi}{2}+x\right) = -\cos\left(\frac{\pi}{2}-x\right)$

(d) Der Graph der Kosinusfunktion ist achsensymmetrisch zu allen zur y-Achse parallelen Geraden, die durch einen Hoch- oder Tiefpunkt des Graphen verlaufen, insbesondere auch zur y-Achse.

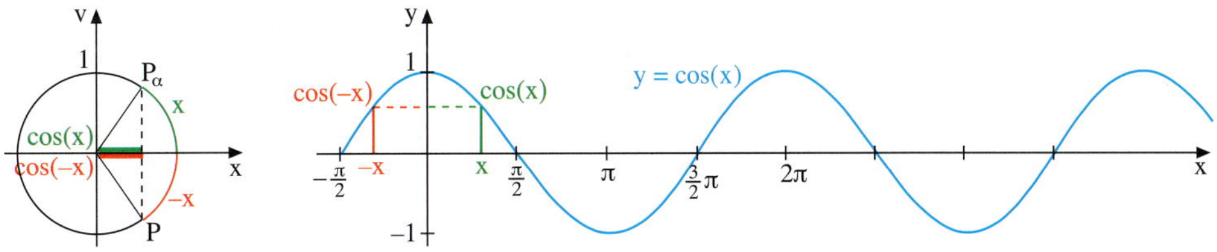

Bezüglich der y-Achse gilt also: $\cos(-x) = \cos(x)$

Satz

Sinus- und Kosinusfunktion sind punkt- und achsensymmetrisch. Insbesondere gilt:

(1) Der Graph der Sinusfunktion ist punktsymmetrisch zum Koordinatenursprung.
Für alle Winkelgrößen x gilt: $\mathbf{\sin(-x) = -\sin(x)}$

(2) Der Graph der Kosinusfunktion ist achsensymmetrisch zur y-Achse.
Für alle Winkelgrößen x gilt: $\mathbf{\cos(-x) = \cos(x)}$

Aufgabe 2

Bestimmen von Winkelgrößen zu vorgegebenen Sinus- und Kosinuswerten

a) Bestimme mithilfe des Rechners *eine* Winkelgröße x aus dem Bereich $0 \le x \le 2\pi$, für die gilt:
(1) $\sin(x) = 0{,}9$ (2) $\sin(x) = -0{,}8$ (3) $\cos(x) = 0{,}7$ (4) $\cos(x) = -0{,}5$

b) Zeichne die Graphen der Sinus- und Kosinusfunktion. Ermittle am Graphen alle weiteren Winkelgrößen aus dem Bereich $0 \le x \le 2\pi$ mit den Sinus- und Kosinuswerten aus Teilaufgabe a).

c) Bestimme alle Winkelgrößen $x \in \mathbb{R}$ mit den Sinus- und Kosinuswerten aus Teilaufgabe a).

Lösung

a) Mithilfe des Rechners erhalten wir Näherungswerte für die gesuchten Winkelgrößen, die wir auf Zehntel gerundet angeben:

(1) $x_1 = 1{,}1$

(2) $-0{,}9$ liegt nicht im Bereich $0 \le x \le 2\pi$. Da die Sinusfunktion die Periode 2π hat, gilt $\sin(x) = \sin(x + 2\pi)$. Eine gesuchte Winkelgröße aus dem Bereich $0 \le x \le 2\pi$ ist daher: $x_1 = -0{,}9 + 2\pi \approx 5{,}4$

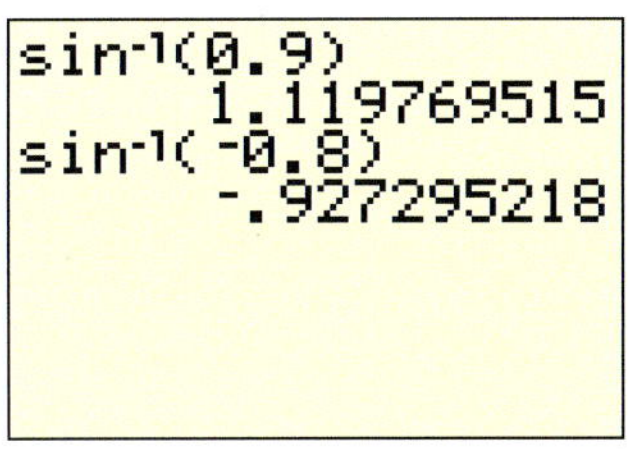

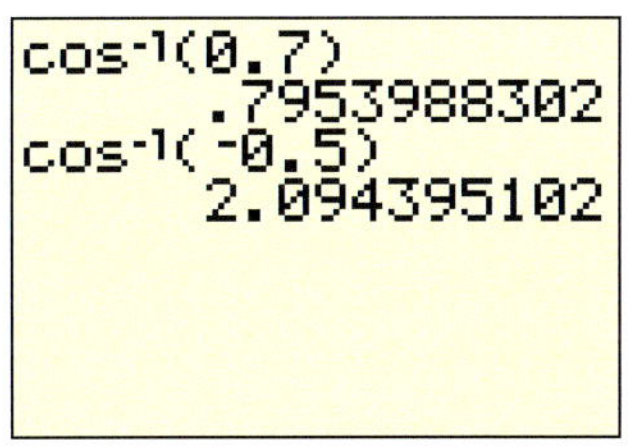

(3) $x_1 = 0{,}8$

(4) $x_1 = 2{,}1$

b) Weitere Werte erhalten wir mithilfe der Symmetrieeigenschaften der Graphen.

(1) Aus $\sin(\pi - x) = \sin(x)$ folgt $x_2 = \pi - 1{,}1 \approx 2{,}0$

(2) Aus $\sin(\pi + x) = \sin(2\pi - x)$ folgt $x_2 = \pi + 0{,}9 \approx 4{,}0$

(3) Aus $\cos(2\pi - x) = \cos(x)$ folgt $x_2 = 2\pi - 0{,}8 \approx 5{,}5$

(4) Aus $\cos(2\pi - x) = \cos(x)$ folgt $x_2 = 2\pi - 2{,}1 \approx 4{,}2$

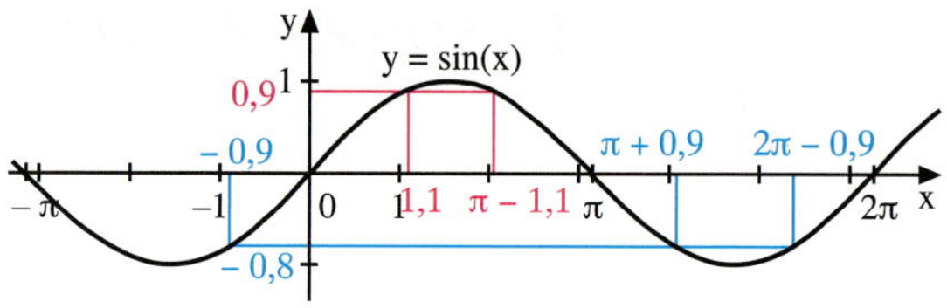

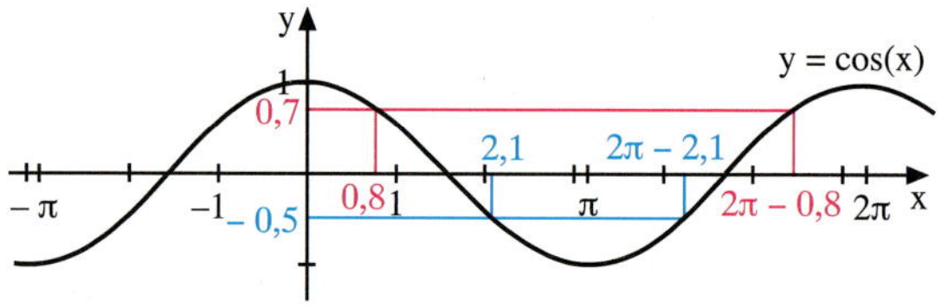

Menge der ganzen Zahlen: $\mathbb{Z} = \{..., -2, -1, 0, 1, 2, ...\}$

c) Da die Sinus- und Kosinusfunktion periodische Funktionen mit der Periode 2π sind, erhält man alle Lösungen, indem man zu den Lösungen im Bereich $0 \le x \le 2\pi$ ganzzahlige (auch negative) Vielfache von 2π addiert (siehe rechts).

(1) $x = 1{,}1 + k \cdot 2\pi$	oder	$x = p - 1{,}1 + k \cdot 2\pi$
(2) $x = -0{,}9 + k \cdot 2\pi$	oder	$x = p + 0{,}9 + k \cdot 2\pi$
(3) $x = 0{,}8 + k \cdot 2\pi$	oder	$x = -0{,}8 + k \cdot 2\pi$
(4) $x = 2{,}1 + k \cdot 2\pi$	oder	$x = -2{,}1 + k \cdot 2\pi$

mit $k \in \mathbb{Z}$.

Übungsaufgaben

3. **a)** Rechts wurde mit dem Rechner der Sinuswert eines Winkels im Bogenmaß bestimmt und anschließend die zu diesem Sinuswert gehörende Winkelgröße berechnet. Nimm Stellung dazu.

b) Bei welchen weiteren Winkelgrößen statt 4 ergibt sich bei vergleichbarer Rechnung ebenfalls $-0{,}7568024953$?

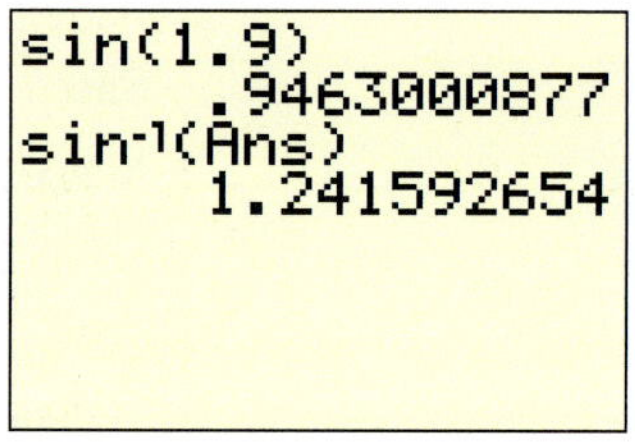

4. Bestimme alle Winkelgrößen aus dem Bereich $0 \le x \le 2\pi$ mit:

a) $\sin(x) = 0$ **b)** $\sin(x) = 0{,}71$ **c)** $\cos(x) = 0{,}5$ **d)** $\cos(x) = -1$ **e)** $\sin(x) = 2{,}5$

5. Bestimme alle $x \in \mathbb{R}$ mit:

a) $\cos(x) = 0{,}47$ **b)** $\sin(x) = -0{,}22$ **c)** $\sin(x) = 0{,}72$ **d)** $\cos(x) = -0{,}12$

6. Hier kannst du exakte Werte für x angeben. Begründe.

a) $\sin(x) = 1$ **c)** $\cos(x) = 0$ **e)** $\cos(x) = \frac{1}{2}$ **g)** $\cos(x) = -\frac{1}{2}\sqrt{2}$

b) $\sin(x) = 0$ **d)** $\cos(x) = -\sqrt{1}$ **f)** $\sin(x) = \frac{1}{2}$ **h)** $\cos(x) = -\frac{1}{2}\sqrt{3}$

7. Bestimme alle Stellen, an denen der größtmögliche [kleinstmögliche] Funktionswert angenommen wird, für

a) die Sinusfunktion; **b)** die Kosinusfunktion.

CAS **8.** Erläutere die Anzeige im Fenster eines CAS-Rechners.

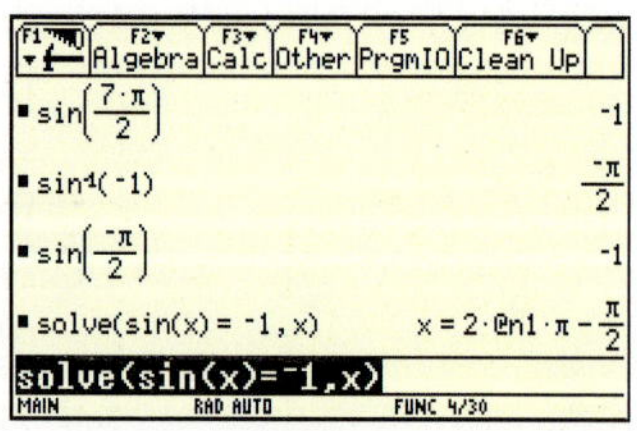

6.4 Strecken des Graphen der Sinus- und Kosinusfunktion

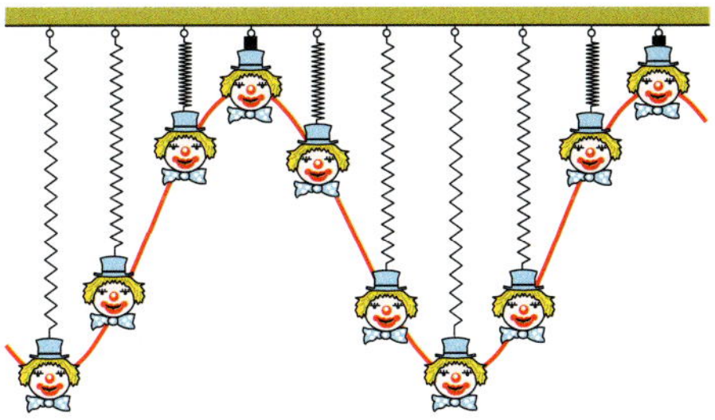

Die Bilder zeigen Bewegungen verschiedener auf- und abschwingender Federclowns. Es ergeben sich Graphen, die denen der Sinus- und Kosinusfunktion sehr ähnlich sind. Im Vergleich zur Sinusfunktion sind sie in Richtung der x- und y-Achse gestreckt oder gestaucht und in Richtung der x- und y-Achse verschoben. Solche Funktionen werden auch als *allgemeine Sinus- und Kosinusfunktionen* bezeichnet.

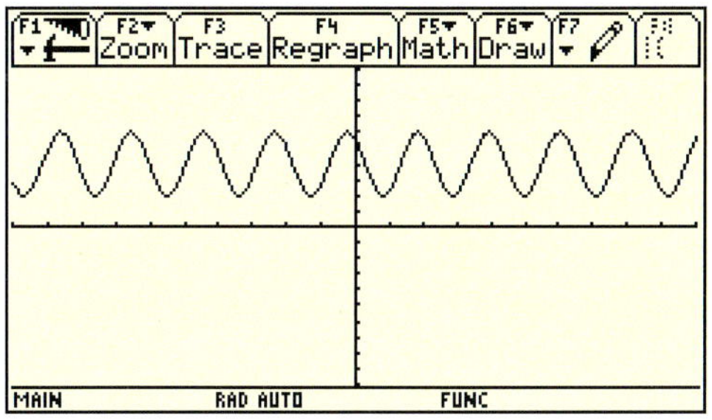

Aufgabe 1

Strecken parallel zur y-Achse

Zeichne den Graphen der Sinusfunktion mit y = sin (x) im Bereich $-2\pi \le x \le 2\pi$.

a) Strecke den Graphen der Sinusfunktion von der x-Achse aus parallel zur y-Achse mit dem Faktor 2. Erstelle auch die Funktionsgleichung der zugehörigen Funktion.

b) Strecke den Graphen der Sinusfunktion von der x-Achse aus parallel zur y-Achse mit dem Faktor $\frac{1}{2}$ und erstelle die Funktionsgleichung.

c) Vergleiche die gestreckten Graphen mit dem Graphen der Sinusfunktion.

Lösung

a) Das Strecken der Sinuskurve parallel zur y-Achse mit dem Faktor 2 bedeutet, dass die y-Koordinate jedes Punktes verdoppelt wird, während die x-Koordinate beibehalten wird.

Graph:

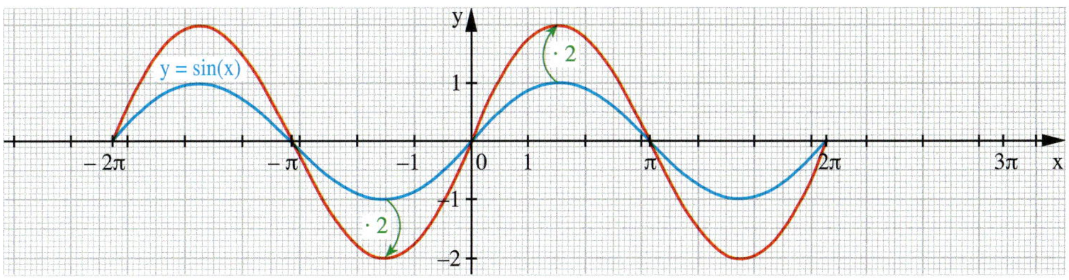

Wertetabelle (mit gerundeten Werten):

x	-2π	$-\frac{7}{4}\pi$	$-\frac{3}{2}\pi$	$-\frac{5}{4}\pi$	$-\pi$	$-\frac{3}{4}\pi$	$-\frac{\pi}{2}$	$-\frac{\pi}{4}$	0	$\frac{\pi}{4}$	$\frac{\pi}{2}$	$\frac{3}{4}\pi$	π	$\frac{5}{4}\pi$	$\frac{3}{2}\pi$	$\frac{7}{4}\pi$	2π
sin (x)	0	0,7	1	0,7	0	−0,7	−1	−0,7	0	0,7	1	0,7	0	−0,7	−1	−0,7	0
2 · sin (x)	0	1,4	2	1,4	0	−1,4	−2	−1,4	0	1,4	2	1,4	0	−1,4	−2	−1,4	0

· 2

Die Funktionsgleichung zum gestreckten Graphen lautet somit y = 2 · sin (x).

b) Entsprechend wird beim Strecken des Graphen der Sinusfunktion von der x-Achse aus parallel zur y-Achse mit dem Faktor $\frac{1}{2}$ die y-Koordinate jedes Punktes mit dem Faktor $\frac{1}{2}$ multipliziert.

Graph:

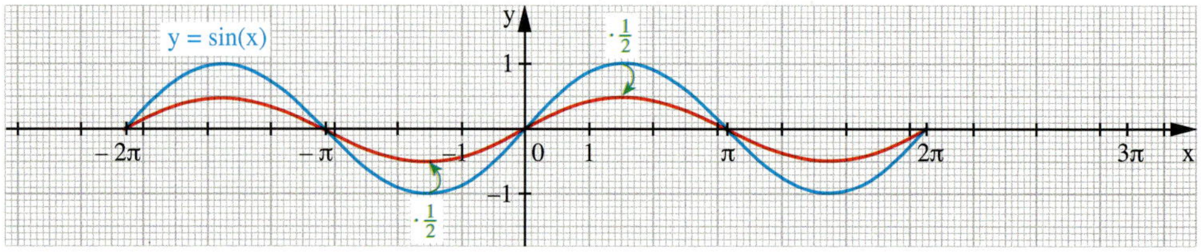

Wertetabelle (mit gerundeten Werten):

x	-2π	$-\frac{7}{4}\pi$	$-\frac{3}{2}\pi$	$-\frac{5}{4}\pi$	$-\pi$	$-\frac{3}{4}\pi$	$-\frac{\pi}{2}$	$-\frac{\pi}{4}$	0	$\frac{\pi}{4}$	$\frac{\pi}{2}$	$\frac{3}{4}\pi$	π	$\frac{5}{4}\pi$	$\frac{3}{2}\pi$	$\frac{7}{4}\pi$	2π
sin (x)	0	0,7	1	0,7	0	−0,7	−1	−0,7	0	0,7	1	0,7	0	−0,7	−1	−0,7	0
$\frac{1}{2}\cdot\sin(x)$	0	0,35	0,5	0,35	0	−0,35	$-\frac{1}{2}$	−0,35	0	0,35	$\frac{1}{2}$	0,35	0	−0,35	−0,5	−0,35	0

$\cdot\frac{1}{2}$

Die Funktionsgleichung zum gestreckten Graphen lautet somit $y = \frac{1}{2}\cdot\sin(x)$.

c) Wir vergleichen die gestreckten Graphen mit dem der Sinusfunktion. Sie besitzen
- dieselben Nullstellen: $-2\pi,\ \pi,\ 0,\ \pi,\ 2\pi,\ \dots$
- dieselben Bereiche, in denen sie steigen bzw. fallen.
- dieselbe Periode 2π.

Beide Funktionen unterscheiden sich bei dem größten und kleinsten Funktionswert und folglich bei den Wertemengen:

Funktion zu	*größter Funktionswert*	*kleinster Funktionswert*	*Wertemenge*
$y = \sin(x)$	1	−1	$-1 \le y \le 1$
$y = 2\cdot\sin(x)$	2	−2	$-2 \le y \le 2$
$y = \frac{1}{2}\cdot\sin(x)$	$\frac{1}{2}$	$-\frac{1}{2}$	$-\frac{1}{2} \le y \le \frac{1}{2}$

Information

Durch Strecken des Graphen der Sinusfunktion parallel zur y-Achse erhält man Graphen zur Beschreibung der Bewegung von Federclowns, deren maximale Auslenkung verschieden ist.

Amplitude ⟨**lat.**⟩
Physik: Schwingungsweite
Math.: größter absoluter Funktionswert einer periodischen Funktion

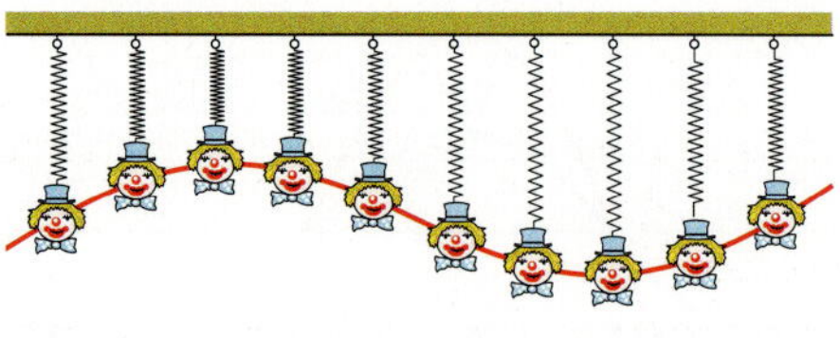

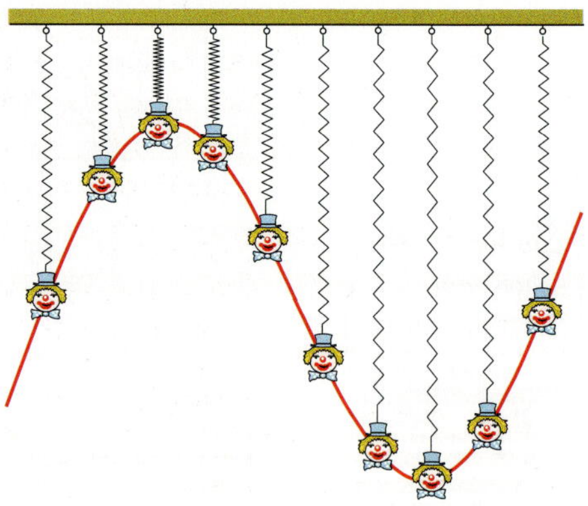

Die maximale Auslenkung aus der Nulllage bezeichnet man auch als *Amplitude.*

Eigenschaften der Funktionen mit $y = a \cdot \sin(x)$ mit $a > 0$

(1) Der Graph entsteht durch Strecken mit dem Faktor a parallel zur y-Achse aus dem Graphen der Sinusfunktion mit $y = \sin(x)$.

(2) Die Periode ist 2π.

(3) Der größte Funktionswert ist a, der kleinste $-a$. Die Wertemenge ist die Menge aller reellen Zahlen y mit $-a \le y \le a$.

(4) Nullstellen sind $\ldots, -4\pi, -3\pi, -2\pi, -\pi, 0, \pi, 2\pi, 3\pi, 4\pi, \ldots,$ allgemein $k \cdot \pi$ mit $k \in \mathbb{Z}$.

Beachte: Man spricht in der Mathematik auch von Streckung, wenn der positive Streckfaktor kleiner als 1 ist, also eine Stauchung vorliegt.

Aufgabe 2

Strecken parallel zur x-Achse

Zeichne den Graphen der Sinusfunktion mit $y = \sin(x)$ im Bereich $0 \le x \le 2\pi$.

a) Strecke den Graphen der Sinusfunktion von der y-Achse aus parallel zur x-Achse mit dem Faktor 2.
Erstelle auch die Funktionsgleichung der zugehörigen Funktion.

b) Strecke den Graphen der Sinusfunktion von der y-Achse aus parallel zur x-Achse mit dem Faktor $\frac{1}{2}$ und erstelle die Funktionsgleichung.

c) Vergleiche die gestreckten Graphen mit dem der Sinusfunktion.

Lösung

a) Entsprechend zum Strecken parallel zur y-Achse bedeutet das Strecken parallel zur x-Achse mit dem Faktor 2, dass die x-Koordinate jedes Punktes verdoppelt wird, während die y-Koordinate beibehalten wird.

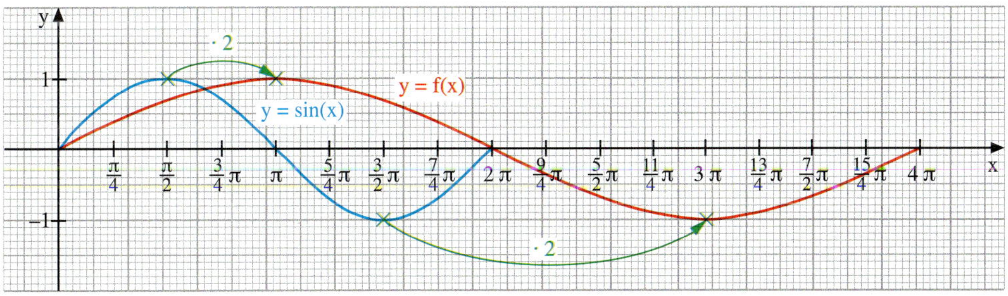

Am Graphen erkennen wir:
Die neue Funktion f hat an der Stelle x denselben Wert wie die Sinusfunktion an der Stelle $\frac{x}{2}$.
Es gilt also: $y = \sin\left(\frac{x}{2}\right)$ mit $0 \le x \le 4\pi$
Eine Wertetabelle bestätigt diesen Zusammenhang:

x	0	$\frac{\pi}{2}$	π	$\frac{3}{2}\pi$	2π	$\frac{5}{2}\pi$	3π	$\frac{7}{2}\pi$	4π
$\sin(x)$	0	1	0	-1	0				
$\sin\left(\frac{x}{2}\right)$	0	$\frac{1}{2}\sqrt{2}$	1	$\frac{1}{2}\sqrt{2}$	0	$-\frac{1}{2}\sqrt{2}$	-1	$-\frac{1}{2}\sqrt{2}$	0
$\frac{x}{2}$	0	$\frac{\pi}{4}$	$\frac{\pi}{2}$	$\frac{3}{4}\pi$	π	$\frac{5}{4}\pi$	$\frac{3}{2}\pi$	$\frac{7}{4}\pi$	2π

b) Strecken parallel zur x-Achse mit dem Faktor $\frac{1}{2}$ bedeutet, dass die x-Koordinate jedes Punktes halbiert wird.
Am Graphen erkennt man wiederum:
Die neue Funktion f hat an der Stelle x denselben Wert wie die Sinusfunktion an der Stelle 2x. Es gilt also: $y = \sin(2x)$ mit $0 \le x \le \pi$. Auch das bestätigen wir mit der Wertetabelle:

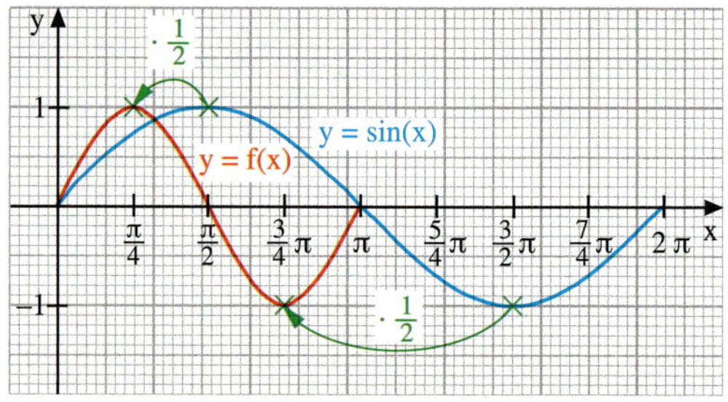

x	0	$\frac{\pi}{4}$	$\frac{\pi}{2}$	$\frac{3}{4}\pi$	π	$\frac{5}{4}\pi$	$\frac{3}{2}\pi$	$\frac{7}{4}\pi$	2π
sin (x)	0	$\frac{1}{2}\sqrt{2}$	1	$\frac{1}{2}\sqrt{2}$	0	$-\frac{1}{2}\sqrt{2}$	−1	$-\frac{1}{2}\sqrt{2}$	0
sin (2x)	0	1	0	−1	0				
2x	0	$\frac{\pi}{2}$	π	$\frac{3}{2}\pi$	2π				

c) Wir vergleichen die gestreckten Graphen mit dem der Sinusfunktion.
Sie besitzen dieselbe Amplitude 1 und somit dieselbe Wertemenge $-1 \le y \le 1$.

Beide Funktionen unterscheiden sich in der Periode und den Nullstellen von der Sinusfunktion.

Funktionen	*Periode*	*Nullstellen*
$y = \sin(x)$	2π	…, 0; π; 2π; 3π; … allgemein $k\cdot\pi$ mit $k \in \mathbb{Z}$
$y = \sin(2x)$	π	…, 0; $\frac{\pi}{2}$; π; $\frac{3}{2}\pi$; 2π; … allgemein $k\cdot\frac{\pi}{2}$ mit $k \in \mathbb{Z}$
$y = \sin\left(\frac{1}{2}x\right)$	4π	…, 0; 2π; 4π; 6π; … allgemein $k\cdot 2\pi$ mit $k \in \mathbb{Z}$

Information

Durch Strecken des Graphen der Sinusfunktion parallel zur x-Achse erhält man Graphen zur Beschreibung der Bewegung von Federclowns, deren Periode verschieden von 2π ist.

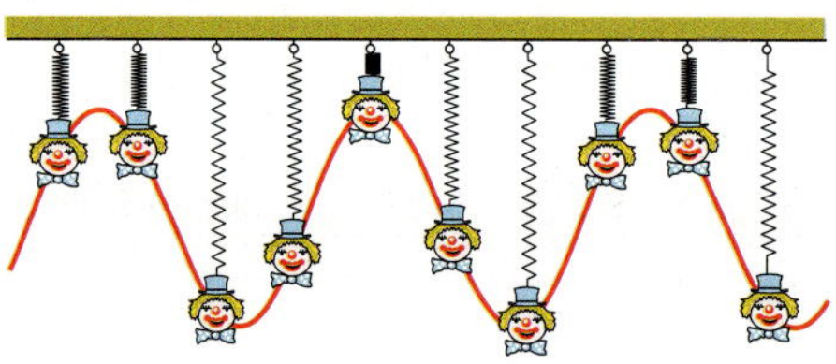

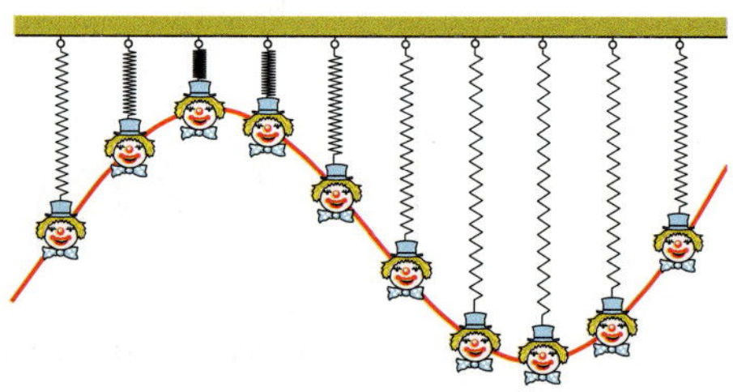

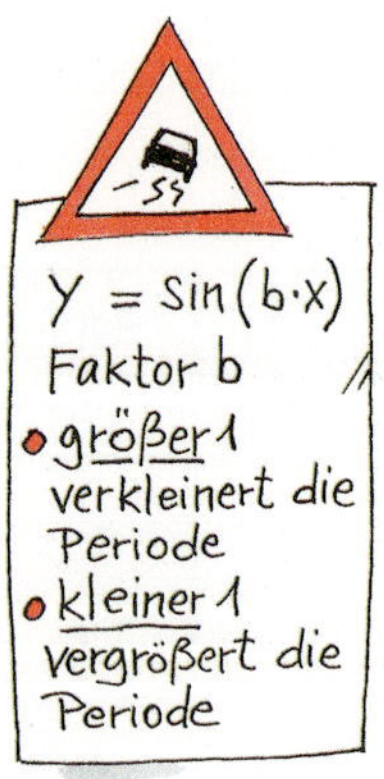

Eigenschaften der Funktionen mit $y = \sin(b\cdot x)$ mit $b > 0$

(1) Der Graph entsteht durch Strecken mit dem Faktor $\frac{1}{b}$ parallel zur x-Achse aus dem Graphen der Sinusfunktion mit $y = \sin(x)$.

(2) Die Periode ist $\frac{2\pi}{b}$.

(3) Der größte Funktionswert ist 1, der kleinste −1.

(4) Die Wertemenge ist die Menge aller reellen Zahlen y mit $-1 \le y \le 1$.

(5) Die Nullstellen sind $k\cdot\frac{\pi}{b}$ mit $k \in \mathbb{Z}$.

Weiterführende Aufgaben

3. *Negative Streckfaktoren*

Untersuche, wie sich der Graph der Sinusfunktion verändert, wenn man mit einem negativen Faktor parallel zur y-Achse [parallel zur x-Achse] streckt. Betrachte insbesondere auch den Spezialfall –1 als Streckfaktor.

> (1) Strecken parallel zur y-Achse mit dem Faktor –1 entspricht einem Spiegeln an der x-Achse.
> (2) Strecken parallel zur x-Achse mit dem Faktor –1 entspricht einem Spiegeln an der y-Achse.

4. *Verketten der Streckungen parallel zur y- und zur x-Achse*

Strecke den Graphen der Sinusfunktion zunächst mit einem Faktor a parallel zur y-Achse. Strecke dann den gestreckten Graphen mit einem Faktor $\frac{1}{b}$ parallel zur x-Achse.
Wähle verschiedene Beispiele für a und b.
Gib die Eigenschaften des entstandenen Graphen und seine Funktionsgleichung an.

Übungsaufgaben

5. Untersuche, wie der Graph der Funktion zu $y = a \cdot \cos(x)$ aus dem Graphen der Kosinusfunktion hervorgeht. Wähle verschiedene Werte für a.
Formuliere eine Regel.

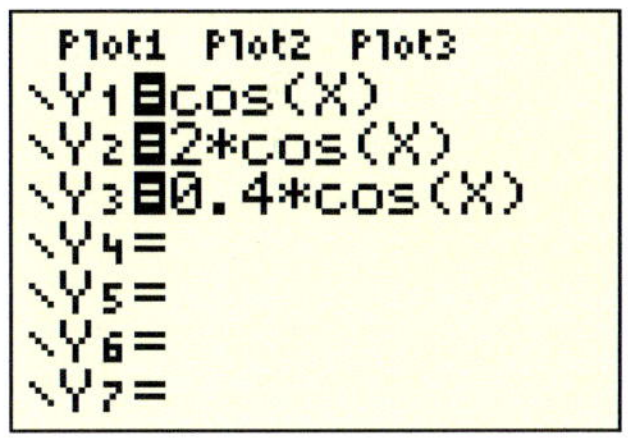

6. Gib zu den Graphen die Funktionsgleichung an.

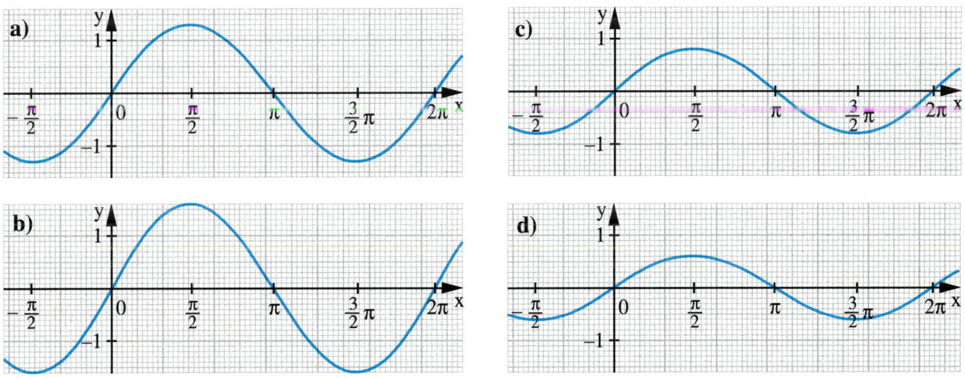

7. Gegeben ist die Funktion f mit $f(x) = 2{,}5 \cdot \sin(x)$ im Bereich $-\frac{\pi}{2} \leq x \leq \frac{\pi}{2}$.

a) Der Punkt $P_1\left(\frac{\pi}{4} \middle| y_1\right)$ soll zum Graphen gehören. Bestimme die fehlende Koordinate.

b) Der Punkt $P_2(x_2 | -1{,}25)$ soll zum Graphen gehören. Bestimme die fehlende Koordinate.

8. Bestimme den Faktor a in der Funktionsgleichung $y = a \cdot \sin(x)$ [$y = a \cdot \cos(x)$], sodass gilt:

a) Die Wertemenge der Funktion ist die Menge aller reellen Zahlen y mit $-1{,}3 \leq y \leq 1{,}3$.

b) Der Graph geht durch den Punkt $P\left(\frac{\pi}{6} \middle| 3\right)$.

9. Durch die Gleichung $y = a \cdot \sin(x)$ [$y = a \cdot \cos(x)$] ist eine Funktion gegeben. Der Graph dieser Funktion geht durch den Punkt P. Wie lautet die Funktionsgleichung?

a) $P\left(\frac{\pi}{3} \middle| 1{,}4\right)$ **b)** $P\left(-\frac{\pi}{3} \middle| -1{,}9\right)$ **c)** $P\left(\frac{7}{4}\pi \middle| -0{,}4\right)$ **d)** $P\left(-\frac{5}{4}\pi \middle| 1{,}5\right)$

10. Untersuche, wie der Graph der Funktion zu $y = \cos(b \cdot x)$ aus dem Graphen der Kosinusfunktion hervorgeht. Wähle verschiedene Werte für b. Formuliere eine Regel.

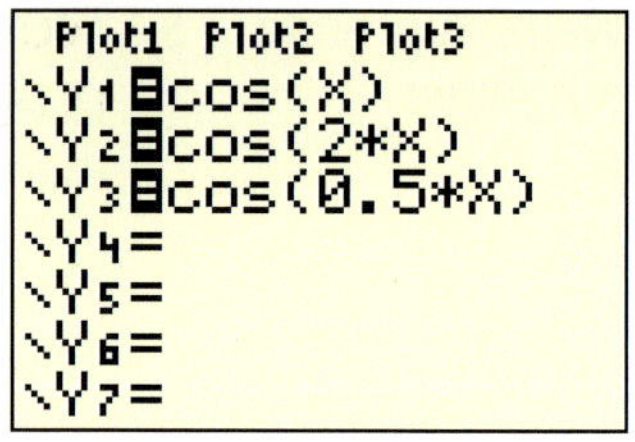

11. Zeichne im Bereich $-2\pi \leq x \leq 2\pi$ den Graphen der Funktion. Gib die Eigenschaften an.

a) $y = \sin\left(\frac{1}{3}x\right)$ **b)** $y = \sin(3x)$ **c)** $y = \cos(2{,}5x)$

12. Zeichne im Bereich $-2\pi \leq x \leq 2\pi$ den Graphen der Funktion. Gib die Eigenschaften an.

a) $y = 3 \cdot \sin(0{,}5x)$ **b)** $y = 3 \cdot \sin(2x)$ **c)** $y = 2 \cdot \sin(3x)$ **d)** $y = 2 \cdot \cos\left(\frac{1}{4}x\right)$

13. Kontrolliere Devins Hausaufgaben.

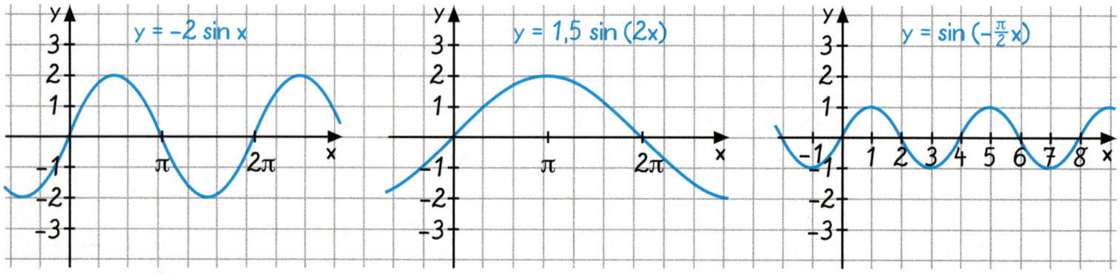

14. Gib die Funktionsgleichung zum Graphen an.

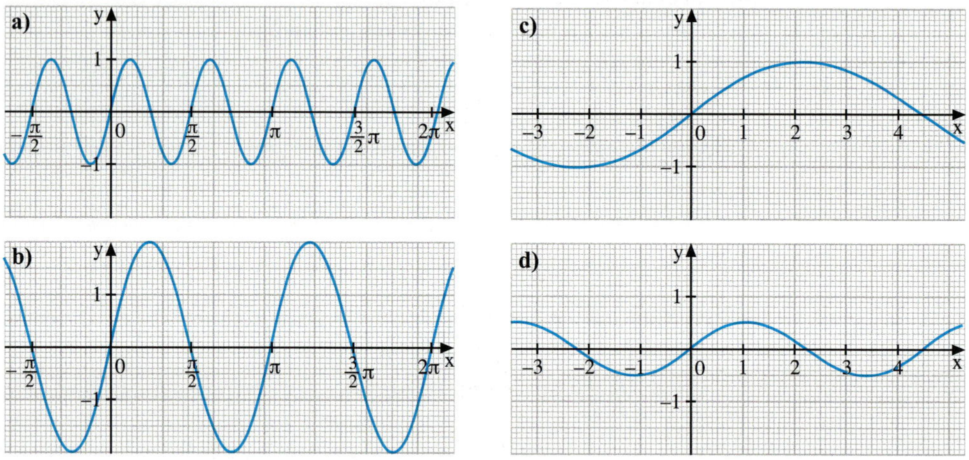

15. Gegeben ist die Funktion mit $y = \sin\left(\frac{1}{3}x\right)$ im Bereich $-3\pi \leq x \leq 3\pi$.

(1) Der Punkt $P_1\left(\frac{\pi}{2} \mid y_1\right)$ soll zum Graphen der Funktion gehören. Bestimme die 2. Koordinate.

(2) Der Punkt $P_2\left(x_2 \mid -\frac{1}{2}\right)$ soll zum Graphen der Funktion gehören. Bestimme die 1. Koordinate.

Beschreibe wie du vorgegangen bist. Welche Unterschiede weisen beide Teilaufgaben auf?

16. Durch $y = \sin(b \cdot x)$ ist eine Funktion gegeben. Bestimme alle Werte für Faktor b, falls gilt:

a) Die Periode ist $\frac{\pi}{2}$. **b)** Der Graph geht durch den Punkt $P\left(\frac{\pi}{12} \mid \frac{1}{2}\sqrt{2}\right)$.

17. Gegeben ist die Funktion mit der Gleichung $y = 1{,}5 \cdot \sin(2x)$ im Bereich $-2\pi \leq x \leq 2\pi$. Beschreibe, wie der Graph dieser Funktion aus dem Graphen der Sinusfunktion mit $y = \sin(x)$ entsteht. Zeichne auch den Graphen. Gib die Eigenschaften der Funktion an.

6.5 Verschieben des Graphen der Sinus- und Kosinusfunktion
Zum Selbstlernen

Ziel

Eine Normalparabel kannst du im Koordinatensystem verschieben. Hier lernst du kennen, wie man die Graphen der Sinus- und Kosinusfunktion verschiebt.

Zum Erarbeiten

Verschieben des Graphen der Sinusfunktion parallel zur y-Achse

Zeichne den Graphen der Sinusfunktion mit $y = \sin(x)$ im Bereich $0 \le x \le 2\pi$.

a) *Verschiebe den Graphen parallel zur y-Achse um 1 Einheit nach oben und gib den Funktionsterm $f(x)$ des verschobenen Graphen an.*

b) *Verschiebe den Graphen parallel zur y-Achse um 2 Einheiten nach unten und gib den Funktionsterm $g(x)$ des verschobenen Graphen an.*

a) An dem Graphen erkennst du:
Beim Verschieben eines Punktes $P(x|y)$ der Sinuskurve um 1 Einheit nach oben wird die x-Koordinate beibehalten und zum y-Wert wird 1 addiert.
Der Funktionsterm lautet also:
$f(x) = \sin(x) + 1$

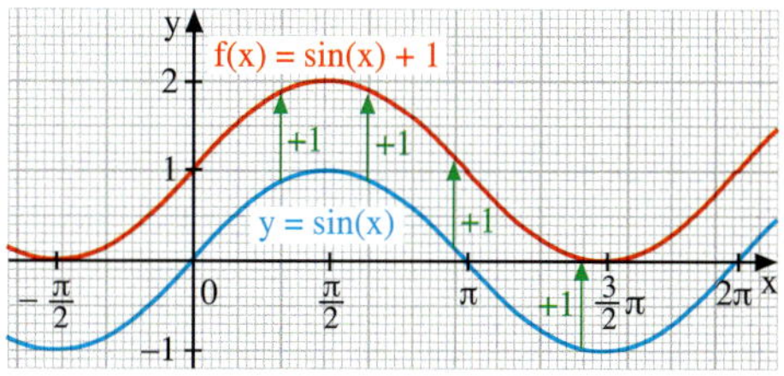

b) An dem Graphen erkennst du:
Beim Verschieben eines Punktes $P(x|y)$ der Sinuskurve um 2 Einheiten nach unten wird die x-Koordinate beibehalten und vom y-Wert wird 2 subtrahiert.
Der Funktionsterm lautet also:
$g(x) = \sin(x) - 2$

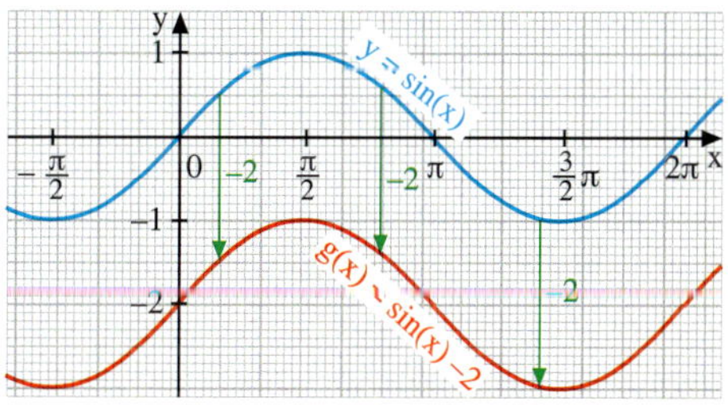

Verschieben parallel zur y-Achse

Den Graphen der Funktion f mit $f(x) = \sin(x) + d$ erhält man durch Verschieben des Graphen der Sinusfunktion mit $y = \sin(x)$ parallel zur y-Achse.

Wenn $d > 0$, wird nach oben verschoben; wenn $d < 0$, wird nach unten verschoben.

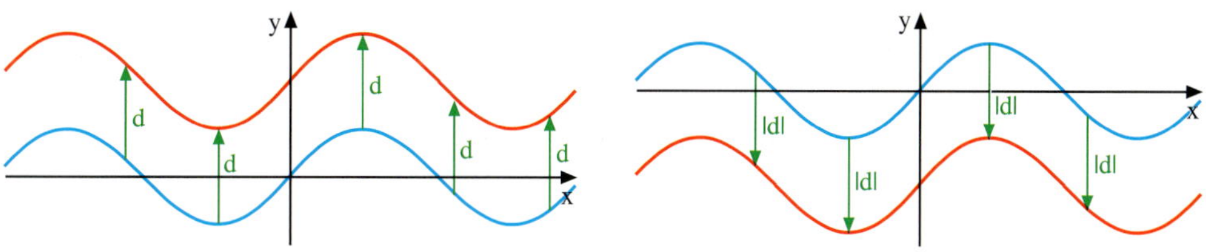

Verschieben des Graphen der Sinusfunktion parallel zur x-Achse

Zeichne den Graphen der Sinusfunktion mit $y = \sin(x)$ im Bereich $0 \le x \le 2\pi$.

a) *Verschiebe den Graphen um $\frac{\pi}{4}$ parallel zur x-Achse nach rechts und gib den Funktionsterm $f(x)$ des verschobenen Graphen an.*

b) *Verschiebe den Graphen um $\frac{\pi}{4}$ parallel zur x-Achse nach links und gib den Funktionsterm $g(x)$ des verschobenen Graphen an.*

Zum Selbstlernen

a) Am Graphen erkennen wir: Die neue Funktion f hat an der Stelle x denselben Wert wie die Sinusfunktion an der Stelle $x - \frac{\pi}{4}$.
Es gilt also:
$f(x) = \sin\left(x - \frac{\pi}{4}\right)$
mit $\frac{\pi}{4} \leq x \leq \frac{9}{4}\pi$.

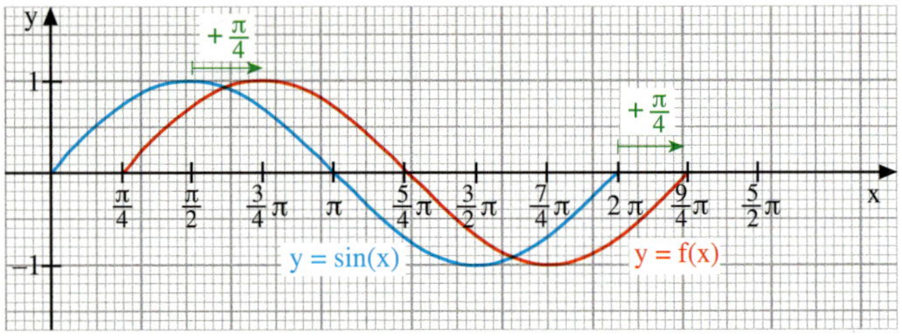

Eine Wertetabelle bestätigt diesen Zusammenhang:

x	0	$\frac{1}{4}\pi$	$\frac{1}{2}\pi$	$\frac{3}{4}\pi$	π	$\frac{5}{4}\pi$	$\frac{3}{2}\pi$	$\frac{7}{4}\pi$	2π	$\frac{9}{4}\pi$
sin (x)	0	$\frac{1}{2}\sqrt{2}$	1	$\frac{1}{2}\sqrt{2}$	0	$-\frac{1}{2}\sqrt{2}$	−1	$-\frac{1}{2}\sqrt{2}$	0	
$\sin\left(x - \frac{\pi}{4}\right)$		0	$\frac{1}{2}\sqrt{2}$	1	$\frac{1}{2}\sqrt{2}$	0	$-\frac{1}{2}\sqrt{2}$	−1	$-\frac{1}{2}\sqrt{2}$	0
$x - \frac{\pi}{4}$		0	$\frac{1}{4}\pi$	$\frac{1}{2}\pi$	$\frac{3}{4}\pi$	π	$\frac{5}{4}\pi$	$\frac{3}{2}\pi$	$\frac{7}{4}\pi$	2π

b) Am Graphen erkennst du: Die neue Funktion g hat an der Stelle x denselben Wert wie die Sinusfunktion an der Stelle $x + \frac{\pi}{4}$.
Es gilt also:
$g(x) = \sin\left(x + \frac{\pi}{4}\right)$
mit $-\frac{\pi}{4} \leq x \leq \frac{7}{4}\pi$.

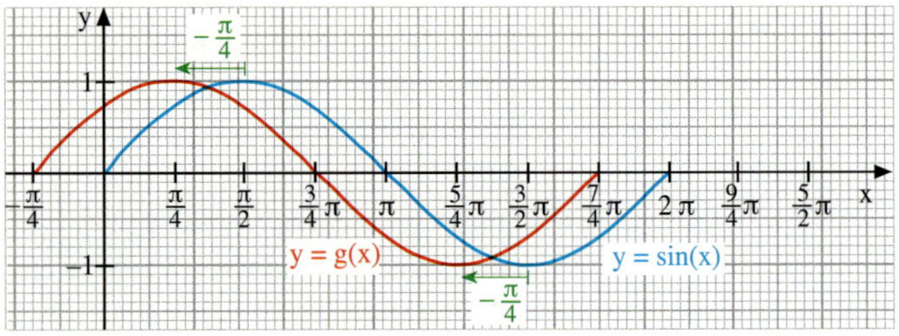

Eine Wertetabelle bestätigt diesen Zusammenhang:

x	$-\frac{\pi}{4}$	0	$\frac{1}{4}\pi$	$\frac{1}{2}\pi$	$\frac{3}{4}\pi$	π	$\frac{5}{4}\pi$	$\frac{3}{2}\pi$	$\frac{7}{4}\pi$	2π
sin (x)		0	$\frac{1}{2}\sqrt{2}$	1	$\frac{1}{2}\sqrt{2}$	0	$-\frac{1}{2}\sqrt{2}$	−1	$-\frac{1}{2}\sqrt{2}$	0
$\sin\left(x + \frac{\pi}{4}\right)$	0	$\frac{1}{2}\sqrt{2}$	1	$\frac{1}{2}\sqrt{2}$	0	$-\frac{1}{2}\sqrt{2}$	−1	$-\frac{1}{2}\sqrt{2}$	0	
$x + \frac{\pi}{4}$	0	$\frac{1}{4}\pi$	$\frac{1}{2}\pi$	$\frac{3}{4}\pi$	π	$\frac{5}{4}\pi$	$\frac{3}{2}\pi$	$\frac{7}{4}\pi$	2π	

Information

Verschieben parallel zur x-Achse

Den Graphen einer Funktion f mit $f(x) = \sin(x + c)$ erhält man durch Verschieben des Graphen der Sinusfunktion mit $y = \sin(x)$ in Richtung der x-Achse.

Wenn $c < 0$, wird nach rechts verschoben; wenn $c > 0$, wird nach links verschoben.

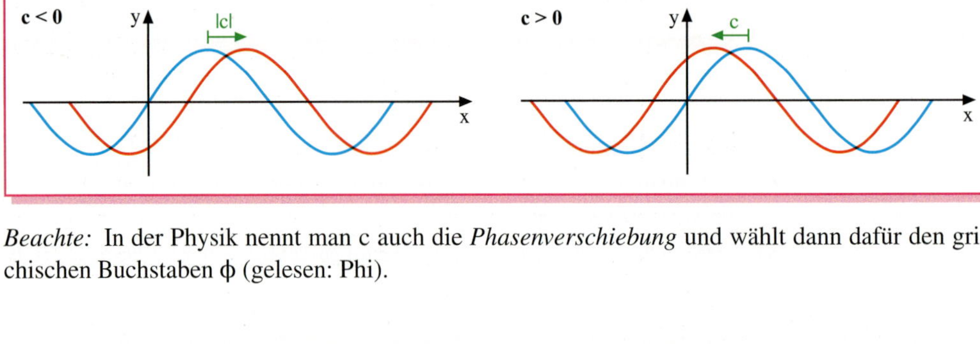

Beachte: In der Physik nennt man c auch die *Phasenverschiebung* und wählt dann dafür den griechischen Buchstaben ϕ (gelesen: Phi).

Zum Selbstlernen

Zusammenhang zwischen Sinus und Kosinus

Vergleiche die Graphen der Sinus- und der Kosinusfunktion miteinander und gib an, wie man aus dem Graphen der Sinusfunktion den Graphen der Kosinusfunktion erzeugen kann.

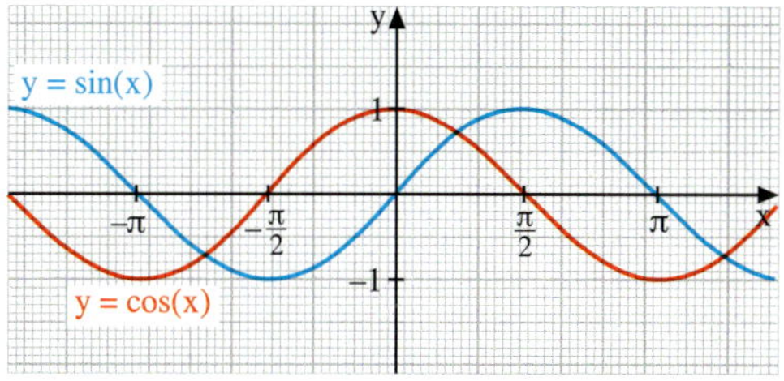

Verschiebt man den Graphen der Sinusfunktion um $\frac{\pi}{2}$ nach links, so erhält man den Graphen der Kosinusfunktion. Also gilt:
$\cos(x) = \sin\left(x + \frac{\pi}{2}\right)$

Für die Sinus- und Kosinusfunktion gilt: $\cos(x) = \sin\left(x + \frac{\pi}{2}\right)$ $\sin(x) = \cos\left(x - \frac{\pi}{2}\right)$

Zum Üben

1. Vergleiche den Graphen der Sinusfunktion mit dem zu:
(1) $y = \sin(x) + 2$ (2) $y = \sin(x) - 3$ (3) $y = \sin(x) - \pi$ (4) $y = \pi + \sin(x)$

2. Ermittle zum Graphen einen Funktionsterm.

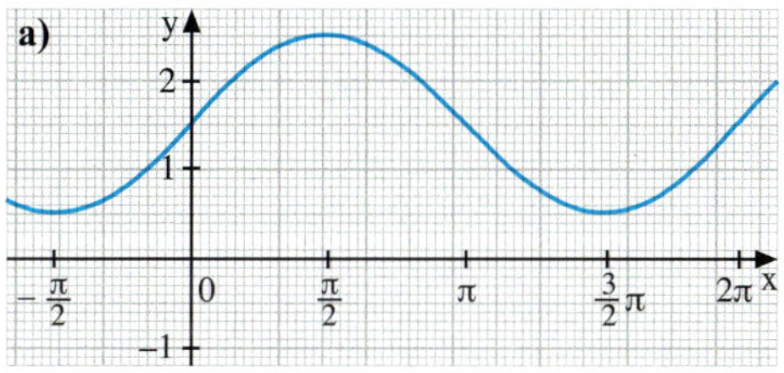

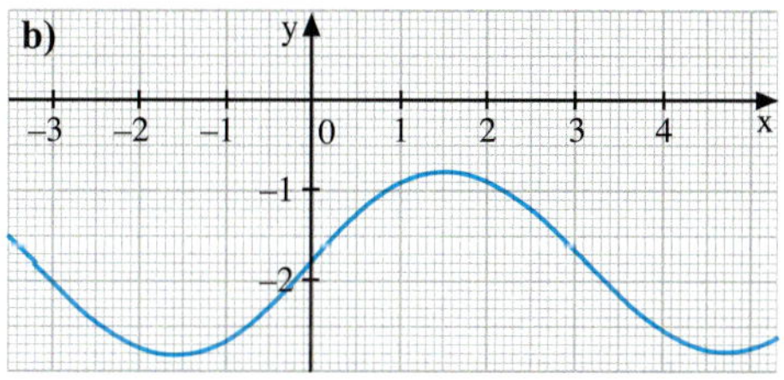

3. Vergleiche den Graphen der Sinusfunktion mit $y = \sin x$ mit denen zu:
(1) $y = \sin\left(x + \frac{\pi}{2}\right)$ (2) $y = \sin\left(x + \frac{\pi}{4}\right)$ (3) $y = \sin\left(x - \frac{\pi}{2}\right)$ (4) $y = \sin\left(x - \frac{\pi}{4}\right)$
Wie gehen die Graphen der angegebenen Funktionen aus dem der Sinusfunktion hervor?

4. Untersuche, wie der Graph der Funktion zu $y = \cos(x + c)$ aus dem Graphen der Kosinusfunktion hervorgeht. Wähle verschiedene Werte für c.
Schreibe eine Zusammenfassung.

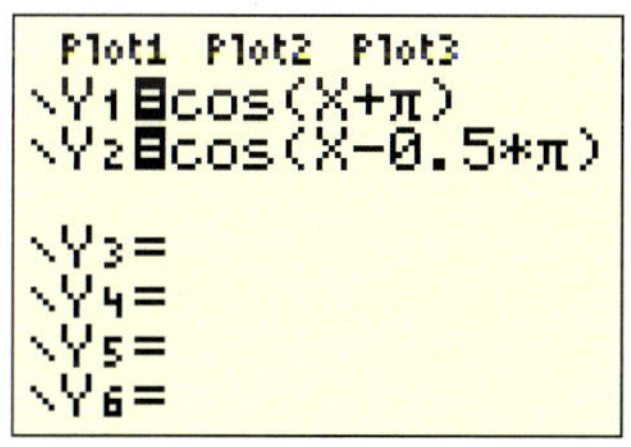

5. Ermittle zum Graphen einen Funktionsterm.

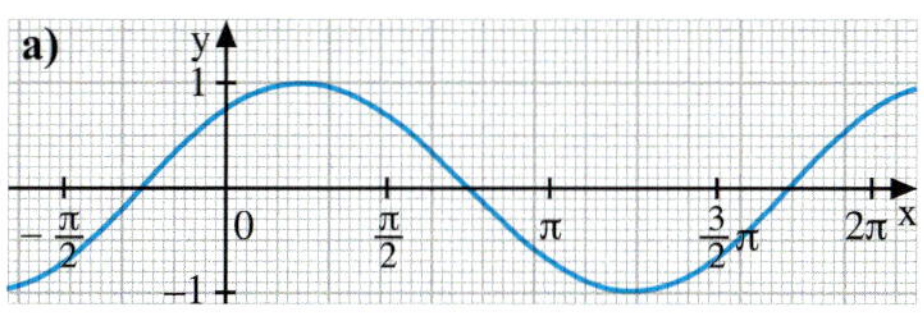

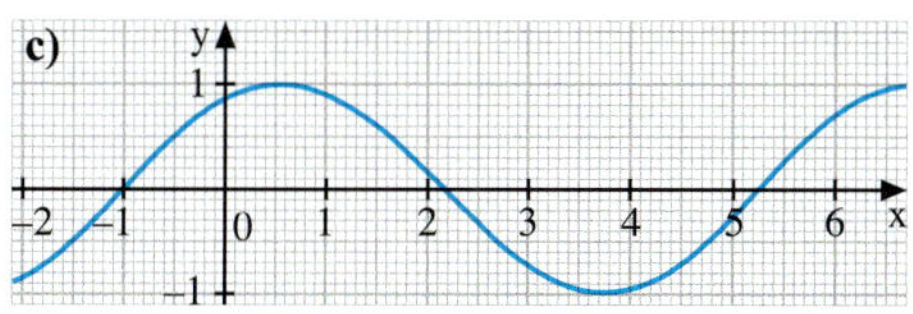

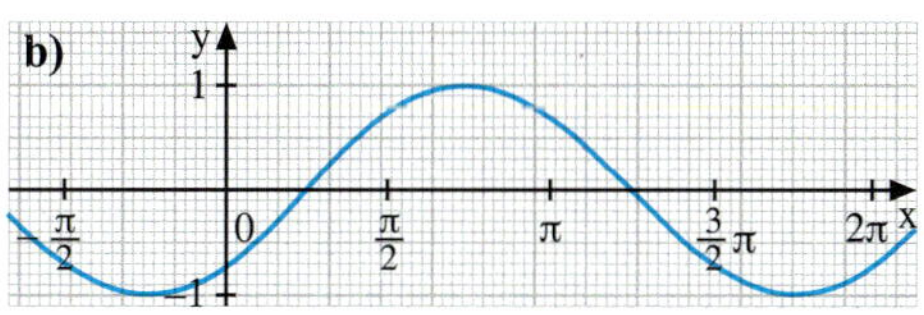

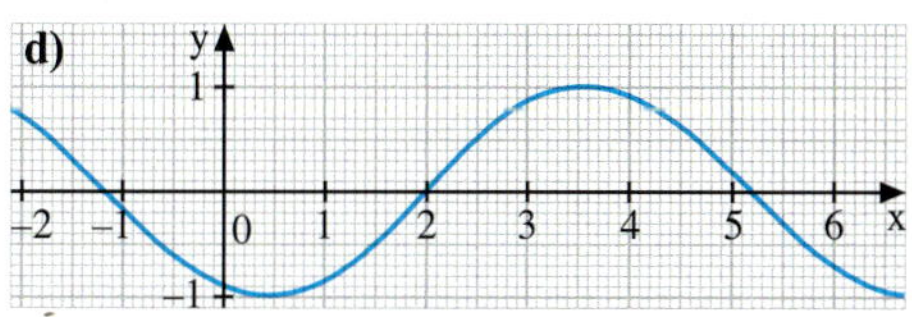

Zum Selbstlernen

6.6 Allgemeine Sinusfunktion

Aufgabe 1

Graph der allgemeinen Sinusfunktion

Zeichne den Graphen der Sinusfunktion mit $y = \sin(x)$.

(1) Strecke den Graphen zu $y = \sin(x)$ mit dem Faktor 1,5 parallel zur y-Achse.
(2) Strecke den Graphen aus (1) mit dem Faktor $\frac{1}{2}$ parallel zur x-Achse.
(3) Verschiebe den gestreckten Graphen um $\frac{\pi}{6}$ nach rechts.
(4) Verschiebe nun diesen Graphen um 1 nach oben.

Gib jeweils die Funktionsgleichung der Graphen an.

Lösung

(1) Strecken wir den Graphen der Sinusfunktion mit dem Faktor 1,5 parallel zur y-Achse, so erhalten wir den Graphen zur Funktion mit
$y = 1{,}5\,\sin(x)$.

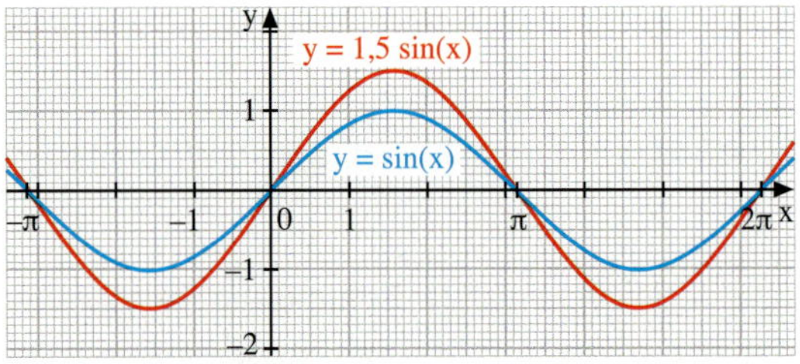

(2) Strecken wir diesen Graphen parallel zur x-Achse mit dem Faktor $\frac{1}{2}$, so erhalten wir den Graphen zur Funktion mit
$y = 1{,}5\,\sin(2x)$.

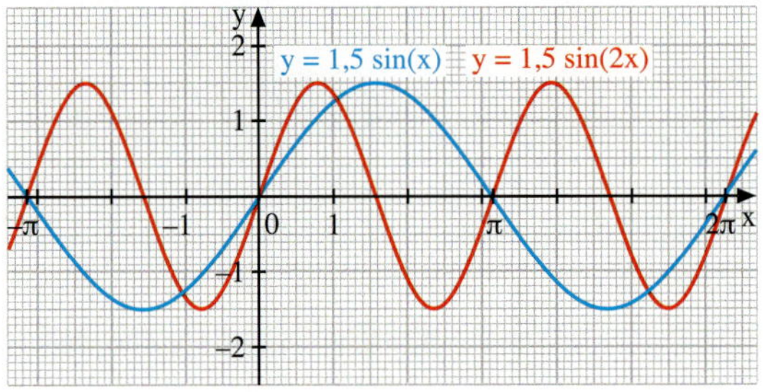

(3) Verschieben wir diesen Graphen um $\frac{\pi}{6}$ nach rechts, so erhalten wir den Graphen zur Funktion mit
$y = 1{,}5\sin\left(2\left(x - \frac{\pi}{6}\right)\right)$, also
$y = 1{,}5\sin\left(2x - \frac{\pi}{3}\right)$.

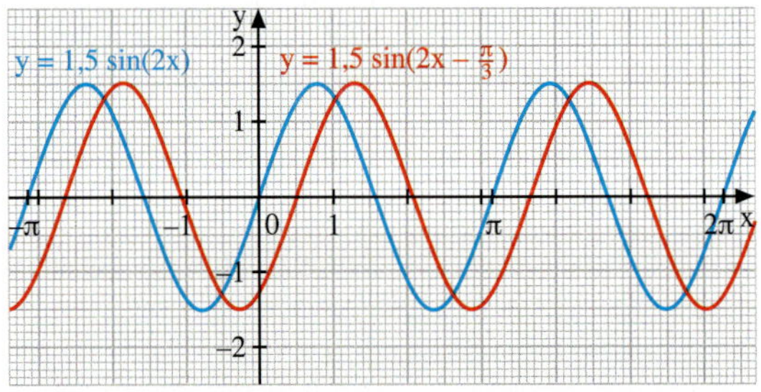

(4) Verschieben wir diesen Graphen um 1 nach oben, so erhalten wir den Graphen zur Funktion mit
$y = 1{,}5\,\sin\left(2x - \frac{\pi}{3}\right) + 1$.

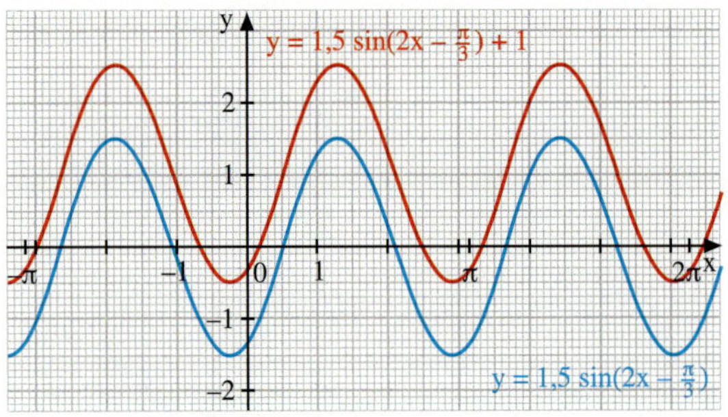

Information

Durch Verallgemeinerung des Ergebnisses von Aufgabe 1 erhalten wir:

Graph der allgemeinen Sinusfunktion mit $y = a \cdot \sin(b(x + c)) + d$

Aus dem Graphen der Sinusfunktion mit $y = \sin(x)$ erhält man den zur allgemeinen Sinusfunktion mit $y = a \cdot \sin(b(x + c)) + d$ durch

(1) Strecken mit dem Faktor a parallel zur y-Achse;

(2) anschließendes Strecken mit dem Faktor $\frac{1}{b}$ parallel zur x-Achse;

(3) anschließendes Verschieben um $|c|$ parallel zur x-Achse;
wenn $c < 0$, wird nach rechts verschoben; wenn $c > 0$, wird nach links verschoben;

(4) anschließendes Verschieben um $|d|$ parallel zur y-Achse;
wenn $d > 0$, wird nach oben verschoben; wenn $d < 0$, wird nach unten verschoben.

Beachte: Löst man z.B. im Funktionsterm $\sin\left(2\left(x + \frac{\pi}{4}\right)\right)$ die Klammern auf, so erhält man den einfacheren Funktionsterm $\sin\left(2x + \frac{\pi}{2}\right)$. Aus diesem kann man aber die Verschiebung parallel zur x-Achse nicht unmittelbar ablesen.

Aufgabe 2

Reihenfolge von Strecken und Verschieben parallel zur x-Achse

a) Strecke den Graphen der Sinusfunktion parallel zur x-Achse mit dem Faktor $\frac{1}{2}$; verschiebe dann den gestreckten Graphen um $\frac{\pi}{2}$ nach links. Erstelle den Funktionsterm.

b) Verschiebe den Graphen der Sinusfunktion um $\frac{\pi}{2}$ nach links; strecke dann den verschobenen Graphen parallel zur x-Achse mit dem Faktor $\frac{1}{2}$. Erstelle den Funktionsterm.

c) Vergleiche die in den Teilaufgaben a) und b) erhaltenen Graphen.

Lösung

a) (1) Strecken parallel zur x-Achse mit $\frac{1}{2}$

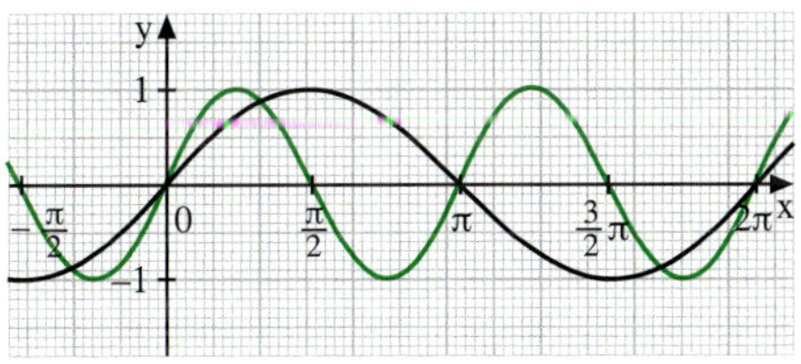

Funktionsterm: $f_1(x) = \sin(2x)$

(2) Verschieben um $\frac{\pi}{2}$ nach links

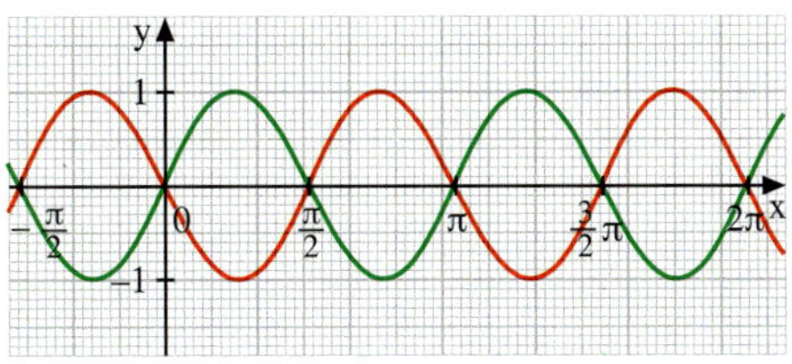

Funktionsterm: $f_2(x) = \sin\left(2\left(x + \frac{\pi}{2}\right)\right)$

b) (1) Verschieben um $\frac{\pi}{2}$ nach links

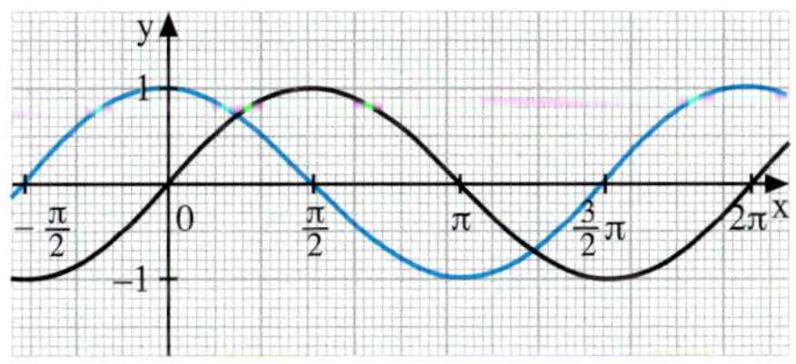

Funktionsterm: $g_1(x) = \sin\left(x + \frac{\pi}{2}\right)$

(2) Strecken parallel zur x-Achse mit $\frac{1}{2}$

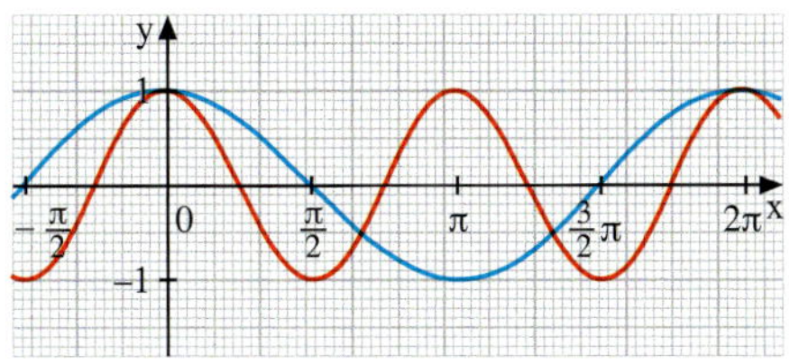

Funktionsterm: $g_2(x) = \sin\left(2x + \frac{\pi}{2}\right)$

c) Die auf den beiden Wegen erhaltenen Graphen sind verschieden. Wird der Graph der Sinusfunktion zunächst verschoben und dann der verschobene Graph gestreckt, so wird auch der Betrag der Verschiebung mit gestreckt. Er unterscheidet sich von dem bei dem umgekehrten Vorgehen: erst Strecken, dann Verschieben. Die Reihenfolge von Verschieben und Strecken parallel zur x-Achse kann nicht ohne weiteres vertauscht werden.

Information

Die Lösung der Aufgabe 2 zeigt, dass es beim Verschieben und Strecken auf die Reihenfolge ankommt. In der Information auf Seite 257 haben wir zuerst gestreckt und dann verschoben.

> Den Graphen der Funktion zu $y = \sin(bx + c)$ erhält man aus den Graphen der Sinusfunktion mit $y = \sin(x)$ durch
>
> (1) Verschieben um $|c|$ parallel zur x-Achse (nach rechts für $c < 0$ bzw. nach links für $c > 0$);
>
> (2) Strecken mit dem Faktor $\frac{1}{b}$ parallel zur x-Achse.

Weiterführende Aufgabe

3. *Bestimmen der Funktionsgleichung einer allgemeinen Sinusfunktion aus dem Graphen*

Bestimme die Funktionsgleichung einer allgemeinen Sinusfunktion zu dem gezeichneten Graphen.

Anleitung: Verfahre in der umgekehrten Reihenfolge zu der in der Information auf Seite 257:

(1) Verschiebung parallel zur y-Achse
(2) Verschiebung parallel zur x-Achse
(3) Streckung parallel zur x-Achse
(4) Streckung parallel zur y-Achse

Kontrolliere anschließend mit einem Rechner.

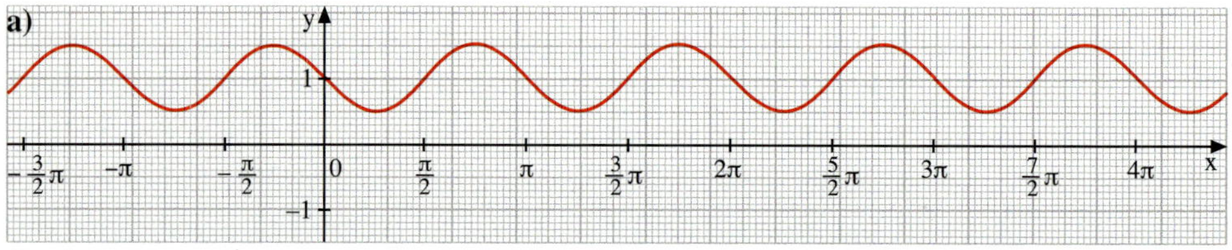

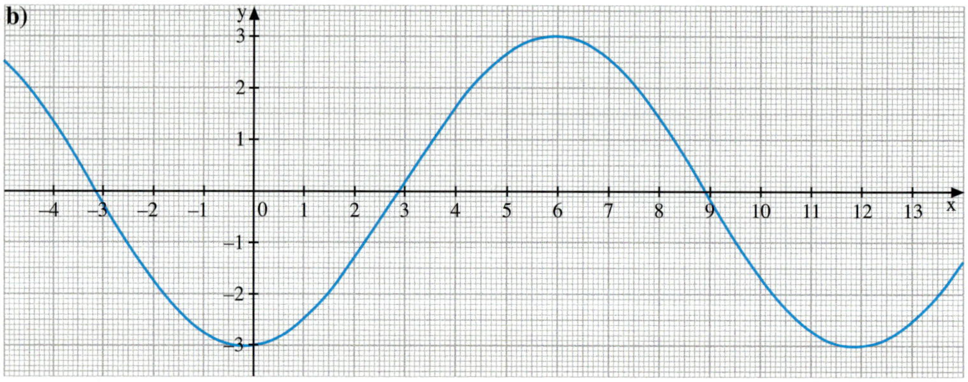

Information

Auf folgende Weise kann man mögliche Werte für die Parameter einer allgemeinen Sinusfunktion mit dem Funktionsterm $f(x) = a \sin(b(x + c)) + d$ aus dem Graphen ermitteln:

Zunächst bestimmt man den größten Funktionswert (*Maximum*) und den kleinsten Funktionswert (*Minimum*).

Dann gilt für die Parameter:

d: Mittelwert aus Maximum und Minimum
a: halbe Differenz von Maximum und Minimum
c: Gegenzahl der ersten positiven Stelle, an der der Funktionswert d beträgt und der Funktionsgraph ansteigt
b: Quotient aus 2π und der Periodenlänge p.

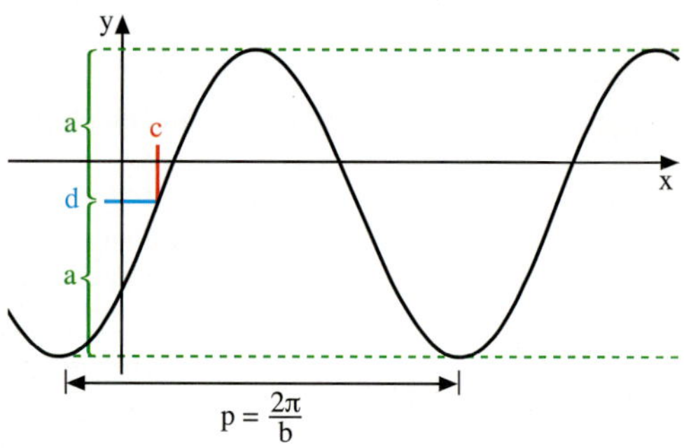

Übungsaufgaben GTR

4. *Partnerarbeit:* Verschafft euch einen Überblick über die Funktionen mit einer Funktionsgleichung der Gestalt $y = a \cdot \sin(b(x + c)) + d$ mit reellen Zahlen a, b, c, d.
Variiert dazu die Parameter a, b, c, d geeignet.
Fasst anschließend die Ergebnisse so übersichtlich zusammen, dass ihr einen Vortrag darüber halten könnt.

5. Zeichne den Graphen der Sinusfunktion und führe nacheinander folgende Abbildungen aus. Ermittle auch die Funktionsterme der einzelnen Funktionen.

a) Strecken mit dem Faktor 3 parallel zur y-Achse, dann Strecken mit dem Faktor 2 parallel zur x-Achse, dann Verschieben parallel zur x-Achse um π nach rechts, dann Verschieben parallel zur y-Achse um 4 nach oben.

b) Strecken mit dem Faktor -2 parallel zur y-Achse, dann Strecken mit dem Faktor $\frac{1}{3}$ parallel zur x-Achse, dann Verschieben parallel zur x-Achse um $\frac{\pi}{2}$ nach links, dann Verschieben parallel zur y-Achse um 1,5 nach unten.

c) Strecken mit dem Faktor -2 parallel zur y-Achse, dann Strecken mit dem Faktor -1 parallel zur x-Achse, dann Verschieben parallel zur x-Achse um 2 nach rechts, dann Verschieben parallel zur y-Achse um 1 nach oben.

d) Strecken mit dem Faktor $-\frac{1}{2}$ parallel zur y-Achse, dann Strecken mit dem Faktor π parallel zur x-Achse, dann Verschieben parallel zur x-Achse um 1 nach links, dann Verschieben parallel zur y-Achse um 3 nach unten.

6. Beschreibe, wie der Graph der angegebenen Funktion aus dem der Sinusfunktion mit $y = \sin(x)$ hervorgeht.

a) $y = 2\sin\left(2\left(x + \frac{\pi}{4}\right)\right)$

b) $y = 3\sin\left(\frac{1}{2}(x - \pi)\right) + 1$

c) $y = \frac{1}{2}\sin(3(x - 1))$

d) $y = -2\sin\left(\frac{\pi}{2}(x + 2)\right) - 2$

7. Mache an einem selbst gewählten Beispiel deutlich, dass es beim Verschieben und Strecken eines Funktionsgraphen auf die Reihenfolge ankommt.

8. Untersuche die Graphen der Funktionen f und g mit $f(x) = \sin\left(2x + \frac{\pi}{4}\right)$ und $g(x) = \sin\left(2\left(x + \frac{\pi}{8}\right)\right)$.
Wie gehen die Graphen der Funktionen f und g aus denen der Sinusfunktion mit $y = \sin x$ hervor?

9. Marc hat die Graphen allgemeiner Sinusfunktionen von Hand skizziert.
Kontrolliere seine Lösungen.

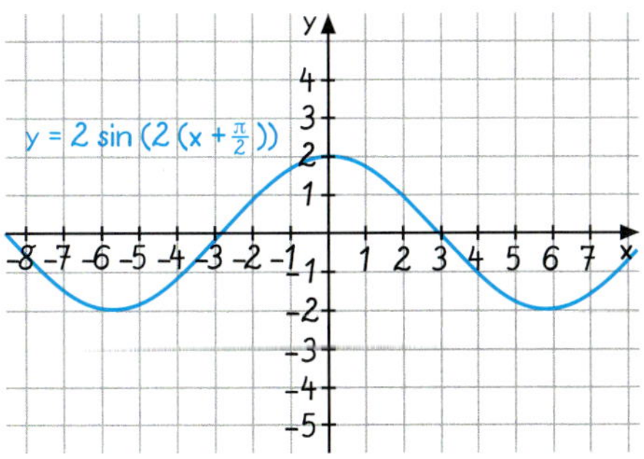

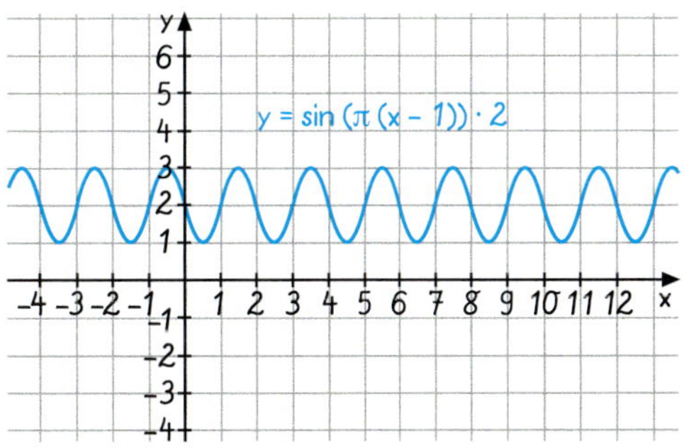

10. Zeichne den Graphen der Kosinusfunktion. Führe nacheinander folgende Abbildungen aus und ermittle die Funktionsterme der einzelnen Funktionen.

a) Strecken mit dem Faktor -2 parallel zur y-Achse, dann Strecken mit dem Faktor $\frac{1}{3}$ parallel zur x-Achse, dann Verschieben um $\frac{\pi}{2}$ nach links, dann Verschieben um 1,5 nach unten.

b) Strecken mit dem Faktor -2 parallel zur y-Achse, dann Strecken mit dem Faktor -1 parallel zur x-Achse, dann Verschieben um 2 nach rechts, dann Verschieben um 1 nach oben.

11. Gib zu dem dargestellten Graphen den Funktionsterm einer allgemeinen Sinusfunktion an.

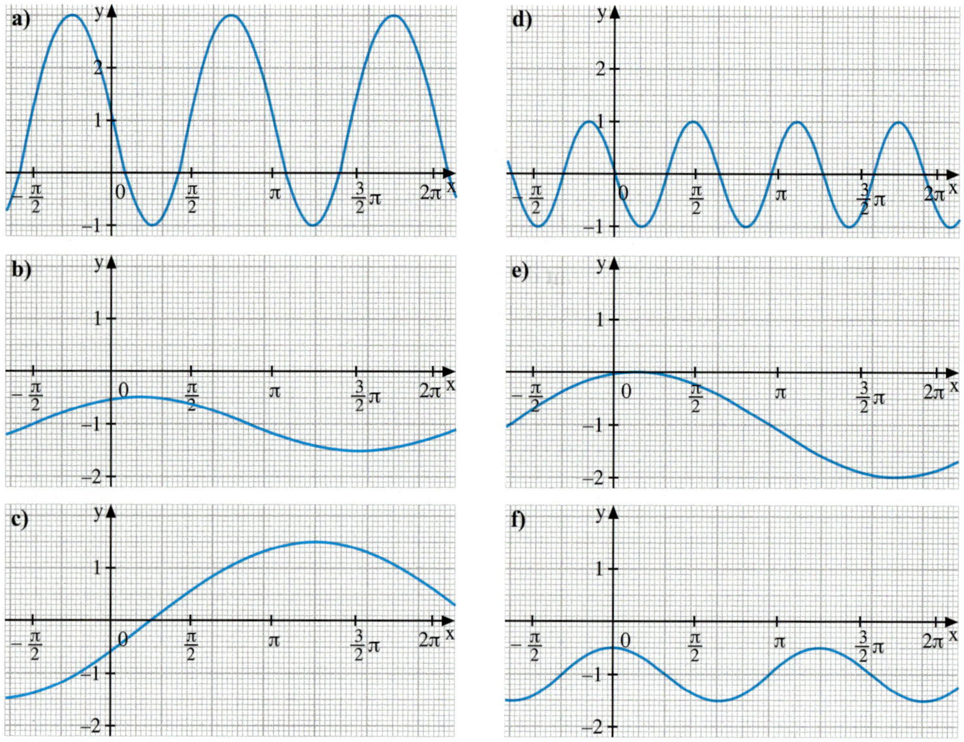

12. **a)** Gib zu den Graphen mögliche Funktionsgleichungen an.

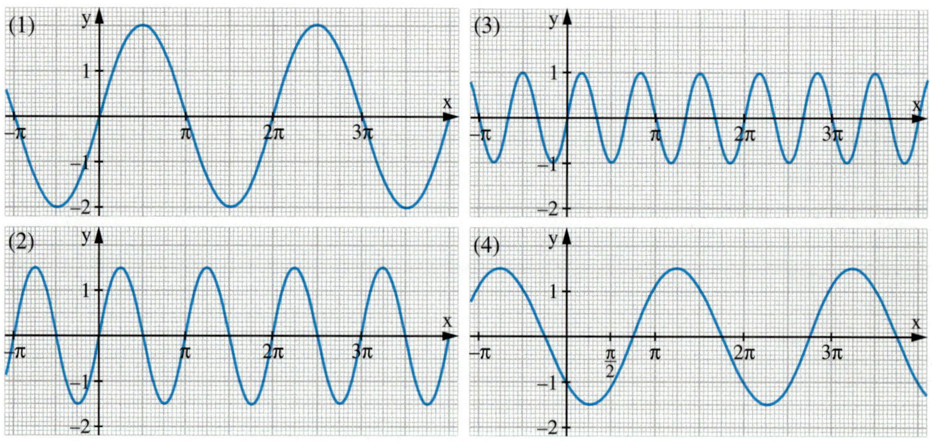

b) Nimm an, die Graphen beschreiben die Bewegung einer Riesenradgondel. Welche Unterschiede gibt es in den Bewegungen?

6.7 Modellieren mit allgemeinen Sinusfunktionen

Aufgabe 1

Pegel, der, Wasserstandsmesser
Tide, die, (norddeutsch) regelmäßig wiederkehrende Bewegung der See, Flut
NN Abkürzung für Normalnull

Das Amt für Strom- und Hafenbau in Hamburg veröffentlicht im Internet regelmäßig die aktuellen Daten zum Pegelstand der Elbe bei St. Pauli.
Stelle die gegebenen Daten grafisch dar und bestimme eine allgemeine Sinusfunktion, die die Tidenkurve im gegebenen Zeitraum möglichst beschreibt.

Uhrzeit	*Wasserstand über NN (in cm)*	*Uhrzeit*	*Wasserstand über NN (in cm)*	*Uhrzeit*	*Wasserstand über NN (in cm)*
0.00	143	3.30	48	7.00	–124
0.30	161	4.00	17	7.30	–142
1.00	175	4.30	–7	8.00	–160
1.30	168	5.00	–32	8.30	–171
2.00	148	5.30	–58	9.00	–154
2.30	118	6.00	–80		
3.00	84	6.30	–100		

Lösung

Da der Pegelstand sich periodisch um Normalnull verändert, modellieren wir ihn mithilfe einer allgemeinen Sinusfunktion, die nicht parallel zur y-Achse verschoben ist: $y = a\sin(b(x+c))$.

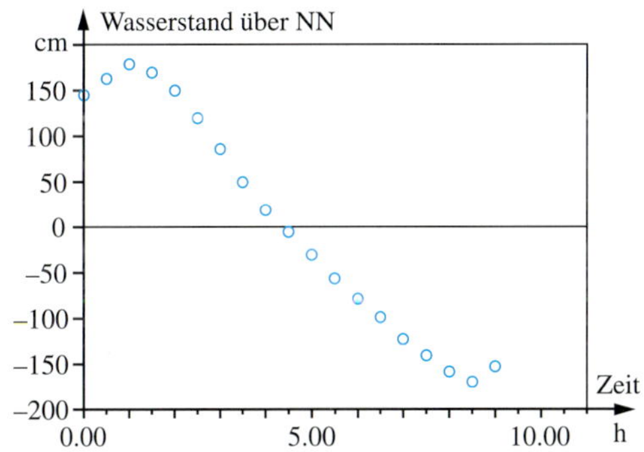

Die Darstellung zeigt, dass die Amplitude a mit 175 cm gut angenähert ist. Der höchste Wasserstand liegt um 1.00 Uhr, der darauf folgende niedrigste um 8.30 Uhr vor. Die halbe Periodenlänge beträgt somit etwa 7,5 Stunden, die Periode beträgt also 15 Stunden. Damit ist der Graph dieser Funktion gegenüber dem der Sinusfunktion mit $y = \sin x$ um den Faktor $\frac{15}{2\pi} \approx 2{,}4$ parallel zur x-Achse gestreckt. Weiterhin liegt die erste positive Nullstelle beim Zeitpunkt $\approx 4{,}3$ Stunden, die der Funktion mit $y = \sin\left(\frac{2\pi}{15}x\right)$ liegt bei 7,5 Stunden. Also muss der Graph um 3,2 nach links verschoben werden.

Somit erhalten wir die Funktionsgleichung
$y = 175 \cdot \sin\left(\frac{1}{\frac{15}{2\pi}}(x + 3{,}2)\right)$ oder ausgerechnet näherungsweise $y \approx 175 \cdot \sin(0{,}42x + 1{,}34)$.

Der Vergleich zwischen den Messwerten und der gefundenen Sinusfunktion zeigt, dass die Rechnungen die Messwerte gut annähern. Im Bereich um die Hoch- und Niedrigwasserpunkte ist die Sinusfunktion aber „breiter" als es die Messwerte vorgeben.

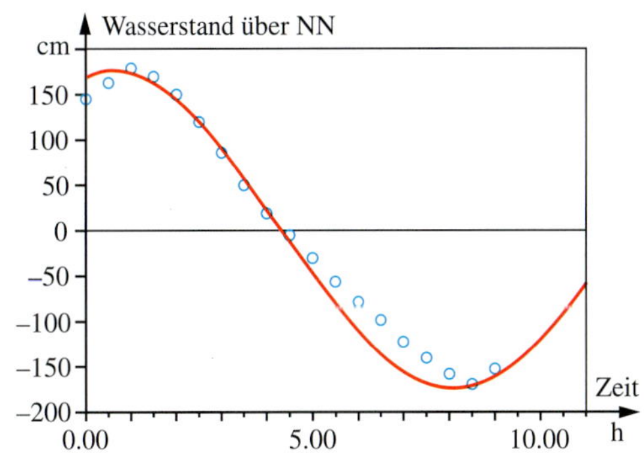

Information

(1) Modellieren mithilfe von Sinusfunktionen

Periodische Vorgänge in Natur und Technik kann man häufig mit Sinusfunktionen modellieren. Man kann sich dabei auf die allgemeinen Sinusfunktionen beschränken und allgemeine Kosinusfunktionen vermeiden, da man die Graphen von Kosinusfunktionen durch Verschieben von Graphen von Sinusfunktionen erhalten kann.
Die Bestimmung der Periodenlänge und der Amplitude sind die zentrale Aufgabe beim Erstellen der Funktionsgleichung. Verschiebungen kann man häufig durch eine geeignete Wahl des Koordinatensystems vermeiden.

(2) Anpassen einer Sinusfunktion mithilfe des grafikfähigen Taschenrechners

Wir haben in der Aufgabe 1 eine allgemeine Sinusfunktion mithilfe von Überlegungen zu Eigenschaften des Graphen gefunden. Auch mit dem GTR kann man ähnlich wie bei den Regressionsgeraden für lineare Funktionen möglichst gut passende allgemeine Sinusfunktionen bestimmen. Dazu werden zunächst die Koordinaten der Messpunkte mit dem Befehl **STAT,** dort im Menü **EDIT,** und dort im Untermenü **Edit** in zwei Listen, z. B. L1 und L2 eingegeben. Mit dem Befehl **STATPLOT** kannst du einen Plot der Werte festlegen. Vereinbare anschließend mit dem Befehl **WINDOW** ein geeignetes Fenster zum Zeichnen der Werte und lasse die Punkte mit dem Befehl **GRAPH** zeichnen.

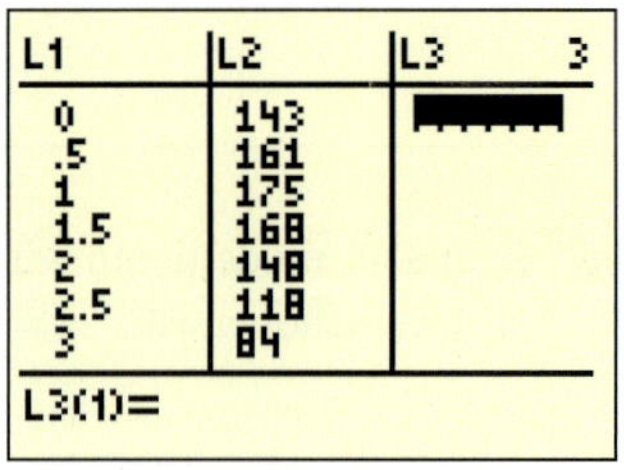

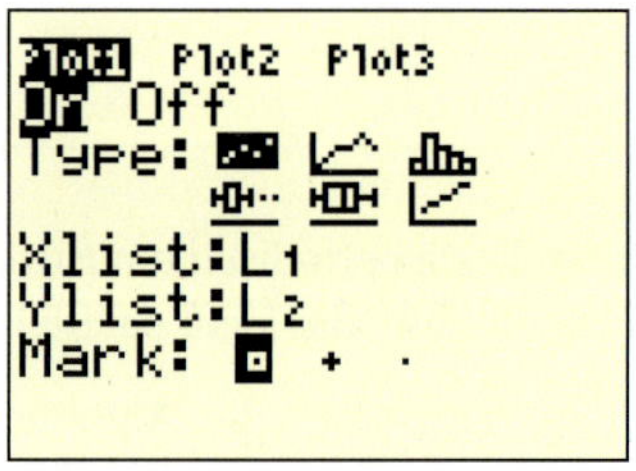

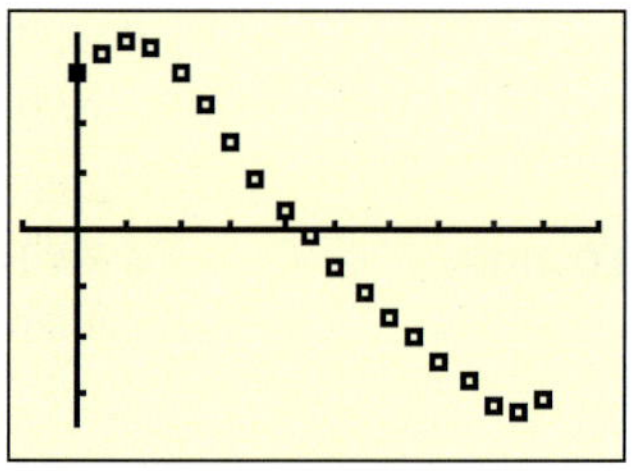

Das Bestimmen der Funktionsgleichung einer allgemeinen Sinusfunktion erfolgt mithilfe des Befehls **SinReg**; diesen findest du mit dem Befehl **STAT,** dort im Untermenü **CALC.** Bei diesem Befehl muss als erstes die Liste der 1. Koordinaten der Messpunkte (hier L1) und als zweites die Liste der zweiten Koordinaten (hier L2) angegeben werden. Danach sollte die Periode angegeben werden. Zum Schluss wird die Variable angegeben, in der der Funktionsterm gespeichert werden soll (hier Y1). Auf dem Bildschirm erscheinen dann die Koeffizienten des Funktionstermes, den man auch im **Y=**-Menü nachlesen kann.

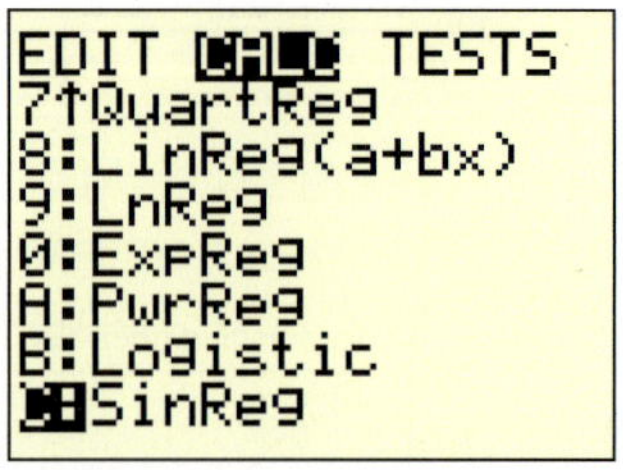

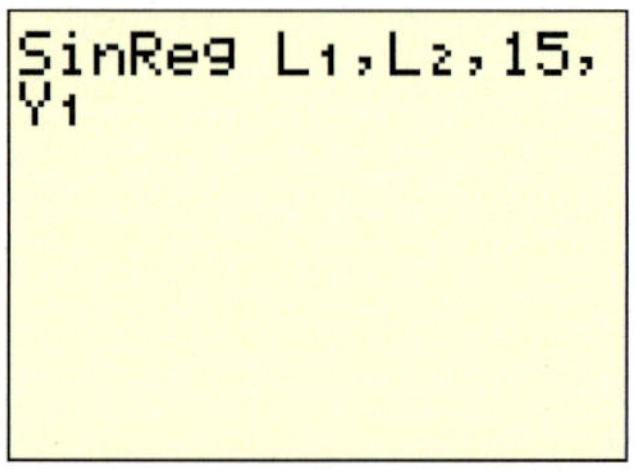

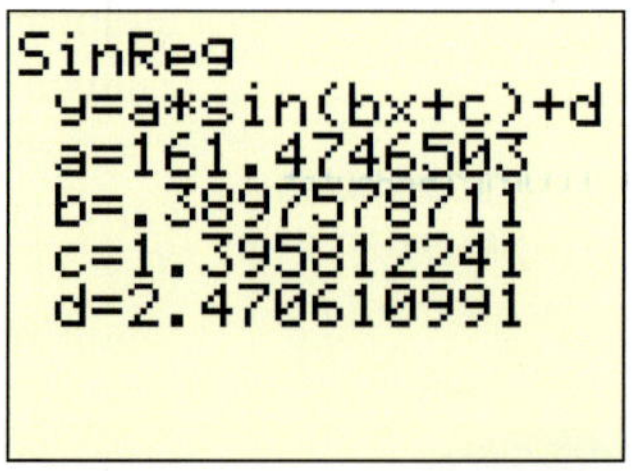

Nach dem Befehl **GRAPH** wird dann der Graph der gefundenen allgemeinen Sinusfunktion durch die Messpunkte gezeichnet, sodass man einen Eindruck von der Güte der Anpassung gewinnt.

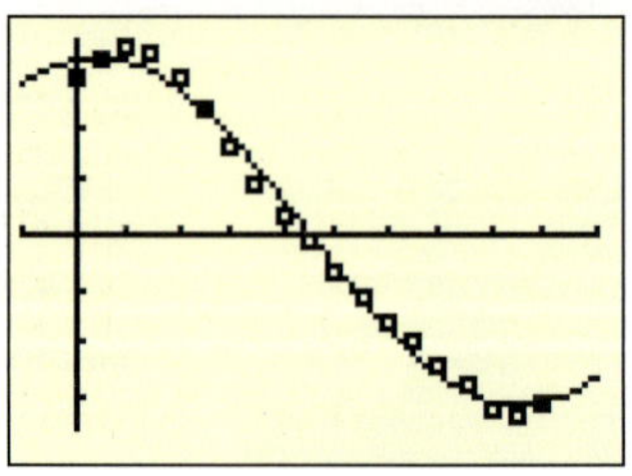

Übungsaufgaben

2. Unter der astronomischen Sonnenscheindauer versteht man die Zeitspanne zwischen Sonnenaufgang und Sonnenuntergang. Der 50. Breitengrad verläuft mitten durch die Bundesrepublik, z. B. durch Mainz. Für Orte auf ihm beträgt die astronomische Sonnenscheindauer ungefähr:

Datum	22.6.	22.7.	22.8.	22.9.	22.10.	22.11.	22.12.	22.1.	22.2.	22.3.	22.4.	22.5.
Dauer (in h)	16,2	15,4	13,8	12,0	10,2	8,6	7,8	8,7	10,3	12,2	13,9	15,4

a) Bestimme eine allgemeine Sinusfunktion, welche die astronomische Sonnenscheindauer für Orte auf dem 50. Breitengrad gut annähert.

b) Bestimme mithilfe von Teilaufgabe a) die astronomische Sonnenscheindauer am 10. Juli.

3. Welche allgemeine Sinusfunktion beschreibt die mittlere Sonnenscheindauer in Stuttgart möglichst gut?

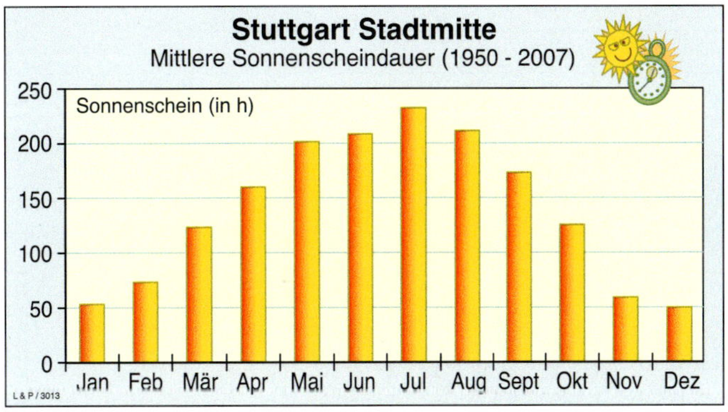

4. Meteorologen erfassen Temperaturdaten über lange Zeiträume, um Veränderungen im Klima untersuchen zu können. Für die Messstation auf Helgoland wurden die unten stehenden Tagesmittelwerte gemessen.

a) Stelle die Messwerte grafisch dar.

b) Bestimme den Term einer allgemeinen Sinusfunktion, die die Messwerte möglichst gut annähert.

JJJJMM bedeutet, dass die ersten 4 Ziffern die Jahreszahl und die übrigen 2 den Monat angeben.

Monatswerte					
JJJJMM	Tagesmittel (in C°)	JJJJMM	Tagesmittel (in C°)	JJJJMM	Tagesmittel (in C°)
200307	18.3	200206	15.3	200105	10.9
200306	15.8	200205	11.8	200104	6.2
200305	11.1	200204	7.9	200103	2.9
200304	7.6	200203	5.7	200102	3.0
200303	4.8	200202	5.8	200101	3.7
200302	0.8	200201	4.7	200012	5.9
200301	2.5	200112	4.6	200011	8.8
200212	2.3	200111	9.0	200010	12.9
200211	7.0	200110	14.3	200009	15.4
200210	10.3	200109	14.4	200008	16.8
200209	16.7	200108	18.0	200007	15.1
200208	19.8	200107	17.4	200006	14.1
200207	17.0	200106	13.3		

5. Soffie hat zu den Daten eines periodischen Prozesses mithilfe des GTR den Term einer allgemeinen Sinusfunktion ermittelt.

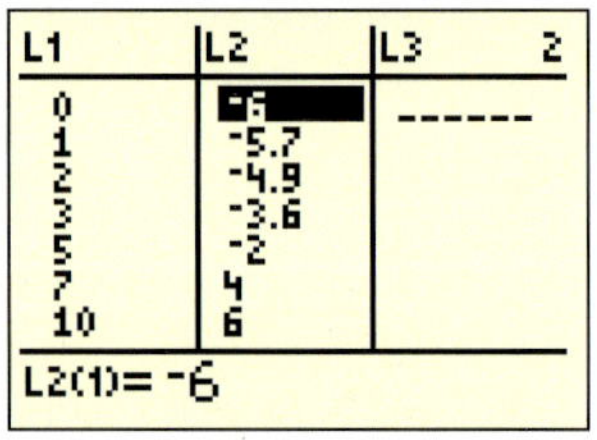

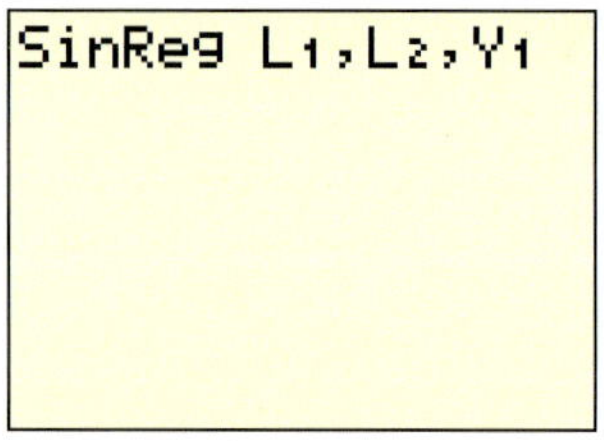

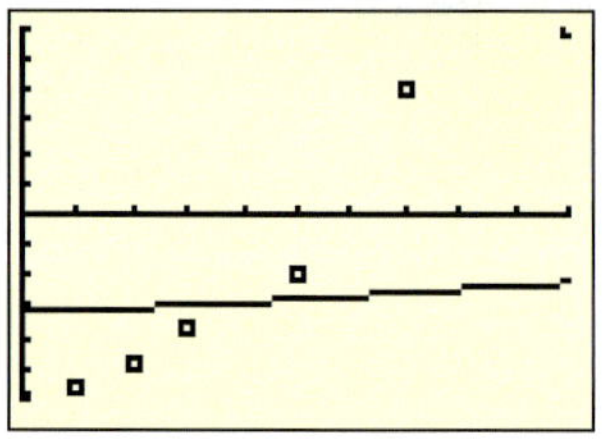

Da ihr das Ergebnis nicht zusagt, hat sie es noch einmal auf andere Weise versucht. Finde den Fehler bei ihrem ersten Vorgehen und gib ihr einen Tipp.

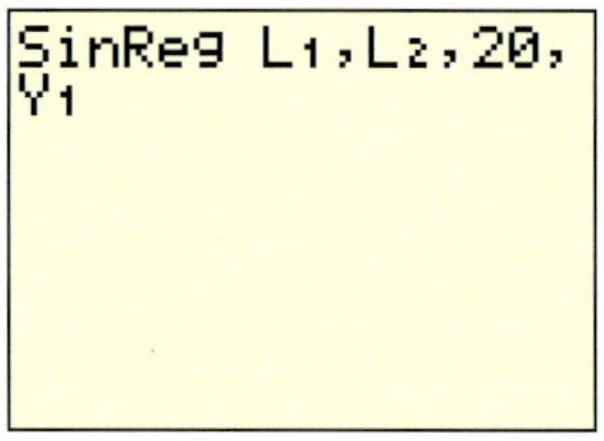

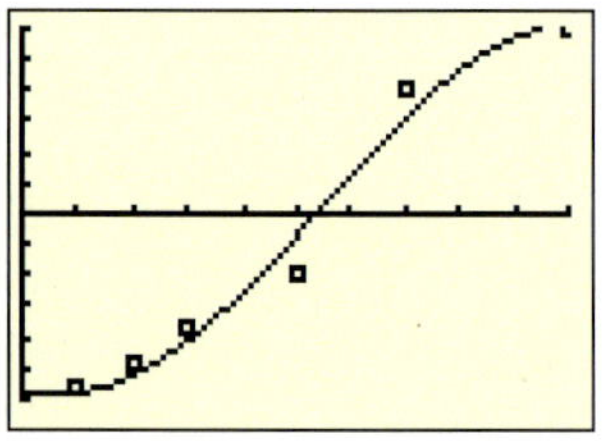

6. Beschreibe die mittleren Tagestemperaturen durch allgemeine Sinusfunktionen.

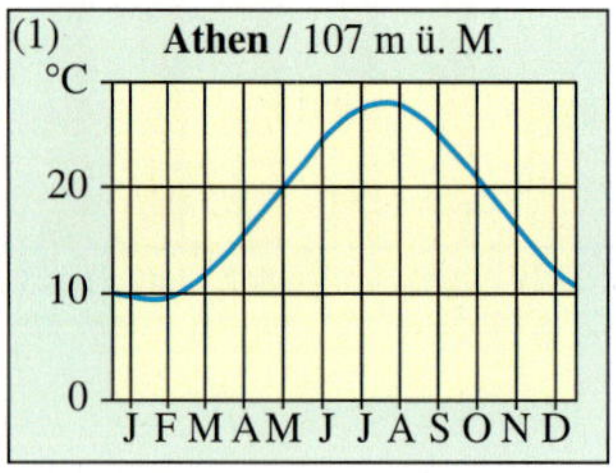

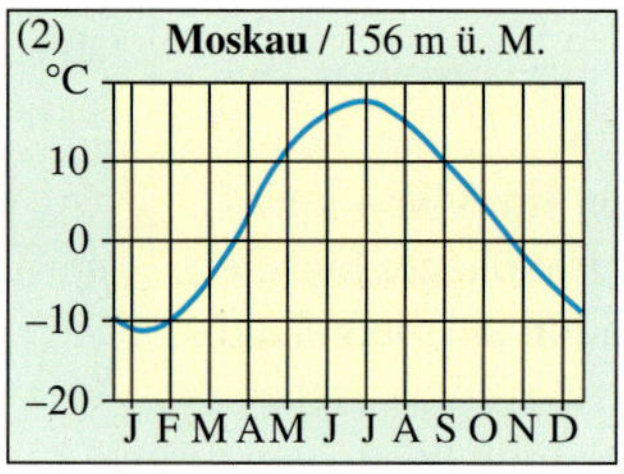

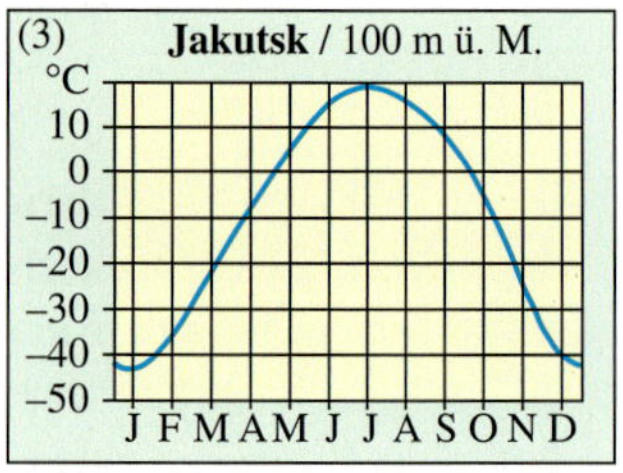

7. Taschenkalender enthalten oftmals auch die Auf- und Untergangszeiten des Mondes. Bestimme ein geeignetes Modell für die Mondscheindauer.

Mondscheindauer im August 2003

Datum	Aufgang	Untergang
01.08.03	09.09	23.01
02.08.03	10.31	23.15
03.08.03	11.54	23.28
04.08.03	13.17	23.42
05.08.03	14.44	24.00
06.08.03	16.11	24.23
07.08.03	17.58	24.57
08.08.03	18.57	25.48
09.08.03	20.03	26.59
10.08.03	20.50	26.50

Mondscheindauer im August 2003

Datum	Aufgang	Untergang
11.08.03	21.23	28.09
12.08.03	21.45	29.34
13.08.03	22.01	30.59
14.08.03	22.15	32.20
15.08.03	22.26	33.37
16.08.03	22.37	34.52
17.08.03	22.48	36.05
18.08.03	23.01	37.17
19.08.03	23.17	38.29
20.08.03	23.39	39.41

Mondscheindauer im August 2003

Datum	Aufgang	Untergang
21.08.03	24.08	40.51
22.08.03	24.49	41.57
23.08.03	25.46	42.53
24.08.03	26.56	43.38
25.08.03	26.48	44.11
26.08.03	28.05	44.36
27.08.03	29.28	44.55
28.08.03	30.51	45.10
29.08.03	32.16	45.23
30.08.03	33.40	45.36
31.08.03	35.05	45.49

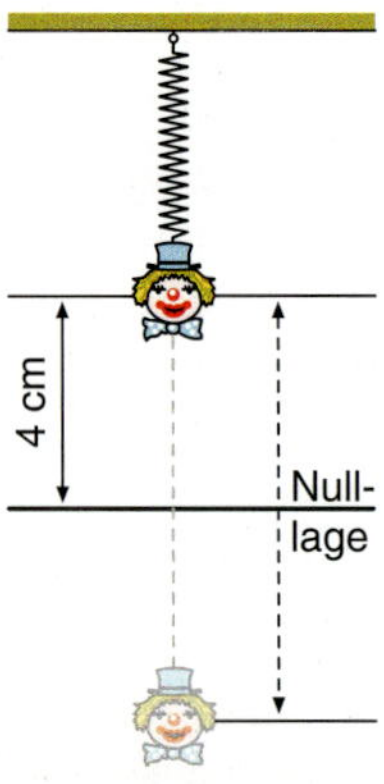

8. Ein Federpendel ist aus der Nulllage um 4 cm nach oben ausgelenkt worden. 2 Sekunden nach dem Loslassen ist es das erste Mal wieder ganz oben angelangt. Beschreibe die Auslenkung in Abhängigkeit von der Zeit durch eine geeignete Sinus- oder Kosinusfunktion.

9. In Zeitschriften findet man neben Horoskopen gelegentlich auch Informationen zum Biorhythmus. Danach sollen die körperliche, die emotionelle und die intellektuelle Leistungsfähigkeit Höhen und Tiefen wie eine Sinuskurve haben. Man gibt dabei 23 Tage (körperlich), 28 Tage (emotional) und 33 Tage (intellektuell) für die jeweilige Periode ab dem eigenen Geburtsdatum an. Stelle geeignete Fragen und beantworte sie mithilfe des GTR.

Auf den Punkt gebracht:

Parametervariation – Abbilden von Funktionsgraphen

1. Rechts siehst du eine Parabel.

a) Ermittle eine Gleichung dafür.

b) Gib Abbildungen an, mit denen man diese Parabel schrittweise aus der Normalparabel erzeugen kann.

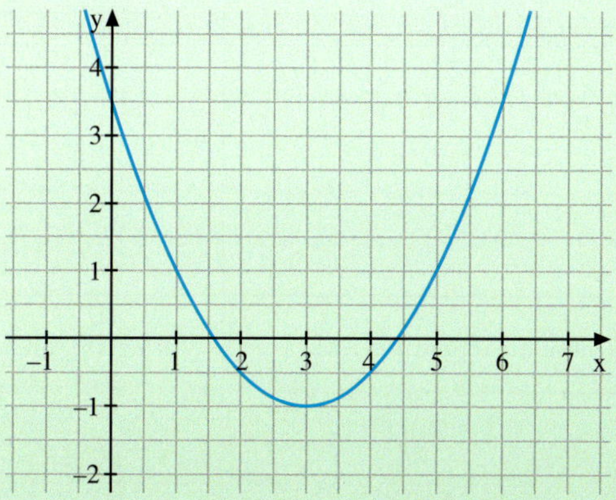

2. Verändere den Funktionsterm der Funktion zu $y = x^3$ durch Multiplizieren bzw. Addieren. Skizziere die Graphen (z. B. mit einem GTR) und schreibe eine Zusammenfassung deiner Ergebnisse, wie sich die Veränderungen am Funktionsterm auf den Graphen auswirken.

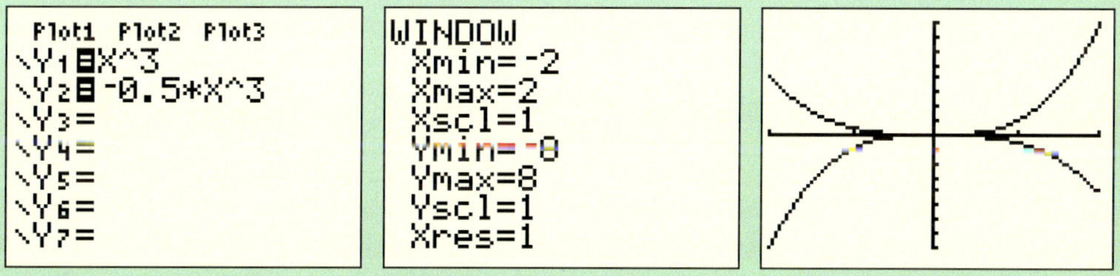

3.

Die Tageslichtdauer ist die Differenz zwischen Sonnenaufgangs- und Sonnenuntergangszeit. Am Äquator beträgt sie 12 Stunden. An den anderen Orten ist sie von der Jahreszeit abhängig. Die im Jahresverlauf sich ändernde Tageslichtdauer hat vielfältige Auswirkungen auf Lebewesen, und zwar sowohl Tiere als auch Pflanzen. Bei Hühnern in Käfighaltung wird daher ihre Legeleistung durch künstliche Beleuchtung beeinflusst. Bei Samen hängt das Keimverhalten von der Tageslichtdauer ab.

L & P / 3124

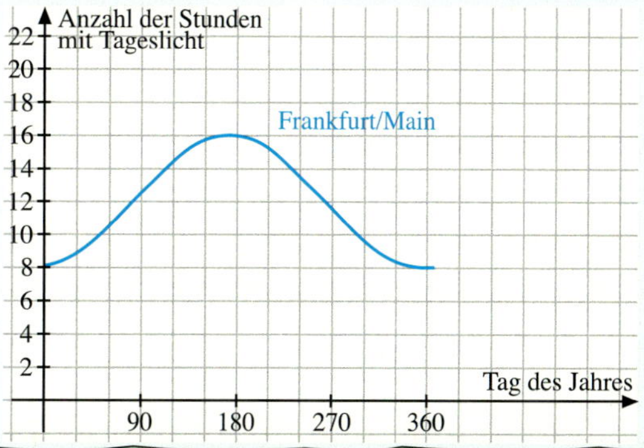

a) Erstelle eine Funktionsgleichung für die Tageslichtdauer in Frankfurt/Main. Argumentiere dabei durch Vergleich mit dem Graphen der Sinusfunktion.

b) Für die Tageslichtdauer in Madrid gilt: $h(t) = 12 + 2{,}4 \sin(0{,}0172\,(t - 80))$
Zeichne den Graphen und vergleiche mit dem Verlauf für Frankfurt/Main.

Änderung am Term	Funktionsgleichung	Abbildung des Graphen	Graph
e addieren	$y = f(x) + e$	Verschieben um $\lvert e \rvert$ Einheiten parallel zur y-Achse, und zwar nach oben, falls $e > 0$ und nach unten falls $e < 0$	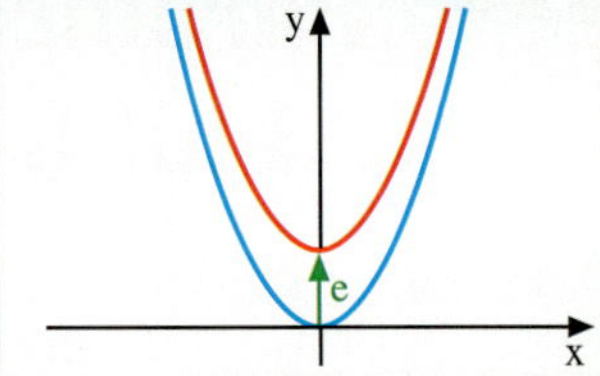
x durch x + d ersetzen	$y = f(x + d)$	Verschieben um $\lvert d \rvert$ Einheiten parallel zur x-Achse, und zwar nach links, falls $d > 0$ und nach rechts falls $d < 0$	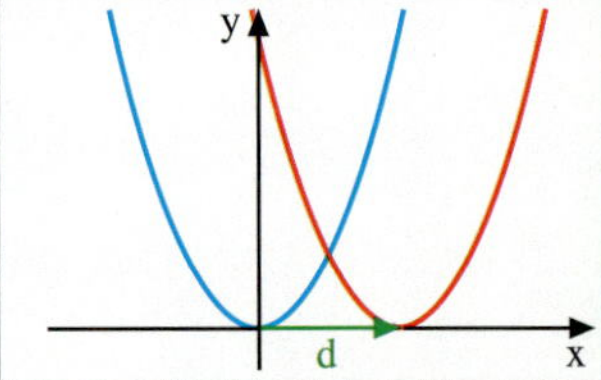
mit a > 0 multiplizieren	$y = a \cdot f(x)$ mit $a > 0$	Strecken parallel zur y-Achse mit dem Faktor a, und zwar Vergrößern, falls $a > 1$ Stauchen, falls $a < 1$	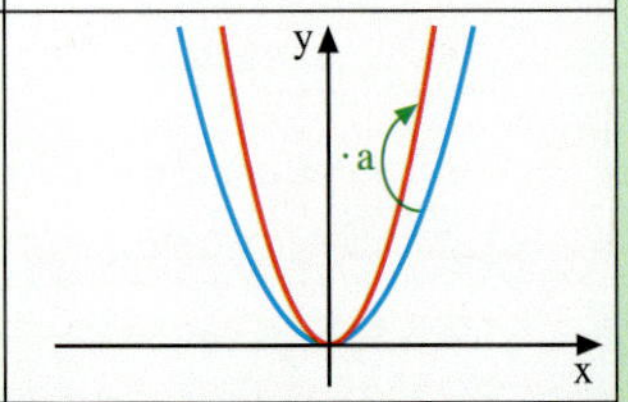
mit a < 0 multiplizieren	$y = a \cdot f(x)$ mit $a < 0$	Strecken mit dem Faktor $\lvert a \rvert$ parallel zur y-Achse und Spiegeln an der x-Achse („Streckspiegelung“)	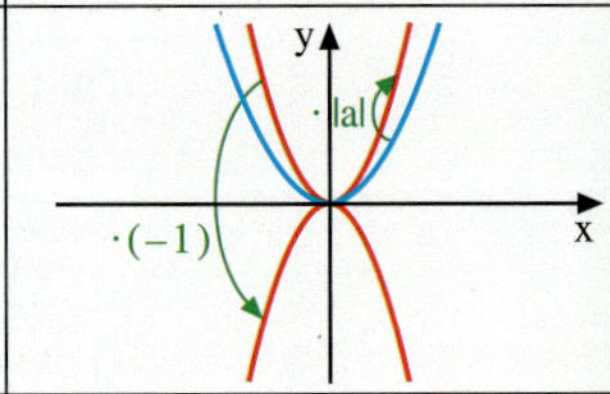
x durch bx ersetzen, wobei b > 0	$y = f(b \cdot x)$ mit $b > 0$	Strecken mit dem Faktor $\frac{1}{b}$ parallel zur x-Achse, und zwar Vergrößern, falls $b < 1$ Stauchen, falls $b > 1$	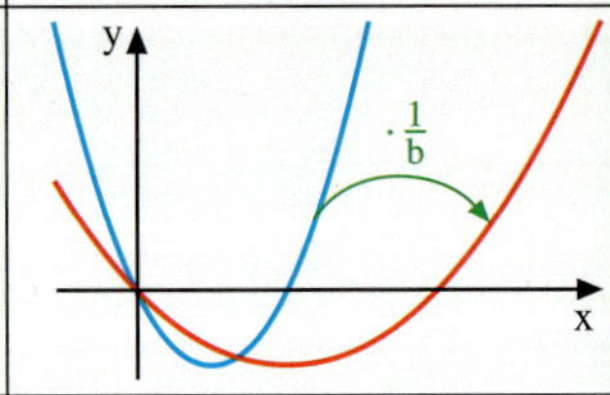
x durch bx ersetzen, wobei b < 0 L&P/3126	$y = f(b \cdot x)$ mit $b < 0$	Strecken mit dem Faktor $\frac{1}{\lvert b \rvert}$ parallel zur x-Achse, und Spiegeln an der y-Achse	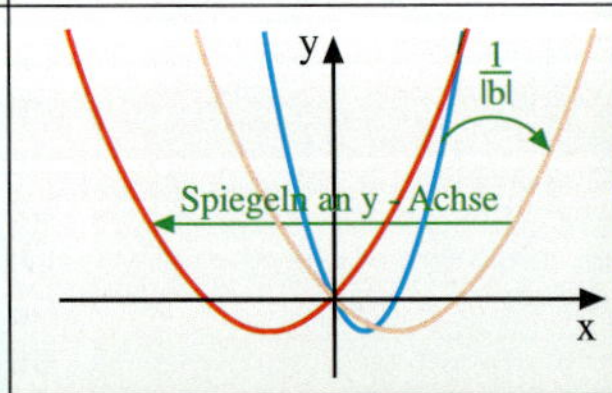

Verkettungen von Abbildungen des Funktionsgraphen:

$y = a \cdot f(x) + e$ Der Graph von f wird parallel zur y-Achse zunächst mit dem Faktor a gestreckt und dann um e Einheiten verschoben.

$y = f(bx + d)$ Der Graph von f wird parallel zur x-Achse zunächst um d Einheiten verschoben und dann mit dem Faktor $\frac{1}{b}$ gestreckt.

$y = f(b(x + d))$ Der Graph von f wird parallel zur x-Achse zunächst mit dem Faktor $\frac{1}{b}$ gestreckt und dann um d Einheiten verschoben.

6.8 Aufgaben zur Vertiefung

1. In den Abbildungen sind die Graphen von periodischen Funktionen gezeigt. Sie sind aus Stücken der Sinuskurve zusammengesetzt. Untersuche die Graphen der Funktionen auf Punkt- und Achsensymmetrie. Gib gegebenenfalls die Symmetriepunkte bzw. die Symmetrieachsen an. Bestimme auch die Periodenlänge.

a)

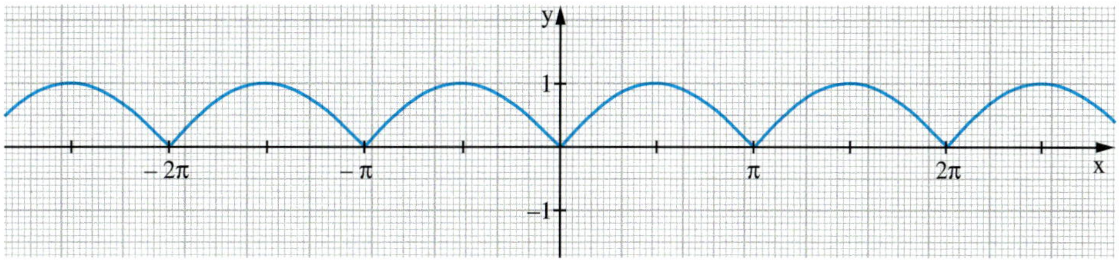

b)

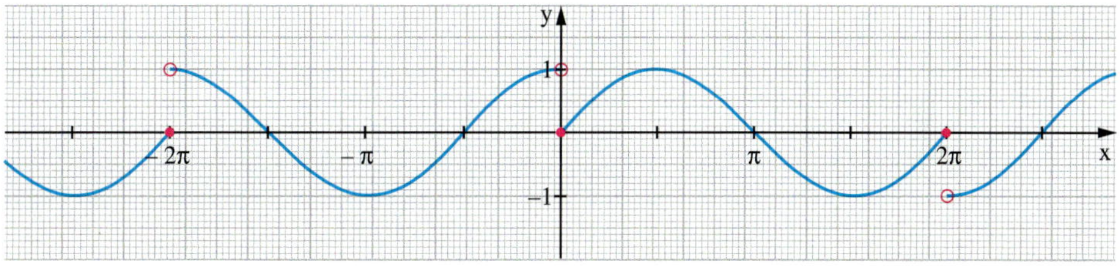

● gehört zum Graphen

○ gehört nicht zum Graphen

c)

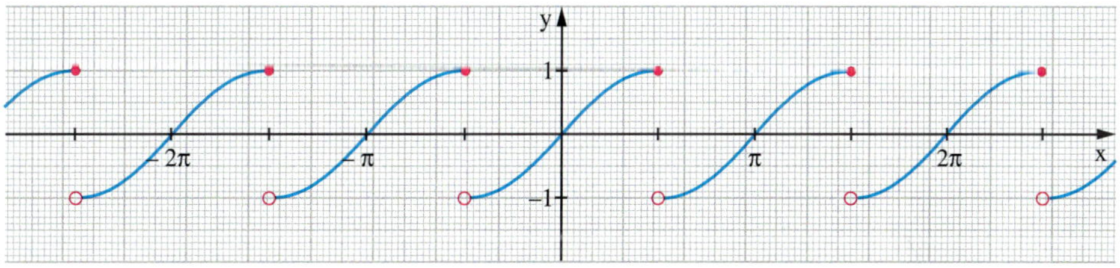

d)

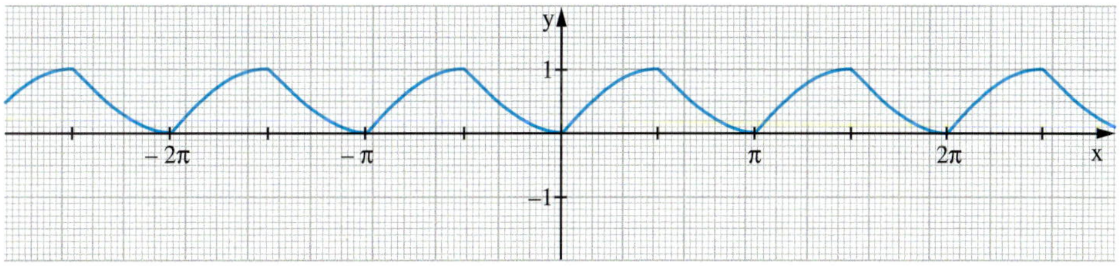

2. Erstelle selbst Bilder wie in Aufgabe 1. Dokumentiere die Lösungen.

3. Zeichne den Graphen der Kosinusfunktion mit y = cos (x) und geeignete Parabelbögen (Streckungen und Verschiebungen der Normalparabel), die die Kosinusfunktion abschnittsweise annähern. Beurteile die Güte, mit der die Kosinusfunktion selbst modelliert wird. Verwende dazu auch die **TABLE**-Funktion des Rechners.

$\tan(x) = \frac{\sin(x)}{\cos(x)}$

4. Der Rechner kennt neben den trigonometrischen Funktionen „Sinus“ und „Kosinus“ noch eine dritte trigonometrische Funktion: „Tangens“.
Zeichne den Graphen der Tangensfunktion und untersuche die Funktion auf Definitionslücken, Nullstellen und Symmetrieeigenschaften.
Vergleiche mit der Sinus- und Kosinusfunktion.

Im Blickpunkt

Im Blickpunkt

Spiralen

Friedensreich Hundertwasser
(738) GRASS FOR THOSE WHO CRY

1. In der Natur kommen oft Spiralen vor. Seit Jahrtausenden sind sie auch zur künstlerischen Gestaltung verwendet worden.

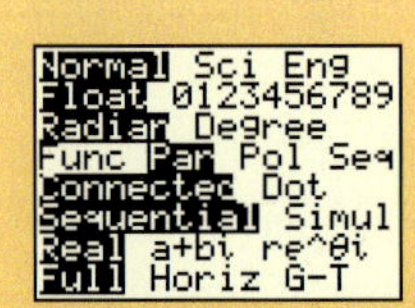

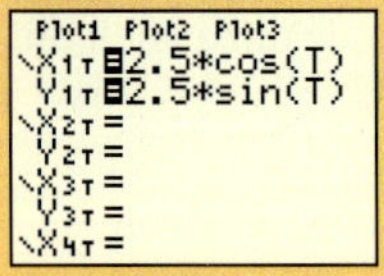

2. Eine besonders einfache Spirale ist die **archimedische Spirale:** Ein im Ursprung beginnender Strahl g bewegt sich mit konstanter Geschwindigkeit ω_0 (Winkelgeschwindigkeit). Gleichzeitig bewegt sich ein Punkt auf dem Strahl (Halbgerade) mit konstanter Geschwindigkeit v_0 nach außen.
Der Punkt P beschreibt dadurch in der Ebene eine Kurve, welche *archimedische Spirale* genannt wird (Bild rechts).

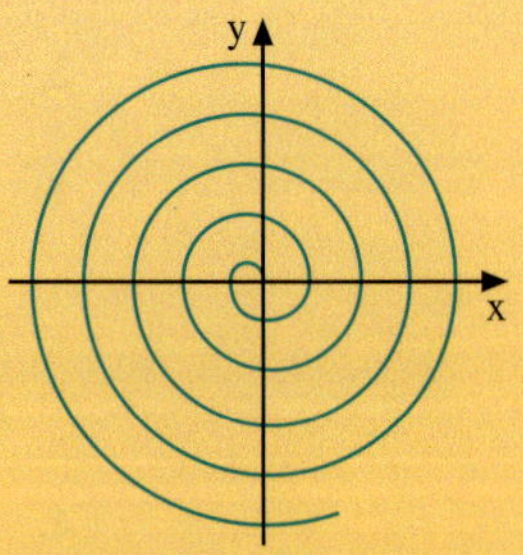

a) Zeige, dass mit der Zeit t als Parameter die archimedische Spirale die Parameterdarstellung $x = v_0 \cdot t \cos(\omega_0 \cdot t)$ und $y = v_0 \cdot t \sin(\omega_0 \cdot t)$ hat.

b) Zeichne mit dem Rechner für verschiedene Werte von v_0 und ω_0 Spiralen. Beschreibe, welchen Einfluss v_0 und ω_0 auf die Spiralenform haben.

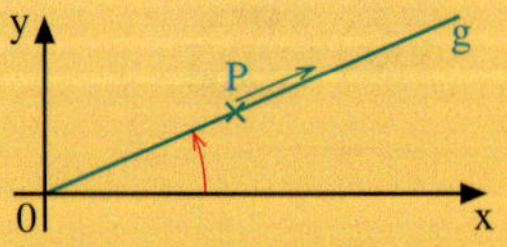

Bist du fit?

1. Rechne die Winkelangaben in das jeweils andere Winkelmaß um. Runde im Gradmaß auf zehntel Grad, im Bogenmaß auf Hundertstel.

a) 20°; 48°; 217°; 90°; 68°

b) 1,4; 0,6; 4,2; 2,1; 1,7

c) $\pi°$; π; 1; 1°; 100°

d) 3,8°; –2,9; 171°; 1,4; –126°

2. Bestimme alle Winkelgrößen (im Bogenmaß), die die Gleichung lösen. Runde auf Zehntel.

a) $\sin(x) = 1$ **b)** $\cos(x) = 0{,}42$ **c)** $\sin(x) = 0{,}84$ **d)** $\cos(x) = -0{,}72$

3. Skizziere die Kosinuskurve. Gib dann Symmetrieeigenschaften der Kosinusfunktion an und begründe diese am Einheitskreis.

4. Zeichne den Graphen der Funktion und prüfe, ob die gegebenen Punkte auf dem Graphen liegen.

a) Funktionsgleichung $y = 1{,}5 \cdot \cos(x)$ $P\left(\frac{\pi}{9}\middle|2\right)$; $Q\left(\frac{\pi}{3}\middle|\frac{3}{4}\right)$; $R\left(\frac{5\pi}{2}\middle|-1\right)$

b) Funktionsgleichung $y = 2 \cdot \sin\left(\frac{1}{2}x\right) + 1$ $S(2\pi|0)$; $T\left(\frac{\pi}{3}\middle|2\right)$; $U(6\pi|0)$

5. Beschreibe, wie der Graph der Funktionen aus dem der Sinusfunktion mit $y = \sin x$ hervorgeht.

a) $y = 0{,}5 \cdot \sin(2x)$

b) $y = 2 \cdot \sin\left(x - \frac{\pi}{2}\right)$

c) $y = \sin(x + \pi) - \pi$

d) $y = -\sin\left(\frac{1}{2}(x+\pi)\right)$

e) $y = \sin(\pi x - 2\pi)$

f) $y = \cos(x)$

6. Gib eine Funktionsvorschrift der abgebildeten Funktionsgraphen an.

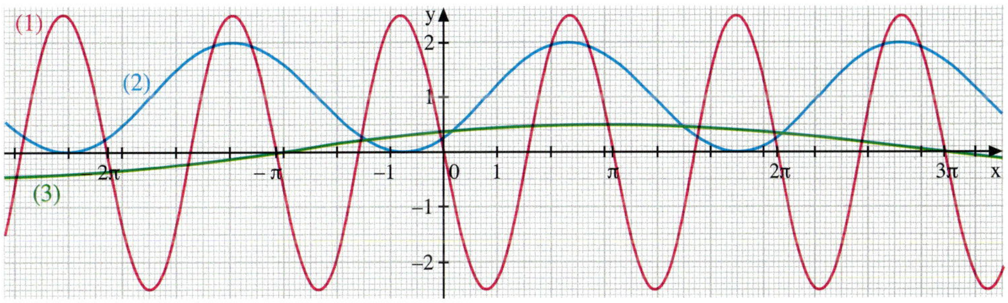

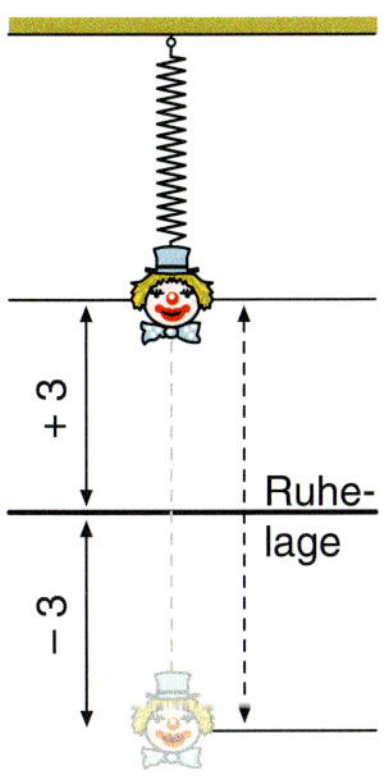

7. Zu Beobachtungsbeginn befindet sich das Pendel in unterer Maximalauslenkung. In Bezug zur Ruhelage werden folgende Messwerte für die Auslenkung aufgenommen:

Zeit (in s)	0	2	4	6	10	15	20
Auslenkung (in cm)	– 3	– 2,86	– 2,45	– 1,81	– 0,97	2,02	3

a) Gib eine Funktion an, die die Bewegung gut modelliert.

b) Wie lange braucht das Pendel, um den Ausgangspunkt wieder zu erreichen? Welche Auslenkung hat das Pendel nach 1 Minute?

c) Welche Annahmen zur Vereinfachung hast du gemacht?

8. Der Graph einer allgemeinen Sinusfunktion mit dem Term $f(x) = a \sin(b(x + c)) + d$ ist unter anderem durch Verschiebung um 1 nach rechts aus dem Graphen der Sinusfunktion entstanden. Er hat die Periode 5 und verläuft durch die Punkte $P(2{,}25|7)$ und $Q(4{,}75|1)$. Ermittle den Funktionsterm.

Projekt

Projekt

Fantastische Körper – Platonische Durchdringungskörper

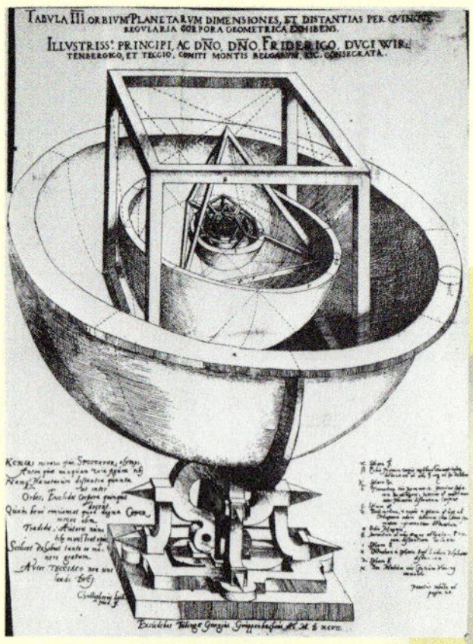

Vorschlag 1:
Platonische Körper in Philosophie und Physik

Schon Platon beschäftigte sich mit regulären Polyedern, er wollte sogar mit diesen Körpern die Welt erklären.
Johannes Kepler versuchte, mit diesen Körpern die Abstände zwischen den Bahnen der Planeten zu begründen.
Was waren das für Theorien? Versucht, etwas darüber herauszufinden.

Ihr habt euch vielleicht schon einmal mit dem Thema Platonische Körper beschäftigt. Nun seid ihr in der Mathematik ein gutes Stück vorangekommen und beherrscht schon Teile der Trigonometrie. Diese neu erworbenen Fähigkeiten können euch bei der Bearbeitung dieses Projektes helfen. Hier könnt ihr Körper nachbilden, die auch schon alte mathematische Meister fasziniert haben. Oder ihr erfindet selber ganz neue Körper, die sogar eure Lehrerin oder euer Lehrer vorher noch nie gesehen hat.
Es wäre schön, wenn ihr eure Durchdringungskörper in einer kleinen Aus-

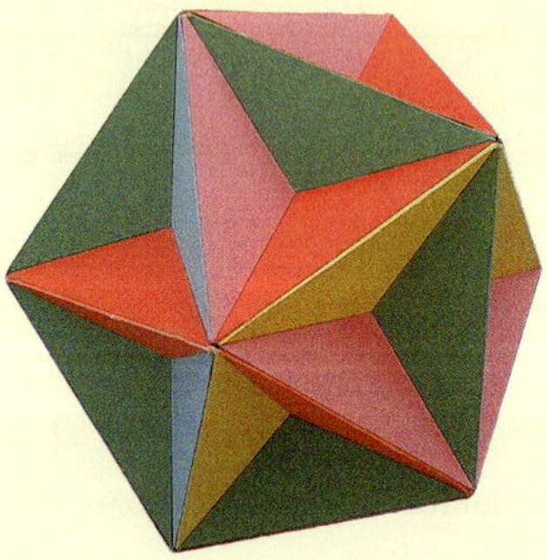

Vorschlag 2:
Die Sternkörper der alten Meister

Sternkörper haben schon immer viele Künstler und Mathematiker fasziniert. So hatte der Nürnberger Wentzel Jamnitzer schon 1568 ein ganzes Buch über solche Körper gezeichnet. In der Basilika San Marco in Venedig findet man ein Mosaik eines kleinen Dodekaedersterns. Johannes Kepler und später Louis Poinsot hatten sich mit den Sternkörpern mathematisch beschäftigt. Ihr seht, ihr seid in bester Gesellschaft, wenn ihr euch für dieses Thema entscheidet.

Vorschlag 3:
Duale Körper

Duale Körper sind zwei Körper, die zunächst gleich viele Kanten haben, aber dort, wo der eine Ecken hat, hat der andere eine Seitenfläche und umgekehrt. Außerdem sind die Kanten orthogonal zueinander, wenn man die beiden Körper zusammen bringt. Möchtet ihr einmal so etwas probieren?

Vorschlag 4: Platonische Mehrlinge

Versucht euch doch mal an der Berechnung und Herstellung platonischer Drillinge, Vierlinge oder sogar Fünflinge. Oder ihr probiert es einmal mit einem Ikosaederzwilling.

stellung im Schulgebäude zeigen könntet. Ihr könnt natürlich auch die Ergebnisse im Rahmen einer Vortragsrunde vor der Klasse präsentieren. Auch ein kleiner Artikel in der Lokalpresse über besonders interessante und spektakuläre Körpermodelle ist denkbar. Hier hilft vielleicht eure Deutschlehrerin oder euer Deutschlehrer.
Wir haben hier für euch ein paar Ideen und Fragen rund um das Durchdringungsprojekt vorbereitet, die ihr aufgreifen könnt. Im Internet findet ihr das Projekt unter
www.elemente-der-mathematik.de

Vorschlag 5: Computerprogramme

Ihr habt bestimmt schon einmal Computergrafiken von mathematischen Körpern gesehen. Für die Erzeugung solcher Grafiken gibt es spezielle Software, die auch ohne große Programmierkenntnisse zu bedienen ist. Ihr könntet im Rahmen dieses Projektes mit geeigneten Computerprogrammen eigene Phantasiekörper oder spezielle Sternkörper nachbilden. Die Programme dazu findet ihr im Internet.

Vorschlag 6: Phantastische Durchdringungen

Haben euch die bisherigen Vorschläge noch nicht überzeugt? Wollt ihr vielleicht ganze Entwicklungsreihen von Körpern darstellen? Möchtet ihr eigene Ideen entwickeln? Wollt ihr anderes Material verwenden und nicht nur Fotokarton? Nur zu! Es gibt hier keine Grenzen.

Teste dich – Vermischte Übungen 1

1. **a)** Eine Normalparabel schneidet die x-Achse an den Stellen $x_1 = -5$ und $x_2 = 3$. Berechne die Koordinaten des Tiefpunktes und den Schnittpunkt der Parabel mit der y-Achse.

b) Wo schneidet die Parabel die x-Achse, wenn sie um 15 Längeneinheiten nach oben verschoben wird?

2. Zeichne die Graphen zu $f_1(x) = 2^x$, $f_2(x) = 0{,}5 \cdot 2^x$ und $f_3(x) = 2 \cdot 2^x$ in ein Koordinatensystem. Wie entstehen die Graphen von f_2 und f_3 aus dem Graphen zu f_1?

3. Die Maße eines rechteckigen Bilderrahmens werden mit 15 cm und 21 cm angegeben.

a) Wie lang sind die Diagonalen?

b) Unter welchem Winkel schneiden sich die Diagonalen?

4. Gib zum Graphen eine mögliche Funktionsgleichung, die Periode sowie die Amplitude an.

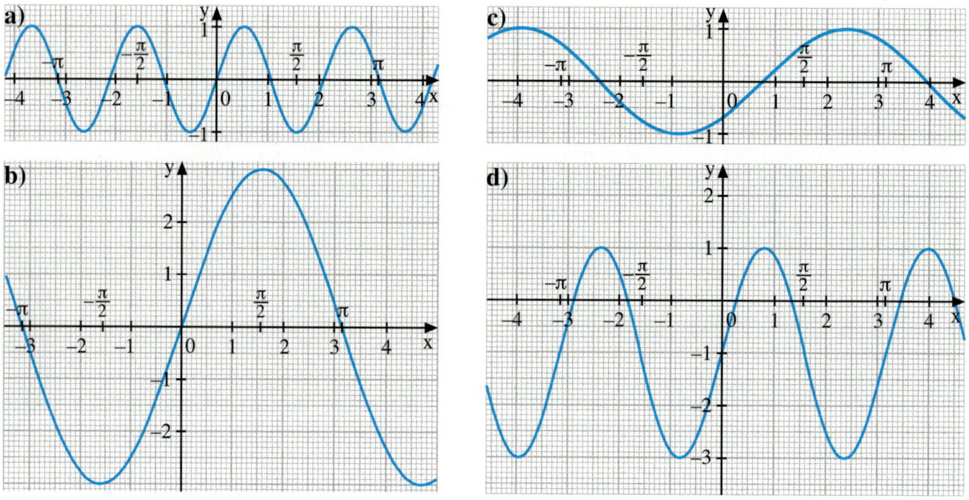

5. Alle Kanten einer quadratischen Pyramide sind 4 cm lang.

a) Wie groß ist der Oberflächeninhalt der Pyramide?

b) Bestimme die Entfernung des Fußpunkts F der Höhe von den Ecken der Pyramide.

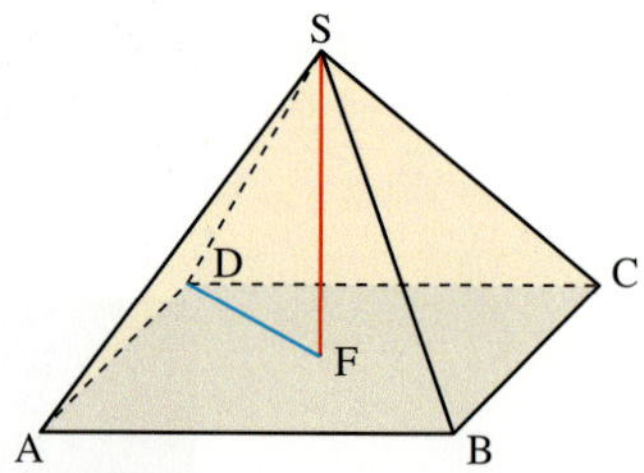

6. Forme um in einen Term mit nur einer Wurzel:

a) $\sqrt{2} \cdot \sqrt[4]{2}$ **b)** $\sqrt[3]{2} : \sqrt[4]{3}$ **c)** $\sqrt{2 \cdot \sqrt[4]{3}}$

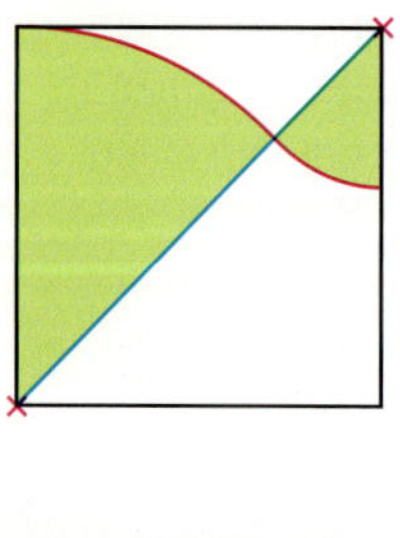

7. Aus einem ersten Gefäß mit 100 *l* Wasser wird zur Bewässerung von Gemüse mit einer Pumpe 8,5 Liter pro Stunde abgepumpt. Zur gleichen Zeit beginnen aus einem zweiten Gefäß, das am Anfang ebenfalls 100 *l* Wasser enthält, in jeder Stunde 20 % des Wasservorrats herauszufließen.

a) Wann jeweils ist in den Gefäßen nur noch 1 *l* Wasser?

b) Wann ist in beiden Gefäßen nach dem Beginn der Bewässerung gleich viel Wasser?

8. Welcher Anteil der Figur links ist gefärbt?

Teste dich – Vermischte Übungen 2

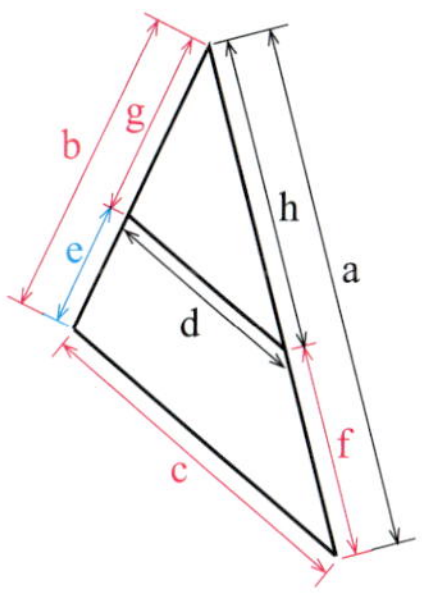

1. Bestimme den Exponenten x so, dass gilt: **a)** $2^x = \frac{1}{16}$ **b)** $15 \cdot 3^x = \frac{5}{9} \cdot 27^2$

2. In der skizzierten Figur sind die Strecken d und c zueinander parallel. Weiterhin gilt: a = 5 cm; d = 2 cm; h = 3 cm; e = 1,2 cm.
Bestimme die Längen der übrigen Strecken.

3. Gegeben ist die quadratische Funktion f durch die Gleichung $y = 0{,}5\,(x + 2)^2 - 8$.

a) Gib den Scheitelpunkt des Graphen an und zeichne den Graphen.

b) Verändere die Funktionsgleichung so, dass
(1) nur positive Funktionswerte vorkommen;
(2) alle nichtnegativen Zahlen, aber keine negativen Zahlen als Funktionswerte vorkommen;
(3) die zugehörige Parabel nur die negative x-Achse schneidet;
(4) die zugehörige Parabel durch den Ursprung verläuft.

4. Löse: **a)** $x - 2x + 1 = 0$ **b)** $x^2 - 2x^2 + 1 = 0$ **c)** $x^2 - 2x + 1 = 0$

5. Ein Elektronikmarkt verkauft in einer Sonderaktion günstige DVDs und CDs jeweils zu festen Preisen. Daniel kauft 5 DVDs und 3 CDs zum Preis von 95 €. Larissa muss für 7 CDs 3 € mehr als Michael für seine beiden DVDs zahlen. Anne kann sich für 26 € eine DVD und 2 CDs leisten. Untersuche, ob bei einem der Rechnungsbeträge ein Fehler vorliegt.

6. Die Bevölkerung eines Landes ist innerhalb der letzten 10 Jahre von 50 Millionen auf 59 Millionen Menschen gestiegen.

a) Welche Bevölkerungszahl erwartet man in zwei Jahren, wenn man von einem linearen Wachstum ausgeht?

b) Welche Bevölkerungszahl erwartet man in zwei Jahren, wenn man von einem exponentiellen Wachstum ausgeht?

7. In der Ecke A einer quaderförmigen Schachtel, die 8 cm breit, 8 cm tief und 16 cm hoch ist, sitzt eine Ameise. Wie lang ist der kürzeste Weg, wenn die Ameise von der Ecke A in die Ecke B gelangen will?

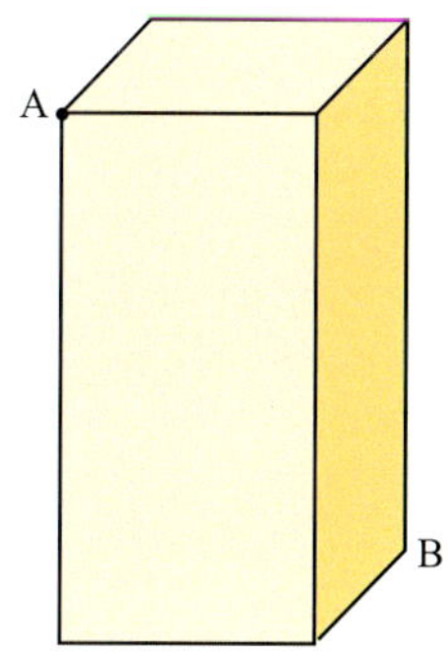

8. Gegeben ist ein Quadrat mit der Seitenlänge a. Über den vier Seiten des Quadrats werden gleichschenklige Dreiecke errichtet, deren Höhe so groß wie die Quadratseite ist.

a) Zeichne eine entsprechende Figur mit a = 3 cm.

b) Wie groß ist der Flächeninhalt der Figur mit a = 3 cm?

c) Wie hängt der Flächeninhalt der Figur von der Seitenlänge a ab? Gib die entsprechende Funktionsgleichung an.

d) Welche Länge muss die Quadratseite a haben, damit die Figur $60\ cm^2$ groß ist?

Teste dich – Vermischte Übungen 3

1. Gegeben ist die Zahl a in Normdarstellung durch $a = 9{,}81 \cdot 10^{-3}$.
Bestimme $2a$, $\frac{a}{2}$, a^2, $\sqrt{a}$ jeweils in Normdarstellung. Ordne die Ergebnisse nach der Größe.

2. Gegeben ist ein Muster in einem Rechteck ABCD mit $|AB| = 8$ cm, $|BC| = 5$ cm. Berechne den Flächeninhalt des kleinen Quadrats.

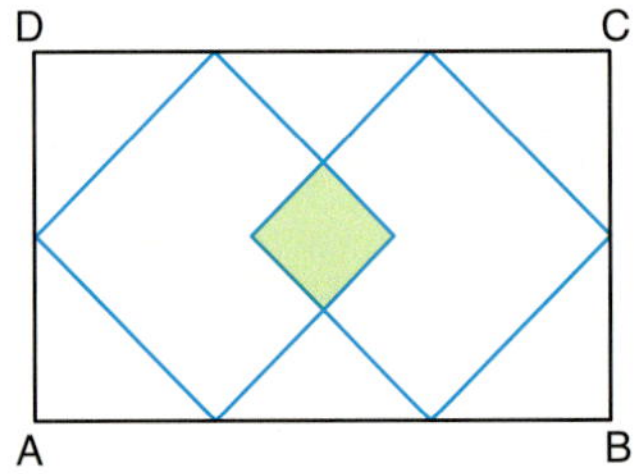

3. **a)** Ein Taschenrechner zeigt für $\sqrt{7}$ den Wert 2,6457513 an. Begründe, wieso der angezeigte Wert nicht exakt sein kann.

b) Gib jeweils eine reelle Zahl an, sodass ihr Produkt mit $\sqrt{7}$ exakt
(1) den Wert 14 hat; (2) den Wert $-\sqrt{14}$ hat; (3) den Wert $\frac{1}{\sqrt{7}}$ hat.

4. Eine Gleichung der Form $x^2 + 3x + q = 0$ hat als eine Lösung 2. Wie heißt die zweite Lösung?

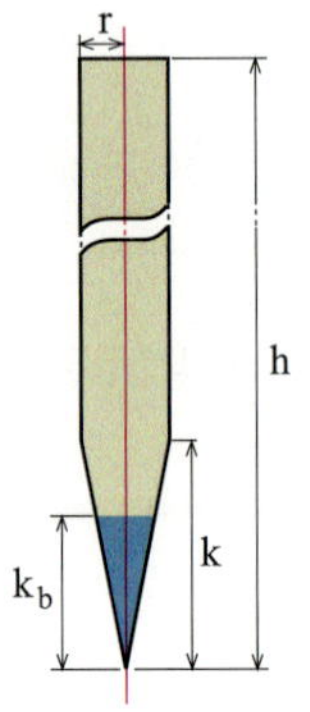

5. Ein Holzstab hat die Form eines senkrechten Kreiszylinders mit dem Radius $r = 4$ cm und der Länge $h = 1$ m. Durch Abschleifen wird der Holzstab zu einem Pfahl mit einer kegelförmigen Spitze mit der Länge $k = 9$ cm.

a) Bestimme das Volumen des Pfahls.

b) Der Pfahl wird so weit in die Erde gerammt, dass ein Fünftel seines Volumens unter der Erde ist. Wie hoch ragt der Pfahl noch aus der Erde heraus?

c) Um die Spitze des Pfahls zu schützen, wurde ihr ein kegelförmiges Blechstück aufgesetzt. Die Höhe des Mantels beträgt $k_b = 6$ cm. Wie groß ist die Fläche des Blechmantels?

6. Ein Turm, der ein regelmäßiges Sechseck mit der Seitenlänge $a = 2$ m als Querschnitt hat, soll als Dach eine Pyramide von 8 m Höhe erhalten.
Wie viel Blech wird für das Dach gebraucht, wenn man 10 % der errechneten Fläche für Überlappung hinzuschlägt?

7. Für wissenschaftliche Untersuchungen wurden Fliegen gezüchtet, die sich exponentiell vermehren. Nach 2 Tagen wurden 144 Fliegen gezählt, nach 13 Tagen waren es 1 070 Fliegen.

a) Bestimme eine Funktion, die das Wachstum beschreibt. Wie viele Fliegen waren es am Anfang? Um wie viel Prozent nimmt die Anzahl der Fliegen an einem Tag zu?

b) Wie viele Fliegen könnte man nach 8 Tagen entnehmen, ohne dass der Bestand unter den nach 7 Tagen fällt?

c) Nach 20 Tagen werden 90 % der Fliegen entnommen. Nach wie viel Tagen sind es wieder so viele Fliegen wie nach den ersten 20 Tagen?

8. Betrachte die Graphen der Exponentialfunktion f mit $f(x) = 2^x$, der quadratischen Funktion g mit $g(x) = x^2 + 1$ und der linearen Funktion h mit $h(x) = 2x + 1$. Alle drei Graphen gehen durch den Punkt $P(0|1)$.

a) Bestimme das Intervall, in dem der Graph von f unter dem Graph von g liegt.

b) Bestimme das Intervall, in dem der Graph von h unter dem Graph von g liegt.

Teste dich – Vermischte Übungen 4

1. Der Bodensee hat bei einem mittleren Wasserstand eine 540 km^2 große Fläche und ein Wasservolumen von $5 \cdot 10^{10}\,m^3$. Davon hat der Untersee eine 63 km^2 große Fläche und beinhaltet $1{,}7 \cdot 10^9\,m^3$ Wasser. Im Frühjahr kann es vorkommen, dass das Wasser im Obersee des Bodensees an einem Tag um 5 cm steigt.

a) Um wie viel Liter etwa hat dann das Wasser im Obersee zugenommen?

b) Um wie viel Prozent hat sich so das Wasservolumen des Obersees verändert?

2. Gib drei verschiedene quadratische Funktionen an, deren Parabeln Scheitelpunkte im zweiten Quadranten haben.

3. Gegeben ist die Funktion f mit $f(x) = \cos(2x + 2)$.

a) Bestimme alle Nullstellen von f. **b)** Gib alle Hochpunkte von f an.

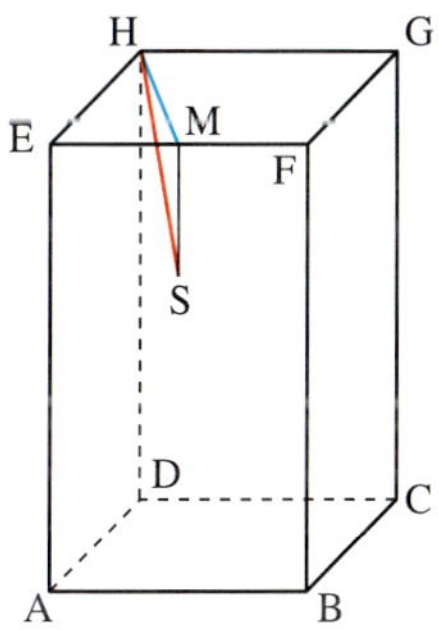

4. Eine quadratische Säule hat ein Grundquadrat ABCD mit einer Seitenlänge von 10 cm und eine Höhe von 17 cm. Der Punkt M ist Mittelpunkt der Kante $\overline{EF}$; der Punkt S liegt 2 cm unter M.

a) Wie groß ist die Entfernung $|HM|$?

b) Die Punkte H und S werden auf der Oberfläche des Körpers durch eine Schnur kürzester Länge verbunden. Wie lang wird diese Schnur?

5. Bei einem Fernsehquiz werden den Kandidaten zu jeder Frage vier Antworten angeboten, von denen eine richtig ist.
Kandidat A hat noch drei Fragen vor sich, um einen Gewinn von 16 000 € zu erreichen. Alle so genannten Joker hat er schon verspielt. Bei jeder der drei Fragen erscheinen ihm alle Antworten gleich plausibel, sodass er auf Raten angewiesen ist. Bei einer falschen Antwort ist für ihn das Spiel zu Ende.
Wie groß ist für Kandidat A die Wahrscheinlichkeit den Gewinn von 16 000 € zu erreichen?

6. A: $\log(2)+\log(3)=\log(5)$ B: $3\cdot\log(2)=\log(6)$ C: $\log(1)\cdot\log(2)=\log(2)$ D: $\log\left(\frac{1}{2}\right)=\frac{1}{\log(2)}$

a) Begründe, dass alle vier Umformungen falsch sind.

b) Forme die Terme der jeweils linken Seite korrekt um.

7. Um die Höhe eines Turms zu bestimmen, werden ein 1,80 m langer Stab $\overline{AD}$ und ein 3 m langer Stab $\overline{BF}$ so aufgestellt, dass man über sie den oberen Rand eines Turms anpeilen kann. In diesen Positionen beträgt der Abstand der Stäbe $|AB| = 1{,}80$ m. Man misst dann den Abstand des längeren Stabs vom Turm und erhält: $|BC| = 21{,}60$ m.
Berechne die Höhe des Turms.

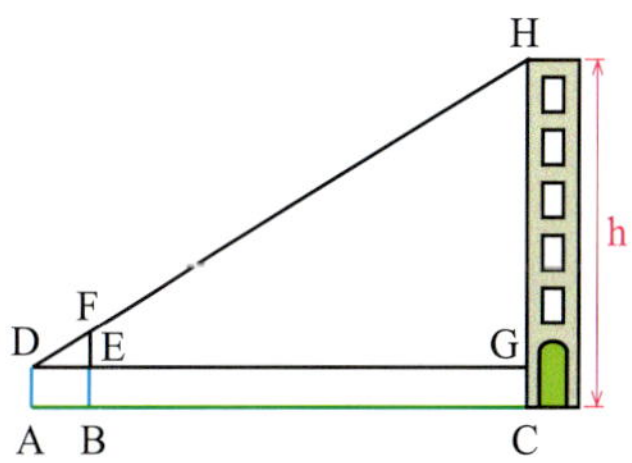

Teste dich – Vermischte Übungen 5

1. Ordne die Graphen den Funktionen zu.

a) $f(x) = -0{,}5^x$ **d)** $f(x) = 0{,}5^x$

b) $f(x) = -3x^2$ **e)** $f(x) = -2x^3$

c) $f(x) = -2^x$ **f)** $f(x) = 2^x$

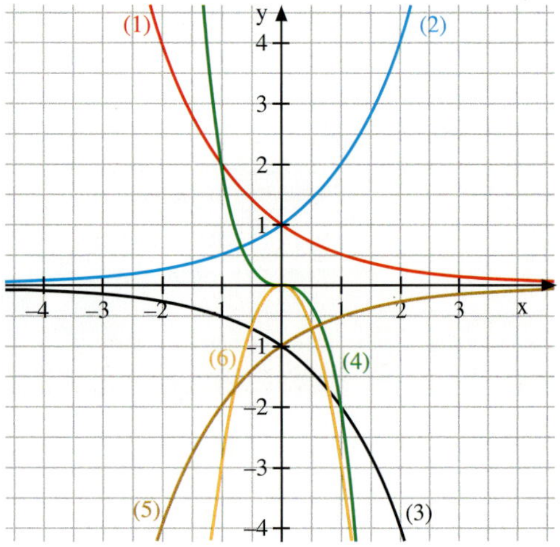

2. Von dem Mathematiker Leonhard Euler (1707–1783) stammt folgende Aufgabe: Man gebe zwei Zahlen an, von denen die eine doppelt so groß wie die andere ist. Addiert man die Summe der beiden Zahlen zu ihrem Produkt, so erhält man 90.

SMS
Short Message Service

3. In einer Clique schickt jeder jedem am Morgen eine SMS zu. Es werden täglich 56 SMS verschickt. Wie groß ist die Clique?

4. Direkt neben einem Baum steht ein 1,80 m großer Mann mit einem 2,50 m langen Schatten. Wie hoch ist der Baum, wenn dessen Schatten 9 m lang ist?

5. Gib zwei Symmetrien der Sinusfunktion und zwei Symmetrien der Kosinusfunktion an.
Beschreibe diese Symmetrien mit jeweils einer Gleichung.

6. Bei den rechtwinkligen Dreiecken ABC und A′B′C in der Zeichnung ist der rechte Winkel in der Ecke C. Die Winkel in den Ecken A und A′ sind gleich groß, ebenso die Winkel in den Ecken B und B′. Eine Kathete des Dreiecks A′B′C ist 9 cm lang und eine Kathete des Dreiecks ABC ist 16 cm lang. Die anderen beiden Katheten sind gleich lang. Berechne alle Seitenlängen und Winkel der Dreiecke.

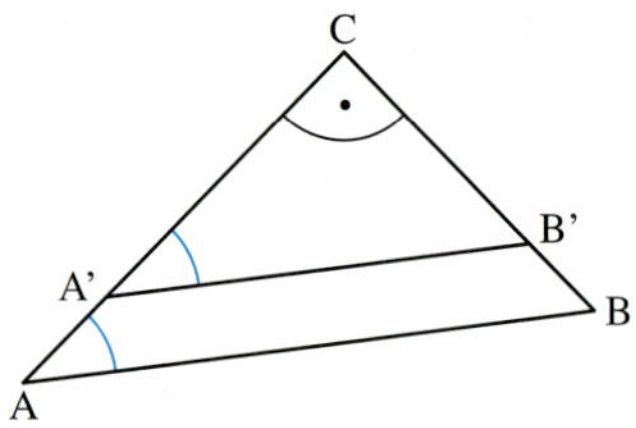

7. Auf einen Würfel mit der Kantenlänge a ist eine quadratische Pyramide mit lauter gleich langen Kanten aufgesetzt.

a) Um wie viel Prozent ist das Volumen des Gesamtkörpers größer als das Volumen des Würfels?

b) Um wie viel Prozent ist die Oberfläche des Gesamtkörpers größer als die Oberfläche des Würfels?

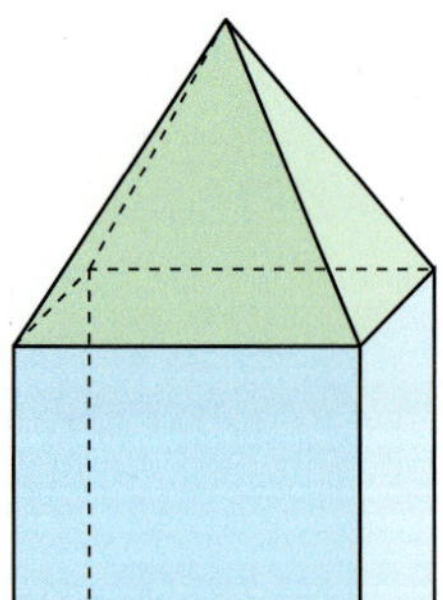

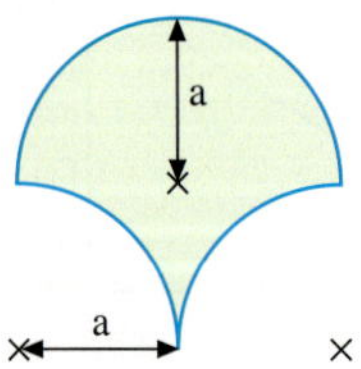

8. Berechne den Flächeninhalt der Figur links.

Teste dich – Vermischte Übungen 6

1. Auf der Route eines Schwertransporters mit einer Yacht, die oben in einer Höhe von 17 m noch 8 m breit ist, liegt eine parabelförmige Brücke, die durchfahren werden muss. Die Scheitelhöhe der Brücke beträgt 20 m, ihre Spannbreite 30 m.
Kann der Schwertransport problemlos die Brücke passieren?

2. **a)** Löse die Exponentialgleichung $4 \cdot 1{,}1^x = 6$.

b) Ende 2005 wurde die Weltbevölkerung auf 6,56 Milliarden Menschen geschätzt. Wie viel Jahre wird es bei einem Wachstumsfaktor von 1,012 dauern, bis die Weltbevölkerung auf 7,56 Milliarden Menschen angewachsen ist?

3. Zeige, dass in einem ebenem Koordinatensystem die Punkte $P(1|2)$, $Q(3|3)$, $R(-1|1)$ auf einer Geraden liegen.

4. Bei einem Stoppschild betragen die Längen der Seiten 37,0 cm. Das Schild ist 3 mm dick. Berechne die Größe der Oberfläche und das Volumen des Schildes.

5. Bestimme die Lösungsmenge der Gleichung

a) $4x^2 - 100 = 0$ **b)** $x^2 + 6x - 18 = 9$ **c)** $5 = \frac{3}{\sqrt{x}}$

6. Gib zum Graphen eine mögliche Funktionsgleichung, die Periode sowie die Amplitude an.

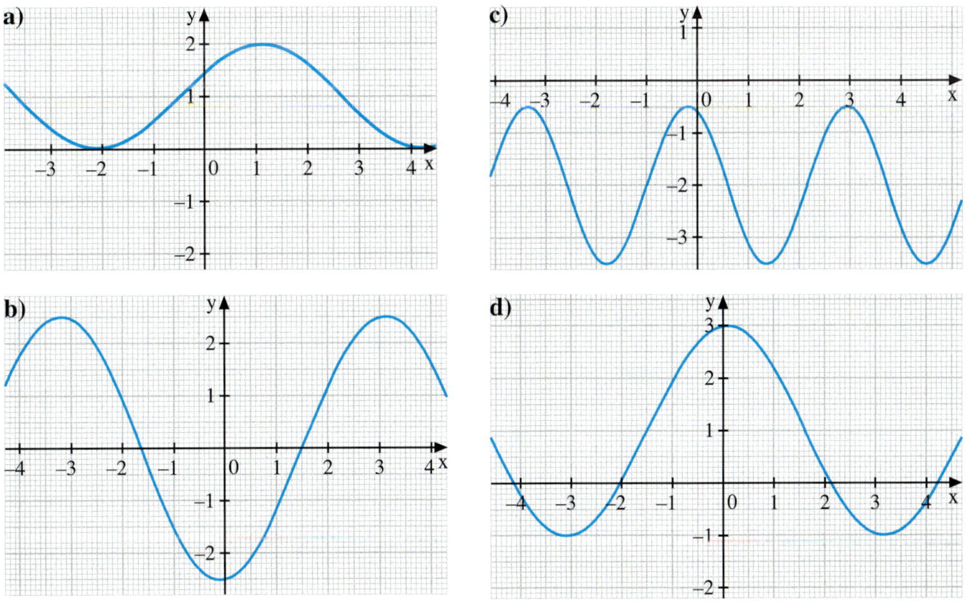

Teste dich – Vermischte Übungen 7

1. Der Eingang zum Louvre in Paris ist mit einer 21,65 m hohen gläsernen Pyramide überdacht, deren Grundfläche ein Quadrat mit der Seitenlänge 35,40 m.
Wie groß ist die verglaste Fläche?

2. In der Zeichnung sind die Graphen von zwei Funktionen gegeben.

a) Gib, wenn möglich, Funktionsterme für die Graphen an.

b) Bestimme die Koordinaten eines Schnittpunkts der Graphen.

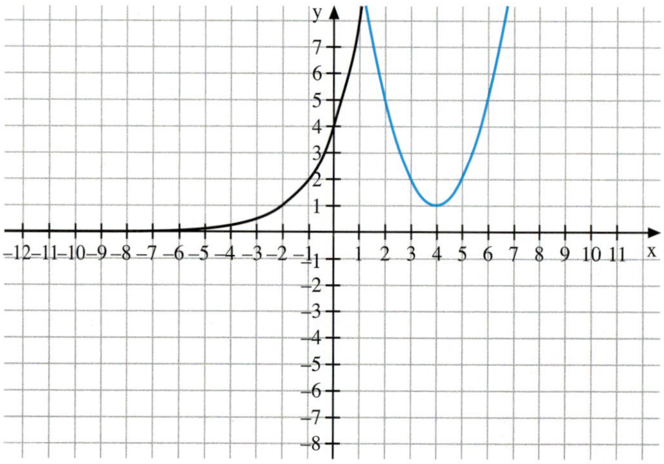

3. Welche Potenzen mit natürlichen Exponenten werden kleiner, wenn man den Exponenten vergrößert?

4. **a)** Bestimme alle $x \in \mathbb{R}$ mit $\sin(x) = 0{,}4794$.

b) Bestimme alle Winkelgrößen α (im Gradmaß) mit $\sin(\alpha) = 0{,}4794$.

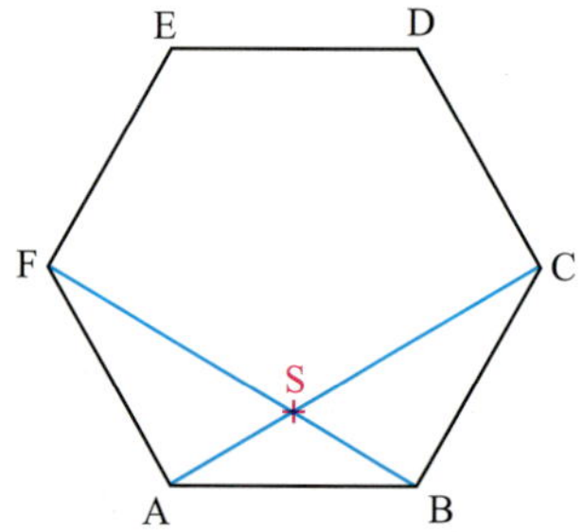

5. Gegeben ist ein regelmäßiges Sechseck ABCDEF. In welchem Verhältnis teilt S die Strecke $\overline{AC}$?

6. Der Graph einer quadratischen Funktion f geht durch die Punkte P(1|3), Q(2|8), R(3|11).
Untersuche, ob f einen Hochpunkt oder einen Tiefpunkt hat.

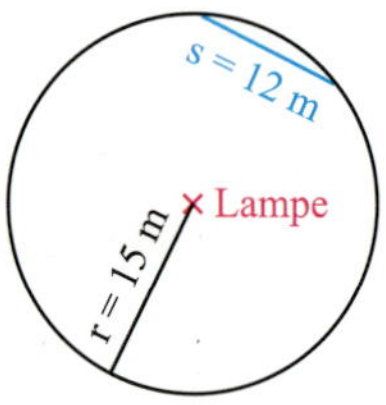

7. Ein Turm besteht aus einem Zylinder mit aufgesetztem Kegel. Der Grundkreisradius beträgt 5 m, die Gesamthöhe 20 m und der Rauminhalt 1 000 m^3.
Wie hoch ist der Zylinder, wie hoch der Kegel?

8. In der Mitte eines kreisförmigen Beets mit dem Radius r = 15 m soll eine Lampe installiert werden. Der Schalter soll an einem Weg angebracht werden, der 12 m lang ist.
Wie lang muss die Leitung vom Schalter zur Lampe mindestens sein?

Bist du fit? – Lösungen

Seite 65

1. **a)** $\left(\sqrt{2}\right)^2 = 2$

b) $\left(\sqrt{2}\right)^8 = 2^4 = 16$

c) $\left(\sqrt{2}\right)^{12} = 2^6 = 64$

d) $\sqrt{36^3} = \left(\sqrt{36}\right)^3 = 6^3 = 216$

e) $\left(\sqrt{36}\right)^{-3} = 6^{-3} = \frac{1}{6^3} = \frac{1}{216}$

f) $\sqrt{1} \cdot 1 = 1 \cdot 1 = 1$

g) $a^{-2+1} = a^{-1} = \frac{1}{a}$ (für $a \neq 0$)

h) $b^{-2} \cdot b^3 = b$ (für $b \neq 0$)

i) $(xy)^{-4} = \frac{1}{(xy)^4} = \left(\frac{1}{xy}\right)^4$ (für $x \neq 0, y \neq 0$)

j) $x^{-3+2+1+5} = x^5$ (für $x \neq 0$)

k) $a^{2-1} \cdot b^{1-3+2} = a^1 \cdot b^0 = a$ (für $a \neq 0, b \neq 0$)

l) $b^{(-3)\cdot(-2)} = b^6$ (für $b \neq 0$)

2. Anzahl der Brückenteile: 120 m : 5 m = 24
Temperaturdifferenz: 60 Grad
Längenunterschied der Brücke: $6 \cdot 10^{-5}$ m $\cdot 60 \cdot 24 = 0{,}0864$ m $= 8{,}64$ cm

3. **a)** $(3^7 - 589)^0 = 1$

b) $2x \cdot x^{-\frac{3}{4}} = 2 \cdot x^{1-\frac{3}{4}} = 2x^{\frac{1}{4}} = 2\sqrt[4]{x}$ (für $x > 0$)

c) $x^{(-0{,}4)\cdot(-0{,}1)} \cdot y^{(-3{,}5)\cdot(-0{,}1)} = x^{0{,}04} \cdot y^{0{,}35}$ (für $x > 0, y > 0$)

d) $r^{-\frac{3}{10}} \cdot y^{\frac{9}{8}}$ (für $r > 0, y > 0$)

e) $\frac{r^{-4}s^{-4}}{r^{-2}s^{-2}} = r^{-2}s^{-2} = \frac{1}{r^2s^2}$ (für $r \neq 0, s \neq 0$)

f) $a^6 + a^6 - a^6 = a^6$

g) $16a^{-2}c^{-6}d^6 + 10d^{-1}$ (für $a \neq 0, c \neq 0, d \neq 0$)

h) $3 \cdot 2^{n+4} - 24 \cdot 2^{n+1} = 2^n(3 \cdot 2^4 - 24 \cdot 2) = 2^n \cdot 0 = 0$

i) $\frac{126x + 36y}{5a - 7b}$ (für $7x + 2y \neq 0, 5a - 7b \neq 0$)

4. **a)** $\left(a^{\frac{2}{3}}\right)^6 = a^4$

b) $\frac{21}{4} \cdot \sqrt[3]{2a^2 \cdot 4a^3 \cdot 8a^4} = \frac{21}{4} \cdot \sqrt[3]{64a^9} = \frac{21}{4} \cdot 4a^3 = 21a^3$ (für $a \geq 0$)

c) $\sqrt[4]{\frac{12r^3 \cdot 20rs}{6s^2 \cdot 3r}} = \sqrt[4]{\frac{40r^3}{3s}}$ (für $r > 0, s > 0$)

d) $\sqrt[3]{20ab^2 \cdot 400a^2b^7} = \sqrt[3]{8 \cdot 1000 \cdot a^3b^9} = 2 \cdot 10 \cdot a \cdot b^3 = 20ab^3$ (für $a > 0, b > 0$)

e) $a^{\frac{4}{x} - \frac{16}{2x}} = a^{\frac{4}{x} - \frac{8}{x}} = a^{-\frac{4}{x}} = \frac{1}{\sqrt[x]{a^4}}$

f) $a^5 - 2a^3 + a + 2a^3 = a^5 + a = a(a^4 + 1)$ (für $a \geq 0$)

5. Graphen siehe Bild rechts.

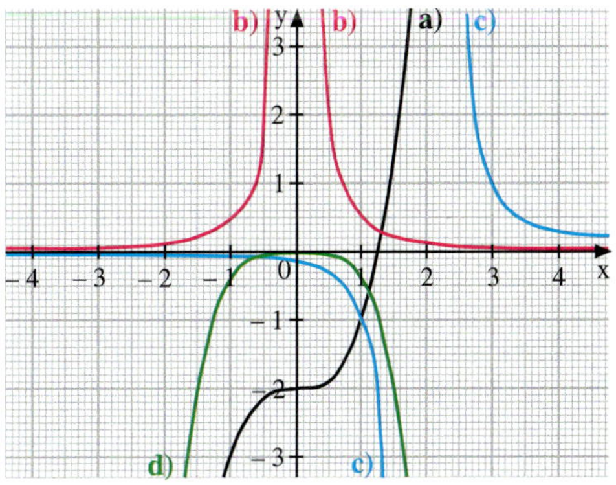

6. *Zum Beispiel:*

a) $y = 4(x - 2{,}5)^{-2} + 2$

b) $y = -\frac{1}{4}x^3$

c) $y = -x^2 - 3$

d) $y = \frac{1}{x} + 3$

7. **a)** $L = \{4\}$

b) $L = \{5\}$

c) $L = \{-2; 2\}$

d) $L = \{\ \}$

e) $L = \left\{2^{\frac{3}{5}}\right\} = \left\{\sqrt[5]{8}\right\}$

f) $L = \{5\}$

g) $L = \{-7; -3\}$

h) $L = \{133\}$

i) $L = \{81\}$

j) $L = \{\ \}$

k) $L = \{-1724\}$

l) $L = \{\ \}$

8. $a^{\frac{m}{n}}$ ist nur für $a > 0$ definiert.
Also ist z. B. die Gleichung $(-1)^3 = (-1)^{6:2}$ falsch.

Seite 102

1. a) $V_P = \frac{1}{3}a^2 \cdot h$, also $h = \frac{3\,V_P}{a^2} = \frac{0{,}3\,dm^3}{(2{,}1\,cm)^2} = \frac{300\,cm^3}{4{,}41\,cm^2} \approx 68{,}0\,cm \approx 6{,}8\,dm$

b) $V_P = \frac{1}{3}a^2 \cdot h$, also $h = \sqrt{\left(\frac{3V_P}{h}\right)} = \sqrt{\left(\frac{2\,100\,cm^3}{5\,cm}\right)} = \sqrt{420\,cm^2} \approx 20{,}5\,cm$

c) $V_K = \frac{1}{3}\pi r^2 \cdot h$, also $r = \sqrt{\left(\frac{3V_P}{\pi\,h}\right)} = \sqrt{\left(\frac{3\,m^3}{\pi\,m}\right)} \approx 0{,}977\,m \approx 97{,}7\,cm$

d) $O = 4\pi r^2$, also $r = \sqrt{\left(\frac{A_O}{4\,h}\right)} = \sqrt{\left(\frac{9\,cm^2}{4\,\pi}\right)} \approx 0{,}85\,cm$

$V_{Ku} = \frac{4}{3}\pi r^3 \approx 2{,}54\,cm^3$

2. a) Größe der Dachfläche:
$A = 2 \cdot \left(\frac{1}{2} \cdot 8\,m \cdot \sqrt{(5\,m)^2 + (6\,m)^2}\right) + 2 \cdot \left(\frac{1}{2} \cdot 12\,m \cdot \sqrt{(5\,m)^2 + (4\,m)^2}\right) \approx 139{,}32\,m^2$
Größe des Dachraumes:
$V = \frac{1}{3} \cdot 12\,m \cdot 8\,m \cdot 5\,m = 160\,m^3$

b) Größe der Dachfläche:
$A = 2 \cdot 12\,m \cdot \sqrt{(4\,m)^2 + (5\,m)^2} \approx 153{,}67\,m^2$
Größe des Dachraumes:
$V = \frac{1}{2} \cdot 8\,m \cdot 5\,m \cdot 12\,m = 240\,m^3$

c) Größe der Dachfläche:
$A = 2 \cdot \frac{12\,m + 8\,m}{2} \cdot \sqrt{(4\,m)^2 + (5\,m)^2} + 2 \cdot \frac{1}{2} \cdot 8\,m \cdot \sqrt{(5\,m)^2 + (2\,m)^2} \approx 171{,}14\,m^2$
Größe des Dachraumes:
$V = \frac{1}{2} \cdot 8\,m \cdot 5\,m \cdot 8\,m + \frac{1}{3} \cdot 4\,m \cdot 8\,m \cdot 5\,m = 213\frac{1}{3}\,m^3 \approx 213{,}3\,m^3$

3. a) Es gilt: $r = \frac{u}{2\pi}$
Volumen des Sandhaufens: $V = \frac{1}{3}\pi \cdot \left(\frac{u}{2\pi}\right)^2 \cdot h = \frac{1}{12\pi} \cdot u^2 \cdot h \approx 34{,}473\,m^3$
Masse des Sandhaufens: $m = 34{,}473 \cdot 1{,}6\,t \approx 55{,}157\,t$
Anzahl der Fahrten: $55{,}157 : 3{,}5 \approx 15{,}8$
Es sind 16 Fahrten nötig.

b) $M = \pi \cdot \frac{u}{2\pi} \cdot s \approx 50{,}23\,m^3$

4. (1) **a)** Prisma mit einem rechtwinkligen Dreieck als Grundfläche mit den Längen der Katheten $a = 6{,}4\,cm$, $b = 4{,}8\,cm$ und der Hypotenuse $c = \sqrt{a^2 + b^2} = 8{,}0\,cm$
(Schrägbild siehe rechts.)

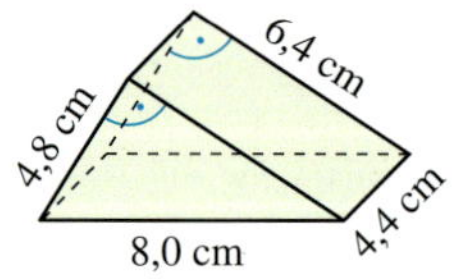

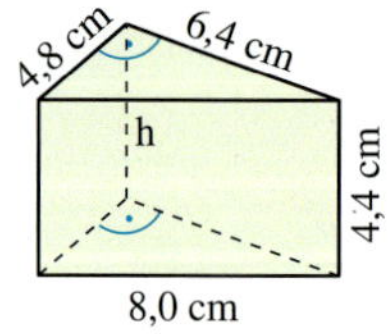

b) $V = \frac{1}{2}a \cdot b \cdot h = 67{,}584\,cm^3$
$O = 2 \cdot \frac{1}{2}a \cdot b + (a + b + c) \cdot h = 115{,}2\,cm^2$

(2) **a)** Pyramide mit quadratischer Grundfläche und der Höhe
$h = \sqrt{(6{,}4\,cm)^2 - (2{,}1\,cm)^2} \approx 6{,}05\,cm$

b) $V = \frac{1}{3}a^2 h \approx 35{,}548\,cm^3$
$O = a^2 + 4 \cdot \frac{1}{2} \cdot a \cdot h_s = 71{,}4\,cm^2$
(Schrägbild siehe rechts.)

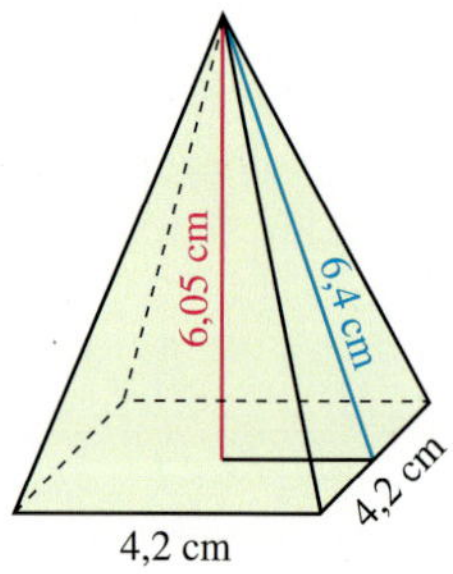

Seite 102

(3) **a)** Kegel mit dem Grundkreisradius $r = \frac{1}{2} \cdot \pi \cdot 8{,}6\ \text{cm} : 2\pi = 2{,}15\ \text{cm}$,
der Mantellinie $s = 8{,}6\ \text{cm} : 2 = 4{,}3\ \text{cm}$ und der Höhe $h = \sqrt{s^2 - r^2} \approx 3{,}72\ \text{cm}$
(Schrägbild siehe rechts.)

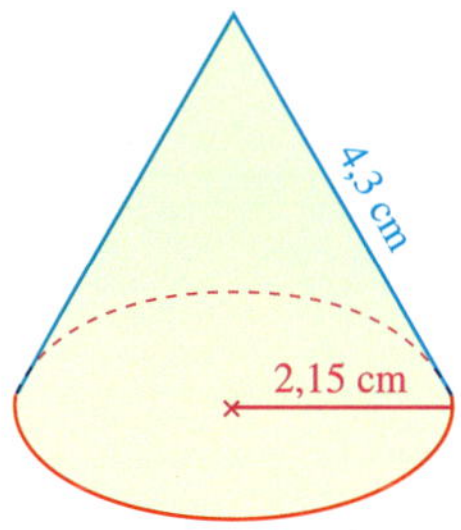

b) $V_K = \frac{1}{3}\ \pi r^2 h = 18{,}026\ \text{cm}^3$
$O = \pi r^2 + \pi r s = 43{,}57\ \text{cm}^2$

5. $V = 17{,}5\ \text{g} : 8{,}9 \frac{\text{g}}{\text{cm}^3} \approx 1{,}966\ \text{cm}^3 = 1966\ \text{mm}^3$
Länge des Drahtes:
$V : G = V : \left(\frac{\pi \cdot d^2}{4}\right) = \frac{4\,V}{\pi\,d^2} \approx 343\ \text{mm} = 34{,}3\ \text{cm}$

6. Der untere Teil wird als Kegel aufgefasst.
a) $V = V_Z + V_K = \pi \cdot (3\ \text{m})^2 \cdot 9\ \text{m} + \frac{1}{3}\ \pi \cdot (3\ \text{m})^2 \cdot 3\ \text{m} \approx 282{,}743\ \text{m}^3$
Das Fassungsvermögen des Silos beträgt gut 280 m^3.
b) $V_K : V = \frac{1}{3}\ \pi r^2 \cdot h_K : \pi r^2 \left(h_Z + \frac{1}{3}\ h_K\right) = \frac{1}{3} \cdot 3\ \text{m} : \left(9\ \text{m} + \frac{1}{3} \cdot 3\ \text{m}\right) = 1\ \text{m} : 10\ \text{m} = 0{,}1 = 10\,\%$
c) $O = A_{\text{Kreis}} + M_{\text{Zylinder}} + M_{\text{Kegel}} = \pi r^2 + 2\pi r h_Z + \pi r \sqrt{r^2 + h_K^2} \approx 237{,}91\ \text{m}^2 \approx 238\ \text{m}^2$
$238\ \text{m}^2 : 8\ \text{m}^2 \approx 29{,}7\ldots \approx 30$
Es werden ungefähr 30 kg Farbe benötigt.

Seite 148

1. a) $f(x) = 20 \cdot \left(\sqrt[7]{3}\right)^x$; $f(5) = 20 \cdot \left(\sqrt[7]{3}\right)^5 \approx 43{,}836$
b) $f(x) = 30 \cdot 0{,}9^x$; $f(14) = 30 \cdot 0{,}9^{14} \approx 6{,}863$

2. (1): $y = 2 \cdot 1{,}4^x$
(2): $y = x2 + 2$
(3): $y \blacksquare 2 \quad 0{,}3^x$

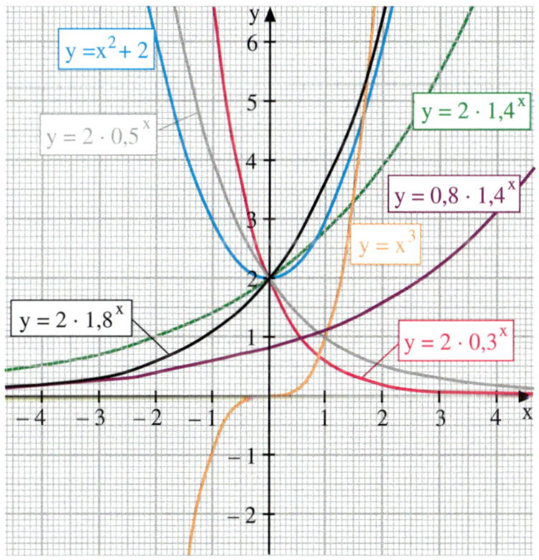

3. $y = a \cdot b^x$ mit $a > 0$, $b > 0$
Nach 3 Tagen ist 1 cm^2 bedeckt: $1 = a \cdot b^3$
Nach 5 Tagen sind 4 cm^2 bedeckt: $4 = a \cdot b^5$
Aus beiden Gleichungen folgt $4ab^3 = ab^5$, also $b^2 = 4$,
und damit $b = 2$ und $a = \frac{1}{8} = 0{,}125$
Die Funktionsgleichung ist $y = \frac{1}{8} \cdot 2^x$.
$f(8) = \frac{1}{8} \cdot 2^8 = 2^5 = 32$
Nach 8 Tagen sind 32 cm^2 bedeckt.
$6 = \frac{1}{8} \cdot 2^x$, also $x = \log_2 48 = 5{,}585$
Nach gut $5\frac{1}{2}$ Tagen sind 6 cm^2 bedeckt.

4. a) 6 **b)** –2 **c)** $\frac{1}{2}$ **d)** $\frac{2}{3}$ **e)** n (für $b > 0$) **f)** 0 (für $b > 0$)

5. a) $\log\left(\frac{a-5}{(a-5)^2}\right) + \log(a-5) = \log\left(\frac{1}{a-5}\right) + \log(a-5) = \log\left(\frac{1}{a-5} \cdot (a-5)\right) + \log(1) = 0$ (für $a > 5$)
b) $\log_4\left((a+1)^{\frac{1}{2}} \cdot (a+1)^{-1}\right) + \log_4 1024 = \log_4 (a+1)^{-\frac{1}{2}} + 5$ (für $a > -1$)

6. a) $\left(\frac{4}{3}\right)^x = 2$, also $L = \left\{\frac{\lg 2}{\lg \frac{4}{3}}\right\}$
b) $5^3 \cdot 3 \cdot (4^2)^x = 5^x$, also $\left(\frac{5}{4^2}\right)^x = 5^3 \cdot 3$, also $L = \left\{\frac{\lg(375)}{\lg\left(\frac{5}{16}\right)}\right\}$
c) $x = 3^4 \cdot (3^{\log_3(4)})^2 = 3^4 \cdot 4^2$, also $L = \{1296\}$

Seite 148

7. $3 \cdot 0{,}4^x = 2 \cdot 1{,}3^x$

$\frac{3}{2} = \left(\frac{1{,}3}{0{,}4}\right)^x$

$x = \frac{\lg(1{,}5)}{\lg(3{,}25)} \approx 0{,}344$

$y \approx 2{,}189$

Der Schnittpunkt liegt bei S(0,34/2,19).

8. *Lineare Funktion mit* $y = mx + c$

Mit P(2|3) und Q(3|2) erhält man $m = \frac{2-3}{3-2} = -1$ und $c = 5$.

Die Funktionsgleichung lautet $y = -x + 5$.

$f(2{,}5) = -2{,}5 + 5 = 2{,}5$

Exponentialfunktion mit $y = a \cdot b^x$ *mit* $a \neq 0,\ b > 0$

Mit P(2|3) und Q(3|2) erhält man $3 = a \cdot b^2$ und $2 = a \cdot b^3$, und damit $2 \cdot ab^2 = 3 \cdot ab^3$, also $b = \frac{2}{3}$ und $a = \frac{27}{4} = 6{,}75$.

Die Funktionsgleichung lautet $y = 6{,}75 \cdot \left(\frac{2}{3}\right)^x$.

$f(2{,}5) = 6{,}75 \cdot \left(\frac{2}{3}\right)^{2{,}5} \approx 2{,}45$

Potenzfunktion mit $y = a \cdot x^b$

Mit P(2|3) und Q(3|2) erhält man $3 = a \cdot 2^b$ und $2 = a \cdot 3^b$, also $2^a \cdot 2^b = 3^a \cdot 3^b$, also $\left(\frac{3}{2}\right)^b = \frac{2}{3}$,
also $b = -1$ und $a = 6$.

Die Funktionsgleichung lautet $y = 6 \cdot x^{-1}$.

$f(2{,}5) = 6 \cdot 2{,}5^{-1} = 2{,}4$

9.

Nach 1 Jahr:	8 000,00 € · 1,0825 – 1 150,00 € = 7 510,00 €
Nach 2 Jahren:	7 510,00 € · 1,0825 – 1 150,00 € = 6 979,58 €
Nach 3 Jahren:	6 979,58 € · 1,0825 – 1 150,00 € = 6 405,40 €
Nach 4 Jahren:	6 405,40 € · 1,0825 – 1 150,00 € = 5 783,85 €
Nach 5 Jahren:	5 783,85 € · 1,0825 – 1 150,00 € = 5 111,02 €
Nach 6 Jahren:	5 111,02 € · 1,0825 – 1 150,00 € = 4 382,68 €
Nach 7 Jahren:	4 382,68 € · 1,0825 – 1 150,00 € = 3 594,25 €
Nach 8 Jahren:	3 594,25 € · 1,0825 – 1 150,00 € = 2 740,78 €
Nach 9 Jahren:	2 740,78 € · 1,0825 – 1 150,00 € = 1 816,89 €
Nach 10 Jahren:	1 816,89 € · 1,0825 – 1 150,00 € = 816,78 €
Nach 11 Jahren:	816,78 € · 1,0825 – 884,16 € = 0 €

Das Darlehen läuft 11 Jahre. Im letzten Jahr sind nur noch 884,16 € abzuzahlen.

10. a)

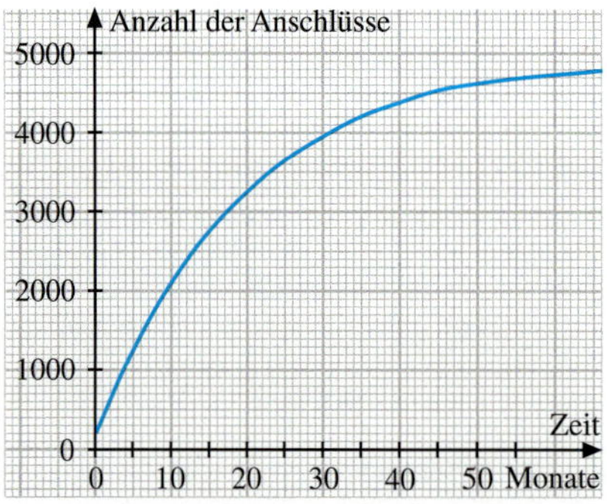

b) 90 % von 5 000 Haushalten sind 4 500 Haushalte

$y = 5\,000 - 4\,800 \times 0{,}95x$

$4\,500 = 5\,000 - 4\,800 \times 0{,}95x$

$0{,}95x = \frac{500}{4\,800} = \frac{5}{48}$

$x = \frac{\lg\left(\frac{5}{48}\right)}{\lg(0{,}95)} \approx 44{,}1$

Nach etwas mehr als 44 Monaten sind 90 % der Haushalte angeschlossen.

Seite 188

1. **a)** $P(E_1) = \left(\frac{5}{12}\right)^3 + \left(\frac{4}{12}\right)^3 + \left(\frac{2}{12}\right)^3 + \left(\frac{1}{12}\right)^3 = \frac{198}{1728} \approx 0{,}1146$

$P(E_2) = 1 - P\text{ (keinmal Rot)} = 1 - \left(\frac{7}{12}\right)^3 = \frac{1385}{1728} \approx 0{,}8015$

b) $P(E_1) = \frac{5}{12} \cdot \frac{4}{11} \cdot \frac{3}{10} + \frac{4}{12} \cdot \frac{3}{11} \cdot \frac{2}{10} + \frac{2}{12} \cdot \frac{1}{11} \cdot \frac{0}{10} + \frac{1}{12} \cdot \frac{0}{11} \cdot \frac{0}{10} = \frac{84}{1320} \approx 0{,}0636$

$P(E_2) = 1 - \frac{7}{12} \cdot \frac{6}{11} \cdot \frac{5}{10} = \frac{1110}{1320} \approx 0{,}8409$

2. **a)** 0-mal Wappen bedeutet 4-mal Zahl. Man kann also annehmen, dass 0-mal Wappen und 4-mal Wappen die gleiche Wahrscheinlichkeit haben.
Entsprechend gilt für 1-mal Wappen und 3-mal Wappen. Man kann daher vermuten, dass 2-mal Wappen am häufigsten kommt.

b) $P(\text{0-mal Wappen}) = P(\text{4-mal Zahl}) = \frac{1}{16} = 0{,}0625$

$P(\text{4-mal Wappen}) = \frac{1}{16} = 0{,}0625$

$P(\text{1-mal Wappen}) = 4 \cdot \frac{1}{16} = \frac{1}{4} = 0{,}25$

$P(\text{3-mal Wappen}) = P(\text{1-mal Zahl}) = 4 \cdot \frac{1}{16} = \frac{1}{4} = 0{,}25$

$P(\text{2-mal Wappen}) = 1 - P(\text{0-mal Wappen}) - P(\text{1-mal Wappen}) - P(\text{3-mal Wappen}) - P(\text{4-mal Wappen})$

$= 1 - \frac{1}{16} - \frac{1}{4} - \frac{1}{4} - \frac{1}{16} = \frac{6}{16} = \frac{3}{8} = 0{,}375$

Die Wahrscheinlichkeit für *zweimal Wappen* ist am größten.

3. **a)** P(beide Systeme funktionieren) = 99,5 % · 98,5 % = 0,995 · 0,985 = 0,980075 = 98,0075 % ≈ 98 %

b) P(beide Systeme versagen) = 0,5 % · 1,5 % = 0,005 · 0,015 = 0,000075 = 0,0075 %

c) P(Türsicherung funktioniert nicht) · P(Bewegungsmelder funktioniert nicht) = $\frac{1}{100\,000}$

$0{,}005 \cdot x = \frac{1}{100\,000}$

$x = \frac{1}{500} = 0{,}002 = 0{,}2\ \%$

Der Bewegungsmelder müsste in (ungefähr) 99,8 % aller Fälle funktionieren.

4. **a)**

		Geschlecht: Mädchen	Geschlecht: Jungen	gesamt
2. Fremdsprache	Französisch	44	26	70
	Latein	27	38	65
	gesamt	71	64	135

b) (1) $\frac{65}{135} = \frac{13}{27} \approx 0{,}481 = 48{,}1\ \%$

(2) $\frac{44}{71} \approx 0{,}620 = 62{,}0\ \%$

(3) $\frac{27}{65} \approx 0{,}415 = 41{,}5\ \%$

(4) $\frac{26}{70} = \frac{13}{35} \approx 0{,}371 = 37{,}1\ \%$

5. *Baumdiagramm*

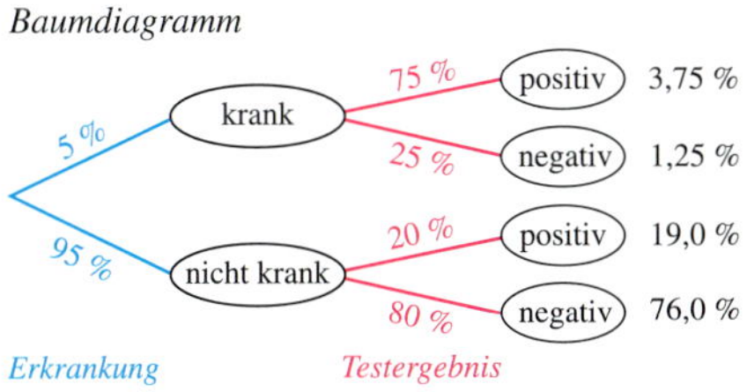

Umgekehrtes Baumdiagramm

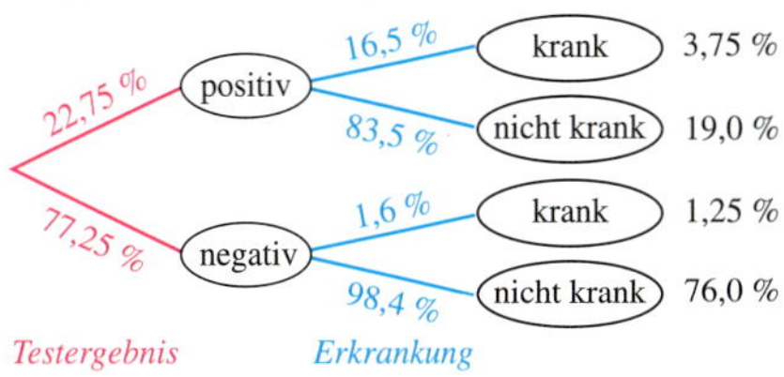

Vierfeldertafel

		Testergebnis: positiv	Testergebnis: negativ	gesamt
Erkrankung	krank	3,75 %	1,25 %	5,0 %
	nicht krank	19,0 %	76,0 %	95,0 %
	gesamt	22,75 %	77,25 %	100,0 %

Zeitungsartikel, zum Beispiel:

Wird das Schnelltestverfahren flächendeckend in der Bevölkerung durchgeführt, dann würden in ca. 22,75 % der Untersuchungen positive Testergebnisse auftreten; allerdings wären von diesen Personen mit positivem Testergebnis nur 16,5 % tatsächlich infiziert. Unter den Personen mit negativem Testergebnis sind nur ca. 1,6 % tatsächlich infizierte Personen.

Seite 228

1. a) $\alpha = 90° - \beta = 76°$
$b = a \cdot \tan(\beta) \approx 1{,}7$ cm
$c = \frac{a}{\cos(\beta)} \approx 7{,}2$ cm
$u \approx 15{,}9$ cm ≈ 16 cm
$A = \frac{1}{2} ab \approx 5{,}95\ \text{cm}^2 \approx 6\ \text{cm}^2$

b) $\gamma = 90° - \alpha = 46°$
$b = \frac{a}{\sin(\alpha)} \approx 6{,}3$ cm
$c = \frac{a}{\tan(\alpha)} \approx 4{,}6$ cm
$u \approx 15{,}3$ cm
$A = \frac{1}{2} ac \approx 10{,}12\ \text{cm}^2 \approx 10\ \text{cm}^2$

c) $\beta = 90° - \gamma = 32°$
$b = a \cdot \cos(\gamma) \approx 98{,}04$ m ≈ 98 m
$c = a \cdot \sin(\gamma) \approx 156{,}89$ m ≈ 157 m
$u \approx 439{,}92$ m ≈ 440 m
$A = \frac{1}{2} bc \approx 7\,690{,}31\ \text{m}^2 \approx 7\,690\ \text{m}^2$

d) $\alpha = 90° - \beta = 56°$
$a = c \cdot \cos(\beta) \approx 33{,}99$ m ≈ 34 m
$b = c \cdot \sin(\beta) \approx 22{,}93$ m ≈ 23 m
$u \approx 97{,}92$ m ≈ 98 m
$A = \frac{1}{2} ab \approx 389{,}65\ \text{m}^2 \approx 390\ \text{m}^2$

e) $\alpha = 90° - \beta = 47°$
$a = \frac{b}{\tan(\beta)} \approx 90{,}1$ cm ≈ 90 cm
$c = \frac{b}{\sin(\beta)} \approx 123{,}2$ cm
$u \approx 297{,}2$ cm ≈ 297 cm
$A = \frac{1}{2} ab \approx 3\,783{,}32\ \text{cm}^2 \approx 3\,783\ \text{cm}^2$

f) $\alpha = 90° - \gamma = 39°$
$a = \frac{c}{\tan(\gamma)} \approx 6{,}3$ cm
$b = \frac{c}{\sin(\gamma)} \approx 10{,}0$ cm
$u \approx 24{,}2$ cm
$A = \frac{1}{2} ac \approx 24{,}63\ \text{cm}^2 \approx 25\ \text{cm}^2$

2. a) $b = a = 14$ cm
$h_c = \sqrt{a^2 - \left(\frac{c}{2}\right)^2} \approx 11{,}1$ cm
$\sin(\alpha) = \frac{h_c}{a} \approx 0{,}7946$, also $\alpha = \beta \approx 52{,}6°$
$\gamma = 180° - \alpha - \beta \approx 74{,}8°$
$A = \frac{1}{2} c \cdot h_c \approx 94{,}56\ \text{cm}^2 \approx 95\ \text{cm}^2$

b) $\alpha = \beta = (180° - \gamma) : 2 = 27°$
$a = b = \frac{\frac{c}{2}}{\cos(\alpha)} \approx 84{,}17$ m
$h_c = \frac{c}{2} \cdot \tan(\alpha) \approx 38{,}21$ m
$A = \frac{1}{2} c \cdot h_c \approx 2\,866{,}08\ \text{m}^2 \approx 2\,866\ \text{m}^2$

c) $\beta = \alpha = 77°$
$\gamma = 180° - \alpha - \beta = 26°$
$a = b = \frac{\frac{c}{2}}{\cos(\alpha)} \approx 51{,}12$ m
$h_c = \frac{c}{2} \cdot \tan(\alpha) \approx 49{,}81$ m
$A = \frac{1}{2} c \cdot h_c \approx 572{,}84\ \text{m}^2 \approx 573\ \text{m}^2$

d) $b = a = 67$ m
$\alpha = \beta = (180° - \gamma) : 2 = 62{,}5°$
$c = 2 \cdot a \cdot \cos(\alpha) \approx 61{,}87$ m
$h_c = a \cdot \sin(\alpha) \approx 59{,}43$ m
$A = \frac{1}{2} c \cdot h_c \approx 1\,838{,}59\ \text{m}^2 \approx 1\,839\ \text{m}^2$

e) $b = a = 104{,}7$ cm
$\beta = \alpha = 17°$
$\gamma = 180° - \alpha - \beta = 146°$
$c = 2 \cdot a \cdot \cos(\alpha) \approx 200{,}25$ cm
$h_c = a \cdot \sin(\alpha) \approx 30{,}6$ cm
$A = \frac{1}{2} c \cdot h_c \approx 3\,064{,}96\ \text{cm}^2 \approx 3\,065\ \text{cm}^2$

f) $\beta = \alpha = 36°$
$\gamma = 180° - \alpha - \beta = 108°$
$c = 2 \cdot \frac{h_c}{\tan(\alpha)} \approx 68{,}82$ m
$a = b = \frac{h_c}{\sin(\alpha)} \approx 42{,}53$ m
$A = \frac{1}{2} c \cdot h_c \approx 860{,}24\ \text{m}^2 \approx 860\ \text{m}^2$

3. a) $\alpha \approx 26°$ oder $\alpha \approx 154°$
$\alpha \approx 15°$ oder $\alpha \approx 165°$

b) $\alpha \approx 9°$ oder $\alpha \approx 171°$
$\alpha \approx 80°$ oder $\alpha \approx 100°$

c) $\alpha \approx 170°$
$\alpha \approx 48°$

d) $\alpha \approx 36°$
$\alpha \approx 98°$

Seite 228

4. **a)** $c = \sqrt{a^2 + b^2 - 2ab \cdot \cos(\gamma)} \approx 5{,}0$ cm

$\sin(\alpha) = \frac{a \cdot \sin(\gamma)}{c} \approx 0{,}9138$, also $\alpha = 66{,}0°$ ($\alpha = 114°$ entfällt; Winkelsummensatz)

$\beta = 180° - \alpha - \gamma \approx 47{,}0°$

b) $\sin(\alpha) = \frac{a \cdot \sin(\gamma)}{c} \approx 0{,}5359$, also $\alpha = 32{,}4°$ ($\alpha = 147{,}6°$ entfällt; Winkelsummensatz)

$\beta = 180° - \alpha - \gamma \approx 94{,}1°$

$b = \frac{c \cdot \sin(\beta)}{\sin(\gamma)} \approx 11{,}2$ cm

c) $\alpha = 180° - \beta - \gamma = 78{,}9°$

$b = \frac{a \cdot \sin(\beta)}{\sin(\alpha)} \approx 3{,}9$ cm

$c = \frac{a \cdot \sin(\gamma)}{\sin(\alpha)} \approx 3{,}2$ cm

d) $\gamma = 180° - \alpha - \beta = 74{,}4°$

$a = \frac{c \cdot \sin(\alpha)}{\sin(\gamma)} \approx 3{,}850 \text{ km} \approx 3{,}9$ km

$b = \frac{c \cdot \sin(\beta)}{\sin(\gamma)} \approx 4{,}822 \text{ km} \approx 4{,}8$ km

e) $a = \sqrt{b^2 + c^2 - 2bc \cdot \cos\alpha} \approx 4{,}959 \text{ km} \approx 5{,}0$ km

$\cos(\beta) = \frac{a^2 + c^2 - b^2}{2 \cdot a \cdot c} \approx -0{,}2459$, also $\beta = 104{,}2°$

$\gamma = 180° - \alpha - \beta \approx 39{,}4°$

f) $\cos(\alpha) = \frac{b^2 + c^2 - a^2}{2 \cdot b \cdot c} \approx 0{,}3066$, also $\alpha \approx 72{,}1°$

$\cos(\beta) = \frac{a^2 + c^2 - b^2}{2 \cdot a \cdot c} \approx 0{,}6419$, also $\beta \approx 50{,}1°$

$\gamma = 180° - \alpha - \beta \approx 57{,}8°$

g) $\sin(\alpha) = \frac{a \cdot \sin(\gamma)}{c} \approx 0{,}6769$, also $\alpha \approx 42{,}6°$ ($\alpha = 137{,}4°$ entfällt; Winkelsummensatz)

$\beta = 180° - \alpha - \gamma \approx 8{,}4°$

$b = \frac{c \cdot \sin(\beta)}{\sin(\gamma)} \approx 1{,}2$ cm

h) $\sin(\beta) = \frac{b \cdot \sin(\gamma)}{c} \approx 0{,}6728$

$\beta \approx 42{,}3°$ oder $\beta \approx 137{,}7°$

Man erhält also zwei zueinander nicht kongruente Dreiecke.

Für $\beta \approx 42{,}3°$ erhält man: $\alpha = 180° - \beta - \gamma \approx 109{,}5°$ und $a = \frac{c \cdot \sin(\alpha)}{\sin(\gamma)} \approx 11{,}8$ cm

Für $\beta \approx 137{,}7°$ erhält man: $\alpha = 180° - \beta - \gamma \approx 14{,}1°$ und $a = \frac{c \cdot \sin(\alpha)}{\sin(\gamma)} \approx 3{,}0$ cm

5. **a)** $\cos(\alpha) = \frac{6 \text{ m}}{7 \text{ m}} = \frac{6}{7}$, also $\alpha \approx 31°$ **b)** $h = \sqrt{(7 \text{ m})^2 - (6 \text{ m})^2} \approx 3{,}61 \text{ m} \approx 3{,}6$ m

6. $h = 8{,}72 \text{ m} \cdot \tan(46°) \approx 9{,}03 \text{ m} \approx 9$ m

7. $\tan(\alpha) = \frac{3{,}40 \text{ m}}{2{,}10 \text{ m}} = \frac{34}{21} \approx 1{,}6190$, also $\alpha \approx 58{,}3°$

$\beta = 90° - \alpha \approx 31{,}7°$

8. $\tan(\alpha) = \frac{16}{100} = 0{,}16$, also $\alpha \approx 9{,}1°$

$h = 5 \text{ m} \cdot \sin(\alpha) \approx 0{,}79 \text{ m} \approx 0{,}8$ m

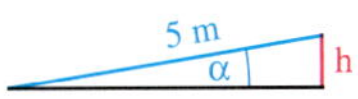

9. $x_1 = \frac{4{,}20 \text{ m}}{\tan(\alpha)} \approx 16{,}85$ m

$x_2 = \frac{4{,}20 \text{ m}}{\tan(\beta)} \approx 8{,}61$ m

Länge l der Deichsohle:
$l = 7{,}50 \text{ m} + x_1 + x_2 = 32{,}96 \text{ m} \approx 33$ m

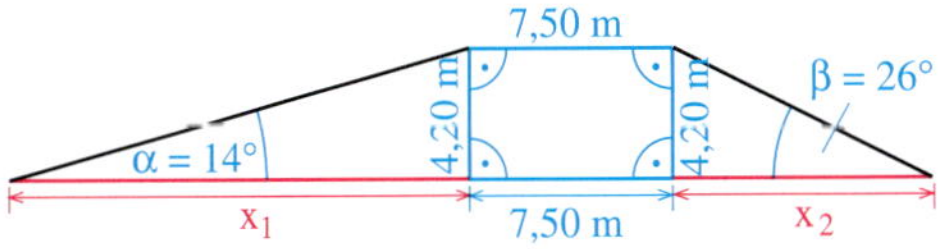

Seite 228

10. $\gamma = 90° - \beta = 44{,}5°$

$x = \frac{10\ \text{m} \cdot \sin(\gamma)}{\sin(\delta)} \approx 334{,}68\ \text{m}$

$\delta = \beta - \alpha = 1{,}2°$

$h = x \cdot \sin(\alpha) \approx 233{,}75\ \text{m} \approx 234\ \text{m}$

Der Berg erhebt sich ungefähr 234 m über die Talsohle.

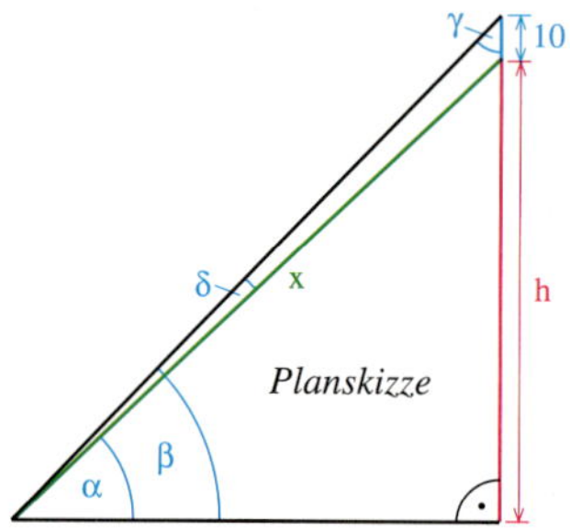

Seite 269

1. a) Gegeben ist das Gradmaß $\alpha_1 = 20°$: Das zugehörige Bogenmaß ist $x_1 = 20° \cdot \frac{\pi}{180°} \approx 0{,}349$.
Entsprechend berechnet man:
$\alpha_2 = 48°$: $x_2 \approx 0{,}838$; $\alpha_3 = 217°$: $x_3 \approx 3{,}79$; $\alpha_4 = 90°$: $x_4 = \frac{\pi}{2} \approx 1{,}57$; $\alpha_5 = 68°$: $x_5 \approx 1{,}19$.

b) Gegeben ist das Bogenmaß $x_1 = 1{,}4$: Das zugehörige Gradmaß ist $\alpha_1 = 1{,}4 \cdot \frac{180°}{\pi} \approx 80{,}2°$.
Entsprechend berechnet man:
$x_2 = 0{,}6$: $\alpha_2 \approx 34{,}4°$; $x_3 = 4{,}2$: $\alpha_3 \approx 241°$; $x_4 = 2{,}1$: $\alpha_4 \approx 120°$; $x_5 = 1{,}7$: $\alpha_5 \approx 97{,}4°$.

c) Wie in a) und b) berechnet man:
$\alpha_1 = \pi°$: $x_1 \approx 0{,}0548$; $x_2 = \pi$: $\alpha_2 = 180°$; $x_3 = 1$: $\alpha_3 \approx 57{,}3°$; $\alpha_4 = 1°$: $x_4 \approx 0{,}0175$; $\alpha_5 = 100°$: $x_4 \approx 1{,}75$.

d) Wie in a) und b) berechnet man:
$\alpha_1 = 3{,}8°$: $x_1 \approx 0{,}0663$; $x_2 = -2{,}9$: $\alpha_2 \approx -166°$; $\alpha_3 = 171°$: $x_3 \approx 2{,}98$; $x_4 = 1{,}4$: $\alpha_4 \approx 80{,}2°$;
$\alpha_5 = -126°$: $x_5 \approx -2{,}20$.

2. a) Die Lösungen der Gleichung $\sin x = 1$ erkennt man am Graphen der Sinusfunktion:
Alle Zahlen $x = \frac{\pi}{2} + 2k\pi$ mit $k \in \mathbb{Z}$ lösen die Gleichung.

b) Gegeben ist die Gleichung $\cos x = 0{,}42$. Eine erste Lösung liefert der GTR: $x_1 \approx 1{,}14$. Eine Symmetrie der Kosinuskurve liefert eine weitere Lösung $x_2 \approx 2\pi - 1{,}14 \approx 5{,}14$. Die Periode 2π liefert alle Lösungen:
Alle Zahlen $x \approx 1{,}14 + 2k\pi$ mit $k \in \mathbb{Z}$ und alle Zahlen $x \approx 5{,}14 + 2k\pi$ mit $k \in \mathbb{Z}$ lösen die Gleichung.

c) Gegeben ist $\sin(x) = 0{,}84$.
Der Rechner und eine Symmetrie liefern die Lösungen $x_1 \approx 0{,}997$; $x_2 \approx \pi - 0{,}997 \approx 2{,}14$.
Die Periode 2π der Sinuskurve liefert alle Lösungen:
x löst die Gleichung genau dann, wenn $x \approx 0{,}997 + 2k\pi$ mit $k \in \mathbb{Z}$ oder $x \approx 2{,}14 + 2k\pi$ mit $k \in \mathbb{Z}$.

d) $\cos(x) = -0{,}72$: Entsprechend zu c) erhält man: $x_1 \approx 2{,}37$; $x_2 = 2\pi - 2{,}374\ldots \approx 3{,}91$.
Die Periode 2π liefert alle Lösungen:
x löst die Gleichung genau dann, wenn $x \approx 2{,}37 + 2k\pi$ mit $k \in \mathbb{Z}$ oder $x \approx 3{,}91 + 2k\pi$ mit $k \in \mathbb{Z}$.

3. Der Graph der Kosinusfunktion ist achsensymmetrisch zu allen Achsen, die parallel zur y-Achse sind und die x-Achse an den Stellen $x = k \cdot \pi$ mit $k \in \mathbb{Z}$ schneiden. Sie ist punktsymmetrisch zu den Punkten $S_k\left(\frac{\pi}{2} + k \cdot \pi \mid 0\right)$ mit $k \in \mathbb{Z}$ (siehe Bild).

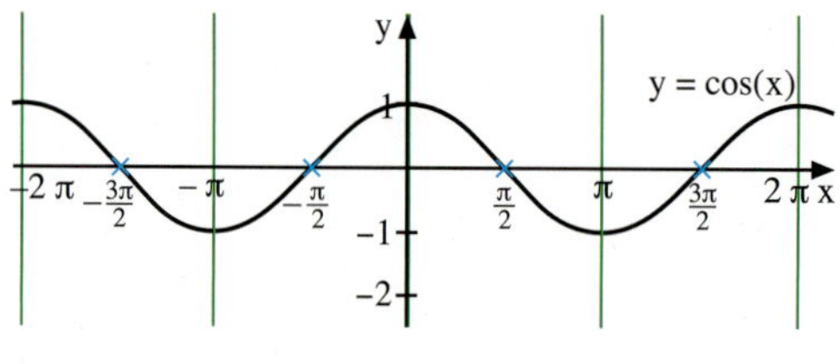

Am Einheitskreis erkennt man z. B.:
$\cos(2\pi - x) = \cos(x)$ und $\cos(\pi - x) = \cos(x)$

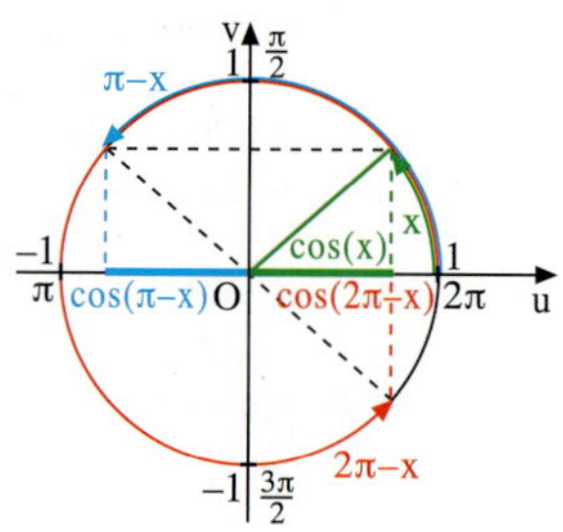

Seite 269

4.

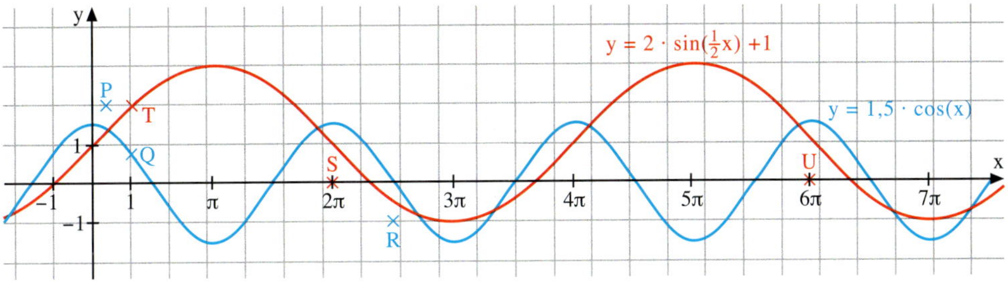

a) $Q\left(\frac{\pi}{3}\middle|\frac{3}{4}\right)$ liegt auf dem Graphen von $y = 1{,}5 \cdot \cos(x)$, denn $1{,}5 \cdot \cos\frac{\pi}{3} = 1{,}5 \cdot \frac{1}{2} = \frac{3}{4}$.
$P\left(\frac{\pi}{9}\middle|0\right)$ und $R\left(\frac{5\pi}{2}\middle|-1\right)$ liegen nicht auf dem Graphen.

b) $T\left(\frac{\pi}{3}\middle|2\right)$ liegt auf dem Graphen von $y = 2 \cdot \sin\left(\frac{1}{2}x\right) + 1$, denn $2 \cdot \sin\left(\frac{1}{2} \cdot \frac{\pi}{3}\right) + 1 = 2 \cdot \sin\frac{\pi}{6} + 1 = 2 \cdot \frac{1}{2} + 1 = 2$.
$S(2\pi|0)$ und $U(6\pi|0)$ liegen nicht auf dem Graphen.

5. a) $y = 0{,}5 \cdot \sin(2x)$: Man erhält den Graph aus dem Graph der Sinusfunktion durch Strecken mit dem Faktor 0,5 parallel zur y-Achse, dann Strecken mit dem Faktor $\frac{1}{2}$ parallel zur x-Achse.

b) $y = 2 \cdot \sin\left(x - \frac{\pi}{2}\right)$: Strecken mit dem Faktor 2 parallel zur y-Achse, dann Verschieben parallel zur x-Achse um $\frac{\pi}{2}$ nach rechts.

c) $y = \sin(x + \pi) - \pi$: Verschieben um π parallel zur x-Achse nach links, dann Verschieben um π parallel zur y-Achse nach unten.

d) $y = -\sin\left(\frac{1}{2}(x + \pi)\right)$: Strecken mit dem Faktor −1 parallel zur y-Achse (Spiegeln), dann Strecken mit dem Faktor 2 parallel zur x-Achse, dann Verschieben parallel zur x-Achse um π nach links.

e) $y = \sin(\pi x - 2\pi) = \sin(\pi(x - 2))$: Strecken mit dem Faktor $\frac{1}{\pi}$ parallel zur x-Achse, dann Verschieben parallel zur x-Achse um 2 nach rechts.

f) $y = \cos(x) = \sin\left(x + \frac{\pi}{2}\right)$. Verschieben parallel zur x-Achse um $\frac{\pi}{2}$ nach links

6. Die Funktionsterme lauten: (1) $f(x) = 2{,}5 \cdot \sin(2x + \pi)$; (2) $g(x) = \sin\left(x + \frac{\pi}{4}\right) + 1$; (3) $h(x) = 0{,}5\sin\left(\frac{1}{4}x + \frac{\pi}{4}\right)$

7. a) Der periodische Ausschlag eines Federpendels kann normalerweise durch eine allgemeine Sinusfunktion mit $f(x) = a \cdot \sin(b(x - c)) + d$ gut modelliert werden.
Positive Auslenkungen gehen hier nach oben.
Da nur die Auslenkung in Bezug zur Ruhelage anzugeben ist, kann man d = 0 setzen.
Die Auslenkung am Anfang nach unten ergibt die Amplitude 3 cm, also ist a = 3. Nach 20 s ist der maximale Wert der Auslenkung nach oben erreicht.
Eine halbe Periode dauert also 20 s, die Periode ist somit 40 s. Daher ist $b = \frac{2\pi}{40}$. Nach 10 s müsste die Ruhelage mit der zunehmenden Auslenkung 0 cm erreicht werden, auch wenn dort −0,97 cm gemessen wurden.
Damit kann man eine Verschiebung der Sinuskurve parallel zur Zeit-Achse nach rechts um 10 s annehmen. Das bedeutet c = 10.
Eine Funktionsvorschrift lautet also angenähert:
$f(x) = 3 \cdot \sin\left(\frac{2\pi}{40}(t - 10)\right)$ bzw. $f(x) = 3 \cdot \sin\left(\frac{\pi}{20}(t - 10)\right)$

b) Nach einer Periode von 40 s ist das Pendel wieder im Ausgangspunkt.
$f(60) = 3 \cdot \sin\left(\frac{2\pi}{40}(60 - 10)\right) = 3$
Die Auslenkung nach 1 min = 60 s beträgt nach der Formel 3 cm.

c) Die entscheidende Annahme ist, dass die maximale Auslenkung nach oben nach 20 s erreicht wird. Daraus ergeben sich die Periode und der Durchgang durch die Ruhelagen. Dem widerspricht etwas der gemessene Wert nach 10 s. Weiterhin wurde angenommen, dass sich die Auslenkungen periodisch in gleicher Art ohne eine Verringerung der Werte wiederholen.

8. f hat einen Funktionsterm der Form $f(x) = a \cdot \sin(b(x + c)) + d$.
Wegen der Verschiebung um 1 nach rechts ist c = −1, wegen der Periode 5 ist $b = \frac{2\pi}{5}$.
Damit ist $f(x) = a \cdot \sin\left(\frac{2\pi}{5}(x - 1)\right) + d$.
Der Graph von f geht durch $P(2{,}25|7)$ und $Q(4{,}75|1)$. Das ergibt:
$a \cdot \sin\left(\frac{2\pi}{5}(2{,}25 - 1)\right) + d = a \sin\left(\frac{\pi}{4}\right) + d = a + d = 7$ und $a \cdot \sin\left(\frac{2\pi}{5}(4{,}75 - 1)\right) + d = a \cdot \sin\left(\frac{3\pi}{2}\right) + d = -a + d = 1$,
also $a + d = 7$ und $-a + d = 1$.
Subtrahiert man die zweite Gleichungen von der ersten, hat man 2a = 6 bzw. a = 3.
f hat also die Amplitude a = 3.
Addiert man beide Gleichungen, folgt 2d = 8, also d = 4. Damit ist $f(x) = 3 \cdot \sin\left(\frac{2\pi}{5}(x - 1)\right) + 4$.

Lösungen zu Teste dich – Vermischte Übungen

Seite 272

1. **a)** Funktionsterm der Parabel: $f(x) = (x+1)^2 - 16$
Tiefpunkt bei $S(-1|-16)$;
Schnittpunkt mit der y-Achse bei $P(0|-15)$.
b) Die verschobene Parabel schneidet die x-Achse an den Stellen 0 und 2.

2. Die Graphen von f_2 und f_3 gehen durch Streckung mit dem Faktor 0,5 bzw. 2 in Richtung der y-Achse aus dem Graphen von f_1 hervor.
Wegen $0{,}5 \cdot 2^{-1}$ bzw. $2 = 2^1$ und damit $0{,}5 \cdot 2^x = 2^{x-1}$ und $2 \cdot 2^x = 2^{x+1}$ kann man die Graphen von f_2 und f_3 auch durch Verschiebung in Richtung der x-Achse um 1 bzw. –1 aus dem Graphen von f_1 erzeugen.

3. **a)** $15^2 + 21^2 = 666$ $\sqrt{666} \approx 25{,}8$ Die Diagonalen sind etwa 25,8 cm lang.
b) $\tan\alpha = \frac{15}{21}$ $\alpha \approx 35{,}5°$ Schnittwinkel φ: $\varphi \approx 180° - 2 \cdot 54{,}5° \approx 71°$

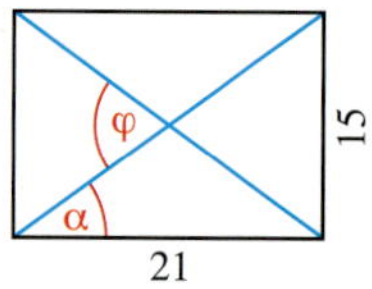

4. Diese periodischen Funktionen können als allgemeine Sinusfunktionen mit einer Gleichung $y = a\sin(b(x-c)) + d$ dargestellt werden. Aus dem größten und kleinsten Funktionswert ergibt sich die Amplitude a als halbe Differenz und d als Mittelwert. Aus der Periodenlänge p ergibt sich $b = \frac{2\pi}{p}$.
Aus einem Punkt $A(c|d)$ auf dem Graphen, in dem die Funktion steigt, ergibt sich c.
a) $f(x) = \sin(3x)$ **c)** $h(x) = \sin(x - 0{,}8)$
b) $g(x) = 3\sin(x)$ **d)** $h(x) = 2\sin(2x) - 1$

5. **a)** $O = 4 \cdot \frac{a^2}{4}\sqrt{3} + a^2 = 16 \cdot \sqrt{3} + 16 = 16(\sqrt{3}+1)$
Der Oberflächeninhalt beträgt $16\left(\sqrt{3}+1\right)\,cm^2$, also ungefähr $43{,}71\,cm^2$.
b) $a^2 = \left(\frac{a}{2}\sqrt{2}\right)^2 + x^2$ $x^2 = \frac{a^2}{2}$ $x = \frac{a}{2}\sqrt{2}$
Der Fußpunkt ist von allen Ecken $\frac{a}{2}\sqrt{2}$ aus entfernt.

6. **a)** $\sqrt{2} \cdot \sqrt[4]{2} = \sqrt[4]{4} \cdot \sqrt[4]{2} = \sqrt[4]{8}$ **b)** $\sqrt[3]{2} : \sqrt[4]{3} = \sqrt[12]{16} : \sqrt[12]{27} = \sqrt[12]{\frac{16}{27}}$ **c)** $\sqrt{2\sqrt[4]{3}} = \sqrt{\sqrt[4]{16}\,\sqrt[4]{3}} = \sqrt[8]{48}$

7. f(t) und g(t) sollen die Wassermengen in Liter im ersten bzw. zweiten Gefäß nach der Zeit t in Stunden angeben. Die lineare Abnahme im ersten Gefäß wird durch $f(t) = 100 - 8{,}5 \cdot t$ beschrieben. Die exponentielle Abnahme im zweiten Gefäß beschreibt $g(t) = 100 \cdot \left(1 - \frac{20}{100}\right)^t = 100 \cdot 0{,}8^t$.
a) $f(t) = 1$ führt zu $100 - 8{,}5\,t = 1$; $99 = 8{,}5 \cdot t$; $t \approx 11{,}6$
$g(t) = 1$ führt zu $100 \cdot 0{,}8^t = 1$; $0{,}8^t = 0{,}01t$; $t \approx 20{,}6$
Im ersten Gefäß sind nach etwa 11 h 36 min 1 *l* Wasser übrig.
Im zweiten Gefäß dauert es etwa 20 h 36 min.
b) $f(t) = g(t)$ führt zu $100 - 8{,}5\,t = 100 \cdot 0{,}8^t$. Mit dem GTR erhält man die Lösung: $t = 10{,}7$.
Nach etwa 10 h 42 min ist in beiden Gefäßen gleich viel Wasser übrig.

8. Wir nehmen r als Seitenlänge des Quadrats.
Der große Kreisausschnitt hat dann den Flächeninhalt:
$A_g = \frac{1}{8}\pi r^2$
Die Länge des Radius des kleinen Kreisausschnitts beträgt:
$r_1 = \sqrt{r^2+r^2} - r = r\sqrt{2} - r = r(\sqrt{2}-1)$
Der kleine Kreisausschnitt hat dann den Flächeninhalt:
$A_k = \frac{1}{8}\pi r_1^2 + = \frac{1}{8}\pi r^2(3 - 2\sqrt{2}) = \left(\frac{3}{8} - \frac{1}{4}\sqrt{2}\right)\pi r^2$
Die gefärbte Fläche hat den Flächeninhalt:
$A = \frac{1}{8}\pi r^2 + \left(\frac{3}{8} - \frac{1}{4}\sqrt{2}\right)\pi r^2 = \left(\frac{1}{2} - \frac{1}{4}\sqrt{2}\right)\pi r^2$
Das Quadrat hat den Flächeninhalt: $A_Q = r^2$
Der Anteil der gefärbten Fläche beträgt: $\left(\frac{1}{2} - \frac{1}{4}\sqrt{2}\right) \cdot \pi \approx 0{,}46 = 46\,\%$

Seite 273

1. **a)** $x = -4$ **b)** $x = 3$

2. $\frac{c}{d} = \frac{a}{h}$ $\frac{c}{2} = \frac{5}{3}$ $c = \frac{10}{3}$ $\frac{b}{e} = \frac{a}{a-h}$ $\frac{b}{1{,}2} = \frac{5}{2}$ $b = 3$ $f = 2$ $g = 1{,}8$

Es gilt: $c = \frac{10}{3}$ cm, $b = 3$ cm, $f = 2$ cm, $g = 1{,}8$ cm

3. **a)** $S(-2|-8)$

b) (1) Z.B.: $y = 0{,}5(x+2)^2 + 1$ (3) Z.B.: $y = 0{,}5(x+2)^2 - 1$

(2) $y = 0{,}5(x+2)^2$ (4) $y = 0{,}5(x+2)^2 - 2$

4. **a)** $L = \{1\}$ **b)** $L = \{-1; 1\}$ **c)** $L = \{1\}$

5. d: Preis einer DVD (in €)
c: Preis einer CD (in €)

$\left| \begin{array}{l} 5d + 3c = 95 \\ 7c = 2d + 3 \\ d + 2c = 26 \end{array} \right|$ liefert $\left| \begin{array}{l} c = 5 \\ d = 16 \end{array} \right|$ als Lösung.

Alle Rechnungsbeträge stimmen mit 16 € für eine DVD und 5 € für eine CD.

6. **a)** Jährlicher Zuwachs $= \frac{(59-50)\text{ Mio}}{10\text{ J}} = \frac{9\text{ Mio}}{10\text{ J}} = 0{,}9\ \frac{\text{Mio}}{\text{J}}$

$59\text{ Mio} + 2 \cdot 0{,}9\text{ Mio} = 60{,}8\text{ Mio}$

b) $59\text{ Mio} \cdot 1{,}015^2 = 60{,}78\text{ Mio}$

7. Wenn man die vordere Seite und die rechte Seite der Schachtel in eine Ebene klappt, sieht man, dass der kürzeste Weg von A nach B so lang ist, wie die Hypotenuse eines rechtwinkligen Dreiecks mit den Katheten 16 cm und 8 cm + 8 cm = 16 cm. Mit dem Satz des Pythagoras erhält man die Länge der Hypotenuse:

$\sqrt{16\text{ cm}^2 + 16\text{ cm}^2} = \sqrt{32\text{ cm}^2} = 4 \cdot \sqrt{2}\text{ cm} \approx 5{,}66\text{ cm}.$

Der kürzeste Weg ist gerundet 5,66 cm lang.

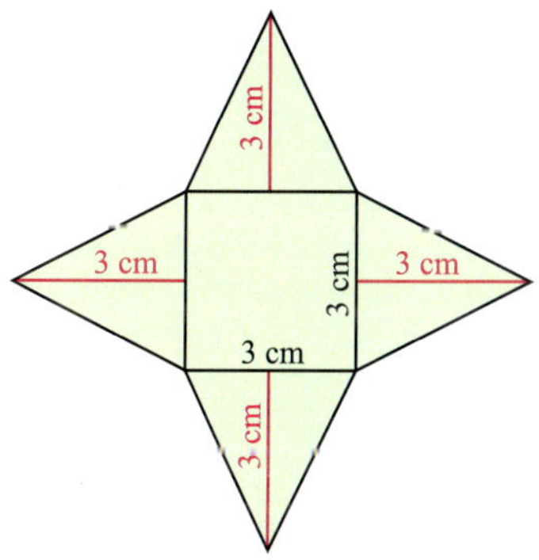

8. **a)** Siehe Bild rechts.

b) $A = 3\text{ cm} \cdot 3\text{ cm} + 4 \cdot \frac{1}{2} \cdot 3 \cdot 3\text{ cm} \approx 27\text{ cm}^2$

c) $A = a^2 + 4 \cdot \frac{1}{2} \cdot a^2 = 3a^2$

d) $3a^2 = 60$ mit $a > 0$

$a \approx 4{,}47$ (in cm)

Seite 274

1. $a = 9{,}81 \cdot 10^{-3}$

$2a = 1{,}962 \cdot 10^{-2}$ $\frac{a}{2} = 4{,}905 \cdot 10^{-3}$ $a^2 = 9{,}624 \cdot 10^{-5}$

$\sqrt{a} = 3{,}13 \cdot 10^{-2}$ $a^2 < \frac{a}{2} < a < 2a < \sqrt{a}$

2. Die Diagonale des kleinen Quadrats ist 2 cm lang. Der Flächeninhalt beträgt:

$A_Q = \frac{1}{2} \cdot 2\text{ cm} \cdot 2\text{ cm} = 2\text{ cm}^2$

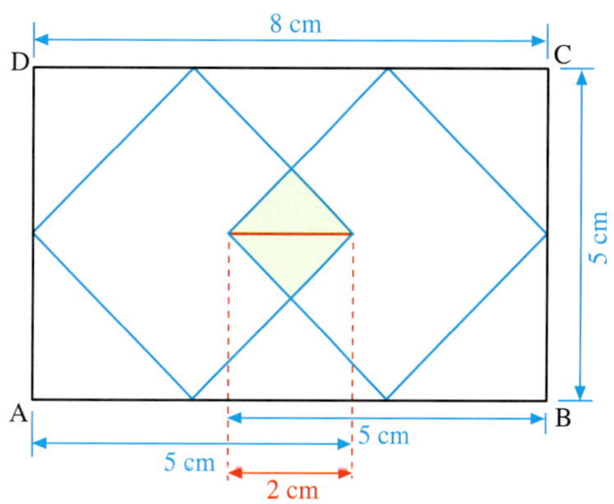

3. **a)** Das Quadrat von 2,6457513 ist nicht gleich 7.
Es enthält als letzte Ziffer die 9, denn $3 \cdot 3 = 9$.

b) (1) $2 \cdot \sqrt{7} \cdot \sqrt{7} = 2 \cdot 7 = 14$

(2) $-\sqrt{2} \cdot \sqrt{7} = -\sqrt{2 \cdot 7} = -\sqrt{14}$

(3) $\frac{1}{7} \cdot \sqrt{7} = \frac{\sqrt{7}}{\sqrt{7} \cdot \sqrt{7}} = \frac{1}{\sqrt{7}}$

4. Durch Einsetzen von 2 für x erhält man $q = -10$.
Die quadratische Gleichung lautet $x^2 + 3x - 10 = 0$ und hat als zweite Lösung $x = -5$.

Seite 274

5. a) $V = \pi \cdot (4\text{ cm})^2 \cdot 91\text{ cm} + \frac{1}{3}\pi \cdot (4\text{ cm})^2 \cdot 9\text{ cm} \approx 4725\text{ cm}^3$

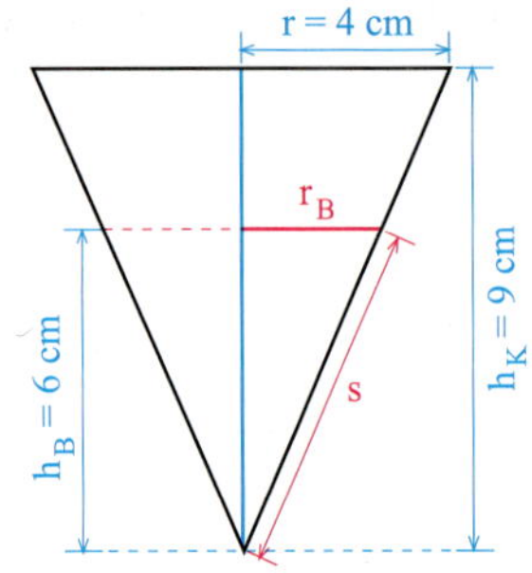

b) $\frac{4}{5}$ des Volumens sind oberhalb der Erde, das sind ungefähr 3780 cm^3

$3780\text{ cm}^3 = \pi r^2 \cdot h = \pi \cdot 16\text{ cm}^2$, also

$h = \frac{3780}{\pi \cdot 16\text{ cm}} \approx 75{,}2\text{ cm}$

c) $\frac{r_B}{r} = \frac{h_B}{h_K}$, also $r_B = \frac{r \cdot h_B}{h_K} = \frac{4\text{ cm} \cdot 6\text{ cm}}{9\text{ cm}} = 2\frac{2}{3}\text{ cm}$

$s = \sqrt{h_B^2 + r_B^2} \approx 6{,}6\text{ cm}$

$A_M = \pi \cdot r_B \cdot s \approx 115\text{ cm}^2$

6. $54{,}02\text{ m}^2$, also ungefähr 54 m^2 Blech.

7. a) Die Zahl der Fliegen lässt sich durch eine Funktion f mit $f(x) = a \cdot b^x$ beschreiben $(a > 0,\ b > 0)$. Dabei gibt x die Zeit in Tagen an. Es gilt $f(2) = 144$ und $f(13) = 1070$, also $a \cdot b^2 = 144$ und $a \cdot b^{13} = 1070$. Teilt man die zweite Gleichung durch die erste, erhält man

$\frac{a \cdot b^{13}}{a \cdot b^2} = \frac{1070}{144};\quad b^{11} = \frac{1070}{144};\quad b = \left(\frac{1070}{144}\right)^{\frac{1}{11}};\quad b \approx 1{,}20$.

Mit der ersten Gleichung erhält man $a = \frac{144}{b^2} \approx 100$.

Somit ist $f(x) = 120 \cdot 1{,}2^x$. Am Anfang waren es also 100 Fliegen.

Für die Zunahme um p % in einem Tag gilt $1{,}2 = 1 + \frac{p}{100};\quad 0{,}2 = \frac{p}{100};\quad p\,\% = 20\,\%$.

Die Fliegen nehmen jeden Tag um 20 % zu.

b) $f(8) - f(7) = 120 \cdot 1{,}2^8 - 100 \cdot 1{,}2^7 \approx 72$. Man kann etwa 72 Fliegen entnehmen.

c) Nach 20 Tagen: $f(20) \approx 383$

Werden davon 90 % entnommen, so bleiben 10 %, also 383 übrig.

Die Anzahl der Fliegen in z weiteren Tagen nach der Entnahme lautet $g(z) = 383 \cdot 1{,}2^z$.

Bedingung: $g(z) = 3834;\quad 383 \cdot 1{,}2^2 = 3834$, also $z \approx 12{,}6$.

Nach etwa 13 weiteren Tagen nach der Entnahme hat man wieder 3834 Fliegen.

8. $f(x) = 2^x;\quad g(x) = x^2 + 1;\quad h(x) = 2x + 1$

a) $2^x = x^2 + 1$ $\quad x_1 = 0\quad x_2 = 1$ $\quad$ Für $0 < x < 1$ gilt $f(x) < g(x)$

b) $x^2 + 1 = 2x + 1$ $\quad x_1 = 0\quad x_2 = 2$ $\quad$ Für $x < 0$ oder $x > 2$ gilt $h(x) < g(x)$

Seite 275

1. Fläche des Obersees: $A_{Obersee} = 540\text{ km}^2 - 63\text{ km}^2 = 477\text{ km}^2$

Wasservolumen des Obersees: $V_{Obersee} = 5 \cdot 10^{10}\text{ m}^3 - 1{,}7 \cdot 10^9\text{ m}^3 = 48{,}3 \cdot 10^9\text{ m}^3$

a) Zunahme des Wassers im Obersee: $V_{zu} = 477\text{ km}^2 \cdot 5\text{ cm} = 477 \cdot (1000\text{ m})^2 \cdot 0{,}05\text{ m}$

$= 23850000\text{ m}^3 = 2{,}385 \cdot 10^7 \cdot (10\text{ dm})^3 = 2{,}385 \cdot 10^{10}\ l$

Das Wasser nimmt um $2{,}385 \cdot 10^{10}\ l$ zu. Das sind 23,85 Milliarden Liter.

b) $\frac{23850000\text{ m}^3}{48{,}3 \cdot 10^9\text{ m}^3} \approx 4{,}94 \cdot 10^{-4} = 0{,}0494\,\%$

Das Wasservolumen im Obersee hat um etwa 0,0494 % zugenommen.

2. *Beispiele:* $y = (x + 2)^2 + 1$ mit $S(-2|1)$

$y = x^2 + 5x + 9{,}75$ mit $S(-2{,}5|3{,}5)$

$y = -3(x + 1)^2 + 5$ mit $S(-1|5)$

3. a) Der Graph von f mit $f(x) = \cos(2x + 2) = \cos(2(x + 1))$ entsteht aus dem Graphen der Kosinusfunktion durch eine Streckung parallel zu x-Achse mit dem Faktor $\frac{1}{2}$ und einer Verschiebung um 1 nach links. f hat die Periode $\frac{2\pi}{2} = \pi$. Benachbarte Nullstellen haben also den Abstand $\frac{\pi}{2}$. Aus der Streckung und der Verschiebung ergibt sich eine erste Nullstelle $x_1 = \frac{\pi}{4} - 1 \approx -0{,}215$.

Die Nullstellen von f lauten: $x_k = -0{,}215 + k \cdot \frac{\pi}{2}$ mit $k \in \mathbb{Z}$

b) Aus der Entstehung des Graphen von f erkennt man, dass f einen Hochpunkt im Punkt $H_1(-1|1)$ hat. Das kann man auch mit dem GTR feststellen ($Y1 = \cos(2x + 2)$, Calc, Maximum). Die weiteren Hochpunkte ergeben sich aus der Periode π.

f hat die Hochpunkte $H_k(-1 + k \cdot \pi|1)$ mit $k \in \mathbb{Z}$.

4. a) $|\overline{HM}|^2 = 10^2 + 5^2 = 125$ $\quad$ $|\overline{HM}| = \sqrt{125} \approx 11{,}2$ (in cm)

b) $|\overline{HS}|^2 = (10 + 2)^2 + 6^2 = 180$ $\quad$ $|\overline{HS}| = \sqrt{180} \approx 13{,}4$ (in cm)

Seite 275

5. Der Kandidat muss drei aufeinanderfolgende Antworten richtig raten:
$P(3 \text{ mal richtig}) = \frac{1}{4} \cdot \frac{1}{4} \cdot \frac{1}{4} = \frac{1}{64} \approx 0{,}016 = 1{,}6\,\%$

6. a) A: $\log(2) + \log(3) \approx 0{,}3010 + 0{,}4771 \neq 0{,}6989 = \log(5)$
B: $3\log(2) \approx 3 \cdot 0{,}3010 \neq 0{,}7782 \neq \log(6)$
C: $\log(1) \cdot \log(2) = 0 \cdot \log(2) = 0 \neq 0{,}3010$
D: $\log\left(\frac{1}{2}\right) = -0{,}3010 \neq \frac{1}{0{,}3010}$

b) $\log(2) + \log(3) = \log(2 \cdot 3) = \log(6)$
$3 \cdot \log(2) = \log(2^3) = \log(8)$
$\log(1) \cdot \log(2) = 0 \cdot \log(2) = 0$
$\log\left(\frac{1}{2}\right) = \log(1) - \log(2) = 0 - \log(2) = -\log(2)$

7. $|GH| = h - 1{,}80\text{ m}$; $|EF| = 3\text{ m} - 1{,}80\text{ m} = 1{,}20\text{ m}$; $|DG| = 1{,}80\text{ m} + 21{,}60\text{ m} = 23{,}40\text{ m}$.
Nach dem 2. Strahlensatz gilt: $\frac{|GH|}{|EF|} = \frac{|DG|}{|DE|}$, also $\frac{h - 1{,}80\text{ m}}{1{,}20\text{ m}} = \frac{23{,}40\text{ m}}{1{,}80\text{ m}}$;
$h = \frac{21{,}60\text{ m}}{1{,}80\text{ m}} \cdot 1{,}20\text{ m} + 1{,}80\text{ m} = 17{,}40\text{ m}$
Der Turm ist 17,40 m hoch.

Seite 276

1. a) Graph (5) **c)** Graph (3) **e)** Graph (4)
b) Graph (6) **d)** Graph (1) **f)** Graph (2)

2. Erste Zahl: x; zweite Zahl: 2x
$x \cdot 2x + (x + 2x) = 90$
$2x^2 + 3x = 90$
$x = 6$ oder $x = -7\frac{1}{2}$ ($x = -7\frac{1}{2}$ entfällt als Lösung, da dann $2x < x$ wäre).
Die Zahlen sind 6 und 12.

3. Anzahl der Mitglieder der Clique: x
Anzahl der verschickten SMS pro Person: $x - 1$
Gleichung: $x(x - 1) = 56$
$x = 8$ oder $x = -7$ ($x = -7$ entfällt als Lösung).
Die Clique besteht aus 8 Personen.

4. Den Mann und den Baum kann man sich als Strecken $\overline{AB}$ und $\overline{AC}$ auf einer zum Erdboden orthogonalen Gerade vorstellen. Die Schatten des Mannes und des Baumes bilden zwei Strecken $\overline{AB'}$ und $\overline{AC'}$, die auf einer Geraden durch A, B′, C′ geht. Die Sonnenstrahlen bilden parallele Lichtstrahlen CC′ und BB′. Nach dem 2. Strahlensatz gilt also:
$\frac{|AC|}{|AB|} = \frac{|AC'|}{|AB'|}$; $\frac{|AC|}{1{,}80\text{ m}} = \frac{9\text{ m}}{2{,}50\text{ m}}$; $|AC| = \frac{9\text{ m}}{2{,}50\text{ m}} \cdot 1{,}80\text{ m} = 6{,}48\text{ m}$.
Der Baum ist 6,48 m hoch.

5. Der Graph der Sinusfunktion ist punktsymmetrisch zum Ursprung. Gleichung: $\sin(-x) = -\sin(x)$.
Er ist achsensymmetrisch zur Parallelen zur y-Achse durch den Punkt $H\left(\frac{\pi}{2}\,|\,1\right)$.
Gleichung: $\sin\left(\frac{\pi}{2} - x\right) = \sin\left(\frac{\pi}{2} + x\right)$.
Der Graph der Kosinusfunktion ist achsensymmetrisch zur y-Achse. Gleichung: $\cos(-x) = \cos(x)$.
Er ist punktsymmetrisch zum Punkt $H\left(\frac{\pi}{2}\,|\,0\right)$. Gleichung: $\cos\left(\frac{\pi}{2} - x\right) = -\cos\left(\frac{\pi}{2} + x\right)$.

6. Es seien $|A'C| = 9\text{ cm}$; $x = |AC| = |B'C|$ und $|BC| = 16\text{ cm}$. Wegen der Gleichheiten bei den Winkeln sind die Geraden AB und A′B′ parallel.
(1) Berechnung der Seiten:
Nach dem Strahlensatz gilt: $\frac{x}{9\text{ cm}} = \frac{16\text{ cm}}{x}$; $x^2 = 144\text{ cm}^2$; $x = 12\text{ cm}$, da x nicht negativ ist.
Nach dem Satz des Pythagoras gelten:
$|AB| = \sqrt{|AC|^2 + |BC|^2} = \sqrt{(12\text{ cm})^2 + (16\text{ cm})^2} = 20\text{ cm}$
$|A'B'| = \sqrt{|AC|^2 + |BC|^2} = \sqrt{(9\text{ cm})^2 + (16\text{ cm})^2} = 15\text{ cm}$
(2) Berechnung der Winkel:
Für den Winkel α in der Ecke A gilt: $\sin(\alpha) = \frac{16\text{ cm}}{20\text{ cm}} = 0{,}8$; $\alpha \approx 53{,}1°$.
α′ in der Ecke A′ ist gleich groß: $\alpha' \approx 53{,}1°$.
Der Winkel β in der Ecke B hat die Größe: $\beta \approx 90° - 53{,}1° = 36{,}9°$.
β′ in der Ecke B′ ist gleich groß: $\beta' \approx 36{,}9°$.
Der Winkel $\gamma = 90°$ in der Ecke C war gegeben.

Seite 276

7. a) $V_{Würfel} = a^3$ Höhe Pyramide: $\frac{a}{2}\sqrt{2}$ $V_{Pyramide} = \frac{1}{3}\frac{a^3}{2}\sqrt{2}$

$V_{Pyramide} = \frac{\frac{1}{6}a^3\sqrt{3}}{a^3} = \frac{1}{6}\sqrt{3} \approx 0{,}29 \approx 29\,\%$ Volumen ist um etwa 29 % größer.

b) $O_{Würfel} = 6a^2$ Seitenhöhe Pyramide: $\frac{a}{2}\sqrt{3}$ $O_{Pyr} = 4 \cdot \frac{a^2}{2}\sqrt{3} + a^2$

$\frac{O_{gesamt}}{O_{Würfel}} = \frac{4\frac{a^2}{2}\sqrt{3}+5a^2}{6a^2} = \frac{2\sqrt{3}+5}{6} = 1{,}41$ Der Oberflächeninhalt ist um etwa 41 % größer.

8. $A = \frac{1}{2}\pi a^2 + 2a \cdot a - 2 \cdot \frac{1}{4}\pi a^2$
$= \frac{1}{2}\pi a^2 + 2a^2 - \frac{1}{2}\pi a^2$
$= 2a^2$

Seite 277

1. Die Parabel hat die Funktionsgleichung $y = -\frac{4}{45}x^2 + 20$.
An den Stellen $x_1 = 4$ und $x_2 = -4$ hat sie jeweils ungefähr die Höhe 18,58 cm. Die Yacht kann die Brücke problemlos passieren.

2. a) $4 \cdot 1{,}1^x = 6$ $1{,}1^x = 1{,}5$ $x \log(1{,}1) = \log(1{,}5)$ $x = \frac{\log(1{,}5)}{\log(1{,}1)} \approx 4{,}25$

b) $6{,}56 \cdot 1{,}012^x = 7{,}56$ $x = \frac{\log(1{,}152)}{\log(1{,}012)} \approx 11{,}86$

3. Die Gerade durch P und Q hat die Gleichung $y = \frac{1}{2}x + 1{,}5$.
Der Punkt R liegt auch auf dieser Geraden, da $1 = \frac{1}{2} \cdot (-1) + 1{,}5$.

4. Nach dem Satz des Pythagoras gilt:
$a^2 + a^2 = s^2$, also $a = \sqrt{\frac{s^2}{2}} = \frac{s}{2} \cdot \sqrt{2} \approx 26{,}2$ cm
Grundflächeninhalt:
$G = (s + 2a)^2 - 4 \cdot \frac{1}{2} \cdot a^2 \approx 6610\ \text{cm}^2$
Mantelflächeninhalt:
$M = 8 \cdot 37\ \text{cm} \cdot 0{,}3\ \text{cm} \approx 89\ \text{cm}^2$
Oberflächeninhalt:
$O = 2 \cdot G + M \approx 13{,}309\ \text{cm}^2$
Volumen:
$V = G \cdot 0{,}3\ \text{cm} \approx 1\,983\ \text{cm}^3$

5. a) $L = \{-5; 5\}$ **b)** $L = \{-9; 3\}$ **c)** $L = \left\{\frac{9}{25}\right\} = \{0{,}36\}$

6. Man kann die Graphen als allgemeine Sinusfunktionen mit einer Gleichung $y = a\sin(b(x-c)) + d$ darstellen. Aus dem größten und kleinsten Funktionswert ergeben sich die Amplitude a als halbe Differenz und d als Mittelwert. Aus der Periodenlänge p ergibt sich $b = \frac{2\pi}{p}$. Aus einem Punkt $P(c|d)$ auf dem Graphen, in dem die Funktion steigt, ergibt sich c.

a) $y = \sin(x + 0{,}5) + 1$.
b) $y = 2{,}5 \cdot \sin(x - 1{,}5)$.
c) $y = 1{,}5 \cdot \sin(2(x + 1)) - 2$, bzw. $y = 1{,}5 \cdot \sin(2x + 2) - 2$.
d) $y = 2 \cdot \sin(x + 1{,}5) + 1$.

Seite 278

1. Die gläserne Pyramide ist eine quadratische senkrechte Pyramide mit der Seitenlänge 35,40 m und der Höhe 21,65 m.
Für die Höhe einer der vier Seitenflächen gilt:
$h^2 = 21{,}65^2 + 17{,}70^2$, also $h = \sqrt{782{,}0125} \approx 27{,}96$
Damit erhält man für den Inhalt der verglasten Fläche:
$A_{Gesamt} = 4 \cdot A_{Dreieck} = 4 \cdot \frac{1}{2} \cdot 35{,}40 \cdot \sqrt{782{,}0125} \approx 1979{,}9$
Die verglaste Fläche hat einen Inhalt von ca. 1 979,9 m^2.

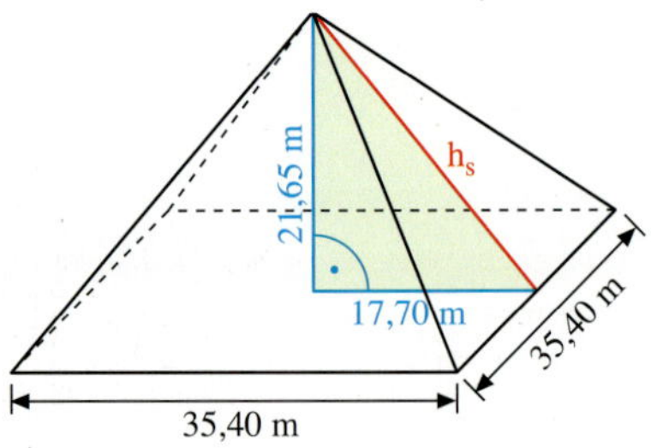

Seite 278

2. a) Der linke Graph hat die x-Achse als Asymptote und könnte durch eine Funktion f mit $f(x) = c \cdot a^x$ beschrieben werden. Der Graph geht durch $A(0|4)$ und $B(1|8)$. Das ergibt für f die Gleichungen

$f(0) = 4$ und $f(1) = 8$; $c \cdot a^0 = 4$ und $c \cdot a^1 = 8$; $c = 4$ und $4 \cdot a = 8$; $c = 4$ und $a = 2$.

Ein Funktionsterm lautet somit $f(x) = 4 \cdot 2^x$. Eine Überprüfung am gegebenen Graph bestätigt das.
Der rechte Graph entsteht aus dem Graph der Normalparabel durch eine Verschiebung um 4 parallel zu x-Achse nach rechts und um 1 parallel zur y-Achse nach oben.
Ein Funktionsterm lautet $g(x) = (x - 4)^2 + 1$. Eine Überprüfung am gegebenen Graph bestätigt das.

b) Mit einem Rechner kann man eine Schnittstelle $x_1 \approx 1{,}17$ bestimmen. Der Rechner liefert auch den gemeinsamen y-Wert $y_1 \approx 9{,}00$.
Ein Schnittpunkt der Graphen ist näherungsweise $P(1{,}17|9{,}00)$.

3. Potenzen mit der Basis a mit $0 < a < 1$

4. a) $x = 0{,}5 + k \cdot 2\pi$ oder $x = \pi - 0{,}5 + k \cdot 2\pi$ mit $k \in \mathbb{R}$

b) $\alpha \approx 28{,}6° + k \cdot 360°$ oder $\alpha \approx 151{,}4° + k \cdot 360°$ mit $k \in \mathbb{Z}$

5. $|CF| = 2 \cdot |AB|$; $\frac{|SA|}{|SC|} = \frac{|AB|}{|CF|} = \frac{|AB|}{2 \cdot |AB|} = \frac{1}{2}$

Der Punkt S teilt die Strecke im Verhältnis 1 : 2.

6. Wir suchen einen Funktionsterm der Form $f(x) = ax^2 + bx + c$.
P liegt auf dem Graphen von f: $3 = a + b + c$, also $c = 3 - a - b$
Q liegt auf dem Graphen von f: $8 = 4a + 2b + c$, also $c = 8 - 4a - 2b$.
Aus $3 - a - b = 8 - 4a - 2b$ erhalten wir $b = 5 - 3a$.
Damit gilt $c = 3 - a - b = 3 - a - 5 + 3a = 2a - 2$
R liegt auch auf dem Graphen von f, also gilt:
$11 = 9a + 3b + c = 9a + 15 - 9a + 2a - 2 = 2a + 13$
$-2 = 2a$, also $a = -1$.
Durch Einsetzen folgt:
$b = 5 + 3 = 8$
$c = -2 - 2 = -4$
Der Funktionsterm lautet $f(x) = -x^2 + 8x - 4$ bzw. umgeformt $f(x) = -(x - 4)^2 + 12$
Der Graph der quadratischen Funktion ist eine nach unten geöffnete Parabel. Der Scheitelpunkt $S(4|12)$ ist ein Hochpunkt.

7. $V = \pi r^2 \cdot h_Z + \frac{1}{3}\pi r^2 \cdot h_K$
$= \pi r^2 \cdot (20 - h_K) + \frac{1}{3}\pi r^2 \cdot h_K \quad (h_Z = 20 - h_K)$
$= 20\pi r^2 - \frac{2}{3}\pi r^2 \cdot h_K$
Mit $V = 1\,000\ cm^3$ und $r = 5$ cm erhält man:
$1\,000 = 500\pi - \frac{50}{3}\pi h_K$, also: $h_K = \frac{(500\pi - 1\,000) \cdot 3}{50\pi} \approx 10{,}9$
Der Zylinder ist ungefähr 9,10 m hoch, der Kegel ungefähr 10,90 m.

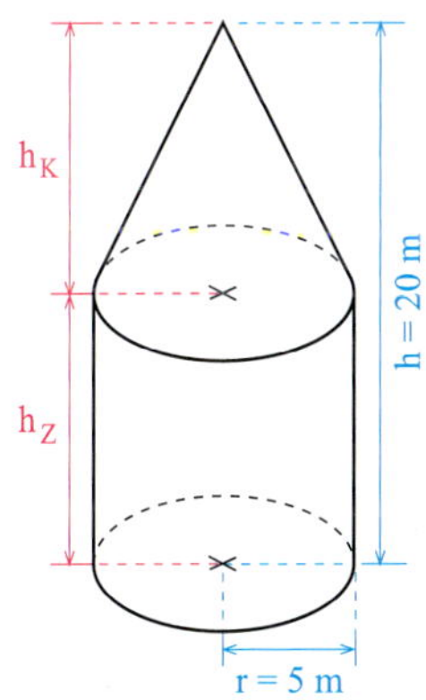

8. Mit dem Satz des Pythagoras erhält man:
$d^2 = \sqrt{r^2 - \left(\frac{s}{2}\right)^2} = \sqrt{(15\ m)^2 - (6\ m)^2} \approx 13{,}75$ m
Die Leitung sollte also mindestens 13,75 m lang sein.

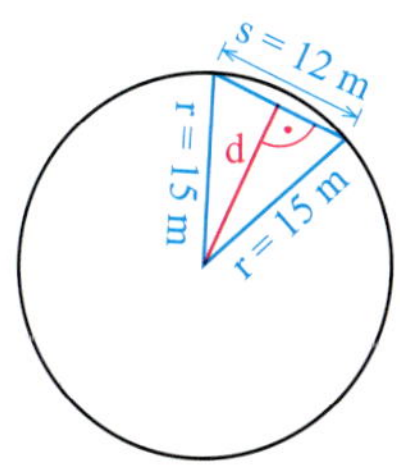

Mengen, Zahlen, Funktionen

$a \in M$	a ist Element der Menge M, a gehört zu M
$\mathbb{N}$ [$\mathbb{N}^*$]	Menge der natürlichen Zahlen [ohne null]
$\mathbb{Z}$	Menge der ganzen Zahlen
$\mathbb{Z}_+$ [$\mathbb{Z}_+^*$]	Menge der nichtnegativen ganzen Zahlen [ohne null]
$\mathbb{Q}$ [$\mathbb{Q}^*$]	Menge der rationalen Zahlen [ohne null]
$\mathbb{Q}_+$ [$\mathbb{Q}_+^*$]	Menge der nichtnegativen rationalen Zahlen [ohne null]
$\mathbb{R}$ [$\mathbb{R}^*$]	Menge der reellen Zahlen [ohne null]
$\mathbb{R}_+$ [$\mathbb{R}_+^*$]	Menge der nichtnegativen reellen Zahlen [ohne null]
$\{1, 2, 3\}$	Menge mit den Elementen 1, 2, 3
$\{\ \}$	leere Menge
$\lvert a \rvert$	Betrag von a
a^n	Potenz aus Basis a und Exponent n; a hoch n
$\sqrt{a}$	Quadratwurzel aus a ($a \geq 0$)
$\sqrt[n]{a}$	n-te Wurzel aus a ($a \geq 0$)
$\sin(\alpha)$	Sinus von α
$\cos(\alpha)$	Kosinus von α
$\tan(\alpha)$	Tangens von α
$f(x)$	Funktionsterm der Funktion f, Funktionswert der Funktion f an der Stelle x
$f'(x)$	(erste) Ableitung der Funktion f an der Stelle x

Geometrie

AB	Verbindungsgerade durch die Punkte A und B; Gerade durch A und B
$\overline{AB}$	Verbindungsstrecke der Punkte A und B; Strecke mit den Endpunkten A und B
$\lvert AB \rvert$	Länge der Strecke $\overline{AB}$
$\overrightarrow{AB}$	Halbgerade mit dem Anfangspunkt A durch den Punkt B
$g \parallel h$	g ist parallel zu h
$g \nparallel h$	g ist nicht parallel zu h
$g \perp h$	g ist orthogonal zu h
$g \not\perp h$	g ist nicht orthogonal zu h
$F \cong G$	F ist kongruent zu G
$F \sim G$	F ist ähnlich zu G
$P(x \mid y)$	Punkt mit den Koordinaten x und y
ABC	Dreieck mit den Eckpunkten A, B und C
$ABCD$	Viereck mit den Eckpunkten A, B, C und D
$\sphericalangle ASB$	Winkel mit dem Scheitel S und den Schenkeln $\overrightarrow{SA}$ und $\overrightarrow{SB}$, der bei Linksdrehung von $\overrightarrow{SA}$ auf $\overrightarrow{SB}$ entsteht
h_a [h_b; h_c]	Höhe eines Dreiecks zur Seite a [Seite b; Seite c]
w_α [w_β; w_γ]	Länge der Abschnitte der Winkelhalbierenden im Dreieck
s_a [s_b; s_c]	Länge der Seitenhalbierenden eines Dreiecks

Stichwortverzeichnis

Bildquellenverzeichnis

Umschlagfoto: Getty-Images, München; Seite 3 (Icons), 4 (Icon), 51, 95, 265 Prof. Dr. Timo Leuders, Freiburg; Seite 9 The Travel Library – LOOK-foto, München; Seite 10, 104 (Plakat Weltbevölkerungsuhr), 143 (Straßenschild), 161 (Spielfeld), 164 (Tauchpumpe), 173 (Radarmessgerät), 174, 184, 195, 275 Langner & Partner, Hemmingen; Seite 13, 18 (Hefezellen), 53 Ca. Biological/Phototake – Okapia, Frankfurt; Seite 11, 15 (Salmonellen), 16 (Pinselschimmel), 20, 55, 94 (Lungenmodell), 119 (Hefezellen), 179 (Glukosetoleranztest), 229 (EKG-Diagramm) Phototake – Mauritius, Mittenwald; Seite 12, 15 (Taschenrechnertasten), 18 (Memory-Stick), 33 (Sonnenschutzmilch, Hygrometer), 46 (Kerzen), 51, 56, 66, 71 (Kugel versenken), 72 (Schüttkegel, Tetrapack), 78 (Lampenschirm, Ricotta), 85 (Tomatenmark), 87 (Kerze), 93, 94 (Glaszylinder), 97, 98, 108 (GTR, Aushilfskraft in einer Gärtnerei), 135, 149 (Reißnägel, Legostein, Tetraeder), 150 (Würfel), 152, 156 (Tasse, Tetraeder), 160 (Reißnägel), 161 (Korrekturseite), 163 (Kinder), 169 (TR-Taste), 170 (Würfel + Münze, Würfel, Frosties-Packung), 187 (Tetraeder), 190, 194, 200, 201 (Theodoliten), 204 (Fluss), 225, 230, 239 (Hometrainer), 241 (Taschenrechner-Taste), 268 (Seil), 277 Michael Fabian, Hannover; Seite 20 (Grünalge) Karly, München; Seite 22 (Atommodell), 79 (Cavalieri) Deutsches Museum, München; Seite 22 (Heißluftballon), 69 (Disney-Park), 85 (Cheops Pyramide) Vidler – Mauritius, Mittenwald; Seite 26 Sigemi Numezawa – Astrofoto, Sörth; Seite 27 Manfred P. Kage – Okapia, Frankfurt; Seite 33 (Tanklastzug), 183, 236, 239 (Schweißroboter) Rosenfeld – Mauritius, Mittenwald; Seite 33 (Öltanker), 72 (Louvre Glaspyramide), 91 (Kugellager), 114 (Alge), 268 (Ammonit, Ionisches Säulenkapitell), 278 (Pyramide) age – Mauritius, Mittenwald; Seite 33 (Stausee) Leinauer – Mauritius, Mittenwald; Seite 33 (Bodensee) Bodenbender – Mauritius, Mittenwald; Seite 63 (Pythagoreer), 99 akg-images, Berlin; Seite 65 (Dehnungsfuge) van Eupen, Hemmingen; Seite 69 (Windmühlen) Kohlhaas/zefa – Corbis, Düsseldorf; Seite 69 (Pyramide Karlsruhe, Marktplatz), 77 Otto – Mauritius, Mittenwald; Seite 70 (Pyramiden) Dr. Thomas Altmeyer, Münster; Seite 70 (Kegel) Andreas Stümer, Wachtberg; Seite 80 (Kristalle) Fichtl – Mauritius, Mittenwald; Seite 87 (Dach) Otto – Helga Lade Fotoagentur, Frankfurt; Seite 87 (Sandberg), 88 GS Werbung, Gießen; Seite 87 (Vulkankrater), 94 (Heißluftballon) Bricks, Erfurt; Seite 92 (Brunnen) Stadt Hof; Seite 104 (Menschenmassen) Thomas Imo – Photothek.net, Radevormwald; Seite 105 Torino – Mauritius, Mittenwald; Seite 108 (Victoriasee), 164 (Lottotrommel), 278 (Turm) dpa – picture-alliance, Frankfurt; Seite 109, 235 (Containerschiff) Waldkirch – Mauritius, Mittenwald; Seite 110 Photo Researchers – Mauritius, Mittenwald; Seite 112 Fergusson – Mauritius, Mittenwald; Seite 114 (Transrapid) Habel – Mauritius, Mittenwald; Seite 115, 133 (Eisschnellläuferin) Dolphin Productions – Mauritius, Mittenwald; Seite 133 Bordis – Mauritius, Mittenwald; Seite 134 (Hawaii) Photo Resource – Mauritius, Mittenwald; Seite 134 (Zapfsäule) Widmann – Mauritius, Mittenwald; Seite 142 Mauritius, Mittenwald; Seite 155 (Spiel 77) Hoffmann – imago stock&people, Berlin; Seite 160 (Blutspendeplakat) Deutsches Rotes Kreuz, Berlin; Seite 163 (Roulette) Pöhlmann – Mauritius, Mittenwald; Seite 171 (Schulklasse) Fircht – Mauritius, Mittenwald; Seite 173 (Stau auf der Autobahn) H. Schmied – Mauritius, Mittenwald; Seite 182 IFA-Bilderteam, Ottobrunn; Seite 187 (Blutspendestation) H. G. Rossi/zefa – Corbis, Düsseldorf; Seite 192 Hans Schmocker, Lauterbrunn; Seite 202 (Sendemast) Otto – Imagine, Hamburg; Seite 202 (Straßenschild), 211 Torsten Warmuth, Berlin; Seite 204 (Segelflugzeug) H. Bütow, Waren (Müritz); Seite 205 (Ulmer Münster) fm – Mauritius, Mittenwald; Seite 205 (Seilbahn) Niesenbahn AG, Mülenen, Schweiz; Seite 208 (Försterdreieck), 209 D. Kehrig, Kottenheim; Seite 210 Messerschmidt – Mauritius, Mittenwald; Seite 224 Andrea Postel, Kassel; Seite 226 Kurverwaltung Oberstorf; Seite 229 (EKG-Diagnose am Laufband) Mulvehill – Mauritius, Mittenwald; Seite 232 (Sessellift) Pigneter – Mauritius, Mittenwald; Seite 232 (Riesenrad London Eye) Peter Christopher – Masterfile, Düsseldorf; Seite 235 (Porsche) fact – Mauritius, Mittenwald; Seite 241 (Diskuswurf) Arthur – Mauritius, Mittenwald; Seite 261 Hänel – Mauritius, Mittenwald; Seite 268 (Spiralnebel) Astrofoto, Sörth; Seite 268 (Hundertwasser-Gemälde) J. Harel, Wien; Seite 270 (Platonischer Körper), 270 (Sternkörper, Duale Körper), 271 (Platonische Mehrlinge, Computerprogramme, Phantastische Durchdringungen) M. Ludwig, Würzburg.

Es war nicht in allen Fällen möglich, den Inhaber der Bildrechte ausfindig zu machen und um Abdruckgenehmigung zu bitten. Berechtigte Ansprüche werden selbstverständlich im Rahmen der üblichen Konditionen abgegolten.